4桁の原子量表（2021）

（元素の原子量は，質量数 12 の炭素（^{12}C）を 12 とし，これに対する相対値とする.）

本表は実用上の便宜を考えて，国際純正・応用化学連合（IUPAC）で承認された最新の原子量に基づき，日本化学会原子量専門委員会が独自に作成したものである．本来，同位体存在度の不確定さは，自然に，あるいは人為的に起こりうる変動や実験誤差のために，元素ごとに異なる．従って，個々の原子量の値は正確度が保証された有効数字の桁数が大きく異なる．本表の原子量を引用する際には，このことに注意を喚起することが望ましい．

なお，本表の原子量の信頼性は亜鉛の場合を除き有効数字の 4 桁目で±1 以内である．また，安定同位体がなく，天然で特定の同位体組成を示さない元素については，その元素の放射性同位体の質量数の一例を（ ）内に示した．従って，その値を原子量として扱うことはできない．

原子番号	元素名	元素記号	原子量
1	水素	H	1.008
2	ヘリウム	He	4.003
3	リチウム	Li	6.941†
4	ベリリウム	Be	9.012
5	ホウ素	B	10.81
6	炭素	C	12.01
7	窒素	N	14.01
8	酸素	O	16.00
9	フッ素	F	19.00
10	ネオン	Ne	20.18
11	ナトリウム	Na	22.99
12	マグネシウム	Mg	24.31
13	アルミニウム	Al	26.98
14	ケイ素	Si	28.09
15	リン	P	30.97
16	硫黄	S	32.07
17	塩素	Cl	35.45
18	アルゴン	Ar	39.95
19	カリウム	K	39.10
20	カルシウム	Ca	40.08
21	スカンジウム	Sc	44.96
22	チタン	Ti	47.87
23	バナジウム	V	50.94
24	クロム	Cr	52.00
25	マンガン	Mn	54.94
26	鉄	Fe	55.85
27	コバルト	Co	58.93
28	ニッケル	Ni	58.69
29	銅	Cu	63.55
30	亜鉛	Zn	65.38*
31	ガリウム	Ga	69.72
32	ゲルマニウム	Ge	72.63
33	ヒ素	As	74.92
34	セレン	Se	78.97
35	臭素	Br	79.90
36	クリプトン	Kr	83.80
37	ルビジウム	Rb	85.47
38	ストロンチウム	Sr	87.62
39	イットリウム	Y	88.91
40	ジルコニウム	Zr	91.22
41	ニオブ	Nb	92.91
42	モリブデン	Mo	95.95
43	テクネチウム	Tc	(99)
44	ルテニウム	Ru	101.1
45	ロジウム	Rh	102.9
46	パラジウム	Pd	106.4
47	銀	Ag	107.9
48	カドミウム	Cd	112.4
49	インジウム	In	114.8
50	スズ	Sn	118.7
51	アンチモン	Sb	121.8
52	テルル	Te	127.6
53	ヨウ素	I	126.9
54	キセノン	Xe	131.3
55	セシウム	Cs	132.9
56	バリウム	Ba	137.3
57	ランタン	La	138.9
58	セリウム	Ce	140.1
59	プラセオジム	Pr	140.9
60	ネオジム	Nd	144.2
61	プロメチウム	Pm	(145)
62	サマリウム	Sm	150.4
63	ユウロピウム	Eu	152.0
64	ガドリニウム	Gd	157.3
65	テルビウム	Tb	158.9
66	ジスプロシウム	Dy	162.5
67	ホルミウム	Ho	164.9
68	エルビウム	Er	167.3
69	ツリウム	Tm	168.9
70	イッテルビウム	Yb	173.0
71	ルテチウム	Lu	175.0
72	ハフニウム	Hf	178.5
73	タンタル	Ta	180.9
74	タングステン	W	183.8
75	レニウム	Re	186.2
76	オスミウム	Os	190.2
77	イリジウム	Ir	192.2
78	白金	Pt	195.1
79	金	Au	197.0
80	水銀	Hg	200.6
81	タリウム	Tl	204.4
82	鉛	Pb	207.2
83	ビスマス	Bi	209.0
84	ポロニウム	Po	(210)
85	アスタチン	At	(210)
86	ラドン	Rn	(222)
87	フランシウム	Fr	(223)
88	ラジウム	Ra	(226)
89	アクチニウム	Ac	(227)
90	トリウム	Th	232.0
91	プロトアクチニウム	Pa	231.0
92	ウラン	U	238.0
93	ネプツニウム	Np	(237)
94	プルトニウム	Pu	(239)
95	アメリシウム	Am	(243)
96	キュリウム	Cm	(247)
97	バークリウム	Bk	(247)
98	カリホルニウム	Cf	(252)
99	アインスタイニウム	Es	(252)
100	フェルミウム	Fm	(257)
101	メンデレビウム	Md	(258)
102	ノーベリウム	No	(259)
103	ローレンシウム	Lr	(262)
104	ラザホージウム	Rf	(267)
105	ドブニウム	Db	(268)
106	シーボーギウム	Sg	(271)
107	ボーリウム	Bh	(272)
108	ハッシウム	Hs	(277)
109	マイトネリウム	Mt	(276)
110	ダームスタチウム	Ds	(281)
111	レントゲニウム	Rg	(280)
112	コペルニシウム	Cn	(285)
113	ニホニウム	Nh	(278)
114	フレロビウム	Fl	(289)
115	モスコビウム	Mc	(289)
116	リバモリウム	Lv	(293)
117	テネシン	Ts	(293)
118	オガネソン	Og	(294)

†：市販品中のリチウム化合物のリチウムの原子量は 6.938 から 6.997 の幅をもつ．

＊：亜鉛に関しては原子量の信頼性は有効数字 4 桁目で±2 である．

BLACKMAN · BRIDGEMAN · LAWRIE
SOUTHAM · THOMPSON · WILLIAMSON

ブラックマン 基礎化学

小島憲道 監訳

錦織紳一・野口 徹・平岡秀一 訳

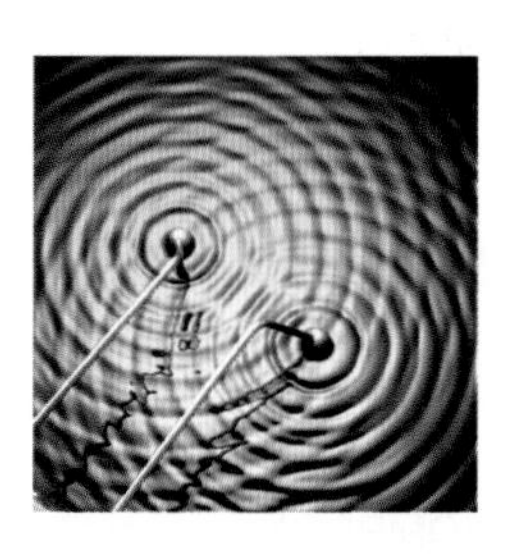

東京化学同人

Chemistry : Core Concepts

ALLAN BLACKMAN
ADAM BRIDGEMAN
GWENDOLYN LAWRIE
DANIEL SOUTHAM
CHRISTOPHER THOMPSON
NATALIE WILLIAMSON

First edition published 2016 by John Wiley & Sons Australia, Ltd.

序

本書“ブラックマン 基礎化学(原題Chemistry: Core Concepts)”を通して，Wiley社はオーストラリアとニュージーランドにおける大学の化学教育に多大な貢献をしてきた．本書は化学の予備知識を十分もち合わせていない学生も念頭に，大学の化学教育で指導的役割を行っている教員たちによって編集され，応用化学，健康科学，工学などの各科目で必要な，化学の基礎知識(core concept)を十分身に付けさせる水準の内容になっている．また，化学用語，化学記号，分子構造を含めて化学の基礎事項を網羅し，さらに必要な定量的取扱いの習得も可能にしている．

本書はBlackman, Bottle, Schmid, Mocerino, WilleによってWiley社から出版された“Chemistry”を基に編集したものであり，多くの長所を継承しつつ，初年次の学生にとってなじみやすいよう，平易で要約されたものになっている．

本書の重要な特色は“化学によるつながり”，すなわち，各章ごとで学習する化学の基本と私たちの身の回りの事象に対する化学の応用を結びつけていることにある．

本書の出版にあたり，編集の方針に助言していただいた化学教育を専門とする下記の方々に，Wiley社からお礼を申し上げたい．Siegbert Schmid, Luke Hunter, Glenys O'Brien, Kieran Lim, Tamsin Kelly, Ashraf Ghanem, Sue Pyke, Erica Smith, Andrew Pearson, Mark Riley, Stephen Best, Ian Jamie, Katherine Harris, Simon Pyke, Tony Baker, Sara Krivickas.

訳 者 序

本書は，オーストラリアおよびニュージーランドにおける大学教養課程のためにWiley社から出版された"Chemistry: Core Concepts" by A. Blackman, A. Bridgeman, G. Lawrie, D. Southam, C. Thompson, N. Williamson（2016）の日本語版である．化学の予備知識を十分もち合わせていない学生も対象に編集されたものであり，生化学を含め**すべての化学の分野を網羅している．したがって，応用化学，健康科学，工学などの分野の学生に対しても，**化学の知識と論理が十分身に付く水準の内容になっている．翻訳に際し，原書をできるだけ忠実に訳出することを心がけたが，日本ではなじみのない話題などは取捨選択し，またSI単位などに関しては，IUPAC（国際純正および応用化学連合）の最新情報に基づいて加筆・修正を行った．

本書の重要な特色は"化学と社会とのつながり"，すなわち，各章ごとで学習する化学の基本と私たちの身の回りの事象に対する化学の応用を結びつけているところにある．

化学の現象は，物質のさまざまな変化のなかで，エネルギーの移動を伴いながら物質を構成する原子の組換えや結合形態の変化によって現れる物質の質的変化の現象である．このような現象を対象とした現代の化学は，自然科学の一つの体系として統一的な理論体系をなしており，物質にかかわりをもつ自然科学の他の分野と密接に関係のある重要かつ魅力ある大きな学問分野である．本書は自然界で起こるさまざまな現象や最先端のトピックスを各章ごとに取上げているが，これらの現象を現代化学の理論と手法で解明できることが，多くの学生たちの知的好奇心を刺激し，化学に関係するさまざまな分野に進むきっかけになれば，訳者にとってこれ以上の幸いはない．

本書は以下のように分担して訳出した．

小 島 憲 道	監訳
錦 織 紳 一	1～2章，8～11章
野 口 　 徹	3～7章
平 岡 秀 一	12～14章

最後に本書の出版にあたり，日本語訳に関してWiley社との交渉，校正，装丁にわたってご尽力下さった編集部の橋本純子氏，篠田 薫氏，幾石祐司氏をはじめとする東京化学同人の方々に心よりお礼を申し上げる．

2019年7月

訳 者 一 同

著 者 紹 介

Allan Blackman はニュージーランドの University of Otago で学士号および博士号を取得し，現在はニュージーランド・オークランドの Auckland University of Technology の教授である．彼は 24 年にわたって，さまざまなレベルの学部課程大学生に対し無機化学および物理化学の授業を行ってきた．専門はおもに錯体化学であり，金属錯体の合成，構造および反応の研究を行っている．米国の Indiana University および University of Minnesota，オーストラリアの University of Queensland，フランス・グルノーブルの University Joseph Fourier で研究を行い，また中国・長沙にある国防科技大学に客員教授として招聘され，学部課程の授業を多く行っている．一方，科学解説者として定期的にテレビに出演し，化学に関連したコラムを毎月新聞に掲載している．余暇には音楽とスポーツを楽しんでいる．

Adam Bridgeman は現在，オーストラリアの University of Sydney の化学の教授である．英国の St. Catherine's College（University of Oxford）において学士号を取得，Trinity Hall（University of Cambridge）において理論無機化学の研究で博士号を取得した後，University of Sydney の化学の初年次教育の Director に就任した．現在，彼は，同大学の理学部において教育担当副学部長を務めている．電子媒体による教材開発や自習のための教材開発による科学教育への貢献により，英国とオーストラリアでさまざまな賞を受賞している．彼は，主導する多くのクラスやオンライン上の学生に対して熱心に教育を行っているが，そのような化学教育や学生の学習経験の向上への仕事と併せて，医学へ応用するためのナノ材料の設計などの課題に対して計算化学の手法を用いて研究を行っている．

Gwendolyn Lawrie はオーストラリアの University of Queensland で教育学（中等教育）の学位，英国の Sheffield Hallam University で（優等）（理）学士号，Cranfield University で博士号を取得した．2008 年より University of Queensland で教育担当准教授を務め，現在は初年次化学の Director である．彼女は化学入門，初年次化学，物理化学およびナノサイエンスの講義を行い，オーストラリアから大学教育における優れた功績に対する賞（2013 年）や 2013 Pearson RACI Chemical Educator of the year をはじめ化学教育に関する多くの賞を受賞している．彼女の研究は，共同的な質疑応答，学部での研究体験，自発学習を支援するフィードバックを通して，多くの学生間の関心度および関与度の格差を扱う戦略を開拓することである．彼女は，情報技術によって強化された学習環境を指向する革新的アプローチにより学生が産み出したビデオログや wiki 上のノートブックなどの学習成果より戦略の有効性を示している．これらの研究成果は国内外の教育関係の学会誌や著書で発表されている．

Daniel Southam は現在，Curtin University の化学の専任講師である．University of Tasmania で化学を専攻し学士号および博士号を取得し，ここで化学教育への情熱が育まれた．能動的学習の熱心な提唱者であり，学生の学習環境に創意工夫を行っている．彼の主たる目的は，化学に関する学習意識を向上させ，科学の深い理解と楽しさを涵養することにある．彼は基礎化学の授業を通して化学教育研究とその実践への応用に関心をもっており，この目的を達成するため，科学捜査やナノテクノロジーのような複合分野や異なる社会文化的な文脈における教育評価の問題に取組んでいる．

Christopher Thompson は Australian National University と Monash University で学位を取得しており，現在 Monash University の化学科の教育担当講師を務めている．彼は初年次教育のまとめ役と五つの単元の主任試験官として，1500 名以上の学生が集う多くのキャンパスにわたって施行されている多数のカリキュラムを監督している．彼は分光学，計算化学および化学教育の分野で 50 編もの論文を発表している．彼は RACI Chemistry Education Division, Victorian Certificate of Education Exam Author の 議 長 と Monash Foundation Year program in Chemistry の主任試験委員を務めている．非営利の Chemistry Education Association の理事でもあり，毎年 2000 人以上の小中学生を受け入れている Monash's School of Chemistry とともに中学校での教育活動に深く関わっている．彼は大学における能動的学習に強い関心をもっており，学生の想像力を引き出して化学を可視化させることに熱意をもっている．

Natalie Williamson はオーストラリアの University of Adelaide の専任講師であり，化学の初年次教育の部門長を務めている．また，学部課程のすべての学年において有機合成化学の講義を行っている．彼女は，双方向授業，即座の受け答え，ユーモアを通して，学生に自身の思考の末に理解が訪れる瞬間をもたらすことに情熱を傾けている．彼女は，オーストラリアの教育機関から学生の学習指導に対する優れた貢献での表彰（2010 年），University of Adelaide Stephen Cole the Elder Award for Excellence in Teaching（2014 年）など，化学教育に関する複数の賞を受賞している．また，2013 年の South Australian Science Excellence Awards における Early Career STEM Tertiary Educator of the Year にも選出された．

その他の著者・協力者

Steven E. Bottle　Siegbert Schmid　Mauro Mocerino　Uta Wille
James E. Brady　Fred Senese　William H. Brown　Thomas Poon
Scripps College　John Olmstead Ⅲ　Gregory M. Williams

主要目次

目　　　次

6. 化学結合と分子構造

7. 物質の状態

8. 化学熱力学

9. 化学平衡

10. 溶液と溶解度

11. 酸と塩基

12. 酸化還元

13. 反応速度論

14. 有機化学と生化学

1 物質と化学

1・1 物　質

物質はさまざまな化学的要素から構成されており，その物質を研究する学問が化学である．本節では，まず最初に，物質の化学的記述に使われる用語の定義について簡単にふれておく．それはこの章の内容を理解する助けとなる．また，ここで述べる用語については，後の章において詳しく学ぶことになろう．ここでは，それらの定義を説明するにあたり，人間の生活において最も基本的な化学物質の一つである水をとりあげる．以下を読む際には，いろいろな**化学種**（chemical species）を示す図1・1を参照してほしい．

原子（atom）は，負電荷をもつ1個あるいは多数の**電子**（electron）によって取囲まれた正電荷をもつ1個の原子核からできている独立した化学種である．電子の数と原子核中の正電荷をもつ陽子の数とは等しいので，原子は常に電気的に中性である．**元素**（element）は同一原子番号をもつ原子の集合名詞である．図1・1(a)は元素である水素Hと酸素Oの原子を表している．前見返しにある周期表には，現在知られている原子番号118番までの元素が載っている．

化学者は原子がすべての物質を構成する基本的な粒子であると考えるにもかかわらず，個々の原子自体が化学的興味の対象となることはまれにしかないと知ると驚くかもしれない．ヘリウム，ネオン，アルゴン，クリプトン，キセノン，ラドンは例外であるが，孤立した単独の

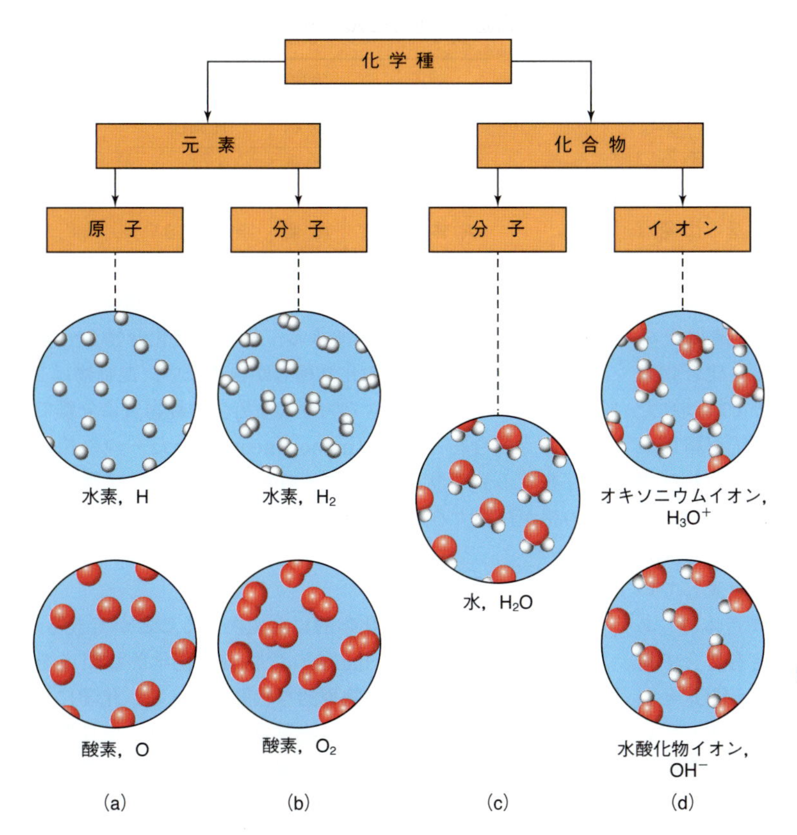

図1・1　化学種の定義．水に関連する化学種，すなわち原子（a），分子（b，c），イオン（d）のそれぞれを原子レベルの図で示している．白い球が水素原子，赤い球が酸素原子を表す．それらの球の接触が化学結合を表している．

状態の原子は通常は不安定である．より興味を引く対象は**分子**（molecule）である．分子は，原子が化学結合で結びつけられた構造体である．最も小さな分子は2個の原子からなるが，大きい分子は文字通り百万もの原子からなる．ほとんどの気体と液体は分子よりなる．そして，炭素をもととする多くの固体（有機物固体）も分子よりなる．分子は原子と同様に電気的に中性で電荷をもっていない．分子は互いに隣り合う原子が電子を共有してできる**共有結合**（covalent bond）で結びつけられてできている．これらの分子は，1種類の原子でできた分子（たとえば，酸素と水素は図1・1bにあるように2個の同じ種類の原子からできている安定な分子 O_2 と H_2 である），あるいは2種類以上の原子からできている化合物がある（たとえば，図1・1cに示す水分子 H_2O は水素原子と酸素原子が結びついたものである）．

イオン（ion）は，電気的に中性の原子や分子がもっている電子とは異なる数の電子をもつために，正もしくは負電荷をもつ化学種である．正電荷をもつイオンを**陽イオン**（cation），負電荷をもつイオンを**陰イオン**（anion）とよび，＋あるいは－の符号を付けて表される．形式的には，イオンは原子や分子に対し1個以上の電荷をもつものを加えたり差し引いたりすることでつくることができる．電荷をもつものの例として水素イオン H^+ と電子 e^- があげられる．たとえば，純水中には少量の水酸化物イオン OH^- とオキソニウムイオン H_3O^+ が存在する．OH^- は OH がもつ陽子の数よりも1個電子が多い，あるいは水分子 H_2O から H^+ が奪われたものである．H_3O^+ は H_3O がもつ陽子数よりも1個電子が少ない，あるいは H_2O に H^+ が加わったものである（図1・1dを参照）．OH^- と H_3O^+ の存在は第11章で扱う酸・塩基の出発点となっている．

ただ1種の元素のみからなる物質を**単体**（simple substance）とよび，**化合物**（compound）は2種以上の元素を一定の割合で含む物質と定義される．化合物は分子，イオン，あるいは原子間が共有結合で結ばれた構造体である．すでに，水素原子と酸素原子が結びついて水分子を形成することは見てきた．しかし，塩化ナトリウム NaCl のようなイオン化合物においては個々の“分子”は存在しない．NaCl は，Na^+ と Cl^- の巨大な三次元配列における繰返しの単位を表している．同じことが共有結合で結ばれてできた構造体にもあてはまる．たとえば，Si 原子と O 原子が共有結合で結ばれてできた三次元網目状構造をもつ水晶は SiO_2 という化学式をもつ．それは SiO_2 という“分子”を表しているのではなく網目状構造における繰返しの最小の単位を表している．

物質の分類

物質は物理的な状態に基づいて分類されることが多い．固体，液体，気体という物質のよく知られた三つの状態は，体積，形そして温度や圧力に対しどのように変化するかで区別される．

固体は圧縮されない一定の体積と形をもつ．固体の水（氷）は固定された形をもち圧縮するのは困難である．その理由は，氷を分子レベルで見ると明らかである．分子は互いに接し規則正しく配列している．

液体も圧縮されない一定の体積をもつが，形は定まっておらず，液体が入れられた入れ物に応じた形をとる．液体の H_2O 分子は互いに近接しているが強固な配列をつくってはいない．

気体は容易に圧縮できる．液体とは異なり，気体は一定の体積をもっていない．気体は膨張してそれが入れられた入れ物の中を完全に満たす．液体と同様に，気体は入れ物と同じ形をとる．水蒸気中の H_2O 分子は互いに離れ，それぞれが独立して自由に動き回っている．

それぞれの状態は相，そして状態間の変化は相変化とよばれる．固体と液体は，固定した体積と限られた圧縮性をもつためしばしば“凝縮相”とよばれる．液体と気体は形が変化できるため流体ともよばれる．ここで述べた特性が表1・1にまとめられている．

表 1・1　物質の状態の物理的な特性

状 態	物理的な特性		
	体 積	形 状	圧縮性
固 体	不 変	不 変	な し
液 体	不 変	可 変	非常に小さい
気 体	可 変	可 変	非常に大きい

物質は図1・2に示すように混ぜ物のない物質（純物質）と混合物にも分類できる．純物質は化合物か元素であり，ただ1種類の化学種しか含まない．混合物は2種類以上の化学種を含み物理的な方法で純物質に分離できる．混合物は均一（homogeneous，ただ一つの相が存在する）な状態も不均一（heterogeneous，2種以上の相が存在する）な状態もとることができる．

物質の変換

物質は物理的にも化学的にも変換することができる．物理変化（physical change）は物質の化学的な組成を変えることなく物質の物理的な状態を変える．化学における最も重要な物理変化は物質の固体，液体，気体間の変化に関係したものである．前に述べたように，このような過程は**相変化**（phase change）とよばれている．たと

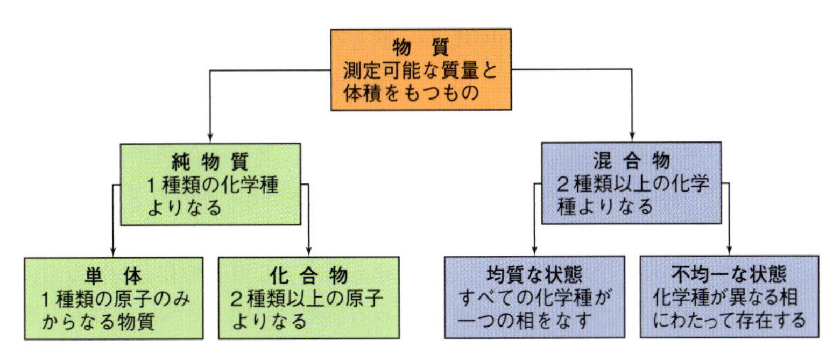

図 1・2　純物質と混合物

えば，氷を融解させて液体の水にするのは相変化である．

化学変化（chemical change）は化学反応などで物質を別の化学種にするような変化である．前に述べたすべての化学種（原子，分子，イオン，元素，化合物）は化学的に変化させることができる．化学反応は1種以上の化学種（反応物とよばれる）が，一般に化学結合の生成と切断を伴い，異なる別の化学種（生成物とよばれる）に変化する過程である．紙が燃えるとか金属が酸に反応するというのは化学反応である．化学変化が起こった後，物質をもとの化学種に戻すのは容易ではなく，しばしば不可能なこともある．

例題 1・1　物 質 の 分 類

石油は多くの異なる炭化水素を含んだ液体である．それぞれの炭化水素はいろいろな仕方で化学的に結合した炭素と水素を含む．石油を燃やすと大気中の酸素と反応して二酸化炭素と水が生じる．

以上の情報より次の問いに答えよ．

(a) 炭化水素は元素か，化合物か．

(b) 石油は純物質か，均一な混合物か，不均一な混合物か．

(c) 石油の燃焼は化学変化か，物理変化か．

解　答　(a) 炭化水素は化合物である．(b) 石油は炭化水素の均一な混合物である．(c) 石油の燃焼は化学変化である．

練習問題 1・1

1. 次の(a)～(c)に示す変化は物理変化か化学変化か．
(a) 角形の氷をつくる　(b) 油を沸騰させる
(c) ケーキを焼く

2. 次の(a)～(c)に示す状態は均一な状態か不均一な状態か．
(a) 乾いた土　(b) 金属の金　(c) ビール

3. 次の(a)，(b)に示す物質は混合物か純物質か．
(a) 血液　(b) 鉄

4. 次の(a)～(c)に示す純物質は元素か化合物か．
(a) 金属のカリウム　(b) 窒素ガス
(c) 二酸化ケイ素

1・2 原　子　説

現在，原子の存在は当然のこととして受け入れられている．原子の構造に関する多くのあらゆる事柄を説明できるし，現在の技術をもってすれば個々の原子を見たり操作したりすることもできる．

原子という概念は，約2500年前にギリシャの哲学者レウキッポス（Leucippus）とその弟子のデモクリトス（Democritus）が物質は小さな目に見えない粒子より成り立っていると考えたことに始まる．原子“atom”という言葉は分割することのできないという意味のギリシャ語“*atomos*”に由来する．しかし，それらの哲学者の考えは科学的な証拠に支持されたものではなく，単に哲学的推論より導き出されたものであった．科学的には限られた有用性しかなかったが，原子の概念は18世紀後半に質量保存の法則と定比例の法則という化合物に関係する二つの法則が発見されるまで，哲学的概念のまま残っていた．以下がその二つの法則である．

- **質量保存の法則**．化学反応において，測定可能な質量の増加も減少もなく，質量は保存される．
- **定比例の法則**．元素は常に同じ質量比で化合物に含まれる．

質量保存の法則

フランスの化学者ラボアジェ（Antoine Lavoisier, 1743～1794）は，リン，硫黄，スズ，鉛と酸素とのそれぞれの反応の実験の結果として質量保存の法則を提案した．ラボアジェはそれぞれの密封した瓶の中の元素に大きなレンズで太陽光を集光し加熱して反応を起こさせた．そして，反応の前後で密閉した瓶の重さを測り質量に違いのないことを発見した．それがこの法則へと導いた．（ラボアジェは後のフランス革命で，徴税請負人のかどで断頭台の露と消えた．通説では，ラボアジェの裁判の判事“共和制に科学者は必要ない.”といったと伝えられている.）質量保存の法則は，質量は化学反応によってつくることも破壊することもない，ともいうことができる．

定比例の法則

もう一人のフランスの化学者プルースト（Joseph Louis Proust，1754~1826）は，実験室で合成した炭酸銅と天然の鉱物である孔雀石の組成が同一であることを示した実験から定比例の法則を主張した．また，プルーストは二つのスズの酸化物，SnO と SnO_2，や二つの鉄の硫化物，FeS と FeS_2，が常に一定の質量の割合で成分元素を含んでいることも示した．この法則は，元素は常に一定の決められた質量比で結びつき化合物をつくっているとするものである．つまり，どのような水（水は化合物である）を分析しても，常に酸素は水素（これらは元素で水をつくっている）に対し質量で 8：1 の割合で観測される．同じく，酸素と水素から水を合成すると，消費される酸素の質量は反応した水素の質量の 8 倍となる．それはたとえ片方の物質が過剰にあったとしてもそのようになる．たとえば，100 g の酸素と 1 g の水素を混合し，反応させて水をつくったとすると，すべての水素は反応するが酸素は 8 g しか消費されず，92 g の酸素は残る．どのようにしても，この反応でつくられる水の化学組成を変えることはできない．

例題 1・2　定比例の法則の応用

モリブデン Mo は硫黄 S と結合して二硫化モリブデンとよばれる化合物をつくる．それはグラファイトと同じように潤滑剤として有用である．また，特殊なリチウム電池にも使われる．この化合物のある試料には，1.00 g の S に対して Mo が 1.50 g 含まれている．別の試料には 2.50 g の S が含まれていた．その別の試料に含まれる Mo の質量を求めよ．

解　答　2.50 g の S を含む二硫化モリブデンの試料には 3.75 g の Mo が含まれる．

練習問題 1・2　硫化カドミウムは油絵の具の顔料に使われる黄色の物質である．この物質のある試料は 1.25 g のカドミウム Cd と 0.357 g の硫黄 S を含んでいる．同じ物質の別の試料が 3.50 g の硫黄を含んでいるとしたとき，含まれるカドミウムの質量を求めよ．

実験から原子説へ

質量保存の法則と定比例の法則は原子説を構築する基盤となった．これらより次の疑問が生まれた．これらの法則が真ならば，物質とはどうあるべきものだろうか．言い換えれば，物質をつくっているものは何か．19 世紀の初め，英国の化学者ドルトン（John Dalton，1766~1844）はギリシャの原子の概念を用いて質量保存の法則と定比例の法則を説明した．ドルトンは以下のように考えた．もし原子の存在が真ならば，そのことからこれらの法則を説明できなければならない．そして，ドルトンは以下のことを提示した．それらは，今日ドルトンの原子説とよばれているものである．

1. 物質は原子とよばれる小さな粒子より構成されている．
2. 原子は破壊できない．化学反応において，原子間で組換えが起こるが，原子自身は壊れることはない．
3. 同種の元素よりなる物質において，すべての原子は同一の質量と性質をもつ．
4. 異なる元素の原子の間では，質量や性質は異なる．
5. 異なる元素の原子が結合して化合物をつくるとき，それらの原子は常に同じ決められた割合で結びつく．

ドルトンの原子説に立てば質量保存の法則はたやすく説明される．また，化学反応は単に原子のある組合わせから他の組合わせに変わることである．その反応において，原子が新たに得られたり失われたりしなければ，また，原子の質量が変化することがなければ，反応の前後で質量の変化はない．この質量保存の法則に対する説明により，化学反応を表す**化学反応式**（chemical equation）という記述法が成立する．次に例示する気体元素から液体の水ができる化学反応式のように，化学反応式では右向き矢印で分けられた左辺に反応物，右辺に生成物が書かれる．

$$2\,H_2(g) + O_2(g) \longrightarrow 2\,H_2O(l)$$

質量保存の法則から，矢印で分けられた二つの辺のそれぞれにおいて，それぞれの原子の数は同じとなる．上に示す例でも，両辺で釣合いがとれている．このことについては第 4 章で詳しく扱う．この化学反応式は反応物と生成物の物理的な状態も明示していることに注意してほしい．反応物と生成物のそれぞれの後に，気体は(g)，液体は(l)，固体は(s)と略して示されている．

定比例の法則もドルトンの原子説より説明される．この説によれば，化合物は常に同じ元素が同じ割合で組合わされてできている．たとえば，元素 X と Y が，X の原子と Y の原子が同じ数（原子数の比が 1：1）で組合わさってできた化合物を考えよう．もし，原子 Y の質量が原子Xの2倍であったとすると，この化合物のどんな試料においても，YのXに対する質量比は常に2：1となる．この質量比は試料の大きさによらないので，この化合物において元素XとYは質量において常に同じ割合で存在する．

ドルトンの原子説に対する強力な支持は，ドルトンや他の科学者の，二つ以上の化合物をつくることのできる元素に関する研究より得られた．たとえば，硫黄と酸素は二酸化硫黄 SO_2 と三酸化硫黄 SO_3 の二つの化合物をつくることができる．前者は1個の硫黄原子と2個の酸素原子，後者は1個の硫黄原子と3個の酸素原子を含む．これらは似た化学式をもつが，化学的には異なる．たとえば，SO_2 は室温で無色の気体である．一方，SO_3 は16.8 ℃で融解するので室温に依存して固体であったり液体であったりする．もし，SO_2 と SO_3 の試料を分析して，硫黄の質量が同じであったら，表1・2に示す結果を得るであろう．

表 1・2　二酸化硫黄と三酸化硫黄の成分の質量

化合物	硫黄の質量〔g〕	酸素の質量〔g〕
SO_2	1.00	1.00
SO_3	1.00	1.50

二つの試料の酸素の質量比が小さな自然数の比となっていることに注意してほしい．

$$\frac{\text{三酸化硫黄中の酸素の質量}}{\text{二酸化硫黄中の酸素の質量}} = \frac{1.50\ \text{g}}{1.00\ \text{g}} = \frac{3}{2}$$

同様のことが二つ以上の化合物をつくる他の元素の研究においても観測された．これらの観測は二つの元素が二つ以上の化合物をつくるときは常に，一つの元素に組合わさる他の元素の質量の比は小さな自然数の比となる，という倍数比例の法則を生み出した．

倍数比例の法則はドルトンの原子説により非常に容易に説明される．三酸化硫黄の分子は1個の硫黄原子と3個の酸素原子を，二酸化硫黄の分子は1個の硫黄原子と2個の酸素原子を含むと考えてみよう．それぞれ1個の分子があるとする．そこにはそれぞれ1個の硫黄原子があるので，硫黄の質量は同じである．次に，酸素原子を比較すると，そこには酸素原子は3：2の比で存在する．酸素原子はすべて同じ質量をもつので，質量比も3：2とならねばならない．倍数比例の法則はドルトンの原子説が出る前は知られていなかった．実験データがドルトンに原子の存在を示唆し，原子説が今日倍数比例の法則として知られる関係を示唆した．倍数比例の法則が実験により検証されたことは原子説に強い支持を与えることとなった．

コラム1・1でふれたように，現在，私たちは個々の原子を見たり操作したりできる．それは原子説を証明するものである．

コラム 1・1　原子を操作する

原子の大きさは光の波長よりも小さいので光学顕微鏡で原子を観測することはできない．しかしながら，20世紀の終わりに発明された走査型トンネル顕微鏡と原子間力顕微鏡により個々の原子を見る，さらには操作することが可能となった．この二つの顕微鏡は同じ原理，すなわち非常に細い針が表面をなでるときのふれを観測あるいは制御することで動作する．ふれの情報はコンピューターで解析され，画像として表される．

図1・3の“原子”という文字は，銅の表面上で一つ一つの鉄原子を走査型トンネル顕微鏡を使って動かしてつくられたものである．

図1・4の図も一つ一つの原子を原子間力顕微鏡で操作してつくられたものである．

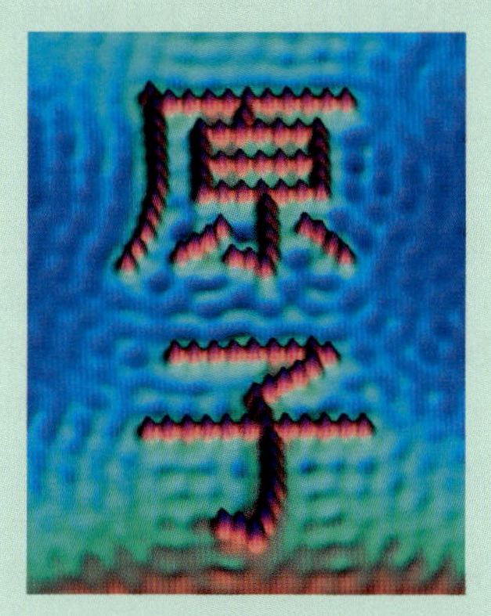

図 1・3　走査型トンネル顕微鏡を使い，一つ一つの鉄原子を動かして，銅の表面上につくった“原子”の文字

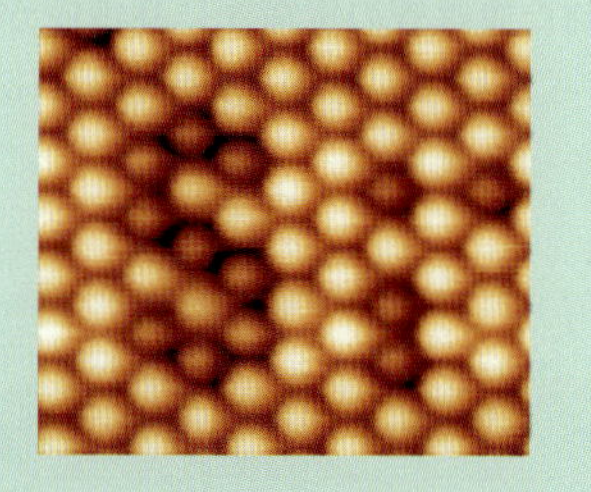

図 1・4　おそらく世界最小の文字．スズ原子（明るい部分）が並ぶ中にケイ素原子（暗い部分）でケイ素Siと書かれている．ケイ素原子の操作は原子間力顕微鏡の針先で行われた．

1・3 原子の構造

20世紀のはじめには原子が存在する確たる証明はなかったが，科学者たちは原子の構造に興味を抱いていた．ドルトンの原子説では原子は壊すことはできず分解できないとされていたが，それは必ずしも真ではないことがこの頃に行われた実験より示された．特に，1895年のレントゲン（Wilhelm Röntgen，1845～1923）によるX線の発見（図1・5）と1896年のベクレル（Henri Becquerel，1852～1908）による放射能の発見は，その当時には原子を分割することはできなかったが，原子は個別の粒子からなり，放射能とは原子からの粒子の放出（放射線）であると確信させるものであった．

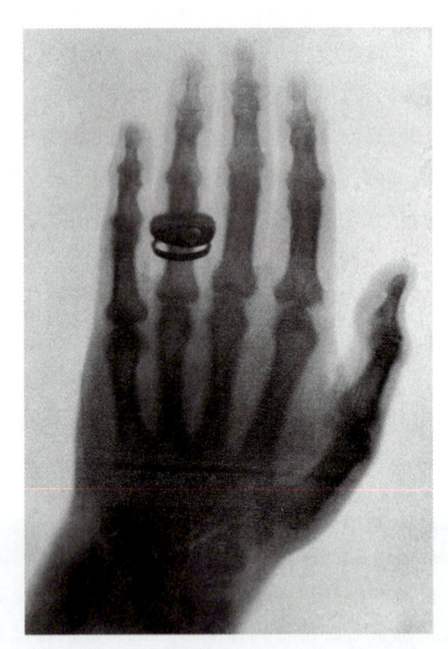

図1・5 レントゲン（1901年，ノーベル物理学賞）により1895年12月22日に撮影された最初のX線写真の中の一つ．この手は彼の妻の手である．

原子中の粒子の存在に対するさらなる証拠は図1・6に示すような放電管を用いた実験から得られた．低圧の気体が入れられた放電管の電極間に高電圧がかけられると，負電荷をもった粒子が陰極（カソード）から陽極（アノード）に向かって流れた．

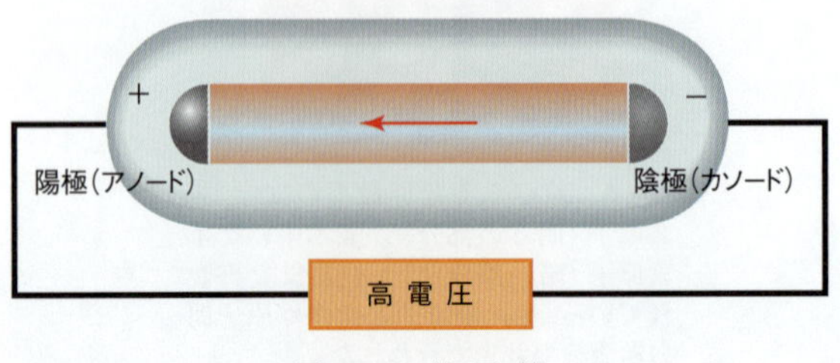

図1・6 放電管

粒子はカソードから流れたので，それは陰極線とよばれた．1897年，英国の物理学者トムソン（J. J. Thomson，1856～1940）が図1・7に示す改良した放電管を用いて陰極線を磁場の中に通したところ，陰極線の進路は磁場により曲げられた．この効果の解析よりトムソンは，今日，電子として知られている陰極線を構成している粒子の質量に対する電荷の比を決定した．

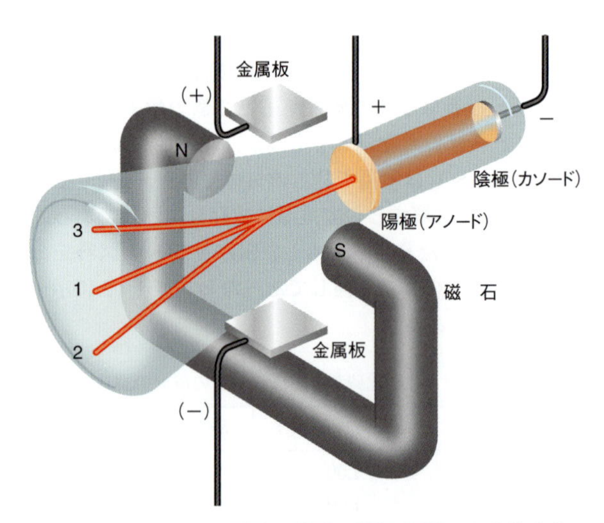

図1・7 トムソンが電子の質量に対する電荷の比を決定するのに使用した装置の概略図．陰極（カソード）から出た電子ビームは磁石の両極の間および電荷を帯びた一対の金属板電極の間を通る．磁場はビームを2の位置に曲げようとする．一方，電極の電荷は反対方向の3の位置に曲げようとする．電極の電荷の量を調整することにより，二つの効果を打ち消して1の位置にビームがくるようにする．この磁場の効果を打ち消すのに必要な電荷の量から質量に対する電荷の比が計算できる．

1909年，米国の物理学者ミリカン（Robert Millikan，1868～1953）は電荷を帯びた板の間を落ちる帯電した油滴の速度を測定することで電子1個の電荷を決定した．これとトムソンの結果より，電子の質量は9.09×10^{-31} kgと計算できた．原子が電気的に中性であることより，電子には正電荷をもった相手がいることになるが，その本性は20世紀の初頭にはわからなかった．原子の中の正電荷をもつ相手だけでなく，原子の構造そのものについて光を投げかけたのはニュージーランド生まれの科学者ラザフォード（Ernest Rutherford，1871～1937）であった．放射能の理論に関する仕事ですでに1908年にノーベル化学賞をとっていたラザフォードは，1909年頃，図1・8に示す有名な金箔の実験を考案した．ラザフォードは驚くほど薄い（ほんの数原子の厚さの）金箔を用意し，α線とよばれる正電荷を帯びた粒子（ヘリウムの原子核）の流れを衝突させた．

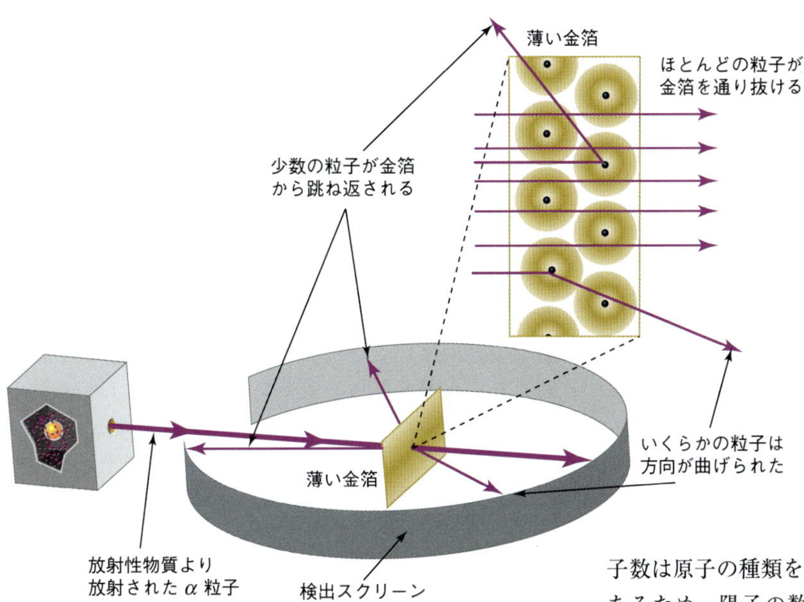

図 1・8　ラザフォードの金箔を使った実験の概略図．正電荷をもったα粒子のビームを薄い金箔にあてると，粒子のほとんどがまっすぐ箔を通り抜けていった．しかし，少数の粒子は線源の方に跳ね返された．

ほとんどの粒子は何の抵抗も受けることなく金箔を通り抜けて直進したが，あるものはいろいろな角度で進路が曲げられた．そして，8000に1個ぐらいの割合で発射方向にまっすぐに跳ね返ってきた．この驚くべき結果についてラザフォードは次のように述べた．“これはまるで，一片の紙切れに向かって15インチ（38.1 cm）の弾を撃ち込んだらそれが跳ね返ってきたと同じく信じがたいことだ．”この結果を説明するために，ラザフォードは原子の新しいモデルを提案した．彼は，原子は一つの小さな正電荷を帯びた中心核をもっていると提案した．その核を**原子核**（nucleus）とよび，それは原子のほとんどの質量をもっている．原子核のもつ正電荷は**陽子**（proton）とよばれる粒子によるもので，原子核中の陽子数は原子の種類を決めている．原子は電気的に中性であるため，陽子の数と同じ数の電子が，図1・9に示すように原子核の周りに存在する．

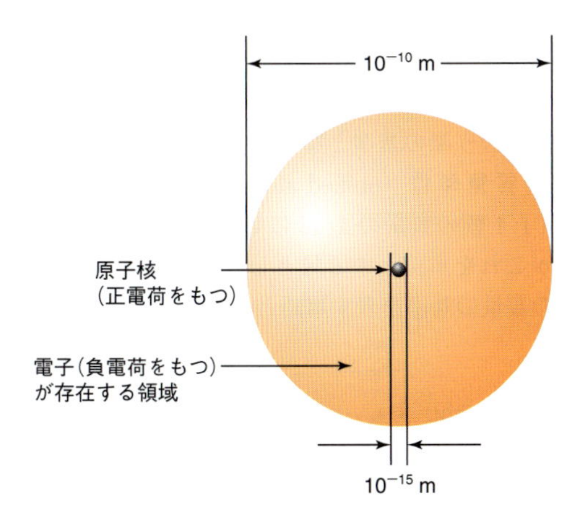

図 1・9　原子核とその周囲を覆う電子が存在する領域を示す図．寸法の尺度は正確ではない．もし正確に描くと，原子核は目には見えない．

電子が存在する範囲は原子核の大きさに比べかなり大きな体積を占めているが，それぞれの電子の質量はとても小さく，電子によりα粒子は進路を変えられることはない．結果として，α粒子は原子核の非常に近くを通過したときにしか進路を曲げられることはなく，また，原子核に正面衝突したときにしか反対方向に跳ね返ってこない．原子の体積のほとんどは空であるので，ほとんどのα粒子は影響を受けることなく箔を通過する．跳ね返った粒子の数とその跳ね返りのパターンよりラザフォードは正電荷をもつ原子核は原子の全体積の0.1%以下を占めていると計算した．これは，原子の大きさがラグビー場とすると原子核の大きさは豆粒ほどの大きさに相当する．ラザフォードが原子核中の陽子の数をもとに原子核の質量を計算すると，その値は実際の質量よりも小さかった．実際，ラザフォードは原子核の質量の約半分しか陽子に基づいて説明できなかった．このことより彼は，陽子と同じくらいの質量をもつが電荷はもたない他の粒子が原子核中に存在することを示唆した．この示唆は，1932年に英国の物理学者チャドウィック（James

表 1・3　電子，陽子，中性子の物理学的データ

粒子	記号	電荷〔C〕	質量〔kg〕	質量〔u〕
電　子	e^-	-1.6022×10^{-19}	9.1094×10^{-31}	5.4858×10^{-4}
陽　子	p	$+1.6022\times10^{-19}$	1.6726×10^{-27}	1.0073
中性子	n	0	1.6749×10^{-27}	1.0087

電荷の単位はクーロン（C）．右端の列の質量の単位は原子質量単位（u）．1 u = $1.660\,54\times10^{-27}$ kg（1個の^{12}C原子の1/12の質量）

Chadwick, 1891〜1974）が**中性子**（neutron）を発見するきっかけとなった．原子核中に陽子と中性子が発見されたことから，陽子と中性子はしばしば**核子**（nucleon）とよばれる．表1・3にこの原子モデルに登場する**基本粒子**（subatomic particle）をまとめた．

その後，陽子と中性子はクォークとよばれるさらに小さな粒子より構成されていることが示された．クォークの存在は，なぜ正電荷をもつ陽子が非常に密に集まって原子核中に存在できるのかを理解する助けとなっている．しかしながら，クォークは原子核の外では非常に不安定である．クォークは化学者よりも物理学者の興味の対象となっている．

原子がどのように構成されているか検討するために，元素記号Hをもつ最も単純な原子である水素原子をとりあげる．水素は原子核中に1個の陽子をもち，1個の電子をもつ．これを$^{1}_{1}$Hと表記する．この書き方は任意の元素Xについて次のように使われる．

$$^{A}_{Z}\mathrm{X}$$

ここでAは元素の**質量数**（mass number），Zは**原子番号**（atomic number），Xは**元素記号**（chemical symbol）である．原子番号（Z）は原子核中の陽子数である．質量数（A）は原子核中の陽子の数と原子核中の中性子の数（N）の和である．

原子番号は電気的に中性の原子がもつ電子の数に等しい．元素は原子番号で決まる．同じ原子番号をもつ原子はすべて同じ元素の原子である．それゆえ，$^{1}_{1}$Hという記号は“水素の原子は1個の陽子（Z=1），1個の電子と0個の中性子をもつ”ことを表している．

もし多数の水素原子を分析したとすると，およそ6600原子に1個の割合で$^{1}_{1}$H原子の約2倍の質量をもつ原子を見つけるであろう．その重い原子は重水素あるいはジュウテリウム（deuterium）とよばれる水素の**同位体**（isotope）である．同位体は同じ数の陽子（同じZ）をもつ同じ元素であるが，異なる数の中性子をもつ原子である．重水素の原子は$^{2}_{1}$Hの記号で表され，それは1個の陽子（Z=1）と1個の中性子をもつことを表している．$^{1}_{1}$H原子はしばしば重水素と区別するために軽水素あるいはプロチウム（protium）とよばれる．さらに，水素には，原子核中に1個の陽子と2個の中性子をもつ三重水素あるいはトリチウム（tritium）とよばれる第三の同位体$^{3}_{1}$Hがある．それは水素の同位体の存在度としては一番低く，10^{18}個の水素原子に対して1〜10個ほどである．三重水素は**放射性**（radioactive）であり，その原子核は不安定でβ線（電子）を放出することにより中性子が陽子に変わり，ヘリウム原子$^{3}_{2}$Heとなる．ヘリウム原子は原子核中に2個の陽子をもっている（Z=2）．ヘリウムには原子核中に1個と2個の中性子をもつ安定同位体$^{3}_{2}$Heと$^{4}_{2}$Heがある．原子核中に3個の陽子をもつ元素であるリチウム（Z=3）には，それぞれ3個と4個の中性子をもつ$^{6}_{3}$Liと$^{7}_{3}$Liがある．AとZで規定される原子は**核種**（nuclide）とよばれ，そのうち放射性の核種は**放射性核種**（radionuclide）とよばれる．

例題 1・3　原子の組成

放射性同位体$^{165}_{66}$Dyは関節炎の治療に使われる．この同位体の陽子，中性子，電子の数を求めよ．

解　答　陽子数は66，中性子数は99，電子数は66である．

練習問題 1・3　次の放射性同位体は医療に使われる．それぞれについて陽子と中性子の数を求めよ．

(a) $^{133}_{54}$Xe（放射性の気体として肺の診断に使用）
(b) $^{192}_{77}$Ir（舌に差し込み，舌がんの治療に使用）

元素記号があれば原子番号を書くのは冗長なだけであるので，原子番号を省いた記述がよく使われる．すなわち，すべての水素原子はZ=1なので，しばしば，$^{1}_{1}$Hは単に^{1}Hと書かれる．この書き方を用いると，重水素は^{2}H，トリチウムは^{3}Hと書くことができる．

原子の質量*

表1・3の脚注を見ると同位体^{12}Cが原子などの粒子の質量を扱う際の基準となっていることがわかる．1**統一原子質量単位**（unified atomic mass unit），1 u，は^{12}C原子1個の質量の1/12に等しく，すべての原子の質量がこれを単位とする量として表される．本書では，原子の質量の基準を表す用語として，脚注にある原子量

* 原子量について：日本では統一原子質量単位（u）よりも原子量（atomic weight，あるいは相対原子量 relative atomic weight）がよく用いられる．ある原子の原子量は

$$\frac{\text{原子1個の質量}}{^{12}\text{C原子1個の質量の1/12}}$$

で示される比である．したがって原子量は単位をもたない量であるが，その数値は，その原子の質量を統一原子質量単位（u）で表した値，およびその原子1 molの質量をg単位で表した値に等しい．

を用いている．なお，生化学では，統一原子質量単位としてドルトン(Da)をしばしば用いている．^{19}F 原子 1 個の原子量は 18.998 403 2，^{31}P では 30.973 762 となる．フッ素もリンも天然にはただ一つの同位体しかないので，十分な量の試料から無作為に選び取ったフッ素原子は 18.998 403 2，リンは 30.973 762 の原子量をもっていることになる．それゆえ，フッ素の原子量は 18.998 403 2，リンについては 30.973 762 であるということができる．しかし，周期表中の大部分の元素は 2 種もしくはそれ以上の同位体よりなる．そして，十分な量の試料から無作為に選び取った 1 個の原子量は一定の値を示すとはかぎらず，どの同位体を取ったかに依存する．それゆえ，このような元素の質量は天然に存在する試料中の原子量の平均値として定める．たとえば，ガリウム Ga を考えてみよう．天然には原子核中に 31 個の陽子をもつ 2 種の同位体，$^{69}_{31}$Ga と $^{71}_{31}$Ga がある．前者の原子核中には 38 個，後者には 40 個の中性子が存在する．天然に得られるガリウムの試料はどれも 60.11％の $^{69}_{31}$Ga と 39.89％の $^{71}_{31}$Ga 同位体を含んでいる．これらの同位体の原子量が与えられると（$^{69}_{31}$Ga＝68.9256，$^{71}_{31}$Ga＝70.9247），次に示すように，それぞれの同位体の存在度による加重平均を取ることで Ga の平均原子量を計算することができる．

$$\text{Ga の平均原子量} = (0.6011 \times 68.9256) + (0.3989 \times 70.9247) = 69.72$$

図 1・10 は四つの元素の同位体組成を表している．そのうちの一つ，スズは安定な同位体の数が最も多い．

ほとんどの元素において試料中の同位体の割合は一定であるが，12 の元素（H, Li, B, C, N, O, Mg, Si, S, Cl, Br, Tl）については，元素の出所によって変動がある．例として水素を考えてみよう．この元素には ^{1}H, ^{2}H, ^{3}H の同位体があるが，^{3}H については存在度がとても低いのでここでは無視する．もし，大気中のメタンと天然ガスの試料を分析したとすると，前者の中の ^{2}H の割合が後者よりも大きくなる．よって，水素の平均原子量はこれらの二つの試料で異なる．それゆえ，水素の原子量に対し一つの値を割り当てる代わりに，原子量の範囲［1.007 84, 1.008 11］が与えられる．この範囲は天然に得られる試料における原子量の分析値の最小値と最大値に対応する．表 1・4 にはこれら 12 の元素の原子量の範囲が示されていると同時に，出所のわからない試料に対して使うことのできる標準的な値も示されている．

本書では，これらの 12 の元素に関しては表 1・4 に示す標準的な値を使うこととする．

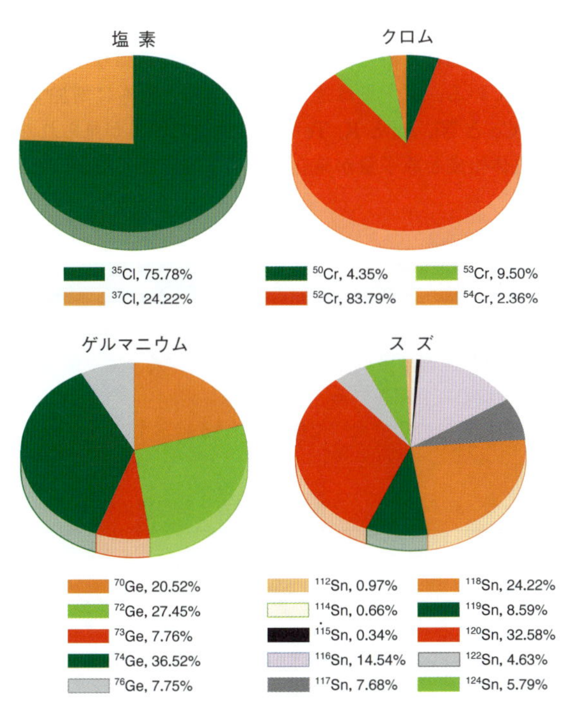

図 1・10 塩素 Cl，クロム Cr，ゲルマニウム Ge，スズ Sn の同位体の天然存在比を示す円グラフ．同位体の質量数と相対存在度の数値も示した．

例題 1・4 同位体存在度から平均原子量を計算する

自然界におけるチタン Ti は 5 種類の同位体の混合物であり，次に示す組成をもつ．

$^{46}_{22}$Ti (8.25％)，$^{47}_{22}$Ti (7.44％)，$^{48}_{22}$Ti (73.72％)，
$^{49}_{22}$Ti (5.41％)，$^{50}_{22}$Ti (5.18％)

これらの同位体の原子量は以下のとおりである．

$^{46}_{22}$Ti (45.952 631 6)，$^{47}_{22}$Ti (46.951 763 1)，
$^{48}_{22}$Ti (47.947 946 3)，$^{49}_{22}$Ti (48.947 870 0)，
$^{50}_{22}$Ti (49.944 791 2)

以上の情報から，チタンの平均の原子量を求めよ．

解 答 47.867

練習問題 1・4 アルミニウムの原子量は ^{12}C の原子量の 2.248 45 倍である．アルミニウムの原子量を求めよ．

練習問題 1・5 天然の銅は 69.15％の ^{63}Cu と 30.85％の ^{65}Cu を含む．^{63}Cu 原子は 62.9296 u，^{65}Cu 原子は 64.9278 u の質量をもつ．銅の平均原子量を求めよ．

表 1・4　H, Li, B, C, N, O, Mg, Si, S, Cl, Br, Tl の原子量の範囲と標準的に使われる原子量

元 素 名	元素記号	原子番号	原子量の範囲	標準的に使われる原子量〔u〕
水 素	H	1	[1.007 84, 1.008 11]	1.008
リチウム	Li	3	[6.938, 6.997]	6.94
ホウ素	B	5	[10.806, 10.821]	10.81
炭 素	C	6	[12.0096, 12.0116]	12.01
窒 素	N	7	[14.006 43, 14.007 28]	14.01
酸 素	O	8	[15.999 03, 15.999 77]	16.00
マグネシウム	Mg	12	[24.304, 24.307]	24.31
ケイ素	Si	14	[28.084, 28.086]	28.09
硫 黄	S	16	[32.059, 32.076]	32.06
塩 素	Cl	17	[35.446, 35.457]	35.45
臭 素	Br	35	[79.901, 79.907]	79.90
タリウム	Tl	81	[204.382, 204.385]	204.4

1・4　元素の周期表

元素を原子番号の順に並べると，元素の化学的，物理的性質に関して興味ある傾向を見ることができる．これらの傾向は繰返して現れる．そして，互いに似た元素を並べてみると，よく知られている元素の**周期表**（periodic table）の姿が浮かび上がってくる．メンデレーエフ（Dmitrij Ivanovich Mendeleev, 1834～1907, ロシアの化学者）とマイヤー（Julius Lothar Meyer, 1830～1895, ドイツの物理学者）が行ったのは正にこれであった．1869 年に，それぞれが独立に彼らの周期表の初めの版を発表した．驚くべきことに，これらの仕事は原子構造の理解がないまま，元素の相対質量をもとにして行われた．これは注意深い観察と細心な測定の証である．

現在の周期表

現在使われている周期表を図 1・11 と前見返しに示す．横の行は**周期**（period）とよばれ，1 から 7 まで番号が付けられている．一方，縦の列は**族**（group）とよばれ，1 から 18 までの番号が付けられている．元素は原子番号が増加する順にそれぞれの周期に並べられている．ある周期で 18 族まで埋まると新しい周期が始まる．原子量（通常 4 桁の値）がそれぞれの元素記号の下に記されている．原子量は通常は原子番号とともに増加するが，Co と Ni, Ar と K, Te と I の位置に例外が見られる．同位体組成と原子量が確立している安定な元素がほとん

コラム 1・2　医療用同位体

本章で見たように，元素の中には自発的に壊変してより軽い原子に変化する放射性同位体をもつものがある．たとえばウラン同位体 $^{235}_{92}$U は放射壊変すると中性子が発生する．その中性子は特別な同位体をつくるのに使うことができる．

例題 1・3 と練習問題 1・3 で見たように，放射性同位体には医療の診断や治療に有用なものがある．しかし，それらの寿命が短いため天然には十分な量が得られない．たとえば，80% 以上の医学的イメージングで用いられる $^{99m}_{43}$Tc（m は準安定状態であることを示す）は，66 時間の半減期をもつ放射性同位体 $^{99}_{42}$Mo の壊変を経てつくられる．$^{99}_{42}$Mo は原子炉で，中性子をウランに照射することでつくられ，精製された後に病院や医療施設に送られる．イメージングは $^{99m}_{43}$Tc を血流中に注入することで行われる．

$^{99m}_{43}$Tc は臓器に吸収され，そこで発生する γ 線が画像をつくるのに利用される．

他の短寿命の医療用同位体を表 1・5 に示す．

表 1・5　原子炉でつくられる医療診断・治療用同位体の例

同位体	用　途
$^{99m}_{43}$Tc	肝臓，肺，骨，腎臓，心臓のイメージング
$^{131}_{53}$I	甲状腺機能亢進症，甲状腺がん
$^{153}_{62}$Sm	骨肉腫患者の骨の痛みに対する緩和
$^{51}_{24}$Cr	腎臓機能の評価
$^{67}_{31}$Ga	悪性リンパ腫，肺がん，急性感染症
$^{123}_{53}$I	神経芽細胞腫の検出，病期分類，追跡検査

どであるが，その一方で自発的に壊変するいくつかの不安定な元素も存在する．そのような元素の同位体組成は不明であるが，周期表には，そのような元素については最も寿命が長い同位体の質量数がかっこ付きで記されている．56と72の間と88と104の間の元素の部分は周期表中で不連続となっている．それらの元素は表の下に別にして記されている．57から71までの元素は**ランタノイド**とよばれている．（スカンジウムSc，イットリウムYおよびランタノイドを合わせた17の元素を**希土類元素**とよぶことがある．）89から103までの元素は**アクチノイド**とよばれる．ランタノイドとアクチノイドは紙面の節約と見やすくするため表の下部に置かれることが多い．ランタノイドとアクチノイドは周期表中の他の残りの元素とは化学的に異なり，1族から18族までのどの族にも属していない．ランタノイドとアクチノイドはしばしば**fブロック元素**とよばれる．同様な言い方は他にもあり，1族と2族の元素は**sブロック元素**，3族から12族の元素は**dブロック元素**，13族から18族の元素は**pブロック元素**とよばれる．後で説明するが，s, p, d, fは電子軌道の名称である．水素Hを除いたsブロック元素およびpブロック元素を**主要族元素**とよぶ．12族を除いたdブロック元素は**遷移元素**ともよばれる．

周期表中のそれぞれの族に対する独自の名称も知られているが，昔ほど使われてはいない．1族の元素は**アルカリ金属**，2族の元素は**アルカリ土類金属**，15族の元素は**プニクトゲン**，16族の元素は**カルコゲン**，17族の元素は**ハロゲン**，18族の元素は**貴ガス**とよばれる．これらのうち，ハロゲンと貴ガスという名称はよく使われる．

周期表中のすべての元素は，金属，非金属，半金属（メタロイド）の三つに分類される．それは図1・11の

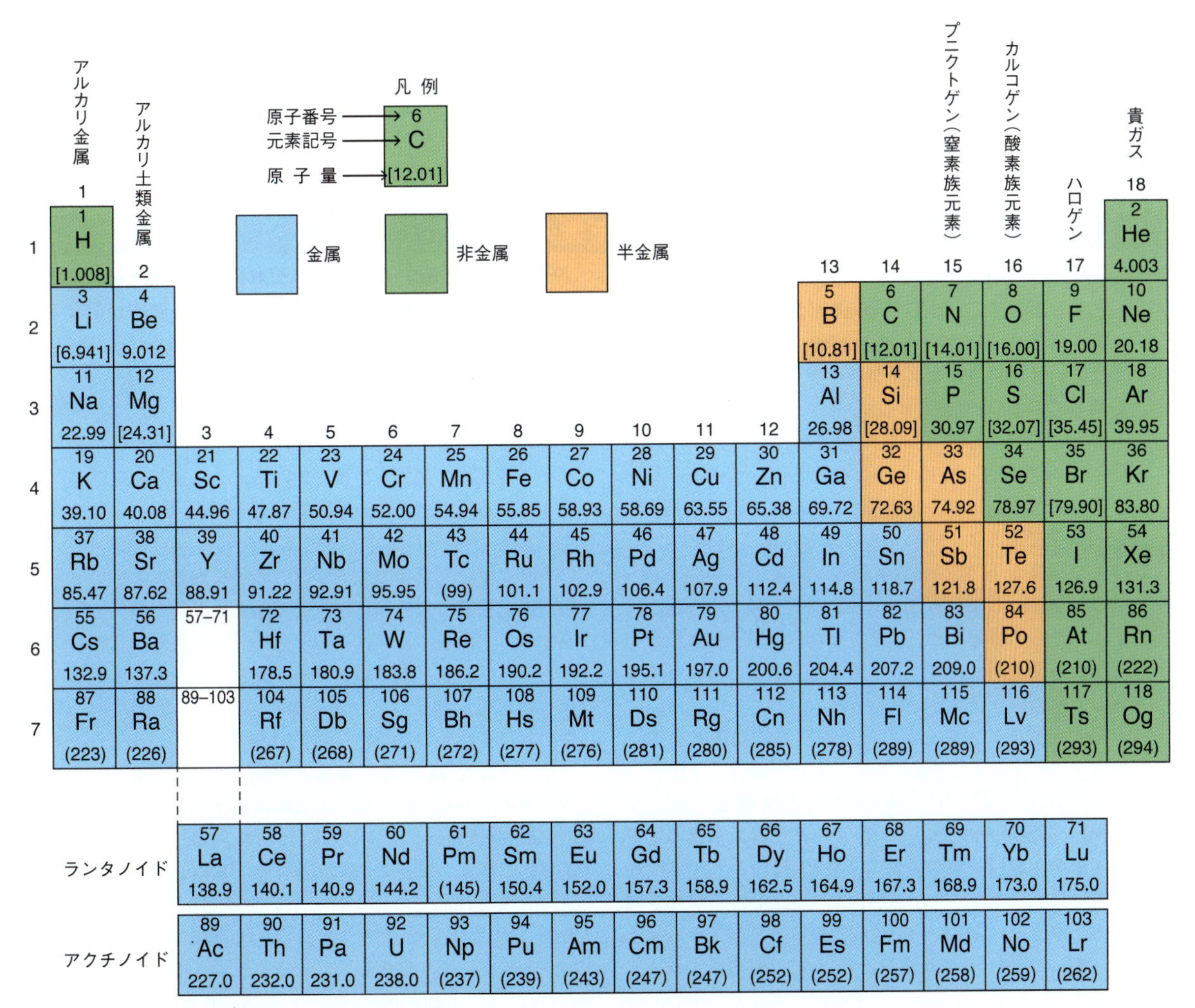

図1・11 元素の周期表．本書の執筆時において知られている元素の数は118である．元素の同位体のうち最も寿命の長いものの原子量が（ ）内に示されている．[ ] の値は表1・4にも示した12の元素の標準的な原子量である．

周期表中に色をつけて示されている．**金属**（metal）は熱，電気の良導体で，展性（薄い板に引き延ばせる性質），延性（針金などに引き延ばせる性質），そして通常は金属光沢がある．このような特性をもたない元素を**非金属**（nonmetal）とよぶ．それらの多くは室温，常圧下で気体である．**半金属**（metalloid）は金属と非金属の中間にあるものである．これらの元素の特徴として半導体の挙動を示す傾向があることがあげられる．ケイ素 Si，ゲルマニウム Ge はシリコンチップやトランジスタなどに広く使われている．

元素の名前

周期表中のすべての元素には1文字または2文字の元素の名前の略称が元素記号として付けられている．多くの元素の記号はその名前の初めの1文字あるいは2文字である．たとえば，炭素 carbon は C，酸素 oxygen は O，リチウム lithium は Li などである．新しい元素が発見されると，発見者がその元素に名前をつけ，それを IUPAC（国際純正・応用化学連合）が承認する．

周期表中のすべての元素のうち，C，S，Fe，Cu，As，Ag，Sn，Au，Hg，Pb などは古くから知られており，それらの発見された年は不明である．これらのうち，Fe，Cu，Ag，Hg などはラテン語の *ferrum*（強固），*cuprum*（銅の産地，キプロス），*argentum*（輝く），*hydrargyrum*（水のような銀）を短縮したものである．発見がわかっている最も古い元素はリン P である．それは1669年にブランド（Hennig Brand）により尿の蒸留により単離された．そして，暗闇でリンが光ることから，光をもってくる人を意味するギリシャ語の *phosphoros* にちなんで名前が付けられた．元素名の中には，国名にちなんでも付けられたものもある（ゲルマニウム Ge，フランシウム Fr，アメリシウム Am，ポロニウム Po）．また，初めて発見された場所にちなんでも付けられたものもある．スウェーデンの町イッテルビー（Ytterby）は四つの元素（エルビウム Er，イッテルビウム Yb，イットリウム Y，テルビウム Tb〕の名前のもととなった栄誉をもつ．また，いくつかの元素は人名にちなんで名付けられている．現在，16の人名が周期表

コラム 1・3　元素の生い立ち

元素は，同じ原子番号をもつ原子の集合名詞であるが，自然界に存在する元素は約90種類あり，最も重い元素は原子番号92番のウラン（uranium：U）である．ここでは，自然界における水素からウランまでの誕生の過程を眺めてみよう．

私たちの宇宙は約138億年前に起こった**ビッグバン**（big-bang）によって始まったと考えられている．この宇宙は断熱膨張して冷却され，1秒以内に物質の基本的構成単位であるクォークから陽子と中性子が誕生した．やがて温度が10億度まで下がると，陽子と中性子からヘリウム He およびリチウム Li の原子核が生成した．宇宙がさらに冷えると，電子がこれらの原子核と結合して中性の原子が生成され，やがて原子が重力によって集合して最初の一群の星が誕生した．

星が成長して大きくなり，星の内部で温度と圧力が増大すると，4個の水素原子核（^{1}H）が融合して1個のヘリウム原子核（^{4}He）に変化する**核融合**（nuclear fusion）反応が始まる．その際，ヘリウム原子核の質量が4個の水素原子核の質量より0.7%軽いこと，すなわち質量欠損により莫大なエネルギーが生じ，星が輝き始める．中心部の温度が約1億度になると，ヘリウム原子核（^{4}He）が融合して炭素原子核（^{12}C）が生成する反応が始まる．やがて炭素は星の中心部に集まり，中心部のヘリウムは炭素による内核を覆う層となる．このようにして元素が重い順に星の中心部に濃縮され，中心部の重い元素の原子核が十分たまると核融合反応が起こり，さらに重い原子核の生成が起こる．この星の中心部における核融合反応は鉄原子核（^{56}Fe）に到達するまで進行し，そこで核融合反応による星の燃焼は終わる．

星の燃焼が終わると中心部の冷却が始まり，この冷却によって，星の劇的な崩壊が起こる．これが超新星爆発とよばれる現象である．**超新星**（supernova）においては，原子核と中性子の間で多数の衝突が起こり，ウラン U のような重い元素まで生成する．超新星爆発によって宇宙空間に拡散した元素は，やがて集まって新しい星を形成する．太陽系の元素はこのようにして誕生したものと考えられており，太陽系にあるさまざまな元素の起源となった超新星爆発は，今から約60億年前に太陽系の近傍で起こったものと推定されている．

ウランは天然に存在する元素の中で最も原子番号の大きい元素である．93番以降の元素は超ウラン元素（transuranium element）とよばれ，1940年以降，人工的に合成されてきた．現在では，原子番号118の超ウラン元素まで合成されている．なお，原子番号113番の元素は，2004年に理化学研究所（和光市）で ^{70}Zn を ^{209}Bi に照射することにより誕生した元素であり，日本にちなんでニホニウム（nihonium：Nh）と命名された．

上で不朽のものとなっている．しかし，その人名にちなんで名付けられた元素はその人たちが発見したものではないというのは興味深い．

1・5 原子の中の電子

周期表中の元素は原子番号の増大順に並んでいるので，電子の数の増大順に並んでいるということもできる．原子の原子核と原子核中の陽子の数が原子の化学的個性を決めていることは第一に心得ておかねばならないが，原子の化学的性質の多く，そして最も重要な化学反応性は原子核ではなく電子によって決まる．

電子は1− の電荷をもち，すべての化学種の電荷は陽子の数に対しての電子の数で決まる．たとえば，過酸化物イオン O_2^{2-} は，イオンがもつ陽子の数よりも2個多く電子をもつため2− の電荷をもつ．同様に，Li^+ イオンは3個の陽子と2個の電子をもつため1＋の電荷をもつ．電子は負電荷に加えてスピンとよばれる二つの内部自由度をもっている．電子の内部自由度は右回りと左回りの自転に相当し，それぞれ上向き，下向きの角運動量を生じる．言い換えれば電子は，次のようにしばしば図示される“アップ”，“ダウン”とよばれる二つのスピンの状態のうちのどちらか一つの状態にある．

↑（アップ．上向きのスピンを表す）
↓（ダウン．下向きのスピンを表す）

電子は原子内において一定の空間領域を占めている．その空間領域は軌道とよばれる．原子内の軌道は最大2個の電子を含むことができる．それらのうちの一つのスピンはアップ，他方のスピンはダウンでなくてはならない．

化学において電子が重要なのは，電子は分子中で原子どうしを結びつける化学結合をつくるからである．共有結合は通常，原子間に共有される1組，2組あるいは3組の電子対よりなる．そのそれぞれの電子対では電子は互いに相反するスピンの状態にある．化学反応が起こる分子では，このような結合が切れ，新しい結合ができる．このとき，反応物と生成物の分子の間で電子対の再編が必要となる．そして，それがどれだけ容易に行われるかで反応の速さが決まる．化学種の間で1個あるいは2個の電子が移動する反応も知られている．それらは酸化還元反応とよばれ，非常に多くの化学的，生化学的過程で重要である．実際，体内では，酸素を運んでいる血液の中で鉄イオンと酸素分子が電子を交換している．

化学的構造と反応の両面における重要性のため，電子は化学の中で重要な位置を占めている．第2章以降では，おもに電子が支配している分子と原子の性質について多くを学ぶことになる．

2 化学の用語

2・1 化学式，構造式，分子構造

化学では，内容を言葉で表すだけでなく，文字，数字，記号，そして図形の組合わせを使って化学種を表現する．メタンという分子を例にとる．メタン分子では，4 個の水素原子が 1 個の炭素原子に結合している．図 2・1 にメタン分子が五つの異なる表現方法で示されている．それぞれは異なる情報を伝えている．この章を読み進めるうちに，ある情報を伝えるのにどれが最も適切な表現方法かがわかるようになるであろう．

CH_4 (a)　(b)　(c)　(d)　(e)

図 2・1　メタン分子の異なる表し方．(a) 化学式，(b) 構造式，(c) 三次元的な構造式，(d) 球棒模型，(e) 空間充填模型．

この節では，分子を表現する多くの方法のうちいくつかと，化学反応において起こる結合の形成と開裂を表現する方法を紹介する．

化 学 式

どんな物質においても組成を表す最も簡単な方法は**化学式**(chemical formula)を用いることである．化学式は，その物質に含まれる原子種のそれぞれの数を示すものであり，原子を表す元素記号とその原子の数を表す下付きの数字より構成される．それは，水 H_2O のような簡単なものから $C_{30}H_{34}AuBClF_3N_6O_2P_2PtW$ のような複雑なものまである．後者の化合物は現在最も多くの元素を含むものとして知られている．

第 1 章で見たように，元素は一つか二つの文字で表す．これはすべての化学式に共通している．最も単純な化学式は純粋な元素を表すもので，たとえば，ヘリウムなら He，ケイ素なら Si，銅なら Cu のような，周期表に載っている元素記号そのものである．このような化学式は，ヘリウムのように他とは相互作用していない単一種類の原子から，あるいはケイ素や銅のように互いに連結し三次元的配列をなす単一種類の原子から構成されていることを示している．しかし，もっと複雑な化学式を書かなければならない場合もある．たとえば，水素，窒素，酸素，フッ素，塩素，臭素，ヨウ素などの元素は，天然には独立した原子でも三次元的な配列構造をもつものでもなく，二原子分子である．それぞれの化学式，H_2，N_2，O_2，F_2，Cl_2，Br_2，I_2 はこのことを端的に表している．より大きな分子をなす元素もある．リンの分子は 4 個の P 原子を含み，硫黄分子は 8 個の S 原子を含むので化学式はそれぞれ P_4，S_8 となる．ここであげたいくつかの

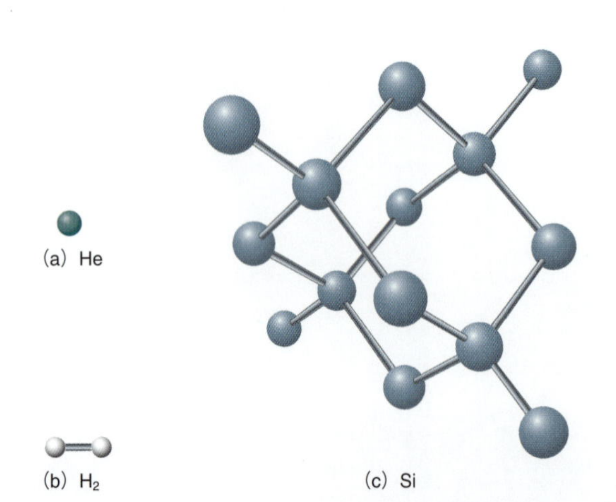

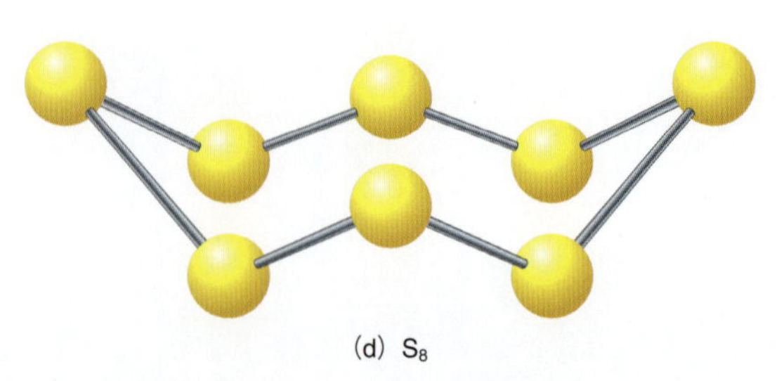

図 2・2　元素の化学式とその球棒模型の例．(a) ヘリウム，(b) 水素，(c) ケイ素，(d) 硫黄

元素の化学式を球棒模型も添えて図2・2に示す．

単独の分子の化学式はしばしば**分子式**（molecular formula）とよばれ，それは分子中の原子の種類と数を表す．分子式中の下付き添え字の数字はそのすぐ直前の原子の数を表す．また，原子の組を囲むかっこの直後の数字は，そのかっこ内の原子の組の全体にかかる．たとえば，化学式$B(OH)_3$は1個のホウ素原子，3個の酸素原子，3個の水素原子を含むことを表す．この分子の構造を図2・3に示す．

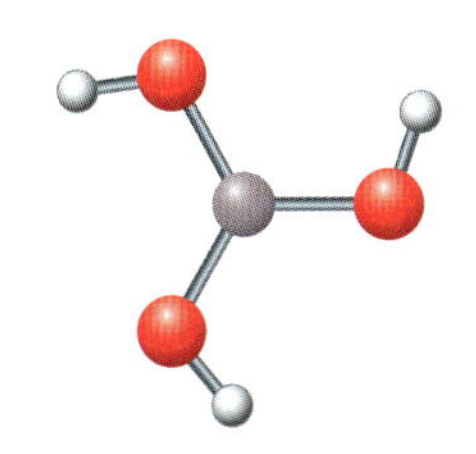

図2・3　球棒模型で表した$B(OH)_3$分子の構造

化合物は2種以上の元素を含む．したがって，どんな化合物にもその化学式の書き方は二つ以上ある．たとえば，塩化水素は水素と塩素を1個ずつ含む二原子分子である．それゆえ，その化学式はHClともClHとも書くことができる．このような混乱を防ぐために，標準的な化学式の書き方が定められている．二成分化合物（2種の元素のみを含む化合物）には手順2・1に示す指針が適用される．

手順2・1　二成分化合物の化学式の書き方の指針

1. 周期表に現れる順に元素を左から書く．ただし，水素は例外とする．
2. 水素がある場合で，他の元素が16族と17族以外の場合は，水素を最後に書く．
3. 二つの元素が周期表の同じ族に属する場合，周期表のより下方にある元素をはじめに書く．
4. イオン化合物の場合，陽イオン（正の電荷をもつイオン）をはじめに，陰イオン（負の電荷をもつイオン）を後に書く．

2種以上の元素を含む化合物の化学式を書くには，化合物内での結合の情報がある程度必要となる．第6章でより詳しく扱うが，化合物は結合の性格からイオン化合物と共有結合化合物の二つに大きく分けられる．はじめにイオン化合物を扱う．

イオン化合物はイオンのみからできている．そして，相反する電荷をもつイオン間の引力により三次元の無限に連続した格子構造をつくる．たとえば，手順2・1で示された二成分化合物の命名の指針を使うと，正電荷をもつイオンNa^+と負電荷をもつイオンCl^-よりなる塩化ナトリウムの化学式はNaClである．イオン化合物のもつ全電荷がゼロになっていることを常に確かめる必要がある．すなわち，Na^+とCl^-の数は等しくなければならず，化学式全体に固有の電荷をもたせてはならない．イオンは1以上の正あるいは負の電荷をもつことができる．たとえば，カルシウムイオンの化学式はCa^{2+}である．カルシウムイオンCa^{2+}と塩化物イオンCl^-がイオン化合物をつくるとき，全体の電荷をゼロにするためにCa^{2+}が1個，Cl^-が2個必要であり，化学式は$CaCl_2$となる．

ときには，硝酸イオンNO_3^-のように，1個のイオンが2個以上の原子を含むことがある．NO_3^-中の原子の順番は手順2・1に示された指針に沿っている．二つ以上の元素を含む多原子イオンを含むイオン化合物の化学式は，やはり，陽イオン，陰イオンの順に書く．たとえば，硝酸ナトリウムの場合は$NaNO_3$となる．硝酸カルシウムの化学式を書く場合は少し複雑である．全体での電荷がゼロになるために，Ca^{2+}が1個，NO_3^-が2個必要である．どのようなイオンに対しても行うように，NO_3^-の直後に添え字の2を置きNO_3^-が2個あることを示す．しかし，そうすると二つの添え字が連続してしまい混乱が生じる．このような場合，イオンをかっこで囲い，添え字の2をかっこの外につける．こうしておいて陽イオンをはじめの位置におくと，$Ca(NO_3)_2$と化学式を書くことができる．

$Ca(NO_3)_2$ 　$CaNO_{32}$ 

前に述べたように，添え字の2はかっこ内の原子団の全体にかかる．すなわち，この化学式は1個のCa^{2+}と2個のNO_3^-を意味する．

例題2・1　二成分化合物の化学式

次に示す元素からできている二成分化合物の化学式を書け．

(a) 3個の塩素原子Clと1個のリン原子P
(b) 6個の水素原子Hと2個のホウ素原子B
(c) 3個の塩素原子Clと1個の臭素原子Br

解　答　(a) PCl_3，(b) B_2H_6，(c) $BrCl_3$

練習問題2・1　次に示す元素からできている二成分化合物の化学式を書け．

(a) 3個の硫黄原子Sと2個のアルミニウム原子Al
(b) 2個の水素原子Hと1個の硫黄原子S
(c) 5個の塩素原子Clと1個のヨウ素原子I

添え字の数字と添え字でないふつうの数字の違いを説明するために次の化学反応を考えてみよう．それは固体の $Ca(NO_3)_2$ を水に溶かしたときのものである．

$$Ca(NO_3)_2(s) \longrightarrow Ca^{2+}(aq) + 2\,NO_3^-(aq)$$

添え字の数字は分子や化合物内の成分原子やイオンの数を表すときのみに使われる．言い換えれば，添え字の数字は化学式のみに現れる．一方，ふつうの数字は，特に化学反応式中の原子，分子，イオンの数を表す係数として使われる．このことは第4章でさらに詳しく扱う．

練習問題 2・2　次の陽イオンと陰イオンのすべての可能な組合わせから生じる化合物の化学式を書け．
陽イオン：NH_4^+，K^+，Ca^{2+}，Al^{3+}
陰イオン：Br^-，ClO_4^-，CO_3^{2-}，PO_4^{3-}

硝酸カルシウムは白色の結晶性固体であるが，これを湿った空気にさらすと水を吸収して**水和物**（hydrate）となる．この水和物も白色の結晶性固体であるが，その化学式は $Ca(NO_3)_2 \cdot 4H_2O$ である．この水和物を真空中で加熱して水分子を取り除くともとに戻すことができる．これにより無水物 $Ca(NO_3)_2$ が生じる〔**無水物**（anhydride）はその化合物が水分子を含んでいないことを意味する〕．水和物の生成はイオン化合物では比較的ありふれたものである．そのような水和物においては水分子を化学式の最後に付け加えて書く．

共有結合化合物は，隣り合う原子間での電子の共有による結合から成り立つものとされる．共有結合化合物の大部分は炭素を主体とする有機物であり，その化学式は1番目に炭素，それに続いて水素，さらに残りの元素がアルファベット順に書かれる（たとえば C_2H_6O，C_4H_9BrO，CH_3Cl）．化学式の大きな欠点は化合物の構造についてほとんど記述していないことである．構造を知るには，構造式が必要となる．

構造式

化学者は，どのように原子が互いに結合して分子として成り立っているかに興味をもっている．分子式はその分子の化学組成を知るには有用であるが，原子がどれと結ばれているかについてはほとんど教えてくれない．たとえば，水の分子式は常に H_2O と書かれるが，分子中で原子がどのように並んでいるかについては示していない．分子式のみから，次に示す三つの可能な原子配列のうち H_2O に対してどれが正しいものであるかを示すことはできない．

```
                                   O
H—H—O       H—O—H       H—H
                                  / \
```

構造式（structural formula）は分子内の原子が互いにどのように結合しているかを示そうとするものである．これにより私たちは構造に関する情報をある程度得ることができる．各成分原子に対して元素記号が使われる．そして，成分原子は結合している順に置かれ，隣り合う原子間の結合は線で表される．1本の線は単結合を表す．第6章で学ぶが単結合は1組の電子対より構成される．2本の線は二重結合，3本の線は三重結合で，それぞれ2組の電子対，3組の電子対より構成される．アンモニア分子を例に考えよう．この分子における4個の原子の結合の様子は次のような構造式を書くことにより示すことができる．

```
H     H
 \   /
   N
   |
   H
```

この図から，窒素原子が3個の水素原子と単結合で結合していることは明らかである．アンモニア分子は次のようにも図示される．

```
H—N—H
   |
   H
```

この図は前の図と同じ構造情報（窒素原子が3個の水素原子と単結合で結ばれている）を与えるが，明らかに少し異なる形をしている．ここに構造式のもつ重要な点が示されている．それは，“構造式は化合物の正しい幾何構造を必ずしも示してはいない”ということである．それは単に，二次元での表記では三次元の分子を正確に表すことが困難だからである．先に示した両方の図は分子内の結合について正しく表しているが，原子の三次元的な配列を表していないので構造の観点からは正しいものではない．これら両者とも，窒素原子の結合形成に関与していない電子対の存在を無視している．その電子対は非共有電子対とよばれる．非共有電子対は（多くの場合，その存在は化学式により暗示されるものの）分子の表現においてしばしば無視される．そして，それは構造に大きな影響を及ぼす．必要ならば，非共有電子対は次のように図示することができる．

```
    ..
H—N—H
    |
    H
```

後の章において，結合の形成と開裂における電子の動きを表す有機反応の機構を書くときに，原子上の非共有電子対が特に重要となることがわかるであろう．非共有電子対を含めてもまだ三次元的な観点からはアンモニア分子の正確な描像とはいえないが，分子内の原子間の正確な結びつきは表されている．後に三次元の要素を構造式に導入する方法を紹介する．

構造式は有機化学において特に有用である．多くの共有結合よりなる無機化合物では，中心の原子の周りに 2，3，4，5 あるいは 6 個の原子が結合した小さな分子となる傾向があるが，有機化合物の分子には環状や鎖状となる傾向があり，幾何学的構造は非常に多様である．これは炭素原子のカテネーションとよばれる互いに結合しようとする特有の性質のためである．この性質が有機化合物の分子を大きな分子へと導いている．分子中のそれぞれの炭素原子は他の 4 個の炭素原子と結合をつくることができる．これは比較的小さな有機分子でさえ，成分原子が互いに結合する仕方に多くの可能性があることを意味している．

炭素は 4 価，すなわち分子中で計四つの結合をつくることのできる元素である．その結合には単結合，二重結合，三重結合が可能である．炭素の結合のつくり方には，四つの単結合，二つの二重結合，二つの単結合と一つの二重結合，三重結合と単結合の 4 通りがある．一方，水素原子は 1 価であるので，他の原子と一つの単結合しかつくらない．そして，有機分子においては，水素原子は多くの場合炭素と単結合で結合する．このような結合のしくみを C_3H_8 の化学式をもつプロパンを例にとって説明してみよう．それぞれの炭素原子が四つの結合を，それぞれの水素原子が一つの結合をつくらねばならない結合のしくみにおいて，すべての原子を結びつけるただ一つの可能な方法を次の構造式で示す．

```
    H   H   H
    |   |   |
H — C — C — C — H
    |   |   |
    H   H   H
```

プロパン，C_3H_8

この構造式からプロパン分子の 3 個の炭素原子が連結して一つの鎖をつくっていることがわかる．その鎖の末端にあるそれぞれの炭素原子（末端炭素原子とよばれる）は 3 個の水素原子と単結合で結ばれている．そして，中心の炭素原子は 2 個の水素原子と結ばれている．プロパンの構造式は化学式よりも多くの情報を含んでいることに気をつけてほしい．化学式も構造式も原子の数（炭素原子が 3 個，水素原子が 8 個）をきちんと示しているが，構造式は原子のつながりも示している．

プロパン分子には C−C と C−H の単結合しかない．有機分子では二重結合や三重結合も可能である．それらは，図 2・4 に示すように，それぞれ二重線，三重線で表される．

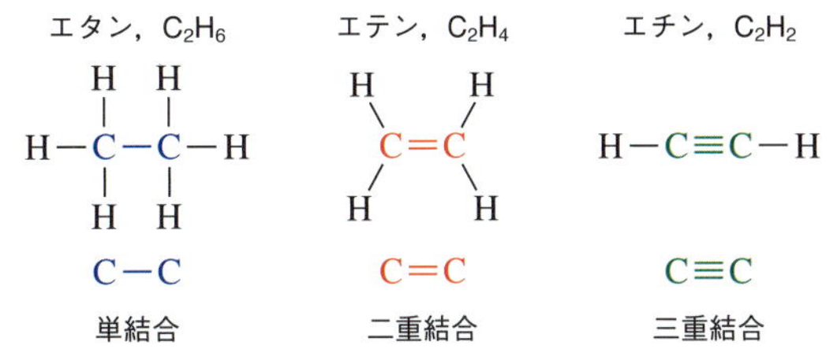

図 2・4　炭素原子間の単結合，二重結合，三重結合

構造式は化学式のもつあいまいさをなくすことができる．たとえば，メトキシメタンとエタノールの分子は同じ化学式 C_2H_6O をもつ．一方，図 2・5 に示した構造式ははっきりと分子内の原子の結びつき方の相違を表している．

```
    H       H              H   H
    |       |              |   |
H — C — O — C — H      H — C — C — O — H
    |       |              |   |
    H       H              H   H
  メトキシメタン             エタノール
```

図 2・5　メトキシメタンとエタノールの構造式．どちらも化学式は C_2H_6O である．

互いに同じ化学式をもつが化学的構造が異なるそれらの分子を**異性体**（isomer）とよぶ．構造式は異性体間の違いを表す便利な方法の一つである．

時には，構造式中のすべての結合をあらわには示さない方が便利なことがある．それは O−H や N−H の結合でよく見られ，これらはしばしば OH，NH と書かれる．例題 2・2 にその例がある．

さらに，二つのタイプの簡略化した構造式がよく使われる．**簡略式**（condensed structural formula）では，互いに結合してまとまっている成分原子がグループに整理され，そのグループ内では実際の結合は描かれない．たとえば，メトキシメタンとエタノールの簡略式はそれぞれ CH_3OCH_3，CH_3CH_2OH と書かれる．これらは，本質的に構造式と同じ構造情報を与えている．簡略式は成分原子が結合している順を示しており，そこが化学式 C_2H_6O とは異なっている．簡略式は，2-メチルプロパン C_4H_{10} のようなより複雑な分子にも用いられる．

```
    H   Me  H
    |   |   |
H — C — C — C — H      Me＝メチル(methyl)基，−CH3
    |   |   |
    H   H   H
```

この分子の簡略式は $CH_3CH(CH_3)CH_3$，$(CH_3)_2CHCH_3$ あるいは $(CH_3)_3CH$ であり，これらはすべて同じものを表している．これらの簡略式において，どのかっこ内の $-CH_3$ 基も，最も長い炭素鎖の中心の炭素原子に結合していると解釈される．

また分子を書くときには，C 原子を書かない**線結合構造式**（line-bond structure）も使うことができる．線結合構造式は手順 2・2 に示す指針に沿って書かれる．

手順 2・2 線結合構造式を書くための指針

1. C−H 結合以外のすべての結合を線で書く．
2. C−H 結合と C 原子に結合している H 原子は線結合構造式に書かない．
3. 単結合は 1 本の線，二重結合は二重線，三重結合は三重線で書く．
4. C 原子は元素記号で表記しない．他のすべての原子は元素記号で表記する．

この指針に沿うと，2-メチルプロパン C_4H_{10} は図 2・6 (b) のように表される．

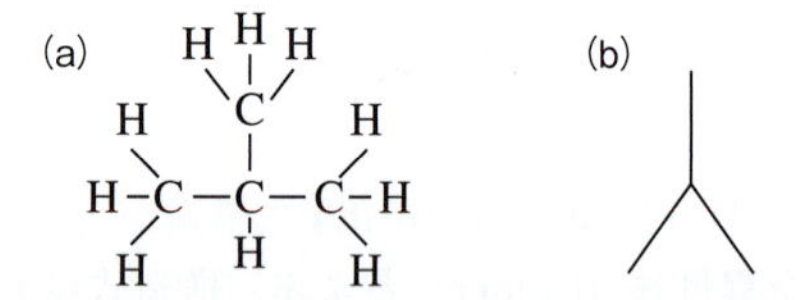

図 2・6 2-メチルプロパンの構造式 (a) と炭素原子を強調して描いた線結合構造式 (b)．これらの図は線結合構造式がいかに分子を単純化して表しているかを示している．炭素原子はそれぞれの線の先端，曲がり角と交点にある．それぞれの炭素原子は四つの結合が満たされるように水素原子で囲まれている．

図 2・6(b) において，炭素原子はそれぞれの線の先端，それぞれの曲がり角とそれぞれの交点にある．炭素原子単結合でつながれ，構造中に他の元素記号がないことから，それぞれの炭素原子は，計四つの結合が満たされるように，適切な数の水素原子と結合をつくっている．すなわち，端にある炭素原子は 3 個の水素原子と，中心にある炭素原子は 1 個の水素原子と結合している．

有機分子は一般に炭素鎖中に 2 個の水素原子と 2 個の鎖中で隣り合う炭素原子と結合した炭素原子を含んでいる．このような分子の構造を書くとき，炭素原子を区別するために，ジグザグに折れ曲がった炭素鎖を書かねばならない．線結合構造式の書き方についてはさらに例題 2・2 で説明する．

例題 2・2 線結合構造式 1

グルコース（ブドウ糖）には，環状構造に加え，次の構造式で示す直鎖構造のものも存在する．その線結合構造式を書け．

グルコース

解 答

例題 2・3 線結合構造式 2

イソプレンは天然物起源の物質でゴムの製造に使われる．それは次の構造式をもつ．この分子の線結合構造式を書け．

イソプレン

解 答

練習問題 2・3 プロパン-2-オール（消毒用アルコール）は次の構造式をもつ．線結合構造式を書け．

プロパン-2-オール

線結合構造式に慣れ，構造式から線結合構造式へ，また線結合構造式から構造式へと変換できるようになる必要がある．線結合構造式から構造式への変換においては，炭素原子は線結合構造式には見えていないことを心に留めおく必要がある．よって，最初にやることはすべての線の交点，屈曲点，先端に C を置くことである．それから，それぞれの炭素原子の四つの結合を満たすように単結合で結ばれた水素原子（−H）を付け加えていく．

例題 2・4　線結合構造式の変換

下に示す環状のブドウ糖（グルコース）の線結合構造式を構造式に変換せよ．また，化学式も書け．

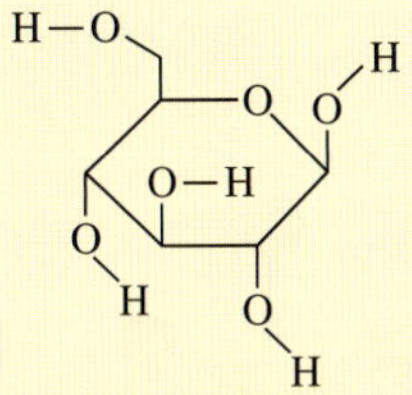

グルコピラノース
（溶液中での環状グルコース）

解 答

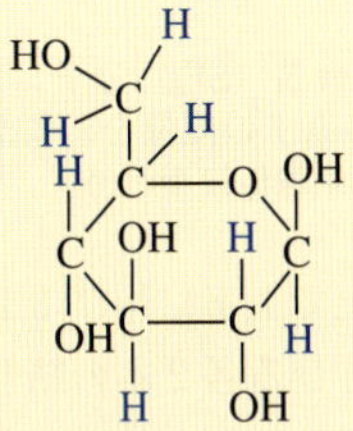

化学式は $C_6H_{12}O_6$

練習問題 2・4　次の線結合構造式を構造式と化学式に変換せよ．

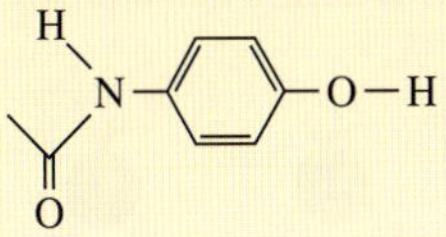

線結合構造式は化学の文献中における多くの分子の表記の基本であるが，手順2・2に示した指針から変化したものもよく目にする．たとえば，以下のように書かれたブタン C_4H_{10} を見ることがある．

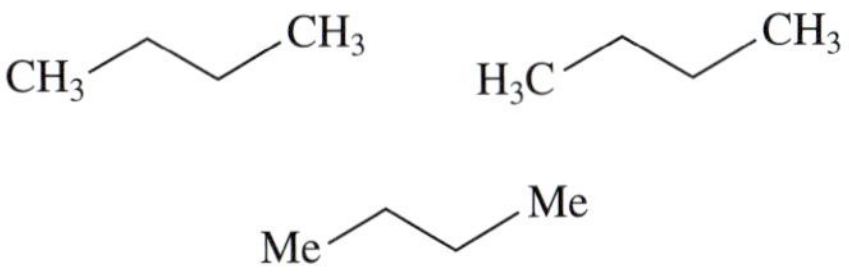

これらはすべて，下に示す厳密に書かれた線結合構造式の代用として許されている．

二重結合も三重結合もない分子において炭素鎖はどの方向に書いてもよいことに注意してほしい．ペンタン C_5H_{12} に対して次に示す等価な線結合構造式を書くことができる．しかし，これらの中では，上の二つが最も一般的に見られるものである．

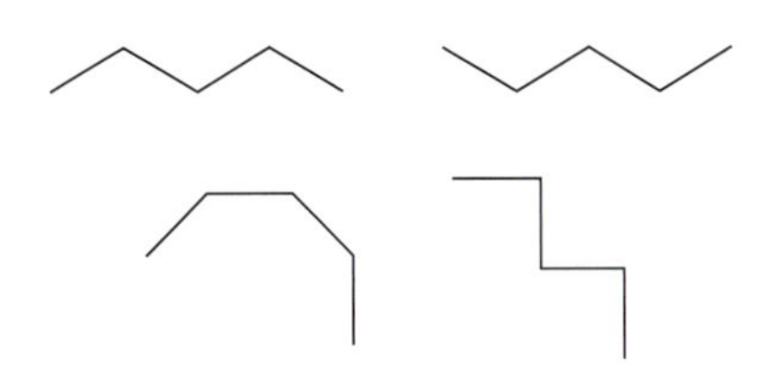

三次元構造

これまで説明してきた構造式は化学式よりもより多くの構造情報を与えるが，分子の完全な姿を与えるものではない．たとえば，これまで見てきた分子は平面状のものではない．それゆえ，三次元的な要素を導入する必要があり，多くの方法がある．

三次元構造式　二次元で三次元構造を描く最も簡単な方法は，構造式や線結合構造式をベースに遠近図の要素を加える方法である．以下に，1,2-ジメチルシクロペンタン分子を使って説明する．この分子は炭素原子5個よりなる環状分子で2個の隣り合う炭素原子に $-CH_3$ 基が付いている．以下が線結合構造式である．

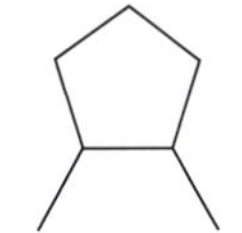

三次元空間でこの分子を横から見ると平面の線結合構造式が適切でないことは直ちにわかる．環をなす炭素原子には2個の原子，すなわち2個のH原子あるいは1個のH原子と $-CH_3$ 基のC原子1個，がついており，それらが環の上側と下側に突き出ている．このことから，$-CH_3$ 基について二つの可能な配置，すなわち二つとも環の同じ側，あるいは互いに相反する異なる側への配置が導かれる．つまり，*cis* と *trans* という接頭語を使って名付けられる異性体が可能である（図2・7を見よ）．*cis* 異性体は環の同じ側に $-CH_3$ 基をもつ（環の上側下側のどちらでもかまわない．結果は同じ化合物である）．*trans* 異性体では $-CH_3$ 基が環の相反する側に1個ずつ配置される．この状況を線結合構造式に結合をくさび状に描くことによって表すことができる（破線-くさび形表記）．**実線のくさび**（solid wedge）は紙面の前面に飛び出している結合を，一方，**破線のくさび**（hashed wedge）は紙面の背面に引っ込んでいる結合を表す．通常の線は紙面上の結合に使われる．それゆえ，二つの異性体は図2・7に示す線結合構造式のように表され，こ

れらが異なる化合物であることが容易にわかる.

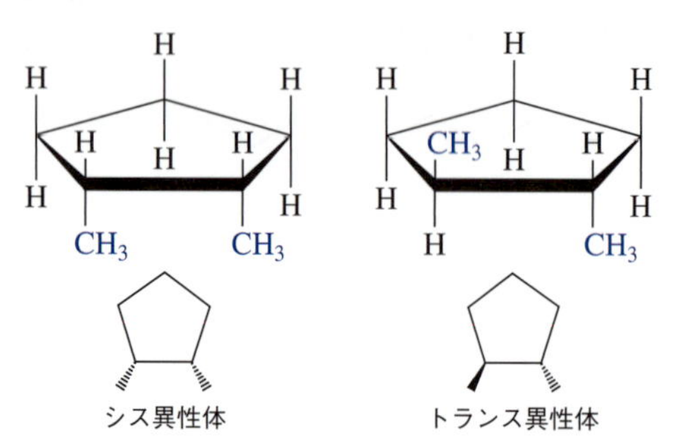

図 2・7　1,2-ジメチルシクロペンタンの異性体. 二つの $-CH_3$ 基が環に対して同じ側, あるいは相反する側に配置される二つの可能性がある. 実際には, シクロペンタン環は平面ではなくいくぶん反り返っている.

炭素が 4 個の原子と結合すると, それら 4 個の原子は一般には炭素を中心とした正四面体の頂点に配置される. それはそれぞれの原子を互いに最も離れた位置に置く配置である. 1 個の炭素原子の周りの四つの結合の三次元的な描像を示すには図 2・8 のように描くのが一般的である.

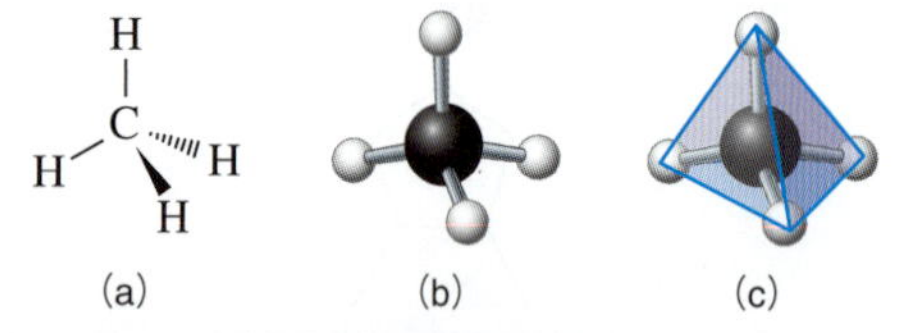

図 2・8　メタン分子 CH_4 は正四面体構造をとる. (a) 三次元的な構造図, (b) 原子の配置を示す球棒模型, (c) 正四面体の四つの面を示す球棒模型

この表現においては, 一つの結合は紙面の背面に, 一つの結合は紙面の前面に伸びており, 二つの結合が紙面上にある. このような個々の単位をつなげて 2 個以上の炭素原子を含む三次元分子を表すことができる. そのような三次元の表現は有機分子に限らない. 第 6 章でより多くの幾何構造が可能であることを学ぶ. そして, それらを表現するために類似の図を使うことができる. たとえば, 6 個の原子 (L) が遷移金属イオン (M) に結合して一般式 ML_6 の錯体をつくることがよくある. それぞれの L 原子は八面体構造といわれる仮想の正八面体の頂点に位置する. そのような配置は図 2・9 のように描かれる.

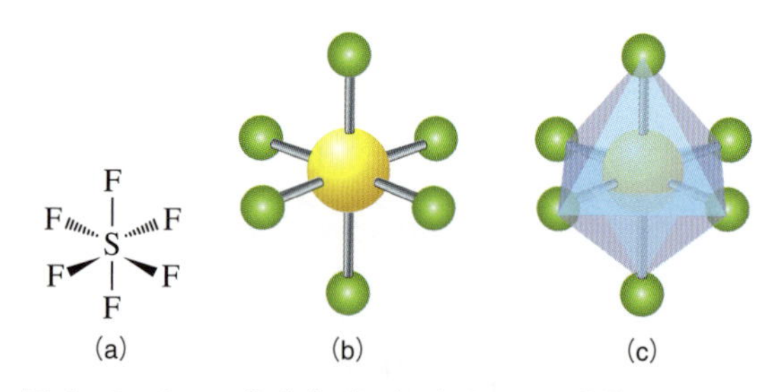

図 2・9　六フッ化硫黄 (SF_6) 分子は八面体構造をとる. その構造式 (a), 原子の配置を示す球棒模型 (b), 八面体の八つの面を示す球棒模型 (c)

この場合, 紙面上で上下に伸びる 2 本の結合, 紙面の後方および前方に伸びる各 2 本の結合がある. ペンと紙だけで十分詳しい三次元図を描くことができるが, より現実感のある図を描くにはコンピューターを使うのが便利である.

球 棒 模 型　**球棒模型** (ball-and-stick model) では,

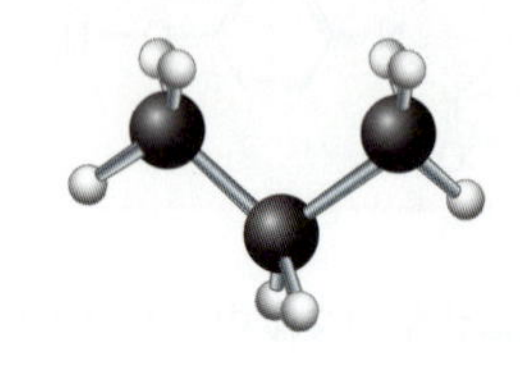

図 2・10　プロパン C_3H_8 の球棒模型

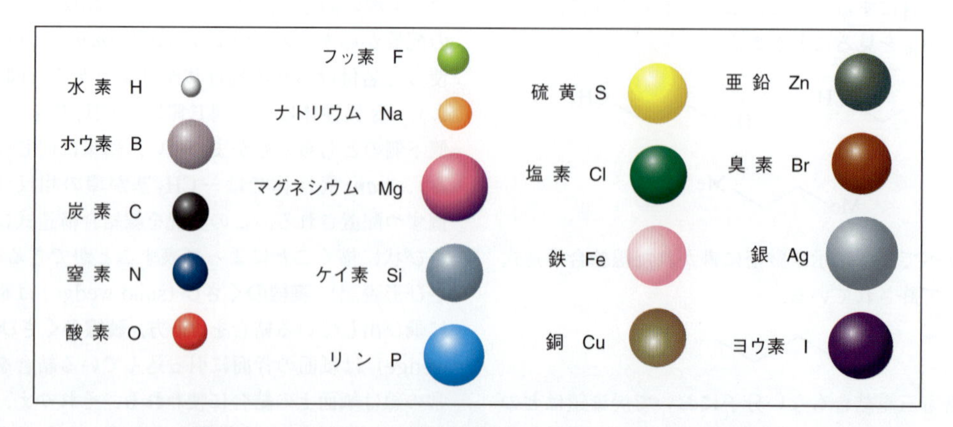

図 2・11　本書において原子を表すのに使われる球の大きさと色

適当な大きさの球が原子を，棒が結合を表す．図2・10はプロパンの球棒模型である．通常，分子内の原子の種類に応じて異なる色の球が使われる（図2・11を見よ）．このような模型は一般に分子の三次元的特徴を見きわめるのに便利である．

空間充塡模型　球棒模型は有用であるが，現実とはかけ離れたものである．すなわち，化学結合は棒ではないし，原子の大きさも任意に決めてよいものではない．**空間充塡模型**（space-filling model）は，分子がその分子がもつ電子が占める空間により定義されるとして，分子のそれぞれの原子の電子雲を用いて分子内の原子の相対的な大きさを表そうとするものである．電子雲が原子全体の体積のほとんどを占めるとしたラザフォードの金箔の実験（第1章）を思い起こそう．空間充塡模型の各原子は，その原子の電子が占めている体積を表す球で表現される．このような球が他の球と組合わさり分子全体が組立てられる．空間充塡模型は分子中の原子の電子雲が重なり合っているかどうか，すなわちそれらの原子が結合しているかどうかを一目で教えてくれる．図2・12はプロパンの空間充塡模型である．隣り合うC原子の球どうしがかなりの程度重なり合っていて，それらが結合していることを表している．CとHの球どうしが重なり合っていることからC−H結合の存在も明らかである．図2・13に日常生活でよく目にする化合物の空間充塡模型を示す．

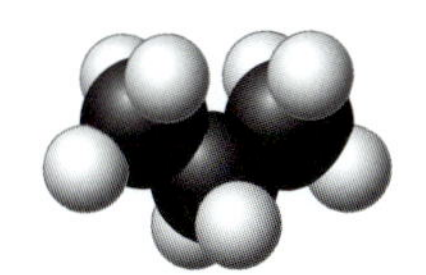

図 2・12　プロパン C_3H_8 の空間充塡模型

他の表現方法　タンパク質や核酸のような大きな分子（あるタンパク質の分子式は $C_{2952}H_{4664}N_{812}O_{832}S_8Fe_4$ にもなる）の各原子を表すのは，不可能ではないにせよ，面倒であまり有用なことではない．そのような分子では“漫画風の絵”を描くのがよい．図2・14は身体中で酸素を運ぶ鉄を含むタンパク質であるヘモグロビンのその

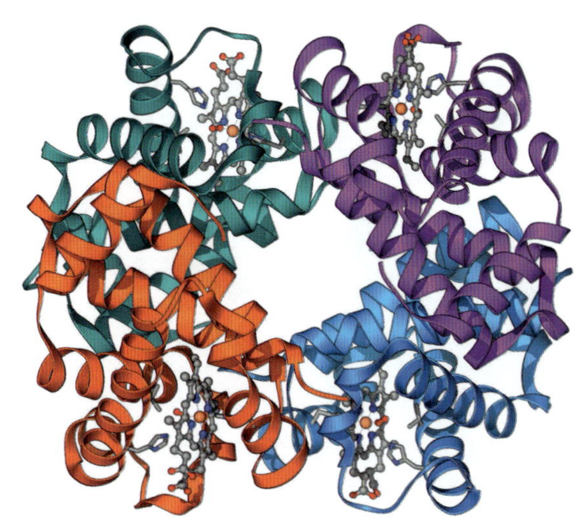

図 2・14　四つのヘム部分（色の付いた球）を示すヘモグロビンの構造．色の異なるリボンはタンパク質の異なる部分を示す．

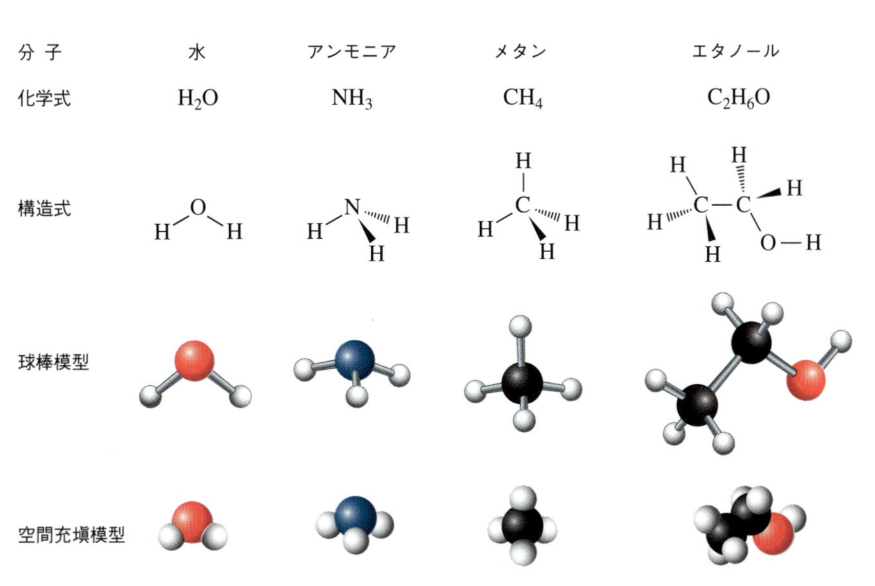

図 2・13　分子の異なる表し方の例

ような図である．それは，分子中の各原子を描く代わりに，化学的環境に応じて独自の折りたたみ方をしたポリペプチド鎖をリボンとして表している．

このような大きな分子の三次元像を把握するには，見るのに多少の慣れを要するが，ステレオ図（立体図）が役に立つ．DNA のステレオ図を図 2・15 に示す．

図 2・15　DNA のステレオ図

化学反応における巻矢印

分子構造の表現に加えて，化学反応に際しての化学種内や化学種間での結合の開裂と形成を表す必要があるが，これは，結合の開裂と形成過程における電子の動きを表す**巻矢印**（curved arrow）を用いて行う．

巻矢印は電子対の動きを表し，電子対は矢印の尾から頭へと移動する．いくつかの例を以下に示す．

結合の開裂　次の結合の開裂を考えてみよう．

$$H-\ddot{Cl}: \longrightarrow H^+ + :\ddot{Cl}:^-$$

この場合，巻矢印は結合の中心から始まっている．電子対が結合から Cl 原子へ移動することにより，結合が不均等に開裂する．この結果，H^+（プロトン）と Cl^- が生まれる．

結合形成　次の結合の形成を考えてみよう．

$$(H_3C)_2C=\ddot{O}: + H^+ \longrightarrow (H_3C)_2C=\overset{+}{\ddot{O}}-H$$

ここでは，カルボニル基の O 原子の非共有電子対からくる 2 個の電子により，カルボニル基の O 原子と H^+ の間に結合が形成される．その結果，O 原子上に正電荷が残る．

電荷の中性化　次に，二重結合に由来する 2 組の電子対による O 原子上の正電荷の中性化の過程を考えてみよう．

$$(H_3C)_2C=\overset{+}{\ddot{O}}-H \longrightarrow (H_3C)_2\overset{+}{C}-\ddot{O}-H$$

二重結合からの 2 個の電子がカルボニル基の O 原子に移動することにより，カルボニル基の O 原子上の正電荷は中性化される．巻矢印は二重結合の中心から始まり O 原子で終わっている．この過程によりカルボニル基の C 原子上に正電荷が残る．

次に示す電荷の中性化の過程では，N−H 結合の 2 個の電子が N 原子上に移動することにより H^+ が生じ中性の分子も生まれる．

$$(H_3C)_3C-\overset{+}{N}H_3 \longrightarrow (H_3C)_3C-\ddot{N}H_2 + H^+$$

巻矢印の尾は N−H 結合の中心から始まり，その先端は N 原子を指している．

これらの例は巻矢印についていくつかの重要な点を示している．第一に，巻矢印の尾は電子対の源，すなわち結合の中心あるいは非共有電子対から始まっていなければならない．これは，巻矢印が H^+ や（よくある誤りだが）H 原子から出発することはないことを意味する．同様に，巻矢印の先端は電子対を受け入れることの可能な領域を指していなければならない．たとえば，巻矢印の先端が負電荷を帯びている部分あるいは陰イオンを指すことはないであろう．また，どんな過程においても，全体の電荷が保存されることを覚えておくことは重要である．前述のすべての例において，反応式の両辺は同じ全電荷をもっている．また，複数同時に起きる結合の形成・開裂の過程を二つ以上の巻矢印で表すこともできる．

$$HO^- + (H_3C)_2CBr-CH_3 \longrightarrow (H_3C)_2C=CH_2 + H_2O + Br^-$$

ここでは三つの過程が事実上同時に起こる．

1. OH^-が$-CH_3$基からプロトンを引き抜きH_2Oとなる.
2. C−H結合にあった電子対が移動しC=C二重結合ができる.
3. C−Br結合の2個の電子がBrに移動する不均等な開裂が起きてBr^-が生じる.

片羽矢印は1個の電子の移動を表す. このような巻矢印は通常は, 1個あるいは対をつくっていない電子をもつラジカルが関与する反応にしか使うことはない. 以下に, Br−Br結合が均等に開裂し, それぞれの原子が1個の電子を受取り2個の臭素ラジカルが生じる例を示す.

$$\mathrm{Br{-}Br} \longrightarrow \mathrm{Br^{\cdot}} + \mathrm{Br^{\cdot}}$$

後の章において, 特に有機反応の機構を書く際に巻矢印を使うことになる.

2・2 命　名　法

図による分子の表現は分子構造に関する多くの情報をもたらしてくれる. また, 分子には名称を付けることができ, それは図よりも便利なこともある. 化学において初めの頃は知られている化合物はそう多くはなかったので化学者はすべての化合物の名称を覚えておくことができた. 新しい化合物は, しばしば, 発見者に由来する場所や物理的な特性にちなんで名付けられた. 今日では, 7000万以上の化合物が知られ, 年ごとに数百万以上の化合物が合成されている. 化合物に名称をつける体系的な方法を化学者が必要とするようになったのは必然である. 国際純正・応用化学連合 (International Union of Pure and Applied Chemistry: IUPAC) はさまざまな種類の化合物に名称をつける統一的な指針を確立し, 化学者は今までの慣用名よりもIUPACが推薦する名称を使うようになってきた. この節では, 化合物に名称をつける方法, すなわち**命名法** (nomenclature) の規則を説明する. 以後の章で多くの化合物名に出会うことになるが, この節で学ぶ基礎がそれらの名称を理解するのに役立つであろう. ただし, 体系的なIUPACによる名称ではない慣用名の方がよく使われる化合物もいくつか存在することに気をつけてほしい. その一例が水で体系的な名称はオキシダン (oxidane) である. IUPACは, このような水を含んだ少数の日常的な化合物の体系的ではない名称の使用を容認している.

化合物の命名法は化学種の成り立ちに応じて二つある. 主として炭素と水素よりなる化学種に対しては, 有機化合物のための規則が適用される. 他の化学種に対しては無機化合物のための規則が適用される. 化学種がどちらに属するかは, 命名の仕方が大きく異なるので重要である. また, 名称から化学種の構造式がなくても, 構造の要点を知ることもできる.

無機化合物の命名法

無機化合物 (炭素と水素を主とした成分としない化合物) の命名には, その化合物の化学的な本質に関する情報がある程度必要となる. 以下で, 異なるタイプの無機化合物について説明する. ここで示すのはIUPACの規則を簡略化したものである. 完全なものはIUPACのウェブサイト (www.iupac.org) で見ることができる.

非金属の二成分化合物　化合物の名称は, 化合物を構成する元素とその原子数の情報を含んでいる. それらの元素は決められた順序で書かなければならないが, 日本語名と英語名で異なるので注意が必要である. 日本語名

表 2・1　非金属の二成分化合物の命名に使われる語根. ( ) 内は英語

元素	元素名	語根
As	ヒ素 (arsenic)	ヒ素 [ヒ][†1] (arsen-)
Br	臭素 (bromine)	臭素 [臭] (brom-)
C	炭素 (carbon)	炭素 [炭] (carb-)
Cl	塩素 (chlorine)	塩素 [塩] (chlor-)
F	フッ素 (fluorine)	フッ素 [フッ] (fluor-)
H	水素 (hydrogen)	水素 (hydr-)
I	ヨウ素 (iodine)	ヨウ素 [ヨウ] (iod-)
N	窒素 (nitrogen)	窒素 [窒]【硝】[†2] (nitr-)
O	酸素 (oxygen)	酸素 [酸] (ox-)
P	リン (phosphorus)	リン (phosph-)
S	硫黄 (sulfur)	硫黄 [硫]【硫】(sulf-)

†1 [ ] のある元素について日本語の陰イオン名とするときは元素名から"素"をとり, "化物イオン"をつける. 例: F^-はフッ化物イオンとなる.
†2 【 】はオキソ酸となったときの語根.

表 2・2　化合物名に使われる数を表す接頭語. ( ) 内は英語

数	接頭語	例	名称
1	一 (mono-)	CO	一酸化炭素 (carbon monoxide)[†1]
2	二 (di-)	SiO_2	二酸化ケイ素 (silicon dioxide)
3	三 (tri-)	NI_3	三ヨウ化窒素 (nitrogen triiodide)[†2]
4	四 (tetra-)	$SnCl_4$	四塩化スズ (tin tetrachloride)
5	五 (penta-)	PCl_5	五塩化リン (phosphorus pentachloride)
6	六 (hexa-)	SF_6	六フッ化硫黄 (sulfur hexafluoride)
7	七 (hepta-)	IF_7	七フッ化ヨウ素 (iodine heptafluoride)

†1 この場合, 英語の接頭語の最後の"o"は省かれる.
†2 この場合, 英語の接頭語の最後の"i"は省かれない.

では，電気的に陰性の成分が先に，陽性の成分が後にくる．一方，英語名では，化学式で用いられたのと同じ規則（p.15 を見よ），すなわち陽性の成分が先に，陰性の成分が後にくる．名称は元素名，元素名に由来する語根，各元素の原子数を表す接頭語などを含む．表2·1と表2·2に，非金属からなる二成分化合物，すなわち金属ではない2種の元素のみからなる化合物，の名称に使われる重要な語根と接頭語を示す．

手順2・3に非金属の二成分化合物の命名の規則をまとめた．

手順 2・3　非金属の二成分化合物の命名のための規則

日本語の名称

1. 電気的に陰性の成分を1番目に，陽性の成分を2番目に置く．
2. 1番目の成分の元素名が“素”で終わっている場合は，“素”をとり除き“化”とする．ただし，例外として，水素の場合は“水素化”，硫黄の場合は“硫化”とする．
3. 2番目の成分には元素名をそのまま使う．
4. 式中に同一元素の原子が2個以上あるときは，通常は原子数を表す接頭語（漢数字）をつける．

英語の名称

1. 電気的に陽性の成分を1番目に，陰性の成分を2番目に置く．
2. 1番目の成分には元素名をそのまま使う．
3. 2番目の成分は語根ではじめ，-ide で終わる．
4. 式中に同一元素の原子が2個以上あるときは，通常は原子数を表す接頭語をつける．

類似した二成分化合物の命名において数を表す接頭語は重要である．たとえば，窒素と酸素は図2・16に空間充填模型で示した六つの異なる化合物，NO 一酸化窒素（nitrogen monoxide），NO_2 二酸化窒素（nitrogen dioxide），N_2O 一酸化二窒素（dinitrogen oxide），N_2O_3 三酸化二窒素（dinitrogen trioxide），N_2O_4 四酸化二窒素（dinitrogen tetraoxide），N_2O_5 五酸化二窒素（dinitrogen pentaoxide）を形成する．

図 2・16　窒素と酸素から形成される六つの化合物の空間充填模型

例題 2・5　二成分化合物の命名

二成分化合物 SO_2 を命名せよ．

解 答　二酸化硫黄（sulfur dioxide）

練習問題 2・5　次に示す成分を含む化合物を命名せよ．
(a) 4個の臭素原子と1個のケイ素原子
(b) 3個のフッ素原子と1個の塩素原子

水素を含む二成分化合物　水素は，以前に化学式の1番目にも2番目にも表れることを示したが，名称においても1番目にも2番目にも表れることがあり，特別な配慮が必要である．それは特に水素の1族と17族の元素との二原子分子ではっきり表れる．このような場合も前に述べた指針に沿って命名される．LiH 水素化リチウム（lithium hydride）や HF フッ化水素（hydrogen fluoride）がその例である．水素は，2族と16族の元素とは水素原子を2個含む化合物をつくる．酸素を除いて，通常は一つのみの化合物をつくるので，接頭語の二(di-) は省略される．H_2S 硫化水素（hydrogen sulfide）や CaH_2 水素化カルシウム（calcium hydride）がその例である．酸素は水素と2種の二成分化合物をつくるが，それらの名称は体系的なものではない．一つは H_2O 水（体系的な名称は oxidane）で，もう一つは H_2O_2 過酸化水素（体系的な名称は dioxidane）である．13族，14族および15族の元素と水素の二成分化合物は体系的でない名称，慣用名をもっている．すなわち，B_2H_6 ジボラン〔体系的な名称は diborane(6)〕，CH_4 メタン（体系的な名称は carbane），NH_3 アンモニア（体系的な名称は azane），PH_3 ホスフィン（体系的な名称は phosphane）である．水素は炭素，ホウ素，ケイ素とは多くの異なる二成分化合物をつくるが，ここでは最も単純な化合物を示した．

イオン化合物　金属を含む二成分化合物の多くは陽イオンと陰イオンよりなるイオン化合物である（第1章を見よ）．イオン性の二成分化合物の名称は，日本語では陰イオンをはじめに，陽イオンをその後に置く．陰イオンは語根に“化”をつけ，陽イオンは元素名そのものを用いる．英語では，陽イオンをはじめに，陰イオンをその後に接尾語 -ide をつけて命名する．たとえば，NaCl は塩化ナトリウム（sodium chloride），KI はヨウ化カリウム（potassium iodide）となる．陽イオンと陰イオンの数が等しくない CaF_2 のような化合物では陽イオンと陰イオンの実際の数を明記する必要はない．よって CaF_2 は二フッ化カルシウム（calcium difluoride）

表 2・3　一般的な多原子イオンの名称と化学式

化 学 式	名 称	化 学 式	名 称
陽イオン		**オキソアニオン**	
NH_4^+	アンモニウムイオン（ammonium ion）	SO_4^{2-}	硫酸イオン（sulfate ion）
H_3O^+	ヒドロニウムイオン（hydronium ion）（オキソニウムイオン，oxonium ion）	SO_3^{2-}	亜硫酸イオン（sulfite ion）
二原子陰イオン		NO_3^-	硝酸イオン（nitrate ion）
OH^-	水酸化物イオン（hydroxide ion）	NO_2^-	亜硝酸イオン（nitrite ion）
CN^-	シアン化物イオン（cyanide ion）	PO_4^{3-}	リン酸イオン（phosphate ion）
炭素を含む陰イオン		MnO_4^-	過マンガン酸イオン（permanganate ion）
CO_3^{2-}	炭酸イオン（carbonate ion）	CrO_4^{2-}	クロム酸イオン（chromate ion）
HCO_3^-	炭酸水素イオンあるいは重炭酸イオン（hydrogen carbonate ion または bicarbonate ion）	$Cr_2O_7^{2-}$	二クロム酸イオン（dichromate ion）
CH_3COO^-	酢酸イオン（acetate ion）	ClO_4^-	過塩素酸イオン（perchlorate ion）
$C_2O_4^{2-}$	シュウ酸イオン（oxalate ion）	ClO_3^-	塩素酸イオン（chlorate ion）
		ClO_2^-	亜塩素酸イオン（chlorite ion）
		ClO^-	次亜塩素酸イオン（hypochlorite ion）

ではなくフッ化カルシウム（calcium fluoride）となる．その理由は，カルシウムは2族の元素で2＋の陽イオンにしかならないからである．常に2個の1−の陰イオンとともに中性の化合物をつくるので二フッ化（difluoride）と特に記す必要はない．同様に，Na_2S は硫化ナトリウム（sodium sulfide），MgI_2 はヨウ化マグネシウム（magnesium iodide）となる．NH_4^+，NO_3^-，SO_4^{2-} のような多原子イオンを含むイオン性の化合物も，日本語では陰イオン，陽イオンの順に，英語では陽イオン，陰イオンの順に書くが，多原子イオンの名称と電荷および化学式を知っておく必要がある．表2・3に一般的な多原子イオンを示す．

表2・3には，酸素原子が中心となる原子を囲んでできている陰イオンがかなり多く見られる．そのような陰イオンは**オキソアニオン**（oxoanion）とよばれ，それらの命名は手順2・4に示す規則にまとめられている．

手順 2・4　オキソアニオンの命名の指針

1. 日本語では，オキソアニオンが生じるもととなるオキソ酸の名称に“イオン”をつける．（例：CO_3^{2-} は炭酸イオン，NO_2^- は亜硝酸イオン）
2. 英語では，中心原子の名称の語根をもとに命名する．ある中心原子に対して二つの異なるオキソアニオンがあるとき，酸素原子が少ない方に対しては -ite で終わる．他方に対しては -ate で終わる．（例：NO_2^- は亜硝酸イオン nitrite，NO_3^- は硝酸イオン nitrate，SO_3^{2-} は亜硫酸イオン sulfite，SO_4^{2-} は硫酸イオン sulfate）
3. 塩素，臭素，ヨウ素の各原子は，四つの異なるオキソアニオンをつくる．それらは接頭語と接尾語で区別される．塩素におけるその例が表2・3にあるが，臭素やヨウ素にも同様に適用される．BrO^- 次亜臭素酸イオン（hypobromite），BrO_2^- 亜臭素酸イオン（bromite），BrO_3^- 臭素酸イオン（bromate），BrO_4^- 過臭素酸イオン（perbromate）．
4. 1−よりもより負の電荷をもつ多原子陰イオンは H^+ が加わることで別の陰イオンとなることがある．そのような陰イオンはもとの陰イオン名に，日本語では“水素”，英語では“hydrogen”をつけて命名される．たとえば，HCO_3^- は炭酸水素イオン（hydrogencarbonate），HPO_4^{2-} はリン酸水素イオン（hydrogenphosphate），$H_2PO_4^-$ はリン酸二水素イオン（dihydrogenphosphate）となる．

有機化合物の命名法

有機化合物は主として炭素原子と水素原子からできており，有機化合物に使われる命名法は分子中の炭素の数を基本とする．現在では，コンピュータープログラムを使ってほとんどの分子構造に対して名称をつけることができる．ここでは，有機化合物の命名法の基礎的な部分に話を限ることにする．

官 能 基　官能基の概念は有機化学を支え，体系だったものにしている．**官能基**（functional group）は分子内にある1個あるいはそれ以上の原子が特定の仕方で結合した原子団であり，多くは反応の要となる．有機化合物分子は主として官能基に基づいて命名される．官能基の概念の利点は，同じ官能基をもつ分子は化学的に類似したふるまいをする傾向があり，特定の試薬に対する反応性をある程度の確信をもって予測することができるところにある．たとえば，次の二つの分子はかなり異なるように見えるが，両方ともカルボニル基 >C=O をアルデヒド基（ホルミル基*）−CHO の一部としてもっている．

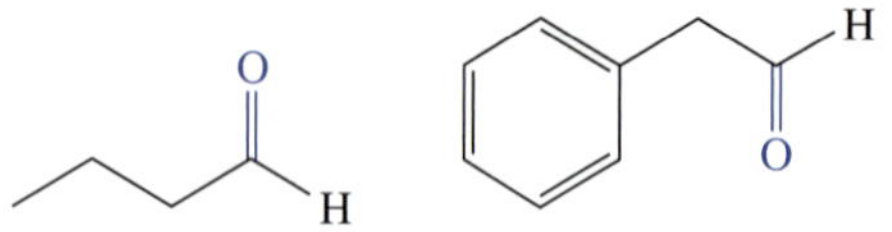

O H H O

それゆえ，両方の分子において，−CHO 基が −COOH 基（カルボキシ基）に変わる酸化とよばれる反応を起こすことを予測することができる．同時に，両方の化合物は還元剤の試薬と反応し，それらの −CHO 基は $-CH_2OH$ 基（第一級アルコール）に変わるであろう（有機化学反応の多くについては本書の後半で学ぶ）．

このように，官能基に基づいて有機化合物を命名するのには意味がある．その命名がどのように行われるのかを以下で学ぶ．はじめに，これから学ぶ一般的な官能基について表2・4にまとめた．R は水素原子あるいはアルキル基を表す記号として一般に使われる（表2・6）．どのような分子においても，どの官能基があるのか判別できるようになることが必要である．

表 2・4　一般的な官能基

官能基	官能基の名称	官能基をもつ化合物	R＝
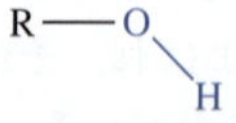 R—O—H	ヒドロキシ基	アルコール	C
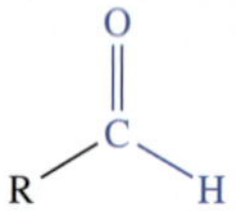 R—C(=O)—H	アルデヒド基（ホルミル基）	アルデヒド	C あるいは H
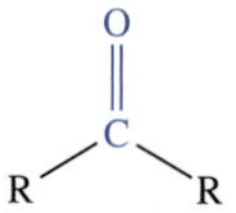 R—C(=O)—R	カルボニル基	ケトン	C
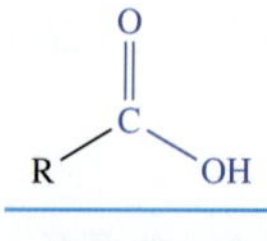 R—C(=O)—OH	カルボキシ基	カルボン酸	C あるいは H

アルコール　すべてのアルコールは −OH 基（ヒドロキシ基）をもち，−OH 基は炭素原子に結合している．その炭素原子は他の1個，2個あるいは3個の炭素原子と結合している（例外はメタノール CH_3OH で，ただ1個の炭素原子しかもたない）．アルコールは図2・17に示すように，**第一級**〔primary，(1°)〕，**第二級**〔secondary，(2°)〕，**第三級**〔tertiary，(3°)〕に分類される．

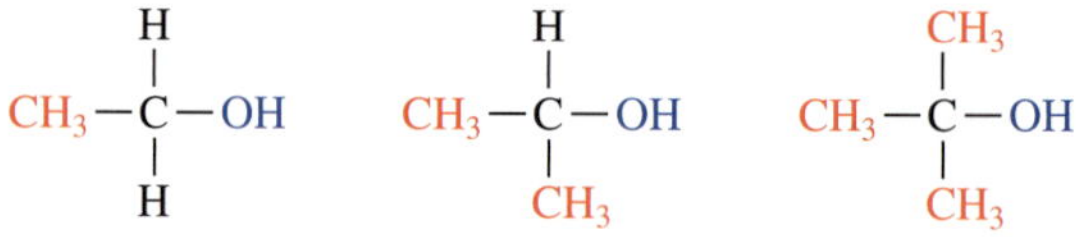

CH_3-CH_2-OH（H, H）　　$CH_3-CH(CH_3)-OH$　　$CH_3-C(CH_3)_2-OH$

第一級アルコール　第二級アルコール　第三級アルコール

図 2・17　第一級，第二級，第三級アルコールの構造式

また，分子内の炭素原子についても同様に分類する．第一級アルコールにあるように1個の炭素原子に結合している炭素を第一級炭素，第二級アルコールにあるように2個の炭素原子に結合している炭素を第二級炭素，第三級アルコールにあるように3個の炭素原子に結合している炭素を第三級炭素とよぶ．安定な分子の状態では炭素原子は四つよりも多くの結合をつくらない．

例題 2・6　可能なアルコールの構造

分子式 C_3H_8O をもつ二つのアルコールの構造式を書け．また，それらを第一級，第二級，第三級アルコールに分類せよ．

解　答

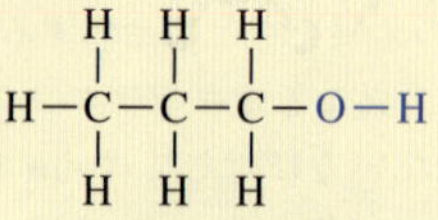

H−C(H)(H)−C(H)(H)−C(H)(H)−O−H

または

$CH_3CH_2CH_2OH$

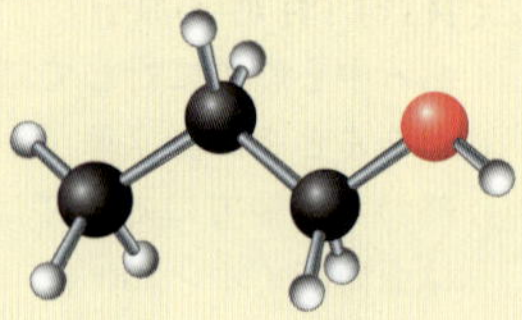

第一級アルコール（1° alcohol）

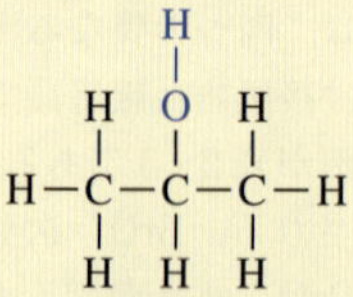

H−C(H)(H)−C(H)(O−H)−C(H)(H)−H

または

$CH_3CH(OH)CH_3$

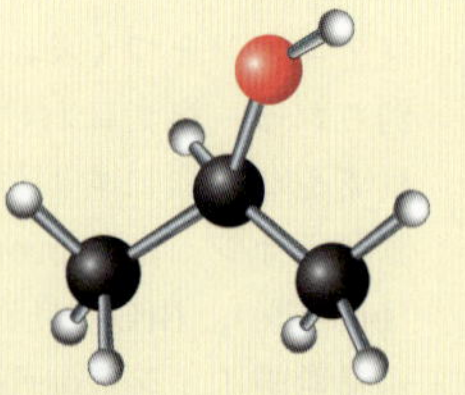

第二級アルコール（2° alcohol）

練習問題 2・6　分子式 $C_4H_{10}O$ をもつ四つのアルコールの構造式を書け．また，それらを第一級，第二級，第三級アルコールに分類せよ．

＊ IUPAC による最新の命名では −CHO 基の名称としてアルデヒド基ではなくホルミル基を推奨している．

アルデヒドとケトン　アルデヒドもケトンもカルボニル基（>C=O）を含むが，アルデヒドとケトンではカルボニル基と分子の残りの部分との結合の仕方が異なる．アルデヒドは常にカルボニル基の炭素原子は少なくとも1個の水素原子と結合している．これは，アルデヒドのカルボニル基は常に炭素鎖の末端に位置するということを意味する．逆に，ケトンのカルボニル基の炭素原子は常に2個の炭素原子と結合しているので，ケトンのカルボニル基は決して炭素鎖の末端には位置しない．アルデヒドは以下のように描くことができる．また，構造式では RCHO と書く．

アルデヒドとケトンの違いを図2・18に示す．

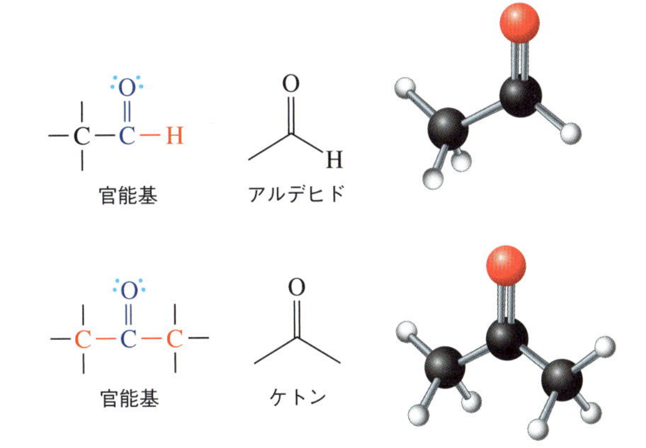

図 2・18　アルデヒドとケトンの構造式，線結合構造式，球棒模型

例題 2・7　可能なアルデヒドの構造

化学式 C_4H_8O をもつ二つのアルデヒドの構造式を書け．

解　答

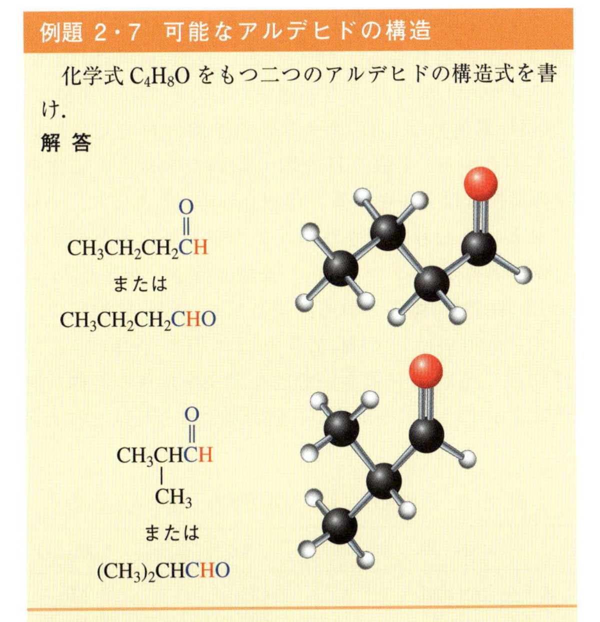

練習問題 2・7　分子式 $C_5H_{10}O$ をもつ三つのケトンの構造式を書け．

カルボン酸　すべてのカルボン酸にある官能基はカルボキシ基 −COOH である．それは以下のように，RCOOH と表すことができる．

カルボキシ基の炭素原子はただ1個の他の原子と結合できるので，カルボキシ基は常に炭素鎖の末端に位置する．

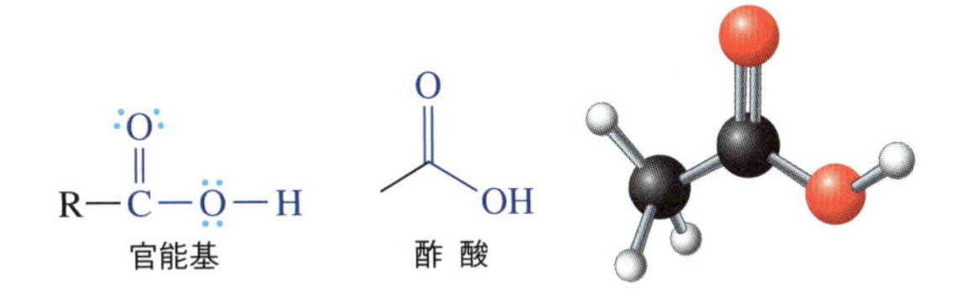

例題 2・8　カルボン酸の可能な構造

化学式 $C_3H_6O_2$ をもつカルボン酸の構造式を書け．

解　答

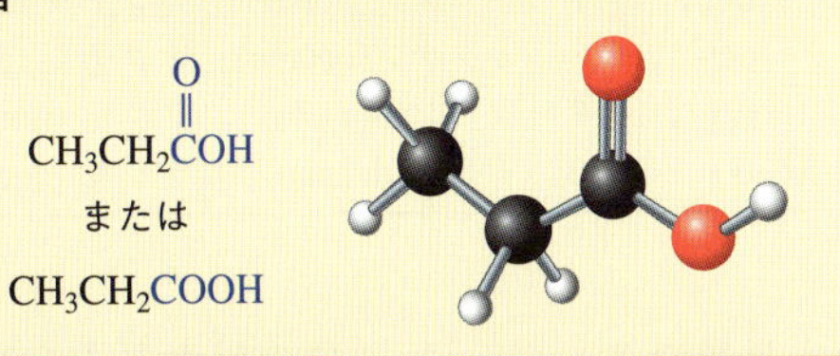

練習問題 2・8　分子式 $C_4H_8O_2$ をもつ二つのカルボン酸の構造式を書け．

アルカンの命名法　すでに，この章でいくつかの有機化合物の名称が使われているが，それらの名称がどのようにつけられたかはまだ学んではいない．前に述べたように，有機化合物は官能基に基づいて名付けられている．多くの有機化合物の命名の第一段階は分子に含まれる官能基を見つけることである．しかしながら，ここでは，官能基を全く含んでいない一連の化合物であるアルカンから話を始める．

アルカン（alkane）は炭素原子と水素原子だけを含

み，その炭素原子は単結合だけでつながれている分子である．アルカンは炭素原子の全体の幾何構造によって二つに分類できる．炭素原子が鎖状につながっているアルカンは**非環式アルカン**（acyclic alkane）とよばれ一般式 C_nH_{2n+2} をもつ．アルカン中の炭素原子は互いにつながって1個あるいはそれ以上の環をつくることもできる．そのような化合物を**環式アルカン**（cycloalkane）とよぶ．すべてのアルカンは炭素と水素のみから形成されている**炭化水素**（hydrocarbon）とよばれる有機化合物の一群に属している．すべての炭素原子間の結合が単結合であることを明示するため，アルカンは**飽和炭化水素**（saturated hydrocarbon）とよばれることがある．アルカンには官能基がないため，アルカンは最も長い炭素鎖の長さに基づいて命名される．アルカンの名称は，炭素鎖の中の炭素原子数を表す接頭語と名称の終わりの-アン（英語では -ane）の二つよりなる．10原子までの炭素鎖に対応する接頭語を表2・5に示す．

表 2・5　IUPAC 命名法で使われる1から10までの炭素鎖長に使われる接頭語

接頭語	炭素数	主鎖となる場合	置換基となる場合
メタ-(meth-)	1	メタン(methane)	メチル (methyl)
エタ-(eth-)	2	エタン(ethane)	エチル (ethyl)
プロパ-(prop-)	3	プロパン(propane)	プロピル (propyl)
ブタ-(but-)	4	ブタン(butane)	ブチル (butyl)
ペンタ-(pent-)	5	ペンタン(pentane)	ペンチル (pentyl)
ヘキサ-(hex-)	6	ヘキサン(hexane)	ヘキシル (hexyl)
ヘプタ-(hept-)	7	ヘプタン(heptane)	ヘプチル (heptyl)
オクタ-(oct-)	8	オクタン(octane)	オクチル (octyl)
ノナ-(non-)	9	ノナン(nonane)	ノニル (nonyl)
デカ-(dec-)	10	デカン(decane)	デシル (decyl)

最も単純なアルカンは，1個の炭素原子をもち化学式 CH_4 のメタン（methane）である．接頭語と接尾語はハイフンでつながずに一つの単語として書く．直鎖の炭素鎖に6個の炭素原子があるアルカン（$CH_3CH_2CH_2CH_2CH_2CH_3$）はヘキサン（hexane）と書く．直鎖のアルカンの名称は直ちに書くことができる．しかし，枝分かれした炭素鎖をもつアルカンでは話は複雑になる．そのようなアルカンの命名には，一番長い炭素鎖（**主鎖**，main chain）を見つけ，その主鎖から枝分かれした他の部分は**置換基**（substituent）として扱う．

枝分かれしたアルカンの IUPAC 名は，分子中で最も長い炭素鎖を示す語根，主鎖に結合している他の部分を表す置換基の名称，その置換基が結合している炭素を示す番号よりなっている．以下に，最も長い炭素鎖が8個の炭素原子を含み（すなわちオクタン，octane），その4番目の炭素原子 C(4) にメチル基 $-CH_3$ が置換基として結合している（すなわち 4-メチル，英語では 4-methyl）C_9H_{20}（4-メチルオクタン，4-methyloctane）で説明する．

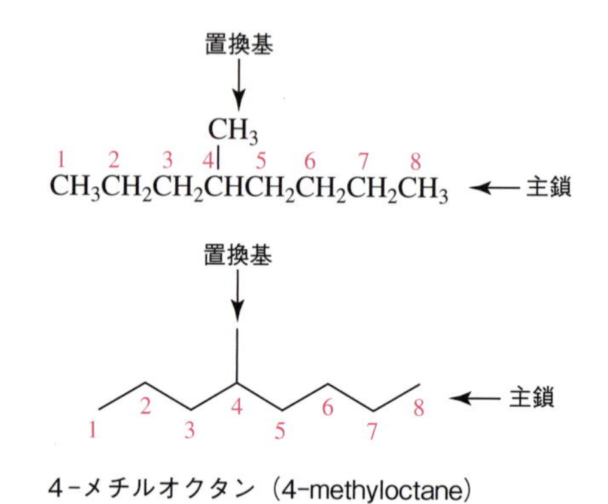

4-メチルオクタン（4-methyloctane）

アルカン中の置換基は，そのもととなったアルカンに基づいて命名される．たとえば，$-CH_3$ 置換基は CH_4 メタンから1個の H を取り除いたものとする．同様に，$-C_2H_5$ 置換基は C_2H_6 エタンから1個の H を取り除いたものとする．1個の H を取り除いたアルカンに由来する置換基は**アルキル基**（alkyl group）とよばれ，一般に R という記号で表される．アルキル基はもとのアルカンの名称から -アン（-ane）を取り除き，接尾語 -イル（-yl）を付けて命名される．よって，$-CH_3$ 置換基はメチル（methyl），$-C_2H_5$ 置換基はエチル（ethyl）とよばれる．表2・6に最も一般的なアルキル基の名称と構造式を示す．アルキル基が3個あるいはそれ以上の炭素

表 2・6　一般的なアルキル基の名称，化学式，略号

名　称	化学式	略　号
メチル（methyl）	$-CH_3$	Me
エチル（ethyl）	$-CH_2CH_3$	Et
プロピル（propyl）	$-CH_2CH_2CH_3$	Pr
イソプロピル（isopropyl）	$-CH(CH_3)CH_3$ （$-CHCH_3$ の CH に CH_3）	i-Pr
ブチル（butyl）	$-CH_2CH_2CH_2CH_3$	Bu
イソブチル（isobutyl）	$-CH_2CHCH_3$ （CH に CH_3）	i-Bu
sec-ブチル（*sec*-butyl）	$-CHCH_2CH_3$ （CH に CH_3）	*s*-Bu
tert-ブチル（*tert*-butyl）	$-CCH_3$ （C に CH_3 2個）	*t*-Bu

原子を含むとき，二つ以上の炭素原子の配置がある．そのような可能な構造はイソ（iso），セカンダリー（*sec*-），ターシャリー（*tert*-）の接頭語で区別される．接頭語イソ（iso）は置換基の炭素鎖の末端に $-CH(CH_3)_2$ 基（これは3個の炭素原子よりなる場合の唯一の可能性である）があることを表す．一方，接頭語セカンダリー

手順 2・5　アルカンの命名法の指針

1. 枝分かれしていない炭素鎖をもつアルカンの名称は，炭素鎖中の炭素原子の数を表す接頭語（表2・5）と接尾語 -アン（-ane）よりなる．
2. 枝分かれしている炭素鎖をもつアルカンでは，最も長い炭素鎖が主鎖で，主鎖の名称が語根となる．
3. 一つの官能基をもつアルカンでは，官能基が結合している炭素の番号が最も小さくなるように主鎖に番号を付ける．

$$CH_3CH_2CH_2CH(CH_3)CH_3$$

4. 主鎖上の置換基に名称と番号を付ける．その番号は主鎖中のその置換基が結合した炭素の番号である．その番号と名称はハイフンで結ぶ．たとえば，3-メチルペンタンのメチル基は下に示すようにC(3)に結合している．

$$CH_3CH_2CH(CH_3)CH_2CH_3$$

3-メチルペンタン（3-methylpentane）

5. もし2個以上同じ種類の置換基があるときは，主鎖の末端に近い置換基により小さい番号が付くように主鎖の末端を選び，その末端から主鎖に番号を付ける．もし2個以上同じ種類の置換基があるときは，それらの数を接頭語，ジ -（di-），トリ -（tri-），テトラ -（tetra-），ペンタ -（penta-），ヘキサ -（hexa-）などで表す．位置を表す番号が連続しないよう番号の間にコンマを入れる．次の例では，メチル基の結合する炭素原子の番号として3と5よりも2と4を採用する．

$$CH_3CH_2CH(CH_3)CH_2CH(CH_3)CH_3$$

2,4-ジメチルヘキサン（2,4-dimethylhexane）　3,5-ジメチルヘキサン（3,5-dimethylhexane）ではない

6. 5において二つ以上の可能性がある場合，はじめの差異が生じる番号が最も小さくなるように主鎖に番号を付ける．次の例では，赤いメチル基の番号が4よりも3の番号になるものを選ぶ．

2,3,5-ジメチルヘキサン（2,3,5-dimethylhexane）　2,4,5-ジメチルヘキサン（2,4,5-dimethylhexane）ではない

7. もし2個以上の異なる置換基がある場合，それらを英語名のアルファベット順に並べる，（多くの場合は）はじめに出会う置換基，あるいははじめに差異が生じる置換基により小さい番号を与える末端から主鎖に番号をつける．もし主鎖の両端から数えて同じ位置に異なる置換基がある場合，アルファベット順でより早いものにより小さい番号をつける．次の例は置換基のアルファベット順の重要性を示している．

$$CH_3CH_2CH(CH_2CH_3)CH_2CH(CH_3)CH_2CH_3$$

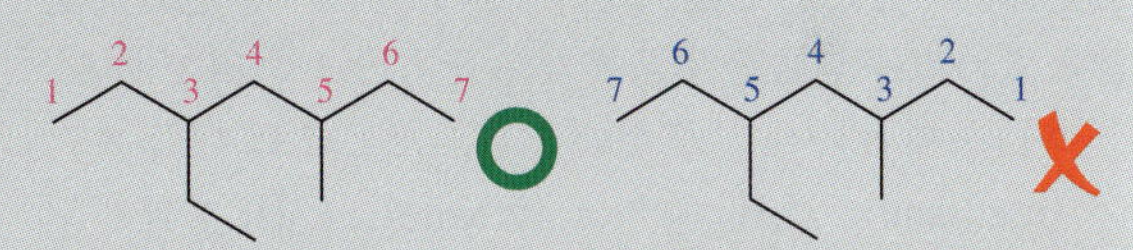

3-エチル-5-メチルヘプタン（3-ethyl-5-methylheptane）　3-メチル-5-エチルヘプタン（3-methyl-5-ethylheptane）ではない

8. 接頭語 di-, tri-, tetra- などやハイフンを用いる接頭語 *sec*-, *tert*- は，アルファベット順判定の考慮には入れない．イソブチル isobutyl とイソプロピル isopropyl 置換基は先頭の文字を i として扱う．はじめにアルファベット順で早い置換基の名称をとり，つぎに接頭語をつける．次の例では，置換基の序列はジメチル（dimethyl），エチル（ethyl）の順ではなくエチル（ethyl），メチル（methyl）の順となる．

$$CH_3C(CH_3)_2CH_2CH(CH_2CH_3)CH_2CH_3$$

4-エチル-2,2-ジメチルヘキサン（4-ethyl-2,2-dimethylhexane）であり　2,2-ジメチル-4-エチルヘキサン（2,2-dimethy-4-ethylhexane）ではない

(*sec*–)，ターシャリー（*tert*–）はそれぞれ，置換基が最も長い炭素鎖の炭素原子に第二級炭素，第三級炭素で結合していることを示している．セカンダリー(*sec*–)，ターシャリー（*tert*–）が名称の一部になるとき，それらはイタリックの書体でハイフンを伴って書かれる．しかし，イソ（iso）は *sec*–，*tert*– のようには扱われず，イソプロピル（isopropyl）やイソブチル（isobutyl）のように，イタリックの書体もハイフンも用いられない．

アルカンの IUPAC 命名法を手順 2・5 にまとめた．

例題 2・9　アルカンの IUPAC 名

次に示すアルカンの IUPAC 名を書け．

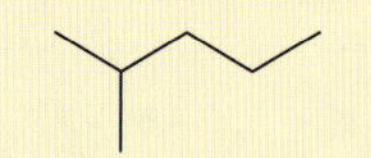

解 答　2–メチルペンタン（2-methylpentane）

練習問題 2・9　次に示すアルカンの IUPAC 名を書け．

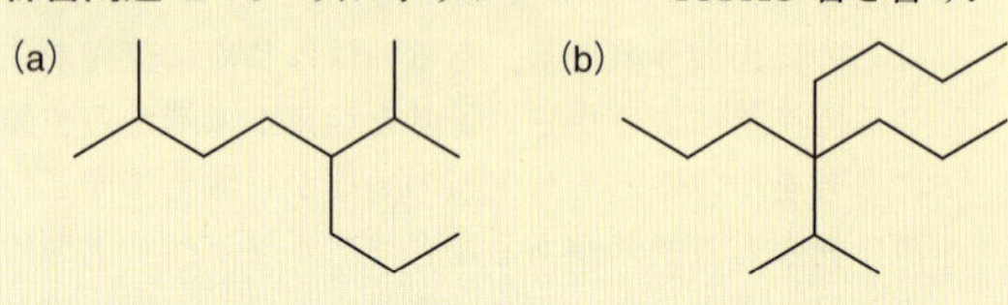

アルカンの構造異性体　異性体の概念については前に，1,2–ジメチルシクロペンタン（1,2-dimethylcyclopentane）における 2 個のメチル基の位置の問題（p.19 を見よ）のところで述べた．アルカンは，特定の炭素と水素の原子が結合する異なる仕方のよい例である．一つしか結合の仕方がないとき，たとえば CH_4 メタン（methane），C_2H_6 エタン（ethane），C_3H_8 プロパン（propane）などは記述の仕方は一つしかない．しかし，C_4H_{10} となると原子の結合の仕方は二つある．

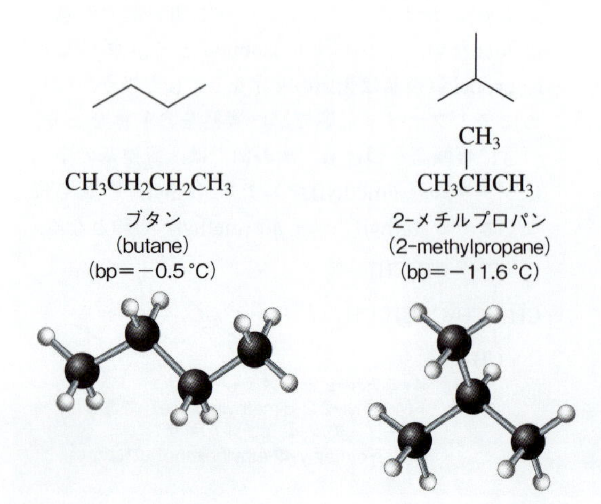

それらの一つ，ブタン，では 4 個の炭素原子が直鎖状に結合している．他のもの，2–メチルプロパン，では 3 個の炭素原子は直鎖状，四番目の炭素原子は枝分かれしている．ブタンと 2–メチルプロパンは構造異性体である．**構造異性体**（constitutional isomer）は同じ化学式をもつが構成原子の結合の仕方が異なる化合物のことである．構造異性体の多くはそれらの物理的性質で区別できる．ブタンと 2–メチルプロパンはそのよい例である．ブタンの沸点は −0.5 ℃であるが 2–メチルプロパンでは −11.6 ℃である．C_5H_{12} の場合は，下に示す三つの構造異性体がある．

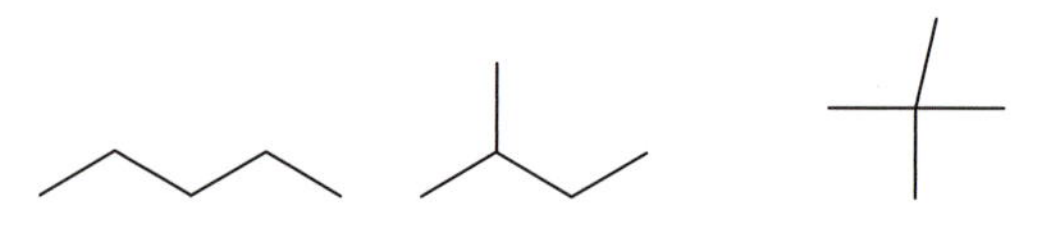

ペンタン (pentane)　　2–メチルブタン (2-methylbutane)　　2,2–ジメチルプロパン (2,2-dimethylpropane)

例題 2・10　構造異性体の認識

次に示す一対の構造式で示される化合物は同一のものか，それとも構造異性体か．

$CH_3CH(CH_3)CH_2CH(CH_3)CH_3$　と　$CH_3CH_2CH(CH_3)CH(CH_3)CH_3$　（両方とも C_7H_{16}）

解 答　構造異性体

練習問題 2・10　次に示す一対の構造式で示される化合物は同一のものか，それとも構造異性体か．

と

例題 2・11　構造異性体

分子式 C_6H_{14} に対して五つの構造異性体の構造式を書け．

解 答

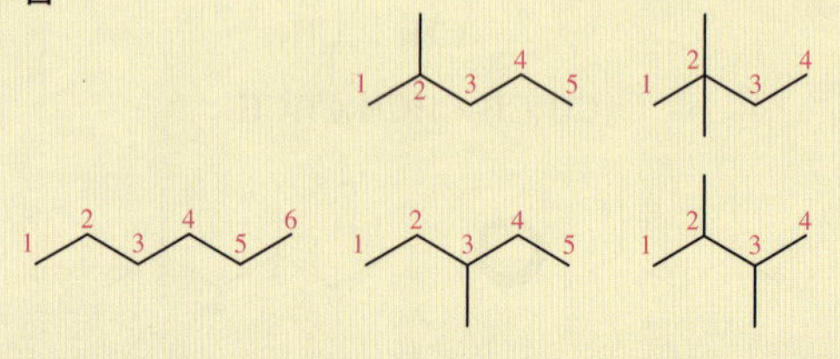

練習問題 2・11　分子式 C_7H_{16} に対して九つの構造異性体の構造式を書け．

可能な構造異性体の数は，炭素数が増えるとすぐに膨大なものとなる．たとえば，$C_{25}H_{52}$ の化学式をもつアルカンでは 36 797 588 の構造異性体の可能性がある．

構造異性体はアルカンに特有のものではなく，有機化学ではよく見られるものである．すでに，例題2・6と例題2・7ではアルコールとアルデヒドの構造異性体を書くことが求められていた．

一般的な有機化合物の命名法　アルカンに適用されるIUPAC命名法の原理は他の有機化合物にも拡張できる．炭素原子の鎖をもつどんな化合物の名称も，接頭語，接中辞，接尾語の三つの部分からなっている．それぞれが化合物の構造式の特定の部分の情報を担っている．

1. 接頭語は主鎖の炭素原子の数を表す．1から10個の炭素原子が主鎖中にある場合の接頭語を表2・5に示す．
2. 接中辞は主鎖中の炭素–炭素結合の性格を表す．それには三つの可能性があり，それらを表2・7に示す．

表 2・7　三つの接中辞とその意味

接中辞	鎖中の炭素–炭素結合の様式
-アン-（-an-）	すべて単結合
-エン-（-en-）	一つあるいはそれ以上の二重結合
-イン-（-yn-）	一つあるいはそれ以上の三重結合

3. 接尾語はその物質がどのような種類の化合物か，すなわち化合物中にある官能基を示す．今まで出てきた化合物の種類を表す接尾語を表2・8に示す．

表 2・8　一般的な接尾語とそれが意味する化合物の種類

接尾語	化合物の種類
ン（-e）	炭化水素
オール（-ol）	アルコール
アール（-al）	アルデヒド
オン（-one）	ケトン
酸（-oci acid）	カルボン酸

次に示す四つの有機化合物で，接頭語，接中辞，接尾語の使い方を説明する．まず，名称を接頭語，接中辞，接尾語のそれぞれに分ける．そして，それぞれの語がもつ構造に関する情報を特定する．

(a)　$CH_2{=}CHCH_3$

プロペン
(propene)
(慣用名はプロピレン)

接頭語 prop- は主鎖の炭素原子が3個であることを意味する．接中辞 -en- は C=C 二重結合が一つあるいはそれ以上存在することを示す．また，接尾語 -e はこの化合物が，炭素と水素のみからできている炭化水素であることを示す．

(b)　CH_3CH_2OH　OH

エタノール
(ethanol)
(慣用名はエチルアルコール)

接頭語 eth- は主鎖の炭素原子が2個であることを意味する．接中辞 -an- は炭素–炭素の多重結合がないことを示す．また，接尾語 -ol はこの分子中にアルコール基が1個存在することを示す．

(c)　$CH_3CH_2CH_2CH_2COH$（C=O）　OH

ペンタン酸
(pentanoic acid)
(慣用名は吉草酸，バレリアン酸)

接頭語 pent- は主鎖の炭素原子が5個であることを意味する．接中辞 -an- は炭素–炭素の多重結合がないことを示す．また，接尾語 -oic acid はこの分子がカルボキシ基が1個存在することを示す．

(d)　$HC{\equiv}CH$

エチン
(ethyne)
(慣用名はアセチレン)

接頭語 eth- は主鎖の炭素原子が2個であることを意味する．接中辞 -yn- は一つあるいはそれ以上の C≡C 三重結合が存在することを示す．また，接尾語 -e はこの化合物が，炭素と水素のみからできている炭化水素であることを示す．

練習問題 2・12　接頭語，接中辞，接尾語を組合わせて，次の化合物のIUPAC名を書け．

(a)　O　(b)　O　H

次の図は以上のことをまとめたものである.

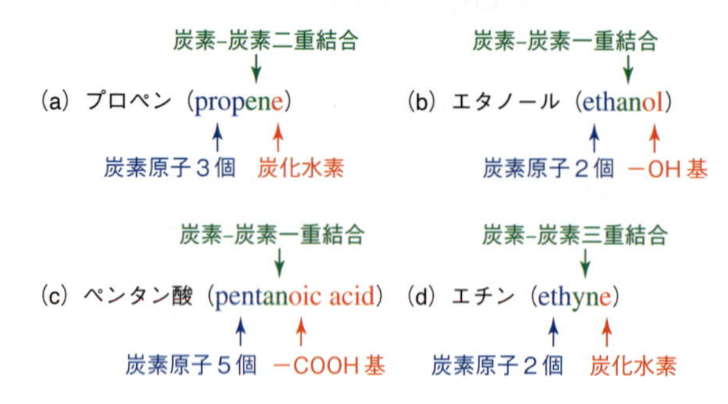

どの例においても官能基の位置にあいまいさがないことに注意してほしい.

この節で出てきた例は有機化合物の命名法の初歩を説明したものである. より詳しい命名法については, 専門書を参照してほしい.

この章では, 分子の命名法と表現方法が化学の言葉の一部となっていることを述べてきた. 学ぶべきことはまだ多くあるが, この章では以降の章を理解するために必要な多くの基礎的なことを紹介した. 以降において, しばしば, 本章を参照する必要があるであろう.

3 測定と計算

3・1 単位系

化学ではいろいろな量を扱うが，単位はそれらの量を構成する重要な要素である．単位は量を明確に表す役目を担うだけではなく，複数の異なる種類の量を扱う問題を解く際の手がかりとなる．

国際単位系（SI 単位系）

ある物理量の基準となる値が 1 **単位**（unit）であり，物理量の値は 1 単位との比として示される．たとえば，すべての長さは 1 m との比として測られる．人類は数千年前から，測定における単位の重要性に気づいていたが，国を越えて単位を共通化しようとする本格的な試みが開始されたのは，18 世紀の終わり頃である．1799 年 6 月 22 日，フランスのパリに白金製の二つの金属片が設置された．一つは重さが正確に 1 キログラム（kg）であり，もう一つは長さが 1 メートル（m）であった．これらが，**SI 単位系**（International System of Units,

表 3・1　SI 単位系

物理量	記号 名称	新 SI 単位の定義の概要	SI 単位の改定前の定義（網掛けされた定義は 2019 年 5 月 20 日以降廃止）†1
時間	s 秒	$1\,\mathrm{s} = 9\,192\,631\,770/\Delta\nu$ $\Delta\nu$ は ^{133}Cs の基底状態の超微細構造の遷移の振動数 $\Delta\nu = 9\,192\,631\,770\,\mathrm{s}^{-1}$	^{133}Cs の基底状態の二つの超微細構造のエネルギー準位間の遷移に対応する電磁波の周期の 9 192 631 770 倍の継続時間
長さ	m メートル	$1\,\mathrm{m} = (c/299\,792\,458)\,\mathrm{s}$ c は真空中での光速度 $c = 299\,792\,458\,\mathrm{m\,s^{-1}}$	1 s の 1/299 792 458 の時間に光が真空中を伝わる行程の長さ
質量	kg キログラム	$1\,\mathrm{kg} = \{h/(6.626\,070\,15 \times 10^{-34})\}\,\mathrm{m^{-2}\,s}$ †2 h はプランク定数 $h = 6.626\,070\,15 \times 10^{-34}\,\mathrm{J\,s}$　$(\mathrm{J = m^2\,kg\,s^{-2}})$	単位の大きさは国際キログラム原器の質量に等しい
物質量	mol モル	$1\,\mathrm{mol} = 6.022\,140\,76 \times 10^{23}/N_\mathrm{A}$ †3 N_A はアボガドロ定数 $N_\mathrm{A} = 6.022\,140\,76 \times 10^{23}\,\mathrm{mol^{-1}}$	0.012 kg の ^{12}C 中に存在する原子数に等しい数の要素粒子を含む系の物質量
電流	A アンペア	$1\,\mathrm{A} = \{e/(1.602\,176\,634 \times 10^{-19})\}\,\mathrm{s^{-1}}$ e は電気素量 $e = 1.602\,176\,634 \times 10^{-19}\,\mathrm{C}$　$(\mathrm{C = A\,s})$	真空中に 1 m の間隔で平行に配置された無限に小さい円形断面積を有する無限に長い 2 本の直線状導体のそれぞれを流れ，これらの導体の長さ 1 m につき 2×10^{-7} N の力を及ぼしあう一定の電流
温度	K ケルビン	$1\,\mathrm{K} = \{(1.380\,649 \times 10^{-23})/k_\mathrm{B}\}\,\mathrm{kg\,m^2\,s^{-2}}$ k_B はボルツマン定数 $k_\mathrm{B} = 1.380\,649 \times 10^{-23}\,\mathrm{J\,K^{-1}}$　$(\mathrm{J = m^2\,kg\,s^{-2}})$	水の三重点の熱力学温度の 1/273.16
光度	cd カンデラ	$1\,\mathrm{cd} = (K_\mathrm{cd}/683)\,\mathrm{kg\,m^2\,s^{-3}\,sr^{-1}}$ K_cd は視感効果度（540×10^{12} Hz の単色光の発光効率） $K_\mathrm{cd} = 683\,\mathrm{lm\,W^{-1}}$（$\mathrm{W = m^2\,kg\,s^{-3} = J\,s^{-1}}$；$\mathrm{lm = cd\,sr}$）	周波数 540×10^{12} Hz の単色電磁波を放出し，所定の方向におけるその放射強度が 1/683 W sr^{-1} である光源のその方向における光度

†1　時間，長さ，光度の定義は，実質的には改定前の定義と同様である．
†2　1 kg は c^2/h の値に等しい振動数〔s^{-1}〕の光子のエネルギーに等価な質量．
†3　ある物質の 1 mol は，$6.022\,140\,76 \times 10^{23}$ 個の要素粒子を含む．

表 3・2 化学でよく使われる SI 組立単位

測定対象	基本量による表現	単 位	SI 基本単位による表現
面 積	長さ×幅	平方メートル	m^2
体 積	長さ×幅×高さ	立方メートル	m^3
速 度	距離/時間	メートル/秒	$m\ s^{-1}$
加速度	速度/時間	メートル/秒/秒	$m\ s^{-2}$
密 度	質量/体積	キログラム/立方メートル	$kg\ m^{-3}$
比 容	体積/質量	立方メートル/キログラム	$m^3\ kg^{-1}$
力	質量×加速度	ニュートン (N)	$1\ N = 1\ kg\ m\ s^{-2}$
圧 力	力/面積	パスカル (Pa)	$1\ Pa = 1\ N\ m^{-2} = 1\ kg\ m^{-1}\ s^{-2}$
エネルギー	力×距離	ジュール (J)	$1\ J = 1\ N\ m = 1\ kg\ m^2\ s^{-2}$
仕事率	エネルギー/時間	ワット (W)	$1\ W = 1\ J\ s^{-1} = 1\ kg\ m^2\ s^{-3}$
電 荷	電流×時間	クーロン (C)	$1\ C = 1\ A\ s$
電 位	エネルギー/電荷	ボルト (V)	$1\ V = 1\ J\ C^{-1} = 1\ kg\ m^2\ s^{-3}\ A^{-1}$

国際単位系）とよばれる世界共通の単位系の出発点である*．SI 単位系は 7 種類の物理量の単位の集まりである．注目すべきは，2018 年 11 月に SI 単位の定義の改良が行われたことである．ただし，このような定義の変更は，非常に精密な科学測定の場合にのみ影響し，日常で SI 単位系を使ううえでは全く影響がない．表 3・1 には従来の定義と新しく承認された定義を掲載する．

SI 系の単位のうち，温度のケルビン (K) には，到達できる最も低い温度である絶対零度 (−273.15 ℃)，すなわちゼロ点が存在する．温度は，一般的には摂氏 (Celsius) で測られることが多いが，摂氏の温度の値に 273.15 を加えるだけでケルビン (K) に変換される．水の氷点の 0 ℃ は 273.15 K，水の沸点 100 ℃ は 373.15 K となる．したがって温度差については，1 K の差は，摂氏における 1 ℃ の差と同じである．

物質量の SI 単位はモルであり，第 4 章で詳しく述べる．電流の SI 単位はアンペアであり，これは第 12 章で電気化学を学ぶ際に述べる．また，光度（りん光性あるいは蛍光性の物質から放出される光の単位立体角当たりの明るさ）の SI 単位はカンデラ (candela, 記号: cd) である．

SI 単位系では，任意の物理量の単位は上の 7 種類の基本単位を用いて組立てることができる．表 3・2 に化学で重要となる SI 組立単位を示す．

ここで重要なのは，単位のついている数値が四則演算されるときには，単位も同じ四則演算を受けることである．

SI 基本単位や SI 組立単位をそのまま使うのが不便な場合もある．たとえば，原子の半径のように微小な長さや，一番近い恒星までの距離を計測とすると，メートルは適さない．この問題に対して SI 単位系では，10 のべき乗を掛けたり割ったりすることを表す接頭語を単位の前につけることで対処する．たとえば，センチ (centi) は 100 分の 1 にするという意味で，キロ (kilo) は 1000

例題 3・1 SI 単位の導出

熱容量（第 8 章参照）は，ある物体の温度を 1 K だけ上昇させるのに要する熱量である．与えた熱を変化した温度の値で割ることで熱容量を求めることができる．では熱容量の SI 組立単位はどうなるか．

解 答 熱容量の組立単位は $J\ K^{-1}$ である．

練習問題 3・1 質量 m，速度 u で運動している物体の運動エネルギーは $(1/2)mu^2$ である．運動エネルギーの SI 組立単位を答えよ．

表 3・3 よく使われる SI 接頭語

接頭語	記 号	べき乗因子	接頭語	記 号	べき乗因子
テラ	T	10^{12}	センチ	c	10^{-2}
ギガ	G	10^{9}	ミリ	m	10^{-3}
メガ	M	10^{6}	マイクロ	μ	10^{-6}
キロ	k	10^{3}	ナノ	n	10^{-9}
ヘクト	h	10^{2}	ピコ	p	10^{-12}
デカ	da	10^{1}	フェムト	f	10^{-15}
デシ	d	10^{-1}	アト	a	10^{-18}

* SI の略称は，フランス語の名称 Système International d'Unités に由来する．

倍する意味である．表3・3には，よく使われる接頭語が示されている．

接頭語にはそれぞれ対応する記号があり，それは基本単位の直前に付けられる．すなわち，kilometer は km となり，これは 10^3 m の単位である．また，cm (centimeter) は，10^{-2} m である．

例題 3・2　SI 接頭語を使う

およそ 2×10^{-7} m よりも小さい物体は光学顕微鏡では見ることができない．長さ 20 nm のウイルスを光学顕微鏡で観察することはできるか．

解　答　このウイルスは光学顕微鏡で見ることはできない．

練習問題 3・2　(a) 10^{-2} g，(b) 10^6 m，(c) 10^{-6} s を単位の前に接頭語をつけて短縮形で記せ．

非 SI 単位

SI 単位系は国際標準の単位系であるが，世界にはよく使われる非 SI 単位がいくつも存在する．たとえば，p.34 で見たように温度は，ふつうはケルビンではなく摂氏で表される．また，体積を測るとき，SI 単位である m^3 は大きすぎて不便なために，リットル（L＝1000 cm^3）やミリリットル（mL＝1 cm^3）もよく使われる．圧力の非 SI 単位には，気圧（atm），水銀柱ミリメートル（mmHg），トル（Torr），バール（bar）があり，これらの非 SI 単位は今でも化学文献などで，SI 単位のパスカル（Pa）より頻繁に使われている．非 SI 単位の使用が続く限り，その度に SI 単位と非 SI 単位の変換が必要になる．変換には二つの単位の間の換算係数を知る必要があるので，その換算係数を求めてみよう．

例題 3・3　単 位 の 変 換

食品に表示されているエネルギーの単位には SI 単位のキロジュール (kJ) と非 SI 単位のキロカロリー (kcal) があり，表示法は国によって異なる．kJ と kcal の間には次の関係がある．4.185 kJ＝1 kcal．695 kJ を kcal に変換せよ．

解　答　166 kcal

次 元 解 析

多くの化学の原理は数学的に説明される．問題をどのように数学的かつ体系的に提示し，そして解決するかを学ぶことは，化学において重要である．

通常，一つの問題はいくつかの方法で解くことができるが，体系的で秩序だった取組み方が最良である．次元解析の方法が本書で強調されるのは以下のような理由からである．

- 問題を体系的，かつわかりやすい方法で提示する．
- 問題が内包する原理の理解を助けてくれる．
- データを整理し評価する訓練になる．
- もし最終結果に必要のない単位が残ってしまうなら，問題の設定に誤りがあることがわかる．

次元解析（dimensional analysis）は，変換因子を用いて，ある単位を別の単位に変換する．

ある種の問題では，正しい解答に到達するために連続して複数回の単位変換を行う必要がある．たとえば1日が何秒であるかを知りたいとすると，次のような単位変換をすることになる．

$$1\,\cancel{\text{日}}\left(\frac{24\,\cancel{\text{時間}}}{1\,\cancel{\text{日}}}\right)\left(\frac{60\,\cancel{\text{分}}}{1\,\cancel{\text{時間}}}\right)\left(\frac{60\,\text{秒}}{1\,\cancel{\text{分}}}\right) = 86\,400\,\text{秒}$$

この原理を，第4章で学ぶモル質量 $M = m/n$ と第10章で学ぶ濃度 $c = n/V$ という式を用いて，もう少し詳しく考えてみよう．この二つの式は化学で最も使われる頻度の高いものであり，間違って書かれることが最も多い式でもある．正しく式を書くために必要なのは，モル質量（M）の単位の g mol^{-1} と濃度（c）の単位の mol L^{-1} である．

モル質量の単位 g mol^{-1} は，グラム単位の物理量をモル単位の物理量で割れば得られる．これらの物理量は質量（m）と物質量（n）である．このことがわかれば，次のように書ける．

$$\text{モル質量} = \frac{\text{グラムで測られた物理量}}{\text{モルで測られた物理量}} = \frac{\text{質量}}{\text{物質量}} = \frac{m}{n}\quad(\text{g mol}^{-1})$$

このようにして，単位から正しい式が導かれる．モル質量（g mol^{-1}）の正しい単位は，質量（g）が分子で物質量（mol）が分母のときにだけ得られ，質量と物質量の演算の他の組合わせでは，正しいモル質量の単位は得られない．

濃度の場合も同様である．濃度の単位は mol L^{-1} であり，モル単位の物理量をリットル単位の物理量で割れば得られる．モルは物質量（n）の単位であり，リットルは体積（V）の単位であるから，次式のようになる．

$$
\text{濃度} = \frac{\text{モルで量った物理量}}{\text{リットルで量った物理量}} = \frac{\text{物質量}}{\text{体積}} = \frac{n}{V}\ (\text{mol L}^{-1})
$$

ここでも，正しい単位は物質量を体積で割ったときにだけ得られる．

次元解析は，正しい公式を思い出す助けとなるだけでなく，式を正しく変形したことを保証してくれる．たとえば濃度についての上の式を，n についての式に変形してみよう．正しい変形は，上式の両辺に V を掛けて，

$$
n = c \times V
$$

となる．この式が正しいことは，両辺の単位が同じであることを使って簡単に確かめられる．まず左辺の単位は mol である．一方，右辺は，$\text{mol L}^{-1} \times \text{L} = \text{mol}$ となり，同じである．これで式の変形が正しく行われたことが確認できた．

これは，公式を変形したときには，常に良い確認方法である．もし変形された式の両辺の単位が同じでないならば，何か間違いを犯している．

ここで，第7章で学ぶことになる理想気体の方程式 $pV = nRT$ を考えてみよう．圧力 p は Pa の単位をもち，体積 V は m^3，物質量 n は mol，温度 T は K，気体定数 R は $\text{J mol}^{-1}\ \text{K}^{-1}$ の次元をもっている．式の両辺の単位を計算すると，

- （左辺の）pV の単位は $\text{Pa} \times \text{m}^3 = \text{Pa m}^3$.
- （右辺の）nRT の単位は $\text{mol} \times \text{J mol}^{-1}\ \text{K}^{-1} \times \text{K} = \text{J}$.

一見，方程式のそれぞれの辺で異なる単位を使っていて正しくないように見えるが，Pa と J が組立単位であることを思い起こすと，表3・2（p.34）から $1\ \text{J} = 1\ \text{kg m}^2\ \text{s}^{-2}$ であり，$1\ \text{Pa} = 1\ \text{kg m}^{-1}\ \text{s}^{-2}$ である．したがって

$$
\begin{aligned}
\text{Pa m}^3 &= \text{kg m}^{-1}\ \text{s}^{-2} \times \text{m}^3 \\
&= \text{kg m}^2\ \text{s}^{-2} = \text{J}
\end{aligned}
$$

となり，式の両辺の単位が同一であることが確かめられる．

次元解析が役に立つのは上のような単純な方程式だけではない．等式の両辺の値と単位は常に同一でなければならないので，どんな複雑な方程式であっても適用できる．例題3・4で示されるように，もし，ある式の構成要素すべての単位がわかっているならば，式の正しい形を決めることにも次元解析を使うことができる．

例題 3・4　次元解析

ショ糖の水溶液は，100 ℃よりもわずかに高い温度で沸騰し，沸騰温度は水に含まれるショ糖の量によって変化する．ショ糖のモル質量を（g mol^{-1} の単位で）決定するために，100 g の水に 30.0 g のショ糖を溶かした溶液を用意する．沸騰温度の上昇分 ΔT（K の単位）は，ある定数 K_b（K kg mol^{-1} の単位をもつ）とモル濃度 b（1 kg の水に対するショ糖の物質量）の組合わせから計算できる．

水の K_b の値は，$0.512\ \text{K kg mol}^{-1}$ であり，上の水溶液の沸点上昇が 0.447 K とする．ショ糖溶液のモル濃度を求めよ．

解　答　ショ糖溶液のモル濃度は $0.873\ \text{mol kg}^{-1}$ である．

練習問題 3・3　以下の式の構成要素の単位を考慮して，正しい式を導け．

(a) 圧力（p, Pa），体積（V, m^3），物質量（n, mol）と温度（T, K）を用いて，気体定数（R, $\text{J mol}^{-1}\ \text{K}^{-1}$）を表す式を求めよ．

(b) エネルギー（E, J），プランク定数（h, J s）と波長（λ, m）を用いて，光速（c, m s^{-1}）を表す式を求めよ．

3・2　測　定

化学は測定の科学である．ある量だけ試料を量り取ったり，化学反応の速度を求めたり，化学電池の電圧を決定したりするときには，測定を行う．測定値には必ず単位があり，そして測定に伴う誤差が存在する．これらのどちらかを欠いた測定値には意味がない．

精度と確度

測定は常に，正確に（accurate），かつ精度良く（precise）行われなければならない．この二つの言葉はしばしば混同されて使われるが，異なる意味をもっている．測定の**確度**（accuracy）というのは，測定値が正しい値にどれだけ近いかという尺度であり，**精度**

練習問題 3・4　作業者4名が，質量 5.000 g の材料を料理用のはかりを用いて測定し，次の結果を得た．

作業者 A: 5.022 g, 4.976 g, 5.008 g
作業者 B: 4.836 g, 5.033 g, 4.723 g
作業者 C: 5.230 g, 5.231 g, 5.232 g
作業者 D: 4.632 g, 4.835 g, 4.926 g

最も精度が良いのは誰か．また，最も確度が良いのは誰か．

図 3・1　ゴルフにおける確度と精度の違い．ゴルファー１のショットは精度が良い（1 箇所に集まっている）が，ターゲット（真の値）から離れているので確度は悪い．ゴルファー２は精度も確度も悪い．ゴルファー３は精度が良く，確度も良い．

(precision）は同じ測定を複数回行ったとき値の再現性の尺度である．次節で学ぶように，測定の精度は，測定値の有効数字の桁数を決める．確度と精度の考え方が図3・1に示されている．

誤差と有効数字

どんな測定にも誤差が付随する．これは測定に用いる方法の限界によるものである．図3・2の二つの温度計を考えてみよう．この二つは同じ温度を示している．左の温度計の目盛りは 1 ℃ ごとであり，したがって，温度計の製造過程での欠陥がなければ，温度が 24 ℃ より高く，25 ℃ より低いことは確実である．液柱の上端は 24 ℃ と 25 ℃ の目盛りの間のおよそ 0.3 あたりの位置に見えるため，測定値は 24.3 ℃ と記録される．しかし正確に 24.3 ℃ であるとはいえない．なぜならば一番下の桁の数字には観測者の推量が入るからである．この桁は，他の観測者が見れば 24.2 ℃ かもしれないし，さらに別の人は 24.4 ℃ と読むかもしれない．一方，右側の温度計には 0.1 ℃ まで目盛りが付けられているので，より正確に温度を読み取ることができる．こちらは，温度計に欠陥がなければ，24.3 ℃ と 24.4 ℃ の間であることは確かであり，もう 1 桁読み取ろうとすれば，液面は目盛りの間の 0.2 程度の位置にあるので，24.32 ℃ と読むことができる．科学の慣習に従って，測定された数字は推量で得られた最後の 1 桁を含めてすべて記録される．この慣習に従って記録された数字は，**有効数字**（significant figure）とよばれる．右側の温度計ではより正確に読み取ることができるため，有効数字も 1 桁多くなる．測定値の有効数字は，確実であるとわかっている桁数＋1（推量された桁）である．したがって，いかなる測定においても有効数字の最後の桁には誤差が存在する．上の例では，左の温度計の 24.3 ℃ と右の温度計の 24.32 ℃ の，最後の桁の数字は確実ではない．

ある数字の有効な桁数を求める簡単な方法は，単純に数字の桁数を数えることである．しかし，その数字の最初または最後にゼロが付いている場合には，有効な桁数は必ずしも明白ではない．たとえば，0.0023 の有効桁数は，2 桁（23）だろうか，4 桁（0023）だろうか，5 桁（0.0023）だろうか．3000 の有効桁数は，1 桁（3）なのか，あるいは 4 桁（3000）なのか．この種の混乱は**科学的表記法**（scientific notation）を用いることで避けられ，有効数字を明確に表示できる．前の章で学んだように，科学的表記法では，数字は 10 のべき乗を用いて表される．たとえば 15 という数は科学的表記法では 1.5×10^1 となり，362 は 3.62×10^2 となる．0.0023 は 2.3

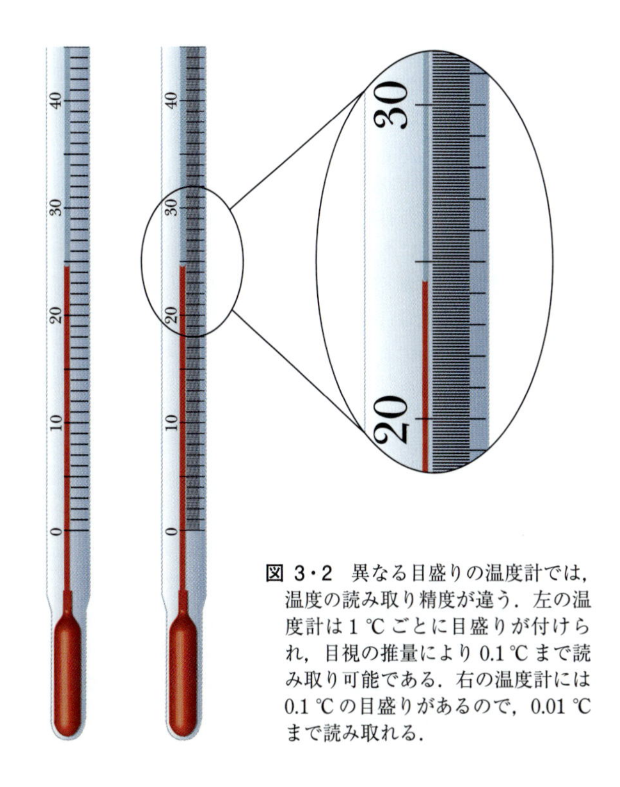

図 3・2　異なる目盛りの温度計では，温度の読み取り精度が違う．左の温度計は 1 ℃ ごとに目盛りが付けられ，目視の推量により 0.1 ℃ まで読み取り可能である．右の温度計には 0.1 ℃ の目盛りがあるので，0.01 ℃ まで読み取れる．

$\times 10^{-3}$ となり，2 桁の有効数字だけが数字として表れる．同様に，より精密に測定された数値である 0.002 30 は，2.30×10^{-3} と書かれるので，3 桁の有効数字を明示できる．3000 という数字の有効桁数の問題はもう少し複雑である．この数字の背景が不明ならば，下 3 桁のゼロについては判断できる情報がないので，3 という数値だけが有効，すなわち有効数字 1 桁と考えられる．しかし，もし 3000 が一連の測定結果の一部であって，他に 2998，3001，3002 というような測定結果があるのならば，その場合には 3000 の有効数字は 4 桁である．科学的表記法を用いれば，このようなあいまいさも避けることができる．すなわち，3×10^{3} と書けば有効数字 1 桁であり，3.000×10^{3} と書けば有効数字 4 桁であることが明確になる．

測定値の有効数字の桁数は，使う単位によって変化しない．たとえば，長さ 2.3×10^{-3} m は，ミリメートル単位では 2.3 mm，ナノメートルでは 2.3×10^{6} nm と書けるが，測定結果をどのような単位で表しても測定の精度は変わらないので，どの単位でも有効桁数は同じでなければならない．次に示すように，何らかの計算結果の有効桁数は，計算に使われるデータの有効桁数によって決まる．科学的な数値を記録したり，操作したりするときには，いつも科学的表記法を用いることが強く勧められる．そうすれば，あいまいさが避けられ，データの精度が誰の目にも一目でわかるようになる．手順 3・1 に有効数字を使うにあたっての規則をまとめた．

手順 3・1　有効数字の規則

1. 数値の中のゼロでない桁はすべて有効である．
2. 数値の中のゼロは，その位置によって有効数字であるかないかが決まる．
   (a) 次の位置にあるゼロは有効数字である．
   (i) ゼロでない二つの数字の間にあるとき
   704 の有効数字は 3 桁
   173.05 の有効数字は 5 桁
   (ii) 小数点のある数値の最後にあるとき
   0.500 の有効数字は 3 桁（0.**500**）
   3.00 の有効数字は 3 桁（**3.00**）
   (b) 次の位置にあるゼロは有効数字でない．
   (i) 数値の最初のゼロでない桁の前にあるとき．この場合，小数点の前のゼロは考慮しなくてよい．一方，小数点の後のゼロは単に桁を埋めているだけである．
   0.009 21 の有効数字は 3 桁（0.00**9 21**）
   (ii) 小数点のない数値の最後にあるとき．
   1000 の有効数字は 1 桁（**1**000）

ある種の数字は厳密な値であり，定義によって有効数字が無限桁になることに注意せよ．厳密な数の例として，物の個数がある．たとえば 10 個の物体を数えたときには，個数は厳密に 10 である．他には，単位の定義の一部をなす数も厳密な数値である．1 m は厳密に 1000 mm であり，1 時間は厳密に 3600 秒である．厳密な数には誤差はない．

例題 3・5　有効数字

以下の数字の有効数字は何桁か．

(a) 0.004 136　(b) 0.1060　(c) 10.01　(d) 200

解答　(a)，(b)，(c) は 4 桁，(d) は 1 桁．

図 3・2 の温度計の例からわかるように，科学機器を用いて測定をする際には，測定誤差の大きさは用いる機器の精度に常に依存する．すなわち機器の精度が高ければ，測定で得られる有効数字は多くなる．たとえば，20 mL のピペットが二つあり，一つは ±0.1 mL の精度，もう一つは ±0.05 mL の精度であるとしよう．ピペット精度の公称は，一つ目は (20.0±0.1) mL，二つ目は (20.0±0.05) mL と記載され，この意味は，たとえば二つ目のピペットは，常に 19.95 mL と 20.05 mL の間の量を示すことを保証している．この種の誤差を**絶対誤差**（absolute uncertainty）とよび，測定値と同じ単位で示される．測定装置に付随する誤差を考える場合，誤差が測定値に対して相対的にどれくらいの大きさであるかを評価されることになるので，**百分率誤差**（percentage uncertainty）を求める方が有益なことが多い．百分率誤差の計算例として，二つ目のピペットを用いてみよう．

$$
\text{百分率誤差} = \frac{\text{絶対誤差}}{\text{測定値}}\times 100\% = \frac{0.05\ \text{mL}}{20.0\ \text{mL}}\times 100\% = 0.25\%
$$

次に述べるように，百分率誤差は掛け算や割り算を含む計算をする際に役に立つ．

測定に二つの型の誤差が存在することを覚えておこう．まず，偶発的な誤差は測定値の再現性の問題である．通常は測定に用いられた機器に固有の誤差である．これは最終的な計算結果に入り込む誤差の一部分となる．一方，系統的な誤差は装置の欠点や人為的ミスに由来することが多い．この種の誤差は注意深く実験を行うことによって除去できる．

計算における誤差と有効数字　ここまでは，単一の数値の有効桁数の決め方について述べてきた．しかし，それらの数字を用いて計算を行ったときに，計算結果の有効数字はどうなるのだろうか．また，誤差のある測定値を用いて計算したときには，具体的にどれだけの誤差が計算結果に入り込むのだろうか．たいていの場合，計算には計算機が使われるが，得られる計算結果には有効数字よりもずっと多い根拠のない桁までが表示され，誤差については何もわからない．したがって，計算結果にどれだけの精度があるかを評価するための規則が必要になる．

計算結果の有効数字の適正な桁数を決めるために，以下の規則を適用する．

- 測定された数値にある定数を掛けた場合には，結果の有効桁数はもとの測定値の有効桁数と同じになる．
- 二つ以上の測定値を使って，掛け算または割り算した場合，計算結果の有効桁数は，もとの測定値の中の最も精度の悪い測定値の有効桁数より大きくならない．
- 二つ以上の測定値を足し算または引き算した場合，計算結果の有効な少数位桁は，もとの測定値の中の少数位の桁数が最も小さいものと同じになる．

この規則を具体的な例で説明してみよう．

$$\frac{3.14 \times 2.751}{0.64}$$

この場合，分子の二つの数字の有効桁数は3桁と4桁であり，分母の有効桁数は（最初の0は有効数字ではないので）2桁である．ゆえに，答えとしてもとの数字より多くの桁数を求めても意味がない．上で述べた規則に従えば，掛け算と割り算では結果の有効桁数は，もとの数字の最も精度の低いものと同じになる．したがってこの例では，答えは2桁の有効数字で表せばよい．すなわち答えは，

$$\frac{3.14 \times 2.751}{0.64} = 13$$

である．次の計算では，

$$\begin{array}{r} 3.247 \\ 41.36 \\ +\ 125.2 \\ \hline 169.8 \end{array}$$

三つの数字すべてで値がわかっている桁は，小数点以下の1桁目までである．6や7の数字に未知の数字を加えても，その結果は未知であるので，小数点以下の2桁目と3桁目に足し算の結果を書き加えてはならない．三つの数字すべてで意味のある小数点以下1桁目に，それぞれの数を四捨五入してから計算した結果が169.8ということになる．

対数を扱うときには（第11章でpHを考察する際に出てくる）別の規則が適用される．

- ある数の対数の有効桁数は，対数の小数点以下の部分（＝仮数）の有効桁数が，もとの数（真数）の有効桁数と同一になる．

たとえば，0.003 21の有効数字は3桁である（3.21×10^{-3}と書けばよりわかりやすい）．

逆も真である．ある対数が与えられたとき，その真数の有効桁数はもとの対数の小数点以下の桁数となる．-4.18の真数は，有効数字は2桁であるので，6.6×10^{-5}とする．

対数についての上の規則は，常用対数（$\log_{10}$）と自然対数（ln または $\log_e$）の両方に適用できる．

有効数字と誤差は関係があるが，計算結果の誤差を決める規則は前ページ（手順3・1）の有効数字の規則とはいくらか異なり，次のようになる．

- 二つ以上の測定値の足し算や引き算をするときには，最終結果の誤差はそれぞれの測定値の絶対誤差の和となる．

  例を示す前に，絶対誤差は測定値と同じ単位をもつことに注意しておこう．二つの体積，21.05 mLと18.55 mLの足し算を考える．もしそれぞれの測定値の絶対誤差が ±0.05 mL であるならば，計算結果の誤差は ±0.1 mL となる．これは次のように説明される．示された誤差から二つの測定値の取りうる範囲は，一つ目は21.00 mLから21.10 mL，二つ目は18.50 mLから18.60 mLである．足し算をしたときに和がとりうる最小値は（21.00 mL+18.50 mL）= 39.50 mLとなり，最大値は（21.10 mL+18.60 mL）= 39.70 mLとなる．21.05 mLと18.55 mLの和は39.60 mLなので，最終結果は（39.6±0.1）mLと書ける．言い換えれば，それぞれの値の読み取りの誤差によって，和の値は39.5 mLから39.7 mLの間にある．

  上の例では，もとの数字の有効桁数は4桁だったのに，計算結果では有効桁数が3桁に減っているように見える．これは誤差の大きさによる結果である．ふつうは測定値の一番下の桁だけに誤差があるので，誤差は1桁で書く．したがって二つの誤差0.05と0.05を足して得られる誤差は，0.1であって，0.10ではない．最終結果の一番下の桁も同様であるので，（39.60±0.1）mLではなく，（39.6±0.1）mLと書かなければならない．このように誤差が計算結果の精度に影響す

ることはしばしば起こる.

- 二つ以上の測定値の掛け算や割り算をするときには，最終結果の誤差はそれぞれの測定値の百分率誤差の和となる.

例として，金の密度を計算するために，質量を体積で割ってみよう．(5.000 ± 0.005) g の金の体積が (0.2588 ± 0.0005) mLであるとする．密度は次の式で計算できる．

$$\rho = \frac{m}{V} = \frac{5.000\ \text{g}}{0.2588\ \text{mL}} = 19.32\ \text{g mL}^{-1}$$

答えの誤差を計算するためには，二つの測定値の百分率誤差を計算して，それらを足し合わせればよい．そうする理由は上と同様に示せる．質量のとりうる範囲は 4.995 g から 5.005 g であり，体積は 0.2583 mL から 0.2593 mL の範囲であるので，この誤差の範囲でとりうる密度の最小値と最大値はそれぞれ

$$\rho = \frac{m}{V} = \frac{4.995\ \text{g}}{0.2593\ \text{mL}} = 19.26\ \text{g mL}^{-1}$$

および $$\rho = \frac{m}{V} = \frac{5.005\ \text{g}}{0.2583\ \text{mL}} = 19.38\ \text{g mL}^{-1}$$

となる．しかしこの場合の誤差の取扱いは，足し算と引き算の場合ほど簡単ではない．測定値の足し引きのときには，それぞれの数値の単位は同一であり，絶対誤差の単位も同じであった．測定値の掛け算・割り算では，単位は必ずしも同じではないので，絶対誤差を足し引きするわけにはいかない．この困難を回避するには，絶対誤差を無次元の量である百分率誤差に変換すればよい．百分率誤差は足し引きができるので，百分率誤差の総計を求めて，最後に絶対誤差に変換すればよい．上の例では，絶対誤差から百分率誤差を求めるのに下式を使う．

$$\text{測定値の百分率誤差} = \frac{\text{測定値の絶対誤差}}{\text{測定値}} \times 100$$

$$\text{質量の百分率誤差} = \frac{0.005\ \text{g}}{5.000\ \text{g}} \times 100 = 0.1\%$$

$$\text{体積の百分率誤差} = \frac{0.0005\ \text{mL}}{0.2588\ \text{mL}} \times 100 = 0.2\%$$

したがって，全体の百分率誤差は，$0.1\% + 0.2\% = 0.3\%$

全体の百分率誤差を絶対誤差に変換すると，

$$\text{測定値の絶対誤差} = \frac{\text{全誤差百分率} \times \text{測定値}}{100}$$

$$= \frac{0.3 \times 19.32\ \text{g mL}^{-1}}{100} = 0.06\ \text{g mL}^{-1}$$

こうして，密度の値のとりうる範囲が，$\pm0.06\ \text{g mL}^{-1}$ となることがわかった．

練習問題 3・5 以下の計算の結果を正しい有効数字で表せ．

(a) $\log(2.185 \times 5.48)$　　(b) $\dfrac{5.39}{14.1} \times (268 + 64.1)$

練習問題 3・6 実験中に，濃度 $1.000\ \text{g L}^{-1}$ の NaCl 水溶液 100 mL が必要となり，次のようにつくろうと考えた．まず，天秤で固体の NaCl を 0.100 g 量り取り，それを 100 mL のメスフラスコに入れる．適当量の水を加えてかき混ぜ，さらにメスフラスコの線まで水を加えて最終的に 100 mL の水溶液を得る．天秤とメスフラスコの器具の誤差をそれぞれ ±0.001 g と ±1 mL として，NaCl 溶液の濃度の最終的な誤差を計算せよ．$1.000\ \text{g L}^{-1}$ の水溶液を調製することができただろうか．もしそうでないならば，調製された溶液の濃度はいくらか．誤差を含めて解答せよ．

4 化学反応と化学量論

4・1 化学的変化と物理的変化

化学で最も魅力的な現象は，原子や分子がある形から別の形に変化することである．これらの変化を化学的なものと物理的なものに分類してみよう．

最も重要な物理的変化は，固体・液体・気体の間の**相転移**（phase transition）である．相転移では物質は化学的には変化しないが，粒子がもっているエネルギーに応じて物理的状態が変化する．氷が溶ける場合を考えてみよう．氷は水 H_2O の固体である．氷が熱せられると，熱からのエネルギーが隣り合う H_2O 分子間の引力を分断して，固体（氷）から液体（水）への相転移が起こる．さらに続けて熱が加えられると，液体はもう一つの相転移を起こし気体の形態の水，すなわち水蒸気に変化する．この過程で重要なことは，H_2O 分子の数や性質は変化しないこと，さらに分子を形成している水素原子と酸素原子の化学結合も壊れない，ということである．

物理的変化とは対照的に，**化学反応**（chemical reaction）では一つまたは複数の物質から完全に新たな物質が生成する．最初の物質を**反応物**（reactant）とよび，新たに生まれた物質を**生成物**（product）とよぶ．原子スケールでの変化は見ることができないので，巨視的な観測方法によって化学反応の兆候を探すことになるが，化学反応の兆候には以下の項目が含まれる．

- 色の変化
- 温度の変化
- 熱の発生
- 相の変化（たとえば，溶液からの固体の析出）
- 光の放出

例としてライターを考えてみよう．この場合は，光と熱の両方の発生によって化学反応が起きたことがわかる．実際に，炎が見えて熱が指で感じられる．ライターのおもな燃料成分はブタン C_4H_{10} であり，炭素と水素からなる化合物である．ライター燃料が酸素 O_2 の存在下で燃焼を起こすと，二酸化炭素 CO_2 と水 H_2O が生成する．

もし反応物と生成物を原子スケールで見ることができれば，反応物と生成物の構成成分が同一であることがわかるであろう．反応物の中のそれぞれの炭素原子，水素原子，酸素原子に対して，生成物中にもそれに対応する炭素原子，水素原子，酸素原子が同じだけ存在している．この反応は最も簡素な形では，8 個の炭素原子と 20 個の水素原子と 26 個の酸素原子で書くことができて，それぞれの原子は反応全体を通して保存される．しかし図 4・1 を見ればわかるように，構成原子の結合の仕方は異なっている．反応物では，黒色で示す炭素原子は白色の水素原子とだけ化学結合していて，赤色の酸素原子は自分自身と結合している．生成物では，酸素原子の一部

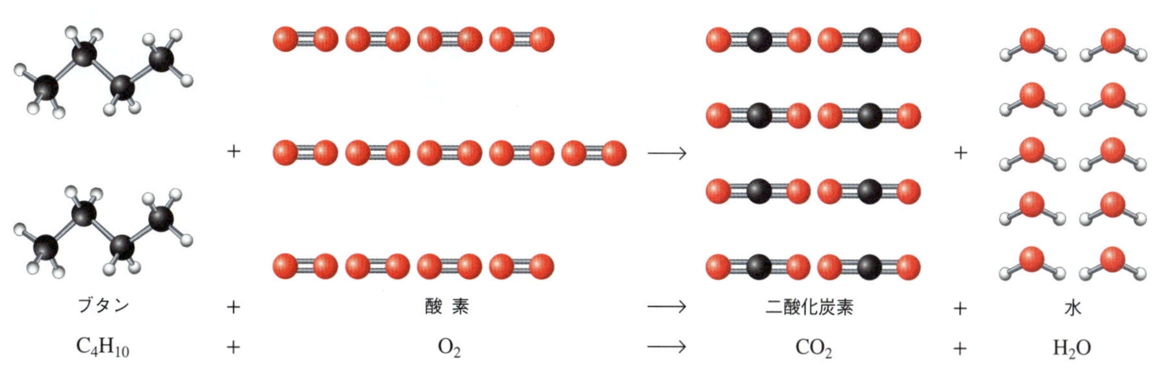

図 4・1 ブタンの燃焼は化学反応である．反応の前後で原子の種類とそれぞれの数は変わらないが，結合のしくみは変化する．

は炭素原子と結合し，残りの酸素原子は水素原子と結合している．化学反応の結果，原子間の化学結合の破壊と生成が起こり，化学物質が別の化学物質へ変換する．燃料が燃焼することで熱が得られるのは，反応の生成物のエネルギーが反応物よりも低いという事実に起因している．

物質は化学反応によって外見と構造が著しく変化することがある．身近な例は，鋼鉄（主成分は鉄 Fe）がさびるときの変化である．鉄（Fe）は大気中の酸素と反応して酸化され，茶色のさび（Fe_2O_3）に変化する．この場合，固体と気体の二つの反応物が，結合して一つの固体の生成物ができる．鉄原子どうしの結合と酸素原子どうしの結合が切れて，新たに鉄-酸素の結合ができて錆（さび）となるのである．

化学反応で気体が生成する例として，炭酸水素ナトリウム $NaHCO_3$ とレモンジュース〔クエン酸 $HOOCCH_2$-$C(OH)(COOH)CH_2COOH$ を含む〕との**酸塩基反応**がある．パンをつくるときにこの二つの化合物が混ぜられると，固体と水溶液が反応してクエン酸ナトリウム（水溶液），水（液体），二酸化炭素（気体）が生じる．このとき放出される気体がパンの生地を膨らませる．本章の次節で見るように，化学反応を表すのに化学反応式が使われる．上で述べた反応は下記の式になる．ここで理解しておくべき点は，化学反応は化学反応式によって記述されることである．

$$NaHCO_3(s) + \underset{\text{クエン酸}}{C_6H_8O_7(aq)} \longrightarrow NaC_6H_7O_7(aq) + CO_2(g) + H_2O(l)$$

治療用エコカイロの中で起きている化学現象もまた，化学反応式で表すことができる．エコカイロのパック内には，ナトリウムイオン(Na^+)と酢酸イオン(CH_3COO^-)が含まれ，過飽和溶液となっている．カイロを使い始めるときには，二つの溶液を隔てている膜を破ることで，2 種類のイオンが混ざって酢酸ナトリウム塩($NaCH_3COO$)の結晶が**析出**し，その過程で熱を放出する（**発熱過程**）．反応は下記のように書ける．

$$Na^+(aq) + CH_3COO^-(aq) \longrightarrow NaCH_3COO(s)$$

熱の**吸収**が起こる反応もある（**吸熱過程**）．吸熱や発熱の現象は，化学反応が起きている証拠と考えてよい．析出反応の逆は**解離反応**とよばれる．塩化ナトリウム（食塩，NaCl）は容易に水に溶ける固体であり，食塩の固体結晶水に入れると，すぐに二つのイオン Na^+ と Cl^- に解離する．

$$NaCl(s) \longrightarrow Na^+(aq) + Cl^-(aq)$$

一般に，色が変化するのは，化学変化が起きた証拠であることが多い．トマトが熟すときの色の変化は（図 4・2），化学変化の明確な証拠である．クロロフィルによる緑色は，リコペンという分子の赤色に徐々に置き換わっていく．両方の分子はそれぞれ固有の波長の可視光を吸収するが，吸収されない可視光が吸収波長の補色として人の目には見える．

図 4・2 色の変化はしばしば化学変化が起こっている証拠である．トマトは熟すと，緑色のクロロフィルが赤いリコペンに置き換わる．

光を**放射**する化学反応も存在する．明るい色で発光するグロースティック（ケミカルライト，図 4・3）は，折り曲げることで内側のチューブが破れ，外側のチューブの中身と混合して光を発する化学反応が起こる．この反応は**化学発光**（chemiluminescence）とよばれる．

図 4・3 グロースティックは化学発光とよばれる作用で光る．チューブの内部の仕切りが壊されると化学物質が混合して発光反応が開始する．

ここまでは，物理的および化学的反応の多様性を見渡すためにいくつかの例をあげてきた．化学反応では，原子が生成したり消滅したりすることはないという事実は重要である．この原理は質量の保存として知られている

(§1・2参照). 反応物から生成物への変換は, 化学結合が切断して再結合するときの電子の再配置であるといえる. 次節では化学反応式について学び, 化学反応の中で, どのように化学結合が切れて再び結合するかを見ていく.

4・2 化学反応式

第1章で簡単に説明したように, **化学反応式**(chemical equation) は化学反応で何が起こっているかを表すために使われる. 化学式を用いることによって, 反応に関係する化学物質の前後の状態を表す. 例として水素と酸素の燃焼反応を考えてみよう. この反応の化学反応式は下記のようになる.

$$2\,H_2(g) + O_2(g) \longrightarrow 2\,H_2O(l)$$

矢印の左側には, 反応を起こす二つの物質 (反応物) である水素と酸素の化学式が書かれ, 右側には反応の生成物である水の化学式が書かれている. 生成物というのは, 反応で生じた化学物質のことである. 矢印は物質が生じる反応の向きを示す. こうして, 水素と酸素が反応して水が生成する, ということをこの式は教えてくれる. 逆の過程, すなわち水が水素と酸素に変化する反応は, 起こるとしても非常にわずかである. 順方向と逆方向の両方が起こる反応を**可逆反応**(reversible reaction) とよぶ. 化学反応の多くはある程度は可逆的であるが, ここでは順方向の反応に限定する. 可逆反応については第9章でさらに学ぶ.

上の例では, 反応でただ一つの物質ができた. すなわち生成物は一つである. しかし, ほとんどの化学反応では複数の生成物が生じる. もし化学反応で何が生成したかという点だけに興味を絞れば, **定性分析** (qualitative analysis) を行うことになる. それは, 試料中の物質が何であるかを決めることであり, その物質の量は測らない. 一方, **定量分析** (quantitative analysis) は試料中のいくつかの物質の量を決めることが目的である.

化学量論 (stoichiometry, ギリシャ語で "要素" を意味する *stoicheion* と, "測定" を意味する *metrein* が語源) においては, 化学反応の反応物と生成物の相対的な量を問題とする. 水素と酸素の化学反応式では, 水素と水の化学式の前に2という係数がついている. 化学式の前の数字は**化学量論係数** (stoichiometric coefficient) とよばれ, 反応物と生成物のそれぞれの分子の数を示している. したがって, $2\,H_2$ は H_2 が2分子, $2\,H_2O$ は H_2O が2分子の意味である. 数字が書かれていないときは, 化学量論係数は1である (酸素分子の係数は1). 化学量論係数はイオンや原子にも使われる.

化学量論係数は, 反応式が質量保存の法則(§1・2) を満たすために必要なものである. 化学反応では, 原子は生成したり壊れたりしないので, それぞれの種類の原子数は, 反応の前後 (矢印の両側) で変化することはない (図4・4). 図4・4は**釣合いのとれた化学反応式** (balanced chemical equation) の例である. §4・1では, 酸素 O_2 中でのブタン C_4H_{10} の燃焼を図4・1に示した. この反応の釣合いのとれた化学反応式を図4・5に示す.

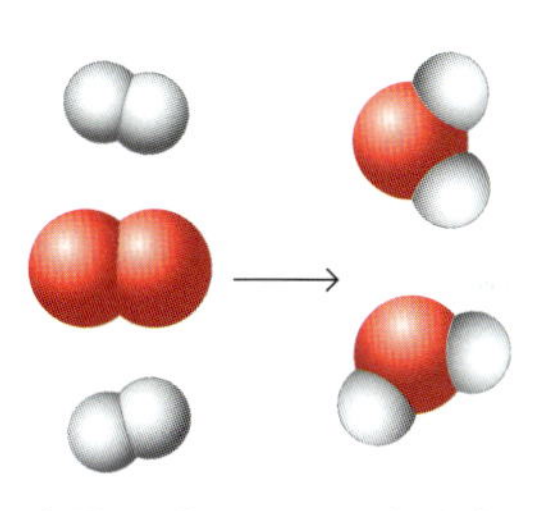

図 4・4 水素2分子と酸素1分子が反応して, 水2分子となる. 空間充填模型 (上の絵) と化学反応式 (下の式) で示している.

C_4H_{10} の前の数字2は, 反応にブタン2分子が必要であることを示す. すなわち, 炭素は8原子, 水素は20原子である (図4・1, 図4・6参照). これはブタン C_4H_{10} のCとHの原子数に係数2を掛けた数である. O_2 の係数13は, C_4H_{10} を完全に反応させるのに O_2 が13分子必要ということである. 右側には CO_2 が8分子, すなわち炭素原子が8個ある. 同様に10分子の水は20個の水素原子を含む. 最後に酸素原子は式の両側で26個となる.

ブタンは化石燃料の一例であり, すでに見たように生成物の一つは二酸化炭素である. 化学の問題として注目すべきは, いかなる化石燃料も同様に燃焼することである. 反応物としての炭素は酸素と反応して, すべて二酸化炭素に変換される.

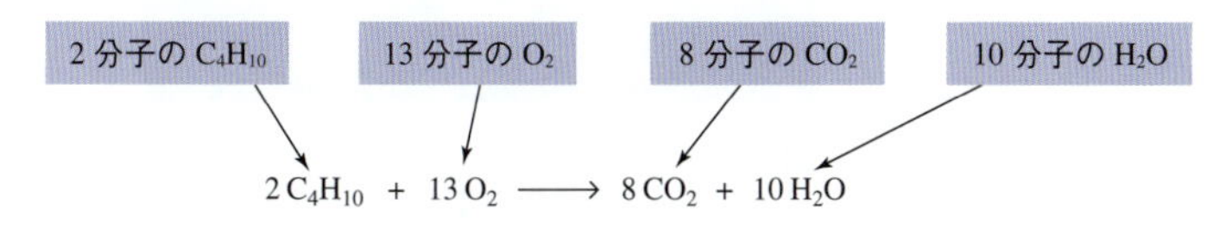

図 4・5 ブタン C_4H_{10} の燃焼の化学反応式. 生成物は二酸化炭素と水である.

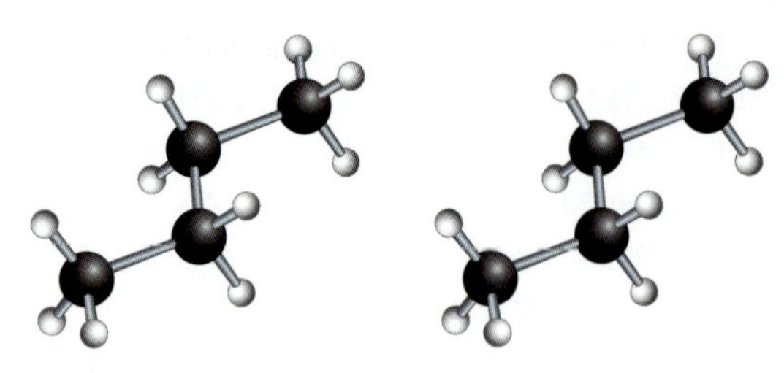

図 4・6　反応式の係数の理解．2 C_4H_{10} はブタン 2 分子の意味（球棒模型）．それぞれ 4 個の炭素と 10 個の水素原子を含む．総計として 8 個の炭素と 20 個の水素となる．

物質の状態の特定

§4・1において，物質に共通する状態は，固体，液体，気体であると述べた．化学反応式では反応物と生成物が固体なのか，または液体か，気体か，という物理的状態を明確にしておくことが必要である．化学式の右に，固体は (s)，液体は (l)，気体は (g) と記述される．たとえば，練炭の炭素が燃える反応式は，下のようになる．

$$C(s) + O_2(g) \longrightarrow CO_2(g)$$

反応によっては，ある物質が水に溶けているかどうかを表示しておくことが有用なことがある．この場合，化学式の後に (aq) と書いて，“水溶液”であることを示す．例として，胃酸（HCl の水溶液）と制酸薬の有効成分である $CaCO_3$ の反応を見てみよう．

$$2HCl(aq) + CaCO_3(s) \longrightarrow CaCl_2(aq) + H_2O(l) + CO_2(g)$$

上のような反応式は分子反応式とよばれる．この式ではすべての反応物と生成物は，分子性物質についてはその分子式で，イオン化合物については組成式（§4・5参照）を用いて記される．もしイオン化合物が含まれるならば，実際の反応に関与するイオンだけを含む，正味のイオン反応式で記述することもできる（p.177 を見よ）．

4・3　化学反応式の釣合い

化学反応を簡潔かつ定量的に記述するのが化学反応式である．反応物と生成物の中のそれぞれの原子の数が同じであるとき，反応式の“釣合いがとれている”という．すでに学んだように反応式の両辺のそれぞれの化学式に適切な化学量論係数を掛けることで，反応式の両辺の釣合いをとることができる．

手順4・1に書かれている二つの段階を踏むことで，反応式の釣合いをとることができる．

これは経験的に導かれた指針であり，厳格な規則ということではない．規則の順番は，釣合わせるのがむずかしいと思われる種類について先に釣合いをとり，最後に簡単なものについて（水溶液中では H と O の釣合いをとるのは容易である）釣合わせる．

段階2を行うときには，化学式自体は何も変化させてはいけない．もし化学式の原子の種類や添え字の数を変えてしまうと，反応式はもともと意図していたものとは違う物質を含むことになってしまうので，もし釣合いがとれたとしても，考えている反応の正しい式にはならない．

手順 4・1　化学反応式の釣合いをとるための指針

段階 1: 釣合いのとれていない反応式を書く．すなわち，物質の化学式をプラス記号と矢印でつないで反応式の形にする．

段階 2: 矢印の両側のそれぞれの種類の原子の数が同じになるように，以下の指針にしたがって化学量論係数の値を調節する．

(a) H と O 以外の要素の数を合わせる．
(b) 反応の前後で変化しない多原子イオン（2個以上の原子が共有結合でつながっているイオン）の数を両辺で合わせる．
(c) 矢印の両側で電荷の総計が同じになるようにイオンの釣合いをとる．
(d) 単独で現れる化学種（原子またはイオン）の釣合いをとる．
(e) 両側の H 原子と O 原子の数を（H_2O や OH^- の数を合わせることで）釣合わせる．

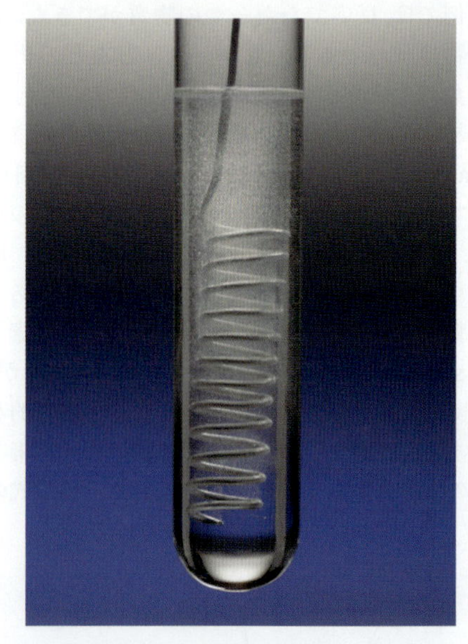

図 4・7　アルミニウムと塩酸が反応して，塩化アルミニウムと水素ガスが生じる．

まずは一目見て釣合わせられるような簡単な式から始めてみよう．例として金属アルミニウムと塩酸の反応を考える（図4・7）．最初に正しい化学式と正しい物理的状態を知らなければいけない．この例では，HCl と $AlCl_3$ の両方ともが水溶液中でイオンとして存在するのであるが，ここでは分子反応式の形で考えてみよう．反応物はアルミニウム Al(s) と塩酸 HCl(aq) である．生成物の化学式も必要である．この反応では，水溶性の塩化アルミニウム $AlCl_3$(aq) と水素ガス H_2(g) が生じる．水素は通常，単独の原子ではなく二原子分子として存在することに気をつける．

段階 1: 釣合いをとる前の式は次のようになる．

$$\mathrm{Al(s) + HCl(aq) \longrightarrow AlCl_3(aq) + H_2(g)}$$
（釣合っていない式）

段階 2: 手順4・1の指針に従って，矢印両側のそれぞれの種類の原子の数が等しくなるよう化学量論係数を調整する．指針に従って，この例では最初に Cl に注目しよう．矢印の右側には Cl が 3 個あるのに対し，左側には Cl は 1 個しかないので，左辺の HCl の前に 3 を置く．

$$\mathrm{Al(s) + 3\,HCl(aq) \longrightarrow AlCl_3(aq) + H_2(g)}$$

この例では多原子イオンは存在しないので，次に単独で現れる物質（この例では Al と H_2）に目を向ける．Al は釣合っているが，H は左側には 3 個，右側には 2 個である．H を釣合わせるために，右側の H_2 を 3 倍して，左側の HCl の化学量論係数を 2 倍にする．

$$\mathrm{Al(s) + 6\,HCl(aq) \longrightarrow AlCl_3(aq) + 3\,H_2(g)}$$

しかし今度は Cl が釣合わなくなった．左辺には Cl が 6 個，右辺は 3 個だけである．そのため，$AlCl_3$ の前に係数 2 を付ける．

$$\mathrm{Al(s) + 6\,HCl(aq) \longrightarrow 2\,AlCl_3(aq) + 3\,H_2(g)}$$

これで Al 以外はすべて釣合っている．Al は，左辺には 1 個で右辺は 2 個なので，左辺の Al に係数 2 をつける．

$$\mathrm{2\,Al(s) + 6\,HCl(aq) \longrightarrow 2\,AlCl_3(aq) + 3\,H_2(g)}$$

これで，両辺ともに，2 Al，6 H，6 Cl となって釣合いのとれた反応式が得られた．

注意すべきことは，反応式 $\mathrm{4\,Al(s) + 12\,HCl(aq) \rightarrow 4\,AlCl_3(aq) + 6\,H_2(g)}$ も釣合いがとれているが，通常は（最大公約数で割ったのちの）最小の整数の組を化学量論係数として用いる．

例題 4・1 釣合いのとれた反応式 1

石炭はエネルギー源として，全世界の電力の約 2/5 を担っている．石炭を燃やすことで得られる熱が水を沸騰させて蒸気を生じ，それが発電機のタービンを回す．石炭の燃焼には（酸素の供給源としての）空気の存在が不可欠である．石炭の主成分は炭素であり，重さの 60〜90% を占める．石炭の燃焼によるおもな生成物は二酸化炭素であるが，他に多種類の気体も発生する．

酸素の濃度によって，一酸化炭素 CO と二酸化炭素 CO_2 のどちらもが生成しうる．この二つの生成ガスについて，それぞれ釣合いのとれた反応式をつくれ．

解 答 炭素が燃焼して生成物として一酸化炭素が生じる反応の釣合いのとれた反応式は

$$\mathrm{2\,C(g) + O_2(g) \longrightarrow 2\,CO(g)}$$

炭素が燃焼し，生成物として二酸化炭素が生じる反応の釣合いのとれた反応式は

$$\mathrm{C(g) + O_2(g) \longrightarrow CO_2(g)}$$

例題 4・2 釣合いのとれた反応式 2

液化石油ガスの二つの主成分はプロパンとブタンである．ブタンの完全燃焼についての釣合いのとれた反応式は，p.43 で考察した．プロパン C_3H_8 の完全燃焼の釣合いのとれた反応式を考えよ．

解 答 プロパンの燃焼反応の釣合いのとれた反応式は

$$\mathrm{C_3H_8(g) + 5\,O_2(g) \longrightarrow 3\,CO_2(g) + 4\,H_2O(g)}$$

練習問題 4・1 塩化バリウム $BaCl_2$ の水溶液と硫酸アルミニウム $Al_2(SO_4)_3$ を混合すると反応が起こり，硫酸バリウム $BaSO_4$ が沈殿する．もう一つの生成物は $AlCl_3$(aq) である．この化学反応の釣合いのとれた反応式を書け．

4・4 モ ル

これまでに，化学式には分子またはイオン化合物を構成する原子の数の相対比率の情報が含まれることと，化学反応式が反応で起きていることを表す非常に有効な記述方法であることを学んできた．本節と次節以降では，より定量的な関係について学び，それが化学量論法則に従っていることを理解する．

すでに見てきたように，化学反応式には，複数の反応物がある比率で反応して，ある決まった比率で複数の生成物が生じることが記述される．それを原子または分子のレベルで見てみよう．たとえば，

$$A + 2B \longrightarrow AB_2$$

という式は，1分子のAと2分子のBが反応して，1分子のAB_2に変化することを表している．この反応を実験室で行うとしよう．原子やイオンや分子は，一つ一つを見たり数えたりできないので，ずっと多い量の反応物の重さを量って実験することになる．しかし反応に使うべきAとBの質量はどうやって決めるのだろうか．物質を非常に少量もってきたとしても，数え切れないほどの多数の原子を含んでいる．そのため化学では**物質量**（amount of substance）という量を用いる．第3章で見たように，**モル**（mole，単位記号 mol）は物質量のSI単位であり，1 mol は，$6.022\,140\,76 \times 10^{23}$ 個の原子（または分子やイオン）を含む物質量である．この数のことを**アボガドロ定数**（Avogadro constant, N_A）とよび，化学全体の基礎となる重要な概念である．

$$N_A = 6.022\,140\,76 \times 10^{23}\ \mathrm{mol^{-1}}$$

本書ではアボガドロ定数を原則として有効数字4桁で用いる．1 mol には 6.022×10^{23} 個の物質が含まれる．ここでいう物質というのは，化学では通常は，原子やイオンや分子のことである．重要なことは，物質量（mol）が原子の質量と巨視的な量とを関連づけているということである．重さが原子質量単位で量られるような物質があったとして，それが何であれ，その1 mol はグラム単位で量ることができる．

mol を使うときには，何について議論しているのかを正確に指定することが重要である．たとえば“1 mol の酸素”という言葉は，それが酸素原子 O が 1 mol なのか，あるいは酸素分子 O_2 が 1 mol なのかをはっきり指定しなければ，意味があいまいである．それゆえ，通常，mol を使うときには必ず化学式と一緒に使う．

化学において特に興味があることは 1 mol の質量である．ある物質 1 mol の粒子数は一定であるが，その物質 1 mol の重さはそれぞれの物質の重さによる．物質が原子，分子，またはイオン化合物のいずれであるかにかかわらず，物質 1 mol の質量を，**モル質量**（molar mass: M）とよぶ．これによって，任意の物質の質量（m），物質量（n），およびモル質量（M）の間には以下の関係式がある．

$$m = n \times M$$

モル質量のSI単位は $\mathrm{kg\ mol^{-1}}$ であるが，使われることはあまりない．ほとんどの場合，モル質量の値は $\mathrm{g\ mol^{-1}}$ で表される．すなわちその物質 1 mol 当たりの質量（g）である．

第1章で学んだ原子の質量は，ある元素1個の原子の質量であり，それは原子質量単位で表された．ある元素の原子 1 mol の質量の値は，数値としては原子質量や原子量と等しいが，単位は異なる．その元素が原子の形態で存在しているかどうかにかかわらず，その値は，その元素の原子 1 mol についての値である．たとえば H のモル質量は $1.007\,94\ \mathrm{g\ mol^{-1}}$ であるが，元素としての水素は H 原子としてではなく，H_2 分子として存在している．元素のモル質量は，その元素の同位体の組成によって決まるということを理解しておく必要がある．炭素の場合には，おもな天然の同位体は2種類であり，どのような炭素の天然試料にも 98.89％の ^{12}C と 1.11％の ^{13}C が含まれる．このために天然の炭素のモル質量は，わずかな ^{13}C の存在のために，正確に 12 とはならず少し大きな値となる．二つ以上の天然の同位体が存在する元素では，モル質量はそれぞれの同位体の重さと相対存在量によって決まるのである．

すべての元素（単一の同位体しか存在しないものでさえ）のモル質量は正確に整数になることはないので，本書では計算を簡単にするために，4桁の有効数字をモル質量について使うこととする．モル質量の値は（いつでも原子量の表で見られるので）覚える必要はないが，その値が何の役に立つのかを理解するのは重要である．

例題 4・3 質量から物質量を計算する

石炭は炭素としては純粋とはいえないが，ダイヤモンドの結晶は炭素として望みうる最高の純度をもつ．カットされたダイヤモンドとしては世界最大であるゴールデン・ジュビリー・ダイヤモンドは 109.13 g の質量をもつ．この石が純粋な炭素であると仮定して，この石の炭素の物質量を求めよ．炭素のモル質量として $12.01\ \mathrm{g\ mol^{-1}}$ を使え．

解 答 ゴールデン・ジュビリー・ダイヤモンドは，炭素 9.087 mol である．答えの有効数字は4桁である．これは問題で与えられた数値の中の最も小さな有効桁数である（第3章参照）．

練習問題 4・2 35.6 g の硫黄に含まれる硫黄分子 S_8 の物質量の値を求めよ．硫黄原子のモル質量は $32.06\ \mathrm{g\ mol^{-1}}$ であるとする．

このタイプの問題を解く際には，必ず答えの単位を確認すべきである．問題を解くために式を変形する必要のあるときには，単位は特に重要である．式の変形が正しければ単位も必ず正しくなる．例題4・3で質量をモル質量で割る計算が行われた．分子の g は分母の g と打ち消されて，$1/\mathrm{mol^{-1}}$ が残る．つまり mol が正しい単位であるとわかった．単位は方程式を思い出すときの強力な助けにもなる．$M = m/n$ という式は，モル質量の単位が g mol^{-1}，すなわち g を mol で割ったものであることを知っていれば，すぐに思い出すことができて，正しい式にたどりつける．

例題 4・4　物質量から質量を計算する

無煙炭が最も炭素含有量の多い石炭であることはよく知られている．通常 90% 以上が炭素なので，エネルギー効率が最高の石炭である．褐炭はかなり化学組成が異なり，炭素はせいぜい 60% である．

もし無煙炭の 25.0 g の塊が 2.00 mol の炭素を含むとしたら，この石炭の完全燃焼で生じる二酸化炭素の質量を求めよ．例題 4・1 で生じた二酸化炭素の物質量が，燃焼した炭素の物質量に等しかったことを思い起こせ．

解 答　2 mol の炭素の完全燃焼で生じる二酸化炭素は 88.0 g となる．

練習問題 4・3　0.125 mol の炭酸ナトリウム Na_2CO_3 の質量はいくらか．

練習問題 4・4　硫酸 H_2SO_4 の試料 45.8 g の物質量を求めよ．

4・5 組　成　式

新たな化合物が手に入ると，通常は最初に，含まれている元素の質量百分率を決める分析が行われる．質量百分率からその化合物の組成式を決めることができる．**組成式**（empirical formula）というのは，化合物に含まれる原子数の最も簡単な比率で表現される化学式である．たとえばブタン（化学式は C_4H_{10}）の組成式は C_2H_5 となる．もし化合物に含まれる各元素の質量組成がわかれば，関係式 $M = m/n$ を用いて組成式を決定することができる．

化学式からモル比率へ

水の化学式 H_2O を考えてみよう．

- 水分子 1 個は，水素原子 2 個と酸素原子 1 個を含む．
- 水分子 1 mol は，水素原子 2 mol と酸素原子 1 mol を含む．

扱う分子の数が 1 個であれ，1 mol であれ，化学式は，H_2O 内の H 原子と O 原子の比率は常に 2 対 1 であると教えてくれる．化学物質では，モル比率は個々の原子の数の比率に等しい．

この事実から，化合物に含まれる複数の元素の物質量対物質量の変換係数がわかる．たとえば P_4O_{10} という化学式では，添え字は 10 mol の O に対して 4 mol の P が存在することを意味する．すなわち 1 mol の P_4O_{10} には，4 mol の P と 10 mol の O が含まれることがわかる．

この章の後半でみるように，研究室では，化学量論は物質合成に必要な二つの開始物質の質量の比率を求めたり，反応の収率を計算したりするために使われる．

例題 4・5　化合物の中の元素の量を計算する

炭素系燃料には化石燃料由来でないものもある．バイオディーゼルは，植物由来と動物由来の脂質からつくられた燃料の例である．脂質は化学工程を経て脂肪酸エステル（炭素，水素，酸素を含む）になる．バイオディーゼルは再生可能なエネルギー源であり，地球全体の化石燃料の消費を補完する存在になっている．

菜種油から生産されるステアリン酸エチルは，商業的なバイオディーゼルの例であり，その化学式は $C_{20}H_{40}O_2$ である．あるステアリン酸エチル試料が，52.1 g の炭素を含むことがわかっているとき，その試料中の水素と酸素の質量を計算せよ．

解 答　52.1 g の炭素を含むステアリン酸エチル試料は，6.72 g の水素と 5.33 g の酸素を含む．

練習問題 4・5　鉄が 25.6 g の O と反応して Fe_2O_3 となるとき，鉄は何 g か．反応は完全に進むと仮定せよ．

化学式の決定

新しい化合物を合成したり，植物や動物の組織から未知の化合物を単離した場合，その化学式と構造を決定しなければならない．化合物は化学的に分解されて，ある量の化合物の中に存在する各元素の質量が求められる．この作業は**元素分析**（elemental analysis）とよばれる．質量測定の実験からどのように化合物の化学式が決定されるのかを見てみよう．

化合物中にある各元素の質量の相対的値を表す方法として，質量の百分率がよく使われ，これを化合物の**質量百分率**（percentage by mass）とよぶ．なお，**組成百分率**（percentage composition）も質量百分率の同義語としてよく用いられる．質量百分率は次式で与えられる．

$$\text{元素の質量百分率} = \frac{\text{試料中の各元素の質量}}{\text{試料全体の質量}} \times 100\%$$

元素はいろいろな形で結合しうる．たとえば，窒素と酸素は，次のすべての化合物を形成することができる．

N_2O, NO, NO_2, N_2O_3, N_2O_4, N_2O_5

窒素と酸素の化合物の未知試料を同定するためには，実験で得られた組成の質量百分率と，可能性のある化学式から計算された質量百分率を比較しなければならない．

例題 4・6 化学分析からの質量百分率の計算

バイオディーゼルの例として例題4・5でステアリン酸エチルを扱った．脂肪酸メチルエステル族（fatty-acid methyl ester）はFAMEと略されることがあり，燃料源のもう一つの種類である．FAMEは植物油との反応で得られ，有望な再生可能エネルギー源である．

ある種のFAMEの試料5.52 gの分析結果が，炭素4.28 g，水素0.64 g，酸素0.60 gだったとき，この化合物の組成の質量百分率を求めよ．

解 答 この化合物の組成の質量百分率は，炭素77.5%，水素11.6%，酸素10.9%である．

練習問題 4・6 ある化合物0.5462 gから，窒素0.1417 g，酸素0.4045 gが分離できた．この化合物の組成の質量百分率を求めよ．また他の元素は含まれるか．

例題 4・7 化学式から理論的質量百分率を計算する

一般的な自動車燃料である無鉛ガソリン（レギュラーガソリン）は，4個から12個の炭素原子を含む炭化水素の混合物である．この燃料の品質はオクタン価とよばれる尺度によって測られる．オクタン価は0から100までの数字であり，値が大きいほどノッキングが起こりにくい．オクタン化合物の基準物質である，2,2,4-トリメチルペンタンは，C_8H_{18}という化学式をもつ．2,2,4-トリメチルペンタンの炭素と水素の質量百分率を計算せよ．

解 答 炭素84.1%，水素15.9%である．

練習問題 4・7 N_2O_4の組成の質量百分率を計算せよ．

組成式の決定

リンが酸素中で燃焼してできる化合物は，P_4O_{10}である．化学式が一つの分子の構成を表しているとき，それは**分子式**（molecular formula）とよばれる．添え字の4と10は両方とも2で割り切れるので，PとOの比の最小の数字は2と5である．原子数の比を表すより簡潔な式は，P_2O_5である．これは化合物の実験的分析から得られるので実験式とよばれることもあるが，通常は組成式とよばれる．

実験から組成式を求めるためには，化合物の試料中に含まれる各元素の質量を測定する必要がある．質量から物質量を計算し，そして各元素の物質量の比を求める．物質量の比は原子数の比に等しいので，組成式を組立てることができる．

ふつうは，量りとった未知試料一つだけからすべての元素の質量が求められることはなく，いくつかの試料について二つまたはそれ以上の分析実験が行われる．例として，カルシウムと塩素と酸素だけを含むことがわかっている化合物を分析をする場合を考えてみよう．ある試料中のカルシウムの質量と，別の試料中の塩素の質量はそれぞれ別々の実験で求められる．それぞれの質量のデータを質量百分率（試料100 g中のおのおのの元素のグラム数に等しい）に変換すれば，別の試料の結果との比較ができるようになる．酸素の質量百分率は，% Ca + % Cl + % O = 100%を使って計算できる．質量百分率はそれぞれの元素の物質量の比率に結びつけられ，物質量の比率を整数に変換して，組成式の添え字が求まる．

組成式を得るために手順4・2のような三つの段階が必要である．

手順 4・2 組成式を得る指針

1. 100 gの試料を考えると，それぞれの質量百分率は試料中の元素の実際の質量に等しい．
2. 元素の質量の比を，それぞれの元素のモル質量で割り算して，物質量の比に変換する．
3. 結果として得られた数字の組を，その中の一番小さい数字で割って，元素の最小比を求める．もし整数にならなければ，数字の組が整数になるような最小の数を掛けて，整数の組をつくる．

定量分析では，ほとんどの場合，化合物を完全に壊して各元素にまで分離することはない．通常は，ある元素を化学式がわかっている別の化合物に完全に変化させることで分離する．

次の例では，炭素と水素と酸素からなる化合物を間接的に分析する方法を説明する．この種の化合物は純粋な酸素中で完全に燃焼し，生成物は二酸化炭素と水蒸気のみである．たとえばエタノールCH_3CH_2OHの完全燃焼では次のような反応が起こる．

$$CH_3CH_2OH(l) + 3\,O_2(g) \longrightarrow 2\,CO_2(g) + 3\,H_2O(g)$$

二酸化炭素と水は分離され，質量が量られる．もとの化合物の中のすべての炭素原子は最終的にはCO_2となり，すべての水素原子は最終的にはH_2Oとなる．このようにして，少なくとも，もとの元素のうちのCとHの二つは完全に分離された．NやO，Sなどの元素を含むような未知試料については，初歩的な分析法が完全な質量結果を得るために使われ，組成式が得られる．

イオン化合物に関しては組成式が求まれば十分である．しかし，分子化合物については分子式の方が望ましい．なぜなら組成式には化合物中の元素の量の比率の情報しかないのに対して，分子式ならば分子の中の原子の数までわかるからである．

組成式が分子式と同じになることもある．H_2O や NH_3 はその例である．しかし分子式の添え字が組成式の倍数になることの方が多い．P_4O_{10} の添え字は組成式 P_2O_5 の2倍である．P_4O_{10} のモル質量も，同様に P_2O_5 のモル質量の2倍である．すなわち，化合物のモル質量を実験で求めることができれば，分子式を決定する手助けになることがわかる．もし実験で求められたモル質量が，組成式から計算された質量に等しければ，組成式そのものが分子式となる．そうでないならば，実験的なモル質量は組成式から計算された値の整数倍になるはずである．その整数を組成式のそれぞれの添え字に掛けてやればよい．

例題 4・8　質量百分率から組成式を計算する

エタノールは可燃有機化合物であり，燃料の添加物として世界中で使われている．エタノールはサトウキビなどの再生可能資源からつくられるので，化石燃料からの脱却という社会的要請に合っている．無鉛ガソリンに含まれるほとんどの化合物と違って，エタノールは酸素原子を含んでいるため，一酸化炭素の放出が少なく，結果としてスモッグ汚染を抑制する可能性がある．

もしエタノール中の各元素の質量百分率が，C 52.14％，H 13.13％，O 34.73％であるとして，組成式を求めよ．($M_C = 12.01\ \mathrm{g\ mol^{-1}}$, $M_H = 1.008\ \mathrm{g\ mol^{-1}}$, $M_O = 16.00\ \mathrm{g\ mol^{-1}}$)

解 答　エタノールの組成式は，C_2H_6O．

練習問題 4・8　紙を白くするのに使われる白い固体は，以下の質量百分率である．Na 32.4％，S 22.6％．残りは酸素である．この化合物の組成式を求めよ．

4・6　化学量論，限定反応物，収率

ここまで一つの化合物中の元素の関係について注目してきた．化合物中の元素の量の相互関係は物質量の比率で表され，それは化合物の化学式から得られるということを見てきた．この節では同様の手法で化学反応に含まれる物質量にも関係があることを示す．化学反応に含まれる物質量の間の相互関係は，化学反応式から得られる物質量の比率である．

化学反応式からどのようにして物質量の比率の関係を得るのかを見るために，酸素中でのオクタンの燃焼で二酸化炭素と水蒸気になる反応式を考えてみよう．

$$2\,C_8H_{18}(l) + 25\,O_2(g) \longrightarrow 16\,CO_2(g) + 18\,H_2O(g)$$

この式を分子スケールでみると，液体のオクタン2分子が気体の酸素25分子と反応して，気体の二酸化炭素16分子と蒸気の水18分子が生成している．

上の式は物質量のスケールで次のように見ることもできる．液体のオクタン2 mol が気体の酸素25 mol と反応して，気体の二酸化炭素16 mol と蒸気の水18 mol が生じる．

化学量論の問題でこの関係式を使うためには，式は釣合いがとれていなければならない．与えられた式から，化学量論係数を用いて化学量論比を計算する前に，必ず釣合いについて確認しておかなければならない．

化学反応におけるモル比率

しばしば化学反応では，反応する一つの物質の質量に対してもう一つの物質の質量を決める必要がある．例として，体のエネルギー源の一つであるブドウ糖（グルコース）$C_6H_{12}O_6$ と酸素の反応を考えよう．ブドウ糖と酸素が体内で反応して二酸化炭素と水となる．この反応全体の釣合いのとれた反応式は，

$$C_6H_{12}O_6(aq) + 6\,O_2(aq) \longrightarrow 6\,CO_2(aq) + 6\,H_2O(l)$$

である．体の中でブドウ糖1.00 g が完全にこの反応を行うためには，何 g の酸素が必要だろうか．

この問題を解くにあたって最初に行うべきは，反応に関係する二つの異なる化合物の物質量の関係を求めることである．物質量の間の関係は，化学反応式中にブドウ糖と酸素の物質量の比として書かれている．この式では，1 mol の $C_6H_{12}O_6$ が 6 mol の O_2 と完全に反応する．

もし出発点（1.00 g の $C_6H_{12}O_6$）と求めたい値（O_2 の質量）の間に物質量の比の変換をはさみ込めば，問題は簡単な3段階に分けられる．

$$1.00\ \mathrm{g}\ C_6H_{12}O_6 \longrightarrow C_6H_{12}O_6\ \text{の物質量} \longrightarrow O_2\ \text{の物質量} \longrightarrow O_2\ \text{の質量}$$

$C_6H_{12}O_6$ の物質量は $C_6H_{12}O_6$ の分子量を使って $C_6H_{12}O_6$ の質量から求められる．O_2 の物質量は，$C_6H_{12}O_6$ の物質量から釣合いのとれた反応式を通して化学量論によって計算できる．最後に，O_2 の分子量を用いて O_2 の物質量から O_2 の質量が求められる．この操作を正しく遂行すれば，1.07 g の O_2 という答えが出るはずである．

上のような化学量論の問題を解くときにしばしば起こ

る過ちは，反応中の物質量の比を間違って使ってしまうことである．

一般的な化学反応式を考えてみよう．

$$aA + bB \longrightarrow cC + dD$$

ここで，A, B, C, D は反応の反応物と生成物であり，a, b, c, d はそれぞれの化学量論係数である．この反応について下式が常に成り立つ．

$$\frac{n_A}{a} = \frac{n_B}{b} = \frac{n_C}{c} = \frac{n_D}{d}$$

この式を上の例に当てはめると

$$\frac{n_{C_6H_{12}O_6}}{1} = \frac{n_{O_2}}{6} = \frac{n_{CO_2}}{6} = \frac{n_{H_2O}}{6}$$

となり，ブドウ糖と酸素の物質量の比に限れば，下式が得られる．

$$\frac{n_{C_6H_{12}O_6}}{1} = \frac{n_{O_2}}{6}$$

ブドウ糖の物質量を計算できれば，上の式の値，つまり $n_{O_2}/6$ がわかる．上式を n_{O_2} について解けば，

$$n_{O_2} = 6n_{C_6H_{12}O_6}$$

となり，$n_{C_6H_{12}O_6}$ を 6 倍すれば答えが得られる．

例題 4・9　反応式の化学量論から生成物の質量を計算する

燃焼反応をエネルギー効率の観点から見るならば，化学量論の考察は本質的に重要である．化学エネルギーを 100%熱に変えて放出する，すなわち完全燃焼するには，十分な量の酸素の存在が不可欠である．もし十分な酸素がなければ，一酸化炭素や炭素元素（たとえば，すす）が生成物に混入する．釣合いのとれた反応式を用いれば，反応物の質量比を見積もり，生成物の質量を予測することができる．

ヘプタンは酸素の存在下で，次の釣合いのとれた反応式にしたがって完全に燃焼する．

$$C_7H_{16}(g) + 11\,O_2(g) \longrightarrow 7\,CO_2(g) + 8\,H_2O(g)$$

100 g のヘプタンを完全に燃焼させたとき，生じる二酸化炭素の質量（g）を求めよ．

解 答　CO_2 の質量は 308 g.

練習問題 4・9　下の式によって，0.366 mol の NaOH と完全に反応させるのに必要な硫酸 H_2SO_4 の物質量を求めよ．

$$2\,NaOH(aq) + H_2SO_4(aq) \rightarrow Na_2SO_4(aq) + 2\,H_2O(l)$$

練習問題 4・10　下記のサーマイト反応（テルミット反応）によって 86.0 g の Fe ができるとき，生成する酸化アルミニウムの質量を求めよ．

$$2\,Al(s) + Fe_2O_3(s) \longrightarrow Al_2O_3(s) + 2\,Fe(l)$$

限定反応物

ある量の生成物を反応で得たいとき，複数の反応物の量をどのような比率にするべきかは，釣合いのとれた反応式からわかる．たとえば，エタノール CH_3CH_2OH は工業的には，下記の反応でつくられる．

$$\underset{\text{エテン（エチレン）}}{C_2H_4} + H_2O \longrightarrow \underset{\text{エタノール}}{CH_3CH_2OH}$$

この反応式から，1 mol のエテンが 1 mol の水と反応して，1 mol のエタノールが得られることがわかる．この式を分子レベルで考えれば，エテン 1 分子が水 1 分子と反応して，エタノール 1 分子になる，ということである．

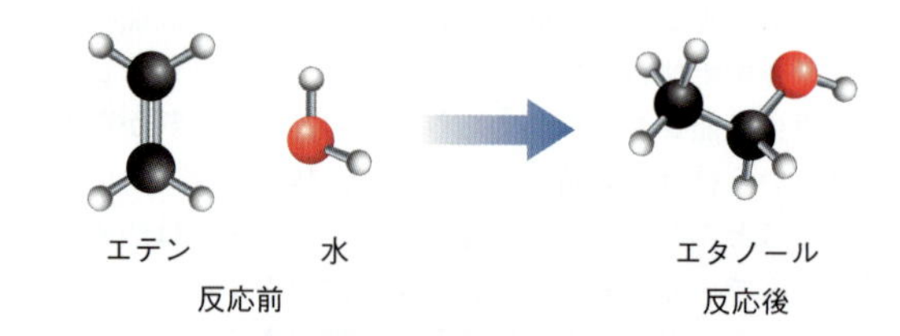

もしエテン 3 分子が水 3 分子と反応すれば，エタノール 3 分子が生じる．

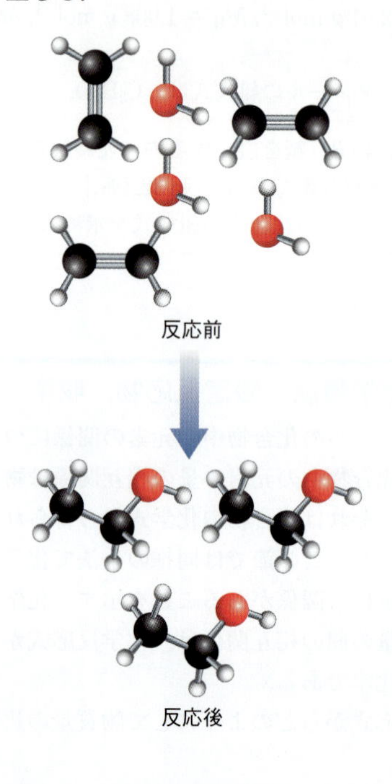

もしエテン3分子を水5分子と混合したら何が起こるだろうか．エテンは水がなくなる前に使い尽くされ，生成物には，下図のように反応しなかった水2分子が含まれる．

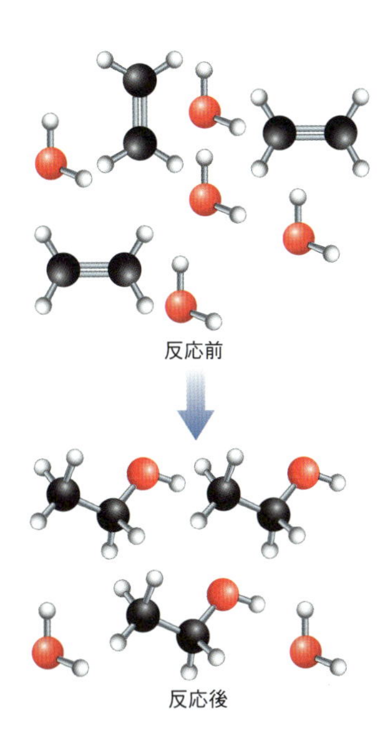

上の反応では，生成するエタノールの量はエテンの量によって限定されることから，エテンは**限定反応物**（limiting reactant）とよばれる．水は，エテンをすべて反応させるのに必要な量より多いので，**過剰反応物**（excess reactant）とよばれる．

化石燃料の燃焼では，炭素源が常に限定反応物として働き，酸素は過剰反応物となる．これによって，効率的な反応，最大の熱放出，最小の廃棄物が保証され，一酸化炭素やすすよりも二酸化炭素が生成するのに有利に働く（例題4・1参照）．

反応で得られるはずの生成物の量を理論的に予測するためには，どの反応物が限定反応物なのかを知る必要がある．上の例では，3分子のエテン C_2H_4 が反応するには3分子の水 H_2O で十分であったが，水は5分子あったため過剰に存在しており，したがってエテンが限定反応物である．

ひとたび限定反応物がわかれば，反応で生じる生成物の量と使い残された過剰反応物の量が計算できる．

例題 4・10 限定反応物

溶接は，二つの金属片を溶融して一体化する作業である．最もよく使われる方式はガス溶接であり，工業的には，燃料としてエチン（アセチレン）と100％酸素が使われる．二つのボンベからガスを取出して混合気体に点火し，その高温の炎で溶接を行う．エチンと酸素は次に示す釣合いのとれた反応式で完全に反応する．

$$2\,C_2H_2(g) + 5\,O_2(g) \longrightarrow 4\,CO_2(g) + 2\,H_2O(g)$$

溶接職人はボンベを二つもっている．一つにはエチンが1.00 kg入っていて，もう一つには酸素が2.00 kg入っているとすると，限定反応物はどちらになるか．

解 答 実際の値が理論値よりも大きいので，エチンが過剰であり，したがって酸素が限定反応物である．

練習問題 4・11 硝酸を工業的に製造する最初の過程では，白金の目の細かい金網の存在下でアンモニアを酸素と高温で反応させて一酸化窒素をつくる．

$$4\,NH_3(g) + 5\,O_2(g) \longrightarrow 4\,NO(g) + 6\,H_2O(g)$$

もともと NH_3 が30.00 gと O_2 が40.00 gあったとすると，これらから生成される一酸化窒素の最大量を求めよ．

収 率

ほとんどの化学合成で実際に分離される生成物の量は，計算される最大量に達しない．減少の原因は複数ある．ガラス器具に生成物が付着して取れないというような機械的原因や，揮発性の生成物が蒸発して減少するようなこともある．あるいは，固体の生成物が不溶性の溶媒の中で生成して沈殿するような反応では，沈殿した固体は沪紙でこし取られるが，生成物のうちわずかに溶液に溶けている分は目減り分となる．

生成物が化学量論的な量に達しない共通の原因の一つは，**主反応**（main reaction）と競合する副次的な（一つあるいは複数の）**競争反応**（competing reaction）が起こることにある．この競争反応（副反応）は副生成物（by-product）を生じる．これは反応で得ようとしている生成物とは別の物質である．（主反応における第二生成物も副生成物とよばれることがあるが，これは収量を減らすことはない.）たとえば，P と Cl から三塩化リンを合成する下の反応では，PCl_3 がさらに Cl_2 と反応して，いくらかの五塩化リンが生じる.

$$2\,P(s) + 3\,Cl_2(g) \longrightarrow 2\,PCl_3(l) \quad (\text{主反応})$$
$$PCl_3(l) + Cl_2(g) \longrightarrow PCl_5(s) \quad (\text{副反応})$$

新たに生じた PCl_3 と反応していないリンの間で，塩素を求めて主反応と副反応が競合する．理論的収率を低下させるもう一つの原因は可逆反応である．可逆反応では，順方向の反応と逆方向の反応が同時に起こる.

生成物の**理論的収量**（theoretical yield）は，生成物の最大量が生成して，損失が起きなかった場合の量である．それは釣合いのとれた反応式と反応物の量によって決まる．**実際の収量**（actual yield）は，実験的に単離できた生成物の量である．化学者は生成物の**収率**（percentage yield）を計算して，いかに実験がうまく行われたかの尺度とする．収率は，実際の収量の理論的収量に対する百分率である.

$$\text{収率} = \frac{\text{実際の収量}}{\text{理論的収量}} \times 100\%$$

実際の収量は実験によって求まった（計算されたのではない）値であり，理論的収量は化学反応式と反応物の量から計算される値である.

例題 4・11　収率の計算

廃棄物という点では，水素ガスがすべての燃料の中で最も好ましい．水素を酸素で燃焼させるとき，唯一の生成物は水であり，温室効果ガスを放出しないが，いくつか欠点がある．まず原料（たとえば水）から水素をつくる必要があるが，費用が高く．また貯蔵には危険性が高い.

水素ガスを製造する方法の一つは，水性ガスシフト反応（water-gas-shift-reaction）とよばれ，下式の反応である.

$$H_2O(g) + C(s) \longrightarrow H_2(g) + CO(g)$$

実用的には，熱せられたコークス（石炭からつくられるほぼ純粋な炭素源）に蒸気を吹き付ける.

ある水素ガス発生用試作装置で，16.0 kg の蒸気を過剰量の熱コークスに吹き付けて 520 g の水素が得られたとするとき，このときの収率を求めよ.

解　答　水素の収率は 29.0% である.

練習問題 4・12　エタノール CH_3CH_2OH は，硫酸水溶液中において二クロム酸ナトリウム $Na_2Cr_2O_7$ の作用によって，酢酸 CH_3COOH に転化する．反応式は次のとおりである.

$$3\,CH_3CH_2OH(aq) + 2\,Na_2Cr_2O_7(aq) + 8\,H_2SO_4(aq) \rightarrow 3\,CH_3COOH(aq) + 2\,Cr_2(SO_4)_3(aq) + 2\,Na_2SO_4(aq) + 11\,H_2O(l)$$

実験で 24.0 g の CH_3CH_2OH と 90.0 g の $Na_2Cr_2O_7$，および過剰量の硫酸を混合して反応させ，酢酸として 26.6 g を単離した．このときの CH_3COOH の収率を求めよ.

溶液中の化学量論

本章で，さまざまな化学反応と反応式，そして化学量論を利用する例を示してきた．多くの反応が溶液中で起こることは §4・1 で見た．溶液中の反応では化学量論はいくらか異なる取扱いが必要になる．正しい物質量の比を求めるためには溶液の体積を考慮したレベルの高い計算が必要になる．第 10 章で溶液の化学量論を学ぶが，溶液と溶解度について詳細に議論することになる.

5 原子のエネルギー準位

5・1 光の特性

原子の構造を研究するための最も有効な手段は，**電磁波**(electromagnetic radiation)を利用することである．**光**(light)は，ラジオ波やマイクロ波，X線などと同じく電磁波の一つの形態である．光の基本的な性質を知ることによって，電磁波がどのように原子構造を明らかにするのかを理解できる．

光の波動的性質

波動は，ある特定の物理量の規則的な振動である．光には波動としての性質がある．光の波は時間に対して変動し，それは波動の**振動数**（frequency）ν で特徴づけられる．ν は1秒間にある1点を通過する波動の頂点の数である〔単位は s^{-1} またはヘルツ（Hz）が使われる〕．光の波は，空間的には図5・1のように変化する．空間的な変化は**波長**（wavelength）λ で特徴づけられる．波長は隣り合う頂点の間の距離であり，メートルやナノメートルという長さの単位をもつ．振動数と波長は独立な変数ではなく，反比例の関係にある．

振幅（amplitude）は，振動の中心点から測った波の最大変位である．光波の振幅から光の**強度**（intensity）が決まる．図5・2に示されているように，明るい光源は，暗い光源に比べて波の頂点が高いので，強度が大きい．

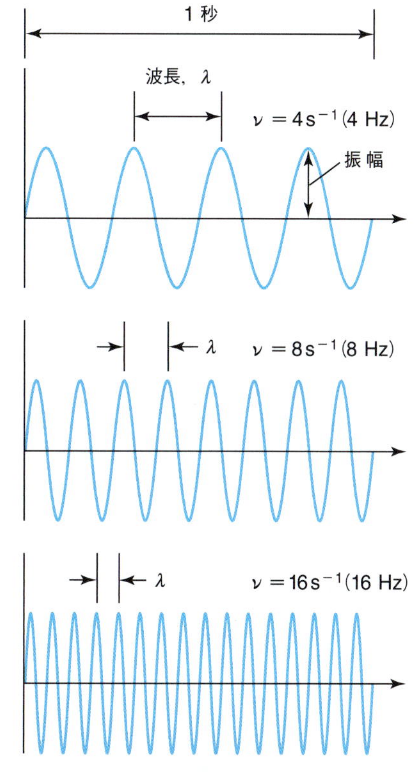

図5・1 光の波は，波長と振動数によって特徴づけられる．波長が長くなると振動数は小さくなる．逆も同様である．

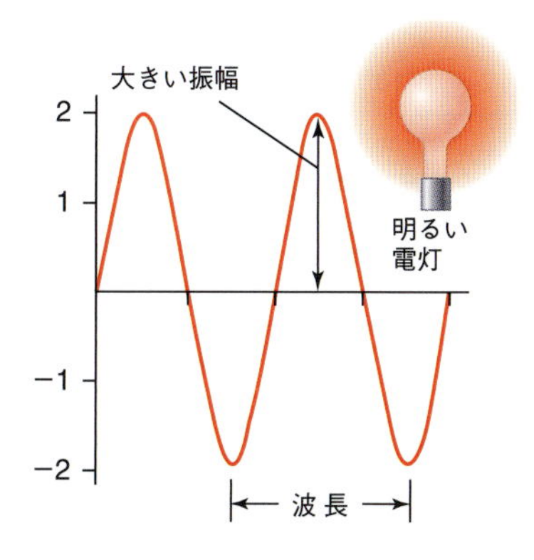

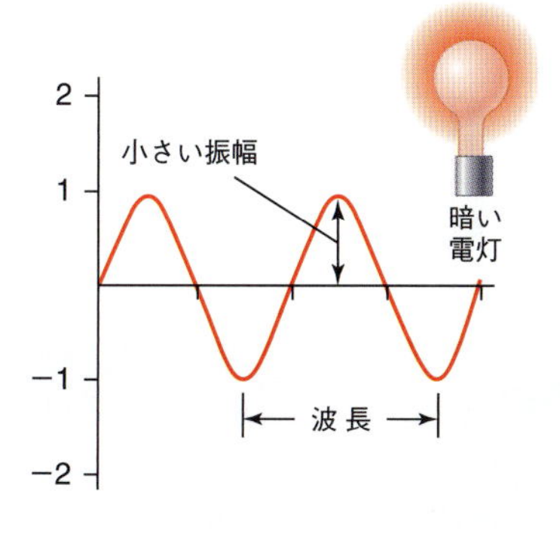

図5・2 光の強度は波の振幅によって決まる．明るい光は，暗い光よりも大きな振幅をもっているので，より強度が大きい．

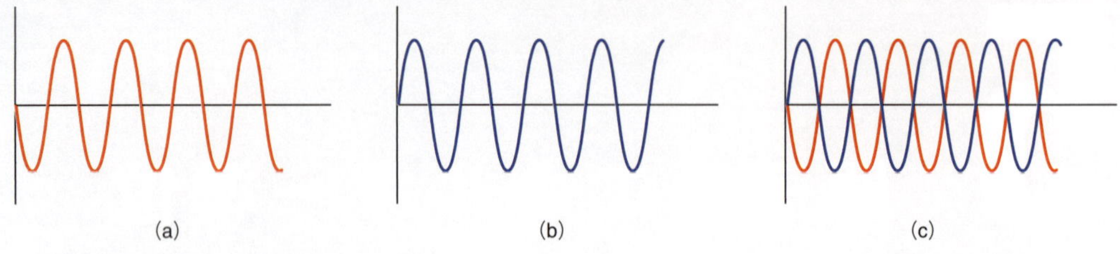

図 5・3 位相は，波動の始まりの位置が1波長の中のどこにあるかを示す．(a)と(b)の波は位相が異なる．(c)はその重なりを示している．

光の強度が振幅の二乗に比例するという事実は重要である．ある時刻における波の振幅の値は負にも正にもなりうるので，振幅そのものには物理的意味はない．しかし，その二乗は常に正の値であり，光子の密度に相当する．

波は，位相という概念によっても記述される．**位相**(phase) は，波動の原点が1波長の中のどの位置にあるかを示す．図5・3(a) と図5・3(b) は同じ振幅と波長の波であるが，原点において1波長が始まる位置が異なっている．このとき二つの波は異なる位相にあるという．図5・3(c) では二つの波が重ねて書かれており，位相の違いがより鮮明となっている．もしこの二つの波の位相が同じならば（かつ振幅と波長も同じならば)，二つの曲線は完全に重なるはずである．p.99 で学ぶように，波が重なり合うときには，その結果は二つの波の相対的な位相にも影響される．

光を含むすべての電磁波は，真空中を常に同じ速さで進行する．物理の基本定数の一つである光の速度は記号 c で表され，c=2.997 924 58×10^8 m s^{-1} である（今後は四捨五入して 2.998×10^8 m s^{-1} とする)．任意の波において，振動数 ν（単位は s^{-1}）と波長 λ（単位は m)の積は，波の速度 c となる．

$$c = \nu\lambda$$

例題 5・1 波長・振動数の変換

FM ラジオ局が 88.1 MHz の電磁波を発している．この電磁波の波長を求めよ．

解 答 $\lambda = \dfrac{c}{\nu} = \dfrac{2.998 \times 10^8\,(\mathrm{m\ s^{-1}})}{88.1 \times 10^6\,(\mathrm{s^{-1}})} = 3.40\ \mathrm{m}$

したがって 88.1 MHz の電磁波の波長は 3.40 m である．

練習問題 5・1 波長 1.40 cm の電磁波の振動数を求めよ．

電磁波の波長と振動数は広大な範囲に及んでいる．図5・4からわかるように，可視光のスペクトルは，波長 380 nm（紫）から 780 nm（赤）の範囲にあり，この中央は黄色の光（波長 580 nm，振動数 5.2×10^{14} s^{-1}）で

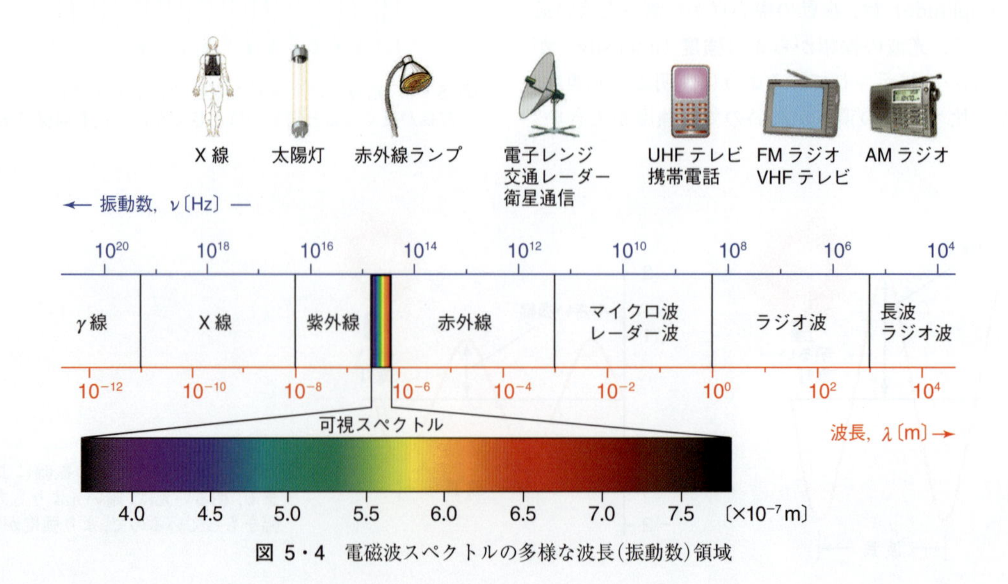

図 5・4 電磁波スペクトルの多様な波長（振動数）領域

ある．可視光は動物の視覚にとってはきわめて重要であるが，それ以外の電磁波の γ 線，X 線，紫外線，赤外線，マイクロ波，ラジオ波も，私たちの生活の中で多様な用途に使われている．

γ 線や X 線のような短波長の電磁波は，原子や分子から電子を放出させてイオンを生じる．これらのイオンは非常に反応性が強いので，放射線（γ 線，X 線）を吸収する物体に深刻な損傷をひき起こすことがある．しかし，綿密かつ厳重に制御された状況下では，X 線は医療用画像診断で，γ 線はがんの治療で役に立つ．紫外線(UV)の波長は，X 線と可視光の間である．紫外線も大量に照射すれば，物質に損傷を与える．皮膚がんのおもな要因は，太陽光の有害な紫外線にさらされることからくる．

電磁波の長波長側は順に，赤外線，マイクロ波，ラジオ波である．赤外線ランプは物体を温める．電子レンジはマイクロ波を用いて調理する．テレビやラジオは，ラジオ波が伝搬する信号を受信する．

白色光に見える光には，ある範囲の波長の光が混合して含まれている．このことは，太陽光をプリズムや雨粒(虹が生じる）に通すことで明らかになる．これらの物体は，異なる波長の光を異なる角度に屈折させるため，光はそれぞれの波長の特性角の方向に広がっていく．

光の粒子的性質

光はエネルギーを運ぶ．たとえば，私たちが太陽光を浴びると，太陽光のエネルギーが皮膚に移動することによって暖かく感じる．**光電効果**（photoelectric effect）とよばれる現象を通して，光の振動数や強度がエネルギーとどういう関係にあるかを知ることができる．自動ドアセンサーやカメラの露出計などの多くの光感装置が光電効果の原理によって動作する．図 5・5 には金属表面に光線が当たって光電効果が起こる実験が示されている．適切な条件下で光を金属表面に当てると電子が放出

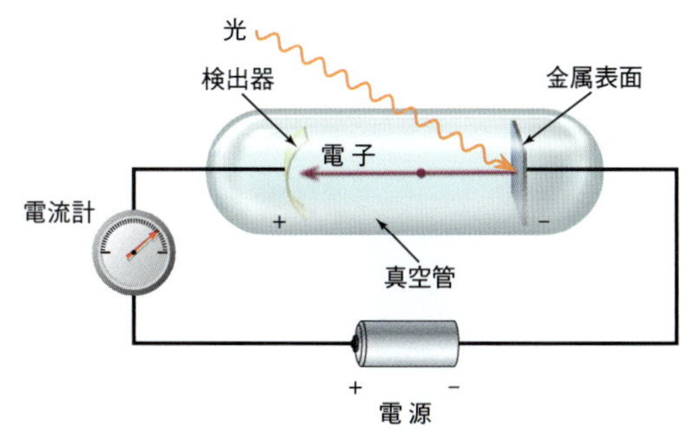

図 5・5 光電効果の模式図．十分高い振動数の光が金属に当たると，表面から電子が放出される．

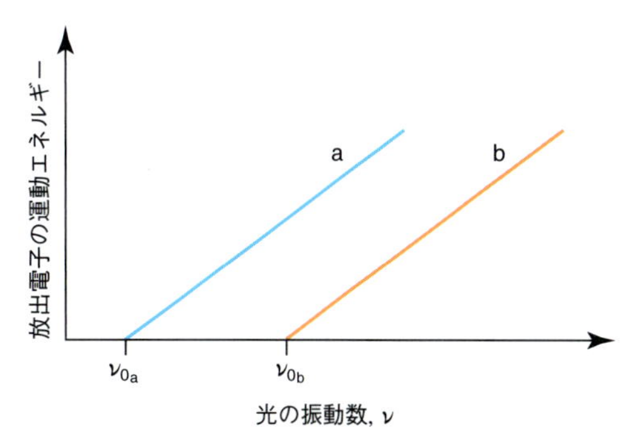

図 5・6 異なる二つの金属(a と b)の表面から放出される電子の運動エネルギーの最大値を，照射した光の振動数に対して図示した．

される．光電効果を詳細に研究することによって，光の特性とこれらの電子の挙動との関係が明らかになる．

1. ある特性振動数 ν_0 よりも振動数が低い光では，その強さにかかわらず電子は全く観測されない．
2. 特性振動数以上では，放出された電子の運動エネルギーの最大値は，図 5・6 に示すように，光の振動数に比例して増加する．（運動エネルギーは電子の速度の関数である．）
3. 特性振動数以上では，放出される電子数は光の強度とともに増大する．しかし電子の運動エネルギーは光の強度にはよらない．
4. 上で述べたことはすべての金属に当てはまるが，図 5・6 に示すように金属の種類によってしきい値の振動数は異なる．

1905 年にアインシュタイン（Albert Einstein）は，光はエネルギーを運ぶ“粒子”のようにふるまうという仮説を提唱した．それは**光子**（photon）とよばれ，エネルギーはその振動数に比例する．

$$E_{\text{光子}} = h\nu_{\text{光子}}$$

$E_{\text{光子}}$ は光子のエネルギー，$\nu_{\text{光子}}$ は光の振動数である．比例定数は**プランク定数**(Planck's constant, h)とよばれ,その値は $6.626\,070\,15 \times 10^{-34}$ J s である(今後は 6.626×10^{-34} J s という値を使う)．

例題 5・2 光のエネルギー

波長 655 nm の赤い光の光子のエネルギーはいくらか．

解 答 3.03×10^{-19} J

練習問題 5・2 波長 254 nm の紫外線の光子のエネルギーを求めよ．

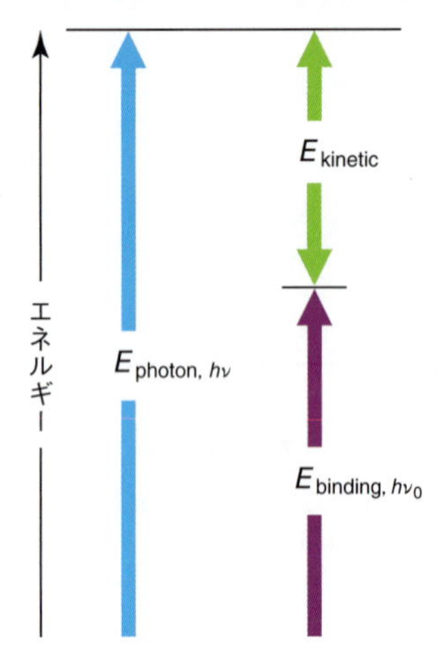

図 5・7　光電効果におけるエネルギーの釣合い．E_{photon}：入射光（光子）のエネルギー（$h\nu$），$E_{kinetic}$：電子の運動エネルギー，$E_{binding}$：電子の束縛エネルギー（$h\nu_0$）

アインシュタインは，しきい値の振動数（ν_0）の光子のもつエネルギーは，電子の束縛エネルギーに等しいと結論づけた．しきい値の振動数を超える分のエネルギーは，図5・7のように電子の運動エネルギーとなる．これを式で書くと，

$$\text{電子の運動エネルギー} = \text{光子のエネルギー} - \text{電子の束縛エネルギー}$$

$$E_{\text{kinetic}} = h\nu - h\nu_0$$

と表せる．アインシュタインの考えは，実験で観測された光電効果の性質をうまく説明できる．光子のエネルギーが $h\nu_0$ より低ければ，いかに光の強度が強くても電子は金属表面から放出されない．光子のエネルギーが $h\nu_0$ より高いときには電子は放出され，余りのエネルギーは電子の運動エネルギーとなる．光の強度は，単位時間当たりの光子数の尺度である．振幅の大きな光は，振幅の小さい光よりも多くの光子を運ぶ．光子1個のエネルギー量は光の強度にはよらない．より多くの光子を金属に当てれば，より多くの電子が放出されるが，それぞれの光子と電子のエネルギーは変わらない．金属の種類によってしきい値の振動数が異なるという事実は，ある金属では別の金属よりも強く電子が結合しているということを示している．

アインシュタインによる光電効果の解釈では，光の粒子としての性質が現れている．光を物理的に完全に記述するには，波動的および粒子的な性質の両方を含まなければならない．光が比較的大きな物体（たとえば雨粒やプリズム）と相互作用するときには波動的性質が支配的になり，一方，原子や電子のような小さな物体と相互作用するときには，粒子的性質が支配的になる．光についての二つの視点からは，光の性質についての異なる知見が得られる．そして，光に関して議論するときには，両方の性質を兼ね備えた粒子-波動として考えなければならない．

吸収スペクトルと発光スペクトル

光電効果で，光子が金属表面に当たるときに吸収されるエネルギーは，金属表面での電子の束縛エネルギーについての知見を与える．光が孤立した原子と相互作用すると，個々の原子内の電子についての知見が得られる．

光と原子　電子を原子の中に留めているのは静電引力である．電子を原子から取出すためには外部からエネルギーを供給する必要がある．原子のエネルギー状態が低いほど，電子を取出すのに必要なエネルギーは大きくなる．必要なエネルギー量は，自由な状態の電子から相対的に計測される．そのため慣習的に，仮想的な静止自由電子の状態をエネルギーのゼロ点と定義する．図5・8は，自由に動く電子の運動エネルギーが，慣習的なゼロ点に比べて正の値になることを示している．一方，束縛された電子は，仮想的な静止自由電子よりエネルギーが低い状態にあるため，負のエネルギーになることを示している．

孤立した原子が光子を吸収するとき，光子のエネルギーに応じて二つの結果が考えられる．原子が十分高エネルギーの光子を吸収する場合は，電子が一つ放出される（原子はイオン化する）．この過程については後で述べる．ここでは，原子はエネルギーを得るがイオン化しない二番目の結果に注目する．イオン化する代わりに原子は，最低のエネルギー状態〔**基底状態**（ground state）〕から，**励起状態**（excited state）とよばれる高い

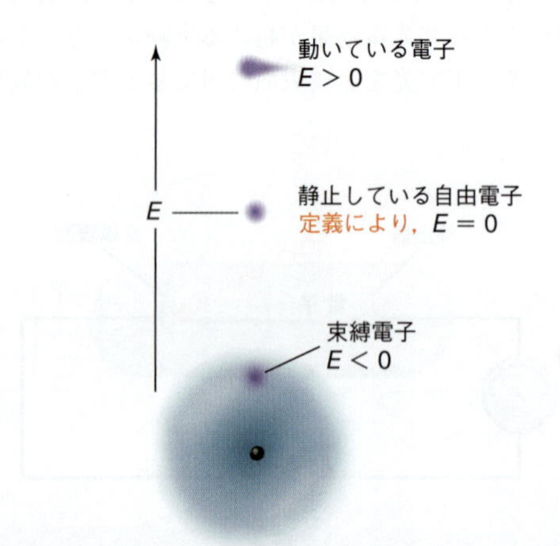

図 5・8　慣習的に，静止した自由電子のエネルギーをゼロ点とするので，束縛電子は負のエネルギー値となる．

エネルギー状態へ移る．この過程は**電子遷移**（electronic transition）とよばれる．励起状態は安定ではないので，励起状態の原子は直ちに過剰のエネルギーを放出して低いエネルギー状態に移り，最終的に基底状態に戻る．過剰なエネルギーは，他の原子との衝突や光子の放出によって失われる．

原子と光子の間のエネルギー交換する際にエネルギーが保存することは重要である．すなわち，原子のエネルギー変化は，光子のエネルギーに厳密に等しい．

$$\Delta E_{\text{原子}} = \pm h\nu_{\text{光子}}$$

原子が光子を吸収するとき，原子は光子のエネルギーを得るので，$\Delta E_{\text{原子}}$は正である．原子が光子を放出するときは，原子は光子のエネルギーを失い，$\Delta E_{\text{原子}}$は負となる．原子が励起状態から基底状態に戻るとき，最初に得たのと正確に同じだけのエネルギーを失う．しかし励起された原子は，複数回の小さなエネルギー変化を経て余剰エネルギーを失うことが多いので，放出される光子の振動数は吸収された光子よりもしばしば低くなる．

例題 5・3 発光エネルギー

励起状態のナトリウム原子は波長 589 nm の光を発するが，これはこの原子の指紋のようなものである．もし図5・9のようなナトリウムランプの街灯が 589 nm の黄色の光を出しているとすると，内部のナトリウムのエネルギー変化はどれだけか．ナトリウム 1 mol 当たりについて放出されるエネルギーを求めよ．

図 5・9 黄色の光を発するナトリウムランプ

解 答 2.03×10^5 J mol^{-1}

練習問題 5・3 水銀灯は波長 436 nm の光子を発する．水銀原子のエネルギー変化を，J 原子$^{-1}$ および kJ mol^{-1} の二つの単位で求めよ．

原子スペクトル

単一元素の原子からなる気体で満たされた試料管を光線が通過するとき，原子はその元素に固有の波長の光を吸収する．その結果，試料管から出てくる光線は，その特定の波長の光子だけが減少している．可視スペクトルの中で強度が弱まった振動数は，プリズムを通過した光の投影パターンから観測できる．プリズムは，振動数によって異なる角度へ光を回折するので，プリズムを通過して広がった光線がスクリーンに投影されると，強度が弱い振動数の位置が暗い線になる．この部分は試料管中の原子によって吸収された光の振動数である．図5・10に模式的に示されているパターンは，**吸収スペクトル**（absorption spectrum）とよばれる．

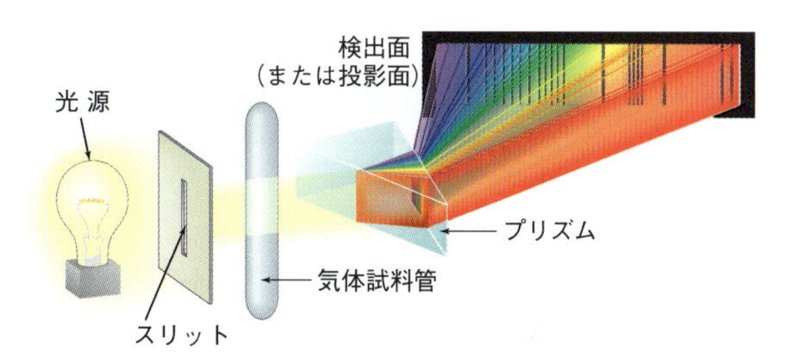

図 5・10 単原子気体の吸収スペクトルの測定装置の模式図．管の中の気体が特定波長の光（吸収線とよばれる）を吸収すると，透過光のその波長の位置に暗い線が現れる．

吸収スペクトルは，原子が吸収する光子の振動数を決定するのに使われる．前と同様の実験によって，励起された原子が発する光子のエネルギーを測定することができる．図5・11は，放出された光子を測定する装置の概略図である．放電によって基底状態からより高いエネルギー状態に励起された原子が，獲得したエネルギー全部，またはその一部を光子として放出する．発せられた光がプリズムを通過して**発光スペクトル**（emission spectrum）として検出される．水素原子の発光スペクトルが図5・14に示されていて，いくつかの明確な強い発光線が見られる．これらの線の振動数は，水素原子が基底状態の一つ上の状態に戻るときの光子の放出に相当する．

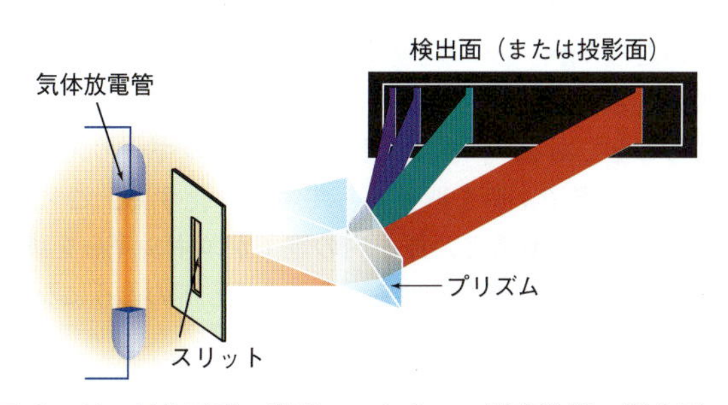

図 5・11 気体元素の発光スペクトルの測定装置の模式図．発光線が暗い背景に明るく現れる．水素原子の発光スペクトルが図示されている．

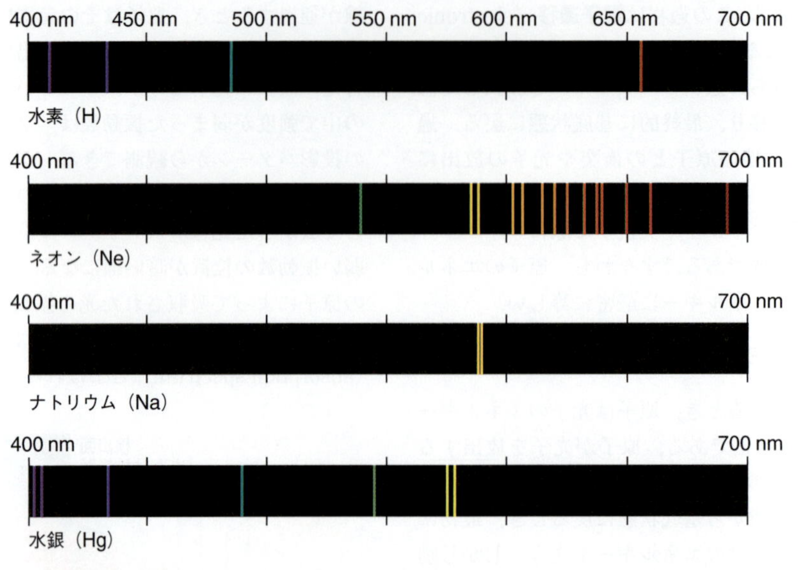

図 5・12 水素，ネオン，ナトリウム，水銀の発光スペクトル．各元素には特有の発光パターンがあり，その原子の構造を探るための重要な鍵となっている．

元素は，それぞれ固有の吸収スペクトルと発光スペクトルをもっている．すなわち原子が吸収または放出する光には，各元素に固有の複数の振動数の光が含まれる．図 5・10, 5・11, 5・12, 5・14 には，吸収および発光スペクトルの可視部分だけが示されている．電子遷移は人の目に見えない波長の光でも起こり，実験装置を使うことで目に見えない電磁波も観測できる．

原子の吸収線または発光線の各振動数は，その原子のある特定のエネルギー変化に対応する．各原子に固有のエネルギー増加または減少のパターンからは，原子の構造についての知見が得られる．図 5・12 に，いくつかの原子の発光スペクトルを示す．

エネルギーの量子化

原子が振動数 ν の光子 1 個を吸収すると，光線は $h\nu$ だけエネルギーが減少し，原子は $h\nu$ だけエネルギーが増加する．原子がエネルギーを得るとその後，何が起こるのだろうか．一つの手がかりは，もし入射光（=吸収光）の振動数が十分に大きければ，陽イオンと自由電子が生じることである．つまり，十分に高エネルギーの光子は，原子から電子 1 個を取り去ってイオン化する．これは，光子が吸収されると，原子内の電子がエネルギーを獲得する，ということを意味する．式で書くと下のようになる．

$$\Delta E_{\text{原子}} = \Delta E_{\text{電子}} = h\nu$$

ほとんどの元素の原子スペクトルは複雑で，その規則性はバルマーによる発見まで待たなければならなかった．1885 年にスイスの数学者であったバルマー（Johann Balmer）は，水素原子の発光スペクトルが一つの数式で記述できることを発見した．

$$\nu_{\text{発光}} = (3.29 \times 10^{15}\,\mathrm{s}^{-1})\left(\frac{1}{{n_1}^2} - \frac{1}{{n_2}^2}\right)$$

ここで，n_1 と n_2 は自然数（1, 2, 3, …）である．1913 年にデンマークの物理学者ボーア（Niels Bohr）は，アインシュタインの仮説（$E=h\nu$）を用いてバルマーの式を説明した．ボーアは二つの式を組合わせて，水素原子内の電子のエネルギー準位を次の式で記述できることを示した．

$$E_n = -\frac{2.18 \times 10^{-18}\,\mathrm{J}}{n^2}$$

n は正の整数である．負の符号の理由は，静止している自由電子のエネルギーをゼロ点と決めたために，束縛された電子は負のエネルギーをもつからである．

ボーアは，発光の振動数が特定の値だけとなる理由が，水素原子内の電子のエネルギー状態がある特定の値に限定されていることにあると理解していた．エネルギー準位が限定されるというボーアの考えは革新的であった．その時代の物理学者や化学者は水素原子内でもエネルギーはあらゆる値をとりうると考えていたからである．それに対してボーアは，水素の発光スペクトルが，原子に束縛された電子が特定のエネルギー値しかとれないということを意味すると解釈した．彼は，この解釈の定式化によって 1922 年にノーベル物理学賞を受賞した．ある物理量が連続的に変化することができなくなり，特定の値に限られることを**量子化**（quantization）という．水素原子（または他の原子）の電子エネルギー準位は量子化されている．n の各整数値は，水素原子の許されるエネルギー準位の一つを表す．たとえば，水素の4番目の準位は次のようになる．

$$E_4 = -\frac{2.18 \times 10^{-18}\,\mathrm{J}}{4^2} = -1.36 \times 10^{-19}\,\mathrm{J}$$

電子のエネルギー準位が変化するとき，その変化は二つの量子化された準位の間での電子の移動である．水素原子が光子を吸収または放出するとき，電子はあるエネルギー準位から別の準位に移動する．そしてこの過程における原子のエネルギー変化は，二つの準位のエネルギー差に相当する．

$$\Delta E_{\text{吸収}} = E_{\text{終状態}} - E_{\text{始状態}}$$

光子は常に正のエネルギーをもつが，エネルギー変化は正にも負にもなりうる．光子が吸収されるときには，電子はより高いエネルギー準位に上がり，原子はエネルギーを獲得するので，ΔE は正である．

$$E_{\text{吸収}} = \Delta E_{\text{原子}}$$

光子が放出されるときには，電子は高いエネルギー準位から低い準位に降下し，原子はエネルギーを失うため，ΔE は負となる．

$$E_{\text{発光}} = -\Delta E_{\text{原子}}$$

上の二つの式を，絶対値記号を使ってまとめると次式になる．

$$E_{\text{光子}} = |\Delta E_{\text{原子}}|$$

例題 5・4 水素原子のエネルギー準位

ボーアは励起された水素原子からの特定の発光波長を用いて，原子内部で電子がとりうるエネルギー準位が区別できることを示した．励起された水素原子からの特定の発光波長は，電子がエネルギー準位を移動するときのエネルギー変化で決まる．

電子が4番目の準位から2番目の準位に移動するとき，そのエネルギー変化はどのように計算すればよいだろうか．放出された光子の波長をナノメートル単位で求めよ．

解 答 486 nm

練習問題 5・4 水素原子を基底状態，すなわち n=1 から n=4 に励起するための光子の波長とエネルギーを求めよ．

エネルギー準位図

原子の電子遷移は，図5・13(b) に示されるようなエ

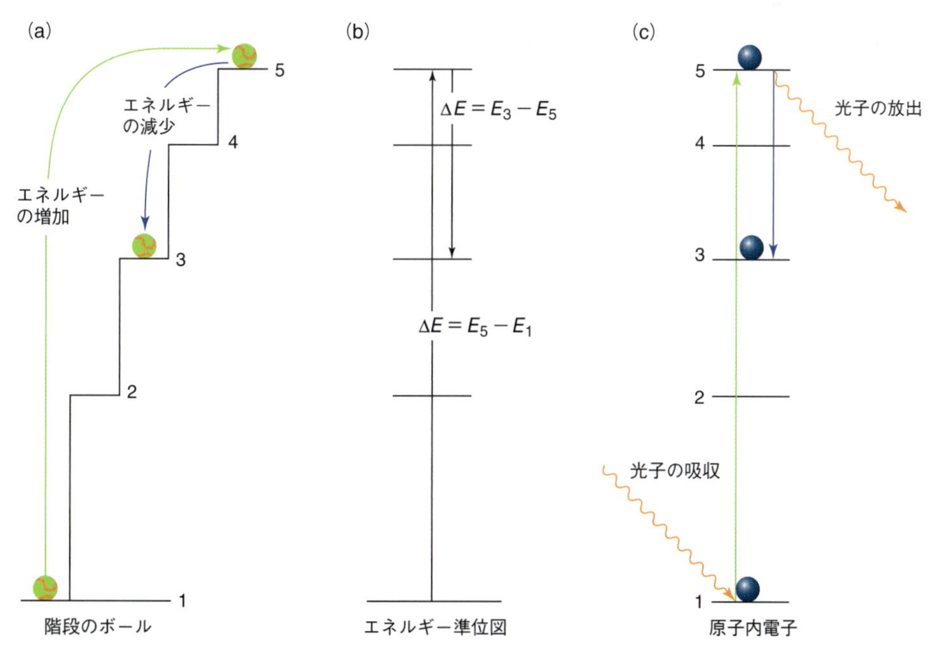

図 5・13 (a) 階段上のボールは量子化されたエネルギー準位の特徴を示す．(b) 量子化されたエネルギー準位が，エネルギー準位図で示されている．(c) 電子遷移は，光子の吸収または放出を通じて量子化されたエネルギー準位間で起こる．

ネルギー準位図（energy level diagram）を用いて表すことができる．エネルギー準位図では，縦軸にエネルギーを，横軸方向に各エネルギー状態を書いた図で，原子のエネルギーについての情報が簡潔に示される．

原子に束縛された電子の量子準位を理解するために，階段上に置かれたボールを考えてみよう．この概念が図5・13(a) に描かれている．ボールはどの段の上にも乗ることができる．ボールを階段の底から5段目に上げるためには，ある特定のエネルギー量 $\Delta E = E_5 - E_1$ を加えてやる必要がある．もし与えるエネルギーが少なすぎると，ボールはこの段まで届かない．逆にボールが上の段から下の段に降りると，あるエネルギー量を放出する．もしボールが5段目から3段目に移動すると，$\Delta E = E_3 - E_5$ のエネルギーを失う．ボールは段の上にきっちりと乗るので，段の途中に引っかかることはない．原子内の電子も階段のボールと同様に，準位の間の中途半端なところに存在することはできないため，量子化されたエネルギー準位に留まる．

水素原子の量子化されたエネルギー準位は，規則的な数列で表される．図5・14は水素原子のエネルギー準位図であり，矢印は可能な吸収と発光の遷移を表している．注目すべきは，最も低いエネルギー準位からの吸収エネルギーは，最も低い準位への発光エネルギーと等しい．すなわち，上向き遷移で吸収する光の波長は，それに対応する下向き遷移での発光波長と同一となる．

水素以外の元素のエネルギー準位も量子化されているが，後述するように，それらはかなり複雑である．その理由は複数の電子をもっているためである．科学者は各元素について観測された吸収線と発光線の波長を使って，その原子で許容されるエネルギー準位を計算する．

5・2　電子の物理的性質

原子内での電子のエネルギーは，原子の化学的挙動において中心的な役割を果たす．電子のもつ他のいくつかの性質も，原子の物理的・化学的特性に影響を及ぼす．

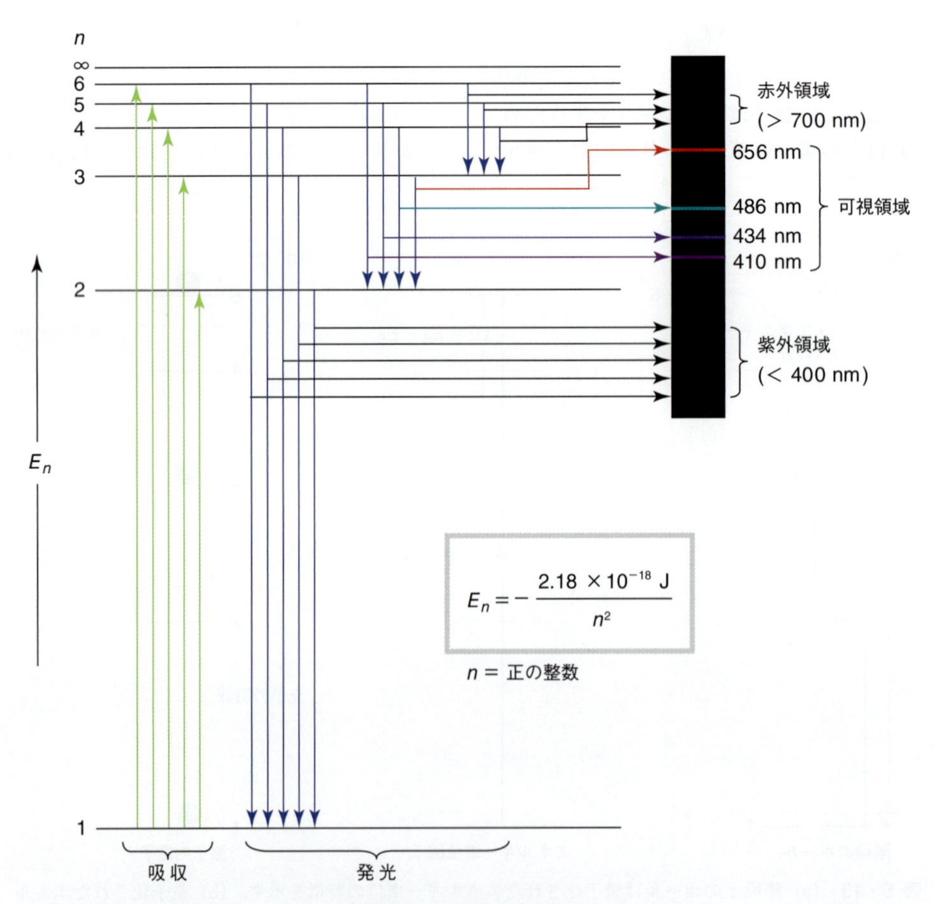

図 5・14　水素原子のエネルギー準位と，その準位間の遷移による発光スペクトル．上向きの矢印は吸収遷移を示し，下向きの矢印は発光遷移を示す．

すべての電子が共通してもつ性質もあるが，原子や分子に束縛されているときだけ現れる性質もある．本節では，すべての電子に共通の性質について述べる．

電子の質量は 9.109×10^{-31} kg であり，電荷（電気素量）は 1.602×10^{-19} C である．電子は，スピンとよばれる内部自由度に起因する磁気的性質をもっている．これについては第1章で少しふれたが，§5・3で詳細に説明する．

フランスの物理学者ド・ブロイ（Louis de Broglie, 1892〜1987, 1929年ノーベル物理学賞）は，光子と同様に，電子も波動-粒子の二重性を示すということを最初に示唆した．つまり，電子も粒子的性質と波動的性質の両方をもち，下の式が電子や他の粒子にも適用できると主張した．

$$p = \frac{h}{\lambda}$$

粒子の運動量（p）は，質量（m）と速度（u）の積，$p = mu$ である．これを上式に代入して λ について解くと，粒子の波長を質量と速度に結びつけるド・ブロイの式が得られる．

$$\lambda_{\text{粒子}} = \frac{h}{mu}$$

ド・ブロイの理論は，電子が波動のようにふるまうと予言した．これはどのように確かめられるのか．図5・15には，波に特徴的な強度パターンが3例，示されている．図5・15(a) は上下運動する二つの浮きから水の波が広がり，定在波ができる様子である．図5・15(b) は，回折したX線がつくる同様の波のパターンである．高エネルギーの光子が結晶中の規則的原子配列を通過するときに，電子雲が光子の波を散乱させるのである．もし電子に波動的性質があるのならば，これらと同様に波の規則的パターンを示すはずである．

1927年に，米国の物理学者であるデビソン（Clinton Davisson）とガーマー（Lester Germer），および，英国の物理学者のトムソン（George Thomson）は，独立に，運動量のそろった電子線を金属箔に当てる実験を行った．どちらの実験でも図5・15(b) のようなパターンが得られ，電子の波長についてのド・ブロイの式の有効性が確かめられた．こうして電子の波動的性質が確立された．デビソンとトムソンは，この発見によって1937年にノーベル物理学賞を受賞した．

最近では，走査型トンネル電子顕微鏡によって電子波のイメージが得られ，その例が図5・15(c) に示されている．ここでは，平坦な金属表面上の二つの原子が，図5・

表 5・1 光子と自由電子についての式

物理量	光子の式	電子の式
エネルギー	$E = h\nu$	$E_{\text{運動}} = \frac{1}{2}mu^2$
波　長	$\lambda = \frac{hc}{E}$	$\lambda = \frac{h}{mu}$
速　度	$c = 2.998\times10^8$ m s^{-1}	$u = \sqrt{\frac{2E_{\text{運動}}}{m}}$

h: プランク定数　ν: 振動数　m: 質量　u: 速度

例題 5・4 波　長

量子力学の誕生は，光が粒子（光子）的性質をもつことの理解から導かれた．一方，粒子も波動的性質を併せもつ．

速度 1.00×10^5 m s^{-1} で動く電子（9.11×10^{-31} kg）の波長と，2.50 m s^{-1} で動くピンポン玉（11.0 g）の波長を比較せよ．

解 答 電子の波長は 7.27×10^{-9} m であり，ピンポン玉の波長は 2.41×10^{-32} m である．

練習問題 5・5 速度 2.85×10^5 m s^{-1} で動いている陽子の波長を計算せよ．

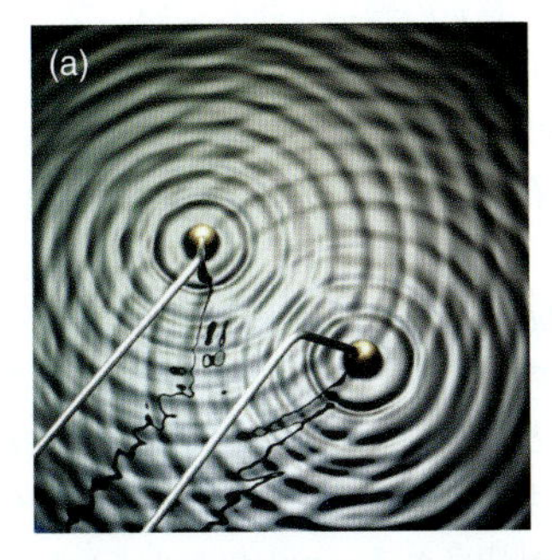

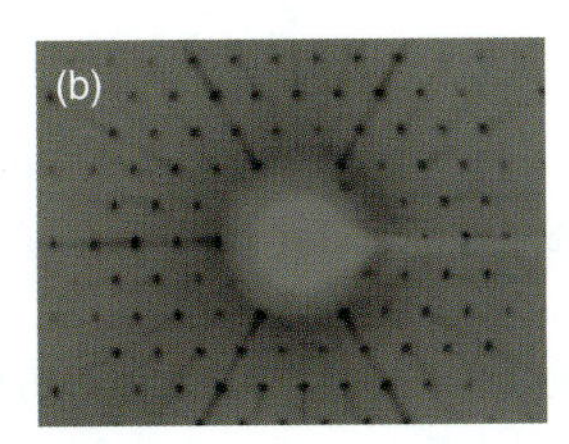

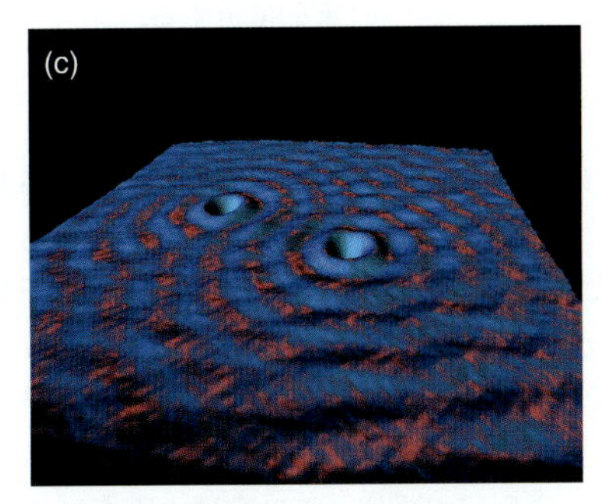

図 5・15 波動パターンの例．浮きが水面に定在波をつくり(a)，X線が波の干渉パターンを生み出し(b)，金属表面から突き出た原子が電子の定在波を生じる(c)．

15(a) の浮きのような働きをして，金属中の電子に定在波パターンをつくり出している．

光子と電子は，両方とも波動的かつ粒子的性質を示すが，性質を記述する方程式は異なる．表5・1に，光子と自由電子の性質をまとめた．

5・3 量子化と量子数

ここまで述べてきた，質量，電荷，スピン，波長，はすべての電子に適用される性質である．空間を自由に飛び回る電子も，銅線の中を動く電子も，原子に束縛されている電子も，すべて上の性質をもっている．これに加えて，静電気力によって原子に束縛されている電子には，エネルギーや波動の形に関係する別の重要な性質がいくつかある．これらの性質も量子化されているので，特定の値しかとることができない．

§5・1で述べたように，各元素の原子はそれぞれ固有の電子エネルギー準位をもっている（図5・13，5・14）．エネルギーの量子化は束縛された電子の性質の一つである．原子内の電子は，その原子のある束縛状態から別の束縛状態へ遷移するので，吸収・発光スペクトルは，原子固有の離散的なエネルギー値となる．一方，もし原子が電子を離脱させるほどの大きなエネルギーを吸収すると，電子は束縛から離れて任意の値の運動エネルギーをもつことができる．束縛された電子は量子化されているが，自由電子は任意のエネルギー値をとりうる．

束縛された電子の量子化されたエネルギー準位は，**量子数**（quantum number）で番号が付けられ，添え字で表される．量子数というのは量子化された電子の物理量を識別するための数値である．原子の中の各電子は三つの量子数をもち，それぞれが，エネルギー（軌道の大きさ），角運動量（軌道の形），軌道の方向を表す．さらに4番目の量子数が電子のスピンを表す．計4種類の量子数は，主量子数，方位量子数，磁気量子数，スピン量子数とよばれ，化学者は，原子中の電子の状態の完全な記述のために，この四つの値を指定する．

主量子数

原子内の電子について最も重要な（量子化された）物理量は，エネルギーである．電子を1個だけもっている原子またはイオンのエネルギーを指定する量子数は，**主量子数**（principal quantum number, n）である．最も簡単な原子である水素では，$E_n = (-2.18 \times 10^{-18}\,\mathrm{J})/n^2$ に n の値を代入することによって，電子のエネルギーを計算できる（§5・1参照）．この式は水素だけに有効であるが，少し修正するだけで He^+ や Li^{2+} のような単一電子の系に適用可能である．

複数の電子を含む原子のエネルギー値を与える厳密な式は知られていない．それにもかかわらず，n は電子のエネルギーに関連づけて広く使われ，複数の電子を含む原子内のそれぞれの電子も正の整数 n で番号づけられる．原子内電子の最低エネルギー準位は $n=1$ であり，n のより大きな値はより高いエネルギー状態に相当する．“主量子数は正の整数（$n=1, 2, 3, \cdots$）でなければならない．”

電子のエネルギーは軌道の空間的分布に関連しているので，主量子数は原子軌道の大きさに関係がある．主量子数が大きいほど電子のエネルギーは高くなり，電子の核からの平均距離も大きくなる．

要約すると，主量子数（n）は正の整数値であり，電子のエネルギーに番号を付け，軌道の大きさに関連している．n が大きくなると電子のエネルギーがより高くなり，軌道が大きくなって，原子からの束縛が緩くなる．

方位量子数

二番目の量子数は原子軌道の角運動量の値であり，**方位量子数**（azimuthal quantum number, l）とよばれる．理論的かつ実験的証拠から，電子の分布はさまざまな形状をとることがわかっている．軌道そのものの形状について議論することは厳密には正しくないことに注意せよ．すでに述べたように軌道は数学的関数にすぎない．軌道は電子の三次元物質波の振幅であり，その振幅は（他の波と同様に）正と負の値を交互にとるので，それ自身は物理的意味をもち得ない．しかし，特定の軌道の電子分布について述べることは可能であり，それを用いてどこで電子を見いだしやすいかがわかる．

物体の形状は，サッカーボール，ラグビーボール，四つ葉クローバー，などに分類することができる．後者二つには方向軸がある．方向軸は，物体または形状の中心を通る線であり，物体はその線の方向に向いている．サッカーボールは，中心からすべての方向に対して等しく分布しているため，特定の軸は存在しない．ラグビーボールは一つだけ方向軸をもっていて，その軸の方向に質量がより多く存在する．四つ葉クローバーには二つの直交する方向軸が存在し，軌道の電子密度はその軸の方向に集中している．

l は軌道の方位軸の数に関連しているので，l の値によって電子分布の形状がある程度まで決まる．量子論によって，軌道がとりうる形状は厳しく制限される．形状はエネルギーにも関係するので，とりうる l の値は主量子数 n の値にも制限される．n の値が小さいほど軌道は小さく，可能な電子分布の形もより強く制限されるのである．“方位量子数（l）の値は，ゼロまたは n より小さい正の整数である〔$l=0, 1, 2, \cdots, (n-1)$〕．” すなわち，l は n 個の値をとりうる．

歴史的な習慣に従って軌道は，数字ではなく記号で表され，l の値とは下記のように対応している．

l の値	0	1	2	3	4
軌道記号	s	p	d	f	g

軌道の名前は，最初に n の数値，次に l の数値に対応する記号を付ける．したがって，3s の量子数は $n=3$, $l=0$ であり，5f は $n=5$, $l=3$ である．l の値についての制限から，$n=1$ のときには，l がとれる値はゼロだけであることに注意せよ．言い換えると，1s 軌道は存在するが，1p, 1d, 1f, 1g という軌道は存在しない．同様に，2s と 2p 軌道は存在するが，2d, 2f, 2g 軌道は存在しない．

磁気量子数

球は特別な軸をもたないので，空間において方向性を示さない．図5・16のラグビーボールのように特定の軸がある場合には，その軸は *xyz* 座標系でさまざまな方向を向くことができる．すなわち，特定の軸をもつ物体は，形状だけでなく，方向性ももっている．

s 軌道の電子分布は球対称であり方向性がない．s 以外の軌道の電子分布は球対称でないため方向性をもっている．エネルギーや軌道電子分布と同様に，この方向性も量子化されている．ラグビーボールはどんな方向に向くこともできるが，p, d, f 軌道の電子分布は軸がとりうる向きの数は制限されている．この制限された向きを識別して番号を付けるのが**磁気量子数**（magnetic quantum number, m_l）である．

方位軸の数によって，軸がとりうる向きの数が限定される．$l=0$ の場合，特定の軸はないので，軸の方向も存在しない．したがって，s 軌道については $m_l=0$ である．方位軸が1本のとき（$l=1$），三つの方向のいずれにも向くことができ，m_l のとりうる値は +1, 0, −1 となる．2本の方向軸がある場合（$l=2$）は，5種類の向きがあって，m_l は +2, +1, 0, −1, −2 の五つの値をとることができる．l の値が1増えるごとに，m_l のとりうる値が2ずつ増える．磁気量子数 m_l は，$-l$ と l の間の整数値をとることができて，$m_l=0, \pm1, \pm2, \cdots, \pm l$，すなわち，$m_l$ には $(2l+1)$ 個の値がある．三つの量子数 n, l, m_l の組で指定されるエネルギー準位は，原子軌道とよばれる．原子軌道の性質については §5・4で述べる．

スピン量子数

§1・5で述べたように，電子には**スピン**（spin）とよばれる内部自由度の物理量がある．その結果，磁場中にある電子には二つの状態がある．銀の原子線が磁場中を通過するとき〔1921年にシュテルン（Otto Stern）とゲルラッハ（Walter Gerlach）が行った図5・17の実験のように〕，原子線は磁場の向きとその逆方向の二つに分かれる．この実験結果は磁場中で回転する電荷の古典物理学的挙動に類似していることから，オランダの物理学者ウーレンベック（George Uhlenbeck）とハウトスミット（Samuel Gouldsmit）によって，電子のこの物理量に対して電子スピンという名が付けられた（実際に電子が回転している物理的証拠はない）．二つの応答だけが観測されるという事実は，スピンが量子化されていることを示す．**スピン量子数**（spin quantum number, m_s）によってこの挙動は識別され，とりうる可能な値は，+1/2 と −1/2 である．

パウリの排他原理

原子内の電子の状態を完全に記述するには，四つの量子数 n, l, m_l, m_s が必要である．すでに述べたように，それらがとりうる値には制限があり，それを表5・2にまとめた．原子内の電子はそれぞれ独自の量子数の組をもち，どの二つの電子も完全に等しい量子数の組をもつことはできない．このことは，オーストリアの物理学者パウリ（Wolfgang Pauli, 1900〜1958, 1945年ノーベル物理学賞）によって最初に提唱されたため，**パウリの排他原理**（Pauli exclusion principle）とよばれている．この原理は量子力学によって導き出され，実験的証拠に

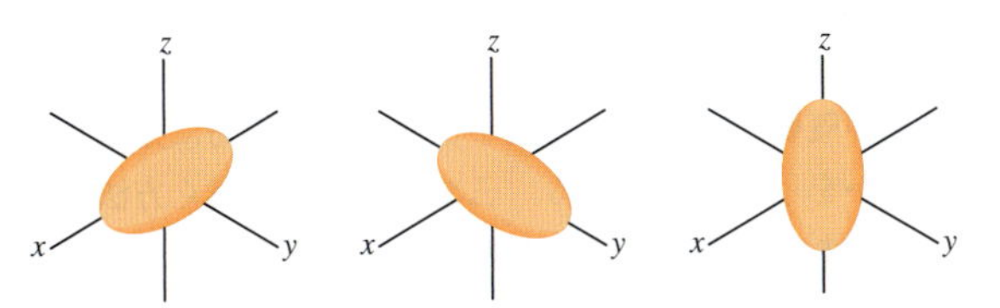

図 5・16　ラグビーボールには方向性と形状がある．図には，x, y, z 軸に対してラグビーボールが向くことができる多くの方向のうち，三つが書かれている．

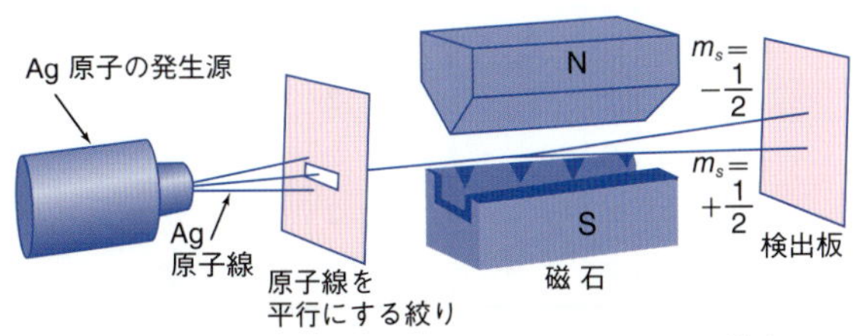

図 5・17　シュテルン-ゲルラッハの磁場実験装置の模式図

表 5・2　原子内電子の量子数についての制限

量子数	制　限	範　囲
n	正の整数	1, 2, …, ∞
l	n より小さい正の整数	0, 1, …, $(n-1)$
m_l	$-l$ と l の間の整数	$-l$, …, −1, 0, +1, …, $+l$
m_s	$-\frac{1}{2}$ または $+\frac{1}{2}$	$-\frac{1}{2}$, $+\frac{1}{2}$

よっても検証されている．

n が大きくなると，量子数がとりうる組合わせは急激に増大する．原子軌道は n と l の値で指定されて，1s, 3d, 4p などと書かれるが，$l>0$ のとき，各記号には複数の軌道が含まれる．$l=1$ では三つの p 軌道が，$l=2$ では五つの d 軌道が存在する．どの軌道にある電子もスピン量子数 (m_s) をもち，値は +1/2 または −1/2 である．したがって，有効な量子数の組合わせは多数存在する．たとえば，3p 軌道の電子は下記の六つの量子数の組のいずれもとりうる．

$$n=3,\ l=1,\ m_l=+1,\ m_s=+1/2$$
$$n=3,\ l=1,\ m_l=+1,\ m_s=-1/2$$
$$n=3,\ l=1,\ m_l=0,\quad m_s=+1/2$$
$$n=3,\ l=1,\ m_l=0,\quad m_s=-1/2$$
$$n=3,\ l=1,\ m_l=-1,\ m_s=+1/2$$
$$n=3,\ l=1,\ m_l=-1,\ m_s=-1/2$$

パウリの排他原理の直接の結論は，どの軌道も最大 2 個の電子しか収容できないということであり（2 個の電子が入っている軌道は満たされているという），同じ軌道の 2 個の電子は互いに逆向きスピンをもっている．

例題 5・6　量　子　数

3d 軌道の電子に許される有効な量子数の組合わせはいくつあるか．

解 答　3d 電子には，下の 10 組の量子数の組合わせがある．

n	l	m_l	m_s	n	l	m_l	m_s
3	2	−2	$+\frac{1}{2}$	3	2	−2	$-\frac{1}{2}$
3	2	−1	$+\frac{1}{2}$	3	2	−1	$-\frac{1}{2}$
3	2	0	$+\frac{1}{2}$	3	2	0	$-\frac{1}{2}$
3	2	1	$+\frac{1}{2}$	3	2	1	$-\frac{1}{2}$
3	2	2	$+\frac{1}{2}$	3	2	2	$-\frac{1}{2}$

練習問題 5・6　4d 軌道を占める電子には，許される有効な量子数の組合わせはいくつあるか．そのすべてを書き出せ．

5・4　原子軌道の電子分布とエネルギー

原子の化学的性質は，電子の挙動によって決まる．原子内の電子は軌道によって説明されるので，電子どうしの相互作用は軌道の相互作用で説明できる．電子がどのように相互作用するかは，三次元空間での電子の分布とそのエネルギーに関係している．

軌道電子分布

波動的性質のために電子は，厳密にある位置に存在する粒子ではなく，ぼやけた存在となっており，このぼやけた分布は電子密度で表現できる．電子を見いだす可能性の高いところでは電子密度が高く，逆に，電子密度が低いところでは電子を見いだす可能性は低い．各電子は，点電荷というよりも，空間内に三次元的に**軌道** (orbital) として分布する粒子–波動である．軌道は電子が 1 箇所に留まらない性質を説明する．電子のエネルギーが変化するときに，電子分布の大きさや形も変化する．各原子のエネルギー準位は，特定の三次元原子軌道との関係で決まる．

複数の電子をもつ原子では，各電子の軌道が重ね合わされ（または足し合わされて），その結果として原子全体の大きさや形が決まる．

一つの軌道の大きさや電子分布は，量子数 n と l によって決まる．n が大きいほど軌道は大きくなり，l が大きいほど電子分布はより複雑になる．軌道の電子分布の値がゼロになるところを軌道関数の**節** (node) とよび，節の集合が面をなす場合には，これを**節面** (nodal plane) とよぶ．電子軌道の節の数は n と l の値によって決まっている．すべての軌道には $n-1$ 個の節が存在し，そのうち節平面の数が l，その他は球面の（動径方向の）節である．

軌 道 の 図 示　三次元空間内の 1 箇所に留まらない粒子–波動としての電子を可視化する方法が必要である．軌道の概要図は，電子の波がどのように空間に分布しているかを示す地図となる．三次元の地図を描く方法はいくつかあり，各方法はある軌道の特徴を表すが，重要なすべての特徴を表現できる方法はない．ここでは 3 種類の表現方法，電子密度分布，電子密度分布の断面，および境界面表示を使う．

電子密度分布（electron density plot）は，軌道電子の分布を，y 軸に電子密度，x 軸に原子核からの距離 r の二次元グラフで表す．図 5・18(a) には，2s 軌道の電子密度分布が示されている．

電子密度分布は，複数の軌道の電子密度を重ねて書くことができるため，異なる軌道の相対的な大きさがわかりやすいという点で便利である．ただし電子密度分布では，軌道の三次元的な様子はわからない．

電子密度分布の断面（electron density picture）は，電子密度を色の濃さで表す二次元の断面図である．図 5・18(b) は 2s 軌道についての電子密度分布の断面であり，軌道中心を通る断面の電子密度が色の濃淡で示されている．図 5・18(a), (b) から，2s 軌道には球面状の節面があることがわかる．

境界面表示は，簡単化された軌道図である．この描像では電子密度のほとんど（通常 90%）を含む境界面を描く．つまり，電子密度は境界の内側で高く，外側では低い．図 5・18(c) は 2s 軌道を境界面表示したものである．境界面表示の欠点は，節球面などの内側の様子がわからないことである．しかし，節平面はすべて示されるので，隠れている節球面の数を割り出すことができる．

境界面表示のもう一つの欠点は，面の内側の電子密度の情報が全くわからないことである．もし軌道についての情報を最大限に伝えたいのならば，複数の描画を組合わせて使わなければならない．

三つの型の描画の利点と欠点は，軌道の特性的な性質がどのように示されるかを見ることでわかる．図 5・18 (a) からは，半径 r で電子密度がゼロ（すなわち節）になることが明白である．図 5・18(b) は，2s 軌道の節を白い円で示している．つまり，この節は三次元的には球面である．図 5・18(c) では，節の球面は 90% 境界面の内側に隠れて見えない．電子密度分布には節の位置がはっきりと示されており，電子密度分布の断面は節の形状を見るためには一番わかりやすいが，境界面表示からは節については何もわからない．

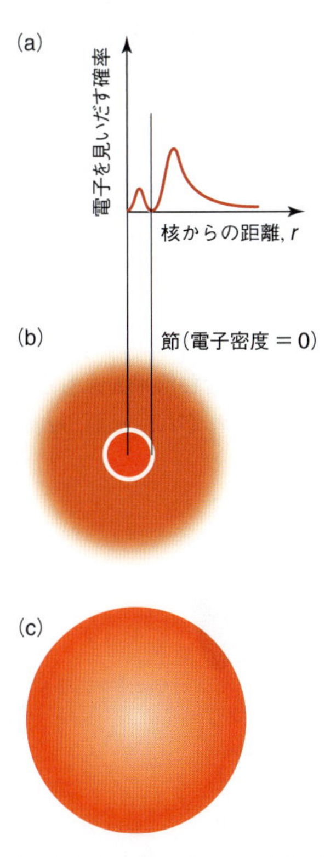

図 5・18 2s 軌道の三つの図示方法．(a) 核からの距離に対する電子密度分布，(b) 電子密度断面，(c) 境界面表示

軌道の大きさ　原子半径を決める実験からは，軌道の大きさについての情報が得られる．さらに，原子の理論的モデルからは，特定の軌道の電子密度が原子核からの距離に対してどのように変化するかが予測できる．

どの原子においても，n が大きくなるにつれて軌道は大きくなる．$n=2$ の軌道は $n=1$ の軌道よりも大きい．$n=3$ の軌道は $n=2$ の軌道よりも大きい．図 5・19 の電子密度分布は水素原子の最初の三つの s 軌道であり，この傾向がはっきりみてとれる．また，この図から n とともに節の数が増えることもわかる．

どの原子においても同じ主量子数をもつ軌道は，おお

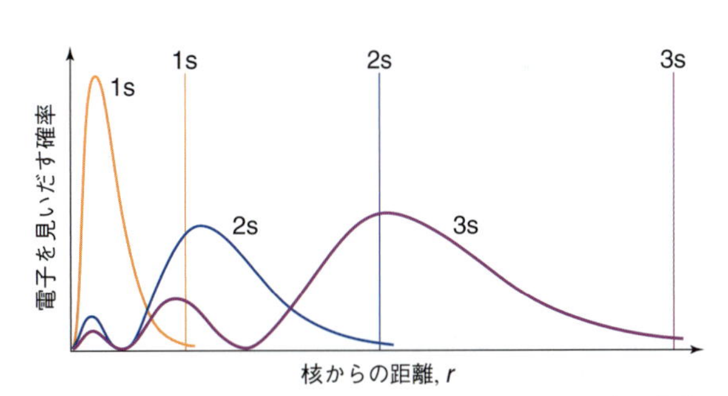

図 5・19 水素原子の 1s, 2s, 3s 軌道の電子密度分布．縦線はそれぞれの軌道の 90% 境界面の位置を示している．

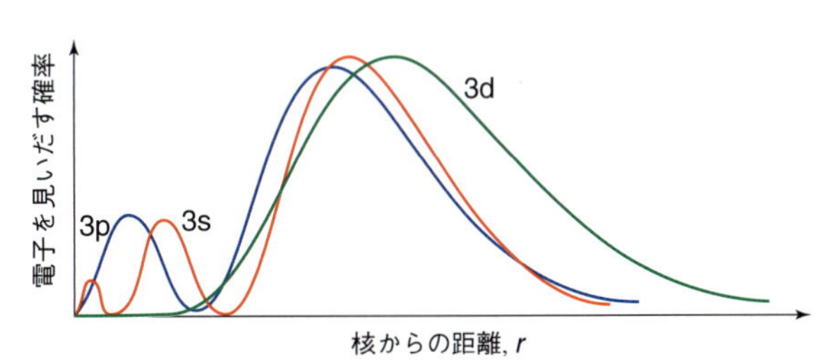

図 5・20 銅原子における 3s(赤線)，3p(青線)，3d(緑線)軌道の電子密度分布．三つの軌道はおおむね同じ大きさである．

むね同じくらいの大きさになる．図5・20は銅原子の n $=3$ 軌道の電子密度分布の例である．どの軌道でも原子核からの距離が同じくらいのところに密度の最大値がある．このことは他の原子でも同様である．n 以外の量子数は，軌道の大きさに対してわずかに影響を及ぼすだけであるが，それについては軌道エネルギーの話として後述する．

ある一つの軌道に着目すると，その大きさは原子核電荷の増大とともに小さくなる．核の正電荷数が増えると，負電荷の電子に及ぼす核の静電気力が強くなり電子はより強く束縛されるからである．その結果，軌道の半径は小さくなる．たとえば2s軌道は，図5・21のように，周期表の第2周期のLi ($Z=3$) からNe ($Z=10$) まで，大きさが着実に減少している．原子番号 Z は核の中の陽子数に等しいので，Z の増大は核電荷の増加を意味する．

軌道電子分布の詳細　軌道の電子分布は化学的相互作用に強い影響を及ぼす．ゆえに，元素の化学を理解するために，電子分布の詳細な描像が必要となる．

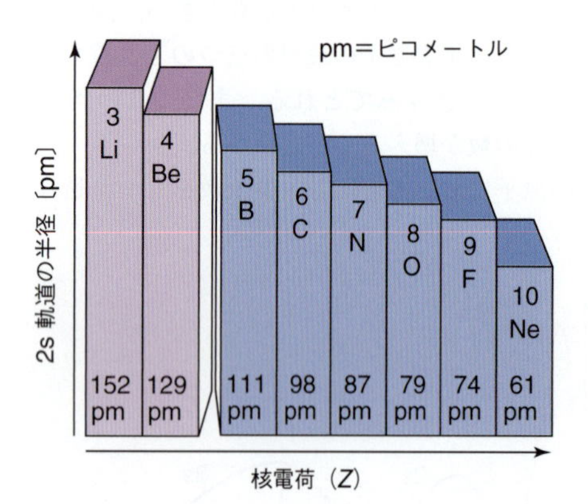

図 5・21　2s軌道の半径は，Z の増大とともに減少する．それぞれの棒グラフの底の部分には，2s軌道の半径がpm(ピコメートル)単位で書かれている．

量子数 $l=0$ はs軌道に相当する．量子数の制限に従うと，主量子数のそれぞれの値に対してs軌道は一つだけ存在する．s軌道の電子分布は球対称であり，n の増加とともに半径が大きくなって節の数も増える．図5・22に1s軌道の境界面表示を示す．

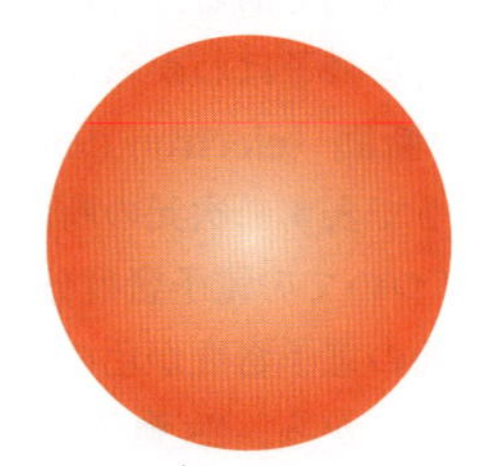

図 5・22　1s軌道の境界面表示

§5・1において，波の位相という性質を説明したが，軌道にも位相が適用される．s軌道は単一の位相をもち，正(+)か負(−)のどちらかである．軌道電子分布の図においては，＋または−の符号を重ね書きすることで異なる位相であることを示す（または異なる色で塗り分ける）．

p軌道に対応する量子数は $l=1$ である．p軌道では m_l として三つの値が許され，つまり，それぞれの n の値に対して異なる三つのp軌道が存在する．球対称でないp軌道の電子分布を表示する方法はいくつかあるが，最も便利なのは，同じ形の分布が異なる3方向を向いている表示である．図5・23に2p軌道の境界面表示を示す．各p軌道は一つの軸方向に沿って電子密度が高くなっていて，その軸は系の中心である核の位置で他の二つの軸と直交している．三つの軌道は選択された軸に沿って，核の両側に電子密度が集中している．軌道の記号に三つの方向の添え字を付けて，p_x, p_y, p_z と書く．それぞれのp軌道は核を含む節平面をもっている．p_x, p_y, p_z 軌道の節平面は，それぞれ，yz 面，xz 面，xy 面である．

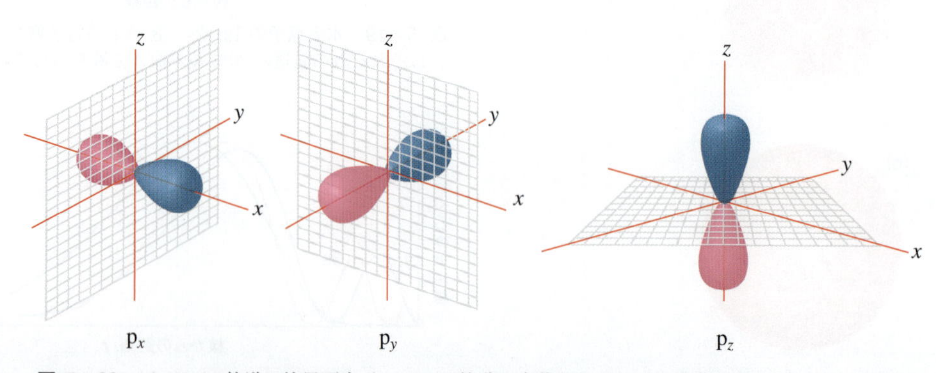

図 5・23　三つの2p軌道の境界面表示．三つの軌道は全体としては同じ分布であるが，それぞれ他の二つと直交する方向をもっている．節平面はそれぞれ，灰色網目の面で示している．

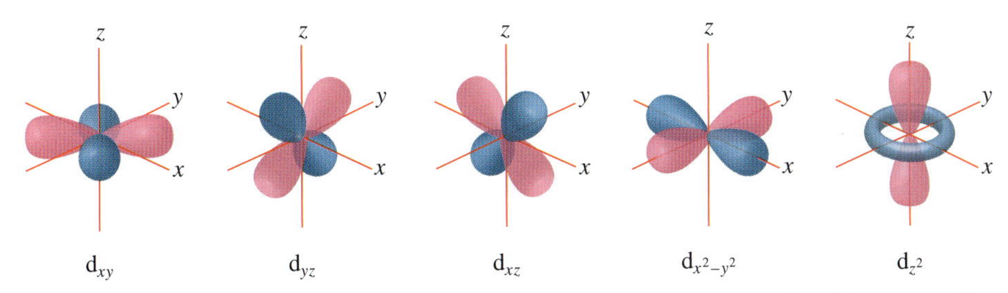

図 5・24 d 軌道の境界面表示．直交する節面をもつ四つ葉クローバー型が 4 個．残りの d_{z^2} は z 軸方向に向き，xy 平面の上下に円錐状の二つの節面をもっている．

単一の p 軌道はダンベル型であり，その両側の部分は反対の位相をもっている．図 5・23 では二つのダンベル型部分に異なる色付けをして位相の違いを示している．

n が大きくなると，s 軌道の場合と同様に，p 軌道の節の数も増えるが，電子分布の方向性は変化しない．各 p 軌道は他の二つの軌道と直交し，方向軸の向きに電子密度の高い部分がある．ゆえに，3p 軌道はより大きい点を除けば，2p 軌道と同じ特徴をもっている．すなわち，図 5・23 の 2p 軌道の電子分布とその方向性は，すべての p 軌道に共通する空間的特徴である．

量子数 l=2 は d 軌道に相当する．d 軌道にある電子は m_l の値として五つの値（−2，−1，0，+1，+2）をとることが可能であり，すなわち，5 個の異なる d 軌道が存在する．各 d 軌道にはそれぞれ二つの節面がある．d 軌道の電子分布は，s や p に比べてやや複雑であり，図示するには境界面表示が最適である（図 5・24）．五つの電子分布のうちの左の三つは，一つの平面内にある三次元四つ葉クローバー型で，直交する 2 個のダンベル型部分が軸の中間方向を向いている．その平面を示す添え字で名前が付けられ d_{xy}，d_{xz}，d_{yz} とよばれる．4 番目の軌道は，xy 面内にクローバーの葉があり，ダンベル型部分は x 軸と y 軸を向いている．この軌道は $d_{x^2-y^2}$ と名付けられている．これら四つ葉クローバー型の軌道では，ダンベルの両側部分は，図 5・24 に見られるように同じ位相である．5 番目の軌道の電子分布は全く異なっている．主たるダンベル型部分は z 軸方向を向いているが，xy 面内にドーナツ状の電子分布がある．この軌道は d_{z^2} と名付けられている．ダンベル型の両端部分は同じ位相であり，ドーナツ部分が逆位相となっている．

量子数 l=3 は f 軌道である．m_l がとりうる値は，−3，−2，−1，0，+1，+2，+3 であるから，七つの f 軌道が存在する．f 軌道が問題になるのは，ランタノイド元素，またはそれ以上の原子番号の元素なので，ここでは詳細には立ち入らない．

軌道エネルギー

§5・1 で述べたように，水素原子は光子を吸収して，最も安定な状態（基底状態）から，より不安定な高いエネルギー状態（励起状態）に変化する．この過程は原子軌道を用いて説明することができる．水素原子が光子を吸収するとき，電子はより大きな主量子数の状態，すなわちより高いエネルギー状態への遷移を起こす．図 5・25 は水素原子の 1s → 2p 遷移を図示している．

原子軌道モデルは，水素原子のスペクトルとエネルギー準位を完全に説明することができる．水素のような 1 電子系では，すべての軌道のエネルギー準位は，主量子数 n のみによって決まる．等しい n の値をもつ軌道

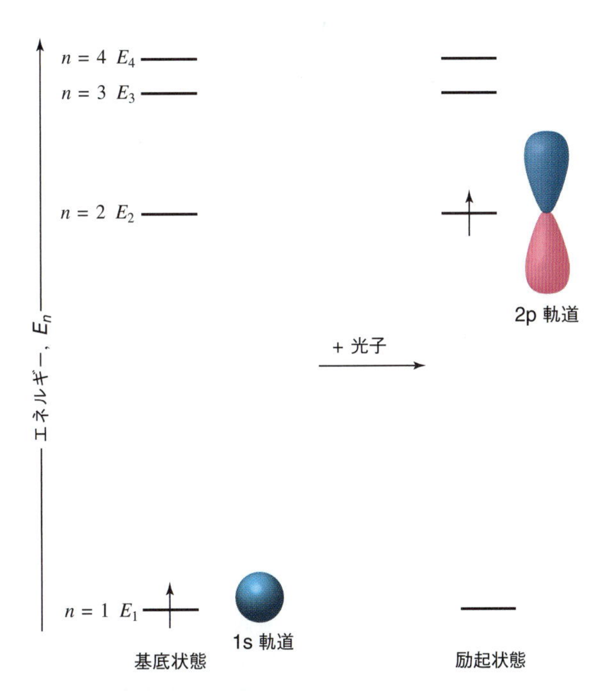

図 5・25 基底状態にある水素原子が 121.6 nm の波長の光を吸収すると，電子は励起状態である 2p 軌道に遷移する．

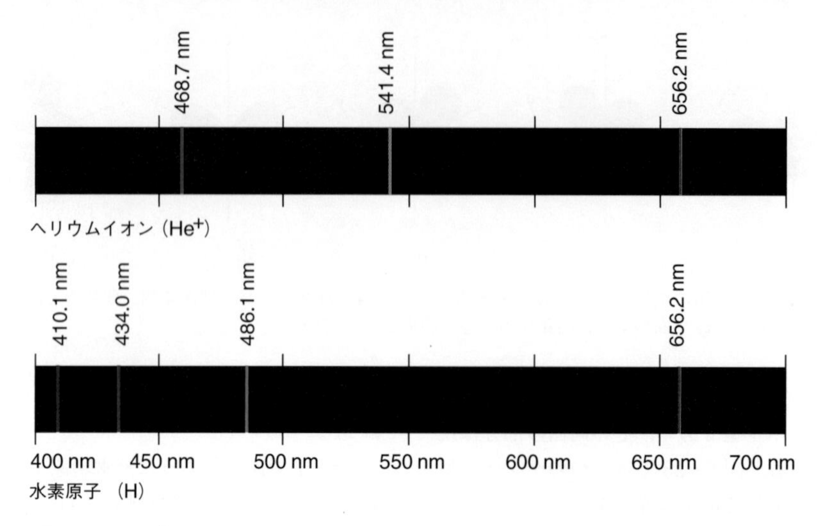

図 5・26　He^+とHの発光スペクトルから，特徴的なエネルギー遷移が見られる．He^+はHとは異なるエネルギー準位をもつため，放出される光子のほとんどが異なるエネルギーとなっている．

はすべてエネルギーが同一であり，これを準位が**縮退**（degeneracy）しているという．多電子系においても根本的な原理は同じであるが，実験結果から，各原子によって細かな違いが存在することがわかっている．核の電荷数や電子数が，電子を軌道に結びつける電気力の強さを変化させ，力の違いが軌道エネルギーを変化させる．このことは，後で述べるように，定性的には電子に働く引力と反発力によって理解できる．結果的として，*n*が同一であることによる縮退は部分的に解消する．

核電荷の効果　　ヘリウムの+1陽イオンは，水素と同様に，電子を一つだけもっている．吸収および発光スペクトルから，He^+のエネルギー準位は，水素同様に*n*だけで決まることがわかっているが，図5・26に示すように，He^+とHの発光スペクトルは異なっている．つまり，この2種類は異なるエネルギー準位をもっている．

He^+とHのエネルギー準位の違いは，原子核の電荷の違いにある．水素原子核は陽子1個であり，+1の電荷をもっている．一方，ヘリウム原子核には，2個の陽子（と2個の中性子）があり，電荷は+2である．より大きなHe^+の核電荷は，水素原子核よりも電子を強く引きつけ，結果としてHe^+は電子をより強く束縛する．したがって．He^+のエネルギー準位はどれも，対応する水素原子のエネルギー準位よりも低い．

軌道のエネルギーは，電子を完全に軌道から取り去るのに必要なエネルギーを測定することで決定できる．これを**イオン化エネルギー**（ionization energy, E_i）という．

$$H \longrightarrow H^+ + e^- \qquad E_{iH} = 2.18 \times 10^{-18}\,J$$
$$He^+ \longrightarrow He^{2+} + e^- \qquad E_{iHe^+} = 8.72 \times 10^{-18}\,J$$

He^+のイオン化エネルギーは水素の4倍である．つまり，He^+の基底状態のエネルギーは，水素の基底状態に比べて4倍低い（絶対値が4倍の負の値）．スペクトル分析からわかることは，He^+の各軌道はすべて，水素原

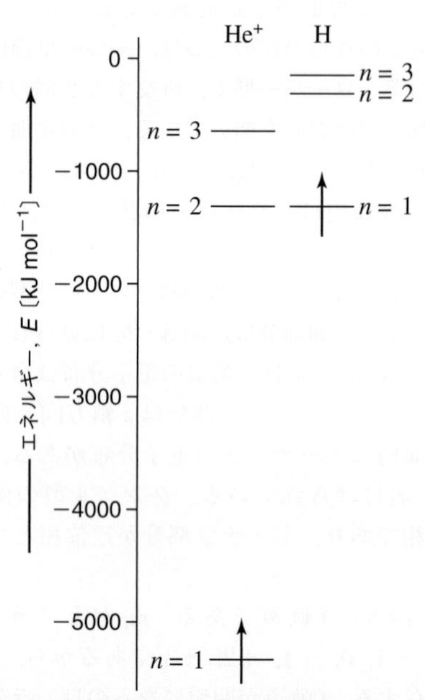

図 5・27　He^+とHのエネルギー準位図．両方とも1電子のみをもつが，核電荷の違いによって，He^+の軌道エネルギーは対応するHの軌道に比べて4倍低い値になっている．

子の対応する軌道よりも4倍低くなっている．すなわち，1電子系の軌道エネルギーはZ^2に比例する．HとHe$^+$のエネルギー準位がZ^2関係によって異なっているにもかかわらず，いくつかの軌道エネルギーは一致し，そのため，発光エネルギーにも一致する値が見られる（図5・26）．図5・27は，He$^+$とHのエネルギー準位の関係を示している．

他の電子の効果　水素原子とヘリウム陽イオンは数少ない1電子系の例であり，他のほとんどの原子やイオンは複数の電子を含む多電子原子である．多電子原子では，電子はそれぞれが他の電子に影響を及ぼし合う．この電子間の相互作用のために，すべての元素の軌道エネルギーはその元素に固有の値となるのである．

ある一つの軌道に着目すると，そのエネルギーは，多電子系の場合の方が，同じ核電荷で1電子のイオンの場合よりも高くなる．図5・28に示したイオン化エネルギーの例のように，He$^+$から電子を取り去るのに必要なエネルギーは，中性のHe（2電子系）から1個の電子を取り去る場合に比べて2倍以上になっている．この意味は，He$^+$の1s軌道のエネルギーは，中性のHeの1s軌道よりも2倍以上低いということである．核電荷はどちらも+2であるから，Heのイオン化エネルギーが小さい理由は，二番目の電子が存在するからである．多電子原子内では，負電荷の電子は正電荷の核に引かれるが，もう一つの負電荷の電子による反発を受ける．この電子間の反発力が，He原子のイオン化エネルギーを小さくしている．

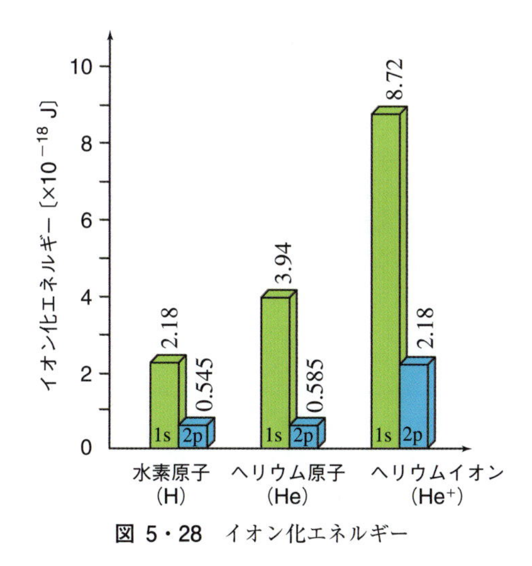

図 5・28　イオン化エネルギー

遮　蔽　図5・29は，飛来してくる自由電子がHe$^+$に近づく様子である．+2の核電荷が飛来する電子を引きつけ，He$^+$の1s電子の負電荷が反発力を及ぼす．外からくる電子と原子核の間の引力の一部分は，電子どうしの反発力によって相殺される．この部分的相殺を**遮蔽**（shielding）とよぶ．

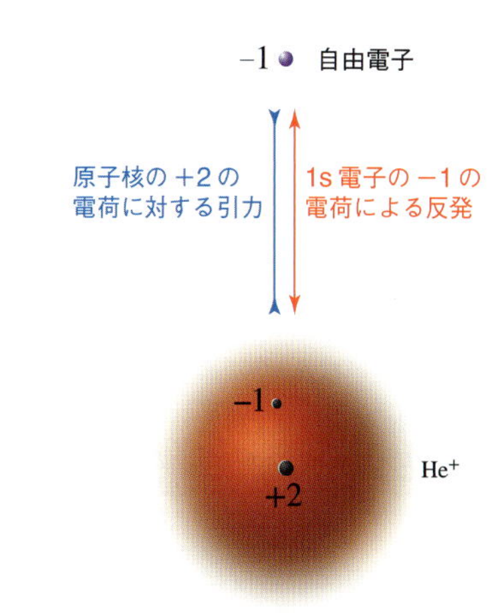

図 5・29　自由電子がHe$^+$に近づくとき，+2の核電荷に引きつけられるが，1s電子の−1の電荷から反発を受ける．自由電子が陽イオンから遠く離れているとき，自由電子は正味で+1の電荷を感じる．

束縛された電子は，それ自身の −1の電荷によって，全体の電荷を最大で1だけ減少させうる．実際，接近してくる電子がまだHe$^+$から十分に遠いときには，正味の電荷として+1電荷の引力を感じるであろう．しかし1s軌道は核の周囲に広がっているので，接近してくる電子が十分近ければ，1s電子は全核電荷の一部分だけを遮蔽することになる．結果的に，飛来する電子は正味の引力として，+2と+1の間の**有効核電荷**（effective nuclear charge, Z_{eff}）からの力を受ける．

小型の軌道にある電子は核により堅く結びつき，大きな軌道の電子は軌道が広がる．結果として，核の電荷の遮蔽の実効性は軌道が大きくなるほど減少する．主量子数nとともに軌道は大きくなるので，nの大きい電子は遮蔽の能力が落ちる．多電子原子では，nが小さい電子は，大きいnの電子と核の間に押し込まれる．この内側の電子の負電荷は，核の正電荷の大部分を中和する．

一般的に多電子原子では，主量子数nの電子は，nより大きい電子軌道に対して遮蔽効果をもつ．つまり，$n=1$の電子は$n=2, 3, \cdots$の電子に対して遮蔽効果があり，$n=2$の電子は$n=3, 4, \cdots$の電子に対して遮蔽効果があるが，$n=1$の原子軌道に対してはほとんど遮蔽効果を及ぼさない．遮蔽効果の大きさは，遮蔽を受ける軌道の電子密度にも依存し，磁気量子数lが増大すると減少する．図5・30の電子密度分布の青塗りの部分は，2s軌道が核の近くにかなりの電子密度があることを強調し

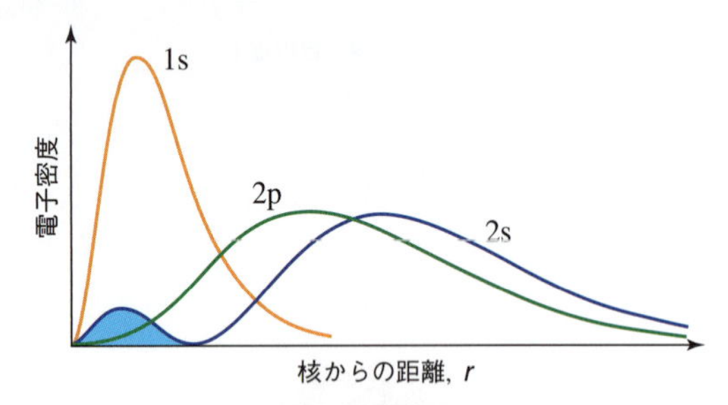

図 5・30 1s, 2s, 2p 軌道の電子密度分布．2p 軌道と異なり，2s 軌道には核の近傍にきわだった電子密度がある．

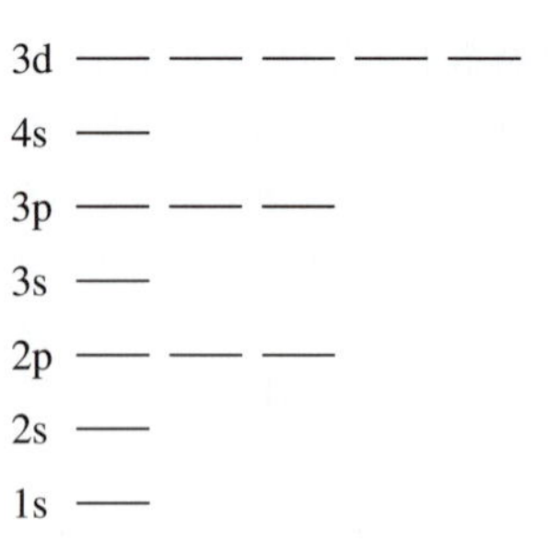

図 5・31 多電子原子のエネルギー準位図（縦の間隔は実際のエネルギー値とは異なる）．1 電子系（図 5・27）とは異なり，軌道エネルギーは Z と n だけでなく，l の値にも依存するため，同じ主量子数 n をもつ軌道の縮退は解けている．

ている．このような内部の密度は 2p 軌道には存在しないので，電子密度は事実上，1s 軌道が占める領域の外側にある．その結果，$n=2$ の 2s と 2p は軌道の大きさはほぼ同じであるにもかかわらず，1s 軌道は，2s 軌道に対してよりも，2p 軌道に対してより強く遮蔽効果を及ぼす．2s 電子は 2p 電子に比べて核電荷により強く束縛され，より強い核の静電気引力を受けるので，2s 軌道は 2p よりも低いエネルギーをもつ．どんな多電子原子においても，2p 軌道は常に少しだけ 2s 軌道よりも高いエネルギーとなる．

2s と 2p 軌道で経験した遮蔽の違いは，より大きな n にも拡張できる．3s 軌道は 3p よりもエネルギーが低い状態であり，4s は 4p よりも低い．より大きな l の値の軌道も，同様の傾向を示す．3d 軌道は，常に 3p 軌道よりも高く，4d は 4p よりも高い．この効果は一般的に次のように述べることができる．方位量子数 l の値が大きい軌道ほど，l がより小さい低エネルギー状態の軌道による遮蔽効果は大きい．

1 電子系（H, He^+, Li^{2+} など）では，軌道エネルギーは Z と n のみによって決まる．多電子系でも，軌道エネルギーはおもに Z と n によって決まるが，l にもかなり依存する．l は軌道エネルギーを微妙に変化させ，その結果，軌道の縮退はより少なくなる．

多原子系の相対的軌道エネルギーが図 5・31 に示されている．1 電子系では，ns, np, nd 軌道は縮退しているが，多電子系では縮退は解けている．

l の値が同じで m_l が異なる電子どうしは，実質的に互いを遮蔽し合わない．たとえば，異なる p 軌道を占める電子どうしの，相互遮蔽量はわずかである．その理由は，遮蔽の効果が大きくなるのは，ある軌道の電子密度が，核ともう一つの軌道の電子密度の間にあるときだけだからである．図 5・23 に示すように，p 軌道は互いに直交していて，電子密度が高いところは空間的の別の領域にある．$2p_x$ 軌道の電子密度は $2p_y$ 軌道と核の間にはないので，ほとんど遮蔽効果はない．d 軌道も，それぞれ空間の別の領域を占めるので，それらの軌道の電子どうしの相互遮蔽も小さい．

例題 5・7 遮　蔽

1s, 2p, 3d の三つの軌道の定性的な電子密度分布をグラフに描き，これらの軌道の相互の遮蔽効果について，それぞれ曲線の横に記せ．

解 答

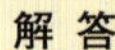

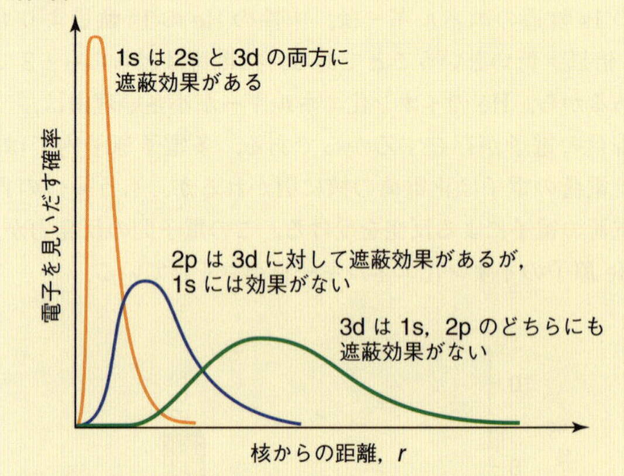

練習問題 5・7 2s 軌道と 3s 軌道のグラフを描き，2s は 3s に対して遮蔽効果があるが，3s は 2s に対してあまり遮蔽効果がない理由を述べよ．

5・5 周期表の構造

第 1 章で見たように，周期表には原子番号の順に元素が並べられている．中性原子の電子数は原子番号と同じなので，この表は原子内の電子数の順でもある．周期表では，同じ価電子の構造（配置）をもつ（化学的性質が似ている）原子が同族として同じ縦の列に入るよう，各周期（横の行）の中に配置する．すでに電子が原子の化学的性質を決める主要素であることを学び，軌道電子の分布とエネルギーについての知識も得ているので，ここでは周期表における原子の配置の理由について学ぶ．

構成原理と軌道充塡順序

原子の基底状態は，原子内の電子の最も安定な配置である．最も安定という意味は，電子が入ることのできる最も低いエネルギーの軌道に充塡されるということである．原子の**基底状態の電子配置**(ground-state electron-configuration）を最低エネルギー軌道から上の準位へと順に電子を充塡していくことによって構成してみよう．すでに学んだように，主量子数が同じでも l の値が大きい軌道ほど，遮蔽効果によってエネルギーが高くなる．2s 軌道は 2p よりエネルギーが低いので先に電子が入り，同様に 3s は 3p より先に電子で満たされる．軌道間のエネルギー差は，軌道が核から遠ざかるにつれて小さくなる．結果として，主量子数 n が 2 より大きい軌道では，軌道エネルギーの順番は必ずしも予想どおりにはならない．たとえば，4s 軌道は 3d 軌道よりも先に電子で満たされる．高い準位では充塡順序にいくつかの例外があり（p.76 で議論する），その結果，軌道充塡の順序は図 5・32(a) のようになる．パウリの排他原理に従えば，次に入るべき電子はまだ電子で満たされていない量子数の最低エネルギー軌道に割り当てられる．これを**構成原理**（Aufbau principle）とよぶ（ドイツ語の Aufbau は “build-up” の意味）．

構成原理を適用するにあたって，電子状態の完全な記述には四つの量子数（n, l, m_l, m_s）が必要であることを思い起こしてみよう．n と l の組合わせが量子化されたエネルギー準位を示す．さらに $l > 1$ の準位には，異なる m_l の値をもつ複数の軌道が存在する．任意の n, l の組合わせに対して同じ l の値をもつ複数の軌道が縮退している（同じエネルギー値をもつ）．たとえば，2p エネルギー準位（n=2, l=1 の組合わせ）には，三つの異なる p 軌道（m_l=−1, 0, +1）があり，同じエネルギーをもっている．それに加えてスピン量子数 m_s が，電子のスピンの向きに対応する二つの値をとりうる．

言い換えれば，2p エネルギー準位は，異なる m_l の値をもつ三つの軌道を含み，パウリの排他原理を破ることなく計 6 個の電子を収容できる．他のすべての p 軌道（3p, 4p, …）についても同様であり，各 p 軌道には六つの異なる量子数が組があるので 6 個の電子が入る．同様の論法が l の他の値にも適用できる．各 s エネルギー準位には一つの軌道しかないので 2 個だけ電子が入り，各 d エネルギー準位には 5 個の軌道があるので 10 個の電子が入り，各 f エネルギー準位には 7 個の軌道があるので電子は 14 個まで入る．

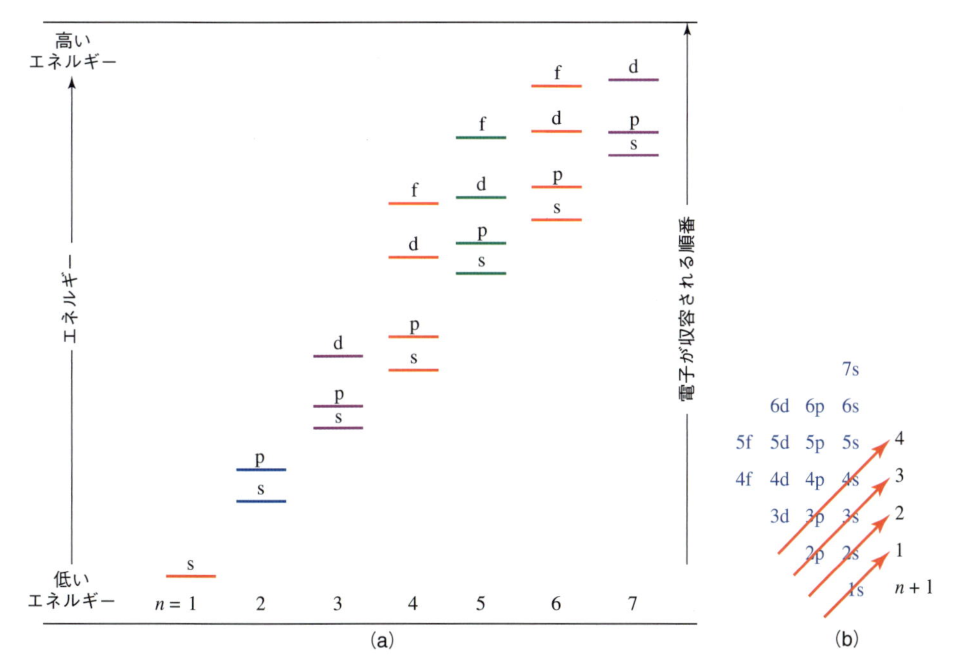

図 5・32 (a) 電子が軌道に充塡される順序．(b) 一般的な電子充塡順序を覚える簡単な方法．軌道は（$n+l$）が増える順に充塡される．（$n+l$）の値が同一の軌道の中では，最初に n の値が最も小さい軌道が充塡され，次に n が増加していく順に充塡されていく．しかし，n が大きい場合には，一般規則からの例外があることに注意せよ（図 5・34 の電子配置参照）．

周期表の各周期の長さは，パウリの排他原理と構成原理によって決まる．1s 軌道に 2 個の電子が入ると(He)，その次の電子は 2s 軌道に入る（Li）．8 個の電子が 2s と 2p 軌道に入ると（Ne），次の電子はさらにエネルギーが高い 3s 軌道に入る（Na）．周期表では，価電子配置によって化学的性質が似ている原子が同族として同じ縦の列に入るように，各周期の中に並べられる．最初に 1s 軌道に電子が入るところから周期表は始まるので，すべての周期は，一つ大きい主量子数の s 軌道に入る前で終わらなければならない．そして，新しい周期は s 軌道に電子が 1 個だけ入る原子から始まる．

ここで，原子の基底状態の条件をまとめる．

1. 原子内の電子は最も低いエネルギーの軌道に入っている（図 5・32 a）．
2. 2 個の電子が，同じ組合わせの量子数をもつことはできない．
3. 各軌道の収容数は次のとおりである．s は 2 電子，p は 6 電子，d は 10 電子，f は 14 電子．

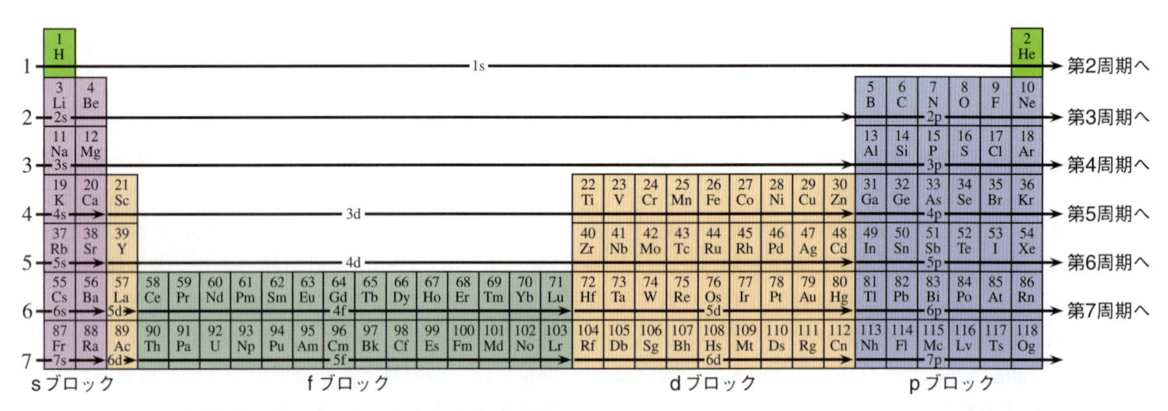

図 5・33　ブロック型周期表．原子軌道の充塡順に各周期の左から右へ並べられ，周期の右端まで行くと一段下がって左端に戻る．

族番号

周期番号	1	2	3	4	5	6	7	8	9	10	11	12	13	14	15	16	17	18
1	1 H $1s^1$																	2 He $1s^2$
	主要族元素（s ブロック）												主要族元素（p ブロック）					
2	3 Li $2s^1$	4 Be $2s^2$											5 B $2s^22p^1$	6 C $2s^22p^2$	7 N $2s^22p^3$	8 O $2s^22p^4$	9 F $2s^22p^5$	10 Ne $2s^22p^6$
3	11 Na $3s^1$	12 Mg $3s^2$	遷移元素（d ブロック）										13 Al $3s^23p^1$	14 Si $3s^23p^2$	15 P $3s^23p^3$	16 S $3s^23p^4$	17 Cl $3s^23p^5$	18 Ar $3s^23p^6$
4	19 K $4s^1$	20 Ca $4s^2$	21 Sc $4s^23d^1$	22 Ti $4s^23d^2$	23 V $4s^23d^3$	24 Cr $4s^13d^5$	25 Mn $4s^23d^5$	26 Fe $4s^23d^6$	27 Co $4s^23d^7$	28 Ni $4s^23d^8$	29 Cu $4s^13d^{10}$	30 Zn $4s^23d^{10}$	31 Ga $4s^24p^1$	32 Ge $4s^24p^2$	33 As $4s^24p^3$	34 Se $4s^24p^4$	35 Br $4s^24p^5$	36 Kr $4s^24p^6$
5	37 Rb $5s^1$	38 Sr $5s^2$	39 Y $5s^24d^1$	40 Zr $5s^24d^2$	41 Nb $5s^14d^4$	42 Mo $5s^14d^5$	43 Tc $5s^24d^5$	44 Ru $5s^14d^7$	45 Rh $5s^14d^8$	46 Pd $4d^{10}$	47 Ag $5s^14d^{10}$	48 Cd $5s^24d^{10}$	49 In $5s^25p^1$	50 Sn $5s^25p^2$	51 Sb $5s^25p^3$	52 Te $5s^25p^4$	53 I $5s^25p^5$	54 Xe $5s^25p^6$
6	55 Cs $6s^1$	56 Ba $6s^2$	57–71 *	72 Hf $6s^25d^2$	73 Ta $6s^25d^3$	74 W $6s^25d^4$	75 Re $6s^25d^5$	76 Os $6s^25d^6$	77 Ir $6s^25d^7$	78 Pt $6s^15d^9$	79 Au $6s^15d^{10}$	80 Hg $6s^25d^{10}$	81 Tl $6s^26p^1$	82 Pb $6s^26p^2$	83 Bi $6s^26p^3$	84 Po $6s^26p^4$	85 At $6s^26p^5$	86 Rn $6s^26p^6$
7	87 Fr $7s^1$	88 Ra $7s^2$	89–103 **	104 Rf $7s^26d^2$	105 Db $7s^26d^3$	106 Sg $7s^26d^4$	107 Bh $7s^26d^5$	108 Hs $7s^26d^6$	109 Mt $7s^26d^7$	110 Ds $7s^26d^8$	111 Rg $7s^26d^9$	112 Cn $7s^26d^{10}$	113 Nh $7s^27p^1$	114 Fl $7s^27p^2$	115 Mc $7s^27p^3$	116 Lv $7s^27p^4$	117 Ts $7s^27p^5$	118 Og $7s^27p^6$

ランタノイドおよびアクチノイド（f ブロック）

6	ランタノイド *	57 La $6s^25d^1$	58 Ce $6s^24f^15d^1$	59 Pr $6s^24f^3$	60 Nd $6s^24f^4$	61 Pm $6s^24f^5$	62 Sm $6s^24f^6$	63 Eu $6s^24f^7$	64 Gd $6s^24f^75d^1$	65 Tb $6s^24f^9$	66 Dy $6s^24f^{10}$	67 Ho $6s^24f^{11}$	68 Er $6s^24f^{12}$	69 Tm $6s^24f^{13}$	70 Yb $6s^24f^{14}$	71 Lu $6s^24f^{14}5d^1$
7	アクチノイド **	89 Ac $7s^26d^1$	90 Th $7s^26d^2$	91 Pa $7s^25f^26d^1$	92 U $7s^25f^36d^1$	93 Np $7s^25f^46d^1$	94 Pu $7s^25f^6$	95 Am $7s^25f^7$	96 Cm $7s^25f^76d^1$	97 Bk $7s^25f^9$	98 Cf $7s^25f^{10}$	99 Es $7s^25f^{11}$	100 Fm $7s^25f^{12}$	101 Md $7s^25f^{13}$	102 No $7s^25f^{14}$	103 Lr $7s^25f^{14}6d^1$

図 5・34　元素の基底状態配置のブロックで色分けされた周期表．周期番号は被占軌道の主量子数の最大値であり，充塡中の軌道名（s，p，d，f）のブロックごとに色分けされている．103～118 の元素の電子配置は暫定的なものであり，同族の他の元素の電子配置に基づいている．

上の条件を用いて，周期表の周期と族を量子数 n と l に対して相互に関連づけることができる．それが図5・33の周期表である．元素は Z が一つずつ増加するように周期を左から右へ並べられる．各周期の最後で，次の Z の値へは一列下に降りて表の左端に移る．

1周期当たりの元素数は，n が大きくなると増大する．第1周期は水素とヘリウムだけである．次に8元素周期が2回あって，さらに18元素周期が2回，最後に32元素周期が2回となる．

図5・34の各周期は，電子が占有する軌道の主量子数の最大値で表示されている．たとえば，第3周期の元素（Na から Ar まで）は，$n=3$ の軌道の電子を（$n=1$, 2の電子とともに）もっている．各周期には，それぞれ族の番号が付けられていて，左端の1から右端の18までである（f ブロックには族番号はない）．周期表の同族の元素は，一般的に，最高被占軌道の電子配置が同じなので，化学的性質が似ている．

各周期の最後は，p ブロックで終わる．このことは，np 軌道が満たされると，次に電子は $(n+1)$s 軌道に入るということを意味する．たとえば，Al ($Z=13$) から Ar ($Z=18$) までで 3p 軌道が満たされると，その次のカリウムでは最後の電子は 3d 軌道ではなく 4s 軌道に入る．これは，カリウム原子の 4s 軌道が 3d より低いエネルギーにあることから確認できる（図5・32 a）．構成原理に従って 3d 軌道に電子が入るのは，4s 軌道が満たされた後のスカンジウム ($Z=21$) からである．

同様の状況が次の周期の最後でも起こる．Kr ($Z=36$) までで 4p 軌道が満たされると，次の Rb ($Z=37$) では，4d や 4f ではなく 5s 軌道に電子が入る．実際に 4f 軌道に電子が入るのは58番の元素からであり，5s, 5p, 6s 軌道が満たされた後である．

7個の f 軌道には14個の電子が入るので，14の f ブロック元素がある．しかし図5・34の周期表には，ランタノイドとアクチノイドの両方とも15個の元素が並んでいる．これは，各行の最初の元素（La または Ac）が d ブロックと f ブロックのどちらに属すのかという議論を反映している．古い版の周期表では，La と Ac は Sc と Y のすぐ下に書かれていて，ランタノイドとアクチノイドは14の元素であった．しかし，La と Ac の化学的性質は，f^0 の電子配置にもかかわらず，それぞれ，主要族元素や遷移元素よりもランタノイドとアクチノイドに似ていることがわかっている（実際，ランタノイドとアクチノイドという用語はランタンとアクチニウムに由来している）．

例題 5・8 軌道充填配列

ゲルマニウム原子($Z=32$)について，どの軌道が満たされ，どの軌道が部分的に占められているかを求めよ．

解 答 1s, 2s, 2p, 3s, 3p, 4s, 3d 軌道は満たされ，4p には部分的に電子が入っている．

練習問題 5・8 ジルコニウム原子($Z=40$)について，どの軌道が満たされ，どの軌道が部分的に占められているかを求めよ．

価 電 子

化学反応が起こるのは，隣接する原子や分子の中の電子が互いに相互作用するときであるが，それは外部から最も接近しやすい電子どうしで起こる．最も接近しやすい電子というのは，原子核から最も離れていて最も高いエネルギー準位にある電子のことである．

電子の接近しやすさに類似点があると，化学的挙動にも類似点が生じる．たとえばヨウ素は塩素よりも多くの電子をもっているが，周期表の同じ族に位置していることを反映して，同様の化学的挙動を示す．この原因は，塩素とヨウ素の化学挙動が，それらがもつ電子のうちの最も高いエネルギーにある電子数によって決まるからである．塩素では 3s と 3p であり，ヨウ素では 5s と 5p である．どちらにも接近しやすい電子が7個あり，これが化学的類似性の理由である．

外部から最も接近しやすい電子は**価電子**（valence electron）とよばれ，その他の電子は**内殻電子**（core electron）とよばれる．価電子は化学反応に関与するが，内殻電子は関与しない．一般的に価電子は，周期表の中でその原子がいる位置の周期において付け加わった電子である（図5・34）．たとえば $Z=6$ の炭素は第2周期に位置するので，価電子は 2s と 2p 軌道にある電子（計4個）である．第3周期にあるリンでは，3s と 3p の5個が価電子であり，第4周期のマンガンは，3s と 3d の計7個が価電子となっている．

ある電子が内殻電子と価電子のどちらであるかは，その電子が化学反応に使われるか否かには関係なく，その電子が接近しやすいエネルギー準位にあるか否かによって決まる．価電子数は周期表の族番号から簡単に求めることができる．1族から10族までは，価電子数は族番号に等しい．たとえばカリウムとルビジウムは1族なので，それぞれ，1個の価電子があるだけである．6族のタングステンには6個の価電子があり，2個は 6s 電子，4個は 5d 電子である．12族から18族については，価電子数は族番号から10を引いた数である（電子10個が d 軌道を満たすのに使われるから）．ゆえに15族のアンチモンと窒素は，$15-10=5$ 個の価電子をもつ（s

に2個，pに3個）．11族では，価電子は（s軌道に）1個だけのはずである．しかし，これらの元素の化合物にはしばしば，d軌道電子が含まれる．

5・6 電子配置

ある原子に属するすべての電子が，それぞれどの軌道に入っているかを記述したものを**電子配置**（electron configuration）という．これには三つの記述方法がある．第一は量子数をすべて記載する方法，第二は量子数が推定できる簡略な記載方法，第三は軌道エネルギー準位や占有状況を図示する方法である．

すべての量子数の一覧の記載は，1電子系である水素原子については簡単である．

- $n=1,\ l=0,\ m_l=0,\ m_s=+1/2$
- $n=1,\ l=0,\ m_l=0,\ m_s=-1/2$

上と下のどちらの記述も有効である．通常の条件下ではこの二つの状態はエネルギーが等しいので，水素原子の大集団では，半分が上の状態，残り半分が下の状態になる．

原子の中の電子数が多くなると，全量子数の一覧は非常に長いものになる．たとえば26個の電子をもつ鉄では，四つの量子数の組を少なくとも26回書く必要がある．その手間を節約するために，電子配置を簡略に示す方法として，軌道に入っている電子数を，軌道記号（2p，4d，など）の上付き添え字で書く．鉄の原子では，この簡略電子配置は $1s^22s^22p^63s^23p^64s^23d^6$ と書かれる．

三番目は，エネルギー準位図を用いて電子がどの軌道に入っているかを図示する方法である．エネルギーを縦軸にとった図中に，各軌道をそのエネルギーの高さに書いた横線で表す．それぞれの電子は軌道の横線上に，上向き（↑）または下向き（↓）の矢印で書き込む．矢印の向きは電子のスピン量子数 m_s で決まる．慣習的に，$m_s=+1/2$ を上向き矢印で左側に書き，$m_s=-1/2$ を下向き矢印で右側に書く．水素の電子配置は，1s軌道上の一つの矢印で表すことができる．

1s ↑ または 1s ↓

中性のヘリウムには2個の電子がある．ヘリウムの基底状態の配置を決定するために，構成原理を適用しよう．それぞれの電子に量子数の組を割り当てつつ，最低エネルギー軌道から一つずつ上の準位へとすべての電子を割り当てて行く．最低エネルギー軌道は常に1s（$n=1,\ l=0,\ m_l=0$）である．ヘリウムの電子は2個とも1s軌道に入ることができて，1個は $m_s=+1/2$ であり，もう1個は $m_s=-1/2$ である．下にヘリウムの基底状態の電子配置を三つの方法で示す．

$n=1,\ l=0,\ m_l=0,\ m_s=+1/2$
$n=1,\ l=0,\ m_l=0,\ m_s=-1/2$ $1s^2$ 1s ↑↓

このように2個の電子が一つの軌道に反対向きのスピンで入っている配置を電子対とよぶ．逆向きのスピンは打ち消し合い，電子対の合計スピンは0である．

リチウム原子は3個の電子をもっている．2個の電子は最低エネルギー準位1sに入り，3個目の電子は2s軌道に入る．リチウム原子の基底状態の電子配置を三つの方法で書くと下のようになる．

$n=2,\ l=0,\ m_l=0,\ m_s=+1/2$ 2s ↑
$n=1,\ l=0,\ m_l=0,\ m_s=+1/2$ $1s^22s^1$ E
$n=1,\ l=0,\ m_l=0,\ m_s=-1/2$ 1s ↑↓

3番目の電子は $n=2,\ l=0,\ m_l=0,\ m_s=-1/2$ としてもよい．

電子配置の記述は，電子数が増加すると長くなる．長々とした配置を書くのを避けるために，主量子数が小さい電子について省略して後述するような慣習的な記述法を使う．ネオンとアルミニウムの簡略電子配置を比べてみよう．

Ne（10電子） $1s^22s^22p^6$
Al（13電子） $1s^22s^22p^63s^23p^1$

アルミニウムの最初の10電子の配置はネオンと同じなので，ネオンの電子配置を[Ne]で表し，アルミニウムの電子配置を $[Ne]3s^23p^1$ のような省略形で書くことにする．周期表の各周期の最後の元素は，**貴ガスの電子配置**（noble gas configuration）をもっているので，下のように書ける．

記号	配置	元素
[He]	$1s^2$	He（2電子）
[Ne]	$[He]2s^22p^6$	Ne（10電子）
[Ar]	$[Ne]3s^23p^6$	Ar（18電子）
[Kr]	$[Ar]4s^23d^{10}4p^6$	Kr（36電子）
[Xe]	$[Kr]5s^24d^{10}5p^6$	Xe（54電子）
[Rn]	$[Xe]6s^25d^{10}4f^{14}6p^6$	Rn（86電子）

他の元素について省略された簡略電子配置を書くには，まず周期表の位置と貴ガスを比べて，前の貴ガスの配置を確認し，残りの電子の配置を構成原理に従って組立てていけばよい．

例題 5・9 電子配置を描く

アルミニウム（Z=13）について，(a) 簡略電子配置を求めよ．(b) 省略された簡略電子配置に書き替えよ．(c) 軌道のエネルギー準位図を描け．

解 答　簡略電子配置は，$1s^22s^22p^63s^23p^1$．省略された簡略電子配置は，$[Ne]3s^23p^1$．エネルギー準位図は下図．

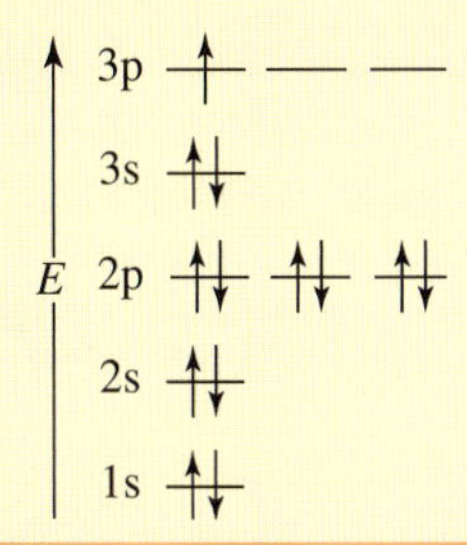

練習問題 5・9　バリウム（Z=56）について，(a) 簡略電子配置を求めよ．(b) 省略された簡略電子配置に書き替えよ．(c) 軌道のエネルギー準位図を描け．

電子間反発力

アルミニウムの 13 個の電子のすべての量子数は，構成原理を用いれば，あいまいなく完全に指定することができる．最初の 12 個は 1s, 2s, 2p, 3s 準位に入り，最後の電子は 3p 軌道のどれかに入り，スピンの向きもどちらも可能である．しかし p エネルギー準位に 2 個以上の電子が入るときにはどうなるのだろうか．6 個の電子をもつ炭素原子を例にとると，そのうち 2 個が 2p 軌道に入っている．この 2 個の電子は 2p 軌道の中でどのように配置するのか．図 5・35 に，2 個の 2p 電子の（パウリの排他原理を満たす）三つの配置を示す．

1. 2 電子は同じ 2p 軌道に入り電子対となる（m_l が等しく，m_s が異なる）．
2. 2 電子は異なる 2p 軌道に入り，逆向きのスピンとなる（m_l が異なり，m_s も異なる）．
3. 2 電子は異なる 2p 軌道に入り，同じ向きのスピンとなる（m_l が異なり，m_s が等しい）．

可能な配置は全部で 15 通りあることに注意せよ．そのうち上の三つの配置では，近くにいる電子どうしは遠くにある場合よりも強く反発するために，異なるエネルギーとなる．n と l の値が同一の二つまたはそれ以上の軌道があるときには，電子が最も遠く離れた軌道に配置された場合に最も低いエネルギーになる．異なる p 軌道に入った 2 電子は相対的に離れているので，その場合に原子の最低エネルギー状態が実現する．ゆえに，2 と 3 の配置は 1 の配置よりも低いエネルギーとなる．

1　2p ⇅ — —
2　2p ↑ ↓ —
3　2p ↑ ↑ —

図 5・35　2 個の 2p 電子の（パウリの排他原理を満たす）三つの配置

2 と 3 の配置は，空間的には全く同一である．しかし，実験的に，対になっていない電子が同じスピンの向きをもつ配置の方が，逆向きのスピンをもつ場合よりも，常にエネルギーが低いという事実が知られている．**フントの規則**（Hund's rule）は，同じエネルギーの軌道に電子を配置する方法をまとめたものである．"同じエネルギーの軌道がある場合の最もエネルギーの低い電子配置は，同じスピンの向きをもつ不対電子の数が最大になる配置である．"

フントの規則に従えば，図 5・35 の 3 の配置が，炭素原子の基底状態となる．

例題 5・10 フントの規則の適用

硫黄（Z=16）について (a) 省略された簡略電子配置を求めよ．(b) 価電子の軌道のエネルギー準位図を描け．

解 答　省略された簡略電子配置は $[Ne]3s^23p^4$ である．価電子の軌道のエネルギー準位図は下のとおりである．

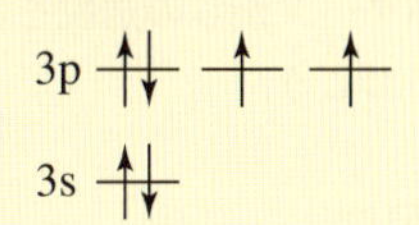

練習問題 5・10　窒素（Z=7）について，(a) 省略された簡略電子配置を求めよ．(b) 価電子の軌道のエネルギー準位図を描け．

近似的に等しいエネルギーの軌道

基底状態の電子配置は，周期表の中で規則的な充塡順序で進行することが予想される．しかし，いくつかの元素は予想される規則的進行とは異なる基底状態の電子配置をもっている．最初の 40 元素では，銅とクロムの二つだけがこの例外である．クロム（Z=24）は 6 族に属し，d ブロックに 4 個の電子をもつ．クロムの基底状態の価電子配置は $4s^23d^4$ と予想される．ところが実験によると，この元素の基底状態の電子配置は $4s^13d^5$ である．同様に，銅（Z=29）の配置は，予想される $4s^23d^9$ ではなく，$4s^13d^{10}$ である．

図 5・32(a) をもう一度見ると，二つの軌道はほぼ同じエネルギーである．$(n-1)$d 軌道は，それぞれ，その相手である ns 軌道とほとんど同じエネルギーにある．

加えて $(n-2)$f 軌道もまた，$(n-1)$d 軌道とほとんど同じエネルギーにある．表5・3に，充塡順序が予想される規則性から外れている軌道とその原子番号の一覧がある．これらの電子配置は図5・34にも示されている．

表 5・3　近似的に同一エネルギーの原子軌道

軌　道	影響を受ける原子番号	例
4s，3d	24，29	Cr：[Ar]$4s^13d^5$
5s，4d	41，42，44，45，46，47	Ru：[Kr]$5s^14d^7$
6s，5d，4f	57，58，64，78，79	Au：[Xe]$6s^14f^{14}5d^{10}$
6d，5f	89，91～93，96	U：[Rn]$7s^25f^36d^1$

しばしば s 軌道には2個でなく1個だけ電子が入っている．例外の基底状態の電子配置のうちの次の五つは共通のパターンなので，簡単に覚えられる．Cr と Mo は s^1d^5 であり，Cu と Ag と Au は s^1d^{10} である．他の例外は，すべての電子間の微妙な相互作用によって起こるのでこのようなパターンはない．ほぼ等しいエネルギーにある軌道を価電子が充塡していく元素では，複数の因子が基底状態に決定に関与し，その詳細は本書の範囲を越えている．ただし，わずかな変化でさえも周期表から予想される電子の充塡パターンからの逸脱をひき起こしうるということは覚えておこう．

イオンの電子配置

原子イオンの電子配置は，電子数を適切に考慮すれば，中性原子の場合と同じ手順によって求められる．1価の陰イオンは1個の付加的電子をもち，1価の陽イオンは1電子だけ少ない．

ほとんどの原子イオンでは，その電子配置は対応する中性原子から容易に推定できる．たとえば，Na^+，Ne，F^- はどれも10個の電子をもち，それぞれ $1s^22s^22p^6$ の電子配置である．原子やイオンが同じ数の電子をもっていることを**等電子的**（isoelectronic）であるという．

一般的に，最後に付け加えられた電子が，イオン化で最初に失われると予想できる．ns と $(n-1)$d の軌道のエネルギーがほぼ等しいことは，いくつかの陽イオンの電子配置が周期表の充塡パターンから予想される配置とは異なる原因となる．4s と 3d のような軌道の準位は，複数の要因のバランスによって上下が変動することを思い起こそう．このことは，d 軌道に電子が入っていく遷移金属では特に重要である．遷移金属の陽イオンでは，$(n-1)$d 軌道は常に ns 軌道よりも低いエネルギーにあることが実験的にわかっている．たとえば Fe^{3+} には電子が23個あるが，最初の18個は，周期表の予想どおりに 1s，2s，2p，3s，3p までの軌道に入る．しかし残りの5個は 3d に入るので 4s は空である．したがって，Fe^{3+} の簡略配置は [Ar]$3d^5$ となる．

バナジウム V（[Ar]$4s^23d^3$）と Fe^{3+}（[Ar]$3d^5$）は，同じく23個の電子をもつが，電子配置は異なる．

例題 5・11　陽イオンの電子配置

Ca^{2+} について，基底状態の簡略電子配置を求めよ．

解 答　Ca^{2+} の基底状態の簡略電子配置は，$1s^22s^22p^63s^23p^6$ である．

練習問題 5・11　Br^- の基底状態の簡略電子配置を求めよ．

この章で学んだことを，原子とイオンの電子配置の決定の指針として以下にまとめる．

1. 中性原子の総電子数を求める．
   (a) 陰イオンでは電子を足す．
   (b) 陽イオンでは電子を引く．
2. 原子数が小さく最も近い貴ガスの電子配置まで軌道を満たす．
3. 残った電子を，構成原理，パウリの排他原理，フントの規則を満たすように次の軌道に入れていく．
   (a) 中性原子と陰イオンでは，$(n-1)$d や $(n-2)$d より先に ns 軌道に電子を配置する．
   (b) 陽イオンでは，ns より先に $(n-1)$d 軌道に電子を配置する．
4. 例外を探し，必要ならば配置を修正する．

原子の磁気的性質

Fe^{3+} イオンの電子配置が，周期表の軌道充塡順序から予想される [Ar]$4s^23d^3$ ではなく，[Ar]$3d^5$ となることは，どうやって理解できるのだろうか．電子のスピンには磁気的性質があることを思い起こそう．不対電子を含む原子やイオンは，全体として0でないスピンをもっており，その結果，強い磁力が付随する．原子やイオンに含まれる電子は，そのスピンの特性によって二つに分類できる．満たされている軌道では，すべての電子は対を形成しており，それぞれの電子は，片方のスピンの向きが +1/2 であれば，もう片方のスピンの向きは −1/2 である．この二つのスピンは互いに相殺され，正味のスピンはゼロとなる．すべての電子が電子対を形成している原子やイオンは，磁石に対して弱く反発し，**反磁性**（diamagnetism）とよばれる．それとは対照的に，対を形成しない複数の電子がある場合にはスピンは相殺されず，その基底状態ではスピンは同じ向きを向く．不対電子をもつ原子やイオンは，磁石に引きつけられ，**常磁性**（paramagnetism）とよばれる．不対電子のスピンは足し合わされるので，常磁性の強さは不対電子の数に比例する．

Fe^{3+}では，フントの規則により5個のd電子はすべて同じスピンの向きになっており，総計のスピンは$5\times1/2=5/2$となる．Fe^{3+}のもう一つの電子配置$[Ar]4s^2 3d^3$も常磁性であるが，対を形成していない電子は3個だけなので，そのスピンの総計は$3\times1/2=3/2$である．実験では，Fe^{3+}の正味のスピンは5/2であることが示されている．遷移金属の陽イオンでは，磁性に関する幅広い実験結果から，ns軌道ではなく（$n-1$)d軌道に先に電子が入ることがわかっている．

第6章では，ほとんどのsブロック元素とpブロック元素の分子は，電子が対を形成するために反磁性となり，dブロック元素やfブロック元素の分子は常磁性を示しやすいことを述べる．

励 起 状 態

基底状態の配置は，最もエネルギーが低い電子の並び方なので，通常，電子やイオンはこの配置をとる．しかし，原子が何らかのエネルギーを吸収すると励起状態となり，新たな電子配置が生ずる．たとえば，ナトリウム原子は，通常は基底状態の電子配置（$[Ne]3s^1$）をとるが，ナトリウム原子の気体状態では，放電によって3s電子が4pのようなより高い軌道への遷移がひき起こされる．励起された原子は不安定なので，自発的に基底状態の電子配置に戻り，その際に余分なエネルギーを光として放出する．

励起状態の電子配置も，表5・2の制約に従わなければならない．放電しているナトリウムランプの中では，ナ

コラム5・1　花火の色と電子配置

花火は大きな祭などで客を呼ぶ催しとしてよく行われる．最初の花火は7世紀の中国において黒色火薬の出現と並行して開発された．現代の花火は，硫黄や炭，硝酸カリウムのような元素や化合物を含んでいる．複数の金属が黒色火薬に加えられていて，それらが種々の色の輝きをつくり出している．よく使われる物質とその色を表に示す．

元 素	発光範囲	見える色
Sr	600〜620 nm	赤
Ca	590〜610 nm	オレンジ
Na	589 nm	黄
Ba	510〜535 nm	緑
Cu	400〜460 nm	青

これらの色の起源は，励起された原子またはイオンの電子が基底状態に戻るときに発する光の独特の波長にある．ナトリウムはよく知られているように，鮮やかな黄色を示す．

ナトリウムの基底状態の配置（$1s^2 2s^2 2p^6 3s^1$）を見れば，価電子はたった一つだけ3s原子軌道にあることがわかる．励起によって，この電子は3p原子軌道に上がる．励起された電子は，速やかに3s原子軌道に戻り（この過程は緩和とよばれる），その際に光子が放出される．この光子は3sと3p原子軌道のエネルギー差に相当する固有の波長をもち，人の目にはこの光が鮮やかな黄色に見えるのである．

3p —　3s ↑　2p ↑↓ ↑↓ ↑↓　2s ↑↓　1s ↑↓　—励起→　3p ↑　3s —　2p ↑↓ ↑↓ ↑↓　2s ↑↓　1s ↑↓　—緩和 発光→　3p —　3s ↑　2p ↑↓ ↑↓ ↑↓　2s ↑↓　1s ↑↓

トリウム原子の一部が励起され，たとえば $1s^22s^22p^63p^1$ や $1s^22s^22p^53s^2$ のような電子配置になる．これらの電子配置は，パウリの排他原理に従っていて，かつ基底状態よりも高いエネルギー状態にある．注意すべきことは，励起状態の電子配置が，構成原理とフントの規則の両方を破ることはあっても，パウリの排他原理には常に従うということである．

励起状態は化学では重要な役割を果たしている．原子のさまざまな性質は励起状態を観測することによって解明できる．実際，化学者と物理学者は，原子やイオンや分子の構造と反応性を探るために，励起状態の特徴を広範囲に使っている．励起状態は実用的にも役立っている．たとえば，街路灯のナトリウムランプは，励起されたナトリウム原子が基底状態に戻るときの発光を利用しており，花火大会のきらめく鮮やかな光の色の起源は，励起状態にあるさまざまな金属イオンが発する光にある．

5・7　原子の性質の周期性

周期表としてまとめられている元素の物理的・化学的性質の周期性は，化学において最も有用で系統立った原理の一つである．元素の性質の周期的傾向は電子配置と有効核電荷によって説明される．最も重要な性質の一つは原子半径であり，これは他の周期的傾向にも影響しているので最初に考えてみよう．

原子半径

原子の大きさは電子雲の広がり，すなわち軌道の大きさで決まる．すでに述べたように，軌道の大きさは有効核電荷（Z_{eff}）や軌道エネルギーや電子分布などいくつかの要因で決まっている．

周期表の第2周期（n=2）を左から右に動いていくとしよう．Z が増加すると，付け加えられた電子は増加する核電荷を遮蔽する効果は小さいので，Z_{eff} も増加する．より大きい Z_{eff} は電子雲に対してより強い静電気力を及ぼし，その結果，軌道は小さくなる．周期表のある周期を“左から右に動いていくとき，軌道は小さくなり，そのエネルギーも低くなる”．

次は，周期表の1族を下に進んでみよう．n が大きくなると軌道はエネルギーが増大し，大きくなると予想できる．一方，Z の増大は，軌道を小さくし，エネルギーを下げるように働く．ここではどちらの傾向が強いのだろうか．ある族を下に降りていくと内殻電子数が増えることを思い起こしてみよう．たとえばナトリウム（Z=11）には10個の内殻電子があり，1個の価電子をもっている．次の周期のカリウム（Z=19）には18個の内殻電子があり，価電子は1個である．カリウムの付け加えられた8個の内殻電子による遮蔽は，核の中の陽子8個の増大による効果の大部分を相殺する．その結果，ある周期から次の周期へ飛ぶときには，遮蔽の増大が Z の値の増大を相殺して，一つの族の上から下に向かう際には，価電子の軌道は大きくなり，そのエネルギーも上がる．

これをまとめると，“原子の大きさは，周期表の左から右へ減少し，上から下へ増大する（図5・36）”．

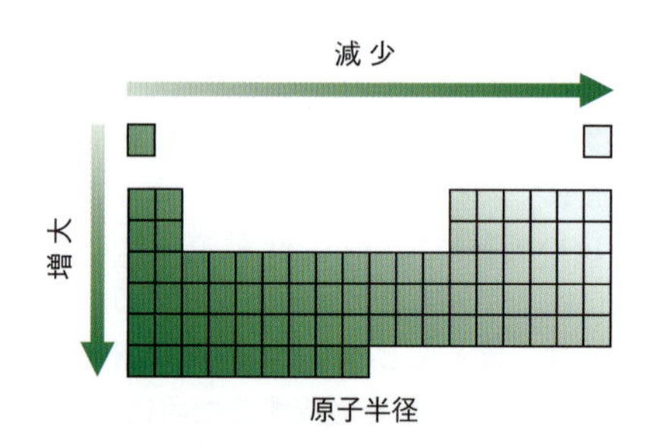

図 5・36　原子半径が，一つの周期の中で左から右へと小さくなり，族の中では上から下へ大きくなることを，色の濃淡で示している．

原子の大きさの便利な尺度は，**原子半径**（atomic radius）である．図5・37に原子半径の傾向が示されている．たとえば第3周期の原子半径は，ナトリウムの186 nmからアルゴンの97 nmまで（青矢印に沿って）単調に減少する．1族の原子半径は，リチウムの152 nmからセシウムの265 nmまで（赤矢印に沿って），単調に増加する．しかし，原子半径の変化は，dブロックやfブロックでは非常に小さい．これは遮蔽の結果である．これらの元素では，電子が充塡されているエネルギー最大の軌道は ns軌道である．同一周期に沿って左から右に移動すると，Z は増加するが，電子はより小さい $(n-1)$d または $(n-2)$f 軌道に入る．外側のs軌道から見ると，Z の増加分はdやfに追加される電子による遮蔽と拮抗するので，これらのブロックでは有効核電荷はあまり変化しない．結論として，dブロックとfブロックでの原子サイズの変化は，sブロックやpブロックよりもかなり小さいことになる．

物理的・化学的性質の周期的変化についての知識や，これらの変化をひき起こす原理の理解は，ある特定の元素についての知識が多くなくても，その化学的挙動の予想を可能にするという点で重要である．

イオン化エネルギー

原子が光子を吸収するとき，エネルギーの増大が電子をより高いエネルギーの軌道に押し上げる．電子は，たいていは，核から遠くて，核の静電引力がより弱い状態

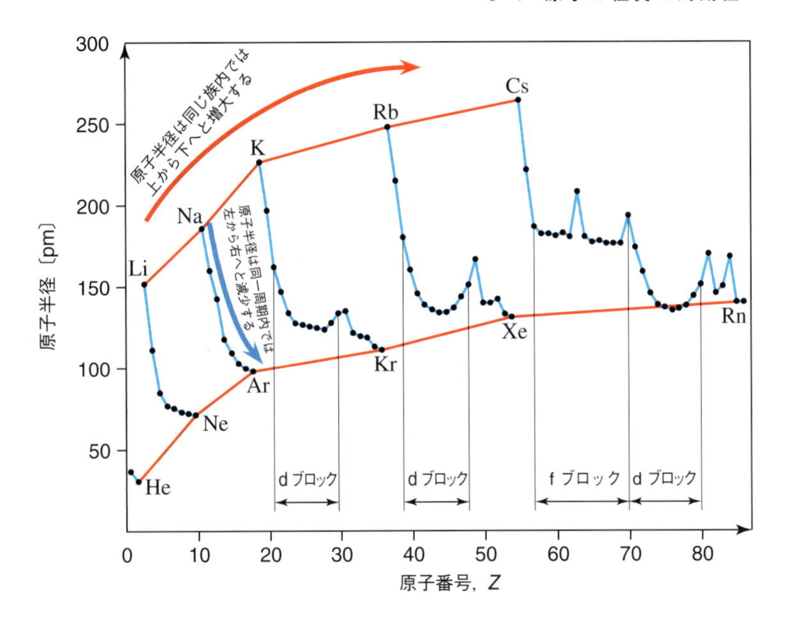

図 5・37 原子の半径は周期的に変化する（データは気体相の原子についてのもの）．原子半径は同一周期内では左から右へと減少し（青い矢印），同じ族内では上から下へと増加する（赤い矢印）．

例題 5・12 原子半径の傾向

次の組では，どちらの原子が大きいか，そしてその理由を述べよ．

(a) Si と Cl (b) S と Se

解 答 原子半径の変化傾向に従えば，ケイ素原子は塩素原子より大きい．セレン原子は硫黄原子よりも大きい．

練習問題 5・12 周期表の原子半径の傾向を用いて，次の原子を，As よりも小さいものと大きいものに分けよ．P, Ge, Se, Sb.

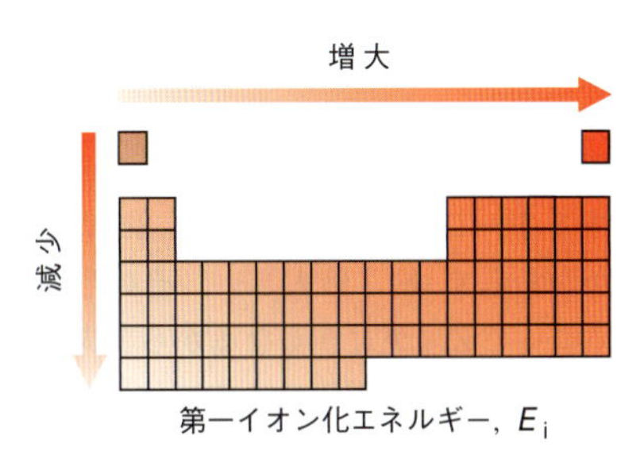

図 5・38 イオン化エネルギーが，一つの周期の中で左から右へと大きくなり，同一の族内では上から下へ小さくなることを，色の濃淡で示している．

に移る．もし吸収される光子のエネルギーが十分に高ければ，電子は原子から離脱する．

中性原子から電子を 1 個取り去るのに必要な最小のエネルギーを，第一イオン化エネルギー（E_{i1}）という．イオン化エネルギーは，原子が孤立していることを保証するために，気体状態の元素で測定される．

イオン化エネルギーの変化は，軌道エネルギーの変化とよく似ている．なぜなら，高いエネルギーの軌道の電子は，より低いエネルギーの軌道の電子よりも，取り去りやすいからである．

図 5・38 と図 5・39 には，気体状態の原子の第一イオン化エネルギーが，原子番号に対してどう変化するかが示されている．イオン化エネルギーは各周期の左から右へと増加する（第 3 周期では Na の 496 kJ mol^{-1} から Ar の 1520 kJ mol^{-1} に増えている）．そして，各族では上から下へと減少する（18 族では，He の 2372 kJ mol^{-1} から Rn の 1037 kJ mol^{-1} へと減少している）．d 軌道や f 軌道による遮蔽の増大が Z の増大を相殺するために，原子半径と同様にイオン化エネルギーも，d ブロックや f ブロックでは大きく変化しない．大まかにいって，イオン化エネルギーの変化傾向は原子半径の逆である．つまり，小さい原子ほどイオン化エネルギーは大きい．したがって，イオン化エネルギーの傾向は，原子半径と同様に理論的に説明できる．

高次のイオン化 多電子原子は 1 個以上の電子を失うことができる，しかしイオン化は陽イオンの電荷増大のために，より困難になる．気体状態のマグネシウム原子の最初の三つのイオン化エネルギーは下記のとおりである．

過程	配置	E_i
$Mg(g) \rightarrow Mg^+(g) + e^-$	$[Ne]3s^2 \rightarrow [Ne]3s^1$	738 kJ mol^{-1}
$Mg^+(g) \rightarrow Mg^{2+}(g) + e^-$	$[Ne]3s^1 \rightarrow [Ne]$	1450 kJ mol^{-1}
$Mg^{2+}(g) \rightarrow Mg^{3+}(g) + e^-$	$[Ne] \rightarrow [He]2s^22p^5$	7730 kJ mol^{-1}

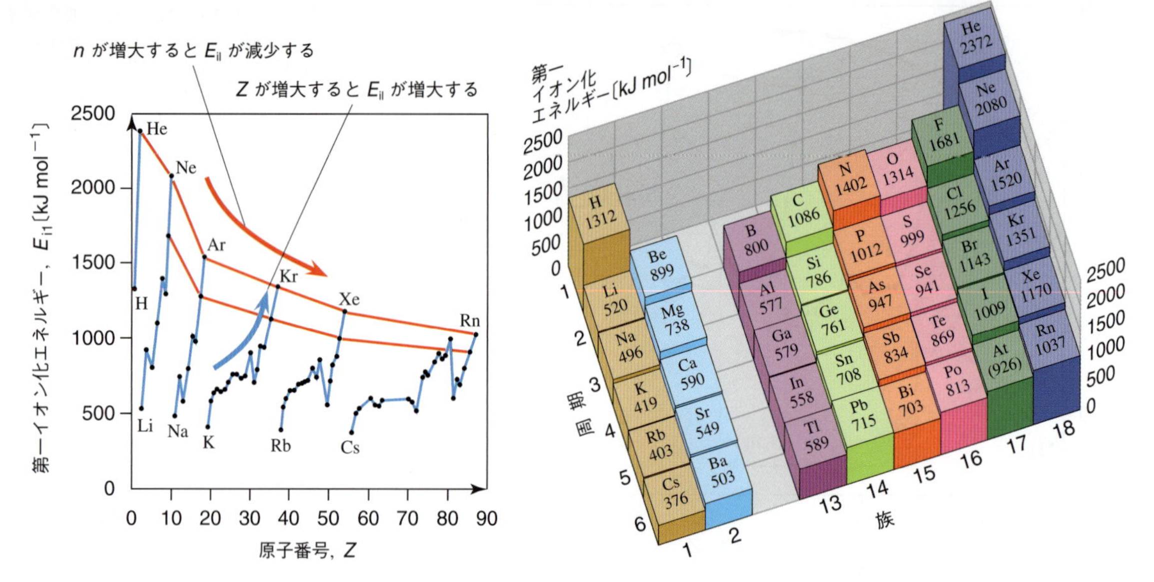

図 5・39 第一イオン化エネルギーは，一般的に，周期表の各周期の左から右へと増加し（青矢印），各族の上から下へと減少する（赤矢印）．

マグネシウムの第二イオン化エネルギーは，第一イオン化エネルギーに比べて(どちらも 3s 軌道から離脱するにもかかわらず)約 2 倍大きい．その理由は，電子数の減少によって Z_{eff} が大きくなるからである．すなわち，マグネシウム核の正電荷はイオン化過程で変化しないが，電子雲の正味の電荷は一連のイオン化過程で減少するのである．電子数が減ると，各電子は(電子間引力の最小化のために)核からより大きい静電引力を感じることになり，その結果，イオン化エネルギーが大きくなる．

マグネシウムの第三イオン化エネルギーは，第一イオン化エネルギーの 10 倍以上である．この大きな増加の理由は，第三イオン化では，3s にある価電子ではなく，内殻電子（2p）を離脱させるからである．原子から内殻電子を取り去るには，価電子を取り去るよりもずっと大きなエネルギーを必要とする．1 族金属の第二イオン化エネルギーは，第一イオン化エネルギーよりも大幅に大きい．また，2 族金属の第三イオン化エネルギーは，第一および第二イオン化エネルギーよりもさらに大幅に大きい．

6 化学結合と分子構造

6・1 化学結合の基本事項

第5章では，原子の大きさ，エネルギー準位，電子配置が，原子の化学的性質を決定することを学んだ．分子化合物では，各原子上の電子が相互作用し，原子間で共有される．イオン化合物では，電子は原子間を完全に移動して，正と負に帯電したイオンを生じる．電子は，粒子的かつ波動的性質をもつので，化学結合の相互作用はその双方の視点から説明される．

荷電した二つの粒子間の静電エネルギーは，電荷の大きさに比例し，距離に反比例する．逆符号の電荷は引き合い，同符号の電荷どうしは反発し合う．これはクーロンの法則として次のように書かれる．

$$E_{静電} = k\frac{q_1 q_2}{r}$$

$E_{静電}$ = 静電ポテンシャルエネルギー (J)
q_1 = 粒子1の電荷 (C)
q_2 = 粒子2の電荷 (C)
r = 二つの電荷の間の距離 (m)
k = $9.00 \times 10^9 \mathrm{N\,m^2\,C^{-2}}$ (真空中のクーロン定数)

上の式は二つの電荷についてのポテンシャルエネルギーである．しかし分子内には複数の原子核と複数の電子が存在している．分子全体のポテンシャルエネルギーを計算するには，これら荷電粒子のすべての対について上の式を適用しなければならない．これらの対の相互作用は，三つの型に分けられる（図6・1）．

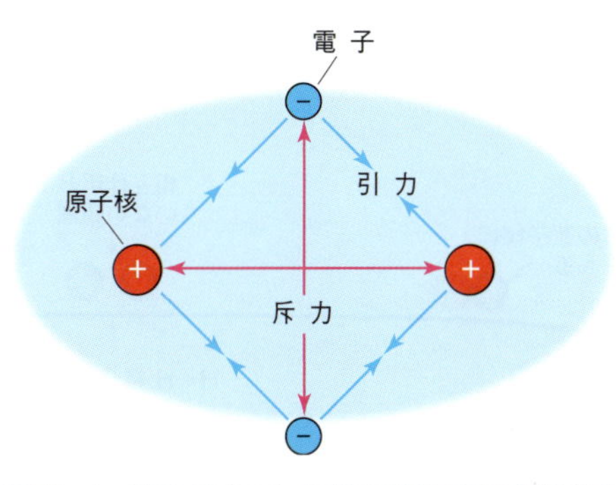

図 6・1 電子が二つの水素原子核の間の領域にあるときには，静電気力のうち，引力が斥力を上回るために，化学結合した配置が安定状態となる．

1. 電子と原子核は互いに引きつけ合う．引力相互作用はエネルギー的に有利であり，原子核に引きつけられる電子は自由電子よりもエネルギーが低い．
2. 電子どうしは反発し合い，エネルギーが高くなって，分子の安定性を弱める．
3. 原子核どうしも反発し合うため，分子の安定性を弱める．

どのような分子も，これら三つの相互作用が釣合うことによって最も安定な状態が実現する．釣合いがとれるのは，電子密度が原子核の間に存在する場合である．電子が原子核の間で共有されるとき，この共有された電子密度による結合を**共有結合**（covalent bond）とよぶ．共有結合では，原子核と電子の間の引力は，原子核どうしと電子どうしに生じる斥力を上回っている．

水 素 分 子

最初に，最も単純な安定した中性分子である水素について考えよう．水素分子は二つの原子核と2個の電子からできている．

二つの水素原子が接近して共有結合を形成するとき何が起こるだろうか．二つの原子が近づくと，原子核はそれぞれ他方の原子の電子を引きつけて，さらに原子どうしは近づく．同時に二つの原子核どうしおよび2個の電子どうしそれぞれ反発し合う．この反発する相互作用が原子を引き離そうとする．

H_2 が安定な分子であるためには，引力のエネルギーの総計が斥力のエネルギーの総計を上回っていなければならない．図6・1には電子と原子核が静止しているとして描かれており，ここでは電子どうしや原子核どうしの距離よりも，電子と原子核の距離の方が短い．水素の原子核と電子の電荷はそれぞれ＋1と－1なので，粒子間の距離によって配置のエネルギーが決まる．この場合，引力が斥力より強いので，安定な分子が形成される．注目すべきは，2 個の電子が二つの原子核の間に存在することにより，同時に二つの原子核と相互作用することである．すなわち，二つの原子は共有結合によって 2 個の電子を共有している．

実際の分子は静的ではなく動的なものであり，電子や原子核は絶え間なく動いている．共有結合では，電子密度の最大の位置は原子核の中間にあり，このモデルでは，電子は結合している二原子の間で共有されていると考えられる．

結合長と結合エネルギー

二つの別々の水素原子の状態から，二つの水素原子が近づいて分子になるとき，原子核と電子の間の引力が，水素分子を安定にする．安定化によるエネルギーは，図 6・2 に示すように，原子核間距離に依存する．300 pm (300×10^{-12} m) より離れていると，二つの原子にはほとんど相互作用は起こらない．もう少し近づくと，一方の原子の電子と他方の原子核の間の引力が大きくなり，結合した二つの原子の状態がより安定になる．さらに近づけることにより安定度が増していくのは，距離が 74 pm までであり，このときに引力と斥力が釣合う．74 pm より近づくと，原子核どうしの斥力が支配的になり始め，系のエネルギーは急激に増加する．すなわち，74 pm という核間距離の水素分子が，離れた二つの水素原子の状態に比べて，最もエネルギーが低い (7.22×10^{-19} J) 状態になっている．分子運動についての実験的研究から，分子内の原子核は絶えず動いていることがわかっており，最もエネルギーが低い距離の近傍で，バネの両端に付けられた二つの球のように振動している．

共有結合の二つの特徴的な性質が図 6・2 に示されている．二つの離れた原子の状態に比べてエネルギーが最も低くなっている原子核間距離を**結合長**〔bond length, **結合距離** (bond distance) ともいう〕とよび，離れた二つの水素原子の状態と結合した分子の状態のエネルギー差を結合エネルギーという．**結合エネルギー** (bond energy) は，共有結合を切るのに必要なエネルギーとして定義されるので，正の値である．結合長と結合エネルギーは，化学結合において重要な物理量であり，以下に述べるように，それらの間には関係がある．結合エネルギーの単位には，通常，kJ mol^{-1} が用いられる．一つの H−H 結合のエネルギー (7.22×10^{-19} J) に N_A (6.022×10^{23} mol^{-1}) を掛けると，435 kJ mol^{-1} という値が得られる．結合長と結合エネルギーは，その化学結合に固有の値である．

水素分子における電子密度の最大の位置は，二つの原子核の中間である．もし分子を二つの原子核を通る軸の周りで回転させたとき，原子核の間の電子の分布は回転の角度にかかわらず，同一であることがわかる．言い換えれば，結合は原子核を結ぶ軸に対して回転対称である．このような結合を σ **結合** (σ bond) とよぶ．

他の二原子分子：F_2

H_2 における結合の生成は，2 個の電子だけを考慮すればよいので比較的簡単であった．しかし，分子を構成する原子が複数の電子をもっている場合でも，2 個の電子だけを共有することによって結合が生成すると考えられる．フッ素分子 F_2 を例として考えてみよう．

二つのフッ素原子が近づくとき，H_2 の場合と同様に，原子内にある電子はもう一つの原子核からの引力を受ける．フッ素の場合，価電子である 2p 電子が，隣接する原子核に最も近づいて強い引力を受ける．2p 軌道の一つに入っている 1 個の電子が，もう一方の原子核に近づき，その結果，互いに向かい合っているフッ素の 2p 軌道（図 6・3）の 2 個の電子が共有され，それによって F−F 結合が生成される．これは σ 結合であることに注意せよ．

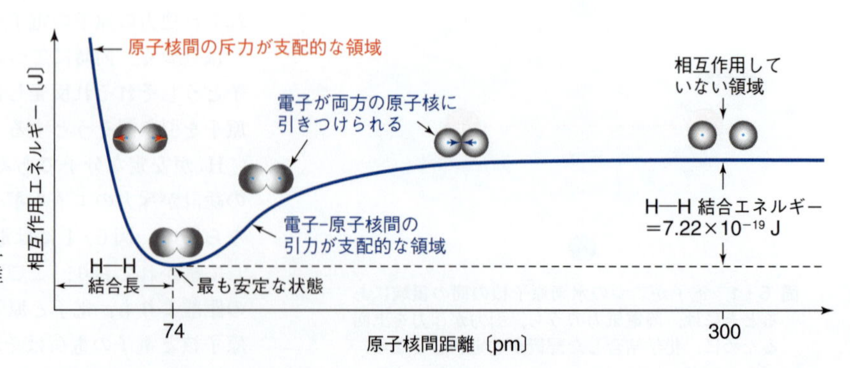

図 6・2 二つの水素原子の相互作用エネルギーは原子核間距離に依存する．

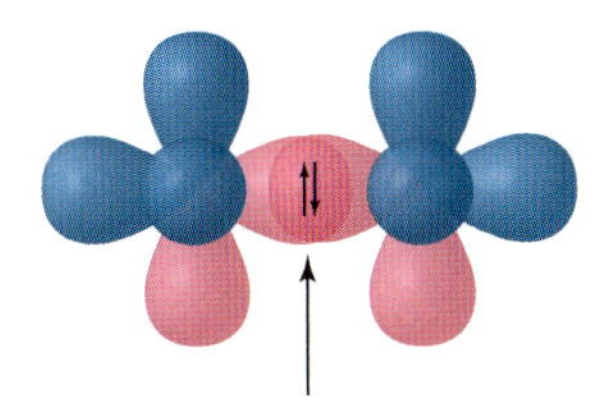

図 6・3 二つの隣り合うフッ素原子には，それぞれ三つの 2p 原子軌道があり，それらは互いに直交している．F_2 の化学結合は，隣の原子核の方向を向いている 2p 軌道の電子との間の強い静電引力によって生じる．

非等核電子共有

水素分子においても，フッ素分子においても，二つの原子核は同じ電荷をもっているので，二つの原子核は同じ強さで電子を引きつける．その結果，電子密度は対称的である．二つの同じ原子核の間の化学結合では，どちらの原子核も結合電子を等しく共有する．

H_2 や F_2 における対称的な力とは異なり，HF では結合電子は非対称的な引力を受ける．水素原子核の有効核電荷に比べて，フッ素原子核は含まれる陽子が多いため，有効核電荷は著しく大きい．そして，H と F の間で共有される電子は，フッ素原子から強い引力を受ける．この均等でない引力が，結合電子に非対称性をもたらす．HF 分子では，結合電子が水素原子よりもフッ素原子の近くに集中することによって最も安定になる．不均等な電子密度分布が，分子のフッ素原子側をわずかに負に分極させ，水素原子側を正に分極させる．しかし分子全体としては電気的中性が保たれる．これらの微小電荷は，電荷の 1 単位よりも小さく，かつ絶対値は等しい．微小電荷を表すのには δ+ と δ−（δ はギリシャ文字のデルタの小文字）を使ったり，分子の負の側から正の方に向かう矢印で示したり，あるいは静電ポテンシャル図で図示したりする．静電ポテンシャル図の表示では，通常，負の側を赤，正の側を青で色付けする．HF についての，これら三つの表示方法を図 6・4 に示している．この不均等な電子の共有は**極性共有結合**（polar covalent bond）とよばれる．結合の極性とその化学的重要性については §6・5 で述べる．

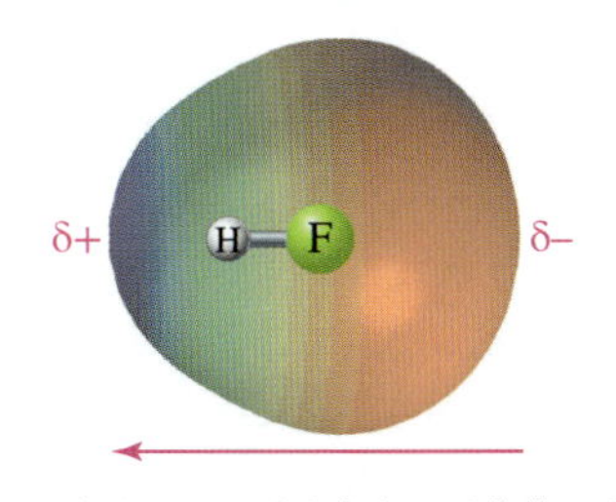

図 6・4 HF 分子では，電子密度が不均等に共有されて，極性共有結合となる．電子間に共有された電子密度の変化が，色の変化で表されている．

H−F の結合は，極性があるにもかかわらず σ 結合である．その理由は，H−F 結合軸で分子を回転しても変化しないからである．

H_2，F_2，HF の共有結合はすべて，単結合として説明することが可能であり，σ 結合の定義に合致する．このことから，すべての単結合は σ 結合であると結論できる．

元素によって有効核電荷の大きさは違うので，原子が共有結合に関与する電子を引きつける強さは，それぞれ異なる．電子を引きつける強さをその元素の**電気陰性度**（electronegativity）とよび，χ（ギリシャ文字のカイの小文字）で表す．電気陰性度が異なる二つの元素の結合には極性が生じ，電気陰性度の差（$\Delta\chi$）が大きいほど結合の極性は大きくなる．

電気陰性度は，原子が化学結合に関与する電子をどれだけ強く引きつけるかを数値化したものである．結合に関与する原子の性質は，イオン化エネルギーや電子親和力と関係があるが，それらとは別の物理量である．（イオン化エネルギーは，原子が自身に含まれる電子をどれくらい強く引きつけるかの尺度である．電子親和力は原子が自由電子をどの程度引きつけるかを表す．）

単位のない量である電気陰性度は，原子や分子のさまざまな性質から推定される．図 6・5 の周期表には，ポーリング（Linus Pauling，米国の科学者，図 6・6）によって結合エネルギーから計算された（通常よく使われる）値が示されている．これはポーリングの電気陰性度とよばれる．

図 6・5 は元素の電気陰性度の周期的変化を示している．電気陰性度は，一般的に周期表の左下から右上へと増大する．フランシウム Fr とセシウム Cs の二つの元素は最小値（$\chi=0.7$）であり，フッ素が最大値（$\chi=4.0$）である．電気陰性度は，一般的にほとんどの族で上から下へ減少し，左から右へ s ブロックと p ブロックにわたって増加する．イオン化エネルギーや電子親和力の場合と同様に，主量子数と有効核電荷の変化によって電気陰性度の変化傾向が説明できる．金属は通常電気陰性度が低く（$\chi=0.7\sim2.4$），非金属は高い電気陰性度を示す（$\chi=2.1\sim4.0$）．金属と非金属の間の中間的な特性から予想されるように，半金属の電気陰性度は，ほとんどの金属よりも高く，ほとんどの非金属よりも低い．

結合する二つの原子の電気陰性度の差（$\Delta\chi$）は，その結合が極性の値の中でどのあたりにあるかを示している．フッ素を含む三つの物質である F_2，HF，CsF から，とりうる値の範囲がわかる．とりうる値の最小

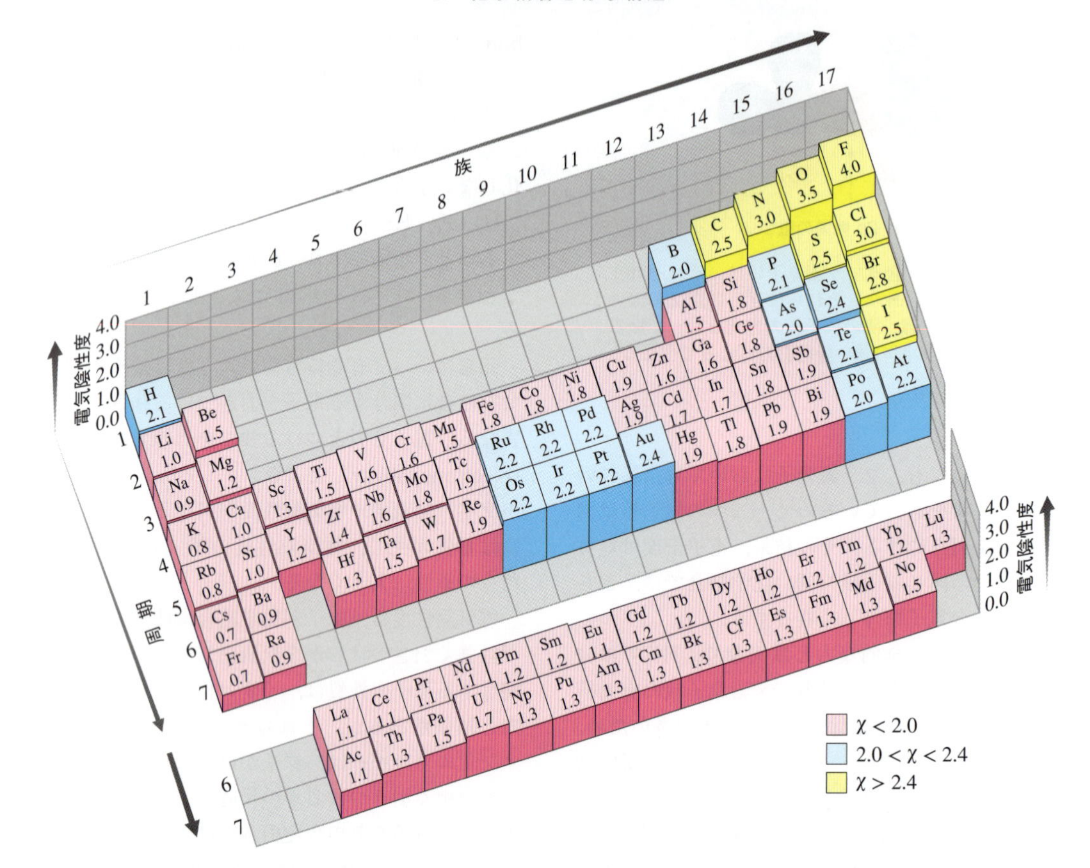

図 6・5　元素の電気陰性度は周期的変化を示す．いくつかの例外はあるが，一般的傾向として，電気陰性度は周期表の左から右へと増大し，上から下へと減少する．ポーリングは 18 族元素（貴ガス）を，非常に反応性に乏しく共有結合にほとんど関与しないという理由から省いている．他の電気陰性度の定義では，これらの元素の値も示されている．

図 6・6　ポーリング(Linus Pauling, 1901～1994) は，20 世紀において最も影響力のあった化学者の一人であり，1954 年に化学結合の性質に関する研究でノーベル化学賞を受賞した．また，彼は二度のノーベル賞を受けた数少ない受賞者の一人であり，1962 年に核兵器に対する反対運動によって平和賞を受賞している．彼はその運動によって 1952 年にアメリカ合衆国政府からパスポートを無効にされた．

は F_2 の結合電子であり，二つのフッ素原子に均等に共有される（$\Delta\chi = 4.0 - 4.0 = 0$）．最大値を示す CsF（$\Delta\chi = 4.0 - 0.7 = 3.3$）では，電子は完全に移動して，$Cs^+$ と F^- になっている．このような化合物は**イオン化合物** (ionic compound) とよばれ，次節で詳しく議論する．ほとんどの結合は，HF（$\Delta\chi = 4.0 - 2.1 = 1.9$）と同様に，二つの極端な値の中間の値をもつ．これらは極性結合であり，二つの原子が電子を不均等に共有している．

6・2 イオン結合

電気陰性度が大きく異なる二つの元素からなる化合物は，多くの場合，イオン的性質を強く示す．たとえば，イオン化合物は，1 族または 2 族の陽イオンと，16，17 族の陰イオンから形成されることが多い．ほとんどのイオン化合物は固体であり，特にそれが原子または小さいイオン性分子から構成されている場合には，高い融点を示す．融点の高いイオン性固体とは別に，融点が 100 ℃ 以下のものはイオン液体とよばれ，それらは大きな分子性イオンの化合物である．室温において液体状態であるイオン液体は，応用面で重要である．

イオン化合物の結合は，電子対を共有しないという点で共有化合物とは根本的に異なっている．その代わりにイオン化合物は，符号が反対の電荷間に働く方向性のない引力によって一つにまとまっており，個別の分子の集合というよりも原子の三次元的な配列といえる．

塩化ナトリウム NaCl について考えてみよう．この化合物の構造は各 Na^+ が 6 個の Cl^- に囲まれ，各 Cl^- は 6 個の Na^+ に囲まれている（図 6・7）．

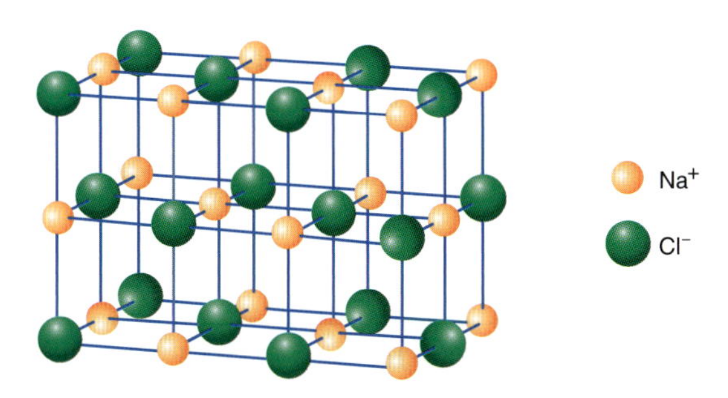

図 6・7　塩化ナトリウム NaCl の構造の一部分．各 Na^+ が 6 個の Cl^- に囲まれ，各 Cl^- は 6 個の Na^+ に囲まれていることがわかる．

Na^+ と Cl^- の配置は，1913 年にウィリアム・ローレンス・ブラッグ（William Lawrence Bragg）によって，彼の父であるウィリアム・ヘンリー・ブラッグ（William Henry Bragg）が設計した X 線装置を用いることによって，解明された（図 6・8）．NaCl は，ブラッグ親子が創始した X 線結晶学によって構造が決定された最初の化合物である．彼らはともに，1915 年のノーベル物理学賞を受賞し，ウィリアム・ローレンス・ブラッグはノーベル賞の最年少の受賞者となった（25 歳）．X 線回折結果の分析から決められる結晶構造は，化学物質中での原子の正確な位置を示し，原子間距離を 1×10^{-12} m の精度で求められる．X 線結晶学は現代化学には必須の分野であり，後の章で出てくる物質構造の多くは X 線結晶構造解析によって求められたものである．

図 6・8　ウィリアム・ローレンス・ブラッグ（左）と彼の父ウィリアム・ヘンリー・ブラッグは，X 線結晶学における業績によって 1915 年にノーベル物理学賞を受賞した．

NaCl 中の二つのイオン間距離は，クーロン（静電）引力と斥力，電子密度間の短距離斥力，および，隣接イオンの原子核どうしの短距離斥力の釣合いから決まる．室温においては，隣接するイオンの中心間距離は 2.82×10^{-10} m である．この数値をこの章の最初の式（下式）に代入すれば，二つの隣り合う Na^+ と Cl^- 間の引力の強さを見積もることができる．

$$E_{\text{静電}} = k\frac{q_1q_2}{r}$$

q_1 に $+1.60\times10^{-19}$ C，q_2 に -1.60×10^{-19} C を代入して（-1.60×10^{-19} C は電子 1 個の電荷である），$k=9.00\times10^{9}$ N m^2 C^{-2} を使うと，-8.17×10^{-19} J という値を得る．これにアボガドロ定数を掛けると，-492 kJ mol^{-1} となる．これは，1 mol の気体状の Na^+ と Cl^- が，無限大の距離から 2.82×10^{-10} m まで近づくときに放出する（ゆえに負の符号が付いている）エネルギーに相当する．この値は一つの最近接間の引力エネルギーしか考慮していないが，実際の結晶では各イオンには 6 個の最近接イオンがある．6 個すべての相互作用を考慮して，さらに第二最近接にある同じ電荷間の斥力エネルギーも取入れると，-769 kJ mol^{-1} という値が得られる．これはかなり大きなエネルギー量であり，意味するところは，1 mol の化合物を壊して気体状態のイオンにするのに 769 kJ のエネルギーが必要ということである．これを化合物の**格子エネルギー**（lattice energy）とよぶ．さまざまな要因の中で，化合物の格子エネルギーは特にイオンの電荷に依存する．電荷が大きくなると，格子エネルギーはより正の大きな値になり，イオンは引き離すのがより困難になる．イオンが大きくなるとイオン間距離 r が増大するため，格子エネルギーの値は，小さくなると予想される．いくつかのイオン化合物の格子エネルギーが表 6・1 に示されており，上で述べた傾向がみてとれる．

格子エネルギーに対するイオンの大きさの影響は，1 族の塩化物の格子エネルギーでは，陽イオンが Li^+ から

表 6・1　イオン化合物の格子エネルギー．単位は kJ mol^{-1}．

陽イオン	陰イオン				
	F^-	Cl^-	Br^-	I^-	O^{2-}
Li^+	1030	834	788	730	2799
Na^+	910	769	732	682	2481
K^+	808	701	671	632	2238
Rb^+	774	680	651	617	2163
Mg^{2+}	2913	2326	2097	1944	3795
Ca^{2+}	2609	2223	2132	1905	3414
Sr^{2+}	2476	2127	2008	1937	3217
Ba^{2+}	2341	2033	1950	1831	3029

Rb^+へと大きくなるにつれて小さくなること，および，ハロゲン化ナトリウムの格子エネルギーでは，ハロゲン化物イオンが F^- から I^- へと大きくなるにつれて小さくなる，という事実からわかる．イオン電荷の効果は，2＋イオンとハロゲン化物イオンの化合物の格子エネルギーの値を比較することからわかる．2＋/1－のすべての組合わせで，1＋/1－の組合わせよりもはるかに大きな格子エネルギーになっている．2＋と 2－の組合わせではさらに大きく，MgO の格子エネルギーは，LiF の約 4 倍である．注意すべき点は，意味のある格子エネルギーの比較は，同じ型の構造をもつ化合物どうしでしか有効でないということである．

イオンのモデルは，多くの金属ハロゲン化物や酸化物，硫化物についてはよく説明できるが，それ以外のほとんどの化学物質についてはうまく説明できない．CaO や NaCl や MgF_2 のような化合物は，単純に陽イオンと陰イオンが静電引力によって集合している物質であるが，CO，Cl_2，HF のような物質はそれらとは異なる．後者における化学結合は，原子間での電子の共有という概念で説明される．§6・3 では，分子中の電子密度分布を求める簡単な方法に絞り，それによってある特定の分子の形がどのように予測されるかを学ぶ．

6・3 ルイス構造

この節では，分子中の原子どうしがどのように結合するかを，模式図として描く手順について説明する．**ルイス構造**（Lewis structure）として知られているこの模式図では，価電子は共有電子と非共有電子に区別される．この視点により，ルイス構造を描くことが，分子の化学結合を説明する第一歩となっている．ルイス構造は，その創始者であるルイス（Gilbert Newton Lewis）から名付けられている．

規　則

ルイス構造は，以下の規則に従って描かれる．

1. “各原子は元素記号で表される．” ルイス構造は化学式の拡張である．
2. “ルイス構造には価電子だけが現れる．” 第 5 章で述べたように，価電子だけが化学結合に関与する．
3. “二つの元素記号を結ぶ線は二つの原子に共有される電子対を表す．” 二つの原子は電子対を 3 組まで共有できる．つまり，**単結合**（single bond），**二重結合**（double bond），**三重結合**（triple bond）である．
4. “元素記号の周りに書かれる点は，原子の非共有電子を表す．” 非共有電子は，通常，対となっている．

HF 分子は，これらの規則によって図 6・9 のように書かれる．

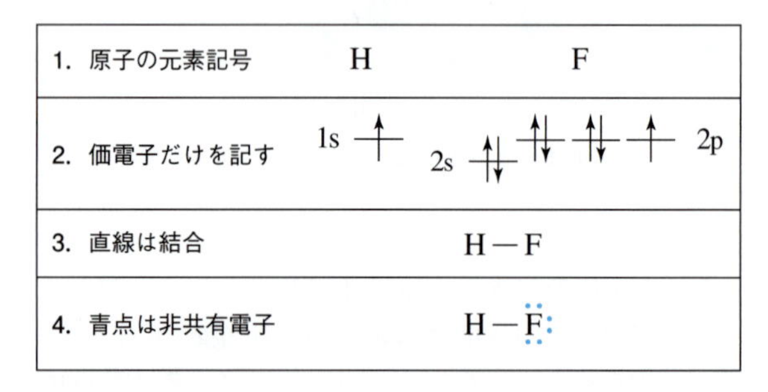

図 6・9　フッ化水素におけるルイス構造

これらの規則は，分子中の電子を三つに分類する．内殻電子はルイス構造では表示されない．化学結合に関与する価電子（共有電子）は原子間で共有され，短い直線として表示される．化学結合に関与しない価電子（非共有電子）は原子に局在し，点として表示される．

ルイス構造を描くために手順 6・1 の 5 段階の手順を行う．

手順 6・1　ルイス構造を作成する手順

手順 1　価電子を数える．
手順 2　結合の骨格を単結合によってつくる．
手順 3　H 以外の周辺原子にそれぞれ 3 組の非共有電子対を置く．（注：周辺原子とは，一つの原子だけと結合している原子であり，中心原子とは複数の原子と結合している原子である．）
手順 4　残っている価電子を中心原子に割り当てる．
手順 5　すべての原子について，形式電荷を最小化する．

ルイス構造の作成

ルイス構造の描き方は，例を通して学ぶのが最良である．二酸化硫黄分子（SO_2）を使って五つの手順を実践してみよう．

手順 1:“価電子を数える．イオンの場合には，陰イオンならばイオン電荷の分だけ電子数に足し，陽イオンならば電子数から引く．”硫黄（16 族）の価電子配置は $3s^23p^4$ である．一方，酸素（16 族）は $2s^22p^4$ であるので，原子 3 個の合計で $6+(2\times6)=18$ の価電子がある．分子は全体として電荷をもっていないので，価電子は総計 18 個である．

手順 2:“単結合によって結合の骨格をつくる．”これは有機分子では簡単である．有機分子の構成要素は C と H が支配的なので，原子の位置にあいまいさは存在しない．しかし無機分子の構造を図示するときには注意が必要である．構造は通常，内側（中心）の原子に二つまたはそれ以上の他の（周辺）原子がつながってできている．周辺原子は通常は，水素，またはそこに存在する原子中で最も電気的に陰性の原子であり，それらは中心の原子のみと結合する．二酸化硫黄の場合では，酸素が最も電気的に陰性な原子なので，硫黄が中心原子となり，結合の骨格は次のようになる．

O—S—O

骨格をなす単結合は，それぞれ 2 個の電子から構成されるので，ここまでで，もともとの 18 個の価電子のうち，4 個が使われている．

手順 3:“H 以外の外側の原子に 3 組の非共有電子対を書き込む．”H を例外として，すべての外側の原子は 8 個の電子（s と p 軌道の価電子 4 対）と結びついていて，それらは原子間で共有しているか，非共有のどちらかである．一つの原子に関係する 4 組の電子対は**オクテット**（octet）とよばれる．

:Ö—S—Ö:

非共有電子対は**孤立電子対**（lone pair）ともよばれる．各酸素原子には 3 組の非共有電子対と 1 組の共有電子対があり，オクテットを満たしている．ここで，$(2\times6)=12$ 個の電子を使った．前の手順で使った 4 個と合わせて，もともとの 18 個のうち計 16 個を使ったことになる．

手順 4:“中心原子の残りの価電子を書き込む．”価電子は 2 個残っている．これを中心の S 原子に非共有電子対として書き込む．

:Ö—S̈—Ö:

ここまでで，SO_2 の価電子すべてに説明がついた．

手順 5:“すべての原子の形式電荷を最小化する．”この時点で，得られた構造を分析し，それが化学的に意味をなすのかを確認する必要がある．そのためには，各原子の**形式電荷**（formal charge）を計算し，電子分布を補正して最小化する必要がある．形式電荷数は，自由原子の価電子数から，ルイス構造においてその原子に帰属している電子数を引いたものである．

$$\text{形式電荷} = \begin{pmatrix}\text{自由原子の}\\\text{価電子}\end{pmatrix} - \begin{pmatrix}\text{非共有}\\\text{電子}\end{pmatrix} - \frac{1}{2}(\text{共有電子})$$

非共有電子は該当原子に属し，結合に関与する電子は二つの原子に等分に属しているとする．形式電荷の実用性は，すべての原子の形式電荷の和は該当分子の電荷に等しいことである．中性分子では，形式電荷の和はゼロである．陽イオンや陰イオンでは，形式電荷の和はイオンの電荷数に等しい．

手順 4 で求められた構造における各原子の形式電荷は，次のように計算される．

S	自由原子の価電子	6
	非共有電子	2
	共有電子	4
	形式電荷	$6-2-\frac{1}{2}(4)=+2$
O	自由原子の価電子	6
	非共有電子	6
	共有電子	2
	形式電荷	$6-6-\frac{1}{2}(2)=-1$

形式電荷の最小化は，各 O 原子の非共有電子対を共有電子に転換することで達成できる．この過程は図式的に次のように書くことができる．

:Ö—S̈—Ö: ⟶ Ö=S̈=Ö

右側の構造の形式電荷を分析すると，すべてゼロであることがわかる．ゆえに，右側の構造が，SO_2 分子のルイス構造として最適の表式である．

この構造では，各酸素原子は 8 個の電子，すなわちオクテットで囲まれている．一方，中心の硫黄原子は 10 個の電子で囲まれている．オクテットで囲まれる原子は，一般的に周期表の第 2 周期に存在する．特に C,N,O,F のような原子は，使用可能な軌道として最大 8 電子に適合する．しかし，第 3 周期以降のより大きい原子では，硫黄がそうであるように，8 電子以上に適合する場合がある．その理由は，これらの原子には，価電子の軌道が4個より多く存在するからである．

例題 6・1 ルイス構造を求める

H_2S と CO_2 のルイス構造を書け．

解 答 H_2S と CO_2 のルイス構造は下記のとおりである．

H−S−H　　O=C=O

練習問題 6・1 四フッ化硫黄 SF_4 のルイス構造を求めよ．

いくつかの分子やすべてのイオンは，形式電荷がすべてゼロにはならないような構造をとることに注意せよ．このような場合，負の形式電荷は最も電気陰性度の高い原子がもち，正の形式電荷は最も電気陰性度が低い原子がもつ（たとえば図6・10の硝酸イオンには，N原子よりも電気陰性度が大きいO原子が負の形式電荷をもつ）．形式電荷は，結合の極性の結果として誘起される部分電荷と同じではないことを理解することは重要である．たとえば，ClF_3 では塩素原子は形式電荷がゼロであるにもかかわらず，δ+電荷をもっている．

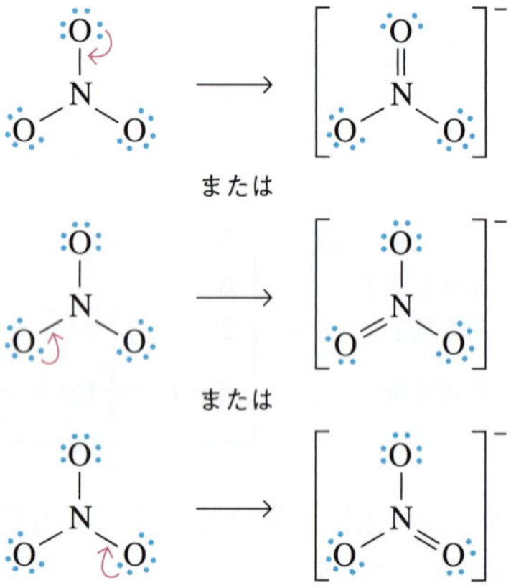

または

または

図 6・10 硝酸イオンの形式電荷を最小化することが可能な三つの方法. 三つの酸素のいずれも電子対を供給できる．

共 鳴 構 造

ルイス構造の手順5を完遂するにあたって，原子の形式電荷を最小化するやり方が複数存在する場合がある．つまり，ある分子またはイオンに対して複数のルイス構造が存在しうる．これを硝酸イオン NO_3^- を例にとって説明してみよう．

この陰イオンは24個の価電子をもっていて，窒素が中心原子である．三つのN−O結合は6個の電子を使う．外側の3個の酸素原子にそれぞれ6個ずつの電子が割り当てられると，残りの18個の電子がすべて使われる．この結果，このルイス構造では，O原子は形式電荷が−1で，N原子の形式電荷は+2となる．一つの酸素原子の非共有電子対を共有電子対に転換することによって，形式電荷を最小化することができる．ところが，図6・10に示すように，三つのうちのどの酸素原子からも非共有電子対を二重結合に移すことができる．

これらのうちのどれが正しいルイス構造なのだろうか．どの構造も一つのN=O二重結合と二つのN−O単結合を含んでいるが，実際には，どの構造もそれ一つでは NO_3^- の正確な表現とはいえない．実験的には，三つのN−O結合はすべて同一であることがわかっている（窒素の軌道電子が8個に限定されることから，二重結合が二つになることはあり得ない）．硝酸のN−O結合はすべて同一なので，三つの等価なルイス構造の混合を使う．これを**共鳴構造**（resonance structure）という．共鳴構造はそれぞれの構造の間を両矢印でつなぐことによって示される．

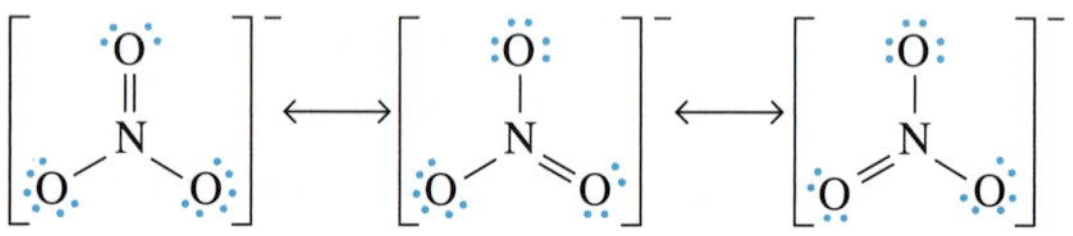

本質的に重要なことは，硝酸イオン中の電子は，別々の構造として描かれている三つの結合を行ったり来たりすることはない．これらの構造はどれも実際には存在しない．陰イオンの本当の特徴はこの三つの混合であり，窒素-酸素の結合は三つとも等価である．留意すべきは，共鳴構造は電子の位置だけが異なっていて，原子の位置は変わらないということである．硝酸イオンの場合のように複数の等価な構造を並べて書く必要がある理由は，ルイス構造が非局在化した電子をもつ構造の近似表現だからである．等価な構造から，分子またはイオンの中に電子がどのように分布するかはわかるが，化学結合について完全な理解を得ることはできない．

例題 6・2 オキソアニオンの共鳴構造

リン酸イオン PO_4^{3-} がとりうる共鳴構造を求めよ．

解 答

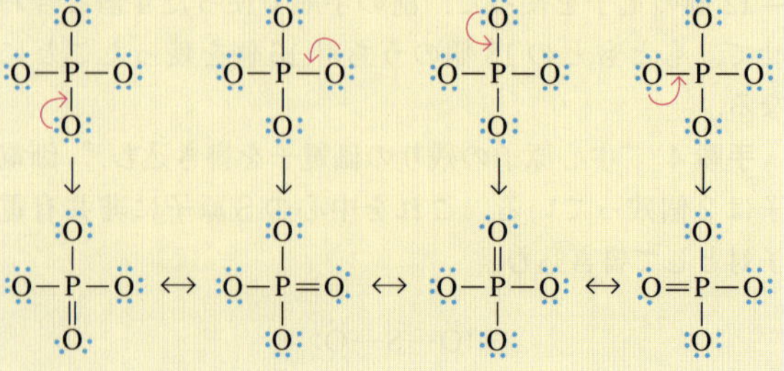

練習問題 6・2　酢酸イオン CH_3COO^- のルイス構造を，すべての共鳴構造まで求めよ．

ここまで見てきた例では，すべての共鳴構造はエネルギー的に等価であった．しかし，共鳴構造は常に等価だとはかぎらない．等価でない共鳴構造は，手順5で異なる元素の原子への電子移動が起こるときに生じる．そのような場合，異なる構造は異なる形式電荷分布をもち，最適な共鳴構造の組には各原子が最小の形式電荷となるような構造が含まれる．

例題 6・3　N_2O の共鳴構造

酸化二窒素 N_2O のすべての共鳴構造を求めよ．N_2O ガスは麻酔薬や発泡剤としての用途があり，ホイップクリームにも使われる．

解　答

$$:\ddot{N}=N=\ddot{O}: \longleftrightarrow :N\equiv N-\ddot{\underset{..}{O}}:$$

練習問題 6・3　オゾン O_3 のルイス構造を，酸素原子が横一列に並ぶ形状として求めよ．

6・4　原子価殻電子対反発（VSEPR）理論

分子のルイス構造は，価電子が各原子の間にどのように分布するかを示してくれる．しかし，化学反応性で決定的な役割を果たす三次元的な構造については示さない．しかし，ルイス構造を分子やイオンの形を求めるための出発点とすることはできる．**原子価殻電子対反発**（valence-shell-electron-pair repulsion, VSEPR）理論では，分子の形は主として，分子や分子イオンの中の電子対（共有電子対，または，非共有電子対）の間の反発によって決まる．分子の中心原子の周りの電子対の反発を最小化するために，電子対は三次元空間構造において可能な限り離れるように位置が決まる．

VSEPR 理論を用いて分子の形を決めるために，次の手順を使う．

1. 分子のルイス構造を求め，それを描く．
2. 任意の中心原子の周囲の共有電子対と非共有電子対の組を数え，表 6・2 を使って，これらの組に最適な幾何構造を求める．VSEPR 理論では，電子対が単結合であるか，二重結合であるか，三重結合であるかを区別せず，1 組として扱うことに留意せよ．

表 6・2　電子対の最適な幾何構造

電子対の組の数	電子対の組の幾何構造
2	直線形
3	平面三角形
4	四面体形
5	三方両錐形
6	八面体形

3. 必要ならば次のことを考慮して構造を修正する．電子対の間の反発の大きさは，電子対が共有電子対（BP: bonding pair）か非共有電子対（LP: lone pair）かによって異なる．反発の大きさは次の順である．

$$\text{LP–LP} > \text{BP–LP} > \text{BP–BP}$$

したがって，中心原子の周囲で隣接する二つの非共有電子対は，隣接する共有電子対よりも，強く反発し合う．これは，非共有電子対が共有電子対よりもより大きな体積を占めるからである．注目すべきは，二重結合は単結合よりも大きな体積を占めることであり，これによって構造が変化する場合もある．

電子対の組の幾何構造と分子の形状の区別をつけることは重要である．前者は，分子の中心原子周囲の電子対の配置について述べており，後者は中心原子に結合する原子の配置に関するものである．非共有電子対が存在する場合には，この二つは同じではない．

次に，電子対の組によるさまざまな異なる幾何構造についての VSEPR 理論を，例を用いて説明する．

電子対が 2 組の場合：直線状構造

水素化ベリリウム BeH_2　BeH_2 のルイス構造は次のようになる．

$$\text{H}-\text{Be}-\text{H}$$

BeH_2 の場合，中心原子の周りには二つの電子対があり，それを互いに可能な限り離して置く必要がある．そのためには，二つの電子対を**直線状**（linear）に並べればよいので（表6・2），結果として，H−Be−H の結合角が 180° の直線状の形になる．この分子には二つの単結合だけがあり，非共有電子対はないので，電子対の最適幾何構造に関して補正の必要がないことに留意せよ．

二酸化炭素 CO_2　CO_2 のルイス構造では，中心の C 原子に周辺の二つの O 原子が結合している．

O=C=O

C 原子の周囲の
2 組の電子対

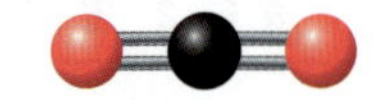

結合角＝180°の
直線状の形態

BeH_2 と同様に，CO_2 にも 2 組の電子対がある．それぞれの組が二重結合の二つの電子対を含んでいても，原理的には同じである．二つの組を可能な限り離すことによって直線状の配置となり，分子は直線状構造となる．O 原子の非共有電子対は分子全体の形には影響を与えない．中心原子に結合している電子と，中心原子に完全に属している電子の組だけが分子の形に影響する．

電子対が 3 組の場合：平面三角形構造

三フッ化ホウ素 BF_3　BF_3 のルイス構造では，中心の B 原子に三つの F 原子が結合している．中心原子の周囲には電子対が 3 組ある．

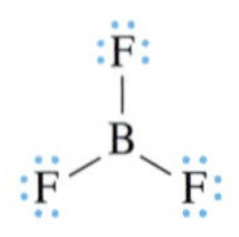

電子対 3 組の最適幾何構造は，**平面三角形**（trigonal planar）構造（表 6・2）である．この配置では，電子対の組は同一平面上で互いに 120° の角度を向いている．その結果，BF_3 分子は平面三角形構造になる．すなわち，すべての原子は同一平面内に位置し，すべての F-B-F 結合角は 120° となっている．再び留意点を述べると，電子対の組はすべて等価なので，最適構造への補正は必要ない．

亜硝酸イオン NO_2^-　亜硝酸イオンには，次のような共鳴構造が存在する．

O=N−O$^-$ ⟷ $^-$O−N=O

この例において，中心原子が非共有電子対をもっている分子が初めて出てきたが，VSEPR 理論の適用に関して重要な意味がある．二つの共鳴構造はどちらを選んでもよいが，結局は同じ結論になることに留意せよ．電子対は 4 組あり，そのうち共有電子対が 3 組，非共有電子対が 1 組である．理想的な幾何構造は平面三角形であるが，この場合は電子対の組の間の反発がすべて同じではなく，BP-BP 反発と BP-LP 反発が混在する．BP-LP 反発の方がより強いため，厳密な正三角形よりも 2 組の共有電子対の間の角度がわずかに狭くなる．その結果，O−N−O 結合角は 120° ではなく約 115° となる．この例からは，幾何構造と形状の違いについてもわかる．電子対の組からは近似的な平面正三角形が予想されるが，NO_2^- の形状は折れ線形構造である．なぜなら分子の形は，電子ではなく原子の位置によって決まるからである．

電子対が 4 組の場合：正四面体構造

メタン CH_4　メタン CH_4 のルイス構造には四つの C−H 単結合があり，4 組の電子対は等価である．

```
    H
    |
H − C − H
    |
    H
```

4 組の電子対の最適幾何構造は，**正四面体形**（tetrahedral）である（表 6・2）．このことから，メタン分子は H−C−H 結合の結合角が 109.5° の正四面体構造となり，正四面体の各頂点に H 原子が位置する．

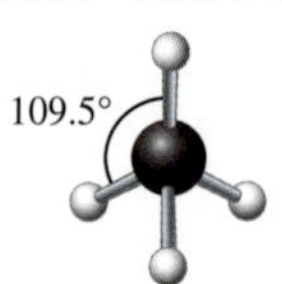

アンモニア NH_3　アンモニア NH_3 のルイス構造には 4 組の電子対があり，3 組が共有電子対，1 組が非共有電子対である．

```
H − N − H
    |
    H
```

4 組の電子対の理想的な配置は四面体形であるが，この場合は，BP-BP 反発と BP-LP 反発の強さ考慮する必要がある．N 原子の唯一の非共有電子対は他の 3 組の共有電子対よりも大きな空間を占めるので，理想的な正四面体配置が歪められ，H−N−H 結合角は約 107° となる．アンモニア分子は三角錐形構造であり，三つの H が底辺の正三角形を形成し，N は三角錐の頂点となる．

水 H_2O　メタンやアンモニアと同様に，水も 4 組の電子対をもち，下のルイス構造からわかるように，理想的な幾何構造は正四面体形である．

H−O−H

しかし，水の場合は 2 組の共有電子対と 2 組の非共有電子対がある．LP-LP 反発が最も強く，BP-LP 反発の強さも考慮の必要がある．結果として，4 組の電子対の理想的な正四面体形の構造は大きく歪められ，H−O−H 結合角が約 104.5° の折れ線形構造となる．

図 6・11 に，メタンとアンモニアと水の異なる形状が示されている．非共有電子対が分子形状に対して重要な効果をもつことは，この図から明白であろう．

正四面体形	三角錐形	折れ線形

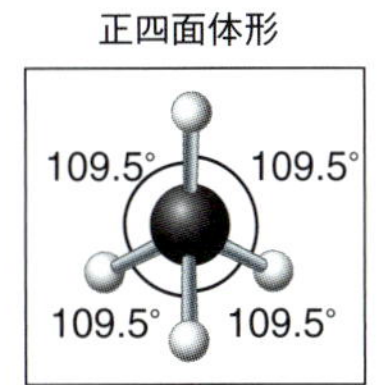

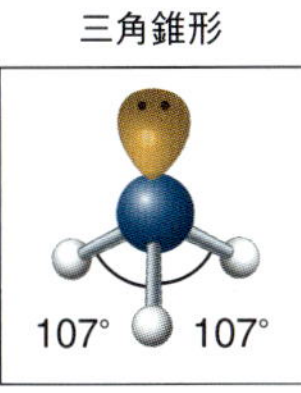

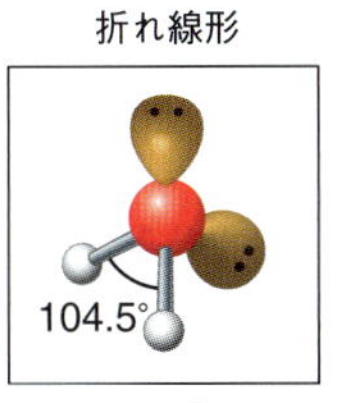

CH_4	NH_3	H_2O
非共有電子対＝0	非共有電子対＝1	非共有電子対＝2

図 6・11 メタン，アンモニア，水は，いずれも 4 組の電子対があるが，異なる形状をもつ．

例題 6・4 VSEPR 理論

硫化水素 H_2S と二酸化炭素 CO_2 の形状について VSEPR 理論を用いて考えよう．まずそれぞれの分子のルイス構造を決めて，理想的幾何構造を求め，分子形状を決定せよ．

解 答 H_2S は折れ線形構造，CO_2 は直線状構造．

練習問題 6・4 塩化メタン CH_3Cl の形状を決定せよ．分子の三次元形状の概略図を描け．

電子対が 5 組の場合：三方両錐形構造

五塩化リン PCl_5 五塩化リン PCl_5 のルイス構造では，下のようにリン原子の周りに 5 組の等価な電子対がある．

:Cl:
:Cl—P—Cl:
:Cl: :Cl:

5 組の等価な電子対を可能な限り離して得られる幾何構造は**三方両錐形**（trigonal bipyramidal）である（表 6・2）．三方両錐形というよび名は，図 6・12 (a) のように，二つの三角錐が底辺を共有してつながっていることに由来する．これまで述べてきた幾何構造とは異なり，三方両錐形では五つの頂点すべてが等価というわけではない．中心原子の周りの正三角形の三つの頂点位置は等価であり，互いの結合角は 120° である．正三角形頂点の原子位置をエクアトリアル（赤道）位（equatorial position）という．他の二つは両極を通る軸上にあるのでアキシアル位（axial position）とよばれ，エクアトリアル原子に対して 90° の結合角となる．この様子が図 6・12 (b) に示されている．

PCl_5 は共有電子対だけをもっているので，図 6・12 に示されるように底面が正三角形の三方両錐形になると予想される．

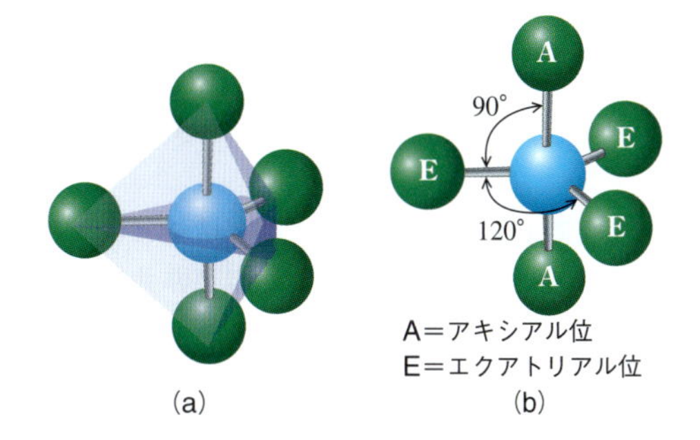

図 6・12 (a) エクアトリアル（赤道）面で底面を共有する反対向きの二つの三角錐が三方両錐形を形成する．PCl_5 は正三角形の三方両錐形である．(b) 三方両錐形の球棒模型にアキシアル位（A）とエクアトリアル位（E）の標識が付けられている．

5 組の電子対の中に非共有電子対が存在する場合には，アキシアル位とエクアトリアル位の非等価性は，より明白になる．このことを SF_4 について見ていこう．

四フッ化硫黄 SF_4 SF_4 のルイス構造には，図 6・13 のように，硫黄原子上の非共有電子対一つと四つの S−F 結合がある．これら 5 組の電子対について予想される構造は三方両錐形である．しかし共有電子対の存在により，構造は少し歪んだものになると予想できる．

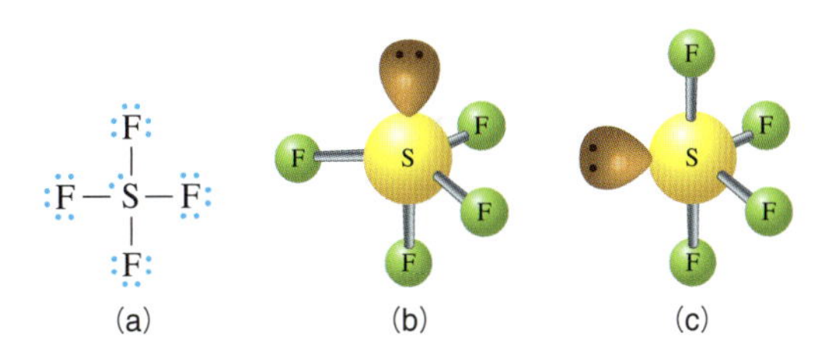

図 6・13 四フッ化硫黄の図．(a) ルイス構造，(b) 三角錐構造の球棒模型，(c) シーソー形構造の球棒模型

さらに三方両錐形ではエクアトリアル位とアキシアル位が異なっているため，非共有電子対がエクアトリアル位とアキシアル位のどちらにくるかによって，SF_4 には二つの構造が考えられる．図 6・13 に示すように，アキシアル位に非共有電子対がある場合は三角錐の形状になり，エクアトリアル位に非共有電子対が存在する場合には**シーソー形**（seesaw shape）になる．

実験から，SF_4 はシーソー形になることがわかっている．つまり三角錐形よりも安定ということである．これは，三角錐形には結合角 90° の LP-BP 反発が三つあるが，シーソー形には 90° が二つと 120° が二つであることから説明できる．非共有電子対との結合角が小さい相互作用の数を減らすことで低エネルギーの構造が実現するので，シーソー形が選ばれる．この形状では，非共有電子対とアキシアル位の結合対の間の LP-BP 反発によって，F−S−F 結合角は 180° よりわずかに小さくなる．

三フッ化塩素 ClF_3　ClF_3 のルイス構造には 5 組の電子対があり，3 組が共有電子対，2 組が非共有電子対である．

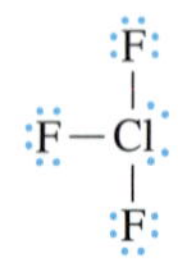

この場合も，5 組の電子対による歪んだ三方両錐形が予想されるが，二つの非共有電子対がアキシアル位にあるのか，エクアトリアル位にあるのかを決めなければならない．

1 組の非共有電子対がアキシアル位で，もう 1 組がエクアトリアル位にある構造は，最も相互作用が強い LP-LP が 90° の角度になることから直ちに却下できる．非共有電子対 2 組が軸上にあれば遠く離れるので，この構造が選択されると考えるかもしれないが，その場合には 90° の LP-BP 反発ペアが六つになってしまう．実際，実験から得られる構造では，2 組の非共有電子対はエクアトリアル位にくることがわかっている．このとき，LP-LP 結合角は 120° であるが，90° の LP-BP ペアは四つとなる．すなわち，ClF_3 はエクアトリアル位に 2 組の非共有電子対をもつ T 字形分子構造をとる．

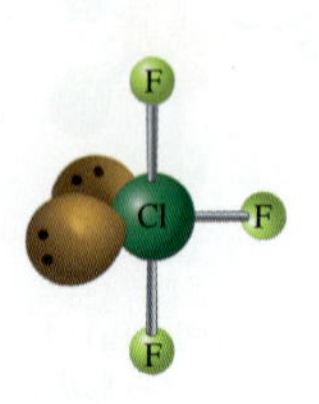

初等的な VSEPR 理論では，正しい構造を決めることができない場合があり，しばしば，実験により構造を確定することがある．

三ヨウ化物イオン I_3^-　中心原子の周りに 5 組の電子対があり，2 組が共有電子対，3 組が非共有電子対の場合のルイス構造は，次のようになる．

$$[\,\mathrm{I{-}I{-}I}\,]^-$$

先の例で，三方両錐形において非共有電子対はエクアトリアル位がより有利であることがわかったので，今回も同様の考え方が通用するであろう．3 組の非共有電子対がすべてエクアトリアル位にくるときにだけ，結合角が 90° の LP-LP 反発を避けることができる．

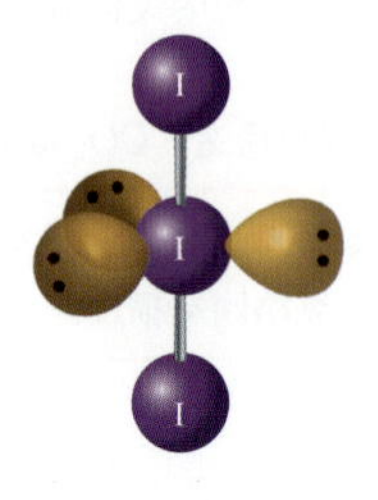

図 6・14 には，電子対が 5 組の場合にとりうるさまざまな分子形状がまとめられている．

電子対が 6 組の場合：八面体構造

六フッ化硫黄 SF_6　図 6・15 (a) に示されている SF_6 のルイス構造では，硫黄は S−F 共有電子対を 6 組もち，非共有電子対はない．したがって内側の S 原子の周りに 6 組の電子対がある．6 組の場合は（表 6・2 より）**八面体**（octahedral）構造が，それらを最も離れた方向に配置する（図 6・15b）．このとき，各 F 原子が八面体の 6 個の頂点に位置して，F−S−F の結合角は 90° または 180° になる．八面体とよばれる理由は，図

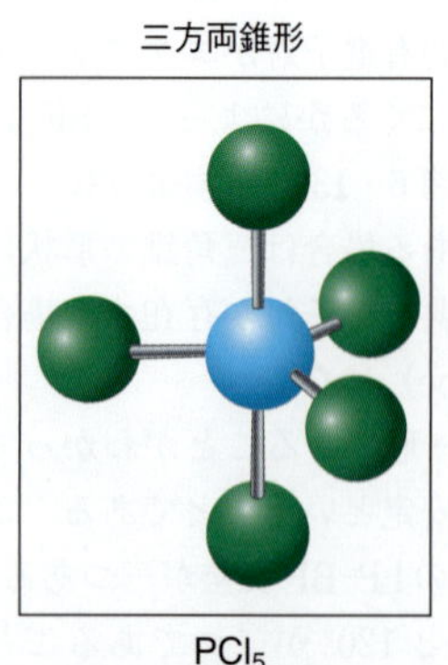

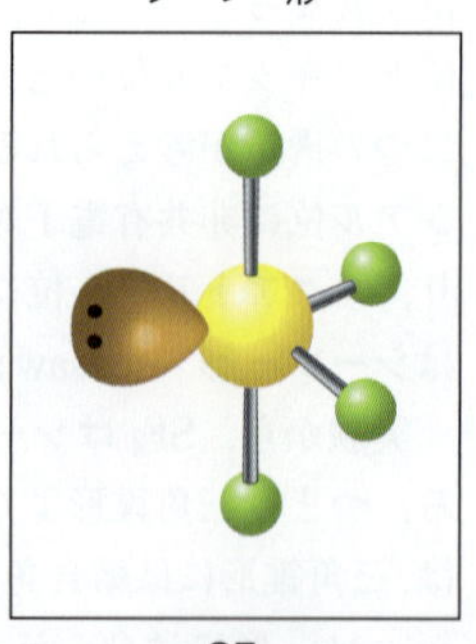

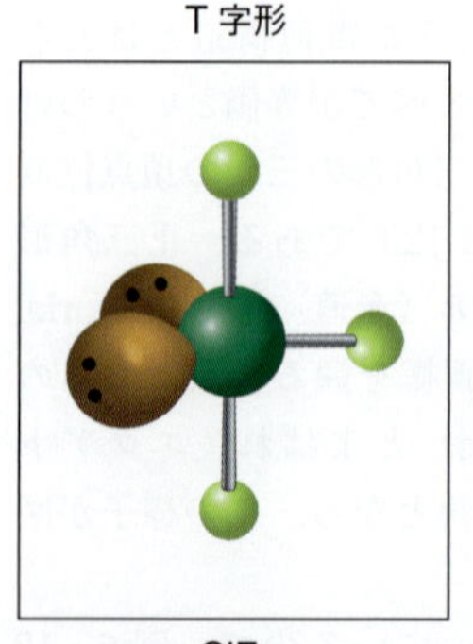

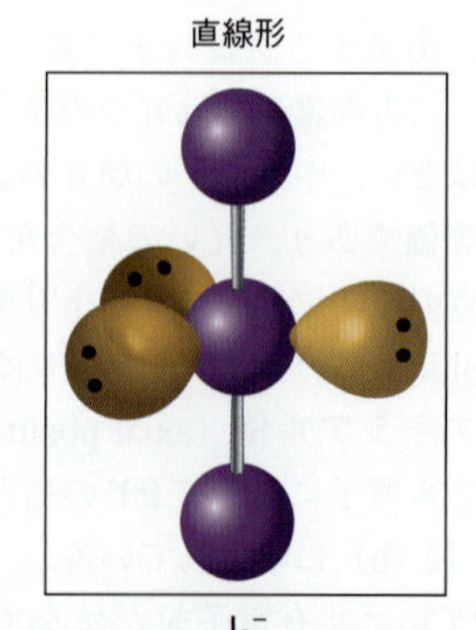

図 6・14　5 組の電子対をもつ分子がとりうるさまざまな形状

6・15（c）のように八つの三角形の面に囲まれているからである．

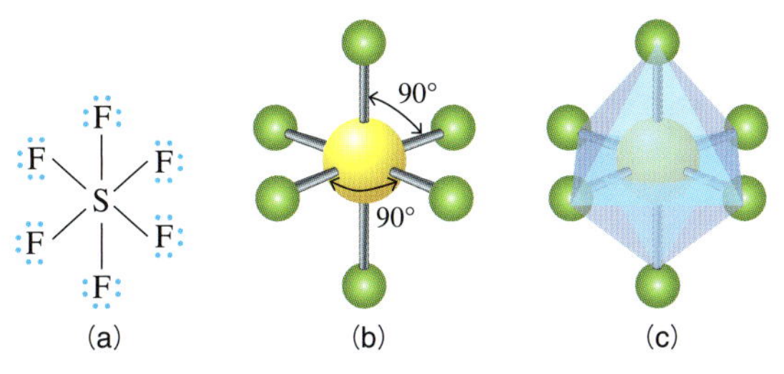

図 6・15　六フッ化硫黄の分子構造．(a) ルイス構造，(b) 八面体構造の球棒模型，(c) 三角形の面が示された球棒模型

八面体構造では，図 6・16 からわかるように六つの頂点はすべて等価である．図 6・16 では SF_6 の一つのフッ素が塩素で置き換えられて，SF_5Cl となっている．どのフッ素が置き換えられたとしても，SF_5Cl 分子の四つのフッ素原子は正方形を形づくり，5 番目のフッ素と塩素が反対側に位置して，正方形面のフッ素と垂直になっている．

五フッ化塩素 ClF_5　ClF_5 のルイス構造では，5 組の共有電子対と 1 組の非共有電子対の計 6 組の電子対がある．

F
F　F
Cl
F　F

この場合も，6 組の電子対による八面体構造が予想される．非共有電子対は六つの可能な位置のどこに入っても等価である．すなわち，ClF_5 は四角錐形構造となる．

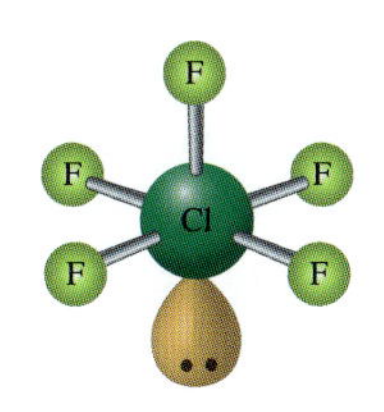

四フッ化キセノン XeF_4　この分子のルイス構造には，4 組の共有電子対と 2 組の非共有電子対があり，電子対は計 6 組である．

F
F—Xe—F
F

したがって 6 組の電子対の場合の八面体形が予想されるが，非共有電子対 2 組の配置が問題となる．XeF_4 では 2 組の非共有電子対は，LP-LP 結合角が 90° になるのを避けるために，中心原子から見て反対方向に配置されなければならない．その結果，残された 4 個のフッ素原子は，キセノン原子を中心とする平面内で正方形となる．

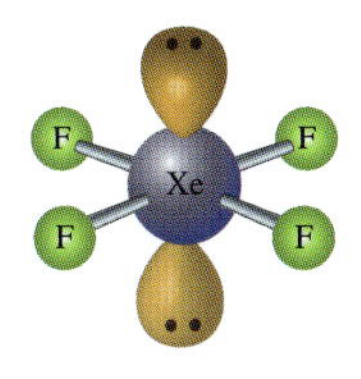

図 6・17 には，電子対が 6 組の場合の分子の形状がまとめられている．これで分子の形状についての目録が完成した．

VSEPR 理論を用いて分子の形を決定する際に最も多い誤りは，電子対の組の数ではなく，内側の原子を取囲む原子を数えてしまうことである．たとえば SF_4 のような分子について，CH_4 からの類推によって（双方とも内側の原子を四つの原子が囲んでいるため），四面体構造であるという間違いをしてしまう．しかしすでに学んだように，SF_4 には 5 組の電子対があり，その形状は三方両錐形構造が基本形となる．VSEPR 理論によって，正確な結果が得られるとしても，必ずしもすべての分子に適用できるわけではない．電子対の反発が分子構造の決定の主要な因子でない場合には，VSEPR 理論はうまく働かない．

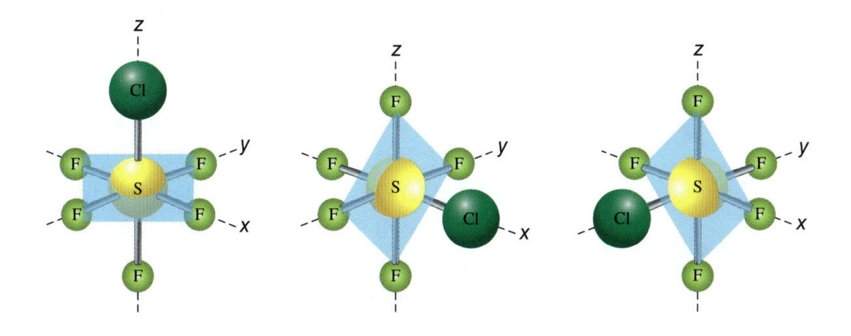

図 6・16　SF_6 のどのフッ素が塩素で置き換えられても，フッ素原子 4 個の正方形面の頂点にフッ素と塩素がくる．これは正八面体の六つの頂点がすべて等価であることを示している．

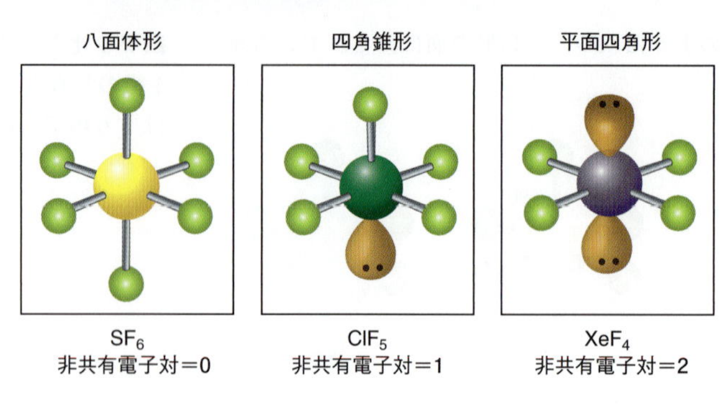

図 6・17　6組の電子対をもつ分子がとりうる三つの形状

6・5　共有結合の性質

ルイス構造と分子の形状についての考察を展開してきたが，ここからは共有結合に関する重要な性質を説明する．これらの性質は分子の形状について重要な情報を与える．

双極子モーメント

§6・1で述べたように，ほとんどの化学結合には極性がある．その意味は，結合の片側が電気的に少し陰性であり，もう一方がわずかに陽性だということである．結合の極性によって，分子には負の末端と正の末端が生じる．この種の電子密度分布をもつ分子は，**双極子モーメント**（dipole moment），μ（ギリシャ文字ミューの小文字）をもつという．

極性分子の双極子モーメントは，電場の中に試料を置くことによって測定される．図6・18は，2枚の金属板の間のフッ化水素HF分子の配向の図である．電場がかけられていない状態では，各分子の向きは完全に不規則である．板の間に電場がかけられるとHF分子は静電気力の原理に従って自発的に分子の向きがそろう．分子の正の末端（水素原子）は負電極の方向を向き，負の末端（フッ素分子）は正電極方向を向く．分子の向きがそろう度合いは，双極子モーメントの大きさに依存する．双極子モーメントのSI単位はクーロン・メートル（C m）である．結合双極子モーメントの値はおおむね，0から7×10^{-30} C mの範囲にある．フッ化水素HFは$\mu=5.95\times10^{-30}$ C mであり，一方，F_2のような無極性の分子は$\mu=0$ C mである．実験では，デバイ（debye, D：1D＝3.34×10^{-30} C m）という単位がしばしば使われる．

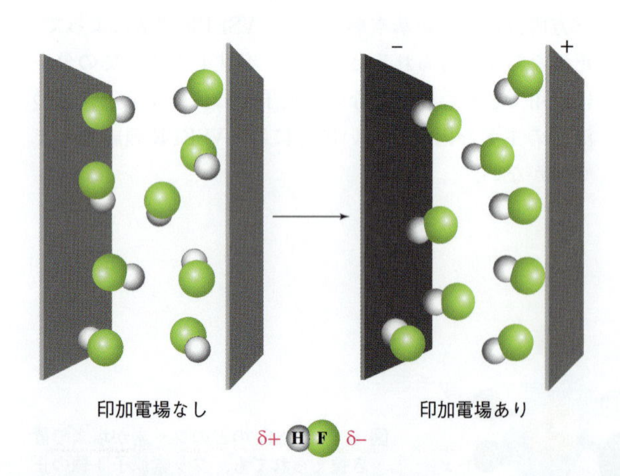

図 6・18　電極間にかけられた電場は，極性分子であるHFの配向を誘起する．配向の程度は，双極子モーメントの大きさに依存する．

双極子モーメントは，結合の極性に依存する．たとえば，ハロゲン化水素の双極子モーメントの傾向は，電気陰性度の差によって決まる．すなわち，結合の極性（電気陰性度の差$\Delta\chi$で示される）が強いほど，双極子モーメントμは大きくなる．

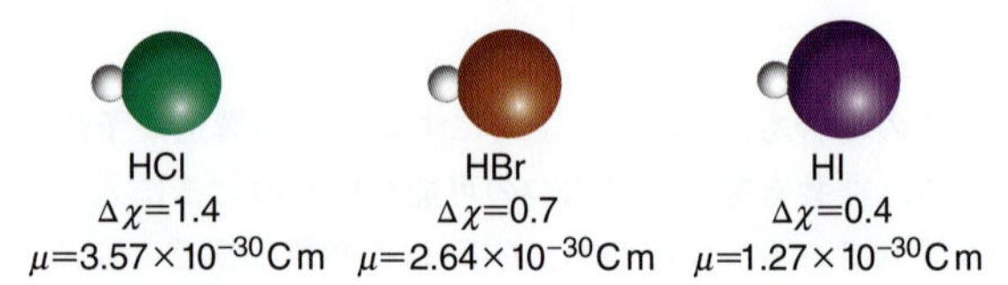

双極子モーメントは分子の形状にも依存する．電気陰性度が異なる二つの原子からなる二原子分子は，双極子モーメントをもつ．より複雑な分子では，結合の極性と分子の形状の両方から双極子モーメントの値を求めなければならない．結合の極性を含む分子が双極子モーメントをもたないとしたら，個々の結合の極性が互いに打ち消し合うような場合である．これはしばしば対称性をもつ小さな分子において起こる．

図6・19には，H_2OとCO_2の形状が双極子モーメントに及ぼす著しい効果が示されている．§6・1で述べたように，双極子モーメントは矢印で記される．矢印の矢の頭は，極性結合の正の末端を示している．図6・19(a)において，直線分子であるCO_2では，両側の結合が極性（$\Delta\chi$＝1.0）をもっていても，二つの結合の極性が正反対の方向を向いていることを示している．その結

果，一つの結合の極性の効果がもう一つと厳密に打ち消し合う．一方，折れ線形の水分子では図6・19(b) のように，二つの結合の極性は打ち消し合わない．水は酸素原子に負の部分電荷があり，水素原子に正の部分電荷がある．そこから生じる分子全体の双極子モーメントは，図6・19(b) の赤矢印方向に$\mu = 6.18 \times 10^{-30}$ C m の値をもつことになる．

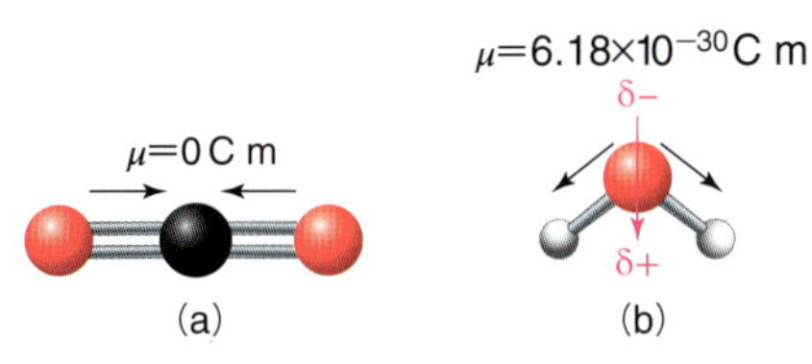

図 6・19 (a) CO_2 のように，同一の極性結合が反対方向を向いていると，極性の効果は打ち消し合い，全体の双極子モーメントはゼロになる．(b) H_2O のように，同一の極性結合が正しく反対方向を向いていない場合には，分子全体として双極子モーメントをもつ．

いくつかの極性結合をもつ分子でも，双極子モーメントが互いに打ち消し合うことで，全体の双極子モーメントがゼロになることがある．そのような分子は高度に対称的な構造をもつことが多い．たとえば，五塩化リンでは$\mu = 0$ である．二つの軸上のP−Cl 結合は反対方向を向いている．三つの三角形平面上のP−Cl 結合には，その対となる反対方向の結合は存在しないが，120° 方向の三つの結合の極性を足し合わせれば，厳密に打ち消し合う．同様に正四面体形の極性結合においても，極性は厳密に打ち消し合う．したがって正四面体形分子のCCl_4 は双極子モーメントをもたない．

これらの分子構造の完全な対称性は，結合の一つが非共有電子対で置き換えられることによって破れ，双極子モーメントをもつようになる．例としては，SF_4（シーソー形），ClF_3（T字形），NH_3（三角錐形），H_2O（折れ線形）があり，すべて双極子モーメントをもっている．一つまたは複数の結合を異なる原子に置き換えることによっても対称性が低くなり，双極子モーメントが現れる．たとえば，クロロホルム $CHCl_3$ は双極子モーメントをもつが，四塩化炭素 CCl_4 はもたない．クロロホルムの炭素原子には，ほぼ正四面体形の四つの結合があるが，四つすべてが同一ではない．C−Cl 結合はC−H よりも極性が強いので，四つの結合の極性は打ち消し合わない．図6・20 に，クロロホルムの双極子モーメントの方向と大きさ（$\mu = 3.47 \times 10^{-30}$ C m）を示す．

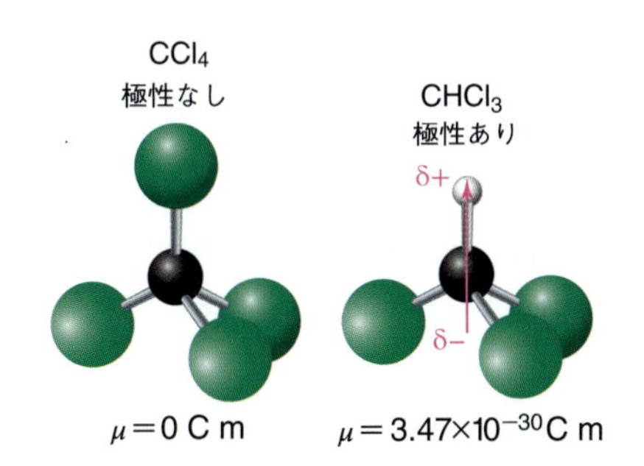

図 6・20 四塩化炭素 CCl_4 は対称的な四面体形分子なので，四つの結合の極性は打ち消し合う．クロロホルム $CHCl_3$ もまた，四面体形分子であるが，四つの結合は同一ではないため，結合の極性は打ち消し合わない．

SF_6 のような対称的な八面体構造では極性のあるS−F 結合には，それぞれ対となる反対方向を向いている結合があり，結合の極性は，対で打ち消し合って，分子全体は双極子モーメントをもたない．

例題 6・5 双極子モーメントを予測する

オキソニウムイオン H_3O^+ は三角錐構造となる．個々の結合の極性とイオン全体の構造を考慮して，オキソニウムイオンが双極子モーメントをもつかどうかを判定せよ．

解 答 オキソニウムイオンは双極子モーメントをもち，下のように図示できる．

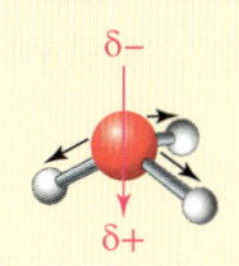

練習問題 6・5 エタン C_2H_6 とエタノール C_2H_5OH に，双極子モーメントは存在するか．

結 合 長

§6・1で述べたように，共有結合の結合長は，分子が最も安定な状態にあるときの核間距離である．水素分子のH−H 結合の長さは74 pm であるが，この距離において，引力相互作用は斥力に対して最大となる（図6・2），以下では，ルイス構造と分子の形状について展開した考察に基づいて，結合長についてより詳細に述べる．

表6・3に，多くの一般的な化学結合の平均結合長を一覧にした．この表からいくつかの傾向がわかる．一つは，原子の大きさが大きくなると，結合長が長くなることである．これをハロゲン族の二原子分子について下に示す．

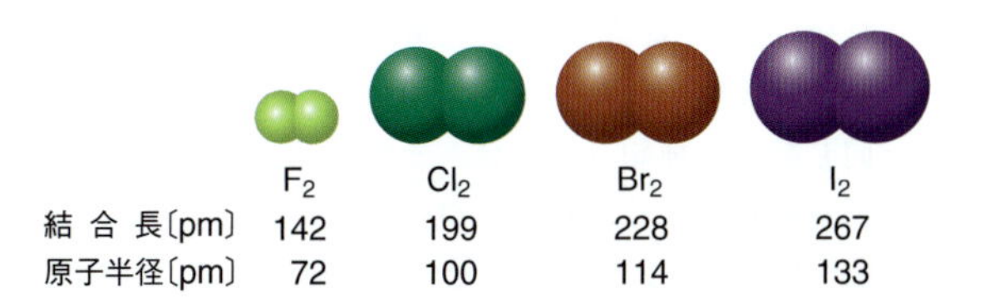

	F_2	Cl_2	Br_2	I_2
結 合 長〔pm〕	142	199	228	267
原子半径〔pm〕	72	100	114	133

表6・3 平均結合長

n_a[†]	n_b[†]	結合長〔pm〕			
H−X結合					
1	1	H—H 74			
1	2	H—C 109	H—N 101	H—O 96	H—F 92
1	3	H—Si 148	H—P 144	H—S 134	H—Cl 127
1	4				H—Br 141
第2周期元素					
2	2	C—C 154	C—N 147	C—O 143	C—F 135
2	2		N—N 145	O—O 148	F—F 142
2	3	C—Si 185	C—P 184	C—S 182	C—Cl 177
2	3	O—Si 166	O—P 163	O—S 158	N—Cl 175
2	3	F—Si 157	F—P 157	F—S 156	
2	4, 5		F—Xe 190	C—Br 194	C—I 214
より大きな元素					
3	3	Si—Si 235	P—P 221	S—S 205	Cl—Cl 199
3	3	Si—Cl 202	P—Cl 203	S—Cl 207	
4	4				Br—Br 228
5	5				I—I 267
多重結合					
		C=C 133	C=N 138	C=O 120	O=O 121
		P=O 150	S=O 143		
		C≡C 120	C≡N 116	C≡O 113	N≡N 110

† n_a は左側の原子の主量子数．n_b は右側の原子の主量子数．

結合に極性がある場合には，その部分電荷の静電引力が原子を引きつけるために，結合長が影響を受ける．たとえば，表6・3のC−N結合長は，C−C結合とN−N結合の平均よりも少し短い．これは，C−N結合の極性の結果である．

表6・3の結合長には明確な特徴が見られる．結合する二つの原子が同じならば，多重結合は単結合よりも短い．この理由は，原子の間に入る電子が増えると，核間の斥力が弱められ，引力が実質的に増加することによって原子をより近づけるからである．ゆえに，第2周期の元素間では，三重結合は二重結合よりも短くなっている．

まとめると，一般的に以下の要素が結合長に影響する．

1. 原子半径が小さいほど，結合長は短い．
2. ある原子の組について，結合に関与する電子数（単結合は2，二重結合は4，三重結合は6）が多いほど，結合長は短くなる．
3. 同じ結合の種類（単結合，または二重結合，または三重結合）で結ばれた二つの原子に関しては，電気陰性度の差が大きいほど結合長は短くなる．

例題 6・6 結 合 長

次の二つの結合長の違いはどのような要因で説明されるか．

(a) I_2 は Br_2 よりも結合長が長い．
(b) C−N結合はC−C結合より短い．
(c) H−C結合はC≡O結合より短い．
(d) ホルムアルデヒド H_2CO の炭素-酸素間結合は，一酸化炭素の炭素-酸素間結合より長い．

解 答 (a) 原子半径の違い．(b) 結合の極性の有無．(c) HとOの原子半径の違い．(d) 結合の多重度の違い．

練習問題 6・6 次の二つの結合長の違いはどのような要因で説明できるか．

(a) C=C結合はC≡C結合より長い．
(b) C−Cl結合は，Si−Cl結合より短い．
(c) C−C結合はO−O結合より長い．

結合エネルギー

結合エネルギーの定義は，その化学結合を壊すのに要するエネルギーである．結合エネルギーも，結合長と同様に，原子の性質によって変化する．結合エネルギーには一貫した三つの変化傾向が存在する．

1. “原子間に共有される電子数が多いほど，結合エネルギーは大きくなる．” 共有される電子は化学結合における接着剤の役目をするので，共有電子数が多いと結合は強くなる．
2. “結合する二つの原子の電気陰性度の差（$\Delta\chi$）が大きいほど，結合エネルギーは大きくなる．” 極性結合は，結合する原子の周りの正と負の部分電荷間の静電引力によって安定化する．下表からわかるように，酸素と他の第2周期の元素の結合はこの傾向の典型的な例である（結合長もわずかに変化することに留意せよ）．

結 合	電気陰性度の差（$\Delta\chi$）	結合エネルギー〔kJ mol^{-1}〕
O−O	0.0	145
O−N	0.5	200
O−C	1.0	360

3. “結合長が長くなるほど，結合エネルギーは減少する．” 原子が大きくなると，結合に関与している電子の分布範囲が広がり，電子と原子核の正味の引力は減少する．次の表の結合エネルギーには，この効果が示されている（電気陰性度の差も変化して，この傾向を増長している）．

結 合	結合長〔pm〕	結合エネルギー〔kJ mol^{-1}〕
H−F	92	565
H−Cl	127	430
H−Br	141	360
H−I	161	295

結合長と同様に，結合エネルギーも，有効核電荷や主量子数や静電気力や電気陰性度などの複数の要因の影響を受ける．したがって，結合エネルギーについての上の三つの傾向に例外が多数存在するとしても驚くにはあたらない．多くの場合，同時に複数の決定因子が変化し，それらが結合エネルギーに与える作用がいつも同じ方向とは限らないからである．結合エネルギーの違いを説明できたとしても，その違いについて常に信頼できる予測をすることはむずかしい．

分子の形状についてのまとめ

表6・4に，電子対の組の数と，電子対の組の幾何構造，および，分子の形状の間の関係がまとめられている．電子対の組の数と幾何構造の関連を思い出せば，分子構造と結合角と双極子モーメントの有無を推測できるであろう．

分子の形状に関するこの比較的小さな表によって，驚くほど多数の分子について説明できる．タンパク質やその他の高分子のような複雑な分子も，その形状はこの比較的簡潔な基本形をもとに組立てられている．大きな分子の全体の形は，そこに含まれる中心原子がとる形状の複合物であり，中心原子の形状は共有電子対の数と非共有電子対の数によって決まるからある．

6・6 原子価結合理論

ルイス構造は分子内の価電子の分布を示す基本である．しかしルイス構造の点と線では，結合がどのように形成されるか，分子がどのように反応するか，あるいは分子の形状などについてはわからない．この観点からすると，ルイス構造は，原子の電子配置に似ている．両者ともに電子の分布について教えてくれるが，それ以上の詳細はわからない．原子軌道については，電子が原子内でどのように分布しているかを理解する必要があったのと同じように，分子についても電子がどのように分布しているかを知る必要がある．原子価結合理論によってそれを知ることができる．

原子価結合理論では分子の中の電子は，二原子間の結合部または一つの原子に，通常は電子対として局在していると仮定される．その結果，局在化結合モデルは軌道を二つに分類する．一つは二原子間に高い電子密度をもつ結合軌道であり，もう一つは一つの原子上に局在している軌道である．言い換えれば，ある原子の周りの領域に限定されている電子は，他の原子と結合する軌道にいるか，あるいは結合しない軌道にいるかのどちらかである．

この章の前半で σ 結合を紹介し，さらに二重結合，三重結合についても学んだ．この節では，π 結合とよばれる結合について議論する．それは多重結合がどのように構成されているかを理解する手助けとなる．

軌道の重なり

すでに述べたように，水素分子内の電子は，電子−原子核の引力が最大になるように二つの原子核の間に配置される．化学結合を理解するためには，共有される電子を説明する新たな軌道モデルを構築しなければならない．言い換えると，**結合軌道**（bonding orbital）の組を構築する必要がある．

ほとんどの化学者に用いられている結合のモデルは，第1章と第5章からいくつかの重要な概念を取入れたも

表 6・4　分子の幾何構造の特徴

電子対の組の数	周辺原子の数	非共有電子対	電子対の組の幾何構造	分子の形状	結合角	双極子モーメント†	例
2	2	0	直線形	直線形	180°	なし	CO_2
3	3	0	平面三角形	平面三角形	120°	なし	BF_3
	2	1	平面三角形	折れ線形	＜120°	あり	NO_2^-（および他の共鳴構造）
4	4	0	四面体形	四面体形	109.5°	なし	CH_4
	3	1	四面体形	三角錐形	＜109.5°	あり	NH_3
	2	2	四面体形	折れ線形	＜109.5°	あり	H_2O
5	5	0	三方両錐形	三方両錐形	90°，120°	なし	PCl_5
	4	1	三方両錐形	シーソー形	＜90°，＜120°	あり	SF_4
	3	2	三方両錐形	T字形	＜90°，＜120°	あり	ClF_3
	2	3	三方両錐形	直線形	180°	なし	I_3^-
6	6	0	八面体形	八面体形	90°	なし	SF_6
	5	1	八面体形	四角錐形	＜90°	あり	ClF_5
	4	2	八面体形	平面四角形	90°	なし	XeF_4

† 周辺原子がすべて同じ場合にのみ適用可能.

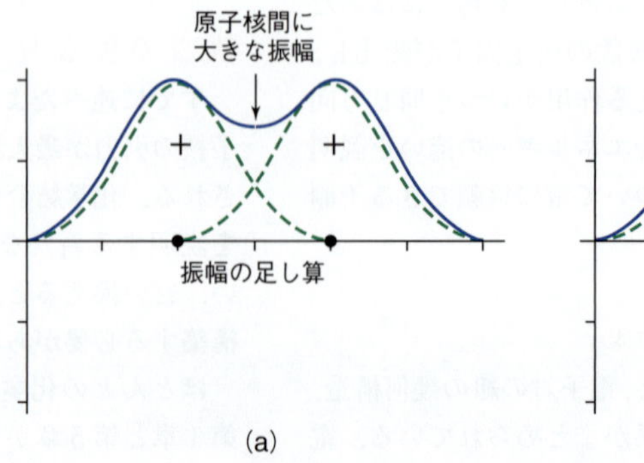

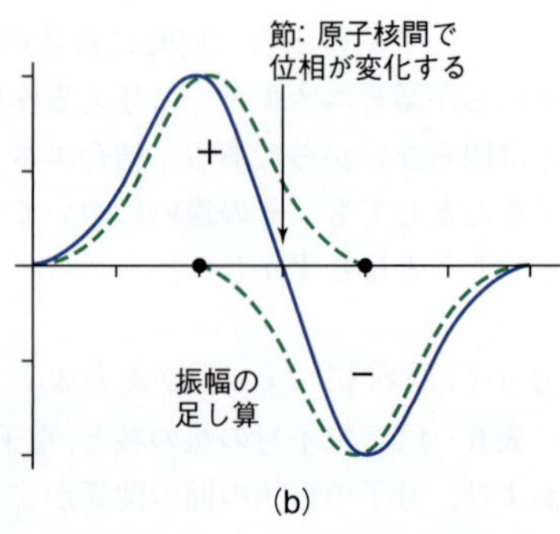

図 6・21　(a) 二つの波動（破線）が同位相の場合には，波動が重なる領域においては波動の和（実線）は大きな振幅となる.（b）二つの波動（破線）が逆位相の場合には，波動が重なる領域においては波動の和（実線）は小さな振幅となる．縦軸は波動の振幅，横軸は2核を結ぶ軸方向の座標.

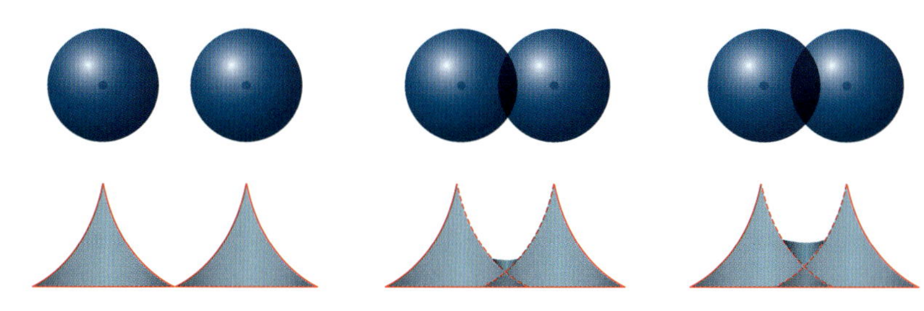

図 6・22 二つの水素原子が互いに近づくと，1s 原子軌道の重なりが大きくなる．二つの波動の振幅は足し合わされて，原子核の間の領域に大きな電子密度をもつ新たな軌道が生じる．

のである．結合軌道は，原子軌道を組合わせることでつくられる．軌道には波動的性質があることを思い起こしてほしい．複数の波動が相互作用すると，振幅は足し合わされることになる．同じ空間に存在する二つの波動は重ね合わされて，もとの波動の複合である新たな波動を生じる．重ね合わされた波動の振幅が同じ位相をもっている領域では，波動の振幅は足し合わされて重なり合う．この領域では図 6・21(a) に見るようにもとの波動のいずれよりも大きい波動の振幅が現れる．振幅の位相が逆になる領域では，波動の和は相殺する方向の重ね合わせとなり，図 6・21(b) に見るように，もとの波動のいずれよりも小さな波動の振幅が現れる．

電子は波動的性質をもつので，波動関数の和や差が関係する．同じ位相をもつ二つの軌道が重ね合わされると，もとの二つの軌道から合成された新しい軌道が生じる．このことが，水素分子の場合について図 6・22 に示されている．これは**軌道の重なり** (orbital overlap) とよばれ，これから述べる結合モデルの基盤である．

軌道重なりモデルの規則

軌道重なりモデルは次のような仮定の下に展開される．

1. 分子内の各電子はそれぞれ特定の軌道に入っている．
2. パウリの排他原理（第 5 章）は，原子内だけでなく，分子内の電子にも適用されるので，どの 2 個の電子も同一の状態には入らない．
3. 分子内の電子は構成原理に従う．すなわち，基底状態では可能な限り最もエネルギーの低い軌道に入る．
4. 結合を記述するのに必要なのは，価電子軌道だけである．

価電子は，強く相互作用するのに適した大きさとエネルギーをもっているため，このモデルにおいては，価電子だけが結合に関係する．すでに H_2 や F_2 の価電子原子軌道の重なりの例を見てきたが，このような小さな二原子分子に対しては，この単純な方法が非常によく適している．しかし，単純なモデルでは，実験で決定された構造を再現できない分子も存在する．たとえば，水分子の O と H の間の価電子の原子軌道の重なりから結合を考えるとき，104.5° の H−O−H 結合角を再現することはできない．1 電子だけが入っている酸素の二つの p 軌道は互いに 90° をなしているので，これらが水素の 1s 軌道と重なり合えば，その結合角も 90° となるはずである．

この矛盾する問題に対して，原子価結合理論では，価電子の原子軌道の混成軌道を構築することで解決しようと試みる．実験結果とよく一致するこの方法について以下で説明し，特に四面体形のメタン分子については詳しく述べる．

原子軌道の混成

図 6・23 は実験で決定されたメタンの構造であり，これは VSEPR 理論の結果と一致している．正四面体形の幾何構造をもつメタンでは，四つの H 原子がその頂点に位置し，H−C−H 結合角は 109.5° となっている．

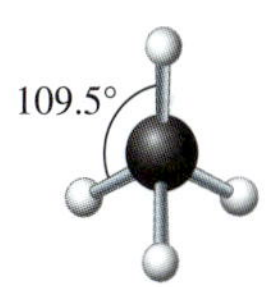

図 6・23 実験から求められたメタンの構造．結合角 109.5° の正四面体形である．

もし価電子の原子軌道の重なりだけを考慮してメタンの結合を考えるとすると，このような結合角は再現されない．炭素原子の三つの 2p 軌道は互いに 90° の角度で直交しているが，2s 軌道は球対称なので方向性をもたない．したがって，互いに直交する四つの C−H 結合をもつ構造が予想される．この単純な考え方がメタンの結合を説明するには不十分であることは明白である．しかし，おのおのの価電子の原子軌道を出発点として用いて，**混成軌道** (hybrid orbital) を構成してみよう．これは原子軌道を混合したものであり，この混合の過程が**混成** (hybridization) とよばれる．これをメタンを例にとって説明してみよう．

メタン： sp^3 混成軌道　混成軌道を組立てるためには，まず，使うべき価電子の原子軌道を特定しなければならない．炭素の電子配置は$1s^2 2s^2 2p^2$であるから，問題となる価電子の軌道は，一つの2s軌道と三つの2p軌道である．これら四つの原子軌道を混合することによって，四つの新たな混成軌道が形成される．これらは**sp^3混成軌道**（sp^3 hybrid orbital）とよばれる．第5章で述べたが，p軌道には，ダンベルの両側に位相が逆の二つの振幅がある（図6・24aのピンクと青の膨らみ）ことを思い出そう．一つのs軌道と一つのp軌道が，中心が一致するように置かれているとすると，振幅のうちの一つはs軌道と足し合わせる方向に相互作用して増大する．もう一方の振幅は相互作用の結果，打ち消し合って収縮する．sp^3という名称は，一つのs軌道と三つのp軌道から四つの混成軌道が生成されることから名付けられている．それぞれのsp^3混成軌道には等しく，$\frac{1}{4}$のsの性質と$\frac{3}{4}$のpの性質をもっている．図6・24(a)にはsp^3混成軌道の形状と，それが生じる過程が図示されている．図6・25は，この過程のエネルギー準位図である．

生成された四つのsp^3混成軌道の配置において電子間の反発が最小になっていることは，VSEPR理論の結果と同じであり，正四面体形の配置となる．この配置では，それぞれの混成軌道は正四面体の異なる頂点の方向を向いている．すべての混成軌道は，図6・24(b)に示すように，電子密度の高い軌道部分がある特定の方向を向いているという点で方向性をもっている．

メタンについてこのモデルを完成させてみよう．1電子が入っているsp^3混成軌道をそれぞれ，1電子が入っている水素原子の1s軌道と重ね合わせる．そうすると図6・26のような，等価な四つのσ結合と正四面体形の分子が形成される．

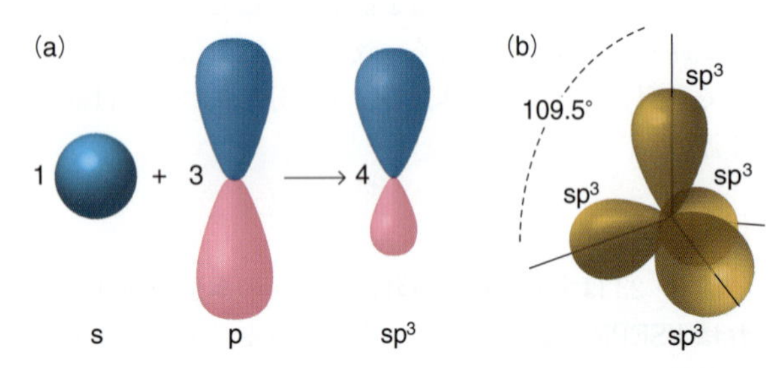

図6・24 (a) 一つのs軌道と三つのp軌道から四つのsp^3混成軌道が形成される．(b) 四つのsp^3混成軌道の正四面体形配置．逆位相の小さい方の軌道部分は共有結合に重要な役割を果たさないため省略されている．

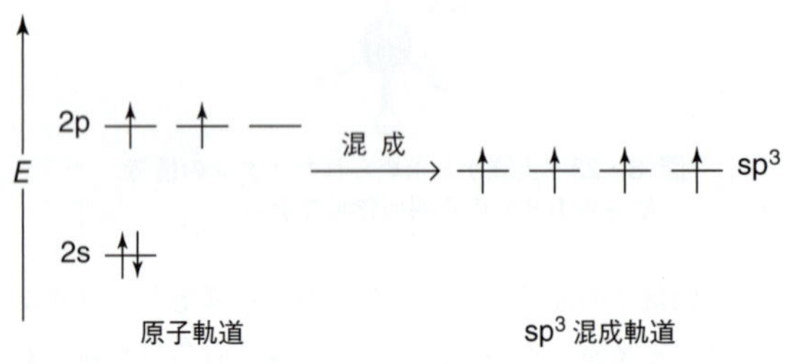

図6・25 一つの2sと三つの2pの価電子原子軌道から四つのsp^3混成軌道が生成する過程のエネルギー準位図

例題 6・7 混成軌道によるH_2Sの結合

硫化水素H_2Sの結合を混成軌道を用いて説明せよ．この問題を通して，ルイス構造やVSEPR理論のような分子の形を決めるための単純なモデルが，分子の化学結合のより高度な理解のためにどのように助けになるか例示する．

解 答

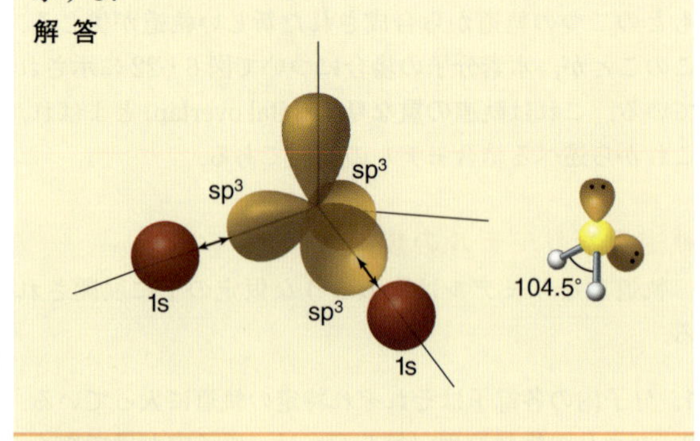

練習問題 6・7 AlH_3分子の結合を混成軌道によって説明せよ．

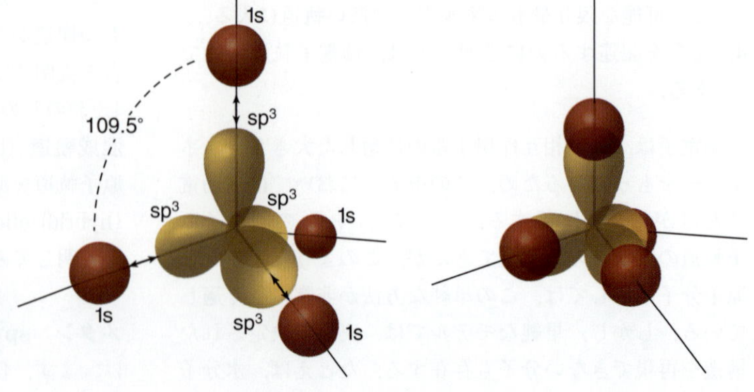

図6・26 水素の1s軌道と炭素原子のsp^3混成軌道の間の重なりがメタンの形をつくる．sp^3の大きな軌道部分と，水素のsは同じ位相であるが，図では見やすくするために色を変えている．sp^3の逆位相の小さい方の軌道部分は省略されている．

sp^3 混成は，炭素原子に限定されているわけではないことに注意する．実際に四面体形またはそれと同様の電子対の配置を示す原子は，sp^3 混成であると考えられる．

分子の周辺原子が水素でない場合には，その原子には非共有電子対が存在するが，その場合も混成軌道をつくることによって幾何構造をうまく説明できる．これをジクロロメタン CH_2Cl_2 を例として説明してみよう．ルイス構造は以下のようになる．

```
      H
      |
:Cl — C — H
      |
     :Cl:
```

中心の炭素原子に関して，1電子のみ入っている四つの sp^3 混成軌道をつくることによって，二つの C−H 間の σ 結合を H の 1s 軌道との重なりでつくることができる．さらに C−Cl 間の σ 結合を，残った二つの混成軌道と，二つの Cl 原子の1電子だけが入っている p 軌道との重なりでつくることができる．しかし，この方法の問題点は，最初に原子軌道の混成を導いたときと同様に，電子対（今の場合は Cl 原子の非共有電子対）の幾何構造に対して間違った結果を与えることである．C について行ったのと同様に，Cl についても価電子の原子軌道の混成をつくることができる（図6・27）．

3p ↑↓ ↑↓ ↑ ——混 成→ ↑↓ ↑↓ ↑↓ ↑ sp^3

E

3s ↑↓

原子軌道　　　sp^3 混成軌道

図 6・27　塩素原子の価電子 3s と 3p の原子軌道から sp^3 混成軌道が生成する過程のエネルギー準位図

この混成では，各 Cl 原子に1電子だけが入っている sp^3 混成軌道が一つ存在し，それが炭素原子の sp^3 混成軌道との重なりをつくって，二つの C−Cl 間の σ 結合を形成する．塩素原子の sp^3 混成軌道が正四面体形の配置であるならば，三つの非共有電子対は約 109.5° の角度となっているであろう．

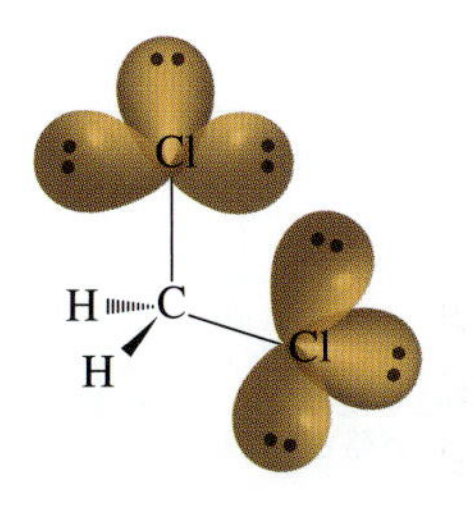

sp^2 混成軌道　三フッ化ホウ素は §6・4 でも例として用いた．中心原子には平面三角形構造の電子対が3組あり，その三つの B−F 結合は角度 120° で隔てられている．もし BF_3 の結合を価電子の原子軌道の重なりの方法だけで解こうとするならば，90° の結合角が予想されるであろう．F−B−F の結合角が 109.5° ではなく 120° となるため，sp^3 混成の考え方も適切ではない．平面三角形構造をもつ原子を説明する別の混成軌道が必要である．この場合，ホウ素原子の 2s 軌道と二つの 2p 軌道を混合して，三つの **sp^2 混成軌道**（sp^2 hybrid orbital）をつくることになる．この過程が，$\frac{1}{3}$ s と $\frac{2}{3}$ p の性質をもつ sp^2 混成軌道として，図6・28 に示されている．

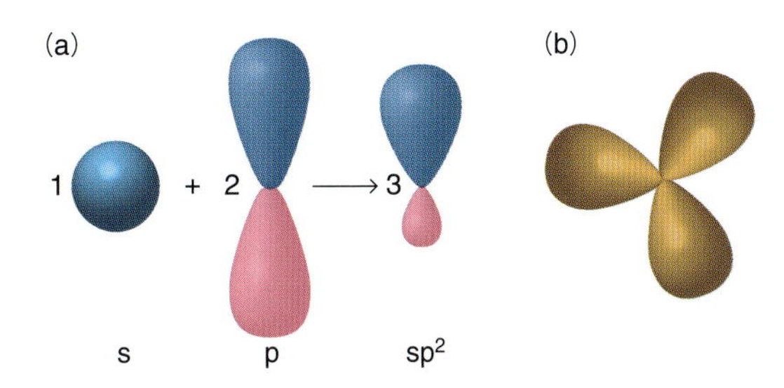

図 6・28　(a) 一つの s 軌道と二つの p 軌道から三つの sp^2 混成軌道が生成する．(b) 三つの sp^2 混成軌道は互いに 120° の角度をなし，同一平面内に存在する．sp^2 の逆位相の小さい方の軌道部分は，共有結合に重要な役割を果たさないため省略されている．

各 sp^2 混成軌道が，見かけのうえでは sp^3 混成とよく似ているとしても，混成をつくる過程のエネルギー変化は，図6・29 のように，全く異なる．

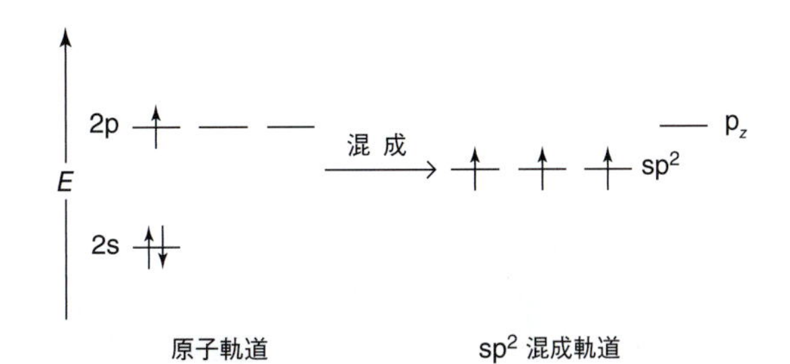

図 6・29　ホウ素原子の価電子 2s と 2p の原子軌道から三つの sp^2 混成軌道が生成する過程のエネルギー準位図

三つの sp^2 混成軌道は，ホウ素原子を囲んで同一平面内にあり，互いに 120° の角度をなしている．sp^2 混成軌道には三つの 2p のうち二つだけが使われるので，残りの一つの軌道（慣習的に p_z とする）は混成していない．

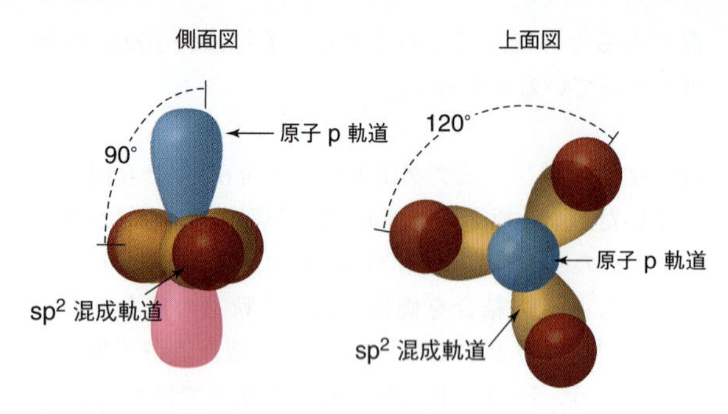

図 6・30　sp^2 混成の原子は，同一平面内で互いに 120° の角度をなす三つの軌道をもつ．混成しない p 軌道が一つあり，それは混成軌道の平面に対して垂直方向を向いている．混成していない p_z 原子軌道の片側の半分（ピンクまたは青のどちらか）以外のすべての軌道は同じ位相であるが，見やすくするために色を変えてある．sp^2 の逆位相の小さい方の軌道部分は省略されている．

図 6・30 にはすべての軌道の配置が示されている．

F 原子についても軌道は混成される．各 F 原子は 4 組の電子対に囲まれているので，sp^3 混成をなす．この過程は上で述べた CH_2Cl_2 の Cl 原子についての混成と全く同様である．ホウ素の 1 電子で占められている三つの sp^2 混成軌道と，1 電子で占められているフッ素原子の sp^3 混成軌道が重なることによって，同一の σ 結合が三つの B−F 間に形成される．

sp 混成軌道　水素化ベリリウムは，直線状構造の分子の例として §6・4 で扱った．ベリリウム原子は水素二つと結合し，H−Be−H の結合角は 180° である．直線状構造の軌道を説明するには，逆方向を向いた二つの軌道が混成によって生成される必要がある．ベリリウムの 2s 軌道と 2p 軌道の一つを混成させることによって，**sp 混成軌道**（sp hybrid orbital）の 1 対をつくり出す．この過程が，$\frac{1}{2}$ s と $\frac{1}{2}$ p の性質をもつ sp 混成軌道として，図 6・31 に示されている．

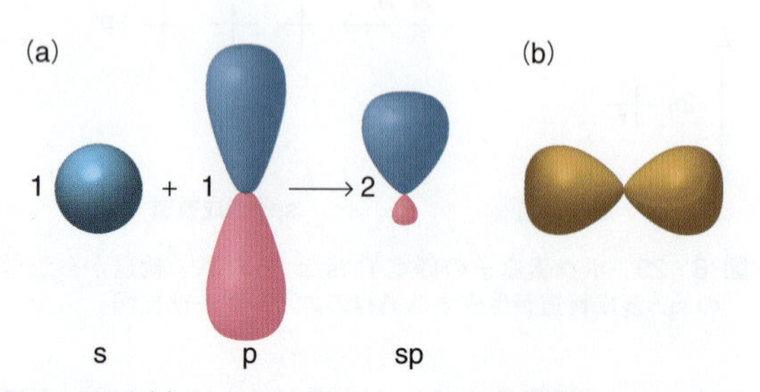

図 6・31　(a) 一つの s 軌道と一つの p 軌道から二つの sp 混成軌道が生成する．(b) 二つの sp 混成軌道の配置．二つの軌道は互いに 180° の角度をなして同一直線内に存在する．sp の逆位相の小さい方の軌道部分は，共有結合に重要な役割を果たさないため，省略されている．

図 6・32 は混成過程のエネルギー図である．この場合，p 軌道は一つだけ使われ，残りの二つは混成にかかわらない．

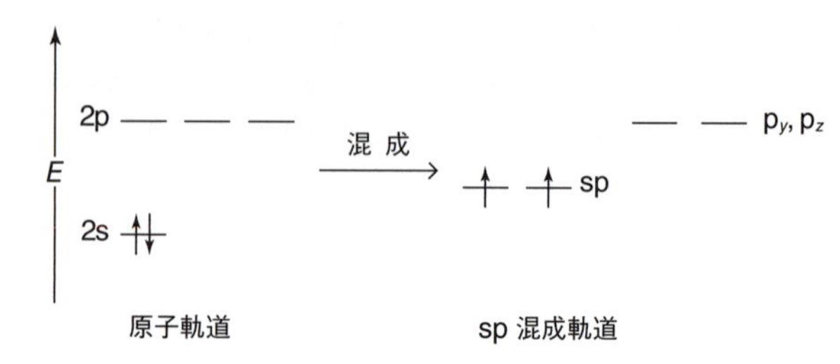

図 6・32　ベリリウム原子の 2s と 2p の価電子の原子軌道から sp 混成軌道が生成する過程のエネルギー準位図

二つの sp 混成軌道は，180° の逆方向を向き，直線状構造の分子を形成する．半分満たされた混成軌道と，同じく半分満たされた水素の 1s 軌道の重なりによって，二つの Be-H 間が同一の σ 結合で結ばれる．周辺原子である H には一つの 1s 軌道しかないため，混成は起こらないことに注意せよ．図 6・33 には BeH_2 の結合が図解されている．電子が入っていない（かつ混成されていない）二つの p 軌道は，互いに直交する．この軌道は，三重結合をもつ分子を考える際に結合に寄与するのであるが，これについては本章の章末で述べる．

図 6・33　BeH_2 の結合．sp 混成軌道の大きな軌道部分と水素の s 軌道は同じ位相であるが，見やすくするために色を変えてある．sp 混成軌道の逆位相の小さい方の軌道部分は省略されている．

表 6・5　価電子混成軌道の概要

電子対の組の数	電子構造	混 成	混成軌道数	不使用の p 軌道数	軌道図†
2	直線形	sp	2	2	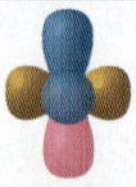
3	平面三角形	sp^2	3	1	
4	四面体形	sp^3	4	0	

† 混成していない p_z 原子軌道の片側の半分（ピンクまたは青のどちらか）以外のすべての軌道は同じ位相であるが，見やすくするために色を変えてある．各混成軌道の逆位相の小さい方の軌道部分は省略されている．

表6・5には，これまでに述べてきた混成の概要，および，VSEPR 理論と原子価結合理論の相関関係が示されている．配位数が4より大きい分子の結合を説明するために，さらに別の混成の構想が必要になるとしても，sp，sp^2，sp^3 は，特に有機分子の結合を理解するうえで最も有効である．多くの有機分子の特徴の一つとして多重結合があるが，原子価結合理論の観点からこの現象を見ていこう．

多重結合

本書に出てくるルイス構造の多くには，二重または三重結合を含む分子が描かれている．エテンやエチンのような簡単な分子から，クロロフィルやビタミン B_{12} のような複雑な化合物にまで，化学には多重結合が溢れている．二重結合と三重結合は原子価結合理論を拡張することによって説明できる．まずは，最も単純な炭化水素であるエテン C_2H_4 から始めよう．

エテンの結合　エテンは，沸点が−104 ℃の無色の可燃気体であり，おもにポリエチレンのようなプラスチックを製造するのに用いられる．エテンは細胞壁の破壊を促進するので，果物（特にバナナ）の成熟を早めるためにも使われる．

すべての結合はルイス構造から出発する．エテンは12個の価電子をもつ．分子の結合の骨格は一つのC−C結合と四つのC−H結合であり，10個の電子が必要である．最後の2個の電子を炭素原子上の非共有電子対として配置すると，その結果，形式電荷は一つの炭素原子では−1となり，もう一つは+1となる．この形式電荷は炭素原子間に二重結合をつくることにより最小化できて，さらにオクテット則を満足する．

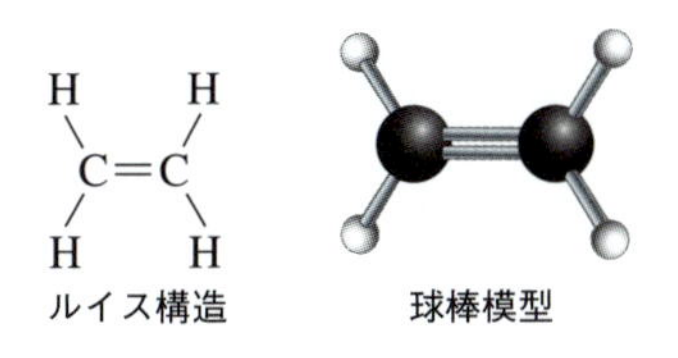

それぞれの炭素原子は3組の電子対で囲まれている．つまり炭素原子は sp^2 混成であり，平面三角形構造となる．

多重結合をもつ分子の結合理論を構築するために，混成軌道から形成できる単結合の σ 結合の骨格だけをもつ分子の考察から始めてみよう．sp^2 混成のC原子についての軌道準位図が，図6・34に示され，σ 結合骨格が図6・35に示されている．

図6・34の矢印の右側の電子配置は，構成原理を破っ

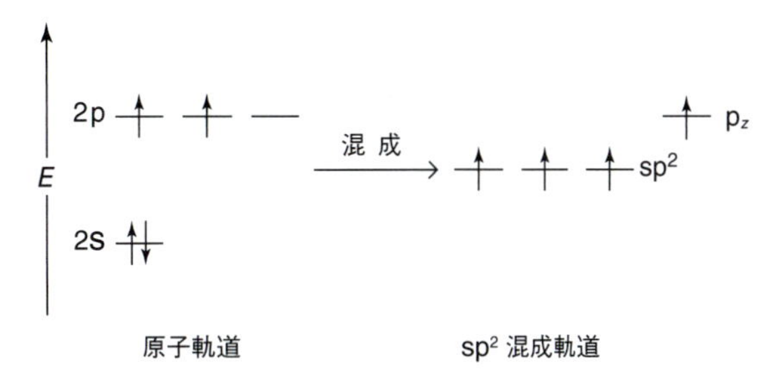

図 6・34　炭素原子の価電子 2s と 2p の原子軌道から sp^2 混成軌道が形成される過程のエネルギー準位図

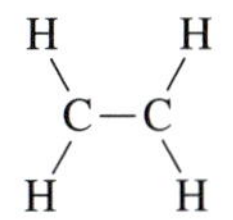

図 6・35　エテン分子の σ 結合の骨格

ていることに注意せよ．このことは，sp^2 軌道と p_z 軌道のエネルギー差が小さいことによって正当化される．すなわち p_z 軌道に電子を入れるのに要するエネルギーが，混成軌道の一つを充足させてスピン対をつくるのに必要なエネルギーよりも小さいということである．この電子配置は，実験結果に一致している．

σ 結合の骨格については，四つのC−H結合と一つのC−C結合をつくらなければならない．図6・36のように，それぞれの炭素原子上の sp^2 混成軌道を使って，二つをC−H間で σ 結合を形成させ，残りの sp^2 混成軌道の重なりでC−C結合をつくる．

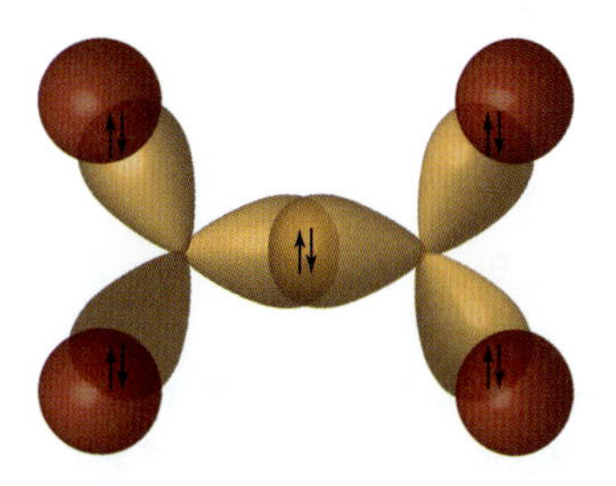

図 6・36　エテンの σ 骨格構造を形成する軌道の重なり．図示されているすべての軌道は同じ位相をもっているが，見やすくするために色を変えている．

σ 結合の骨格を構築できた後に，各C原子に半分だけ電子に占有された p_z 軌道が一つずつ残され，これが二重結合に使われる．すでに見てきたように，σ 結合では二つの原子核を結ぶ軸に沿って電子密度が最大になっている．二重結合をつくるためには，二つの p_z 軌道が隣り合った状態で重なりをつくり，図6・37のような **π 結合**（π bond）が形成される．π 結合では，原子核の平面の上側と下側で電子密度が最大となり，炭素原子核

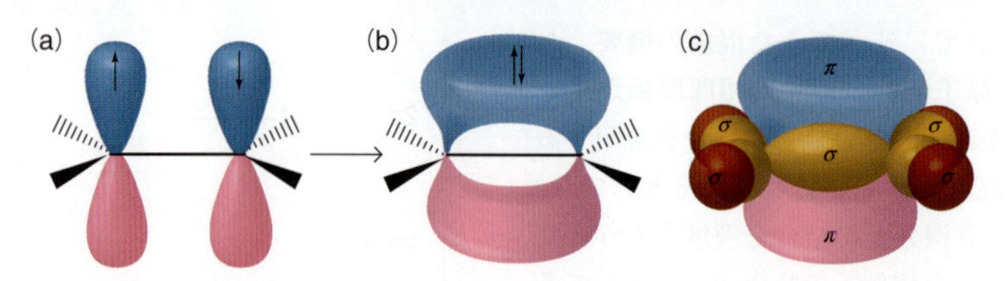

図 6・37　三つの視点からのエテンの結合軌道の図．(a) π 結合に関与する p_z 原子軌道．(b) p_z 原子軌道の重なりによって形成される π 結合．(c) σ 結合の骨格に π 結合を重ね書きした図．ピンクと青の膨らみは一つの π 結合を表し，2 個の電子が入っている．

を結ぶ軸上では電子密度はゼロになっている．二重結合は常に σ 結合と π 結合から構成されている．σ 結合は二つの混成軌道の先端の重なりで形成され，π 結合は二つの原子の p 軌道の横方向の重なりによって形成される．横方向の重なりは，先端の重なりほどには強くないので，二重結合は同じ原子間の単結合の 2 倍ほどには強くない．図 6・37 に，エテンの結合軌道の全体像が描かれている．エテンは C=C 二重結合をもつアルケンの中で最も単純な分子である．

混成に関与しない p 価電子軌道が π 結合に使われることは，sp^2 混成の特徴であり，これは炭素原子だけで起こるわけではない．多くの有機分子は C=N や C=O などの二重結合を含んでおり，それらについても，上で述べた C=C 二重結合と同様のやり方で説明できる．

まとめると，二重結合は，次の四つの手順に従って，原子価結合理論によって説明される．

1. ルイス構造を求める．
2. ルイス構造から混成の型を決める．
3. σ 結合の骨格をつくる．
4. π 結合を加える．

エチンの結合　エチンは，酸素エチン溶接で使用されるガスである．エチンには 10 個の価電子があり，そのうち 6 個が C−C 結合と二つの C−H 結合に使われる．残った 4 個の電子が，分子内の二つの C 原子に割り振られる．残りの 4 電子を 2 組の非共有電子対として片方の C 原子に割り当てれば，オクテットが完成される．しかしその結果，その C 原子は −2 の形式電荷となり，もう一方の C 原子は +2 の形式電荷をもつことになる．C 原子上の 2 組の非共有電子対を，C 原子間の 2 組の共有電子対に転換することによって，分子内のすべての原子の形式電荷をゼロにすることができる．その結果，炭素原子が三重結合で結ばれている次のルイス構造が得られる．

H−C≡C−H

各炭素原子は 2 組の電子対に囲まれており，分子全体として直線状構造が予想される．ゆえに，エチンの結合は sp 混成軌道によって説明できる．

エテンに対して行ったように，最初に，混成軌道として単結合の σ 結合のみを用いて骨格を構成する．sp 混成の C 原子についての軌道準位図を図 6・38 に示す．図 6・39 はエチンの σ 結合の骨格である．

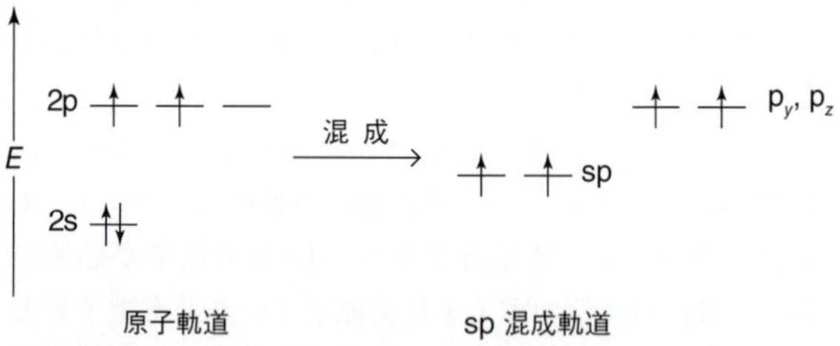

E
2p ↑ ↑ —
2s ↑↓
混 成 →
↑ ↑ sp
↑ ↑ p_y, p_z
原子軌道　　sp 混成軌道

図 6・38　炭素原子の 2s と 2p の価電子の原子軌道から，sp 混成軌道を形成する過程のエネルギー準位図

H−C−C−H

図 6・39　σ 結合によるエチンの分子骨格

二つの C−H 結合，および sp 混成軌道による一つの C−C 結合から，形成した σ 結合の骨格を図 6・40 に示す．

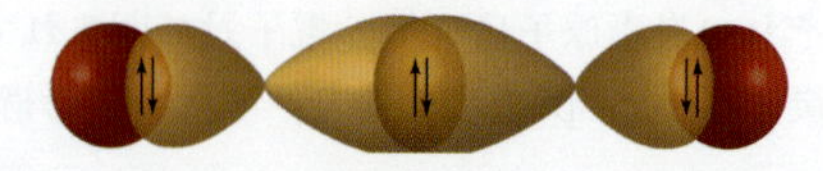

図 6・40　エチンの σ 骨格を構成する軌道の重なり．図示されているすべての軌道は同じ位相であるが，見やすくするために色を変えてある．

残りの電子は，二つの C 原子の p 軌道に 1 電子ずつ入る．各 C 原子上の p_y と p_z 軌道がそれぞれ横向きに重なりあうことによって，π 結合を形成できる．この様子

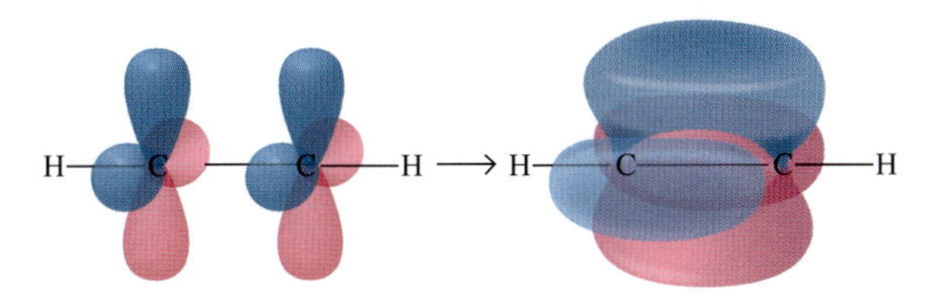

図 6・41 混成していないp軌道が重なりをつくって，エチンのπ結合の骨格を形成する．

が図6・41に描かれている．

ゆえにC−Cの三重結合は，一つのσ結合と，互いに直交する二つのπ結合から構成されていて，このことはすべてのアルキンにおいても同様である．sp混成軌道によって説明される結合をもつ，もう一つの分子が例題6・8で取扱われる．

例題 6・8 混成軌道によるCO_2の結合

混成軌道の考え方を用いてCO_2の結合を説明せよ．

解 答 π結合の枠組みを三次元的に描くと下の図のようになる．C原子の半分満ちている二つのp軌道は互いに直交している．C原子の半分満ちたp軌道の一つは，どちらかのO原子の半分満ちたp軌道の一つと重なりをつくり，C原子のp軌道のもう一つは，もう一方のO原子の半分満ちたp軌道と重なりをつくっている．ゆえに，この分子は全体として二つのπ結合をもつ．

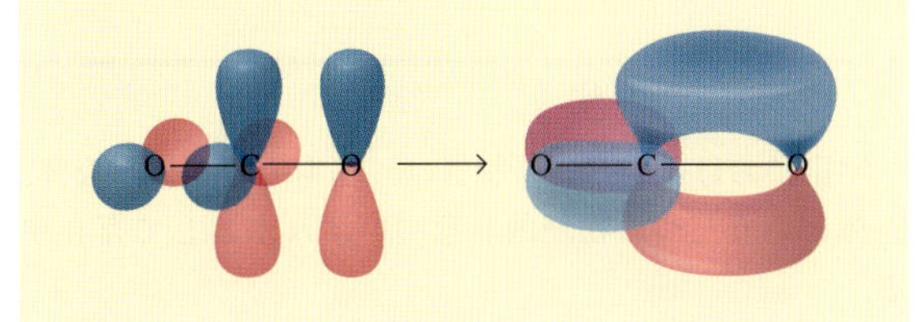

7 物質の状態

7・1 物質の状態

宇宙におけるすべての物質は，基本的に気体，液体，固体という三つの物理的状態のいずれかとして存在する．

第四の状態である原子核と電子が分離したプラズマ状態は，恒星の内部のような極端な条件のもとで存在する．その他に，液体と気体の両方の性質をもつ超臨界流体も存在する．

ほとんどの物質は上の三つの状態のいずれかであり，温度や圧力を変えることによって，物質の最も安定な状態を変化させることができる．たとえば，液体の水を通常の圧力下で 0 ℃ 以下に冷やすことによって，固体の水（氷）をつくることができる．

ではなぜ，25 ℃ の大気圧下において水は液体なのか．酸素は気体なのか．金は固体なのか．その答えは，その物質を構成している個々の原子，分子またはイオンの間に働いている“力”にある．固体は，その成分の間に働く比較的強い力によって集合体になっている．一方，気体ではその力は比較的弱い．この章では，物質がとりうる異なる状態と，原子・分子・イオンの間に働いているさまざまな力について学ぶ．

7・2 分子間力

融点（melting point, mp）と**沸点**（boiling point, bp）は，分子間力の強さを表す指標となる．液体が熱せられると，分子の動きはより速くなる〔つまり，分子の平均**運動エネルギー**（kinetic energy）が増大する〕．物質の沸点は，分子のもつ運動エネルギーが十分に大きくなって，分子間の引力を上回るようになる温度である．標準大気圧（$1.013\,25 \times 10^5$ Pa）のときの沸点を**標準沸点**（normal boiling point）とよぶ．たとえば，臭素の標準沸点は 332 K（59 ℃）である．その温度を超えると平均の運動エネルギーが，分子間の引力によるエネルギーを上回って臭素は気体となる．大気圧下では，332 K より低い温度において臭素は液体である．沸点は，おもに分子間の引力によって決まるので，分子のモル質量以外の因子も重要である．たとえば，四塩化炭素 CCl_4（$M = 153.81$ g mol^{-1}）の沸点は 77 ℃ であり，より軽い分子であるフェノール C_6H_5OH（$M = 94.12$ g mol^{-1}，沸点 182 ℃）よりも低い．その理由は，フェノールの分子間力の強さにある．

液体が気体に転移することを**気化**（vaporization）とよぶ．分子が液相から離れていく速さが，気体から液相に入ってくる速さに比べてより速いときに，液体は気化する．**凝縮**（condensation）はその逆の過程である．分子が液相から出ていくよりも速く，気相から液体に分子が捕らえられるときに，気体は凝縮する．この過程については後でもう少し詳しく述べる．

液体中の分子は，ほぼ自由に動くことができる．液体が冷やされると，運動エネルギーは減少する．凝固点より低くなると，分子は位置が固定されてしまい，液体は凝固する．圧力が $1.013\,25 \times 10^5$ Pa のときの，その温度を**標準凝固点**（normal freezing point）とよぶ．液体が凝固するのは，液体分子が互いに位置を交換できなくなるほど，運動エネルギーが小さくなったときである．逆に，固体が融解するのは，分子の運動エネルギーが大きくなって，分子が互いに位置を交換できるほどに自由に動けるようになるときである．分子間力の強さは，標準沸点を決めるだけでなく，融点も決定する．分子間力が強いほど，融点は高くなる．フッ素は 53.5 K，塩素は 172 K，臭素は 266 K である．なお，ここでは，固体から液体への転移点を融点，液体から固体への転移点を凝固点と表現している．

沸点と融点は，分子間力の強さに依存する．なぜなら，一つの相から分子が出ていく速さとその相に入ってくる速さは，分子の運動エネルギーと分子間の引力の均衡によって決まるからである．強い分子間力をもつ物質では，その引力に打ち勝つための十分な運動エネルギーを分子が得るためには，高い温度に熱せられる必要がある．分子間力が小さい物質は，凝縮した相として分子が集合す

表 7・1　元素の標準融点（mp）と標準沸点（bp）

物質	mp〔K〕	bp〔K〕	物質	mp〔K〕	bp〔K〕
He	1.5†	4.2	Br_2	266	332
H_2	14.0	20.3	I_2	387	458
N_2	63.3	77.4	P_4	317	553
F_2	53.5	85.0	Na	371	1156
Ar	83.8	87.3	Mg	922	1363
O_2	54.8	90.2	Si	1683	2628
Cl_2	172	239	Fe	1808	3023

†　ヘリウムは大気圧では凝固しないため，高圧下(2.6 MPa)での値.

るためには，分子の運動エネルギーが十分小さくなるまで冷やされる必要がある．いくつかの元素の融点と沸点を表7・1に示した．

第6章において，原子やイオンを一つにつなぎ合わせるイオン結合や共有結合について学んだ．さらに，すべての分子の間には分子間力とよばれる引力が存在し，それは原子やイオンや分子の間に働く（結合力以外の）引力の総称である．分子間力の強さは，通常は結合力に比べてずっと弱いが，一般的に，化合物の化学的性質に対してではなく，（たとえば，通常の環境で，気体か，液体か，固体か，というような）物理的性質に対して影響を与える．分子間力は，（永久的な，または一時的な）極性の違いによってひき起こされる．この節では，分子についてだけ述べるが，同じ説明がイオンや原子にも適用できる．

分子間力にはいくつかの種類があり，それぞれの強さはさまざまである．分子間力はすべて，隣接する分子の正または負に荷電した一部分（つまり，電子雲や原子核）との間の引力によって起こる．それらの区別はかなり流動的であるが，力の弱い方から強い方へ順に書くと，

- 分散力（あるいはロンドン分散力とよばれる．瞬間双極子と誘起双極子間の引力）
- 双極子–誘起双極子引力
- 双極子–双極子引力（比較的強い双極子–双極子引力である水素結合を含む）

類似の引力がイオンと双極子（または誘起双極子）の間にも存在する．イオン–双極子間の引力とイオン–誘起双極子間の引力は，ここまで述べてきた分子間力よりも強い．

分散力（dispersion force）は，一つの分子の電子雲の負電荷と，その隣接分子の原子核の正電荷の間の引力である．分散力はすべての物質に存在する．この力の原因は，通常は分子の周りに対称的に分布している電子が，すべての瞬間において対称になっているわけではないという事実による．そのことから瞬間双極子が生じ，それがさらに隣接分子に双極子を誘起させる．

双極子–誘起双極子引力（dipole-induced dipole force）は，分散力よりもやや強い．分散力との違いは，永久双極子をもつ分子が，隣接分子に双極子を誘起させることである．

双極子–双極子引力（dipole-dipole force）は，極性分子の負に分極した末端と，隣接する極性分子の正に分極した末端の間の引力である．双極子–双極子引力が存在じるのは，永久双極子モーメントをもつ物質だけである（§6・5）．

もし双極子–双極子引力が水素原子を含む場合には，**水素結合**（hydrogen bond）とよばれる．これはおもに，電気陰性度の強い小さな原子（N, O, F など）の非共有電子対と，電気陰性度の強い原子に結合している水素原子の間で起こる．強い水素結合が生じるのは，主として，O−H, N−H, F−H の共有結合を含む分子である．

分散力と双極子–双極子引力，および水素結合はすべて，分子内の共有結合に比べればかなり弱い．たとえば，C−C 結合エネルギーの平均値は 345 kJ mol^{-1} であるが，プロパンのような小さなアルカンの分散力は，せいぜい 0.1〜5 kJ mol^{-1} である．アセトンのような極性分子間の双極子–双極子引力は 5〜20 kJ mol^{-1} である．水素結合は 5〜50 kJ mol^{-1} である．ただしこの一般化には注意が必要である．大きな分子では，弱い分散力の和が，小さい分子の双極子–双極子引力より強くなるために，融点や沸点がより高くなる．

分散力

分散力は，分子の電子雲が変形させられることによって起こる．たとえば，二つのハロゲン分子が互いに近づくときに，何が起こるか考えてみよう．どちらの分子にも，正電荷の原子核の周りに負電荷の電子雲が存在する．2分子が近づくと，一方の分子の原子核が他方の電子雲を引きつける．電子は非常に動きやすいので，電子どうしはこの引力に応答してその形が変化する．それと同時

図 7・1　分散力の起源の概念図

に二つの電子雲は互いに反発し合い，電子どうしの斥力を最小化するために，さらに形が歪む．図7・1に示されているように，この電子雲の歪みは電荷の不均衡をつくり出し，分子の一方の末端をわずかに正に帯電させ，もう一方の末端をわずかに負に帯電させる．分散力は，これらすべての誘起された電荷不均衡によって分子間に生じる引力である．

分散力の大きさは，分子中の電子雲の変形しやすさに依存する．この変形しやすさは**分極率**（polarizability）とよばれる．電子雲の変形が，分子の中に瞬間双極子という一時的な極性を生じさせるからである．図7・2に示すように，ハロゲンの沸点を調べることで，分極率がどのように変化するかを見ることができる．データが示していることは，電子の総数が増えると沸点が上がるということである．18個の電子をもつフッ素は最も低い沸点（85 K）を示し，106個の電子をもつヨウ素は最も高い沸点（458 K）を示す．I_2 の大きな電子雲は，F_2 の小さな電子雲よりも変形しやすい．図7・3には，大きな電子雲が小さい電子雲よりも変形されやすく，その結果，高沸点を導く強い分散力が生じることが示されている．

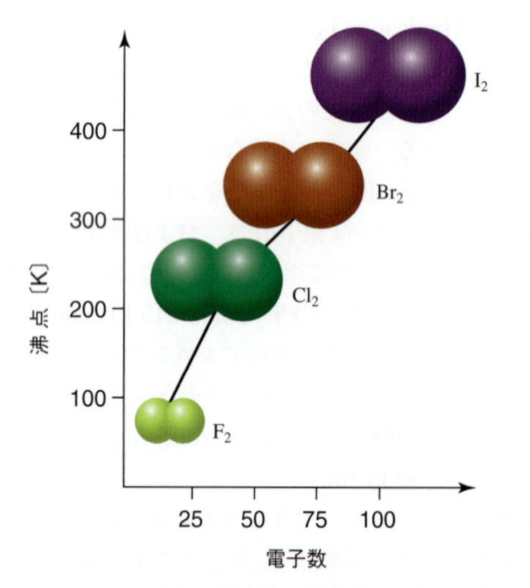

図 7・2　ハロゲン分子の沸点は，電子数とともに上昇する．

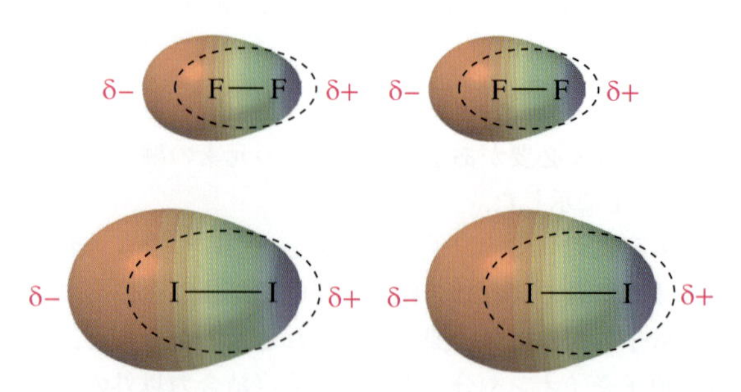

図 7・3　多くの電子をもつことによりヨウ素の電子雲は，フッ素に比べて，より大きく，より分極しやすい．

分子の大きさは，含まれる原子の数と，原子そのものの大きさの両方によって大きくなる．図7・4には，アルカンの炭素の鎖が長くなるにつれて，沸点が高くなる様子が示されている．アルカンが長くなると，その電子雲は大きくなってより分極しやすくなり，分散力が強くなって沸点が上がる．たとえば298 Kにおいて，メタン（CH_4，電子10個）は気体，ペンタン（C_5H_{12}，電子42個）

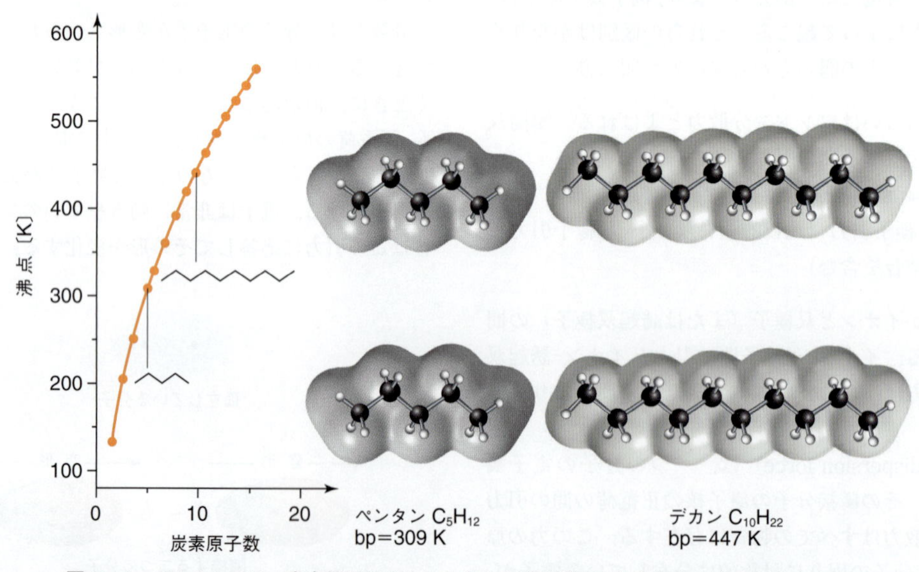

図 7・4　アルカンでは，炭素鎖が長くなると大きな電子雲がより分極しやすくなるために，沸点が高くなる．

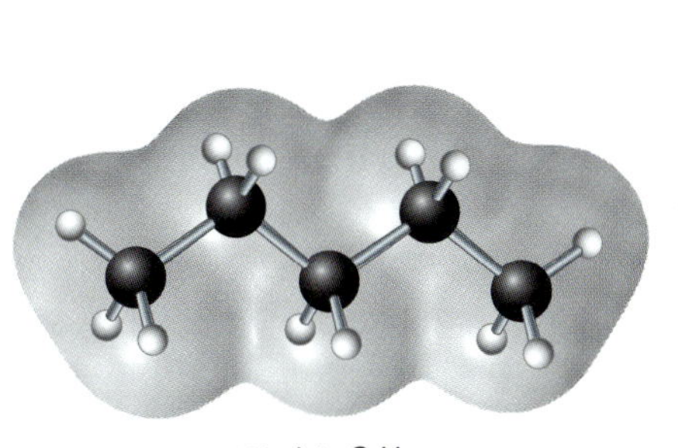

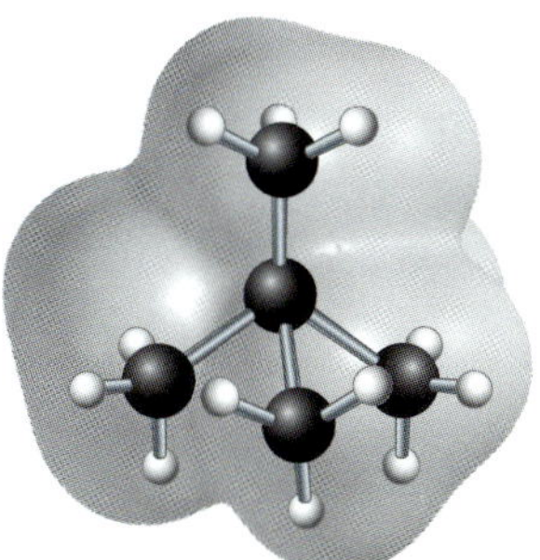

図 7・5　ペンタンの沸点は2,2-ジメチルプロパンの沸点よりも高い．その理由は引き延ばされた電子雲は小さくまとまっている場合よりもより分極しやすいからである．

は低沸点の液体，デカン（$C_{10}H_{22}$, 電子 82 個）は高沸点の液体，エイコサン（$C_{20}H_{42}$, 電子 162 個）はロウのような固体である．分子が大きくなってより分極しやすくなるにつれて，沸点は着実に高くなる．

電子雲が大きいときには，小さい場合に比べて，より分極しやすくなるので，電子数が多いと分散力は強くなる．電子数が同じくらいの分子では，分子の形状が，分散力の強さを決める第二の重要な因子となる．例として，図 7・5 にペンタンと 2,2-ジメチルプロパンの形状を示す．この二つの分子はどちらも，化学式は C_5H_{12} であり，計 72 個の電子をもっている．2,2-ジメチルプロパンはペンタンよりも小さくまとまった構造をしていることに注目せよ．このために電子雲が分極しにくくなり，分散力が弱くなる．結果的に，ペンタンの沸点が 309 K に対して，2,2-ジメチルプロパンは 283 K で沸騰する．

双極子間の引力

分散力はすべての分子において存在する．しかし，かなりの高温においても液体のまま存在する物質もあり，それは分散力では説明できない．図 7・6 に構造を示した 2-メチルプロパンとプロパノン（アセトン）について考えてみよう．この二つの分子は，構造が似ていて，ほぼ同じ電子数をもっている（34 個と 32 個）．似通っているこの二つの物質の沸点は，ほぼ同じくらいであると期待される．しかし，室温において，アセトンは液体であるのに対し，2-メチルプロパンは気体である．

2-メチルプロパンの沸点をはるかに超える温度において，なぜアセトンは液体なのか．その答えは，アセトンがもつ大きな双極子モーメントにある．化学結合はより電気陰性度が大きい原子の方向を向いて分極するという，第 6 章で述べたことを思い出せば，アセトンの中の C＝O 結合が，負の部分電荷をもつ O 原子（χ＝3.5）と正の部分電荷をもつ C 原子（χ＝2.5）の間で強く分極していることがわかるであろう．一方，水素の電気陰性度（χ＝2.1）が炭素に比べてわずかに小さいだけなので，これらの分子の中の C−H 結合はわずかに分極するだけである．

極性をもつ二つのアセトンが互いに近づくと，一つの分子の δ＋末端がもう一つの分子の δ−末端に近づくように並ぶ（図 7・6）．液体の配置の中で，この頭尾配列の繰返し配置は，分子の間に大きな双極子間の引力を生み出す．

分散力の強さはアセトンと 2-メチルプロパンでほぼ同じであるが，それに双極子間の引力が加わることにより，アセトンどうしの分子間力は，2-メチルプロパンどうしに比べて，かなり強くなる．結論として，アセトンの沸点は，2-メチルプロパンより大幅に高くなるのである．

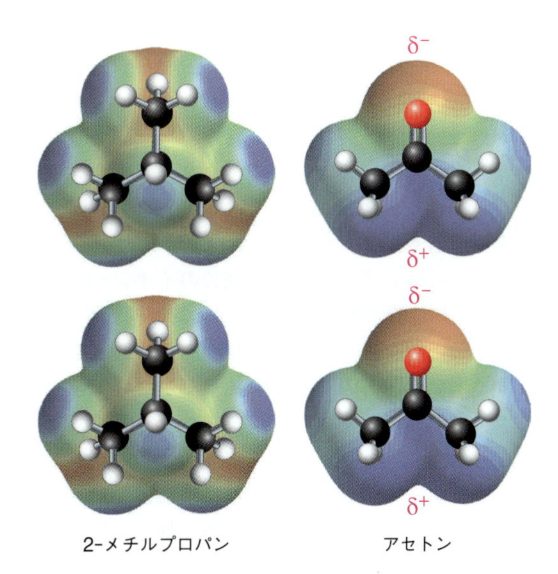

図 7・6　アセトンと 2-メチルプロパンの分子形状は似ているが，アセトンは，極性の C＝O 結合があるために，大きな双極子モーメントをもっている．

例題 7・1　沸点と構造

ブタンとメトキシエタン，および，アセトンの構造式を下に示している．沸点はそれぞれ，ブタン（273 K），メトキシエタン（281 K），アセトン（329 K）である．この沸点の傾向を説明せよ．

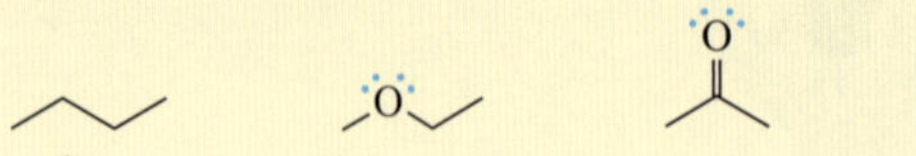

ブタン　　メトキシエタン　　アセトン

解 答　分散力だけでは沸点を説明できない．メトキシエタンとブタンは電子数が同じで，形も似ているが，沸点は違う．アセトンは，他の二つより電子数が少ないので分散力は小さいが，沸点は高い．沸点の値の順序からすると，アセトンが最も極性が大きく，次のメトキシエタンも，ブタンより極性が大きいと思われる．

ブタンは，炭素と水素の電気陰性度の差が小さいので，無極性であると考えられる．一方，アセトンとメトキシエタンは，どちらも極性のある炭素–酸素結合をもっている．アセトンがなぜメトキシエタンより極性が強いのかは，分子の幾何学的構造からわかる．これらの分子の全体の構造は，両方の酸素原子はそれぞれ 4 組の電子対をもっていて，折れ線構造である．メトキシエタンの二つの C−O 結合の双極子は部分的に打ち消し合うので，全体としては比較的小さい双極子モーメントとなる．一方，アセトンの C=O 結合には極性を打ち消す相手がないので，アセトンはメトキシエタンよりも双極子モーメントが大きく極性が強い．

練習問題 7・1　アセトアルデヒド CH_3CHO は，アセトンと似た構造をもっているが，メチル基 CH_3 が H で置き換えられている．この物質は 294 K で沸騰するが，例題 7・1 の三つの化合物との比較において，この沸点の値を説明せよ．

分子間力として分類されてはいないが，イオンと永久双極子の間の力も重要である．これはイオン–双極子引力とよばれ，双極子–双極子引力と純粋のイオン–イオン間引力の中間に位置する．さらに，イオンは隣接する分子を分極させて，イオン–誘起双極子引力をひき起こすが，それはイオン–双極子間の引力に比べてかなり弱い．

水 素 結 合

メトキシエタン（沸点 281 K）は室温で気体であるが，プロパン-1-オール（沸点 370 K，図 7・7）は液体である．この二つは同じ化学式 C_3H_8O で表され，双方とも四つの中心原子が鎖状に結合していて，それぞれ C−O−C−C，および O−C−C−C となっている．結果として，二つの分子の電子雲はほぼ同じ大きさであり，分散力も同程度である．どちらの分子にも sp^3 混成軌道をもつ酸素原子があり，分極した単結合も同じく二つあるので，それらの双極子間の引力は同程度のはずである（第 6 章を見よ）．プロパン-1-オールとメトキシエタンの沸点が大きく異なることから，分散力と双極子間の引力だけが分子間引力の決定要因ではないことがわかる．

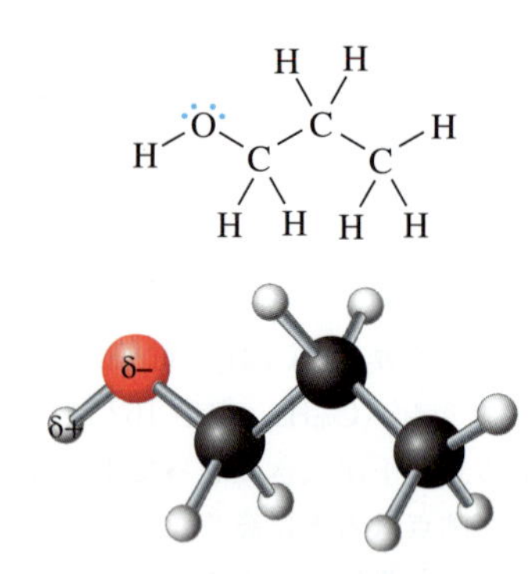

図 7・7　プロパン-1-オールの構造式と球棒模型

プロパン-1-オールの分子間引力がメトキシエタンよりも強い理由は，水素結合とよばれる分子間力による．水素結合は，非共有電子対をもつ電気陰性度の強い小さな原子と，正に分極した水素原子との間で起こる．この相互作用は，双極子–双極子引力の特殊な場合であると考えられ，その強さは，通常，分散力と共有結合の中間である．

水素結合の形成には二つの条件が必要である．第一は，電子欠損した水素原子が電子対に引きつけられることである．O−H, F−H, N−H の結合の水素がこの条件を満たす．第二は，電子対をもつ電気陰性度の強い小さな原子が存在して，それが電子欠損した水素原子と相互作用できることである．この条件を満たすのは，第 2 周期の三つの元素，O と N と F である．S と Cl も水素結合を形成する実験的証拠があるが，それらは F, O, N を含む結合に比べてかなり弱い．図 7・8 に水素結合の代表的な例を示した．水素結合は点線で表されていて，この相互作用が弱い結合であることを示している．

図 7・8 の例からわかるように，水素結合は異なる分子間においても（例: $H_3N \cdots H_2O$），同じ分子どうしでも（例: HF⋯HF），どちらでも起こりうる．また，複数の水素結合をする分子もある（例: グリシン）．また，水素結合は異なる分子間で起こるだけでなく，一つの分子内においても起こりうる（例: サリチル酸）．

水素結合は生化学的な系において特に重要である（第 14 章参照）．生体分子は多くの酸素や窒素原子を含んでおり，それらが水素結合するからである．生物学における水素結合の最も重要な例はDNAであり，DNAの2本の鎖状分子が水素結合によって二重らせん構造に組上げられている．同様に，タンパク質の構成要素であるアミノ酸は，$-NH_2$（アミノ基）と$-COOH$（カルボキシ基）をもち，4種類の水素結合（O⋯H−N, N⋯H−O, O⋯H−O, N⋯H−N）が存在する．生体分子がS原子を含むときには，S⋯H−OとS⋯H−Nの水素結合も形成されうる．図7・8には，アミノ酸であるグリシン分子

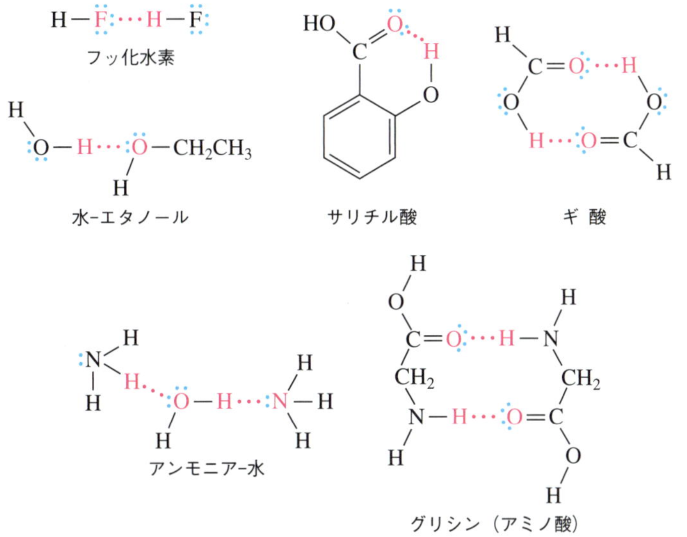

フッ化水素　サリチル酸　ギ 酸

水-エタノール　アンモニア-水　グリシン（アミノ酸）

図 7・8　さまざまな水素結合の例

コラム 7・1　メタンハイドレート

温室効果ガスである二酸化炭素CO_2の増加が，地球の大気に与える危険性については広く認知されている．しかしメタンCH_4が，質量換算では二酸化炭素よりも温室効果ガスとしての能力が大きいことを知る人は少ない．メタンの大規模な放出は深刻な問題となりうる．

地球の海は，メタンハイドレート（メタン水和物）とよばれる化学物質の形で，メタンを蓄える巨大な貯蔵庫である可能性がある．メタンが水に溶けて海底の低温・高圧下に置かれるとメタンハイドレートという固体が形成する．外見は氷に似ていて，メタンと水の双方を含む．地球の多くの海底にメタンハイドレートの大きな沈殿の塊があり，日本の近海にも多くの塊が見つかっている．

メタンハイドレートは包接化合物とよばれる化学物質の例である．これは，水分子が水素結合によって対称性の高い配列を形成し，その中に気体分子が捕らえられたものである．図7・9はそのようなハイドレートの例であり，メタン分子は中央の空洞内に描かれている（炭素原子は灰色，酸素原子は赤，水素原子は白）．このような包接化合物を形成するのはメタンだけではなく，特に18族の気体は同様の化合物となることが知られている．

メタンハイドレートの形成には，特別な温度と圧力が必要であり，300 m以上の深さで，2℃前後の水温の条件下で安定である．しかし，もし地球の海水温度が数度上昇すると，メタンハイドレートはもはや安定には存在しえなくなり，そのときには，水とメタンの気体に分解して，巨大な量の気体状態のメタンが大気中に放出されることになる（ある推定では，炭素量として10^{16} kg程度となっている）．その結果，深刻な大気の温暖化が起こるが，これは，地球が過去に経験した温暖化事象の原因であったという説がある．

メタンハイドレートを採掘して発電燃料にしようという構想がある．もしそれが大気中に解放されるとすれば，放出されたメタンの燃焼によって生成するCO_2の温室効果は，気体のメタンそのものよりは小さい．

図 7・9　メタンハイドレートの構造

間の水素結合が図示されている．生体分子の水素結合については，第 14 章においてさらに詳細に分析する．

例題 7・2　水素結合の形成

下の系のうち，水素結合が重要な役割をするのはどれか．

CH_3F，$(CH_3)_2CO$（アセトン），CH_3OH，
NH_3 の $(CH_3)_2CO$ 溶液

解 答　CH_3OH，および NH_3 の $(CH_3)_2CO$ 溶液において，水素結合が重要な役割をする．

練習問題 7・2　アセトンが水に溶けているときの水素結合を図として書け．

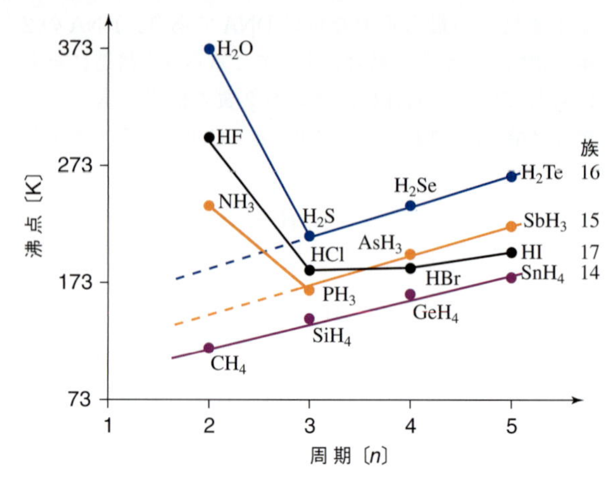

図 7・10　二元水素化合物の沸点の周期的傾向．H_2O と HF と NH_3 は周期的傾向からの例外であることに注意せよ．

二元水素化合物

二元水素化合物の沸点は，異なるタイプの分子間力の相互作用のよい例となる．図 7・10 には，この種の化合物の沸点における周期的な傾向が示されている．一般的に，水素の二元化合物では，周期表の縦の各列の上から下へと沸点は高くなる．この傾向の原因は，分散力であり，分子がより多くの電子をもっていると，分散力はより大きくなり，沸点が高くなるからである．16 族では，H_2S（電子 18 個）の沸点は 213 K，H_2Se（電子 36 個）の沸点は 232 K，H_2Te（電子 54 個）の沸点は 269 K である．

図 7・10 に見るように，アンモニア，水，フッ化水素は周期的な傾向から完全に外れている．その理由は，これらの分子が水素結合に起因する強い分子間力を受けているからである．たとえばフッ化水素においては，HF 分子の非常に電気陰性度の強いフッ素原子と，別の HF 分子の電子欠損性の強い水素原子の間で，水素結合が形成する．同様の相互作用が多数の HF 分子間で生じ，水素結合による HF 分子の鎖が形づくられ，その結果，HF の沸点は HCl や HBr や HI よりもずっと高い値となる．とはいえ，HCl の沸点も，15, 16 族の傾向に沿った値よりも高くなっており，弱い水素結合が生じていることの証拠と思われる．

フッ素はすべての元素の中で最も電気陰性度が高く，個別の水素結合としてはフッ化水素のものが最も強い．液体の HF 中のすべての水素原子は水素結合をしているが，分極した水素原子は 1 分子当たり 1 個だけである．各 HF 分子は他の 2 個の HF 分子との間に水素結合をそれぞれ 2 個だけもっている．正の部分電荷をもつ水素原子と，負の部分電荷をもつフッ素原子の間で水素結合が形成されて，HF の鎖がつくられる．

水の沸点がフッ化水素よりも大幅に高いことは，個々の水素結合の強さは HF の方が強いにもかかわらず，H_2O 中の水素結合のエネルギー全体が HF よりも大きいということを意味する．水の沸点が高いのは，フッ化水素よりも，1 分子当たりの（十分な強さの）水素結合

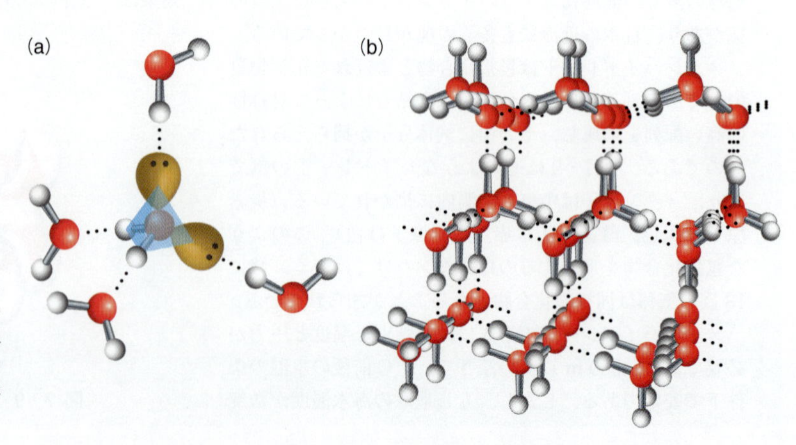

図 7・11　氷の構造．(a) 各酸素原子は，水素原子の歪んだ四面体構造の中心にある．四面体の 4 頂点は，二つの短い O−H 共有結合と，二つの長い H…O 水素結合から構成されている．(b) 氷の中の水分子は，これらの四面体の連鎖構造の中に入っている．

の数が多いという事実を反映している．水分子は2個の水素原子をもつので，酸素原子の2組の非共有電子対と水素結合を形成できる．そのため，それぞれの水分子は，他の4個の水分子との間に，4個の水素結合を形成することができる．これが図7・11(a) に示されている．

水素結合は氷の中では，各酸素原子が歪んだ四面体の中心にくるような三次元の凍結構造を形づくる（図7・11b)．四面体の二つの手は通常のO−H共有結合であり，四面体の残りの二つの手は異なる二つの水分子との間の水素結合である．

このように二元水素化合物においては，水素結合の強さと結合数の両方が，沸点の温度を決める要因となっている．固体における水素結合の役割については後で議論する．

7・3 気　体

気体は，容器内の空間全体に常に広がって存在するという特徴をもっていて，その点で液体や固体とは異なる．たとえば，気体状態の水（水蒸気）は，それが入っているフラスコ内のすべての場所に見いだされる．しかし，温度が下がって液体になったときには，フラスコの底にだけ存在するようになる．さらに温度が下がって，氷点以下になると氷ができるが，氷もフラスコの底にだけ存在する．気体が，容器内の空間すべてを満たすという事実は，個々の気体原子または気体分子が容器内でどこにでも自由に動いて行けるということを意味する（図7・12)．ゆえに，分子（または原子）間の引力は非常に弱くなければならない．気体の決定的な特徴の一つは，圧力をもっていることである．個々の気体原子または気体分子の速い運動と，容器の壁への衝突の結果として，圧力が生ずる．気体の圧力（p）は，存在する気体の量（n）と容器の体積（V）と温度（T）に依存する．次にこれらの変数の間の関係式を導こう．

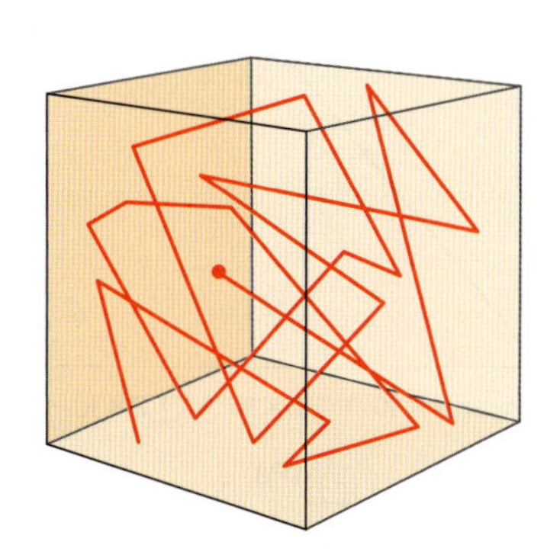

図7・12　気体の分子（または原子）は，容器の全体積にわたって自由に飛び回り，他の分子や容器の壁に衝突すると方向を変える．実線は，ある一つの分子（または原子）が動いた軌跡を例示している．

圧　力（p）

すべての物体は壁に衝突すると，その面に力を及ぼす．ボールが地面に衝突するときに地面に力を及ぼすのと同様に，ボールの中の気体分子も，ボールの内壁との衝突によって圧力を及ぼす．原子や分子は，絶対零度より高い温度では常に動いている．分子のレベルでは，原子や分子は絶え間なく，互いに衝突し，または容器の壁（たとえばボールの内壁）に衝突して，力を及ぼしている．この集団的な衝突の効果が，**圧力**（pressure）とよばれるものである．私たちはこの圧力を巨視的な物理量として感じることができる．

気体の圧力の巨視的な特徴は，地球の大気を調べることで体感できる．大気は気体の巨大な貯蔵庫であり，地球の重力によって，地表面に圧力をおよぼしている．大気の圧力は，**気圧計**（バロメーター，barometer）とよばれる機器によって測定される．図7・13に，簡単な水銀気圧計の概略図を示す．一端が閉じられた長いガラス管を液体の水銀で満たし，その管を，水銀の入った皿の上に空気が入らないよう注意深く倒立させる．重力がガラス管の中の水銀を下方に引っ張るので，それに対抗する力が全くなければ，水銀は管から皿の上に流出してしまうであろう．実際，水銀は下に落ちるが，ある高さで停止する．水銀柱の降下が止まるのは，大気が皿の上の水銀に圧力を及ぼして，管内の水銀柱を押し上げているからである．管内において水銀柱の高さが下向きの力を生成し，それが管の外の大気が及ぼす力と正確に釣合うときに，水銀柱は静止する．

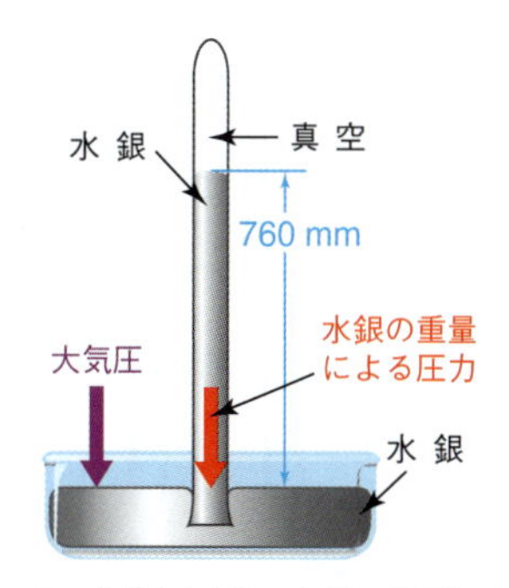

図7・13　水銀気圧計．水銀の液面における大気の圧力が水銀柱の圧力と釣合う．

海水面の標高における大気の圧力は，約760 mmの高さの水銀柱を支える．標高や天候の変化によって，大気圧は変動する．台風の目の中のような極端な状況下では，水銀柱の高さが 740 mm 以下になることもある．

圧力計（マノメーター，manometer）も気圧計と同様の機器である．圧力計内では，両側の液面に気体が圧力を及ぼしていて，その結果，圧力計は，両側の気体の圧力の差を測定する．図 7・14 の簡単な圧力計では，U 字型ガラス管に水銀が入っている．管の一端は大気に開かれていて，もう一端には圧力を測りたい気体が入っている．図 7・14 では，大気の圧力（p_{atm}）は，球の中の気体の圧力（p_{gas}）よりも小さいので，圧力計の両側の水銀の高さの差が，気体と大気の圧力差（p_{Hg} に等しい）となる．

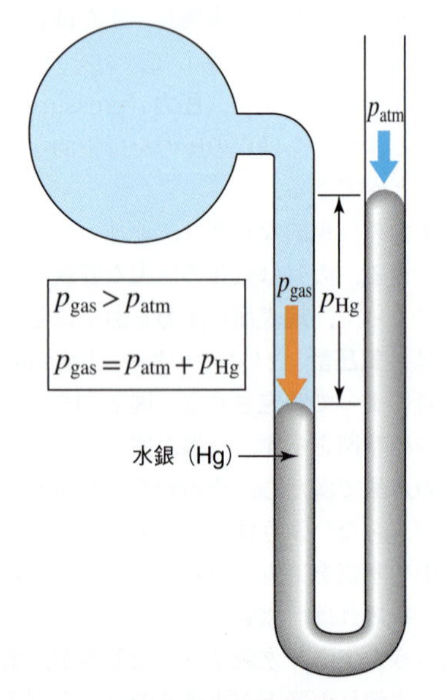

図 7・14 圧力計の両側の液面の高さの差が，両側の気体圧力の差となる．

第 3 章で学んだように，圧力の SI 単位は**パスカル**（pascal, Pa）である．圧力は，単位面積当たりの力として定義されるので，パスカルはその二つの変数の SI 単位を組合わせることによって表せる．力の SI 単位はニュートン（N）であり，面積の SI 単位は平方メートル（$\mathrm{m^2}$）であるので，$1\ \mathrm{Pa} = 1\ \mathrm{N\ m^{-2}} = 1\ \mathrm{kg\ m^{-1}\ s^{-2}} = 1\ \mathrm{J\ m^{-3}}$ となる（ここで $1\ \mathrm{N} = 1\ \mathrm{kg\ m\ s^{-2}}$，$1\ \mathrm{J} = 1\ \mathrm{kg\ m^2\ s^{-2}}$ であることを用いた）．

圧力については，よく使われる非 SI 単位がいくつかある．

- 標準大気圧を単位とする気圧（atm）は，水銀柱 760 mm を支える圧力である（海水面における平均大気圧）．$1\ \mathrm{atm} = 1.013\,25 \times 10^5\ \mathrm{Pa}$.
- 1 トル（torr）は水銀柱 1 mm の圧力であり，1 atm = 760 torr.
- $1\ \mathrm{bar} = 1 \times 10^5\ \mathrm{Pa}$.

本書においては，常に SI 単位のパスカル（Pa）で圧力を表すこととする．第 8 章において，標準圧力 $p^{\ominus}$ が導入されるが，これは $1 \times 10^5\ \mathrm{Pa}$ であり，標準大気圧とはわずかに異なる．この二つを混同しないよう注意すべきである．

気体の法則

気体が占める体積は，圧力，温度，気体の物質量によっ

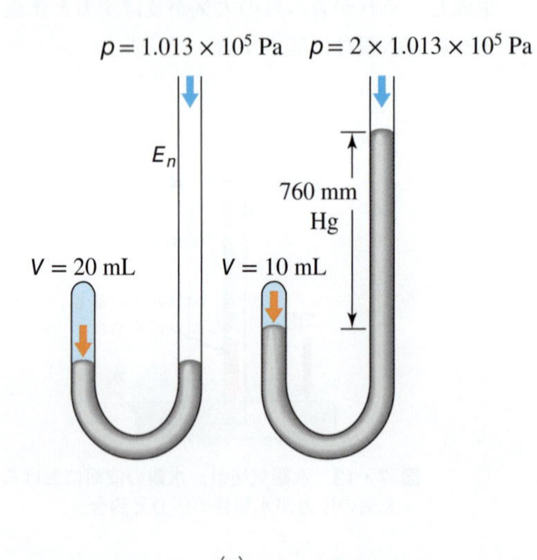

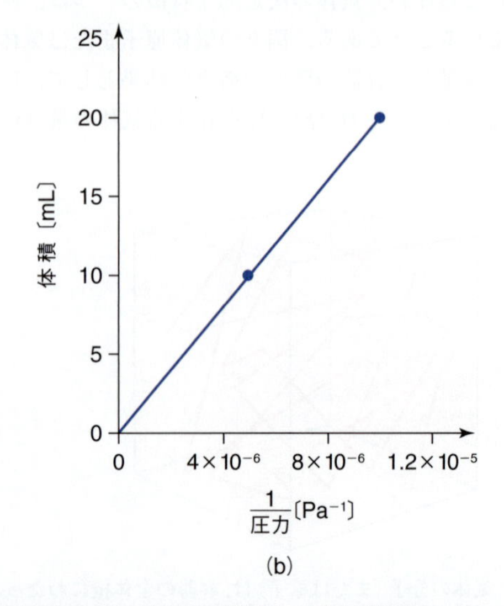

図 7・15 (a) J 字型ガラス管に閉じ込められた気体におけるボイルの実験の概略図．右側の管では，封じられた気体の圧力は，左側の 2 倍であり，気体の体積は半分である．(b) 体積（V）を圧力の逆数（$1/p$）に対してプロットすると，比例関係が見られる．

て変化する．これらの間の関係は，気体の法則として知られている．

ボイルの法則：体積と圧力の関係　図7・15(a) は，1660年に英国の科学者ボイル（Robert Boyle）が，一定温度において行った実験について示している．ボイルはJ字型ガラス管の開いた端から水銀を入れて，閉じた方の端に一定量の空気を閉じ込めた．ボイルが開いた端から水銀を追加すると，追加された水銀の重さによる圧力が閉じ込められた気体を圧縮して，その体積を小さくする．たとえば，図7・15(a) に示すように，ボイルが水銀を追加して，閉じ込められた空気の圧力を2倍にすると，気体の体積は半分になった．より一般的にいえば，ボイルの実験は，閉じ込められた空気の体積が水銀によってかけられた圧力に反比例する，という事実を示している．

$$V_{\mathrm{gas}} \propto \frac{1}{p_{\mathrm{gas}}} \quad \text{（温度一定および気体量一定）}$$

または，別の書き方では，

$$p_{\mathrm{gas}}V_{\mathrm{gas}} = k \quad \text{（温度一定および気体量一定）}$$

ここで k は定数である．このグラフが，図7・15(b) に示されている．

シャルルの法則：体積と温度の関係　ボイルは気体を熱すると体積が膨張するということも観測していたが，1世紀以上後になって，シャルル（Jacques Charles）が初めて，気体の体積を温度の関数として定量的に測定した．シャルルは，一定量の気体について，その体積を温度の関数としてグラフにすると，図7・16のように，直線になることを発見した．言い換えれば，気体の体積は温度に正比例する．

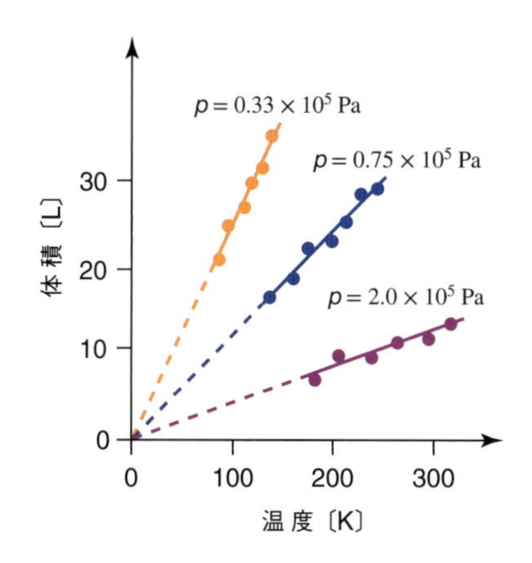

図7・16　1 molの空気を異なる三つの一定圧力下で，体積を温度に対してプロットした．点は実験データ，破線は0 Kへの最適外挿直線である．

$$V_{\mathrm{gas}} \propto T_{\mathrm{gas}} \quad \text{（圧力一定および気体量一定）}$$

または

$$V_{\mathrm{gas}} = k'T_{\mathrm{gas}} \quad \text{（圧力一定および気体量一定）}$$

ここで k' は比例定数である．

アボガドロの法則：体積と物質量の関係　気体の物質量が変化すると，気体の体積も変化する．もし，温度と圧力を一定に保ったまま，気体の物質量を2倍にすれば，体積も2倍になる．言い換えると，気体の体積は，気体の物質量に比例する．

$$V_{\mathrm{gas}} \propto n_{\mathrm{gas}} \quad \text{（圧力一定および温度一定）}$$

別の書き方では

$$V_{\mathrm{gas}} = k''n_{\mathrm{gas}} \quad \text{（圧力一定および温度一定）}$$

となり，k'' は比例定数である．

理想気体の方程式

ボイル，シャルル，アボガドロなどの初期の科学者の仕事は，どんな気体の体積も温度と物質量に比例し，圧力に反比例することを示した．彼らの観測結果をまとめると，次の式になる．

$$V \propto \frac{nT}{p}$$

この比例関係式を等式に書き換えるために，比例定数として R を導入する．この定数を**気体定数**（gas constant）とよぶ．R を導入して，両辺に p を掛けると次式を得る．

$$pV = nRT$$

この式は，**理想気体**（ideal gas）の挙動を記述するので，**理想気体の方程式**（ideal gas equation）とよばれる．実在の気体はどれも理想気体ではないが，圧力が比較的小さいときには，この方程式は多くの実在の気体に対してよい近似で適用できる．理想気体の方程式における温度は絶対温度（K）であり，T (K) $= T$ (℃) $+ 273.15$ である．SI単位では，気体定数の値は $R = 8.314\ \mathrm{J\ mol^{-1}\ K^{-1}}$ となる．圧力はPa，体積は $\mathrm{m^3}$（$1\ \mathrm{m^3} = 1\times10^3$ L，物質量（n）はmolで表される．気体定数の表し方として，非SI単位による別の表記 $R = 0.082\,06\ \mathrm{L\ atm\ K^{-1}\ mol^{-1}}$ がある．この表記もよく使われるため，問題を解くに当たっては，気体定数の値と単位が適切に選ばれているかを常に確認する必要がある．

理想気体の方程式の自然な結論として，すべての理想気体は，ある標準条件の下では，同じモル体積となる．化学において一般的に用いられる標準条件は 0 ℃，かつ 1×10^5 Pa であり，このときモル体積は 22.71 L である．

例題 7・3　気体の体積の計算

1.0 g の水を沸騰させ，蒸気にした．この気体温度が 125 ℃のとき，大気圧（$1.013\,25\times10^5$ Pa）の下での体積はいくらか．

解答　この水は 1.8 L の体積を占める．

理想気体の方程式は，その中のどの変数についても，式を変形することによって，その変数を表す式に書き替えることができる．

例題 7・4　圧力の計算

1.000×10^3 L の鋼鉄製貯蔵タンクの中に 88.5 kg のメタンが入っている．温度が 25 ℃のときのタンク内部の圧力を求めよ．

解答　タンク内部の圧力は，1.37×10^7 Pa または 135 atm.

化学的または物理的変化によって，理想気体の方程式の中のどの変数（p,V,n,T）も変わりうる．そして一定値に留まるかもしれない．理想気体の方程式を変形して

$$R = \frac{pV}{nT}$$

と書ける．R は定数であるから，初期条件と最終条件が異なる場合でも，下の式が成り立つ．

$$\frac{p_\mathrm{i} V_\mathrm{i}}{n_\mathrm{i} T_\mathrm{i}} = \frac{p_\mathrm{f} V_\mathrm{f}}{n_\mathrm{f} T_\mathrm{f}}$$

例題 7・5　圧力-体積変化

ヘリウムガス試料が，一定温度でシリンダーに閉じ込められていて，圧力が 1.5×10^5 Pa のとき体積 0.80 L である．もしピストンの外部圧力を 2.1×10^5 Pa にすると，体積はどれだけになるか．

解答　体積は，0.57 L.

例題 7・5 では，理想気体の方程式（$pV=nRT$）の右辺の値は固定されていた．一方，左辺の量は変化していた．気体の計算を行うに当たって役に立つ戦略は，気体の方程式を変形して，どちらかの辺の変数が変化しないようにすることである．

モル質量の決定

理想気体の方程式は，$n=m/M$ と組合わせることによって，未知の気体のモル質量を求めることができる．

$$pV = nRT \qquad n = \frac{m}{M}$$

もし，気体試料の圧力と体積と温度がわかれば，それらの値から未知の気体試料の物質量を求めることができる．

$$n = \frac{pV}{RT}$$

もし，その気体試料の質量がわかれば，気体のモル質量が求められる．

$$M = \frac{m}{n}$$

例題 7・6　モル質量の決定

純粋な炭化カルシウム CaC_2 は固い無色の固体であり，洞窟探検用ランプなどで使われる．融点は 2160 ℃であり，水と激しく反応して，気体および OH^- を含む溶液を生ずる．

12.8 g の CaC_2 試料を過剰量の水と反応させて生じた気体を，あらかじめ真空に引いておいたガラス球（容量 5.00 L，重量 1254.49 g）の中に集めた．気体の入ったガラス球は 1259.70 g であり，内部の気体圧力は 1.00×10^5 Pa，温度は 26.8 ℃であった．この気体のモル質量を計算し，化学式を決定せよ．

解答　気体のモル質量は 26.0 g mol^{-1}．化学式は C_2H_2（エチン）．

練習問題 7・3　温度 24.5 ℃において，例題 7・6 のガラス球に未知の気体が入って，圧力が 1.03×10^5 Pa となった．内容物を含む球の重量が 1260.33 g であった．未知の気体のモル質量を求めよ．

気体密度の決定

気体の特徴の一つは，気体の密度が状況によって大幅に変化することである．これを理解するために，理想気体の方程式と，$n=m/M$ を組合わせて，密度の式（$\rho=m/V$）を導こう．

$$n = \frac{pV}{RT} \qquad n = \frac{m}{M}$$

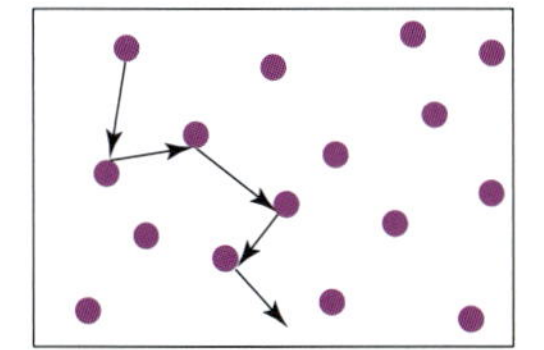

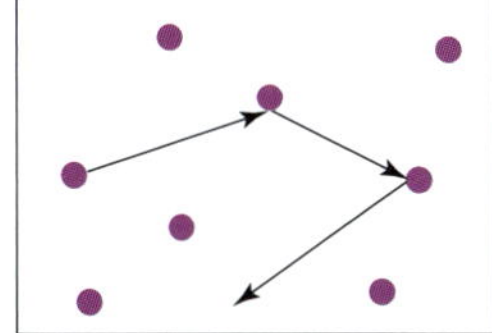

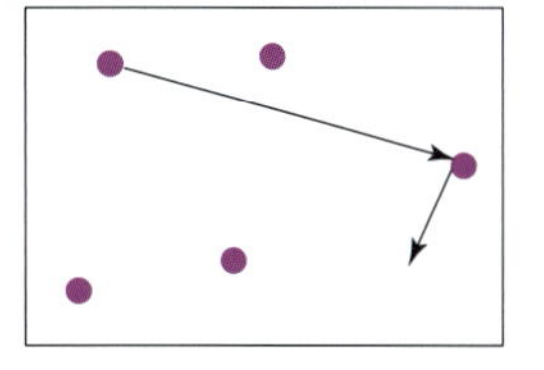

図 7・17 分子の密度が小さくなると，分子衝突の間の平均飛行距離が大きくなる．

この二つの式の右辺を等式で結べば，

$$\frac{m}{M} = \frac{pV}{RT}$$

となり，この両辺に M を掛けて，V で割ると次式が得られる．

$$\rho_{gas} = \frac{m}{V} = \frac{pM}{RT}$$

この式から気体の密度について三つの特徴がわかる．

1. 温度が一定のとき，理想気体の密度は圧力に比例して増大する．その理由は，圧力の増大が，質量を変えないまま，気体を圧縮して体積を小さくするからである．

$$\rho_{gas} \propto p$$

2. 圧力一定下では，理想気体の密度は温度に反比例して減少する．その理由は，温度の増大が，質量を変えないまま，気体を膨張させて体積を大きくするからである．

$$\rho_{gas} \propto \frac{1}{T}$$

3. 温度と圧力が一定のとき，理想気体の密度はモル質量に比例して増大する．その理由は，異なる種類の同じモル質量の気体は，温度と圧力が一定ならば，同じ体積を占めるからである．

$$\rho_{gas} \propto M$$

これらの特徴には実用上の応用がある．

気体が大気中に放出されると，そのモル質量によって浮かんだり，沈んだりする．気体のモル質量が空気の平均モル質量よりも大きければ，気体は地表付近に留まる．二酸化炭素消火器がある種の火事に有効なのはこの特徴による．CO_2 のモル質量（44.0 g mol^{-1}）は，N_2（28.0 g mol^{-1}）と O_2（32.0 g mol^{-1}）よりも大きいので，CO_2 消火器は，CO_2 の覆いをつくって火から酸素を排除することができる．

気体の密度は，気体の分子間の相互作用に重要な影響を与える．分子が運動するとき，分子どうしで互いに衝突し合い，壁にも衝突を繰返す．図 7・17 に，気体の密度によって衝突の頻度が変わる様子を示した．低密度では，分子は，他の分子に出会う前にかなりの距離を進む．高密度の場合，他の分子に衝突する前に短い距離しか進めない．

例題 7・7 気 体 の 密 度

ある熱気球は内部の空気の密度が，周囲の空気よりも15%小さくなると上昇する．295 K で 1.00×10^5 Pa の空気（乾燥した空気は N_2 が 78% と O_2 が 22% からなっているとする）の密度を求めよ．そして，この熱気球内の温度が最低何度になれば，気球が上昇するかを求めよ．

解 答 空気の密度は 1.18 kg m^{-3}．気球を上昇させるための，最低の内部温度は 348 K である．

練習問題 7・4 ヘリウムは飛行船に使われる．一方，アルゴンは，空気に敏感な合成を行うときなどに，フラスコ内の空気を排除するために使用される．これら二つの 18 族の気体の密度を，295 K で 1.00×10^5 Pa の条件下で計算し，この二つの気体の用途の違いを説明せよ．

7・4 混 合 気 体

大気は，窒素と酸素，およびさまざまな微量ガスを含むので，明らかに混合気体の例である．他の例として，深海に潜る潜水士が使うガスは，ヘリウムと酸素の混合物である．気体の混合物をどのように記述すべきかについて，理想気体の式が指針を示してくれる．

理想気体の構成物は，それが原子であれ，分子であれ，独立して動く．このことは，混合気体だけでなく単一気体にも適用される．気体の挙動は，気体原子や気体分子の数によって決まり，その原子や分子の種類にはよらない．理想気体の方程式は，混合物に含まれるそれぞれの気体で成り立つだけでなく，その原子・分子の集合体の全体でも成り立つ．

排気された 20 L のフラスコに 0.1 mol の He を入れたと考えてみよう．さらに 0.1 mol の He を加えると，容器には 0.2 mol の気体が入ることになる．そのときの圧力は，n=0.1 mol+0.1 mol=0.2 mol として，理想気体の方程式から計算できる．そこへ，さらに酸素分子 0.1 mol を加えると，容器には計 0.3 mol の気体が入ることになる．理想気体のモデルに従えば，加えたのが同じ気体であるか，異なる気体であるかは関係ない．なぜなら，理想気体の試料中の原子や分子は，すべて独立して運動するからである．圧力は気体の物質量の総計に比例して大きくなるので，全圧力は，n=0.2 mol+0.1 mol=0.3 mol から理想気体の方程式を用いて計算できる．

O_2 と He の 1：2 の混合物であることは，分子レベルではどのようになっているのだろうか．O_2 が容器の中に加えられたとき，その分子は容器の体積全体の中を動いて一様に分布するであろう．拡散によって気体混合物は均一になる．これが図 7・18 に示されている．

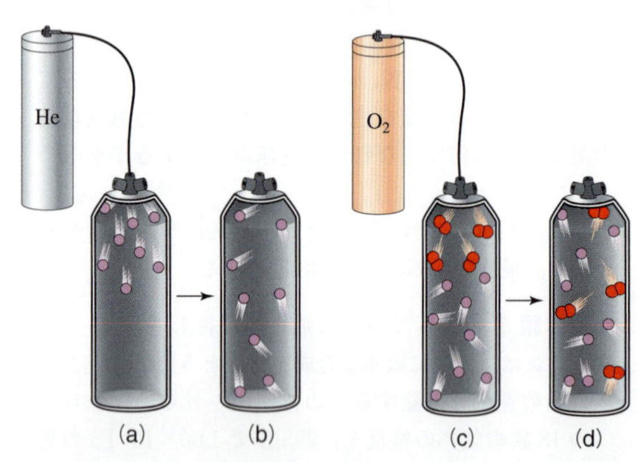

図 7・18　(a) 0.2 mol の He が容器に加えられる．(b) 原子は直ちに容器全体に均一に分布する．(c) 0.1 mol の酸素が加えられる．(d) 分子は He 原子とは独立に動くので，気体は均一に混合される．

ドルトンの分圧の法則

理想気体混合物による圧力は，気体の物質量の総計 (n_{total}) によって決まる．

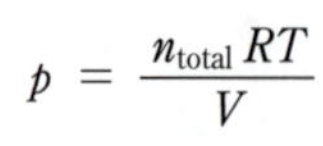

$$p = \frac{n_{total}RT}{V}$$

気体の総物質量は，各気体の物質量の和である．He と O_2 の混合気体については，

$$n_{total} = n_{He} + n_{O_2}$$

これを上式に代入すると，全圧力が二つの項の和として表される．

$$p = \frac{(n_{He} + n_{O_2})RT}{V} = \frac{n_{He}RT}{V} + \frac{n_{O_2}RT}{V}$$

右辺の各項は，理想気体の方程式を圧力を表す形に変形したものに似ている．それゆえ，それぞれの項が，一つの気体の**分圧** (partial pressure) を表すものと考えてみよう．図 7・19 に示すように，分圧は容器内にその一つの気体だけがある場合の圧力である．

$$p_{He} = \frac{n_{He}RT}{V} \qquad p_{O^2} = \frac{n_{O_2}RT}{V}$$

容器内の圧力の総計は分圧の和である．

$$p_{total} = p_{He} + p_{O_2}$$

理想気体の混合物の挙動を説明するために，ここまで He と O_2 を用いてきた．しかし，上の関係式は，二つの理想気体だけでなく，三つ以上の理想気体として挙動する物質にも拡張できる．“気体を混合したときに化学反応が起きなければ，それぞれの気体が全圧力に対して寄与する分の圧力は，その気体が容器の中に単独で存在するときの圧力に等しい”．これが**ドルトンの分圧の法則** (Dalton's law of partial pressure) である．全圧力を求めるためには，すべての気体の寄与分の圧力を足し合わせればよい．

$$p_{total} = p_1 + p_2 + p_3 + \cdots + p_i$$

気体混合物についてこの計算を行うとき，理想気体の

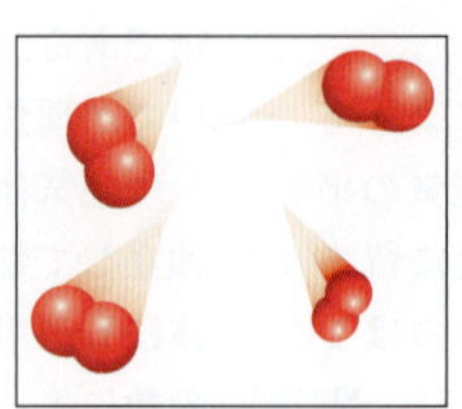

273 K において 20.0 L
O_2 0.100 mol
p_{O_2}=1.13×10^4 Pa

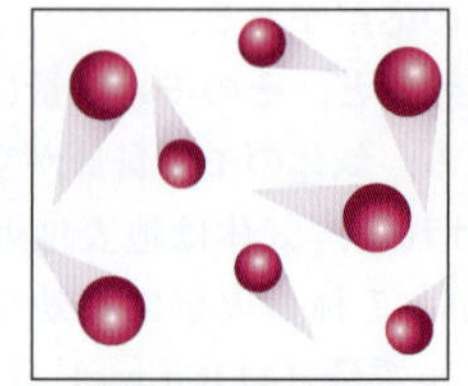

273 K において 20.0 L
He 0.200 mol
p_{He}=2.27×10^4 Pa

273 K において 20.0 L
気体混合物 0.300 mol
p_{O_2}=1.13×10^4 Pa
p_{He}=2.27×10^4 Pa
p_{total}=3.40×10^4 Pa

図 7・19　O_2 試料と He 試料，および，二つの混合気体の概念図．どちらの成分も容器の体積全体に一様に分布している．各気体は，単独の場合と，混合気体の一部である場合のどちらにおいても同じ圧力を及ぼす．

方程式を用いて各成分の分圧 (p_i) を求めることができる．一方，気体全体を一つとして取扱うことも可能であり，混合物の全物質量を使って全圧力 (p_{total}) を求めることもできる．

混合気体の方程式

混合気体の組成を化学的に記述するには，いくつかの方法がある．最も単純な方法は，各成分の分圧（または量）を一覧にすることである．他の二つの記述方法としては，モル分率と ppm（百万分率）がよく使われる．

化学では，化学組成は分率で表されることが多い．ある物質の量を，混合物のすべての物質の総量に対する割合で表すのである．この方法で物質量を表すのが，**モル分率** (mole fraction, x) である．

$$\text{A のモル分率} = x_A = \frac{n_A}{n_{total}}$$

モル分率から，混合気体の全圧力と一つの成分の分圧との関係が簡単に導き出せる．

$$p_A = \frac{n_A RT}{V} \qquad p_{total} = \frac{n_{total} RT}{V}$$

p_A を p_{total} で割ると，

$$\frac{p_A}{p_{total}} = \frac{\left(\frac{n_A RT}{V}\right)}{\left(\frac{n_{total} RT}{V}\right)} = \frac{n_A}{n_{total}} = x_A$$

あるいは

$$p_A = x_A p_{total}$$

混合気体の成分の分圧は，全圧力にモル分率を掛けた値である．

例題 7・8 混合気体

8.00 g の O_2 と 2.00 g の He を正確に量りとり，298 K において 5.00 L の容器に入れた．混合気体の全圧力，および，二つの気体の分圧とモル分率を求めよ．

解 答 分圧は，ヘリウムは 2.48×10^5 Pa，酸素は 1.24 $\times10^5$ Pa．全圧力は 3.72×10^5 Pa．モル分率は，ヘリウムが 0.667，酸素が 0.333 である．

練習問題 7・5 5.00 L の容器に，7.50 g の O_2 と 2.50 g の He を入れた．二つの気体のモル分率と 25 ℃ における分圧を求めよ．

混合気体中の非常に濃度が小さい成分を記述するときには，**ppm** (parts per million) や **ppb** (parts per billion) が使われる．モル分率，ppm，ppb はどれも，試料全体の物質量に対する特定の物質量の比率を記述する．モル分率は全体が 1 mol のときのその物質の mol を表し，ppm は全体が 10^6 mol 中の mol，ppb は 10^9 mol 中の mol を表す，1 ppm は，モル分率では 1×10^{-6} であり，1 ppb のモル分率は 1×10^{-9} である．

例題 7・9 ppm の取扱い

平均的な自動車の排気ガスには，汚染物質である酸化窒素 NO が，206 ppm 含まれている．もし自動車から，1.00 $\times10^5$ Pa，350 K において 0.125 m^3 の排気ガスが出たとすると，大気中に放出された NO の重量はいくらか．

解 答 2.66×10^{-2} g の NO が大気に放出された．

練習問題 7・6 例題 7・9 における許容される NO の最大放出量は 762 ppm である．温度 50 ℃ において排気ガス 1 L 中に含まれることが許容される NO の重量はいくらか．

この節における説明は，化学反応を起こしていない混合気体に適用される．反応が起こらない限り，各気体の量は，その物質の最初の量に等しい．反応が起こると，反応物と生成物の量は，化学量論によって予測されるように変化する．組成の変化は，気体混合物の物理量を計算する前に考慮しておかなければならない．気体の化学量論は §7・5 において議論される．

7・5 気体の化学量論

化学量論の原理は，固体，液体，気体のいずれにも等しく適用できる．いかなる相の物質が含まれていても，化学的な挙動は分子の概念で説明できる．物質の転換は，分子とモルの概念を用いて理解することによって，釣合いをとることができる．

理想気体の方程式は，気体の物質量とその気体の物理量とを関係づける．化学反応が気体を含む場合には，理想気体の方程式が p-V-T の値と物質量の間の関係となる．

$$n_i = \frac{p_i V}{RT}$$

化学量論計算には常に量が必要となるが，気体の場合には，それを理想気体の方程式から計算できる．

例題 7・10　気体の化学量論

例題7・6では，炭化カルシウム CaC_2 からエチン C_2H_2 が生成することを見た．現代の工業ではエチンは，注意深く管理された条件下でメタン CH_4 を反応させて生産される．1600 K の温度において，メタン分子2個が反応して，3個の水素分子と1個のエチン分子に変化する．

$$2\,CH_4(g) \xrightarrow{1600\,K} C_2H_2(g) + 3\,H_2(g)$$

50.0 L の鋼鉄製容器が，圧力 10.0×10^5 Pa，温度 298 K のメタンで満たされ，正確に 1600 K に熱せられると，CH_4 が C_2H_2 に転換する．このとき生産される C_2H_2 の最大質量はどれだけか．CH_4 と C_2H_2 の両方とも，この反応の条件下で理想気体としてふるまうと仮定せよ．

解 答　生産されうるエチンの最大量は，263 g である．反応容器内の圧力は，1600 K のときに 1.07×10^7 Pa に達する．

練習問題 7・7　1.52 g の Mg を過剰量の HCl と反応させたときに生じる水素の体積を，1.00×10^5 Pa，22.5 ℃で捕集したとして計算せよ．この反応の釣合いのとれた化学反応式は下記のとおりである．

$$Mg(s) + 2\,HCl(aq) \longrightarrow MgCl_2(aq) + H_2(g)$$

第4章で議論した化学量論の問題は，どのタイプであれ気体を含むことができる．化学量論計算を行うための方法は，化学物質に固体，液体，気体のいずれが含まれていても同じである．この章では，測定された量を物質量に結びつける式に理想気体の方程式を付け加える．

物質量換算のまとめ

巨視的なレベルでは，物質量は化学における通貨であるといえよう．すべての化学量論計算には物質量が不可欠である．巨視的なレベルで測定されるのは質量と体積と温度である．表7・2に，巨視的物理量と微視的物理量の換算に使う三つの式を示す．これらのうち二つはすでになじみがあるであろう．三番目は，溶液を含む化学量論計算で使われ，第10章で詳述する．各式は，それぞれ特定の範疇の化学物質に適用できる．読者は，本書を読み終えるまでに，これら三つの式が，それぞれどのような物質に適用されるかを学ぶことになる．

例題7・12は，表7・2の三つの関係式すべてを使う．全体として見ると，この例はかなり複雑に見える．しかし，問題を三つの部分に分解することで，各部分は単純な化学的，化学量論的原理によって解くことができる．複雑な問題は，一度に一つの部分だけに注目することによって，大幅に単純化されることがある．

例題 7・11　混合気体における限定反応物

マーガリンは天然油脂を水素化することによってつくられる．

$$\underset{\text{ココナッツ油}}{C_{57}H_{104}O_6(l)} + 3H_2(g) \xrightarrow{200\,℃,\ 7\times10^5\,Pa,\ Ni\,触媒} \underset{\text{マーガリン}}{C_{57}H_{110}O_6}$$

体積 2.50×10^2 L の水素化反応容器に，12.0 kg のココナッツ油が入れられ，残りの体積に 7.00×10^5 Pa の水素 H_2 を 473 K で入れる．反応はマーガリンを最大量生産する．最終的な H_2 の圧力と，生成したマーガリンの重量を求めよ．仮定として，H_2 はココナッツ油とマーガリンには溶解せず，この反応条件下では理想気体として挙動する．また，反応容器内でのココナッツ油とマーガリンの体積は無視できる．

解 答　水素の最終圧力は 0.61×10^5 Pa．生成したマーガリンは，12.1 kg である．

練習問題 7・8　硝酸の工業的生産における一つの過程は，酸化窒素の酸化：$2\,NO(g) + O_2(g) \rightarrow 2\,NO_2(g)$ である．反応容器には NO と O_2 を，それぞれを 5.00×10^5 Pa で封入する．最大量の NO_2 が生成するように反応が，温度と体積の変化なしで起こったとすると，それぞれの物質の最終的な圧力はいくつになるか．

表 7・2　化学量論関係式のまとめ

物 質	関 係	式
純粋な固体，液体，気体（第4章）	物質量〔mol〕$=\dfrac{\text{質量〔g〕}}{\text{モル質量〔g mol}^{-1}\text{〕}}$	$n=\dfrac{m}{M}$
気 体（第7章）	物質量〔mol〕$=\dfrac{\text{圧力〔Pa〕}\times\text{体積〔m}^3\text{〕}}{\text{定数〔J mol}^{-1}\text{ K}^{-1}\text{〕}\times\text{温度〔K〕}}$	$n=\dfrac{pV}{RT}$
溶 液（第10章）	物質量〔mol〕＝濃度〔mol L^{-1}〕×体積〔L〕	$n=cV$

例題 7・12 一般的な化学量論

マグネシウムと酸の反応では，水素ガスが発生し，イオンの水溶液が生じる．3.50 g の金属マグネシウムが，温度 25.0 ℃ において，体積 5.00 L の円筒の中の 6.00 $mol\ L^{-1}$ の HCl 水溶液 0.150 L 中に投入された．円筒内の当初の気体の圧力は 1.00×10^5 Pa であり，直ちに密封された．最終的な水素の分圧と容器内の総圧力，および，溶液中の Mg^{2+} の濃度を求めよ．

解 答 水素の分圧は 0.736×10^5 Pa．容器内の総圧力は 1.74×10^5 Pa．溶液中の Mg^{2+} の濃度は，0.960 $mol\ L^{-1}$ である．

7・6 液　体

気体における分子間力の一つの帰結は，気体は十分に冷やされると，液体として凝縮するということである．気体分子の平均運動エネルギーが独立して動き回るのに必要な値を下回ると，凝縮が起こる．液体の分子間力は，分子をある体積内に閉じ込めておけるほどに強いが，十分には強くないため，液体内では分子は自由に動き回ることができる．その結果，気体と同じく液体も流体であり，ある場所から別の場所に容易に流れることができる．気体と異なり，液体は凝縮しているので，大きく膨張したり収縮したりすることはない．

液体の性質

液体の分子間力は，三つの重要な性質，すなわち，表面張力，毛管現象，粘性の原因となっている．

表面張力（surface tension）は，液体の表面積が増加するのに抵抗する力である．この性質は液体中の分子どうしが引きつけ合う分子間力によって起こる．この分子間力は凝集力として知られている．

図 7・20 には，なぜ液体には表面張力があるのかが，分子レベルで図解されている．液体の内部にある分子は，周囲を他の分子によって完全に囲まれている．一方，液体表面にある分子は，他の分子は横または下だけにあり，上にあるのは気体状態のわずかな分子だけである．この違いが意味することは，表面にある分子には液体の内部方向に引っ張る引力が働いていて，表面にある分子数を可能な限り少なくしようとしている，ということである．液体は，量が非常に少ないときには，球形になろうとする．球は，他の形に比べて体積当たりの表面積が最も小さいからである．たとえば，蛇口からポタポタと落ちる水は，球形に近い液滴になるが，大きな液滴は，重力によって理想的な球形から歪められる．

容器の表面に接触している分子は，2 種類の分子間力を受ける．凝集力（cohesive force）は，液体中の分子が互いに引き合う力である．接着力（adhesive force）は，液体中の分子を容器の壁に引きつける力である．

接着力によって，液体表面が曲面になる現象がひき起こされ，これは**メニスカス**（meniscus，ギリシャ語で三日月の意味）とよばれる．ガラス管の中の水は，凹面のメニスカスとなり，ガラス管の壁に接触する水分子の数を増加させる．これは，水とガラスの間の接着力が水分子の凝集力よりも強いからである．

図 7・21 に，接着力のもう一つの効果を示す．直径が

図 7・20 液体の内部（下の図）では，各分子はすべての方向から等しく力を受ける（矢印で示されている）．液体の表面（上の図）にある分子は，分子間力によって液体の中に引き戻される．

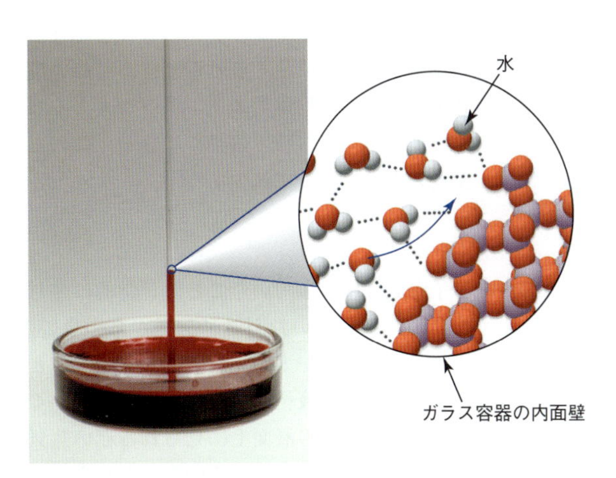

図 7・21 小さい直径の管の中を水は，毛管現象によって上昇する．この写真の水には，毛管現象をよりわかりやすくするために色が付けられている．

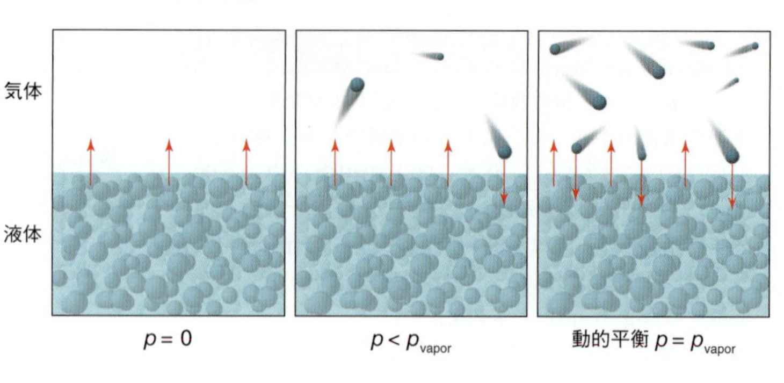

図 7・22 閉じた容器内では，液面上の気体状態の物質の分圧が高くなると，気相へ出ていく分子の数（上向きの矢印）と，液相に戻ってくる分子数（下向き矢印）の差が小さくなり，ついにはその物質の蒸気圧（p_{vapor}）において，平衡が達成される．

十分細い管内では，水は実際に上昇する．理由は，水とガラスの間の接着力が重力よりも強いからである．下向きの重力に逆らって水が上る動きを，**毛管現象**（capillary action）とよび，極性の強い水分子と SiO_2（ガラス）の酸素原子の間の引力によって起こる．同様に，樹液と木の繊維のセルロースの壁の間でも毛管現象は重要な役割を果たしていて，木の根から最も高い枝にまで樹液を輸送している．

私たちは，水を一つの容器から別の容器に素早く注ぐことができる．一方，油はもっとゆっくり注ぐ必要がある．蜂蜜の場合は，非常に長い時間がかかる．液体が流れるのに抵抗する性質を，**粘性**（viscosity）とよぶ．粘性が高いほど，液体を注ぐのがむずかしくなる．粘性は，どれだけ容易に分子が互いに滑っていくかの尺度である．したがって，粘性は，分子の形状や分子間力の強さに影響される．液体中の分子どうしの接触面積が大きくなるほど，粘性は高くなる．水やアセトンやベンゼンなどの液体分子は小さく，接触面積が小さいので粘性は低い．一方，蜂蜜の中の砂糖や油の中の炭化水素のように，大きな接触面積をもつ分子は，高い粘性をもつ．

粘性は温度の影響を強く受ける．この影響は非常にわかりやすいものであり，蜂蜜やシロップのような粘性の高いものも，温めれば簡単に注ぐことができる．高い温度では，液体中の分子の平均運動エネルギーが大きくなり，たやすく分子間力に打ち勝てるようになる．このため粘性は，温度の上昇によって減少する．

蒸 気 圧

液体中の分子が気体中に出ていくことは日常的に感じとることができる．口の開いた石油タンクからの臭い，あるいは，雨後の水たまりが太陽光によって蒸発するというような例から，分子が液相から蒸気に変化していくことがわかる．液体の臭素の液面上に見られる赤い蒸気相は，臭素分子が両方の相に存在していることを視覚的にも明らかにする．

開いた容器の中の液体は，常に少しずつ分子を失っていき，最終的には完全に蒸発してしまう．しかし，図 7・22 のような閉じた容器内では，蒸気の分圧が上昇して，より多くの分子が気相に存在するようになる．この分圧が上がるにつれて，液面へ衝突して液体に戻る気体分子数が増大する．最終的には，図 7・22 に示されるように，液体から出ていく分子数と，液体に戻る気体分子数が等しくなる．このとき気体と液体の分子数を足した総計に変化はないので，これを**動的平衡**（dynamic equilibrium）という．平衡になったときの圧力を，この液体の**蒸気圧**（vapor pressure）とよぶ．温度の上昇に伴って，液体の蒸気圧は高くなる．その理由は，温度が高くなると，液相から気相に出ていくのに十分な運動エネルギーをもつ分子が多くなるからである．

開いた容器において，液体の蒸気圧が外圧に達すると，液体は沸騰を始める．たとえば，水は，海水面の標準大気圧（1.013×10^5 Pa）では，100 ℃ で沸騰する．すでに述べたように，この圧力下で液体が沸騰する温度を標準沸点という．高い山の頂上のような気圧の低いところでは，より低い温度で蒸気圧が外気圧に達するので，沸点は低くなる（たとえば，標高 3776 m の富士山頂の平

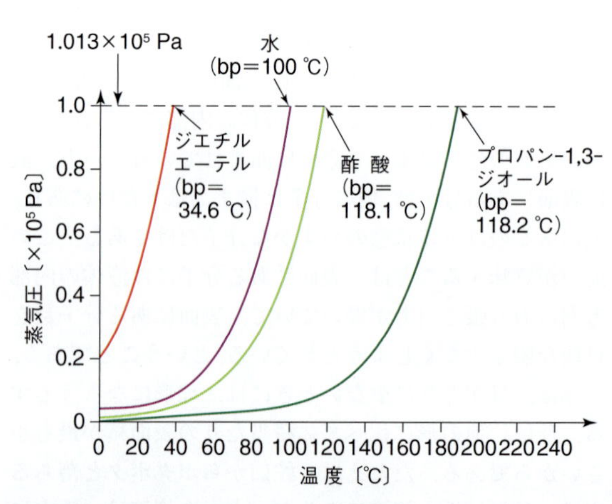

図 7・23 ジエチルエーテル，水，酢酸，プロパン-1,3-ジオールの蒸気圧の温度変化

均気圧は0.645×10^5 Paであり，水は約86 ℃で沸騰する）．逆に圧力鍋は，外圧をかけることによって沸点が高くなる原理を利用している．たとえば，標準大気圧下では，100 ℃以上に水を熱することはできないが，家庭用の圧力鍋では120 ℃まで温度を上げられる．図7・23には，液体状態の温度範囲における蒸気圧が温度の関数として示されている．物質による蒸気圧の違いは，分子間力の強さの違いに起因するものである．

7・7 固　　体

非常に多くの化合物は，通常の条件下では固体である．物質は，その構成物であるイオンや原子や分子が強く結びついて，互いに入れ替わったりできなくなると固体になる．気体や液体とは異なり，固体の特徴はその固さであり，そのために安定した形態を保ち，骨から飛行機の翼にいたるまでさまざまな構造物を支えている．化学，物理学，工学の研究における最も活発な分野は，新しい固体材料の開発，あるいは既存の固体材料の改良である．携帯電話やノートPCに使われるコンデンサーや固体電池から，外科移植における組織適合材料まで，固体は社会において大きな役割を果たし続けている．この節では，さまざまな種類の固体について説明する．

凝集力の大きさ

固体の融点は，表7・1にも示されているように，1.5 K（He）から1808 K（Fe）まで，非常に広い温度範囲にわたっている．これらの値からわかることは，固体中の引力は，非常に弱いものから，極端に強いものまで存在するということである．固体中のイオンや原子や分子は，分子間力，金属結合，共有結合，イオン結合といったさまざまな引力によって結びついている．

分子性結晶（molecular solid）の分子は，分散力や，双極子間引力（水素結合を含む）などの分子間力によって結びついている．**金属結晶**（metallic solid）の原子は，自由電子がかかわる非局在化結合によって結びついている．**共有結合結晶**（network solid）は，すべての原子が隣接する原子と共有結合している．**イオン結晶**（ionic solid）は，§6・2で述べたように，陽イオンと陰イオンを含み，静電引力により互いに引きつけあっている．表7・3では，これら4種類の固体の例について，引力，エネルギーなどの値を比べている．

分子性結晶

分子性結晶では，分子の集団が分子間力によって結びついている．その引力は，分散力，双極子間引力，水素結合，あるいはそれらの組合わせである．

大きな分子の多くは，室温で固体になるのに十分な分散力が働いている．たとえば，ナフタレン $C_{10}H_8$ は（防虫剤の有効成分であり，融点80 ℃の白い固体），平面的な構造をもち，10個のπ電子が非局在化して分子面の上と下に電子雲を形成している（図7・24）．ナフタレン分子は，分極しやすいπ電子による強い分散力によって固体状態になる．結晶状態のナフタレン分子は，この分散力を最大化するように板状の巨視的結晶を形成する．

表7・3　異なる種類の固体のさまざまな特徴

固体の種類	単原子分子および無極性分子の結晶	極性分子の結晶	水素結合を有する分子性結晶	金属結晶	共有結合結晶	イオン結晶
引力	分散力	分散力＋双極子	分散力＋双極子＋水素結合	自由電子による非局在化結合	共有結合	静電引力
エネルギー〔kJ mol^{-1}〕	0.05〜40	5〜25	5〜50	75〜1000	150〜500	400〜4000
例	Ar	HCl	H_2O	Cu	SiO_2	NaCl
融点〔℃〕	−189	−114	0	1085	1710	801
概念図	δ+ δ− δ+ δ−	δ− δ+ δ− δ+				

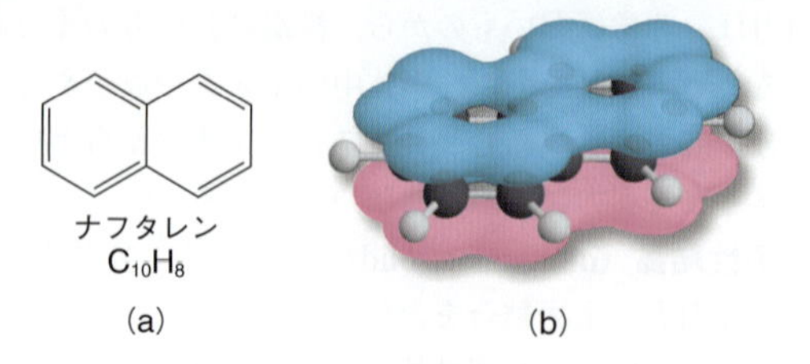

図 7・24 (a) ナフタレンの構造式. (b) 球棒模型に π 電子の最低エネルギーの分子軌道を重ね書きした図.

シュウ酸ジメチル $CH_3OC(O)C(O)OCH_3$ (mp = 52 ℃, 図 7・25) は, 分子性結晶の例である. 隣接する分子はおもに双極子間引力によって引きつけ合っている. 二つのカルボン酸 C 原子は, それぞれ電気的に陰性の二つの O 原子に結合していることにより, 強い δ+ 特性をもっている. δ+ の C 原子は, 隣接する分子の δ− の O 原子との間に双極子間引力が働いている.

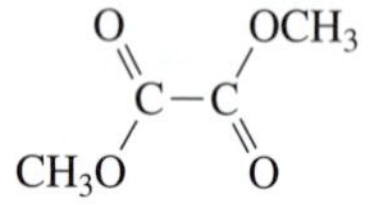

O　　OCH₃
C−C
CH₃O　　O

図 7・25 シュウ酸ジメチルの構造式

分散力や双極子間引力に加えて, 分子性結晶ではしばしば水素結合が働いている. 図 7・26 の安息香酸 C_6H_5COOH が良い例である. そのナトリウム塩は食品保存料としてよく使われる. 安息香酸の分子は, π 電子間の分散力と, −COOH 基どうしの水素結合によって結びついている. ナフタレンに比べて, 安息香酸の π 電子数は少ないため分散力も弱いが, 水素結合の存在に

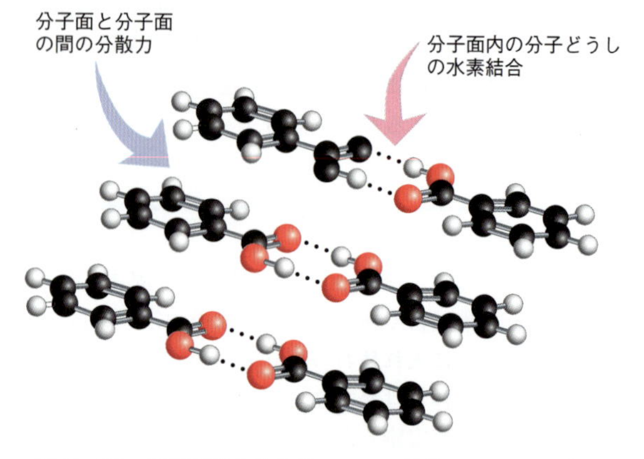

図 7・26 安息香酸の結晶は, 二つの分子の −COOH 基が向き合って水素結合の対を形成している. この分子対の面が上下に重なり, その間に働く分散力によって引きつけられている.

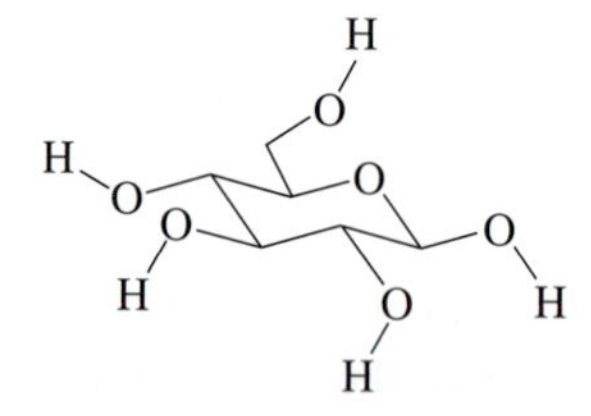

図 7・27 ブドウ糖 (グルコース, $C_6H_{12}O_6$) の構造式

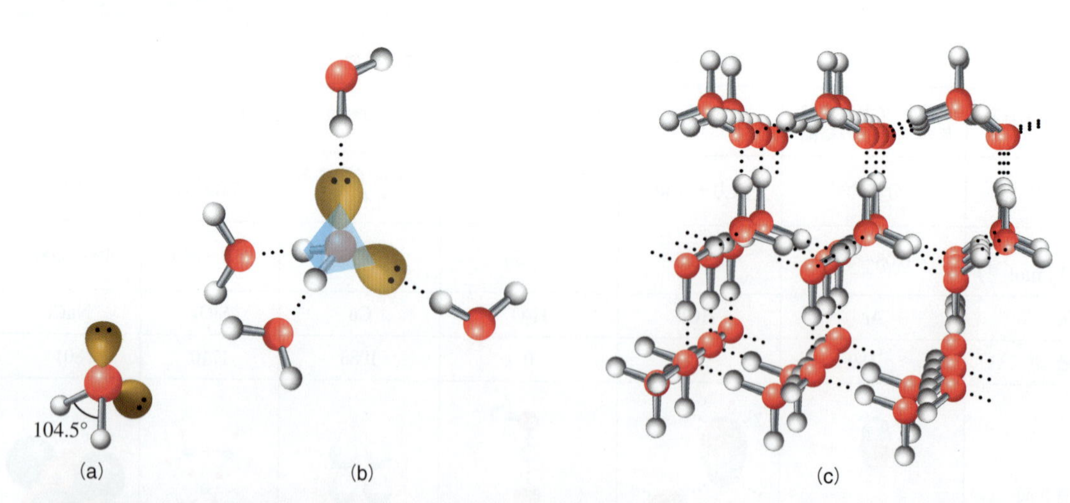

図 7・28 (a) 折れ線形の水分子は二つの極性の強い O-H 結合をもち, O 原子に 2 組の非共有電子対をもつ. (b) 各酸素分子は, 水素原子を頂点とする歪んだ四面体構造の中心に位置する. 四面体は, 二つの短い共有結合の O-H と, 二つの長い H⋯O 水素結合からなっている. (c) 氷における水分子は, これらの四面体のネットワークによって結びついている.

よって安息香酸はより高い 122 ℃ の融点を示す．

ブドウ糖（グルコース，$C_6H_{12}O_6$）の比較的高い融点は，多数の水素結合によるものであり，155 ℃ で融解する（図 7・27）．この分子には，それぞれ 5 個の－OH 基があり，隣接分子と水素結合する．ブドウ糖には，ナフタレンや安息香酸のような分極しやすい π 電子はないが，豊富な水素結合のために，三つの化合物の中では最も高い融点を示す．

氷の構造は，水の分子間の強い水素結合を反映している．折れ線形の水分子には，図 7・28(a) のように，強い極性をもった二つの O－H 結合と，O 原子上の 2 組の非共有電子対がある．図 7・28(b) には，近似的な正四面体構造の共有電子対と非共有電子対の配置が水色で示されている．氷においては，二つの H 原子がそれぞれ，二つの隣接分子の非共有電子対との間に水素結合を形成し（図 7・28b）．2 組の非共有電子対も，それぞれ隣接する二つの分子の水素との間に水素結合を形成する．各 O 原子の周りの四面体は，図 7・28(c) に示されているように，六角形構造を形成する．水素結合のこの幾何学的要請により，物質中の分子や原子の分子間力がより弱く方向性がないときの稠密な充填に比べて，この構造はかなりの隙間をもっている．そのため，氷は液体の水に比べてより低い密度となっているのである．

水の分子はこのように結びついて六角形の構造を形成する．もし水が十分にゆっくり凍結するならば，雪の六角形の結晶が成長する．この美しい結晶の形は，結晶構造の六角形の形状を反映している（図 7・29）．

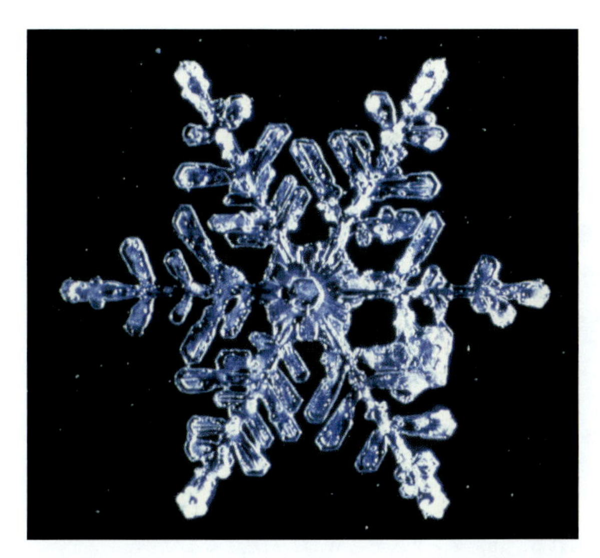

図 7・29　雪の結晶の美しい形状は，氷の六角形構造に起因している．

共有結合結晶

分子性結晶とは対照的に，共有結合結晶は非常に高い融点を示す．共有結合結晶は，すべての方向に伸びる共有結合の連結ネットワークのため，ネットワーク固体ともよばれる．周期表の第 3 周期で隣接するリンとケイ素の挙動を比較してみよう．白リンは 44 ℃ で融解するのに対し，ケイ素は 1410 ℃ で融解する．白リンは P_4 からなる分子性結晶である（図 7・30）．しかし，ケイ素は共有結合結晶であり，すべての Si 原子が隣接する 4 個の原子と共有結合で連結している（図 7・31）．

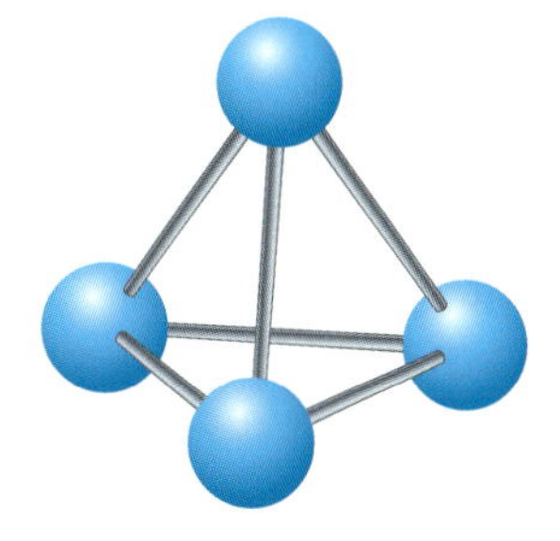

図 7・30　白リンの P_4 分子構造模型

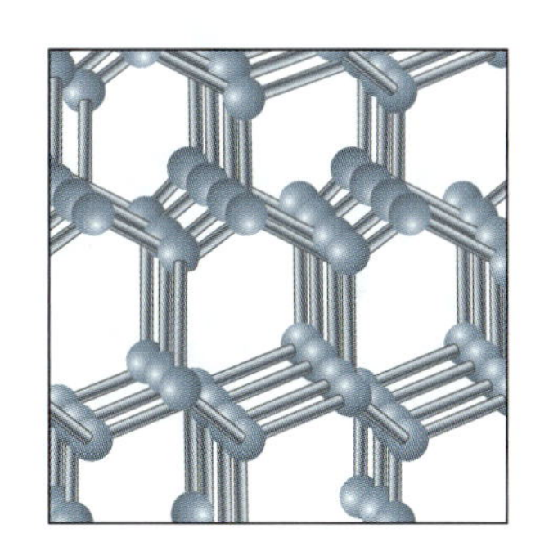

図 7・31　ケイ素の構造の一部分．ケイ素原子は互いに連結して，三次元ネットワークを形成している．

この二つの元素の融点の大きな違いの原因は，表 7・1 から明らかであろう．共有結合は分子間力に比べて非常に強い．ケイ素の固体の融解には，Si－Si 結合のかなりの部分が壊れなければならない．Si－Si 結合の平均エネルギーは 225 kJ mol^{-1} であり，それに対して，P_4 の分子間の引力はずっと弱い（表 7・3 からわかるように，分子間力は一般的に 50 kJ mol^{-1} より小さい）．その結果，ケイ素が融解するためには，白リンに比べて，はるかに高い温度が必要になる．

結合の仕方によっても，共有結合結晶の性質が決まる．ダイヤモンドとグラファイト（黒鉛）は，炭素元素が地球上で自然に存在する二つの形態であるが，物理的・化学的性質は全く異なっている．ダイヤモンドは三次元的に配列し，sp^3 混成の σ 結合によって隣接する 4 個の炭素原子との結合により正四面体構造を形成し（上で述べたケイ素の構造と同一である．図 7・32a），その結果，共有結合結晶となっている．強い共有結合の三次元ネットワークによって，ダイヤモンドは非常に堅く摩耗に耐えるものとなっている．原子を三次元的に連結する共有結合が，共有結合結晶を非常に耐久性の強いものとしているのである．一方，グラファイトの sp^2 混成の炭素原子は，平面内の配列の中で 3 個の隣接する炭素と共有結合で連結している．この σ 結合で形成される平面に対して，π 結合電子がその上下に非局在化して結合全体を補強している（図 7・32b）．この二次元的な層は，隣接する層との間で π 電子間の分散力によって引きつけられているだけなので，炭素原子の板は相互に容易に滑り，その結果，グラファイトは潤滑剤となっている．

シリカ（二酸化ケイ素 SiO_2）のような化合物も，共有結合結晶と見なすことができる．もう一つの例は，炭化ケイ素 SiC である．ダイヤモンドと同様の構造をもつため，紙やすりの研磨剤や（高額でない理由で）切削工具のエッジに使われる．これらの物質は，強い σ 結合によるネットワーク構造で原子が連結しているため，非常に高い融点を有している．

金属結晶

金属結晶の結合は，他の種類の結晶とは異なり，主として，非局在化した自由電子を媒介とした結合である．非常に多数の金属原子の原子軌道の重なりが，非常に多数のエネルギー準位を生じさせる．これらの準位のエネルギーは非常に近いので，バンドとよばれる実質的には連続的なエネルギー範囲を形成している．このエネルギー準位の電子は，金属中のすべての原子によって共有され，金属内全体にわたって動くことができる．したがって，金属は，自由電子の“海”の中に埋め込まれた金属原子殻の規則的な配列と見なすことができよう（図 7・33）．電気伝導度や熱伝導度のような金属の性質は，このモデルによって説明できる．

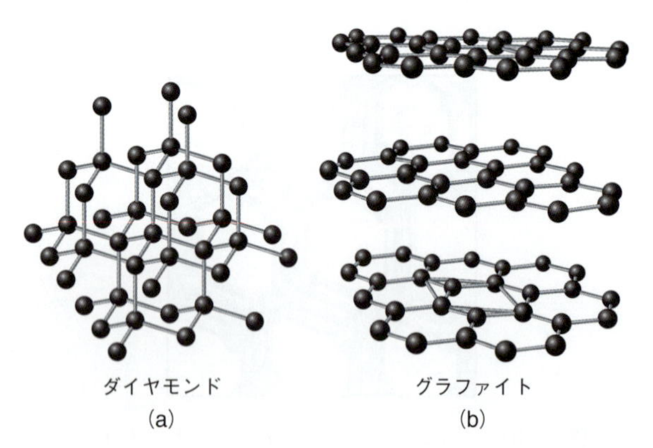

図 7・32 炭素の二つの構造．(a) ダイヤモンドは，炭素原子が相互に三次元的に連結してネットワーク構造を形成する．(b) グラファイトは二次元的な層を形成する．

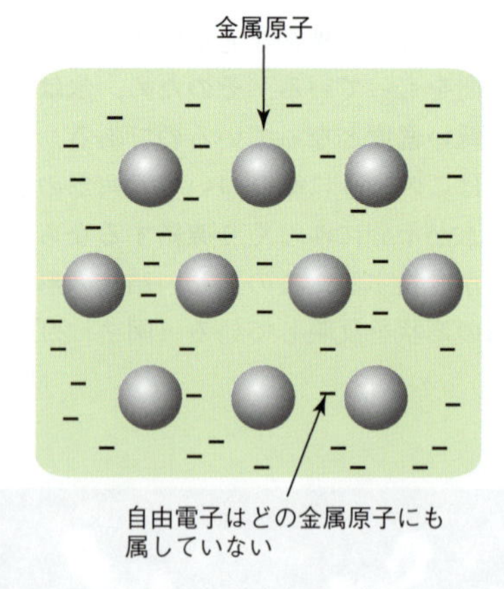

図 7・33 金属結合の概念図．金属原子は，自由電子の“海”の中に埋め込まれている．

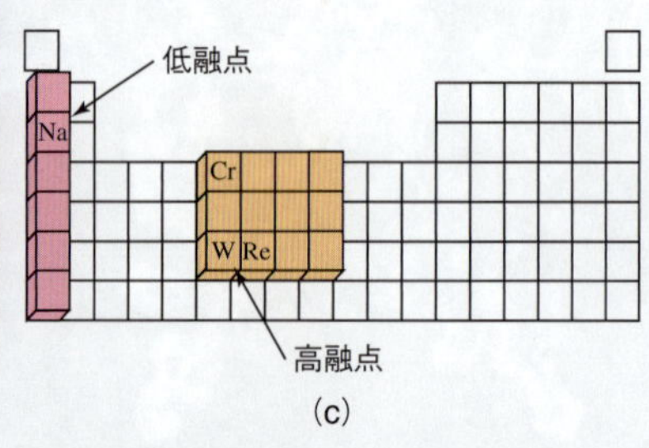

図 7・34 (a) ナトリウム Na はナイフで切り分けられる．(b) タングステン W は，白熱するまで熱しても融解しない．これが電球のフィラメントとして使われる理由である．(c) 1 族金属の融点は比較的低い，一方，d ブロックの中央付近の金属は，すべての物質中で最も高い融点を示す．

金属の融点は非常に広範囲にわたり，このことは金属結合の強さがさまざまであることを示している．1族金属はアルカリ金属とよばれ，非常に柔らかく，比較的低い温度で融解する（図7・34）．たとえば，ナトリウムの融点は98 ℃，セシウムは28.5 ℃である．この金属の結合が弱いのは，1族金属原子では，結合をつくるエネルギーバンドにただ一つの電子だけが寄与するからである．一方，dブロックの中央付近の金属は，非常に堅く，最も高い融点を有する．タングステンの融点は3407 ℃（図7・34b），レニウムは3180 ℃，クロムは1857 ℃である．これらの金属原子では，数個のd電子が結合に寄与するために金属結合が非常に強い．

金属には，延性があり，細い線に延ばすことができる．また，展性があり，ハンマーで叩いて薄い板にまで延ばすことができる．一つの金属片が別の形になるとき，その原子は位置が変わる．しかし，結合電子は完全に非局在化しているので，原子の位置の変化は，それに対応する電子のエネルギー準位の変化をひき起こすことはない．電子の“海”は，図7・35に示されているように，金属原子の配列には影響されない．したがって，金属はその結合の性質を破壊することなく，薄片や細線のようなさまざまな形に変形できる．

dブロック金属はさまざまな性質を示す．銅と銀は，クロムより良い電気伝導体である．タングステンには，延性がほとんどない．水銀は室温で液体である．このような違いは，部分的には価電子数の違いに起因する．dブロック金属のバナジウムとクロムは，1原子当たり，それぞれ5個と6個の価電子をもっていて，それらすべてが金属原子の結合軌道に入っている．そのため，金属原子間に強い引力が働き，結果として，バナジウムとクロムは強固で堅い．dブロックの中央を越えると，価電子がさらに増え，それが反結合性軌道に入るようになると結合の強度が低下する．この効果は，dブロックの端まで行くと最も強くなり，そこでは反結合性電子数が結合性電子数と同じくらいになる．亜鉛，カドミウム，水銀はs^2とd^{10}の電子配置をもち，その融点はすぐ隣の元素に比べて，600 ℃以上低くなっている．

イオン結晶

第6章で述べたように，イオン結晶では，陽イオンと陰イオンが静電引力によって互いに強く引きつけ合っている．イオン結晶は全体が電気的に中性でなければならないので，その陽イオンと陰イオンがもつ電荷によって化学量論が決まる．

多くのイオン結晶は，金属陽イオンと多原子陰イオンをもつ．イオンの電荷数と，固体が電気的に中性である必要性によって化学量論からイオン数の比率が決定される．多原子陰イオンをもつ1:1のイオン結晶の例は，NaOH, KNO_3, $CuSO_4$, $BaCO_3$, $NaClO_3$などである．金属鉱物のうち，1:1のイオン比をもつものとしては，灰重石$CaWO_4$（WO_4^{2-}を含む），ジルコン$ZrSiO_4$（SiO_4^{4-}を含む），イルメナイト（チタン鉄鉱）$FeTiO_3$（TiO_3^{2-}を含む）がある．イルメナイトはTiO_2の原料であり，紙やペンキの白い顔料として使われる．

鉱物はしばしば複数の陽イオンや陰イオンを含む．たとえば，歯のエナメル質の主成分であるリン灰石$Ca_5(PO_4)_3OH$には，リン酸イオンと水酸化物イオンの両方が含まれる．緑柱石$Be_3Al_2Si_6O_{18}$は，エメラルドの

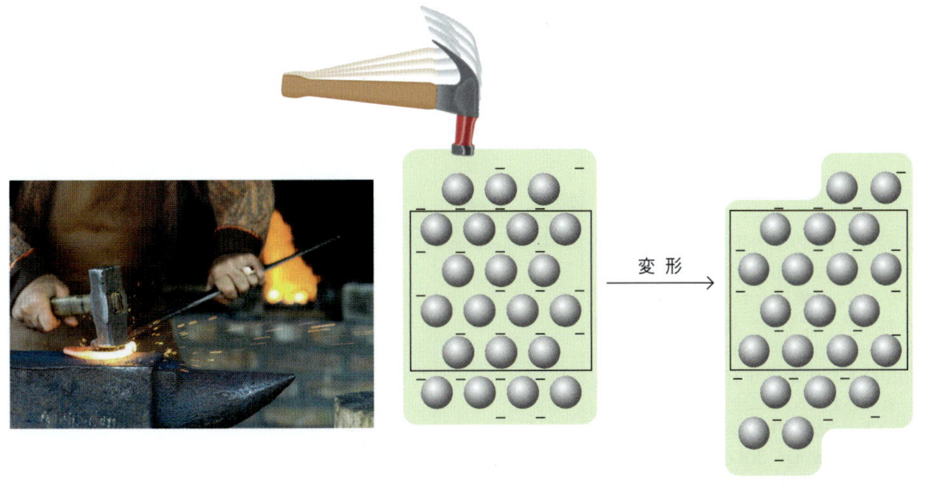

図 7・35 金属がその形状を変えるとき，原子も位置の変化を受ける．しかし，価電子は完全に非局在化しているので，電子のエネルギーは影響を受けない．

母結晶であるが，ベリリウムとアルミニウムの陽イオンとともに，多原子陰イオンである $Si_6O_{18}^{12-}$ を含んでいる．なお，エメラルドの緑色は，緑柱石に不純物として含まれる Cr^{3+} に起因している．

アモルファス固体

純粋の液体や融解物がゆっくり冷やされると，秩序だった結晶固体として凝固することが多い．一方，急速に固化すると，原子や分子やイオンは，規則的な結晶にならない位置に留められ，**アモルファス**（amorphous，形がないの意味）とよばれる物質形態となる．たとえば，通常の砂糖は氷砂糖のように結晶性であるが，融解させた砂糖を急速に冷却してつくる綿菓子は，アモルファス固体の長い繊維である．

ガラス（glass）は，シリカ SiO_2 を基本とするさまざまな組成のアモルファス固体のことである．純粋な SiO_2 は，Si と O 原子の規則的な配列による結晶性固体になり，これは石英として知られる．石英が融解されて急速に冷やされると，アモルファス固体ガラスである石英ガラスになる．石英ガラスは材料として望ましい性質をいくつか備えている．すなわち，腐食に耐え，光をよく透過し，温度変化に強い．ただし残念ながら，純粋なシリカは融点が非常に高いため（1710 ℃）に扱いにくく，そのため石英ガラスは特殊な用途だけに使われる．

酸化ナトリウム Na_2O をシリカに混合することにより，ガラスはより低い温度で成形できるようになる．ナトリウムと酸素の結合はイオン性であり，混合物にナトリウムイオンが入ることにより，共有結合の Si−O−Si の鎖が切れる．これがガラスの格子の強度を弱めて，融点を降下させ，溶融液体の粘性を下げる．しかし，格子が弱められたことにより，酸化ナトリウムと酸化ケイ素の混合物であるガラスは化学反応に対して脆弱になる．

望ましいガラスは適当な温度で融解し，扱いやすく，化学的に不活性なものである．三番目の成分を加えることによってそのようなガラスを調製することができる．結合特性としては，純粋にイオン性の酸化ナトリウムと純粋に共有結合性の二酸化ケイ素の中間である．要求されるガラスの性質によっていくつかの異なる成分が使用される．

窓ガラスや容器に使われるのはソーダ石灰ガラスであり，酸化ナトリウムと酸化カルシウムと二酸化ケイ素の混合物である．CaO を加えることで格子が強くなり，ほとんどの通常の物質に対して化学的に不活性なガラスとなる（ただし，強酸である HF はこのガラスを腐食する）．コーヒーポットや研究室のガラス器具に使われるパイレックス® は，B_2O_3, CaO と SiO_2 の混合物である．このガラスは，ソーダ石灰ガラスでは割れてしまうような急激な温度変化にも耐える．レンズや光学製品は PbO を含むガラスでつくられる．このガラスを通過する光線は大きく屈折する．色ガラスは，少量の色のついた金属，たとえば Cr_2O_3（黄色），NiO（緑），CoO（茶色）などを含んでいる．

7・8 相変化

この章ではここまで，物質の三つの相（気体，液体，固体）をそれぞれ単独で調べてきた．この節では，相変化について学ぶ．**相変化**（phase change）とは，物質が一つの相から別の相に転移することである．物質は，特定の条件下において相変化を起こす．相変化は，温度，圧力，結合強度，分子間力などの影響を受ける．

常圧における水の相変化は日常的な現象である（図 7・36）．−18 ℃ の冷凍庫から氷の塊を取出し，室温の容器

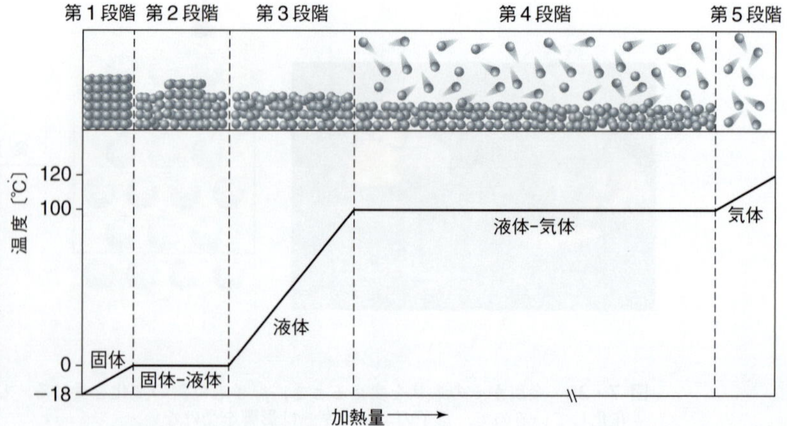

図 7・36　1.013×10^5 Pa の圧力下で，水の試料に熱を加えると，相変化が 0 ℃ と 100 ℃ で起こる．*x* 軸はそれぞれの過程で加えられた熱量である．第 1，第 2，第 3 段階において，固相と液相だけでなく，気相中にもわずかに分子は存在しているが，省略されていることに注意せよ．［出典：*Chemistry: The molecular nature of matter and change*, 3rd edition, Martin S Silberberg, p. 424, © 2003 The McGraw-Hill Companies, Inc.］

内に置いたと考えよう．最初，水は固相にある（第１段階）．冷凍庫の外側で，氷塊の温度は上昇し始める．氷塊の温度が 0 ℃ に達すると融解が始まり，水は固体と液体の混合物となる（第２段階）．この混合物の温度は，氷がすべて溶けてしまうまでは上昇しない．氷が溶け終わると，液体の温度は上昇を始める（第３段階）．容器に熱を加え続ければ，液体の温度は上昇を続け 100 ℃ まで達する．水は沸騰を始めて（第４段階），水の蒸気が発生する．水がすべて蒸発するまで温度は 100 ℃ に留まる．水が完全に蒸発した後，水蒸気に熱を加え続けると，温度は 100 ℃ を超えて上昇する（第５段階）．同じく容器の温度も水が完全に蒸発してしまうと上昇する．コンロ上でフライパンを空焚きするのが好ましくない理由はこれである．

相変化においては，エネルギーを（通常は熱の形で），相変化を起こす物質に供給する，またはその物質から奪う必要がある．ここでは分子性の物質に限定して話を進めるが，同様の議論は原子やイオンの物質にも当てはまり，分子的視点から見ることによってなぜなのかがはっきりするであろう．分子の可動性が増大して起こる相変化は，運動が分子間力に勝った結果である．たとえば，氷の水素結合配列が壊されて氷が液体の水に変化し，水の水素結合が切れて水の蒸気へと変わる．1 mol の水が，液体相から気体相に変化するのには，41 kJ の熱量が供給されなければならない．同様に，1 mol の水蒸気を液化するためには 41 kJ の熱量を奪う必要がある．図 7・36 が示すように，液体と固体の間の変化に必要な熱量はもっと少ない．

第８章において詳述するが，一定圧力下で移動する熱量は，エンタルピー変化（ΔH）とよばれる量に等しい．この変化の大きさは，相変化を起こす物質の分子間力の強さによる．

物質が蒸発するのに要する熱量は，試料の量にも依存する．2 mol の水を気化するのに必要な熱量は，1 mol に必要な量の２倍である．1 mol の物質を，その物質の標準沸点で気化するのに必要なエネルギーを，**モル蒸発エンタルピー**（molar enthalpy of vaporization，$\Delta_{vap}H$）とよぶ．水の例では $\Delta_{vap}H$ は約 41 kJ mol^{-1} である．

エネルギーは，固体を融解させるときにも供給する必要がある．このエネルギーは，固体相で分子の位置を固定していた分子間力に打ち勝つために使われる．1 mol の物質を標準融点で融解させるのに必要な熱は，**モル融解エンタルピー**（molar enthalpy of fusion，$\Delta_{fus}H$）とよばれる．水の例では，$\Delta_{fus}H$ は約 6 kJ mol^{-1} である．

固体と液体の相変化や，液体と気体の相変化は日常的なものであるが，固体が液体にならずに，直接，気体になる相変化も可能である．この転移を**昇華**（sublimation）といい，その逆を**蒸着**（deposition）とよぶ．ドライアイス（CO_2 の固体）は −78 ℃ で昇華し，モル昇華エンタルピー（molar enthalpy of sublimation，$\Delta_{sub}H$）＝25.2 kJ mol^{-1} である．防虫剤にはナフタレン $C_{10}H_8$（$\Delta_{sub}H$ ＝73 kJ mol^{-1}）が含むものがあるが，この結晶性の白い固体には虫を寄せつけない作用がある．密封した容器内ではヨウ素の結晶上にその気体の紫色（図 7・37）を観察できるが，これは固体が室温で昇華（$\Delta_{sub}H$＝62.4 kJ mol^{-1}）することの目に見える証拠である．ナフタレンもヨウ素も，通常の圧力下で融解する（それぞれ 80 ℃ と 114 ℃）ので，常圧下でわずかに昇華するとしても，それは熱力学的な平衡ではない．

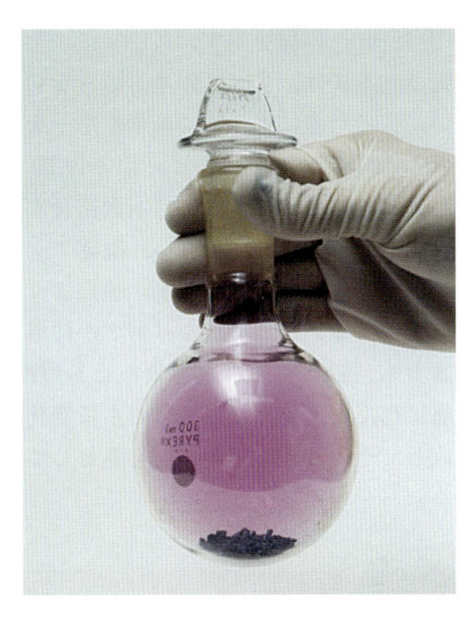

図 7・37 ヨウ素の結晶の上の蒸気の紫色は気相にある I_2 分子によるものである．

相変化はどちらの方向にも進みうる．つまり，氷は熱の供給によって溶け，水は熱が奪われることによって氷になる．氷をつくるためには，水を冷凍庫に入れ，熱が奪われて氷ができるのを待てばよい．液体の水が氷になるときに放出する（奪われる）熱量は，氷を液体の水に変化させるときに必要な熱と同量である．

慣習的に，相変化のエンタルピーの表では，熱を吸収する相変化での値を表す．逆の過程では，同じ絶対値で符号が反対になる．

固体→液体	$\Delta_{fus}H$	液体→固体	$\Delta H_{cry} = -\Delta_{fus}H$
液体→気体	$\Delta_{vap}H$	気体→液体	$\Delta H_{con} = -\Delta_{vap}H$
固体→気体	$\Delta_{sub}H$	気体→固体	$\Delta H_{dep} = -\Delta_{sub}H$

表 7・4 に，いくつかの化学物質の $\Delta_{fus}H$ と $\Delta_{vap}H$，融

表 7・4 いくつかの化学物質の相変化のデータ

物質	化学式	mp〔K〕	$\Delta_{fus}H$〔kJ mol^{-1}〕	bp〔K〕	$\Delta_{vap}H$〔kJ mol^{-1}〕
アルゴン	Ar	83	1.3	87	6.3
酸素	O_2	54	0.45	90	9.8
メタン	CH_4	90	0.84	112	9.2
エタン	C_2H_6	90	2.85	184	15.5
ジエチルエーテル	$(C_2H_5)_2O$	157	6.90	308	26.0
臭素	Br_2	266	10.8	332	30.5
エタノール	C_2H_5OH	156	7.61	351	39.3
ベンゼン	C_6H_6	278	10.9	353	31.0
水	H_2O	273	6.01	373	40.79
水銀	Hg	234	23.4	630	59.0

点(mp)，沸点(bp) の値を示す．

水を沸騰させるには，すべての水素結合を切らなければならない．このためには，水にエネルギーを供給する必要があり，その蒸発エンタルピーは＋40.79 kJ mol^{-1} である．蒸気が液化するときには，水素結合が再形成され，同じ量のエネルギーが放出される．凝縮エンタルピーは −40.79 kJ mol^{-1} である．これが，沸点よりわずかに温度が高いだけの蒸気が，沸点よりわずかに温度の低い液体の水よりも，ひどくやけどを負わせる理由である．蒸気が皮膚に当たると，それは液体の水に変化して水素結合を形成し，そのときエネルギーを熱として放出するからである．

例題 7・13 相変化のエンタルピー

水泳をしていた人がプールから上がるときには，約 75 g の水が体の表面に付いている．この水を蒸発させるためには，どれだけの熱量が必要か．

解 答 この水を蒸発させるのには，1.7×10^2 kJ が必要である．

練習問題 7・9 製氷皿で 125 g の水を凝固させる際に伴う熱量はどれだけか．この過程で熱の流れはどっち向きか．

図 7・36 の説明のように，沸騰している水に熱を加えても，その水の温度を上げることができない．その代わり，加えられたエネルギーは，液相中の分子が分子間力に打ち勝って気体になっていくのに使われる．2 相が共存する他の物質系も同様の挙動をする．このことを使って物質系をある温度に保つことができる．沸騰する水の熱浴によって温度を 100 ℃ に維持し，氷の熱浴によって 0 ℃ に保つことができる．他の物質を用いればより低い温度も達成できる．ドライアイス(CO_2 の固体)を液体のアセトン中に入れると −78 ℃ (195 K) になり，液体窒素は −196 ℃ (77 K) の沸点を保ち，4.2 K で沸騰する液体ヘリウムは，極低温の研究で使用される．

この節の最初に，圧力も相変化に関係すると述べた．圧力の影響は，気体に関係する相変化において特に著しい．圧力が増すと気体密度が大きくなることを思い出してほしい．気体は，一定温度では，圧力が増すと液化する．この事実は，液化石油ガス (LPG: プロパンとブタンの混合物であり，車両燃料，バーベキュー，暖房などに使われる) では重要である．プロパンとブタンは，室温かつ標準大気圧下では気体であるが，実用的な燃料として貯蔵・運搬できるようにするために，加圧して液化するのである．ある温度において気体が液化する圧力を凝縮点とよぶ．

超臨界流体 ここまでは，日常の生活で出会う三つの相 (気体，液体，固体) について述べてきた．気体は，冷却するか，または加圧することによって液化できることを学んだ．気体にかける圧力を増大すると，気体は非常に小さい体積に圧縮される．温度が十分に低いときには，圧縮によって液化が起こる．しかし温度が十分に高ければ，どんなに圧縮しても液化は起こらない．つまり，気相–液相転移が起こらなくなるのである．そのときの物質状態を**超臨界流体** (supercritical fluid) とよぶ．超臨界流体は，液体と気体の両方の性質を部分的にもつが，液体・気体のどちらでもない．

密封された容器の中に液体が入っていると考えよう．熱すると蒸気圧が高くなり，液体中のより多くの分子が気相に出ていく．その結果，気相の密度は増大し，一方，液相の密度は減少していく．容器を熱し続けると，気相と液相の密度は同じ値に近づいていく．二つが等しくなった点では，液相と気相の区別はつかなくなり，すなわち，相の境界面が観測されなくなる．このときの温度を**臨界温度**（critical temperature）といい，そのときの圧力を**臨界圧力**（critical pressure）という．臨界温度かつ臨界圧力の状態を**臨界点**（critical point）とよび，この物質は超臨界状態にあるという．（図 7・38）．液体のように粘性があり，気体のように膨張や収縮をする．

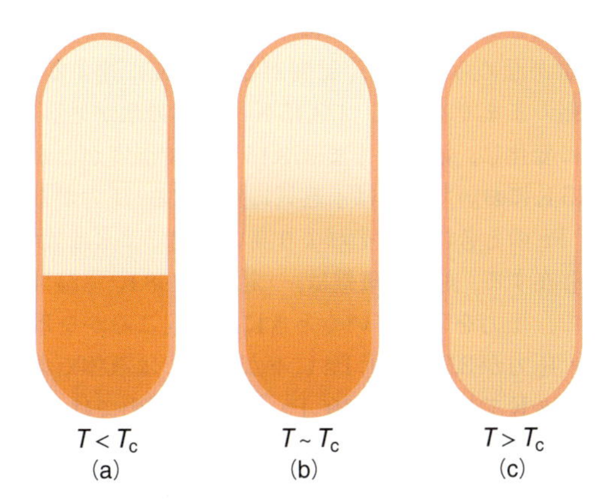

図 7・38　(a) CO_2 の臨界温度以下では，液体と気体の境界がはっきりと見える．(b) 温度が上がると，液体の密度は小さくなり，気体は密度がより高くなって，相の境界が不鮮明になる．(c) 臨界温度より高い温度では，相の境界は消え，超臨界流体のみが存在する．

水の臨界点は T=647 K, p=221×10^5 Pa であり，CO_2 では T = 304 K, p=73.9×10^5 Pa，窒素は T=126 K, p=33.9×10^5 Pa である．臨界圧力は大気圧に比べて何十倍も大きいにもかかわらず，超臨界流体には，商業的に重要な用途がある．最も重要なのは超臨界状態の二酸化炭素の，溶媒としての用途である．超臨界 CO_2 は，液体よりも粘性が小さいために，固体の網目の中に迅速に拡散し，物質を速く輸送する．超臨界 CO_2 は現在では，ドライクリーニングの溶媒，石油の抽出，カフェイン除去，高分子合成などに使用されている．ジクロロメタン CH_2Cl_2 や四塩化炭素 CCl_4 のような，過去に同じ用途に使われていた溶媒に比べて，超臨界 CO_2 はずっと良い選択である．

状　態　図

物質の相としての挙動は，温度と圧力の関数として描かれる**状態図**（phase diagram）に要約される．例が図 7・39 に示されていて，圧力が y 軸，温度が x 軸にとられている．T が低くて p が高い領域では，物質は固体として存在する．T が高くて p が低い領域では，物質は気体になる．中間的な T と p の値の領域で，物質は液体として存在する．

状態図の多くの特徴が，図 7・39 に示されている．

1. 相の境界線（実線）が，熱力学的に安定な二つの相の領域を分けている．（物質は，熱力学的に決定された境界の外側でも準安定な相として存在できる．たとえば炭素は常圧の下で，グラファイトではなく，ダイヤモンドとして存在できる．）
2. 境界線を横切る移動は，相変化に相当する．図の青矢印は 6 種類の相変化，つまり，昇華とその逆の蒸着，融解とその逆の凝固，気化とその逆の凝縮である．
3. 境界線上では，隣接する二つの相が動的平衡で共存している．さらに，ある圧力下で，この 2 相共存系に熱を加えたり，あるいは 2 相共存系から熱を奪ったりしたとしても，一つの相が完全にもう一方に転換してしまうまで温度は変化しない．物質の標準融点や標準沸点（図中の赤丸）は，p=1.013×10^5 Pa の水平な破線が相境界線を横切る点である．
4. 三つの境界線が交わる点（もう一つの赤丸）は，三

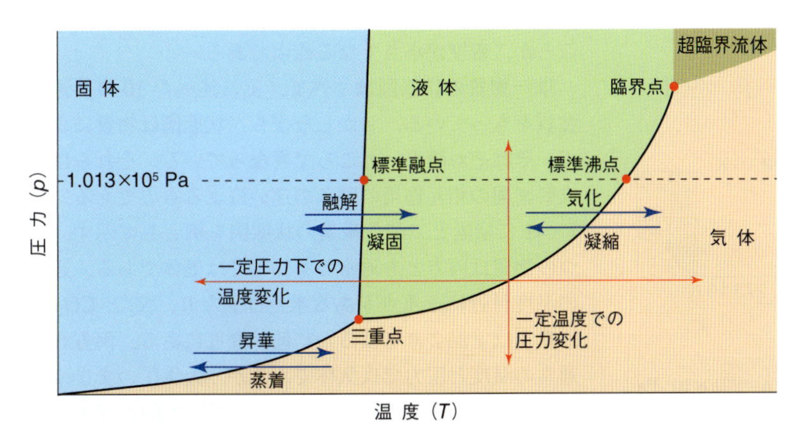

図 7・39　状態図の一般的な構造．図の中の任意の点は，ある温度と圧力の状態を表す．境界の実線は，隣接する二つの相が平衡状態になる条件の軌跡であり，青い矢印は 6 種類の相変化を表す．赤い矢印は，低圧下で温度を変化させて起こる相変化と，定温で圧力を変化させて起こる相変化を表している．

重点（triple point）とよばれる．この特別な温度と圧力において，三つの相が同時に存在する．境界線上の任意の点において二つの相は安定に共存するが，三つの相が同時に共存できるのは三重点のみであることに注意せよ．

5. 臨界点（赤丸）以上の温度では，圧力を上げても気体は液化しない．その代わり，圧力が十分に高いと超臨界状態が生成する．液体と同様に粘性があり，気体と同様に膨張や収縮をする．
6. 一定圧力において温度を変化させたときに，物質に何が起こるのかは，状態図中に，その圧力の値の水平な直線（図中の水平な赤線）を引くことによって知ることができる．
7. 一定温度において圧力を変化させたときに物質に何が起こるのかは，状態図中に，その温度の値の垂直な直線（図中の垂直な赤線）を引くことによって知ることができる．
8. 気相と凝縮相の間の転移温度は，圧力に強く依存する．その理由は，定性的には，気体を圧縮することにより分子の衝突頻度が上がり，より凝縮しやすくなるからである．
9. 融点は圧力にはほとんど依存しないので，固体と液体の境界線はほぼ垂直である．これは定性的には，（超高圧でない）圧力は凝縮液体と固相に対してあまり影響を与えないからである．
10. 固体と気体の境界線は $p=0$ Pa，かつ $T=0$ K の点に外挿される．これは，温度とエネルギーの関係の結果である．0 K では，原子，イオン，分子は最低エネルギーとなり，固体の格子から脱出することができなくなるので，0 K ではすべての固体の蒸気圧は 0 Pa となる．

図 7・40 の状態図で，なじみ深い物質である水について上述の特徴を説明する．まずこの図から，標準融点（mp）である $T=273.15$ K，$p=1.013\times10^5$ Pa において氷と水

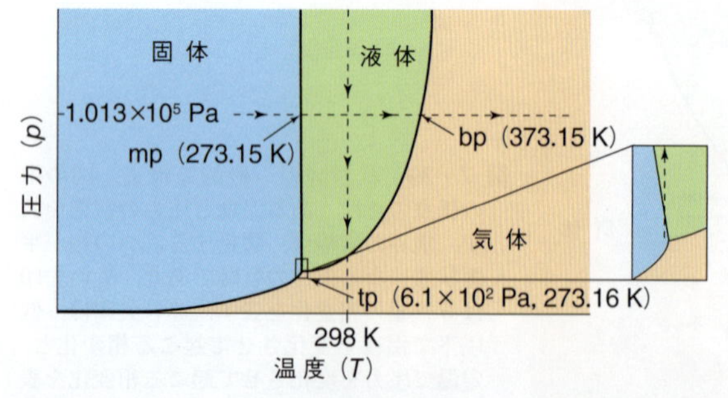

図 7・40　水の状態図．臨界点は $T=647$ K，$p=221\times10^5$ Pa であり，この図の外側にある．

が共存し，標準沸点（bp）である $T=373.15$ K，$p=1.013\times10^5$ Pa において水と水蒸気が共存することがわかる．水の三重点（tp）は，$T=273.16$ K，$p=0.0061\times10^5$ Pa である．図からわかるように圧力が 0.0061×10^5 Pa より低いときには，水が液体状態で安定となる温度領域が存在しないことがわかる．このような低い圧力下では，氷は融解しないで昇華する．

図 7・40 の破線は，水が相変化を起こす二つの過程を表している．水平な破線は，一定圧力 1.013×10^5 Pa の下で温度を上げていくときに起こることを示す．低温にある氷が温められると，温度が 273.15 K に達するまでは固相のままであるが，273.15 K で固体の氷が融解して液体に変化し，液体のまま 373.15 K まで温度が上がる．373.15 K において液体は水蒸気に変化する．圧力が 1.013×10^5 Pa のときには，それより高い温度では水は気体として存在する．垂直な破線は，一定温度 298 K（室温付近）の下で，圧力を下げていくときに何が起こるかを示す．水は，圧力が 3.04×10^3 Pa に下がるまでは液体である．温度 298 K では，3.04×10^3 Pa より低い圧力では，水は気体として存在する．なお 298 K では，水はいかなる圧力下においても固体にならないことに注意せよ．

三重点の温度は標準融点よりもわずかに高いことから，固相と液相の境界線の傾きが負であることがわかる．図 7・40 中の拡大図の破線のように，三重点のすぐ下の温度の固体 H_2O の状態から出発して，一定温度のまま圧力を上げていくと，固体から液体への相変化が起こる．これは，水の液体の密度が固体の密度よりも大きい（氷が水面に浮くことからもわかる）ことに起因している．アイススケート選手は，圧力で誘起されるこの相変化を利用している．スケートの薄い刃先が氷に圧力を加えて瞬時に液体に変化させるが，圧力がなくなれば水は再び氷結するのである．水のこの性質は，物質として非常に特殊である．多くの固体は，それが液体になったときよりも大きな密度をもっている．水においては，液体に比べて固体状態のときに水素結合の数がより多くなることが，密度が小さくなる原因である．

単一物質の状態図はすべて，上に述べた 10 の共通の性質をもっている．しかしながら，状態図は物質によって，それぞれ細かいところで異なっている．それらは構成要素間の相互作用の強さの違いによるものである．図 7・41 に窒素と二酸化炭素の状態図を例として示す．二つの物質は両方とも通常の条件下では気体である．通常の温度付近に三重点がある水とは異なり，N_2 と CO_2 の三重点は室温よりもはるかに低い温度にある．両方とも通常の温度と圧力では気体であるが，大気圧のまま冷やしたときの挙動は異なっている．窒素分子は 77.4 K で

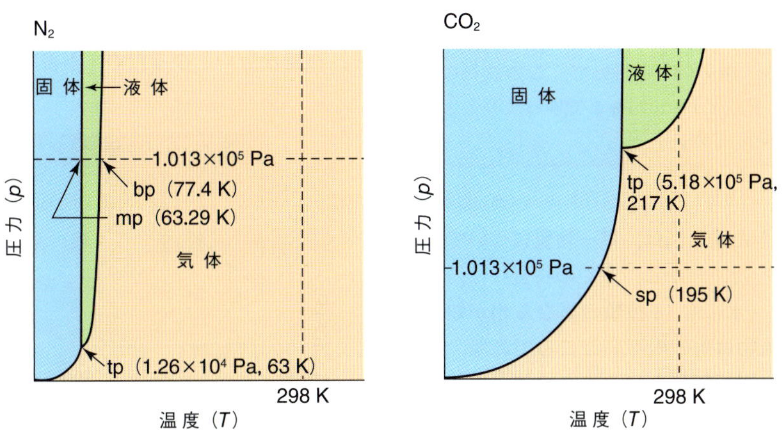

図 7・41　窒素と二酸化炭素の状態図．この二つの物質は，室温・大気圧では気体である．（sp＝標準昇華温度）

液化し，63.29 K で固化するが，二酸化炭素は 195 K で直接固相に変化する．この違いの理由は，CO_2 の三重点の圧力が，H_2O や N_2 と異なり，大気圧よりも高いからである．CO_2 の状態図を見れば，圧力が 1.013×10^5 Pa では，液体となる温度範囲が存在しないことがわかる．

状態図は，相変化が起こる温度と圧力を測定することによって作成される．図 7・40 や 7・41 のようなおおよその状態図については，その物質の三重点と標準融点および標準沸点の値から描くことができる．

例題 7・14　状態図の作成

アンモニアは通常の条件下では気体である．標準沸点は 239.8 K, 標準融点は 195.5 K である．NH_3 の三重点は，$p=0.0612\times10^5$ Pa, $T=195.4$ K である．これらの情報から，NH_3 のおおよその状態図を作成せよ．

解　答　次の図のようになる．

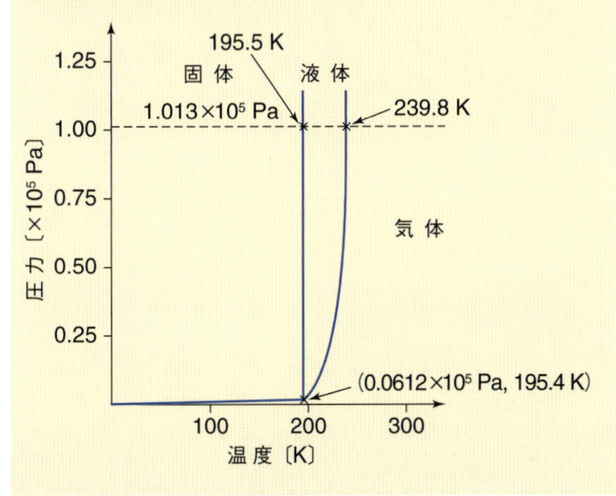

状態図は，ある温度・圧力において，どちらの相が安定であるかを決定するために使われることがある．相変化が，どの物理量の変化によって起こるのかについても示している．

例題 7・15　状態図を用いて物質の状態を予想する

火星には非常に希薄な大気があり，平均大気圧は 610 Pa よりもわずかに低い．温度は，夏の赤道上で最高 20 ℃ほどである．最低温度は両極付近で約 −150 ℃となる．水が存在するとすれば，この二つの両極端な条件下において，どんな相になっているか．最低温度から最大温度まで上がるときに水が起こす相変化の名称は何か．

解　答　水が 123 K から 298 K に熱せられると，氷から水蒸気に変化する．圧力が三重点よりも低いために，状態図の液体領域に入ることはない．氷が直接，蒸気になるので，相変化は昇華である．

練習問題 7・10　CO_2 消火器には，高圧で液体 CO_2 が入っている．図 7・41 の CO_2 の状態図を用いて，液体二酸化炭素が生成する最小圧力を求めよ．

例題 7・16　状態図の解釈

合成実験を $p=0.50\times10^5$ Pa の容器内で，液体 NH_3 を溶媒として行いたい．適合する温度範囲を求めよ．合成が終了したときに，温度を 220 K 以上に上げないで，溶媒を蒸散させたいが，これは可能か．

解　答　$p=0.50\times10^5$ Pa では，NH_3 は 195 K から 235 K の範囲で液体となる．実験者は 0.35×10^5 Pa 以下の圧力にすれば，220 K において NH_3 を蒸散させることが可能である．

練習問題 7・11　N_2 の気体試料が $p=0.1\times10^5$ Pa, $T=63.1$ K の状態にある．図 7・41 を用いて，この試料の温度を一定のまま，圧力を 1×10^5 Pa までゆっくりと上げていくときに何が起こるか．

ここまでに学んできた状態図は，単一物質についての簡単なものだけであった．しかし，多くの物質には，複数の固相が存在する（氷にも 14 種類の異なる相が知られている）．多くの鉱物は地殻の深いところで高温・高圧にさらされて固相-固相転移を起こすために，固体の状態図は特に地質学において有用である．図 7・42 はシリカ（二酸化ケイ素 SiO_2）の状態図である．シリカは地質学では重要な物質である．縦軸と横軸は地質学的な圧力と温度のスケールであることに注意せよ．シリカ結晶として，6 種類の異なる構造が示されており，それぞれが異なる温度・圧力領域において安定である．地質学者がシリカのスティショバイト構造の試料に出会ったとすると，その地層は超高圧下で固まったと判定できる．

二つ以上の成分を含む混合物については，状態図はさらに複雑なものとなるため，本書では取扱わない．

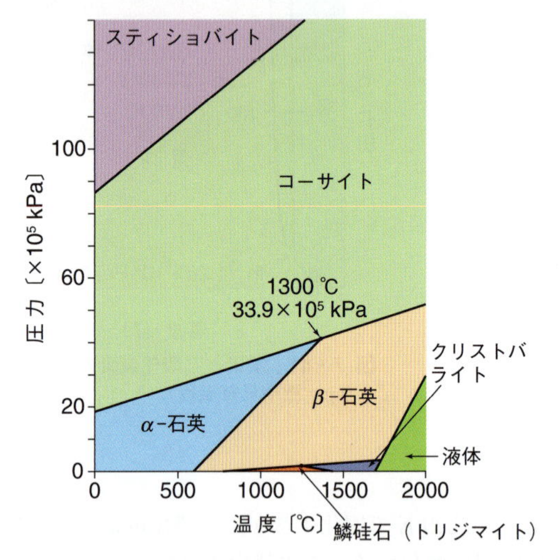

図 7・42　シリカの状態図には，異なる 6 種類の結晶構造があり，それぞれ，異なる温度・圧力下において安定である．

8 化学熱力学

8・1 化学熱力学序論

氷を室温，大気圧下に置くと，徐々に溶けて液体の水となる．

$$H_2O(s, 25\ ^\circ C, 1.013\times10^5\ Pa) \longrightarrow H_2O(l, 25\ ^\circ C, 1.013\times10^5\ Pa)$$

しかし，水を同じ条件の下に置いても決して氷になることはない．

$$H_2O(l, 25\ ^\circ C, 1.013\times10^5\ Pa) \longrightarrow \text{変化しない}$$

同様に，金属ナトリウムの固体を水の中に入れると，激しく反応して水素ガスが発生し水酸化ナトリウム水溶液が生じる．

$$Na(s) + H_2O(l) \longrightarrow NaOH(aq) + \frac{1}{2}H_2(g)$$

しかし，水酸化ナトリウム水溶液に水素ガスを通して逆の反応を起こそうとしても反応は起きない．

$$NaOH(aq) + \frac{1}{2}H_2(g) \longrightarrow \text{反応しない}$$

これらの化学反応や物理変化は，ある特定の温度と圧力の下において，一つの方向にしか進行しない例である．このような変化を**自発的**（spontaneous）な変化といい，それは，ひとたび始まると他からの何の助けも必要とせずに進行する変化である．氷の融解やナトリウムと水との反応は，最後まで進行する自発的な変化の例である．しかし，多くの自発的な化学反応では，反応物から生成物への変化が完了するまで完全には進行しない．そのような反応の進行が完了しない例として室温，大気圧下の N_2O（笑気）と酸素より $NO_2(g)$ が生じる反応がある．この反応に対して次の釣合いのとれた化学反応式を書くことができる．

$$2\,N_2O(g) + 3\,O_2(g) \longrightarrow 4\,NO_2(g)$$

この式は，2 mol の $N_2O(g)$ と 3 mol の $O_2(g)$ を室温，大気圧下の容器内で混合すると 4 mol の $NO_2(g)$ が得られることを意味しているのではない．実際に，どんなに長い間待ったとしても約 2 mol 以上の $NO_2(g)$ は生じないし，反応容器内にはかなりの量の出発物質が残る．化学反応式に関して，次のことを認識しておくことは重要である．“釣合いのとれた化学反応式は，その反応が完了するまで進行するかどうかについては何も教えてくれない．それは反応物から生成物が生じる際の物質量の比を単に示すものである．”

自発的な反応を組合わせて非自発的な反応を進めることは可能である．たとえば，水は自発的に水素と酸素に分解することはない．しかし，電流（電子の自発的な流れ）を水に通すことで次の反応を進行させることができる（図 8・1）．

$$2\,H_2O(l) \longrightarrow 2\,H_2(g) + O_2(g)$$

この過程は電気分解とよばれる．しかし，水素と酸素の発生は電流が流れている間のみ続く．電流を切るやいなや，分解は止まる．この例は，自発的変化と非自発的変化の違いを示している．自発的な変化はひとたび始まると，それは自然に止まるまで継続する傾向がある．一方，非自発的変化は外部から助けを受けている間だけ継続できる．また，水の電気分解は，必要な電気を生み出す何らかの自発的な機械的あるいは化学的変化を必要とすることに注意してほしい．端的にいえば，“すべての非自発的変化は自発的変化を犠牲として起こる”．起こる変化は，直接にせよ間接にせよ，自発的変化にまでたどる

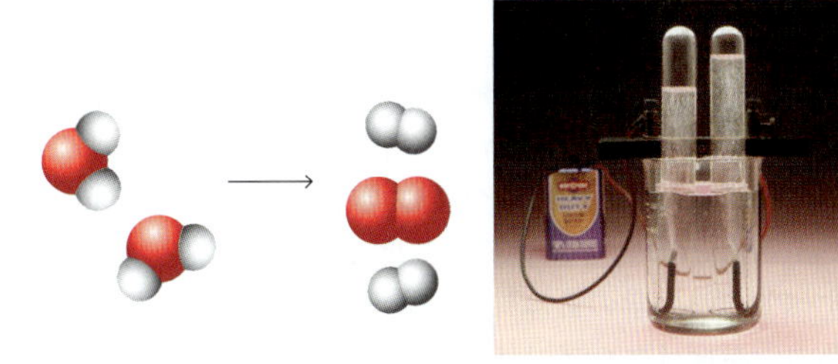

図 8・1 水の電気分解により生じる H_2 ガスと O_2 ガス．水の電気分解は電気の供給がある間だけ続く非自発的な変化である．

ことができる．

化学では，ある条件において扱う反応が自発的なものであるかどうか，また，もし自発的なものであるとしたら，どこまで進行するのかが問題となる．私たちは**化学熱力学**（chemical thermodynamics）を用いて，化学変化および物理変化の自発的な進行方向とその条件における進行度合いの予測を行うことができる．それはエネルギーおよびそれが反応や変化の間にどのように拡散するかを考察することでなされる．自発的な変化は丘の頂上にあるボールにたとえることができる．ボールが一押しされれば，谷底，すなわちエネルギーが最小の地点，にたどり着くまで丘を自発的に転がり落ちる．

エネルギーがどのように蓄えられ，化学反応の間にどのように解放され移動するのか，それらは日頃私たちの身体を動かしている過程であるが，化学熱力学はそのような過程を理解するための道具である．化学熱力学はどの反応が自発的なものであるか，どれが他の過程からのエネルギーで駆動される必要があるかを教えてくれる．前に定義したように，化学熱力学において“自発的”な変化とは，外部から何の助けなしに“一度始まると”進行を続ける変化である．ある反応，私たちの身体の中で分子の分解を行っているような反応は熱力学的に自発的で，“一度始まると”ほぼ完全に反応物を生成物へ変換する．しかし，それらの反応は“非常に”遅い．第13章において，反応の“速度”に関するさらなる知見や，加齢や血液の凝固への薬物の働きなど，好ましくない化学過程を遅くしたり止めたりする要因について学ぶであろう．

化学熱力学を学ぶ前に，いくつかの重要な熱力学用語を定義しておく必要がある．

熱と温度

おそらく，最も重要でよく知られた熱力学用語は**熱**（heat, 記号は q を用いる）であろう．熱とは温度差によって移動するエネルギーである．異なる温度の二つの物体を直接接触させたとき，温かい方から冷たい方へ，両者の温度が等しくなるまで熱の移動が起こる．熱を実際に直接測定することはできない．温度の定義も上に従う．すなわち，二つの物体が熱的な平衡状態，すなわち直接接触したときに熱の流れがない状態にあれば，それら二つの物体は同じ温度をもつ．**熱力学温度**（thermodynamic temperature，ときには絶対温度ともいわれる）がほぼすべての熱力学の計算に用いられることは重要である．熱力学温度はケルビン（K）の単位で測られる．これをセルシウス度（℃）を単位とする温度に変換するには，熱力学温度から273.15を差し引けばよい．1 K の温度差は1℃の温度差に等しいので，温度変化が関係する計算では，それぞれの温度がKあるいは℃を単位として表される違いがあるが温度差を表す数値は同じである．

系，周囲（外界），宇宙

宇宙の内部の研究対象として特定した部分（多くの場合，一つあるいはそれ以上の化学種をさす）を**系**（system），その他のすべての部分を**周囲**（外界, surrounding）という（図8・2）．系と周囲（外界）を合わせたものが**宇宙**（universe）である（図8・2）．多くの場合，系と周囲との間での熱の移動が興味の対象となるので，熱が通る**境界**（boundary）は非常に重要である．境界は（ビーカーの壁のように）目に見えるものも，（前線に沿って冷たい空気と暖かい空気を分ける境界のように）目に見えないものもある．物質や熱が境界を横切ることができるかどうかによって，3種類の系がある．

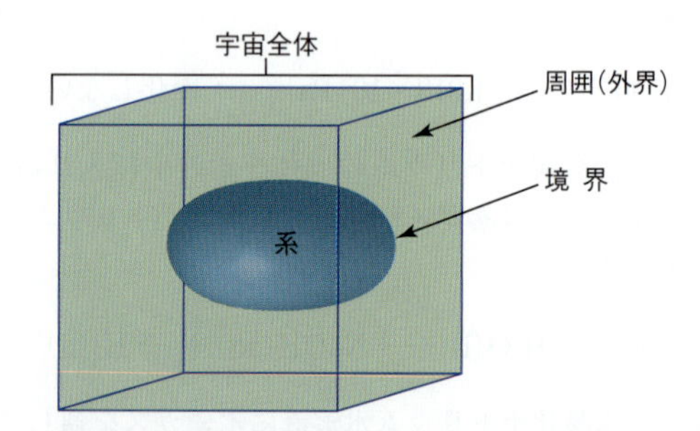

図8・2　熱力学において，系，周囲(外界)，宇宙全体，境界の定義は重要である．

- **開いた系**（open system）は境界を通してエネルギーと物質を得たり失ったりできる．人体は開いた系の一例である．
- **閉じた系**（closed system）は境界を通してエネルギーを吸収したり放出したりできるが，物質に対してはできない．閉じた系の中で何が起ころうとも，その質量は一定に保たれる．電球は閉じた系の一例である．電球は熱，光とともにエネルギーを放出するが，その質量は一定である．
- **孤立系**（isolated system）はエネルギーも物質も周囲とやりとりができない．エネルギーはつくることも消滅させることもできないので，孤立系の中で何が起ころうとも孤立系内のエネルギーは一定である．栓をされた真空のフラスコは孤立系のよい近似である．周囲との間で熱移動なしに孤立系内で起こる過程は**断熱過程**（adiabatic process）とよばれる．

単　位

化学熱力学で使われる単位について知っておく必要がある．エネルギー，仕事（力に逆らう運動），熱の SI 単位は**ジュール**（joule，単位記号 J）である．ジュールは組立単位（表3・2）であり SI 基本単位で次のように表される．

$$1\,\mathrm{J} = 1\,\mathrm{kg\,m^2\,s^{-2}}$$

1 J は 2 kg の物体が $1\,\mathrm{m\,s^{-1}}$ の速さで動くときの運動エネルギーである．あるいは，人間の心臓の鼓動 1 回分のエネルギーに近い．ジュールは小さなエネルギーであり，多くの場合**キロジュール**（kilojoule，単位記号 kJ）がよく使われる．

$$1\,\mathrm{kJ} = 10^3\,\mathrm{J}$$

X の変化量（ΔX）

多くの場合，私たちは化学反応や相変化の際のエネルギーの絶対値よりもエネルギーの変化量に興味がある．そのような変化は Δ〔ギリシャ文字 δ（デルタ）の大文字〕を使って表される．任意の熱力学量を X とすると，X の変化量は次のように表される．

$$\Delta X = 終状態の\,X\,の値 - 始状態の\,X\,の値$$

温度に対してこれを用いると，ΔT は次のように定義される．

$$\Delta T = T_{終状態} - T_{始状態}$$

もし，$T_{終状態}$ が $T_{始状態}$ よりも低ければ，定義より ΔT は負となることに注意せよ．もし，$T_{終状態}$ が $T_{始状態}$ よりも高ければ，ΔT は正である．

同様に体積変化 ΔV は次のように定義される．

$$\Delta V = V_{終状態} - V_{始状態}$$

もし気体が膨張して，$V_{終状態} > V_{始状態}$ ならば $\Delta V > 0$ である．逆に収縮して，$V_{終状態} < V_{始状態}$ ならば $\Delta V < 0$ である．

熱力学は化学変化にも物理変化にも適用できる．一般に，化学変化は化学反応の結果起きる．化学反応においては化学結合の開裂と生成，あるいは電子の移動の結果，反応物と生成物は化学的に異なるものとなる．物理変化は主として相変化を指す．相変化では，反応物と生成物は化学的には同じものであるが物理的な状態は異なる．たとえば，凝固により液体の水は氷となる．また，昇華によりヨウ素の固体は気体となる．

8・2 熱力学第一法則

もし塩化ナトリウム NaCl を大量に水に溶かしたとすると，NaCl が溶けるにしたがい水溶液が冷たくなるのに気づくであろう．それを説明しているのが図 8・3(a) である．ビーカーとその周囲から熱が吸収され，ビーカーに触ると冷たく感じられる．温度計からも熱が奪われ，温度の低下が示される．しかし，化学的に似た塩である塩化リチウム LiCl を溶かすと，水溶液は驚くほど温かくなることに気づくであろう．図 8・3(b) はそのことを説明している．溶解することで熱が放出されビーカーが温かくなる．熱は温度計にも伝わり温度の上昇を示す．

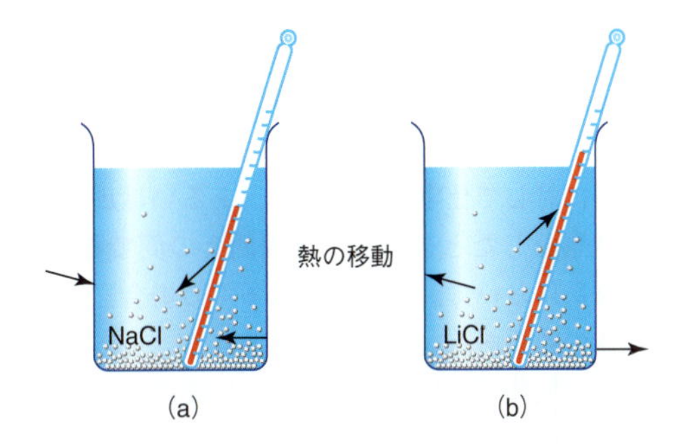

図 8・3 NaCl (a) と LiCl (b) を水に溶かすと，水溶液とビーカー（およびその外側の周囲）との間で熱の移動が生じる．(a) では熱がビーカー（およびその外側の周囲）から水溶液に奪われてビーカーは冷やされる．(b) では溶解により生じた熱が水溶液からビーカー（およびその外側の周囲）に流れてビーカーを温める．

熱として移動するエネルギーは物体の内部エネルギーからのものである．内部エネルギーは物体中のすべての粒子のもつエネルギーの総和で，記号 U で表される．化学変化においても物理変化においても，私たちはある過程において起こる内部エネルギー変化（ΔU）に興味がある．

$$\Delta U = U_{終状態} - U_{始状態}$$

化学反応では，$U_{終状態}$ は生成物の内部エネルギーであるので，それを $U_{生成物}$ と書こう．同様に，$U_{始状態}$ は反応物の内部エネルギーであるので $U_{反応物}$ を用いる．よって，化学反応における内部エネルギー変化は次式で表される．

$$\Delta_r U = U_{生成物} - U_{反応物}$$

熱力学量の変化が化学反応におけるものであるとき，記号に "r" を付ける．したがって，化学反応における内部

エネルギー変化は $\Delta_r U$ と書かれる.

塩化ナトリウムを水に溶かすと，系は周囲から熱を吸収する．すなわち，終状態のエネルギーは始状態のエネルギーよりも大きい.

$$\mathrm{NaCl(s)} \longrightarrow \mathrm{Na^+(aq)} + \mathrm{Cl^-(aq)}$$
$$U_{\text{生成物}} > U_{\text{反応物}}$$
$$\Delta_r U = U_{\text{生成物}} - U_{\text{反応物}} > 0$$

逆に，塩化リチウムを水に溶かすと，系は周囲へ熱を放出するので，終状態のエネルギーは始状態のエネルギーよりも小さい.

$$\mathrm{LiCl(s)} \longrightarrow \mathrm{Li^+(aq)} + \mathrm{Cl^-(aq)}$$
$$U_{\text{生成物}} < U_{\text{反応物}}$$
$$\Delta_r U = U_{\text{生成物}} - U_{\text{反応物}} < 0$$

塩化ナトリウムや塩化リチウムを水に溶かしたとき，熱は系と周囲との間で移動する．また，エネルギーは，系が周囲に対して仕事をしたとき，あるいは周囲が系に対して仕事をしたときにも系と周囲との間で移動する．化学的な系において，この仕事は多くの場合，反応で生じた気体の膨張あるいは圧縮でなされる．反応で気体が生じ，その気体が膨張するとき，系は周囲に対して仕事を行う．逆に，一定温度下で気体が圧縮されるとき，周囲は系に対して仕事をする．このような仕事はしばしば圧力-体積仕事あるいは pV 仕事とよばれる.

圧力 p に逆らって体積が ΔV だけ変化したとき，その仕事の大きさは次式で表される.

$$w = -p\Delta V$$

もし気体が膨張したとすると，$V_{\text{終状態}} > V_{\text{始状態}}$ であるので ΔV は正である．それゆえ，この過程が温度が一定の下で行われたとすると，そのときの仕事は負である．図8・4 (a), (b) はそのことを説明している．そこでは，閉じ込められた気体の膨張〔(a)→(b)〕がピストンを動かし仕事をしている．このとき，系はエネルギーを**失う**こととなる.

気体が圧縮されたとすると，$V_{\text{終状態}} < V_{\text{始状態}}$ であるので ΔV は負で，仕事は正となる．周囲がピストンを押し，気体を圧縮する状況でこれを説明しているのが図8・4 (c) である．このとき，系は周囲が行った仕事のエネルギーを**得る**.

熱と仕事はいずれも閉じられた化学系が周囲とエネルギーを交換する方法であるので，化学変化や物理変化の間の化学系の内部エネルギー変化は，系が吸収あるいは放出した熱と系が行ったあるいは系になされた仕事の和に等しくなければならない．これを数式で表すと次式となる.

$$\Delta U = q + w$$

ここで，q は熱，w は仕事である．この方程式は**熱力学**

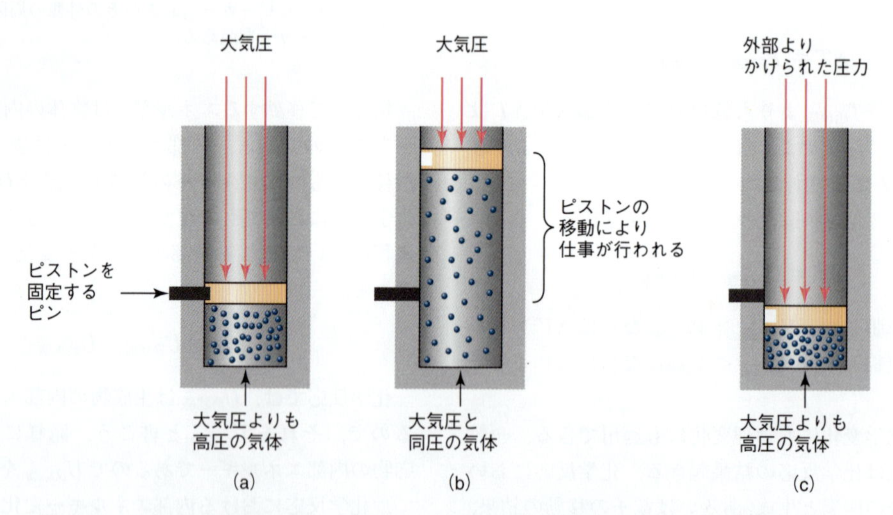

図 8・4 圧力-体積仕事の一例．(a) シリンダー内に閉じ込められた気体．気体はピストンにより圧縮されており，そのピストンはピンで固定されている．(b) ピンが外れてピストンが動けるようになると，シリンダー内の気体は膨張し，大気圧に逆らってピストンを押し上げる．気体の膨張では $w = -p\Delta V$ において ΔV は正であるので w は負となる．系は大気圧に逆らって押す仕事をすることでエネルギーを失う．(c) ピストンが押し下げられると，気体は圧縮される．圧縮される気体では ΔV は負であるので w は正となる．この仕事により系はエネルギーを得る.

第一法則（first law of thermodynamics）として知られている．簡単にいえば，エネルギーは系と周囲の間で熱としても仕事としても移動させることができ，エネルギーはつくることも壊すこともできないということである．熱力学第一法則の別の表現は，孤立系のエネルギーは一定である．これらの表現は本質的には，エネルギーはつくることも壊すこともできないというエネルギー保存則を言い換えたものである．私たちにとって U の絶対値よりも化学変化や物理変化における U の変化（ΔU）が重要である．このことは，これから学ぶ他の熱力学量についてもいえることである．

もし体積変化がないと，$\Delta V = 0$ なので仕事はない．これは，反応が体積不変の容器内で行われる場合である．そのとき，$\Delta_r U = q$ となる．内部エネルギー変化 $\Delta_r U$ は定積下の熱変化 q_v である．

$$\Delta_r U = q_v$$

熱容量

熱と温度が同じものではないことを認識しておくことは重要である．はじめは異なる温度の二つの物体を接触させて，十分長い時間おくと，それらの温度は徐々に同じになる．これは熱い物体から冷たい物体へと熱が移動したことによる．よって，“熱は温度差によって移動するエネルギーである”ということができる．熱を直接測ることはできないが，熱が片方からもう片方へ移動するときに起こる温度の変化を利用して熱を計算することができる．実際，熱と温度変化の間には次の式で与えられる線形関係がある．

$$q = C\Delta T$$

ここで q は熱，C は物体の**熱容量**（heat capacity）である．熱容量の単位（$\mathrm{J\,K^{-1}}$）より，熱容量は 1 K だけ物体の温度を上昇させるのに必要な熱と考えることができる．

例題 8・1　熱容量を求める実験

食物を摂ったときに生じる化学反応の熱を測定したいことがよくある．これを行うために，食品科学者は 100.0 g の水で満たされ，熱的によく絶縁されたビーカーを使って簡単な実験を行う．食物のもつ熱を決める前に，水の熱容量を求めなければならない．バーナーを調節して正確に 2000.0 J の熱を供給した．これにより水は 25.00 ℃ から 29.78 ℃ へと温められた．この水の熱容量を求めよ．

解 答　熱容量（C）は $418\,\mathrm{J\,K^{-1}}$．

例題 8・1 で用いられた装置は簡単な熱量計である．ひとたび水の熱容量がわかれば，その装置は食物の熱容量を求めるのに使うことができる．

例題 8・2　熱量計を使った食物の熱容量の測定

ピーナッツを燃やしたときに生じた熱により，例題 8・1 で使った装置の水が 13 ℃ 上昇した．水がピーナッツより吸収した熱を求めよ．

解 答　水はピーナッツより 5400 J の熱を吸収した．

練習問題 8・1　ピーナッツの燃焼により 8250 J の熱が生じたら，例題 8・1 で使った装置の水は何 ℃ 上昇するか．

熱容量は試料の量に依存する．もし 1 g の水の温度を 1 K 上昇させるのに 4.184 J 必要ならば，2 g の水を同じ温度だけ上昇させるには 2 倍のエネルギー（8.368 J）が必要である．試料の量に依存する値をもつ特性を**示量性**（extensive property）とよぶ．一方，試料の量にかかわらず同じ値をもつ特性を**示強性**（intensive property）とよぶ．たとえば，系の体積は示量性，系の温度は示強性の特性である．示量性の熱容量を，試料の質量で割って，**比熱容量**（specific heat capacity）という新しい示強性の特性量に変えることができる．比熱容量〔しばしば**比熱**（specific heat）とよばれる〕は単に熱容量を試料の g 単位の質量 m で割ったものである．その記号は c で，それは次式で定義され，単位は $\mathrm{J\,g^{-1}\,K^{-1}}$ である．

$$c = \frac{C}{m}$$

示強性の比熱を使う利点は，同じ質量の異なる物体の特性を簡単に比べることができることである．表 8・1 からわかるように，水の比熱は鉄の比熱の約 9 倍である．それは，同じ質量の鉄と水を同じ温度だけ上昇させる

表 8・1　物質の比熱（25 ℃）

物　質	比　熱〔$\mathrm{J\,g^{-1}\,K^{-1}}$〕	モル熱容量〔$\mathrm{J\,mol^{-1}\,K^{-1}}$〕
鉛	0.128	26.5
金	0.129	25.4
銀	0.235	25.4
銅	0.387	24.6
鉄	0.4498	25.1
炭素（グラファイト）	0.711	8.5
酸素（気体）	0.920	29.4
ネオン（気体）	1.03	20.8
窒素（気体）	1.04	29.1
エタノール	2.45	113
水（液体）	4.18	75.3

のに水は鉄の約9倍の熱を必要とすることを意味する．1 mol の物質の温度を1K上昇させるのに必要な熱は**モル熱容量**（molar heat capacity）とよばれ，その単位は $\mathrm{J\,mol^{-1}\,K^{-1}}$ である．

物質の質量（m），温度変化（ΔT），比熱（c）が与えられると，次式を使って，その物質により吸収あるいは放出された熱を計算することができる．

$$q = cm\Delta T$$

例題 8・3　温度変化，物質の質量，比熱からの熱の計算

5.50 g の金の指輪の温度が 25.0 ℃ から 28.0 ℃ に変化した．指輪が吸収した熱を求めよ．金の比熱は表8・1のものを用いよ．

解 答　2.1 J

練習問題 8・2　250 g の水の温度が 25.0 ℃ から 30.0 ℃へと変化した．水に移動した熱を求めよ．

熱 の 測 定

ひとたび温度変化と熱の関係がわかれば，これを化学反応や物理変化において失われたあるいは得られた熱の決定に利用することができる．系と周囲の間での熱の損失を最小になるように特別に設計された**熱量計**（calorimeter）という装置の中で，ある反応や過程を行う．熱量計には，系の体積が一定に保たれる条件下で運転するものと系の圧力が一定に保たれる条件下で運転するものの2種類がある．その違いは小さいと思うかもしれないが，そこに重要な意味があるのをこれから説明する．はじめに，図8・5に一例を示した，一定の体積をもつ**ボンベ熱量計**（bomb calorimeter）の中で物質が酸素と反応する**燃焼反応**（combustion reaction）を考える．反応の間に系の体積は変わることはできないので，系の ΔV はゼロとなる．ボンベ熱量計は定積下の熱変化 q_v を測る．これは $\Delta_\mathrm{r}U$ を測ることを意味する．食品科学者はボンベ熱量計内で食物を燃やすことにより食物とその成分の内部エネルギーを求める．体内での食物を分解する反応は複雑であるが，最終的に生成されるものは燃焼反応と同じものである．

熱量計による測定に関するどんな計算においても熱変化の正負符号を正しく扱うことは重要である．たとえば，図8・5に示すタイプのボンベ熱量計の中で行われる燃焼反応を考えよう．化学反応で得られた熱は熱量計と周囲の水に吸収され，水の温度が上昇する．簡単にいえば，化学反応が与えた熱（$q_{化学反応}$）が熱量計とその周囲が得た熱（$q_{熱量計}$）である．これらの二つの熱の数値は等しいが，正負符号は逆転している．次式は反応が熱を与えようと奪おうと常に成立する．

$$q_{熱量計} = -q_{化学反応}$$

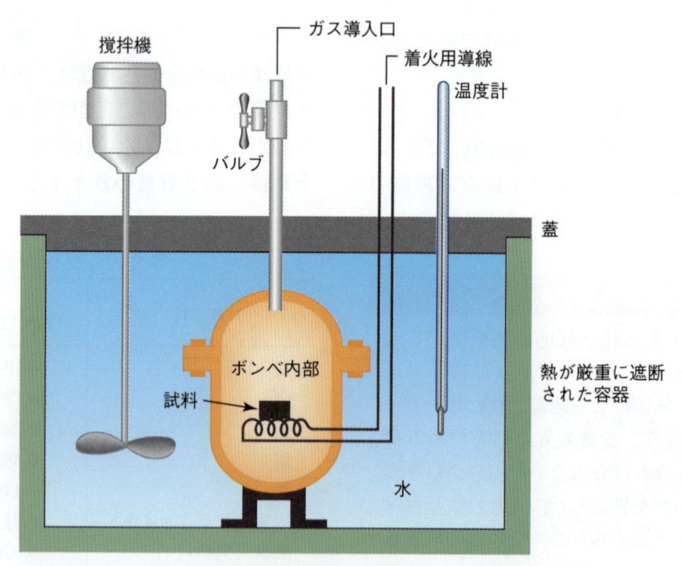

図 8・5　ボンベ熱量計．試料は O_2(g) で満たされた鋼のボンベの中に置かれる．始めに撹拌された水の温度が測定され，次に燃焼反応が電気的に開始される．反応で生じた熱は鋼の熱量計と周囲の水に吸収される．ボンベ熱量計と水の熱容量および水の上昇温度の測定より，一定体積下での反応熱 q_v が，そして反応の内部エネルギー変化 $\Delta_\mathrm{r}U$ が計算される．

例題 8・4 ボンベ熱量計

(a) 図8・5に示すようなボンベ熱量計中で，1.000 g のオリーブオイルを純粋な酸素で完全に燃焼させたところ，水浴の温度が 22.000 ℃ から 22.241 ℃ に上昇した．熱量計の熱容量は 9.032 kJ K^{-1} である．1.000 g のオリーブオイルの燃焼でどれだけの熱が生じたか．

(b) オリーブオイルは純粋なトリオレイン $C_{57}H_{104}O_6$ と仮定する．トリオレインの燃焼反応の反応式は次のように表される．

$$C_{57}H_{104}O_6(l) + 80\ O_2(g) \longrightarrow 57\ CO_2(g) + 52\ H_2O(l)$$

トリオレイン 1 mol の燃焼による内部エネルギー変化 $\Delta_r U$ を kJ 単位で求めよ．

解 答 (a) オリーブオイルの燃焼により 2.18 kJ の熱が生じる．

(b) トリオレイン 1 mol の燃焼による $\Delta_r U$ は -1.93×10^3 kJ である．

練習問題 8・3 1.50 g の炭素が，熱容量 8.930 kJ K^{-1} のボンベ熱量計中で燃やされた．周囲の水の温度が 20.00 ℃ から 25.51 ℃ に上昇した．炭素 1 mol の燃焼による $\Delta_r U$ を求めよ．

8・3 エンタルピー

化学では，溶液中で起こる反応を扱うことが最も多い．そして，そのような反応は金属のボンベの中よりも，大気に開いたビーカー，フラスコ，試験管の中で行うのが簡便である．そのような場合，一定の大気圧下という条件で反応を行うことになる．よって，系は自由に膨張したり収縮したりできる．これは系が仕事を行うことができることを意味する．

系が一定の圧力 p に逆らって膨張するときになされる仕事が次式で表されることはすでに説明した．

$$w = -p\Delta V$$

ここで，圧力が一定という条件の下において

$$\Delta U = q + w$$

を書き直すと

$$\Delta U = q_p - p\Delta V$$

となる．q_p は，**一定圧力下での反応熱**（heat of reaction at constant pressure）である．しかし，この式は，もし ΔU を計算しようとすると ΔV の値を知る必要があり不便である．そこで**エンタルピー**（enthalpy）とよばれ，記号 H で表される新しい熱力学関数を定義する．一定圧力下での熱変化はエンタルピー変化に等しい．

$$\Delta H = q_p$$

すなわち，定積下での反応熱が $\Delta_r U$ に等しいのと同じように，一定圧力下での反応熱は $\Delta_r H$ に等しい．

系の最終的なエンタルピーが始めのエンタルピーよりも大きければ，系は周囲から熱を吸収したことになる．このとき，$\Delta_r H$ は正で，その反応を**吸熱的**（endothermic）であるという．逆に，系が周囲に熱を放出すると，系のエンタルピーは低下し，$\Delta_r H$ は負となる．その反応は**発熱的**（exothermic）であるという．

反応のエンタルピー変化と内部エネルギー変化の違いは $p\Delta V$，すなわち系が膨張したときに系が行う仕事である．気体が生じたり消費されたりする反応では，体積変化が非常に大きなものになりうるので，$\Delta_r U$ と $\Delta_r H$ の差も非常に大きなものになりうる．固体と液体のみしか関与しない反応では，ΔV がとても小さいので $\Delta_r U$ と $\Delta_r H$ はほとんど同じである．

コーヒーカップ熱量計とよばれる簡便な定圧熱量計は，熱の遮断に優れた発泡スチロールの蓋の付いた二重のカップより構成される（図8・6）．この熱量計内で起こる反応が特に反応が速く，温度変化が速く，その測定が容易な場合には，非常にわずかな熱しか周囲と交換しない．その熱量計および反応前の内容物の熱容量を求めておけば反応熱を知ることができる．発泡スチロールのカップと温度計はほんのわずかの熱しか吸収しないので，多くの場合，計算においてそれらを無視することができる．

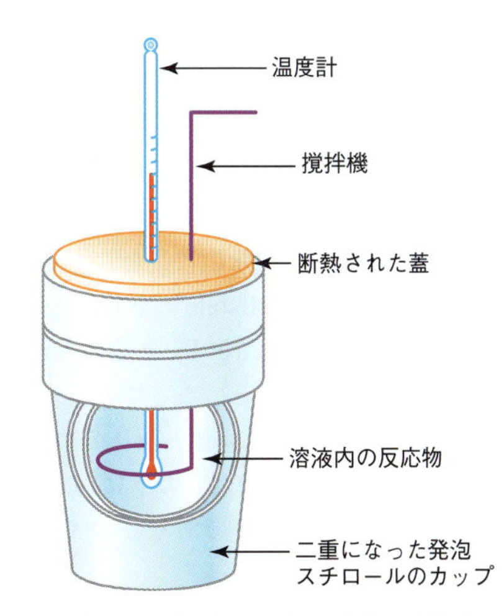

図 8・6 一定圧力下での反応熱を測定するコーヒーカップ熱量計

例題 8・5 定圧熱量計

塩酸と水酸化ナトリウムの反応は非常に速く発熱的である．釣合いのとれた反応式は以下のとおりである．

$$HCl(aq) + NaOH(aq) \longrightarrow NaCl(aq) + H_2O(l)$$

温度 25.5 ℃において，1.00 mol L^{-1} の HCl 水溶液 50.0 mL をコーヒーカップ熱量計に入れた．ここに 25.5 ℃の 1.00 mol L^{-1} の NaOH 水溶液 50.0 mL を加えた．混合物を撹拌したところ，温度は最高 32.2 ℃まで急激に上昇した．1.00 mol L^{-1} の HCl 水溶液の密度は 1.02 g mL^{-1}，1.00 mol L^{-1} の NaOH 水溶液の密度は 1.04 g mL^{-1} である．HCl 1 mol 当たりの発生した熱をジュール単位で求めよ．溶液の比熱は水の比熱 4.18 J g^{-1} K^{-1} と同じと仮定せよ．（発泡スチロール，温度計，周囲の大気への熱の逃散は無視せよ.）

解 答 この反応のエンタルピー変化は −58 kJ mol^{-1} である（負の値であることはこの反応が発熱的であることを示している）.

練習問題 8・4 純粋な硫酸を水に溶かすと，大量の熱が生じる．その熱を測定するために 175 g の水をコーヒーカップ熱量計に入れ，10.0 ℃に冷やした．それから，10.0 ℃の H_2SO_4 4.90 g を加え，混合物を温度計で素早く撹拌した．温度は 14.9 ℃まで急激に上昇した．溶液の比熱を 4.18 J g^{-1} K^{-1}，また，溶液がすべての熱を吸収したと仮定せよ．この発生した熱をキロジュール単位で求めよ．（溶液の全質量，すなわち水と溶質の合計を使うことを忘れないこと.）硫酸 1 mol 当たりの発生熱も計算せよ．

標準エンタルピー変化

反応が放出するあるいは吸収する熱の総量は反応物の総量に依存する．2 mol の炭素を燃やすと，1 mol の炭素を燃やしたときの 2 倍の熱を得る．反応熱がもつ意味を明確にするために，系を完全に記述する必要がある．その記述には，反応物の濃度と量，生成物の濃度と量，温度と圧力が含まれなければならない．なぜなら，それらはすべてが反応熱に影響を与えるからである．

化学者は反応熱を報告したり比較したりするのに便利なように**標準状態**（standard state）を設定した．圧力の熱力学における標準状態は 10^5 Pa と定められている．温度は標準状態の定義の一部とはなっていないが，多くの場合 25 ℃(298 K)とされる．固体と液体の標準状態は，ある特定された温度，圧力 10^5 Pa の下における純粋な状態のものとされる．標準状態であることは上付きの記号 $\ominus$ で示される．

独立して存在する標準状態にある純粋の反応物が，独立して存在する標準状態にある純粋の生成物に温度 T で変わる反応の ΔH は，温度 T における**標準反応エンタルピー**（$\Delta_r H^\ominus$，standard enthalpy of reaction）とよばれる．このとき，この反応を表す釣合いのとれた化学反応式中の係数は物質量（モル数）を表す．$\Delta_r H^\ominus$ の SI 単位は J mol^{-1} であるが，kJ mol^{-1} が使われることが多い．

$\Delta_r H^\ominus$ が意味することをはっきりさせるために，空気中でブドウ糖（グルコース）が燃焼反応あるいは酸化して二酸化炭素と水になる反応を考える．

$$C_6H_{12}O_6(s) + 6\,O_2(g) \longrightarrow 6\,CO_2(g) + 6\,H_2O(l)$$

25 ℃，10^5 Pa において，1.000 mol の $C_6H_{12}O_6(s)$ と 6.000 mol の $O_2(g)$ が反応して 6.000 mol の $CO_2(g)$ と 6.000 mol の $H_2O(l)$ が生じるとき，2803 kJ の熱が生じる．よって，この化学反応式で与えられる反応の $\Delta_r H^\ominus$ は −2803 kJ mol^{-1} である．次の例にあるように，エンタルピー変化は化学反応式のすぐ後ろに書かれることが多い．

$$C_6H_{12}O_6(s) + 6\,O_2(g) \longrightarrow 6\,CO_2(g) + 6\,H_2O(l) \quad \Delta_r H^\ominus = -2803\ \text{kJ mol}^{-1}$$

$\Delta_r H^\ominus$ を伴っている化学反応式は**熱化学方程式**（thermochemical equation）とよばれる．そこには常に反応物と生成物の物理状態の情報が与えられ，反応物と生成物の係数が実際に対応する物質の物質量に等しいときのみ $\Delta_r H^\ominus$ の値は正しい．たとえば，上の例においては，1 mol の $C_6H_{12}O_6$ が用いられると 2803 kJ の熱が生じる．2 倍の 2 mol の $C_6H_{12}O_6$ が用いられるとより多くの熱（5606 kJ）が生じる．逆に，0.5000 mol の $C_6H_{12}O_6$ と 3.000 mol の O_2 が反応して 3.000 mol の CO_2 と 3.000 mol の H_2O が生じるとき，半分の熱（1402 kJ）しか生じない．これらの反応に対して，以下のように熱化学方程式が書ける．

$$C_6H_{12}O_6(s) + 6\,O_2(g) \longrightarrow 6\,CO_2(g) + 6\,H_2O(l) \quad \Delta_r H^\ominus = -2803\ \text{kJ mol}^{-1}$$

$$2\,C_6H_{12}O_6(s) + 12\,O_2(g) \longrightarrow 12\,CO_2(g) + 12\,H_2O(l) \quad \Delta_r H^\ominus = -5606\ \text{kJ mol}^{-1}$$

$$\frac{1}{2}\,C_6H_{12}O_6(s) + 3\,O_2(g) \longrightarrow 3\,CO_2(g) + 3\,H_2O(l) \quad \Delta_r H^\ominus = -1402\ \text{kJ mol}^{-1}$$

熱化学方程式における係数は分子数の比ではなく，常に物質量（モル数）を意味するので，係数として分数がくることもある．

熱化学方程式では反応物と生成物の物理状態を書かねばならない．たとえば，1 mol のブドウ糖の燃焼において，生成物の水が液体の場合と気体の場合で $\Delta_r H^\ominus$ の値は異なる．

$$C_6H_{12}O_6(s) + 6\,O_2(g) \longrightarrow 6\,CO_2(g) + 6\,H_2O(l) \quad \Delta_r H^{\ominus} = -2803\ \mathrm{kJ\ mol^{-1}}$$

$$C_6H_{12}O_6(s) + 6\,O_2(g) \longrightarrow 6\,CO_2(g) + 6\,H_2O(g) \quad \Delta_r H^{\ominus} = -2538\ \mathrm{kJ\ mol^{-1}}$$

これらの二つの反応の $\Delta_r H^{\ominus}$ の値の違いは，25 ℃の 6 mol の水蒸気が 25 ℃の 6 mol の液体の水に物理変化する際に解放されるエネルギーの量である．

例題 8・6　熱化学方程式

次の熱化学方程式はショ糖(スクロース)と酸素が反応して二酸化炭素と水になる発熱反応に対するものである．

$$C_{12}H_{22}O_{11}(s) + 12\,O_2(g) \longrightarrow 12\,CO_2(g) + 11\,H_2O(l) \quad \Delta_r H^{\ominus} = -5640\ \mathrm{kJ\ mol^{-1}}$$

この反応において 1.000 mol の O_2 が使われたときの熱化学方程式を書け．

解　答

$$\frac{1}{12}C_{12}H_{22}O_{11}(s) + O_2(g) \longrightarrow CO_2(g) + \frac{11}{12}H_2O(l) \quad \Delta_r H^{\ominus} = -470.0\ \mathrm{kJ\ mol^{-1}}$$

練習問題 8・5　例題 8・6 の反応において 2.500 mol の $H_2O(l)$ が生じるときの熱化学方程式を書け．

ひとたび，ある反応の熱化学方程式を得れば，その逆反応を行うことが実際にはどんなに困難であろうが，逆反応の熱化学方程式を書くことができる．ブドウ糖の燃焼の逆反応は光合成において二酸化炭素と水から有機物を得る鍵になる反応である．

$$6\,CO_2(g) + 6\,H_2O(l) \longrightarrow C_6H_{12}O_6(s) + 6\,O_2(g) \quad \Delta_r H^{\ominus} = ?$$

実験室でこの反応を行うのはきわめてむずかしいが，自然界では日光によりこの反応を起こすエネルギーが与えられる．この反応の $\Delta_r H^{\ominus}$ を決めることは可能である．逆方向への反応の $\Delta_r H^{\ominus}$ は，数値の大きさは等しく，正負符号が逆転した $+2803\ \mathrm{kJ\ mol^{-1}}$ でなくてはならない．この結果はエネルギー保存則より必然のものである．もし正方向と逆方向の $\Delta_r H^{\ominus}$ の正負符号が異なるが大きさが等しくないとするなら，ブドウ糖を燃やしてから二酸化炭素でそれを再生するとエネルギーを得ることができることになる．よって，逆反応は困難であるものの，その熱化学方程式を次のように書くことができる．

$$6\,CO_2(g) + 6\,H_2O(l) \longrightarrow C_6H_{12}O_6(s) + 6\,O_2(g) \quad \Delta_r H^{\ominus} = +2803\ \mathrm{kJ\ mol^{-1}}$$

繰返すが，ある反応の $\Delta_r H^{\ominus}$ がわかれば，その逆反応の $\Delta_r H^{\ominus}$ も知ることができる．それは数値の絶対値は等しいが，正負符号が逆転したものである．これは測定不可能な熱力学的データを与えてくれる点できわめて有用である．

ヘスの法則

ヘスの法則は，既知の熱化学方程式を組合わせて未知の反応の $\Delta_r H^{\ominus}$ を導き出すものである．これには方程式を扱う経験を必要とする．その方法を炭素の燃焼反応を使って説明する．

1 mol の炭素と酸素から 1 mol の二酸化炭素をつくる二つの経路を考えてみよう．

1 段階で行う経路：C と O_2 が直接 CO_2 へと反応する．

$$C(s) + O_2(g) \longrightarrow CO_2(g) \quad \Delta_r H^{\ominus} = -393.5\ \mathrm{kJ\ mol^{-1}}$$

2 段階で行う経路：C と O_2 が反応し CO ができ，その CO が O_2 と反応し CO_2 となる．

$$\text{第 1 段階：}\ C(s) + \frac{1}{2}O_2(g) \longrightarrow CO(g) \quad \Delta_r H^{\ominus} = -110.5\ \mathrm{kJ\ mol^{-1}}$$

$$\text{第 2 段階：}\ CO(g) + \frac{1}{2}O_2(g) \longrightarrow CO_2(g) \quad \Delta_r H^{\ominus} = -283.0\ \mathrm{kJ\ mol^{-1}}$$

2 段階で行う経路では，1 段階で行う経路と同様に，全体を通せば 1 mol ずつの C と O_2 が 1 mol の CO_2 をつくる．これら CO_2 への二つの経路の始状態と終状態は同じである．

状態関数（state function）は，始状態と終状態のみに依存し，始状態から終状態へと進む経路には依存しない量である．もし，$\Delta_r H^{\ominus}$ が状態量ならば，二つの経路の $\Delta_r H^{\ominus}$ は等しくなるべきである．それが正しいことは，2 段階で行う経路の方程式を足し合わせて 1 段階で行う経路の方程式と比べてみればわかる．

$$\text{第 1 段階：}\ C(s) + \frac{1}{2}O_2(g) \longrightarrow \cancel{CO(g)} \quad \Delta_r H^{\ominus} = -110.5\ \mathrm{kJ\ mol^{-1}}$$

$$\text{第 2 段階：}\ \cancel{CO(g)} + \frac{1}{2}O_2(g) \longrightarrow CO_2(g) \quad \Delta_r H^{\ominus} = -283.0\ \mathrm{kJ\ mol^{-1}}$$

$$C(s) + O_2(g) \longrightarrow CO_2(g)$$

$$\Delta_r H^{\ominus} = -110.5\ \mathrm{kJ\ mol^{-1}} + (-283.0\ \mathrm{kJ\ mol^{-1}}) = -393.5\ \mathrm{kJ\ mol^{-1}}$$

CO(g) は第 1 段階と第 2 段階の反応式の矢印の相対する側に同等にあるので，それらは相殺できる．そのような相殺は，物質の化学式と物理的状態が矢印の相対する側で同一であるときにのみ許される．2 段階で行う経路での正味の化学反応式は以下のようになる．

$$C(s) + O_2(g) \longrightarrow CO_2(g) \quad \Delta_r H^\ominus = -393.5\ \mathrm{kJ\ mol^{-1}}$$

化学的にも，熱力学的にも，CO_2 が生成する二つの経路は同じであり，$\Delta_r H^\ominus$ が状態関数であることを示している．

以上は，“どのような化学反応のエンタルピー変化も，その反応がどのように行われたかに関係なく一定である”という**ヘスの法則**（Hess's law）の一例である．

ヘスの法則の重要な利用は，実験的に求められない，あるいは行うことができない反応のエンタルピー変化を計算することである．それには方程式の扱いが必要になるので，そのような取扱いの規則を振り返っておく（手順8・1を見よ）．

手順 8・1 熱化学方程式の取扱いの規則

1. 反応の方向を逆にするとき，すなわち熱化学方程式を逆転させるときは $\Delta_r H^\ominus$ の正負符号も逆転させる．

   例：$C(s) + O_2(g) \longrightarrow CO_2(g) \quad \Delta_r H^\ominus = -393.5\ \mathrm{kJ\ mol^{-1}}$

   $CO_2(g) \longrightarrow C(s) + O_2(g) \quad \Delta_r H^\ominus = +393.5\ \mathrm{kJ\ mol^{-1}}$

2. 熱化学方程式の左辺と右辺の同一物質の物理状態が同じときのみ，それらの同一物質を相殺できる．
3. 熱化学方程式の係数に対して，ある数で掛け算や割り算を行ったら，$\Delta_r H^\ominus$ の値にも同じ数で掛け算や割り算を行わなければならない．

   例：$CO(g) + \frac{1}{2}O_2(g) \longrightarrow CO_2(g) \quad \Delta_r H^\ominus = -283.0\ \mathrm{kJ\ mol^{-1}}$

   $2\,CO(g) + O_2(g) \longrightarrow 2\,CO_2(g) \quad \Delta_r H^\ominus = -566.0\ \mathrm{kJ\ mol^{-1}}$

例題 8・7 ヘスの法則の利用

酸素がない状態でブドウ糖（グルコース）は乳酸になることができる．それは人の嫌気性の呼吸において起こる反応である．その反応式を次に示す．

$$C_6H_{12}O_6(s) \longrightarrow 2\,C_3H_6O_3(s)$$

ブドウ糖の燃焼と乳酸の燃焼の熱化学方程式を使って，この反応の $\Delta_r H^\ominus$ を計算せよ．

$$C_6H_{12}O_6(s) + 6\,O_2(g) \longrightarrow 6\,CO_2(g) + 6\,H_2O(l) \quad \Delta_r H^\ominus = -2803\ \mathrm{kJ\ mol^{-1}}$$

$$C_3H_6O_3(s) + 3\,O_2(g) \longrightarrow 3\,CO_2(g) + 3\,H_2O(l) \quad \Delta_r H^\ominus = -1370\ \mathrm{kJ\ mol^{-1}}$$

解 答 この反応の $\Delta_r H^\ominus$ は $-63\ \mathrm{kJ\ mol^{-1}}$ である．

練習問題 8・6 エタノール C_2H_5OH は工業的には水とエテン（慣用名はエチレン）C_2H_4 の反応で生産される．

$$C_2H_4(g) + H_2O(l) \longrightarrow C_2H_5OH(l)$$

下に示す熱化学方程式より上の反応の $\Delta_r H^\ominus$ を計算せよ．

$$C_2H_4(g) + 3\,O_2(g) \longrightarrow 2\,CO_2(g) + 2\,H_2O(l) \quad \Delta_r H^\ominus = -1411.1\ \mathrm{kJ\ mol^{-1}}$$

$$C_2H_5OH(l) + 3\,O_2(g) \longrightarrow 2\,CO_2(g) + 3\,H_2O(l) \quad \Delta_r H^\ominus = -1367.1\ \mathrm{kJ\ mol^{-1}}$$

標準生成エンタルピー

ヘスの法則を使って反応のどんなエンタルピー変化も計算できるように莫大な数の熱化学方程式が集められている．最もよく編集されているのが生成反応のエンタルピー変化である．

ある物質の**標準生成エンタルピー**（standard enthalpy of formation，$\Delta_f H^\ominus$）は，その物質を構成する標準状態にある元素から，その物質 1 mol が，10^5 Pa の圧力，ある特定の温度の下で生成するときのエンタルピー変化である．その元素が 10^5 Pa の圧力，ある特定の温度の下で最も安定な形と物理状態（固体，液体あるいは気体）にあるとき，その元素は標準状態にある．たとえば，酸素の標準状態は，25 ℃，10^5 Pa では気体で O_2 分子である．O 原子でもオゾン O_3 分子でもない．炭素は，25 ℃ではダイヤモンドではなくグラファイトが標準状態である．なぜなら，標準状態（10^5 Pa）で 25 ℃の温度の下ではグラファイトの形が最も安定であるからである．

多くの物質の標準生成エンタルピーが表8・2に与えられている．すべての標準状態にある元素の $\Delta_f H^\ominus$ がゼロであることに注意せよ．元素を元素それ自身からつくるところにエンタルピー変化はない．それゆえ，元素の $\Delta_f H^\ominus$ は一般に表には載っていない．

$\Delta_f H^\ominus$ の中の f の意味を覚えておくのは重要である．それは“標準状態にある元素から物質 1 mol がつくられる”ときのみに使われる．次の四つの熱化学方程式とそれらの $\Delta H^\ominus$ を考えよう．

$$H_2(g) + \frac{1}{2}O_2(g) \longrightarrow H_2O(l) \quad \Delta_f H^\ominus = -285.9\ \mathrm{kJ\ mol^{-1}}$$

$$2\,H_2(g) + O_2(g) \longrightarrow 2\,H_2O(l) \quad \Delta_r H^\ominus = -571.8\ \mathrm{kJ\ mol^{-1}}$$

$$H_2O(g) \longrightarrow H_2O(l) \quad \Delta_r H^\ominus = -44.1\ \mathrm{kJ\ mol^{-1}}$$

$$2\,H(g) + O(g) \longrightarrow H_2O(l) \quad \Delta_r H^\ominus = -971.1\ \mathrm{kJ\ mol^{-1}}$$

はじめの熱化学方程式の $\Delta H^\ominus$ にのみ f を付けることができる．それのみが標準生成エンタルピーの条件を満たす反応である．2 番目の方程式は 1 mol ではなく 2 mol が生成している．3 番目の方程式は反応物が化合物である．4 番目の方程式は，元素が原子となっているが，それらの原子はそれらの元素の標準状態ではない．2 番目の方程式の $\Delta_r H^\ominus$ は単に 1 番目の方程式の $\Delta_f H^\ominus$ の値を 2 倍すればよい．

例題 8・8 標準生成エンタルピーに対応する化学反応式

$HNO_3(l)$ の $\Delta_f H^\ominus$ に対応する化学反応式を書け．

解 答

$$\frac{1}{2}H_2(g) + \frac{1}{2}N_2(g) + \frac{3}{2}O_2(g) \longrightarrow HNO_3(l)$$
$$\Delta_f H^\ominus = -173.2\ \mathrm{kJ\ mol^{-1}}$$

練習問題 8・7 オリーブオイルの主成分であるトリオレイン $C_{57}H_{104}O_6(l)$ の標準生成エンタルピーに対応する釣合いのとれた化学反応式を書け．

標準生成エンタルピーは熱化学方程式を扱うことなくヘスの法則を適用する便利な方法を与えるので有用である．これから示すが，それは，反応の $\Delta_r H^\ominus$ が生成物の標準生成エンタルピーの総和から反応物の標準生成エンタルピーの総和を差し引いたものに等しいので可能となる．ただし，標準生成エンタルピーの値には熱化学方程式で与えられる化学量論係数を正しく反映させなければならない．別の表し方をすれば，次に示す化学反応式に対して以下のようになる．

$$a\mathrm{A} + b\mathrm{B} \longrightarrow c\mathrm{C} + d\mathrm{D}$$
$$\Delta_r H^\ominus = c\Delta_f H^\ominus{}_\mathrm{C} + d\Delta_f H^\ominus{}_\mathrm{D} - (a\Delta_f H^\ominus{}_\mathrm{A} + b\Delta_f H^\ominus{}_\mathrm{B})$$

より一般的には次式で表される．

$$\Delta_r H^\ominus = \sum_i^{\text{生成物}} \nu_i \Delta_f H^\ominus{}_i - \sum_j^{\text{反応物}} \nu_j \Delta_f H^\ominus{}_j$$

ここで $\sum$ は総和をとること，ν_i と ν_j は釣合いのとれた化学反応式中の生成物と反応物の化学量論係数である．

上に示した二つ $\Delta_r H^\ominus$ は異なるもののように見えるが，それらは単にヘスの法則の異なる表現である．両者は標準生成エンタルピー $\Delta_f H^\ominus$ で与えられているが，標準燃焼エンタルピー $\Delta_c H^\ominus$ を使うこともできる（p.146 を見よ）．しかし，上の方程式を使って $\Delta_r H^\ominus$ を計算するとき，標準生成エンタルピーあるいは標準燃焼エンタ

表 8・2 標準生成エンタルピー（25 ℃）

物 質	$\Delta_f H^\ominus$〔kJ mol^{-1}〕	物 質	$\Delta_f H^\ominus$〔kJ mol^{-1}〕	物 質	$\Delta_f H^\ominus$〔kJ mol^{-1}〕
$Ag(s)$	0	$CaCl_2(s)$	−795.0	$KCl(s)$	−435.89
$AgBr(s)$	−100.4	$CaO(s)$	−635.5	$K_2SO_4(s)$	−1433.7
$AgCl(s)$	−127.0	$Ca(OH)_2(s)$	−986.59	$N_2(g)$	0
$Al(s)$	0	$CaSO_4(s)$	−1432.7	$NH_3(g)$	−46.19
$Al_2O_3(s)$	−1669.8	$CaSO_4\cdot\frac{1}{2}H_2O(s)$	−1575.2	$NH_4Cl(s)$	−315.4
$C(s, C_{60})$	2320	$CaSO_4\cdot 2H_2O(s)$	−2021.1	$NO(g)$	90.37
C(s, ダイヤモンド)	1.9	$Cl_2(g)$	0	$NO_2(g)$	33.8
C(s, グラファイト)	0	$Fe(s)$	0	$N_2O(g)$	81.57
$CH_3Cl(g)$	−82.0	$Fe_2O_3(s)$	−822.3	$N_2O_4(g)$	9.67
$CH_3I(l)$	14.2	$H_2O(g)$	−241.8	$N_2O_5(g)$	11
$CH_3OH(l)$	−238.6	$H_2O(l)$	−285.9	$Na(s)$	0
$CH_3COOH(l)$	−487.0	$H_2(g)$	0	$NaHCO_3(s)$	−947.7
$CH_4(g)$	−74.848	$H_2O_2(l)$	−187.6	$Na_2CO_3(s)$	−1131
$C_2H_2(g)$	226.75	$HBr(g)$	−36	$NaCl(s)$	−411.0
$C_2H_4(g)$	52.284	$HCl(g)$	−92.30	$NaOH(s)$	−426.8
$C_2H_6(g)$	−84.667	$HI(g)$	26.6	$Na_2SO_4(s)$	−1384.5
$C_2H_5OH(l)$	−277.63	$HNO_3(l)$	−173.2	$O_2(g)$	0
$CO(g)$	−110.5	$H_2SO_4(l)$	−811.32	$Pb(s)$	0
$CO_2(g)$	−393.5	$Hg(l)$	0	$PbO(s)$	−219.2
$CO(NH_2)_2(s)$	−333.19	$Hg(g)$	60.84	S(s, 斜方硫黄)	0
$Ca(s)$	0	$I_2(s)$	0	$SO_2(g)$	−296.9
$CaBr_2(s)$	−682.8	$K(s)$	0	$SO_3(g)$	−395.2
$CaCO_3(s)$	−1207				

ルピーのみを使用していることを確かめる必要がある．これらを混ぜて使ってはならない．

手順 8・2　反応 $SO_3(g) \longrightarrow SO_2(g) + 1/2\ O_2(g)$ のエンタルピー変化の計算

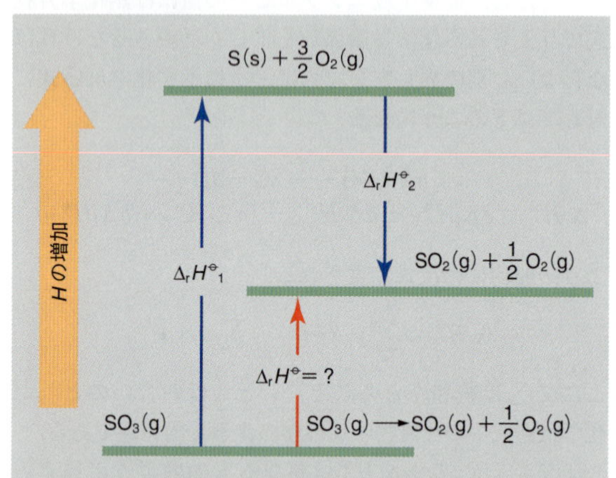

過程 1.　$SO_3(g)$ が標準状態の硫黄と酸素に分解する．

$$SO_3(g) \longrightarrow S(s) + \frac{3}{2} O_2(g)$$

これは $SO_3(g)$ の生成反応の逆反応である．よってその反応の $\Delta_r H^\ominus$（ここでは $\Delta_r H^\ominus{}_1$ と書く）は標準生成エンタルピーに -1 を掛けて正負符号を逆転させる必要がある．

$$\Delta_r H^\ominus{}_1 = -\Delta_f H^\ominus{}_{SO_3(g)}$$

過程 2.　$SO_2(g)$ と 1/2 mol の $O_2(g)$ が過程 1 で生じた硫黄と酸素より生成する．

$$S(s) + O_2(g) \longrightarrow SO_2(g)$$
$$\frac{1}{2} O_2(g) \longrightarrow \frac{1}{2} O_2(g)$$

これらは標準状態における元素から $SO_2(g)$ と 1/2 mol の $O_2(g)$ を生成する反応であるので，それらのエンタルピー変化（ここでは $\Delta_r H^\ominus{}_2$ と書く）は $SO_2(g)$ の標準生成エンタルピーと $O_2(g)$ の標準生成エンタルピーの 1/2 の和である．

$$\Delta_r H^\ominus{}_2 = \Delta_f H^\ominus{}_{SO_2(g)} + \frac{1}{2}\Delta_f H^\ominus{}_{O_2(g)}$$

全体の反応は過程 1 と 2 を足し合わせたものである．これらの過程を足し合わせるときに，それらのエンタルピー変化も足し合わせて，全体の反応に対するエンタルピー変化 $\Delta_r H^\ominus$ を得る．

$$\begin{aligned}\Delta_r H^\ominus &= \Delta_r H^\ominus{}_1 + \Delta_r H^\ominus{}_2 \\ &= -\Delta_f H^\ominus{}_{SO_3(g)} + \Delta_f H^\ominus{}_{SO_2(g)} + \frac{1}{2}\Delta_f H^\ominus{}_{O_2(g)} \\ &= \Delta_f H^\ominus{}_{SO_2(g)} + \frac{1}{2}\Delta_f H^\ominus{}_{O_2(g)} - \Delta_f H^\ominus{}_{SO_3(g)}\end{aligned}$$

ヘスの法則が機能していることを示そう．次の反応を考える．

$$SO_3(g) \longrightarrow SO_2(g) + \frac{1}{2} O_2(g) \qquad \Delta_r H^\ominus = ?$$

標準生成エンタルピーを使って反応エンタルピー変化を計算したい．

$SO_3(g)$ が標準状態の構成元素に分解され，それが生成物に再構成されることで反応物から生成物に変化する経路を想像する必要がある．それを手順 8・2 に示す．

結果に注目してほしい．反応の $\Delta_r H^\ominus$ は，化学量論係数を適切に扱った生成物の標準生成エンタルピーの総和から反応物の標準生成エンタルピーの総和を差し引いたものに等しい．熱化学方程式の厄介な扱いを行うことなく，ヘスの法則の方程式を直接扱うことにより同等の結果を得ることができた．

過程 2 で 1/2 mol の $O_2(g)$ から 1/2 mol の $O_2(g)$ をつくったことに気がついたであろう．その過程は化学的にも物理的にも変化は何もないので $\Delta_f H^\ominus{}_{O_2(g)} = 0$ である．$\Delta_f H^\ominus$ を使って計算する場合，標準状態の元素は除外することができる．

例題 8・9　ヘスの法則と標準生成エンタルピーの利用

シェフは火力を調節するのに炭酸水素ナトリウム（重曹，$NaHCO_3$）を使うことがある．それを火にくべると部分的に火が消され，熱で分解され生じた CO_2 がさらに火力を抑える．$NaHCO_3$ の分解の化学反応式は次式である．

$$2\,NaHCO_3(s) \longrightarrow Na_2CO_3(s) + H_2O(g) + CO_2(g)$$

表 8・2 のデータを使って，この反応の $\Delta_r H^\ominus$ を計算せよ．

解　答　$\Delta_r H^\ominus = +129\ kJ\ mol^{-1}$．標準状態において，この反応は 129 kJ mol^{-1} だけ吸熱的である．

練習問題 8・8　次の反応の $\Delta_r H^\ominus$ を計算せよ．

(a) $2\,NO(g) + O_2(g) \longrightarrow 2\,NO_2(g)$
(b) $NaOH(s) + HCl(g) \longrightarrow NaCl(s) + H_2O(l)$

標準燃焼エンタルピー

ある物質の温度 T における**標準燃焼エンタルピー**（standard enthalpy of combustion，$\Delta_c H^\ominus$）は，温度 T，圧力 10^5 Pa の状態にあるその物質（反応物）1 mol が純粋な気体酸素中で完全に燃焼し，生じたすべての生成物が温度 T，圧力 10^5 Pa の状態に至る過程のエンタルピー変化である．物質中のすべての炭素は二酸化炭素気体に，すべての水素は液体の水となる．燃焼反応は常に発熱的であるので，$\Delta_c H^\ominus$ は常に負の値をもつ．$\Delta_c H^\ominus$ の単位は多くの場合 kJ mol^{-1} である．

例題 8・10　標準燃焼エンタルピーに対応する化学反応式を書く

ブドウ糖 $C_6H_{12}O_6$(s) が燃やされ 8800 kJ のエネルギーを生むとき，何 mol の水が生じるか．

解 答　19 mol の H_2O が生じる．

練習問題 8・9　若い人が 1 日に必要とするエネルギーはおよそ 11 550 kJ である．この熱が $C_6H_{12}O_6$(s) の燃焼でまかなわれるとしたら，何 mol の二酸化炭素が生じるか．

結合エンタルピー

一般に化学反応は，反応物においては化学結合の切断を，生成物においては化学結合の形成を含む．どんな化学反応のエンタルピー変化もおもにこのような結合の切断と形成の過程の結果である．エネルギーは化学結合切断においては必要とされ，結合形成では放出される．それゆえ，個々の結合エネルギーの知識は，化学反応における全体のエンタルピー変化を見積もる手段となりうる．

結合エンタルピー（bond enthalpy）は，温度 T の気体状態において 1 mol 分のある化学結合が切れて電気的に中性の断片になるときのエンタルピー変化である．以前の章で学んだ結合エネルギーは ΔU と関係しており，それは体積一定という条件が付いていたことに留意すべきである．結合エンタルピーはどの化学結合が切れやすいかを見積もる目安となるので，化学的な反応性を考察する際に役に立つ．

結合エンタルピーとヘスの法則　熱力学的データとヘスの法則を使って結合エンタルピーを計算できる．それがどのように行われるか，メタンの標準生成エンタルピーを使って説明する．しかしその前に，**原子化エンタルピー**（atomization enthalpy, $\Delta_{at}H$）とよばれる熱力学量を定義する必要がある．それは，1 mol の気体状分子のすべての化学結合を切り，生成物として気体状の原子を生じさせるときのエンタルピー変化である．たとえば，メタンの原子化の反応式は次式となる．

$$CH_4(g) \longrightarrow C(g) + 4\,H(g)$$

標準状態におけるこの過程のエンタルピー変化が $\Delta_{at}H^\ominus$ である．メタン分子の $\Delta_{at}H^\ominus$ は，標準状態における 1 mol の CH_4 の中のすべての C−H 結合を切るときのエンタルピー変化である．それゆえ，$\Delta_{at}H^\ominus$ を 4 で割ったものはメタンの C−H 結合エンタルピーの平均値を与える．

図 8・7 は，原子化エンタルピーを計算するために標準生成エンタルピー $\Delta_f H^\ominus$ をどのように使うかを示している．図の下方に標準状態において元素から 1 mol の CH_4 が生じる化学反応式がある．この反応のエンタルピー変化が $\Delta_f H^\ominus$ である．図には，CH_4(g) へと導く 3 過程による別の経路も示されている．過程 1 は H_2 分子の H−H 結合を切り水素原子とする過程，過程 2 は炭素を気化して気体状の炭素原子とする過程，過程 3 ではこれらの気体状の原子を組合わせて CH_4 分子をつくる．これらの過程は図中で 1，2，3 と番号付けされている．

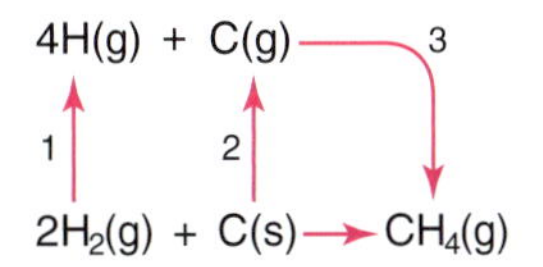

図 8・7　標準状態にある元素からメタンを生成する二つの経路．本文にあるように上の経路中の過程 1，2，3 では元素の気体状原子をつくり，それから CH_4 分子中の結合をつくる．下の経路は標準状態にある元素を直接組合わせてメタンをつくる過程である．ΔH は状態関数であるので，上の経路に沿ったエンタルピー変化の合計は，下の経路のエンタルピー変化 $\Delta_f H^\ominus$ に等しくなければならない．

過程 1，過程 2 は気体状原子の標準生成エンタルピーにあたるエンタルピー変化である．このような量の値は多くの元素について測定されており，そのいくつかが表 8・3 に載せられている．過程 3 は，原子化の逆であり，そのエンタルピー変化は $\Delta_{at}H^\ominus$ を負にしたものである（逆方向の反応では ΔH の正負符号を逆転させることを思い出してほしい）．

過程 1: $2\,H_2(g) \longrightarrow 4\,H(g)$　$\Delta_r H^\ominus{}_1 = 4\,\Delta_f H^\ominus{}_{H(g)}$

過程 2: $C(s) \longrightarrow C(g)$　$\Delta_r H^\ominus{}_2 = \Delta_f H^\ominus{}_{C(g)}$

過程 3: $4\,H(g) + C(g) \longrightarrow CH_4(g)$　$\Delta_r H^\ominus{}_3 = -\Delta_{at}H^\ominus$

$2\,H_2(g) + C(s) \longrightarrow CH_4(g)$　$\Delta_r H^\ominus = \Delta_f H^\ominus{}_{CH_4(g)}$

はじめの三つの反応式を足すと，標準状態において元素から CH_4 を生成する反応式が得られることに注目せよ．これは三つの反応の $\Delta_r H^\ominus$ を足すと CH_4 の $\Delta_f H^\ominus$ となるべきことを意味している．

$$\Delta_r H^\ominus{}_1 + \Delta_r H^\ominus{}_2 + \Delta_r H^\ominus{}_3 = \Delta_f H^\ominus{}_{CH_4(g)}$$

$\Delta_r H^\ominus{}_1$，$\Delta_r H^\ominus{}_2$，$\Delta_r H^\ominus{}_3$ を置き換えて，$\Delta_{at}H^\ominus$ について

表 8・3 標準状態にある元素から気体状原子を生成する際の標準エンタルピー変化（25 ℃）

原　子	$\Delta_f H^\ominus$〔kJ mol^{-1}〕†	原　子	$\Delta_f H^\ominus$〔kJ mol^{-1}〕†
B	560	I	107.48
Be	324.3	Li	161.5
Br	112.38	N	472.68
C	716.67	O	249.17
Cl	121.47	P	332.2
F	79.14	S	276.98
H	217.89	Si	450

† 元素から気体状原子を生成するには結合の切断が必要で，それにはエネルギーがいるため，すべて正の値である

表 8・4 平均結合エンタルピー（25 ℃）

結　合	結合エンタルピー〔kJ mol^{-1}〕	結　合	結合エンタルピー〔kJ mol^{-1}〕
C－C	348	H－H	436
C＝C	612	H－F	565
C≡C	960	H－Cl	431
C－H	412	H－Br	366
C－N	305	H－I	299
C＝N	613	H－N	388
C≡N	890	H－O	463
C－O	360	H－S	338
C＝O	743	H－Si	376
C－F	484		
C－Cl	338		
C－Br	276		
C－I	238		

解くことにする．始めに $\Delta_r H^\ominus$ を置き換える．

$$4\,\Delta_f H^\ominus{}_{H(g)} + \Delta_f H^\ominus{}_{C(g)} + (-\Delta_{at} H^\ominus) = \Delta_f H^\ominus{}_{CH_4(g)}$$

次に（$-\Delta_{at} H^\ominus$）について解く．

$$-\Delta_{at} H^\ominus = \Delta_f H^\ominus{}_{CH_4(g)} - 4\,\Delta_f H^\ominus{}_{H(g)} - \Delta_f H^\ominus{}_{C(g)}$$

正負符号を変え，右辺も整える．

$$\Delta_{at} H^\ominus = 4\,\Delta_f H^\ominus{}_{H(g)} + \Delta_f H^\ominus{}_{C(g)} - \Delta_f H^\ominus{}_{CH_4(g)}$$

必要とするのは右辺の $\Delta_f H^\ominus$ の値である．$\Delta_f H^\ominus{}_{H(g)}$ と $\Delta_f H^\ominus{}_{C(g)}$ は表 8・3 から，$\Delta_f H^\ominus{}_{CH_4(g)}$ は表 8・2 から引用し，適切に数値を四捨五入する．

$$\Delta_f H^\ominus{}_{H(g)} = +217.9\ \mathrm{kJ\ mol^{-1}}$$
$$\Delta_f H^\ominus{}_{C(g)} = +716.7\ \mathrm{kJ\ mol^{-1}}$$
$$\Delta_f H^\ominus{}_{CH_4(g)} = -74.8\ \mathrm{kJ\ mol^{-1}}$$

これらの値を入れ，以下を得る．

$$\Delta_{at} H^\ominus = 1663.1\ \mathrm{kJ\ mol^{-1}}$$

CH_4 分子は四つの C－H 結合を含むので，4 で割って CH_4 分子における平均 C－H 結合エンタルピーの見積もり値を得る．

$$\text{C－H の結合エンタルピー} = \frac{1663.1\ \mathrm{kJ\ mol^{-1}}}{4} = 415.8\ \mathrm{kJ\ mol^{-1}}$$

この値は，多くの異なる化合物における C－H 結合エンタルピーの平均値の表 8・4 中の値に非常に近い．表 8・4 中の他の結合エンタルピーも熱力学的データをもとに，同様の計算で得られたものである．

多くの共有結合の結合エンタルピーについていえる顕著なことの一つは，それらが多くの異なる化合物にわたって非常に類似した値をもつということである．たとえば，C－H 結合は CH_4 においても，この種の結合をもつ他の多くの化合物でも，互いに大変近い値をもつ．また，一般に，三重結合（C≡C など）の結合エンタルピーは二重結合（C=C）の結合エンタルピーよりも大きく，また二重結合の結合エンタルピーは単結合の結合エンタルピーより大きい．

結合エンタルピーは化合物間でそれほど変わらないので，これらの表に記載された結合エンタルピーを物質の生成エンタルピーの見積もりに使うことができる．そのことを，気体状の $CH_3OH(g)$ の標準生成エンタルピーの計算で説明する．メタノールの構造式は以下である．

```
    H
    |
H―C―O―H
    |
    H
```

この計算を行うにあたり，図 8・8 に示す元素からこの化合物を生成する二つの経路を考える．下の経路は $\Delta_f H^\ominus{}_{CH_3OH(g)}$ に対応する経路である．上の経路は気体状原子を経て，それらからメタノール分子が生成する経路である．この後者の経路のエンタルピー変化は表 8・4 の結合エンタルピーから計算できる．上の経路のエンタ

$$\begin{array}{ccccccc} C(g) & + & 4H(g) & + & O(g) & \xrightarrow{4} & \\ \uparrow 1 & & \uparrow 2 & & \uparrow 3 & & \downarrow \\ C(s) & + & 2H_2(g) & + & \frac{1}{2}O_2(g) & \longrightarrow & CH_3OH(g) \end{array}$$

図 8・8 標準状態における元素から気体状メタノールへの二つの生成経路．番号で示された過程について本文中に説明がある．

ルピー変化の合計は下の経路のエンタルピー変化に等しくなければならない．これにより，$\Delta_f H^\ominus{}_{CH_3OH(g)}$を求めることができる．

図8・8中の過程1，2，3は元素から気体状原子を生成する過程である．それらのエンタルピー変化は表8・3から得ることができる．

$$\Delta_r H^\ominus{}_1 = \Delta_f H^\ominus{}_{C(g)} = 1 \times 716.7\ \mathrm{kJ\ mol^{-1}} = 716.7\ \mathrm{kJ\ mol^{-1}}$$

$$\Delta_r H^\ominus{}_2 = 4\,\Delta_f H^\ominus{}_{H(g)} = 4 \times 217.9\ \mathrm{kJ\ mol^{-1}} = 871.6\ \mathrm{kJ\ mol^{-1}}$$

$$\Delta_r H^\ominus{}_3 = \Delta_f H^\ominus{}_{O(g)} = 1 \times 249.2\ \mathrm{kJ\ mol^{-1}} = 249.2\ \mathrm{kJ\ mol^{-1}}$$

コラム 8・1 ロケット燃料の選択

効率，費用，環境への影響，安全性など，乗り物に使用する燃料を選択する際に考えるべき要素は多い．ロケットを宇宙に打ち上げるための燃料を選ぶ際は特にそのことは重要である．ロケット燃料の研究から自動車や公共の交通機関の燃料についても多くの知見を得ることができる．燃料は酸素を必要とする．自動車は空気から酸素を取り入れて使用するが，ロケットは自らが酸化剤を運ばねばならない．その燃料と酸化剤は，多大な重量や体積をとらずに，地球の重力を振り切るのに十分な推力を提供できなければならない．また，飛行士，機体，積み荷を守るため，取扱いにはできる限りの安全性が要求される．

この章において，結合エンタルピーと生成エンタルピーを使って燃料の燃焼反応のエンタルピー変化を$\mathrm{kJ\ mol^{-1}}$単位で計算してきた．燃料の燃焼で放出されるエネルギーは，その燃料からどれだけの推力が得られるかを知る良い指標となる．しかし，ロケットは自ら燃料を運ばねばならないので，燃料1g当たりのエネルギーを見た方がより適切である．炭化水素であるエタンC_2H_6とオクタンC_8H_{18}は酸素中で容易に燃える．

$$C_2H_6(g) + \frac{7}{2}O_2(g) \longrightarrow 2\,CO_2(g) + 3\,H_2O(l)$$

$$C_8H_{18}(l) + \frac{25}{2}O_2(g) \longrightarrow 8\,CO_2(g) + 9\,H_2O(l)$$

それぞれの燃焼のエンタルピー変化は$-1561\ \mathrm{kJ\ mol^{-1}}$および$-5430\ \mathrm{kJ\ mol^{-1}}$であり，明らかにオクタンの方が良い選択である．しかし，エタン1 molは30.07 g，オクタン1 molは114.23 gである．1 gのエタンが生み出すエネルギーは52.0 kJである，一方，オクタン1 gは47.6 kJである．多くのロケットが液体酸素を使っている．これは扱うのはむずかしいが体積を小さくできる．燃焼の化学反応式が示すように必要とされる酸素は二つの燃料で異なる．両方の燃料と酸化剤の質量を考えると，エタンでは1 g当たり11 kJ，オクタンでは10.6 kJとなる．少ししか違いがないので炭化水素の選択はそれらの物理状態に依存する．ケロシンはジェットエンジンやある種のロケットに使われる．ケロシンは12個から15個の炭素原子をもつ炭化水素の液体混合物であり，比較的安価で液体からくる扱いやすさのために選択される．

より大きな機体を打ち上げるには炭化水素よりももっと高い効率が要求される．たとえば，米国のスペースシャトルは水素を燃料，酸素を酸化剤に使っている．水素は酸素と反応して水を生じる．

$$2\,H_2(g) + O_2(g) \longrightarrow 2\,H_2O(l)$$

燃焼のエンタルピー変化は$-242\ \mathrm{kJ\ mol^{-1}}$であり，炭化水素よりもかなり小さい．しかし，水素は非常に軽く，燃料1 g当たり121 kJ，燃料と酸化剤1 g当たり13.4 kJを与え，炭化水素よりもかなり効率が良い．スペースシャトルは低温の液体水素と液体酸素を使っている．これらは安全に保持するのがむずかしくまた非常に大きな容量を必要とするが高い効率のため好ましい選択となる．

シャトルの軌道を微調整する軌道修正システムでは，接触させると自動的に発火する自燃性燃料が使われている．メチルヒドラジンCH_3NHNH_2は燃料として働き，酸化剤の四酸化二窒素N_2O_4に触れると発火する．

$$4\,CH_3NHNH_2(l) + 5\,N_2O_4(g) \longrightarrow 4\,CO_2(g) + 4\,N_2(g) + 9\,H_2O(l)$$

この燃焼で燃料と酸化剤1 g当たり8.0 kJが放出される．放出されるエネルギーは水素の燃焼よりも小さいが，燃料も酸化剤も液体で，冷却する必要がなく，長期間容易に貯蔵できる．また，自燃性ということは発火装置が不要であることを意味する．液体を混ぜると反応が始まり，反応を終わらせるのも容易である．

スペースシャトルを離陸させる推進力の3/4以上が外部の推進剤の両脇にあるブースターエンジン内の固体燃料により提供されている．ブースターエンジンは一度使われると機体から切り離され再利用される．固体燃料はアルミニウムの粉末，酸化剤は過塩素酸アンモニウムである．

$$3\,Al(s) + 3\,NH_4ClO_4(s) \longrightarrow Al_2O_3(s) + AlCl_3(s) + 3\,NO(g) + 6\,H_2O(l)$$

この反応は$978\ \mathrm{kJ\ mol^{-1}}$あるいは反応物1 g当たり6.8 kJのエネルギーを生む．これらが固体であることは小さな体積で多くの量を，そして安全に貯蔵できることを意味している．反応が始まると止めるのは非常に困難であるので離陸時のブースターとしてのみ適している．

これらの値の総計 +1837.5 kJ mol^{-1} は，3 過程分の $\Delta_r H^\ominus$ である．

共有結合で原子が結ばれるときは常にエネルギーが放出されるので，気体状原子から CH_3OH 分子を生成する反応は発熱反応である．メタノール分子には C−H 結合が三つ，C−O 結合が一つ，O−H 結合が一つある．それらの結合形成において，それらの結合エンタルピーの合計に等しいエネルギーが放出される．その結合エンタルピーは表 8・4 から得ることができる．

結　合	結合エンタルピー〔kJ mol^{-1}〕
3(C−H)	3 × 412 = 1236
C−O	360
O−H	463

これらを合計すると 2059 kJ mol^{-1} となる．よって，$\Delta_r H^\ominus{}_4$ は，結合形成が関係し，それは発熱的であるので，−2059 kJ mol^{-1} である．こうして，上の経路の全エンタルピー変化を計算できる．

$$\begin{aligned}\Delta_r H^\ominus &= (+1837.5\ \mathrm{kJ\ mol^{-1}}) + (-2059\ \mathrm{kJ\ mol^{-1}})\\ &= -222\ \mathrm{kJ\ mol^{-1}}\end{aligned}$$

計算された値は $CH_3OH(g)$ の $\Delta_f H^\ominus$ に等しくなるべきである．比較のため，実験的に得られた（気体状の）この分子の $\Delta_f H^\ominus$ は −201 kJ mol^{-1} である．一見すると，一致はあまり良くないように見えるが，計算された値は実験値と相対的には 10%ほどの違いがあるだけである．

例題 8・11　結合エンタルピーより反応のエンタルピー変化を計算する

表 8・4 の結合エンタルピーを用いて次の反応のエンタルピー変化を計算せよ．

$$2\,H_2(g) + O_2(g) \longrightarrow 2\,H_2O(g)$$

解　答　全エンタルピー変化は −482 kJ mol^{-1} である．

練習問題 8・10　結合エンタルピーを用いて次の反応のエンタルピー変化を計算せよ．

$$C_2H_4(g) + H_2(g) \longrightarrow C_2H_6(g)$$

8・4　エントロピー

前節では，エンタルピーを定義し，それがどのように熱と関係しているかについて説明した．本節では，熱力学量の一つであるエントロピーについて学ぶ．エントロピーの説明はいろいろあるが，ここでは統計学的な基礎に立ったエントロピーの説明を行う．

エントロピーと確率

この章の前半で，熱い物体を冷たい物体に接触させると，熱が熱い物体から冷たい物体に流れることを学んだ．しかし，それはなぜだろうか．熱がどの方向に流れようともエネルギーは保存されるであろう．エネルギーが低下することが自発的な変化を促す要因だとしても，なぜ冷たい物体で起こるエネルギーの獲得が熱い物体では起こらず，エネルギーの低下が起こるのだろうか．

熱の流れの方向を説明する簡単なモデルを考えてみよう．エネルギーの低い基底状態とエネルギーの高い励起状態にある分子でできた二つの物体を想像してみよう．その励起状態には多くの状態があるが，簡単のため，その分子は“低エネルギー”の基底状態と，“高エネルギー”の励起状態のどちらかだけの状態が可能と仮定する．青丸が低エネルギーの冷たい分子を，赤丸が高エネルギーの熱い分子を表すものとする．三つの高エネルギー分子を三つの低エネルギー分子に接触させたとすると，はじめは右に示すような配置図になるであろう．ここで上に置かれた三つの分子は熱い物体，下に置かれた三つの分子は冷たい物体を表す．これら二つの物体が接触させられると，二つの物体中の分子の間でエネルギーの移動が可能となる．二つの物体が

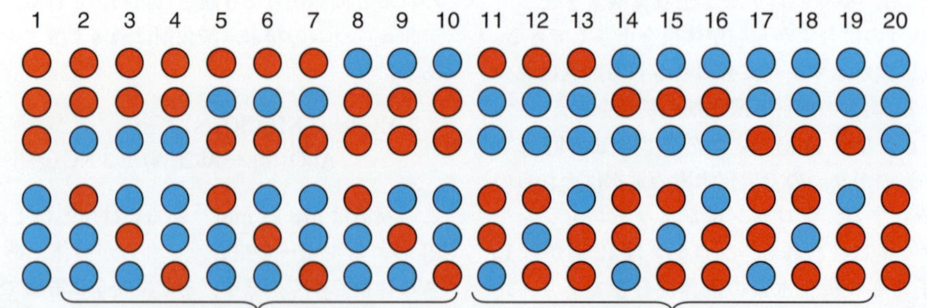

もつ全エネルギーは接触の前後で同じである．分子は高エネルギーか低エネルギーの状態しかとれないので，接触の前後で赤い分子と青い分子の数は同じである．p.150に接触後の六つの分子間での可能なエネルギー分布を表す配置をすべて示す．

結果として，熱い物体から冷たい物体へ0，1，2，3単位のエネルギーが移ったそれぞれ四つの状態を考えることができる．これらの状態のうち，どれが最も起こりやすいだろうか．

ある状態はいくつかの異なる配置で達成することができることに注意せよ．たとえば，2番目から10番目の図は，1単位のエネルギーが移動した後に分子間にエネルギーが分配された配置を表している．状態を達成する配置が多いほど，その状態が起こりやすい．私たちはこの事実を状態が起こる確率の見積もりに使うことができる．熱い物体と冷たい物体を接触させた後の可能なエネルギー分布の配置は20通りある．これらの配置がすべて同じ確率で起こると仮定しよう．ある状態の起こる確率は次式で表される．

$$\text{ある状態が起こる確率} = \frac{\text{その状態が生じる配置の数}}{\text{すべての配置の数}}$$

たとえば，1単位のエネルギーが移動した配置は9通りあり，すべての配置は20であるので，1単位のエネルギーが移動した状態が出現する確率は9/20＝0.45，すなわち45%である．

移動したエネルギー単位	等価なエネルギー移動を達成する配置の数	エネルギー移動の確率
0	1	1/20 = 5%
1	9	9/20 = 45%
2	9	9/20 = 45%
3	1	1/20 = 5%

このモデルでは，何らかのエネルギー移動が起こる確率は19/20，すなわち95%である．これは，熱は熱い物体から冷たい物体へと自発的に流れるという私たちの予想と一致する．

熱の流れの方向を決める確率の重要性を示すために，はじめの状態がp.150の図の2番目の配置で与えられたとする．それは，熱い物体は二つの高エネルギー分子と一つの低エネルギー分子を含み，冷たい物体は二つの低エネルギー分子と一つの高エネルギー分子を含む．これらの物体を接触させると，やはり最終的に可能なのは先の1から20の配置の一つである．もしそれが1番目の配置，すなわち熱い物体がより熱く，冷たい物体がより冷たいものであるならば，それは私たちの日常経験とは相容れない．しかしながら，これは20ある可能な配置のうちの一つ，すなわちこれが起こる確率は5%である．もし，粒子の数をどんどん増やしてこの考察を行ったら，エネルギーが移動する確率はより高くなり，熱は熱い物体から冷たい物体へと流れることがより明確に示されるであろう．そして，もし数molもの粒子を含む熱い物体と冷たい物体でこの考察を行うと，両者の接触によりエネルギー移動が起こらない確率は無視することができる．

この熱移動のモデルは単純であるが，自発的な変化の方向を決める際の確率の役割を示している．“自発的な変化は低い確率の状態からより高い確率の状態へと進む傾向がある”．より確率の高い状態とは分子間にエネルギーを分配する仕方がより多い状態であるので，“自発的な変化はエネルギーを分散させる傾向がある”ともいうことができる．

エントロピーとエントロピー変化

化学および物理変化の結果を決めるにあたり統計的確率は非常に重要であるので，熱力学においては，系にエネルギーを分配し等価な状態にする配置の数を表す**エントロピー**（entropy，記号はSを用いる）とよばれる量を定義する．エントロピーの値が大きければ大きいほど，エネルギー的に等価な系の状態がより多く存在する．すなわち，統計的確率がより高くなる．

化学においては非常に多くの粒子を含む系を取扱うことが多い．熱い物体と冷たい物体の間でのエネルギー移動の簡単なモデルで行ったような，ある特定のエネルギーをもつ系において粒子の配置の数を数えるのは多くの場合実際的でない．幸いにも，そのようなことをする必要はない．系のエントロピーは熱と温度の測定より実験的に知ることができる．また，系における配置の数を正確に数えることなしにエントロピーの増減を知ることもできる．

ΔSは，終状態から始状態を差し引いた差と定義される．したがって，

$$\Delta S = S_{\text{終状態}} - S_{\text{始状態}}$$

あるいは，化学反応では，終状態は生成物，始状態は反応物とみなせるので

$$\Delta_r S = S_{\text{生成物}} - S_{\text{反応物}}$$

となる．

$\Delta_r S$の単位は$\mathrm{J\ mol^{-1}\ K^{-1}}$である．特に標準状態における反応の$\Delta S$を**標準反応エントロピー**（$\Delta_r S^\ominus$, standard entropy of reaction）とよぶ．$S_{終状態}$が$S_{始状態}$より大きいと（あるいは$S_{生成物}$が$S_{反応物}$より大きいと），ΔSは正の値をとる．ΔSが正の値ということは，系のエネルギー的に等価な状態の数が増えたことを意味する．このような変化は自発的なものであることは見てきたとおりである．これよりエントロピーに関する一般的ないい方が導かれる．“孤立系のエントロピーの増大を伴うできごとは，どのようなものでも自発的に起こる傾向がある”．

エントロピーに影響する要因

ある変化のΔSが正か負かを予測することは，しばしば可能である．それは，いくつかの要因が予測可能な仕方でエントロピーの大きさに影響するからである．

体　積　図8・9で説明されているように，気体では体積が増大するにつれエントロピーは増大する．図8・9(a) に示すように，はじめは気体が移動可能な壁で真空から分離され容器の片側に閉じ込められている．図8・9(b) のように壁が瞬時に引き上げられたと想像してみよう．その瞬間，気体の全分子は大きな容器の片側にある．もし，分子に多くの運動の自由度を与えて大きな体積中に分子を拡散させることができれば，全運動エネルギーを分配する可能な方法がより多くなる．このことより気体が図8・9(b) に示す状態のままでいることはあり得そうもない．それゆえ，気体は自発的に拡散し，よりあり得そうな（より高いエントロピーをもつ）広く分布した状態に至る（図8・9c）．

温　度　エントロピーは温度にも影響される．温度が上がれば上がるほど，エントロピーは高くなる．たとえ

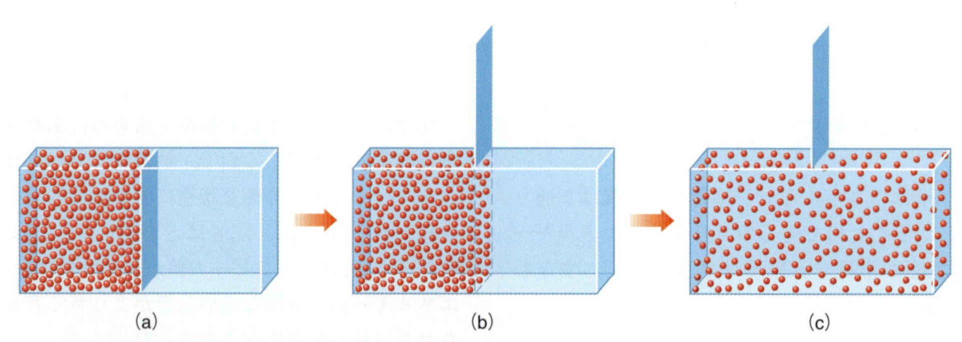

図 8・9　真空中への気体の拡散．(a) 仕切りにより真空と分離されている気体．(b) 仕切りが取り払われた瞬間の気体．(c) より可能性の高い粒子の分配状態（高エントロピーの状態）になるよう拡散する気体．

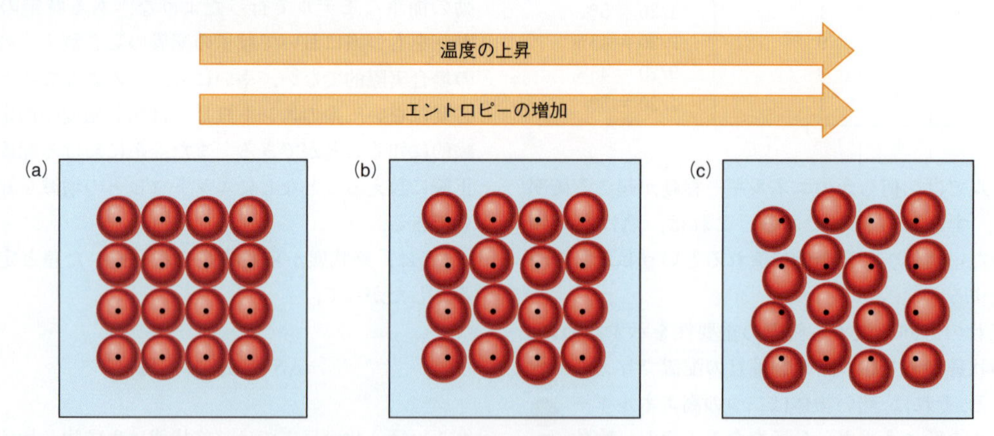

図 8・10　温度によるエントロピーの変化．(a) 絶対零度に近いと，色のついた球で表された原子が，黒い点で示した格子の平衡位置に存在する．それは完全に秩序立った状態で最小エントロピーの状態である．(b) 温度が上昇すると，粒子は平衡位置で振動する．ある瞬間での“凍結”した図において，絶対零度のときよりも乱れた状態になっていることがわかる．エントロピーは (a) よりも高い．(c) より高い温度では振動はより激しくなり，どんな瞬間においても粒子はかなり乱れた配置をとる．エントロピーは (b) よりも高い．

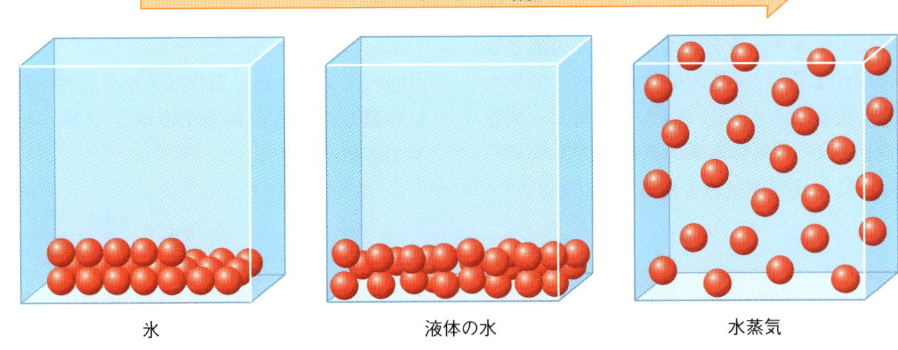

図 8・11 固体，液体，気体の水のエントロピーの比較．結晶固体は非常に低いエントロピーをもつ．液体は，分子がより自由に動くことができ，運動エネルギーを分配する仕方がより多くなるので，より高いエントロピーをもつ．しかし，すべての分子はまだ容器の底に存在する．気体は，分子が容器全体にわたり乱雑に分布し，多くの運動エネルギーを分配する仕方があるので，最も高いエントロピーをもつ．

ば，絶対零度に近い温度では物体は固体であり，その粒子に本来は動きはない．ほんの少しの運動エネルギーしかなく，粒子に運動エネルギーを分配する方法も少なく，固体のエントロピーは比較的低い（図 8・10a）．いくらかの熱を固体に与えると，温度の上昇に沿って粒子の運動エネルギーは増大する．これは結晶内で粒子を振動させる結果，ある瞬間に規則正しい結晶格子の平衡位置に粒子を見つけることができなくなる（図 8・10b）．より大きな運動エネルギーと運動の自由度があると，粒子にエネルギーを分配する方法が増える．より高い温度になると，エネルギーを分配するより多くの可能な方法があるので，固体はさらに高いエントロピーをもつ（図 8・10c）．

物理状態　系のエントロピーに影響する重要な要因の一つが，図 8・11 に示す物理状態である．同じ温度における三つの状態，氷，液体の水，水蒸気を考えてみよう．同じ温度では，氷中より液体の水中で分子運動の自由度は大きいので，氷より水において分子間により多くの運動エネルギーを分配する方法がある．水蒸気の分子は容器内を自由に動くことができるので，水や氷よりも分子に運動エネルギーを分配する可能な方法は多い．実際に，どのような気体も液体や固体に比べて大きなエントロピーをもち，液体や固体から気体に変わる変化はほとんど常にエントロピーの増大を伴う．

気体が関与する反応では，反応物から生成物が生じる過程で気体の量の変化，$\Delta n_{気体}$，を簡単に計算することができる．

$$\Delta n_{気体} = n_{気体の生成物} - n_{気体の反応物}$$

$\Delta n_{気体}$ が正ならば，エントロピーは変化する．

化学反応が気体を生成あるいは消費するとき，そのエントロピー変化の正負は多くの場合容易に予測できる．それは，気体のエントロピーは液体や固体のエントロピーよりもずっと大きいからである．たとえば，炭酸水素ナトリウムの熱分解では 2 種類の気体，CO_2 と H_2O が生じる．

$$2\,NaHCO_3(s) \xrightarrow{加熱} Na_2CO_3(s) + CO_2(g) + H_2O(g)$$

生じた気体の量が反応物の気体の量よりも多いので，この反応のエントロピー変化は正であると予測することができる．一方，大気中の汚染物質である二酸化硫黄を気体混合物から取り除くのに使われる次の反応では，$\Delta n_{気体} < 0$ であるのでエントロピー変化は負である．

$$CaO(s) + SO_2(g) \longrightarrow CaSO_3(s)$$

粒子の数　化学反応において $\Delta_r S$ の符号に影響を与

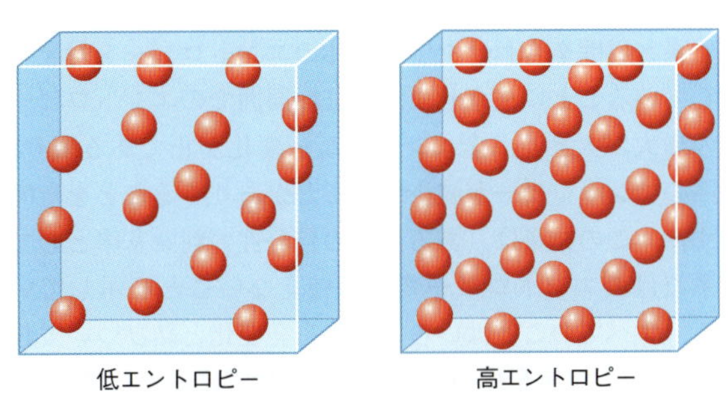

図 8・12 粒子数がエントロピーに与える影響．系内の粒子数を増やすとエネルギーを分配する仕方の数が増えるので，他の条件が同じならば，粒子数が増える反応の $\Delta_r S$ は正の値である．

える重要な要素は，反応の進行に伴って起こる分子数の増減である．反応によって多くの分子が生成すると，より多くの分子間にエネルギーを分配する方法が可能となる．図8・12に示すように，“他の条件がすべて同等ならば，系中の分子数が増える反応ではエントロピー変化が正となる傾向がある”．気体本来の正のエントロピーのため，これは特に生成物が気体であるときに正しい．

例題 8・12 $\Delta_r S$ の符号の予測

次の反応の $\Delta_r S$ の符号を予測せよ．

(a) $2\,NO_2(g) \longrightarrow N_2O_4(g)$
(b) $C_3H_8(g) + 5\,O_2(g) \longrightarrow 3\,CO_2(g) + 4\,H_2O(g)$
(c) $CO(g) + H_2O(g) \longrightarrow H_2(g) + CO_2(g)$

解 答 (a) 負，(b) 正，(c) どちらとも予測できない．

練習問題 8・11 次の変化のエントロピー変化の符号を予測せよ．

(a) 水蒸気の液体の水への凝縮
(b) 固体の昇華

練習問題 8・12 次の反応の $\Delta_r S$ の符号を予測せよ．また，予測の根拠も示せ．

(a) $2\,H_2(g) + O_2(g) \longrightarrow 2\,H_2O(l)$
(b) $N_2(g) + 3\,H_2(g) \longrightarrow 2\,NH_3(g)$
(c) $Ca(OH)_2(s) \xrightarrow{H_2O} Ca^{2+}(aq) + 2\,OH^-(aq)$

8・5 ギブズエネルギーと反応の自発性

熱力学第二法則（second law of thermodynamics）はエントロピーの重要さを示している．この法則は，“系で自発的な変化が起こると，系と周囲を合わせた宇宙全体の全エントロピーは増大する（$\Delta S_{宇宙全体} > 0$）”，と主張する．ここでのエントロピーの増大は，系だけではなく系と周囲を合わせた宇宙全体のエントロピーを対象としていることに注意せよ．これは，周囲でのエントロピーの増大が大きく，全エントロピー変化が正である限り，系のエントロピーが減少することがありうることを意味する．この結果は，ある反応の自発性の判断基準として系だけのエントロピー変化は使えないことを示している．すべてのことはいろいろな自発変化と結びついて起こるので，宇宙全体のエントロピーは常に増大している．ここで，宇宙全体のエントロピーをもっと詳しく検討してみよう．すでに示したように，宇宙全体のエントロピー変化は系のエントロピー変化と周囲のエントロピー変化を足し合わせたものである．

$$\Delta S_{全体} = \Delta S_{系} + \Delta S_{周囲}$$

周囲のエントロピー変化は系から周囲へ移動した熱 $q_{周囲}$ を移動したときの熱力学温度 T で割ったものであると示すことができる．

$$\Delta S_{周囲} = \frac{q_{周囲}}{T}$$

エネルギー保存則は周囲が得た熱は系で失われた熱の正負符号を逆転したものであることを要求する．

$$q_{周囲} = -q_{系}$$

熱力学第一法則では，定温定圧での変化で系が得た熱 $q_{系}$ は ΔH に等しいことをみてきた．これらを用いて置き換えを行うと次の関係を得る．

$$\Delta S_{周囲} = \frac{-\Delta H_{系}}{T}$$

そして，全エントロピー変化は以下のようになる．

$$\Delta S_{全体} = \Delta S_{系} - \frac{\Delta H_{系}}{T}$$

式全体に T を掛けると

$$T\,\Delta S_{全体} = T\,\Delta S_{系} - \Delta H_{系}$$

あるいは

$$T\,\Delta S_{全体} = -(\Delta H_{系} - T\,\Delta S_{系})$$

を得る．すでに，自発的な変化では $\Delta S_{全体} > 0$ であると述べた．T は常に正であるから，上式の左辺は正である．右辺を正にするには，かっこ内は負でなくてはならない．言い換えれば，自発的な変化では次式が成立する．

$$\Delta H_{系} - T\,\Delta S_{系} < 0$$

ここで，**ギブズエネルギー**（Gibbs energy，記号は G を用いる）という熱力学量を次式で定義する．

$$G = H - TS$$

定温定圧での変化は次式となる．ここで $\Delta G = G_{終状態} - G_{始状態}$ である．

$$\Delta G = \Delta H - T\,\Delta S$$

前にも述べたが，自発的な変化では $\Delta H_{系} - T\,\Delta S_{系} < 0$ となる．$\Delta G = \Delta H - T\,\Delta S$ であるから，もし定温定圧の系での反応過程において $\Delta G < 0$ ならば，その過

程は自発的に進むであろう．

例題 8・13 熱力学第二法則による反応が起こる温度の予測

氷が溶けるときのエンタルピーとエントロピーの変化が以下に与えられている．これらの値を用いて，氷が −40.00 ℃および +40.00 ℃で溶けるときの全エントロピー変化を計算せよ．

$\Delta H_{融解} = 7.0\ \mathrm{kJ\ mol^{-1}}$　　$\Delta S_{融解} = 29\ \mathrm{J\ K^{-1}\ mol^{-1}}$

解 答 全エントロピー変化は，−40.00 ℃のときは −1 $\mathrm{J\ K^{-1}\ mol^{-1}}$．+40.00 ℃のときは +7 $\mathrm{J\ K^{-1}\ mol^{-1}}$ となる．全エントロピー変化が正のときに変化が自発的に進行するので，+40.00 ℃のときに溶け，−40.00 ℃のときには溶けない．

練習問題 8・13 水が沸騰（蒸発）するときのエンタルピーとエントロピーの変化が以下に与えられている．これらの値を用いて，水 +60.00 ℃および +140.00 ℃で沸騰するときの全エントロピー変化を計算せよ．

$\Delta H_{蒸発} = 44\ \mathrm{kJ\ mol^{-1}}$　　$\Delta S_{蒸発} = 119\ \mathrm{J\ K^{-1}\ mol^{-1}}$

ΔG の符号

多くの 19 世紀の科学者が考えたように，熱を放出しエネルギーを低下させる反応は自発的であると思うかもしれない．しかし，氷が 25 ℃の標準状態において融解する自発的変化はそれにあてはまらない．この変化の $\Delta_r H^{\ominus}$ は約 6 $\mathrm{kJ\ mol^{-1}}$ であり，吸熱的な変化である．10^5 Pa における ΔG を**標準反応ギブズエネルギー**（standard Gibbs energy of reaction，$\Delta_r G^{\ominus}$）という．それは標準反応エンタルピー $\Delta_r H^{\ominus}$ と標準反応エントロピー $\Delta_r S^{\ominus}$ を使って次式のように書くことができる．

$$\Delta_r G^{\ominus} = \Delta_r H^{\ominus} - T\Delta_r S^{\ominus}$$

自発変化の $\Delta_r G^{\ominus}$ は負でなくてはならないので，もし $\Delta_r H^{\ominus}$ が正の値をとるならば，T と $\Delta S^{\ominus}$ の積はより大きな正の値でなくてならない．T は常に正なので，氷の融解では $\Delta_r S^{\ominus}$ は正でなくてはならない（一般に液体は固体よりも大きなエントロピーをもつので，氷の融解の $\Delta_r S^{\ominus}$ は正であると予測できる）．この例から，標準状態における化学的あるいは物理変化の自発性を決めるのに $\Delta_r H^{\ominus}$ と $\Delta_r S^{\ominus}$ の符号が決定的な役割をもつことがわかる．

すべての燃焼反応と同様にオクタンの燃焼は発熱的である (p.146)．系内で粒子数が増大するので大きなエントロピーの増大もある．この変化では，ΔH は負，ΔS は正で，どちらも自発的となるのに好ましい符号をもっている．

$$\Delta H = (-) \text{ かつ } \Delta S = (+),$$
$$\text{よって } \Delta G = \Delta H - T\Delta S = (-) - (+) = (-)$$

熱力学温度にかかわらず，ΔG は負であることに注意せよ（熱力学温度は常に正である）．これは，このような反応はどのような温度でも自発的であることを意味する．燃焼反応は常に自発的なので，ひとたび反応が始ま

コラム 8・2 水の凝固点の降下と沸点の上昇

塩水は純水よりも低い温度で凍る．0 ℃よりも低温になる寒冷地では，池やゆっくり流れる川が凍る．しかし，北極や南極の海水は凍ることなく −1.8 ℃に下がることがある．以下で見るように，この一見不自然な現象は海水中の塩（もっと正確にいえば，数種類の塩）の存在に起因する．寒冷地では，この効果を，道路に塩をまいて水の凝固点を下げて危険な凍結を防ぐのに利用する．塩水は純水よりも高い温度で沸騰する．たとえば，0.5 $\mathrm{mol\ L^{-1}}$ の NaCl 水溶液は約 100.5 ℃で沸騰する．

これら二つの効果はおもに塩が加えられたことによる水のエントロピー変化に起因する．氷の融解によりエントロピーが増大すること，すなわち融解の ΔS が正であることをすでに見てきた．氷が溶けるときの ΔH も正である．そして，ΔG すなわち $\Delta G = \Delta H - T\Delta S$ が負のときに自発変化が起こることを思いだそう．ΔH と ΔS が正であるので，正の ΔH を超えるに十分な大きさの $T\Delta S$ となる温度のときに ΔG が負となり，氷が溶ける．純水でのその温度は 0 ℃である．

水がナトリウムイオンと塩化物イオンを含むと，氷が溶けるときのエントロピー変化は増大する．すなわち水が塩を含むと融解の ΔS はより正の大きな値となる．ΔH を超える $T\Delta S$ となる温度は低くてすみ，氷はより低い温度で溶ける．融点は溶けている塩の量に依存する．平均的な海水の融点は −1.8 ℃である．

水が沸騰するとき，気体は液体よりも高いエントロピーをもつため ΔS は正である．ΔH も正であるので，沸騰の ΔG は $T\Delta S$ が正の ΔH を超えたときに負となる．純水では，それは 100 ℃のときである．塩が水に溶けると，その水溶液のエントロピーは上がる．この水溶液が沸騰するときのエントロピーの増大 ΔS は純水の ΔS よりも小さくなるので，$T\Delta S$ が正の ΔH を超えるにはより高い温度が必要となる．

ると，炎はすべての燃料あるいは酸素を消費し続ける．

変化が吸熱的でエントロピーの低下を伴うとき，これらの条件は自発性とは逆の方向に働く．

$$\Delta H = (+) \text{ かつ } \Delta S = (-),$$
$$\text{よって } \Delta G = \Delta H - T\Delta S = (+) - (-) = (+)$$

温度がどうであろうと ΔG は正で，変化は非自発的である．二酸化炭素と水が炎の中で木と酸素に変化しないのが一例である．もしそのようなことが起こっている動画を見たならば，それは逆方向に映されている動画であると経験上わかる．

ΔH と ΔS が同符号ならば，温度が自発性を決める因子となる．ΔH と ΔS が両方とも正ならば．

$$\Delta G = (+) - (+) = (+) \text{ あるいは } (-).$$

ΔG は ΔH と ΔS の二つの正の値の差となる．この差は $T\Delta S$ が ΔH よりも大きいときにのみ負となるが，それは温度が高いときである（ΔH と ΔS 自体の温度による変化は無視できると仮定している）．言い換えれば，ΔH と ΔS が両方とも正のとき，低温ではなく高温で変化は自発的となる．一例は氷の融解ですでに示した．

$$H_2O(s) \longrightarrow H_2O(l)$$

これは吸熱的変化でありエントロピーは増大する．高温（0 ℃より上の温度）では融解は自発的であるが，低温（0 ℃以下の温度）ではそうではない．

同様に，ΔH と ΔS が両方とも負のときは，低温でのみ ΔG は負（自発変化）となる．

$$\Delta G = (-) - (-) = (-) \text{ あるいは } (+)$$

ΔH の負の値が $T\Delta S$ の負の値よりも大きいときに ΔG は負となる．そのような変化は低温でのみ自発的である．水の凍結がその例である．

$$H_2O(l) \longrightarrow H_2O(s)$$

これはエントロピーが減少する発熱的変化であり，低温（0 ℃以下の温度）でのみ自発的である．

図 8・13 は ΔG に及ぼす ΔH と ΔS の符号の効果，すなわち化学的，物理現象の自発性をまとめたものである．

ΔS ＼ ΔH	正	負
正	高温で自発的 低温で非自発的	すべての温度で自発的
負	すべての温度で非自発的	高温で非自発的 低温で自発的

図 8・13　自発性に及ぼす ΔH と ΔS の正負符号の効果

9 化学平衡

9・1 化学平衡

私たちは，化学反応というと，反応が完了するまで進行する様子が頭に浮かぶ．たとえば，ガスコンロのメタンに点火すれば，すべてのメタンが燃えるし，硝酸中に銅のコインを入れれば，コインは溶けて青色の溶液ができる．しかし，反応物の全部が生成物に変化しない化学反応も多くある．

実際には，多くの化学反応において進行は途中までしか進まず，反応物と生成物の混合物が生じる．このことを窒素ガス N_2 と水素ガス H_2 から触媒を使ってアンモニア NH_3 を合成するハーバー-ボッシュ（Haber-Bosch）法で説明してみよう．

$$N_2(g) + 3\,H_2(g) \longrightarrow 2\,NH_3(g)$$

ハーバー-ボッシュ法はすべての反応の中でも最もよく研究されたものの一つである．この反応を理解し制御することは，肥料に使われるアンモニアの合成において重要である．

化学量論係数より以下のことがわかる．

- $N_2(g)$ は $H_2(g)$ と常に 1：3 の物質量比で反応する．
- 生成する $NH_3(g)$ の量は反応した $N_2(g)$ の 2 倍，$H_2(g)$ の 2/3 倍である．

しかしながら，この釣合いのとれた化学反応式から 1 mol の $N_2(g)$ と 3 mol の $H_2(g)$ を混合すると 2 mol の $NH_3(g)$が生じると結論することはできない．もし，1 mol の $N_2(g)$ と 3 mol の $H_2(g)$ を触媒上で高温，高圧で混合し，反応混合物の成分を測定すると $NH_3(g)$ の濃度の上昇および $N_2(g)$ と $H_2(g)$ の濃度の低下が観測されるが，徐々にその変化は減速し，ついには純粋の $NH_3(g)$ ではなく反応物と生成物の混合物に至って変化は終わるであろう．このとき，反応が**化学平衡**（chemical equilibrium）に達したといい，それは双方向の矢印 $\rightleftharpoons$（平衡の矢印とよばれる）を用いて表される．

$$N_2(g) + 3\,H_2(g) \rightleftharpoons 2\,NH_3(g)$$

平衡の矢印は，化学反応は同時に正方向にも逆方向にも進むことができるという非常に重要なことを明示している．平衡に達した時点において，N_2 と H_2 は反応して NH_3 が生じ，NH_3 も反応して N_2 と H_2 が生じている．そして，“その正方向の反応速度と逆方向の反応速度は等しい．” これは反応混合物中の反応物と生成物の濃度は一定であり，“反応混合物の成分に見かけ上の変化はない” ことを意味する．この正方向の反応も逆方向の反応も起きている状態をさして，系は**動的平衡**（dynamic equilibrium）にあるといわれる．

平衡に達した反応と限定反応物を使い切って止まった反応（§4・6を見よ）との違いを認識することは重要である．銅のコインを濃硝酸に溶かすとき，すべての銅が溶けた後には酸が残る．この場合は，限定反応物（銅）を使い切ったから反応が止まったのである．一方，$N_2(g)$ と $H_2(g)$ の反応では，それぞれの成分がまだ残ったままで平衡状態に達したのである．

化学平衡では，反応が同時に双方向に起こっているので，“反応物” も “生成物” も通常の化学反応での意味をもたない．代わりに，“反応物” と “生成物” は単に平衡の化学反応式の左辺と右辺にある物質を表すために使われる．

9・2 平衡定数 K と反応商 Q

平衡の時点における反応

平衡に関する重要な概念を示す実験の一つが $N_2O_4(g)$（四酸化二窒素）の $NO_2(g)$（二酸化窒素）への分解反応（図 9・1）である．

$$N_2O_4\,(g) \rightleftharpoons 2\,NO_2\,(g)$$

この反応の進行の度合いは反応混合物の色を見ることで容易に知ることができる．純粋な $N_2O_4(g)$ は無色，純粋の $NO_2(g)$ は茶色である．N_2O_4 が分解するにつれて，混合物はより茶色を帯びてくる．図 9・2 は純粋な $N_2O_4(g)$ が変化して $N_2O_4(g)$ と $NO_2(g)$ の平衡混合物

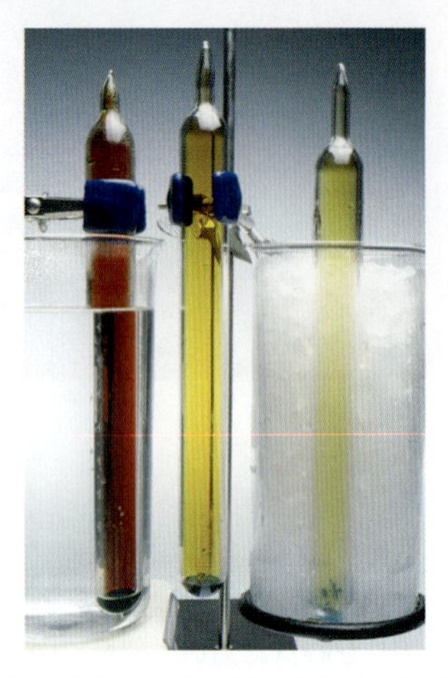

図 9・1　異なる温度における N_2O_4(g) と NO_2(g) の平衡混合物．氷で冷やした状態では，無色の N_2O_4 が主成分で混合物の色は薄い（右側）．高温では茶色の NO_2 が主成分となる（左側）．室温では N_2O_4 を多く含む混合物となる（中央）．

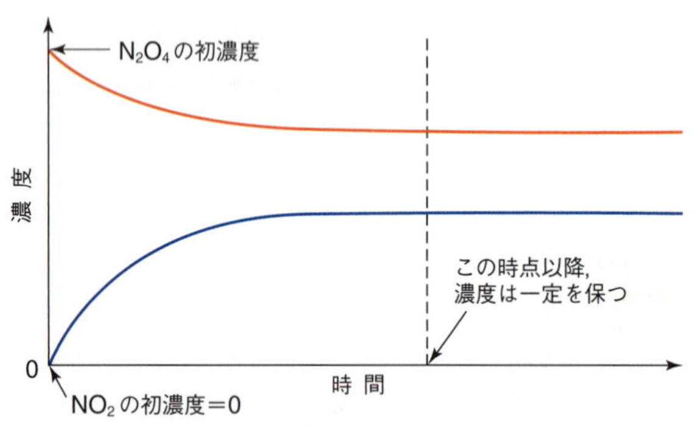

図 9・2　平衡に至る過程．N_2O_4(g) の NO_2(g) への分解において，はじめは N_2O_4 と NO_2 の濃度は比較的速く変化する．時間の経過とともに，濃度変化はしだいに遅くなる．平衡に達すると，N_2O_4 と NO_2 の濃度の時間変化はなくなり，一定値となる．反応の経過中ずっと NO_2 の濃度変化は N_2O_4 の濃度変化の 2 倍である．

となる過程における二つの気体の濃度の時間に対する変化を示している．

図 9・3 に示す一定温度における二つの実験を想像してみよう．はじめに，1 L のフラスコに N_2O_4 を 0.0350 mol 入れる．NO_2 は存在しないので，平衡になるにはいくらかの N_2O_4 が分解して混合物にならねばならない．すなわち反応は正方向（左から右に）に進むであろう．平衡に達したとき，N_2O_4 の濃度が 0.0292 mol L^{-1} に下がり，NO_2 の濃度が 0.0116 mol L^{-1} となっていることがわかる．

2 番目に，1 L のフラスコに NO_2 を 0.0700 mol を入れる（これは，もし 0.0350 mol の N_2O_4 が完全に分解すると生じる NO_2 の量である）．2 番目のフラスコには，はじめは N_2O_4 は存在しないので，N_2O_4 が生じるためには（右から左への）逆反応により NO_2 が結合しなければならない．2 番目のフラスコが平衡に達したとき，再び 0.0292 mol L^{-1} の N_2O_4 と 0.0116 mol L^{-1} の NO_2 を見いだすであろう．〔実際には，N_2O_4(g) と NO_2(g) は常に平衡にあり，それらを純粋な状態で得ることはできないので，これらの実験を行うのはむずかしい．〕

純粋な NO_2 あるいは純粋な N_2O_4 から始めても，これらの化合物の間で分配される N と O の総量が同じである限り，同じ成分組成の平衡状態に達する．他の化学系においても同様のことが観察される．このことから次のように記述することができる．ある一定の温度において与えられた全系の組成のもとでは，正方向あるいは逆方向のどちらからも常に同じ平衡状態に達する．

a mol の物質 A と b mol の物質 B が，c mol の物質 C と d mol の物質 D を与える気体のみ，あるいは溶液（多くは水溶液）中の化学種のみが関与するどんな反応においても，平衡となるとき，次の式が成立する．

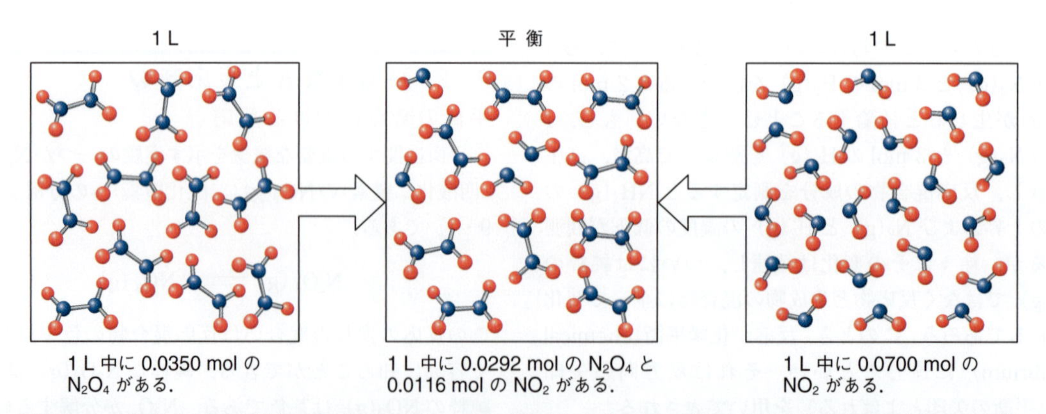

図 9・3　平衡と反応の可逆性．反応 $N_2O_4(g) \rightleftharpoons 2\,NO_2(g)$ において、正方向からも逆方向からも同じ成分組成の平衡状態に達する．NO_2 は茶色，N_2O_4 は無色であるので，平衡状態での混合物は，両方の成分が存在することを示す薄茶色である（図 9・1）．

$$aA + bB \rightleftharpoons cC + dD$$

$$K_c = \frac{[C]^c[D]^d}{[A]^a[B]^b} \qquad (9\cdot1)$$

K は**平衡定数**(equilibrium constant)とよばれ,K_c は濃度(concentration)をもとにした平衡定数である.(9・1)式は化学平衡式とよばれ,式中のかぎかっこは $mol\ L^{-1}$ を単位とする濃度である.

平衡定数の式は釣合いのとれた化学反応式より次のように導かれる.

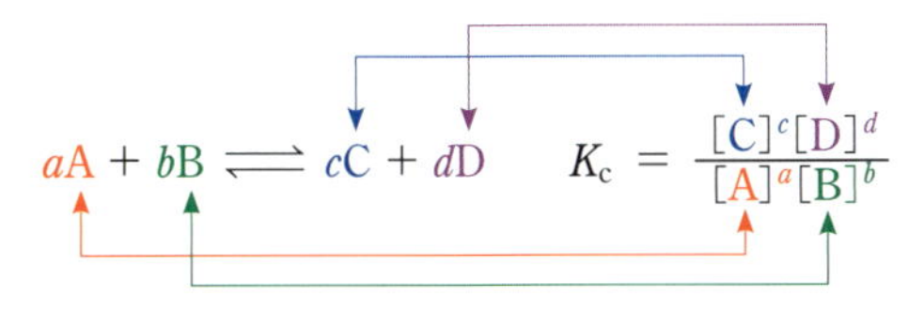

生成物(平衡の矢印の右辺の化学種)は常に平衡定数の式の分数の分子に,反応物は常に分母になる.反応物と生成物はそれぞれ対応する釣合いのとれた化学反応式の化学量論係数(a, b, c および d)を指数としてもつ.

平衡定数の式は二つの反応物と二つの生成物が関与する反応に限定されない.すべての気体状あるいは液体状の反応物と生成物を平衡定数の式に取込むことができる.たとえば p.157 に記した実験の反応に対する平衡定数の式は以下のようになる.

$$N_2O_4(g) \rightleftharpoons 2\,NO_2(g)$$

$$K_c = \frac{[NO_2]^2}{[N_2O_4]}$$

K_c の値は温度に依存するので,常に温度を特定する必要がある.一般に,表にまとめられた K_c の値は 25.0 ℃,濃度単位は $mol\ L^{-1}$ での値である.

平衡濃度がわかると,それらを平衡定数の式に代入して K_c を計算することができる.上に述べた実験において,平衡時において $[N_2O_4(g)] = 0.0292\ mol\ L^{-1}$,$[NO_2(g)] = 0.0116\ mol\ L^{-1}$ であった.それゆえ,K_c の値は以下のようになる.

$$K_c = \frac{[NO_2]^2}{[N_2O_4]} = \frac{0.0116^2}{0.0292} = 4.61 \times 10^{-3}$$

表 9・1 は異なる初濃度の $N_2O_4(g)$ と $NO_2(g)$ で行った実験の結果である.最後の列は(実験の誤差の範囲内で)K_c の値が一定であることを示している.それゆえ,この反応の平衡定数は以下の値であるということができる.

$$N_2O_4(g) \rightleftharpoons 2\,NO_2(g)$$

$$K_c = \frac{[NO_2]^2}{[N_2O_4]} = 4.61 \times 10^{-3} \quad (25.0\ ℃ において)$$

同様に,次の反応を考えてみよう.

$$H_2(g) + I_2(g) \rightleftharpoons 2\,HI(g)$$

400 ℃ において,$H_2(g)$,$I_2(g)$,$HI(g)$ のさまざまな初濃度から始めて系が平衡になったとき,以下が成立する.

$$K_c = \frac{[HI]^2}{[H_2][I_2]} = 49.5 \quad (400\ ℃ において)$$

例題 9・1 K_c の式

化石燃料に代わる燃料として水素の利用に関心が高まっている.現在,世界で多くの水素は天然ガス中のメタン CH_4 から次の反応の平衡を利用して得られている.

$$CH_4(g) + H_2O(g) \rightleftharpoons CO(g) + 3\,H_2(g)$$

この反応の K_c の式を書け.

解 答

$$K_c = \frac{[CO][H_2]^3}{[CH_4][H_2O]}$$

表 9・1 $NO_2(g)$ と $N_2O_4(g)$ のさまざまな初濃度に対する平衡混合物の組成

初 濃 度		平 衡 濃 度		
$[N_2O_4]$ 〔$mol\ L^{-1}$〕	$[NO_2]$ 〔$mol\ L^{-1}$〕	$[N_2O_4]$ 〔$mol\ L^{-1}$〕	$[NO_2]$ 〔$mol\ L^{-1}$〕	$K_c = \frac{[NO_2]^2}{[N_2O_4]}$
0.0450	0	0.0384	0.0133	$\frac{0.0133^2}{0.0384} = 4.61\times10^{-3}$
0.0150	0	0.0114	0.007 24	$\frac{0.007\,24^2}{0.0114} = 4.60\times10^{-3}$
0	0.0600	0.0247	0.0107	$\frac{0.0107^2}{0.0247} = 4.64\times10^{-3}$
0	0.0500	0.0202	0.009 64	$\frac{0.009\,64^2}{0.0202} = 4.60\times10^{-3}$

K_c の値は実験誤差の範囲で等しい.

平衡時の濃度を測定して平衡定数を計算することができる．ひとたび平衡定数がわかれば，アンモニアのように工業的に生産量を最大にする方法を考案できる．

例題 9・2 平衡定数の計算

472 ℃における次の反応の平衡濃度は $N_2(g)$ が 3.1×10^{-2} mol L^{-1}, $H_2(g)$ が 8.5×10^{-1} mol L^{-1}, $NH_3(g)$ が 3.1×10^{-3} mol L^{-1} である．この温度における K_c の値を求めよ．

$$N_2(g) + 3\,H_2(g) \rightleftharpoons 2\,NH_3(g)$$

解 答　472 ℃における K_c の値は 5.0×10^{-4}.

練習問題 9・1　下記の反応における平衡定数の K_c の式を書け．

(a) $2\,H_2(g) + O_2(g) \rightleftharpoons 2\,H_2O(g)$

(b) $CH_4(g) + 2\,O_2(g) \rightleftharpoons CO_2(g) + 2\,H_2O(g)$

平衡状態ではない反応

平衡定数は平衡状態におけるどんな反応にも適用できる．また，系が平衡状態にない場合には**反応商**（reaction quotient, Q）とよばれる量を用いることができる．反応商は

$$Q_c = \frac{[C]^c[D]^d}{[A]^a[B]^b}$$

で定義される．反応商の式は K_c と同じ形をとる．Q_c と K_c の違いは，

- K_c は平衡濃度を含み，平衡状態の系についてのものである．
- Q_c では系が平衡状態である必要はない．

K_c はある特定温度でのただ一つの正の値であるが，Q_c はいろいろな正の値をとることができる．

“すべての化学系がいつかは平衡に達する”ことを認識しておくことは重要である．平衡に達したとき $Q_c = K_c$ である．$Q_c \neq K_c$ である系では，手順 9・1 に示すように，それらの値を比較することで，どのように系が平衡に到達するかを知ることができる．

もし $Q_c > K_c$ ならば，系は生成物を消費し反応物を増やす．こうして Q_c が K_c と等しくなる位置，すなわち平衡点，まで減少させる．もし，$Q_c < K_c$ ならば，逆のことが起きる．系は反応物を消費し生成物を増やす．こうして Q_c が K_c と等しくなる位置，すなわち平衡点，まで増大させる．これらのことは §9・4 でより詳しく扱うこととする．

例題 9・3 反応商と系の変化の予測

どのような温度でも反応の平衡定数は一つの固定された値をとるが，平衡混合物は変えることができ，平衡状態の系に変化を加えることで工業的な生産工程をより効率的なものにすることができる．Q がどのように働くかを理解することが，そのような生産工程の設計の鍵となる．例題 9・2 において，次の反応の平衡時の濃度は $[N_2(g)] = 3.1\times10^{-2}$ mol L^{-1}, $[H_2(g)] = 8.5\times10^{-1}$ mol L^{-1}, $[NH_3(g)] = 3.1\times10^{-3}$ mol L^{-1} である．

$$N_2(g) + 3\,H_2(g) \rightleftharpoons 2\,NH_3(g)$$

この反応系が平衡にあるとき，さらにアンモニアを系に加えて $[NH_3(g)] = 4.0\times10^{-3}$ mol L^{-1} とした．系が平衡状態に戻るとき，生成物と反応物の濃度はどのように変化するか．

解 答　$Q_c > K_c$ であることから，反応物が増大する方向に変化する．

手順 9・1　系が平衡へ到達するための変化

$$aA + bB \rightleftharpoons cC + dD$$

$$Q_c = \frac{[C]^c[D]^d}{[A]^a[B]^b}$$

$Q_c < K_c$　　$Q_c = K_c$　　$Q_c > K_c$

→ 平 衡 ←

$Q_c < K_c$	$Q_c > K_c$
• Q_cを増大させる	• Q_cを減少させる
• 分子（生成物）を増大させる	• 分子（生成物）を減少させる
• 分母（反応物）を減少させる	• 分母（反応物）を増大させる
• 反応混合物の組成は生成物側に傾く	• 反応混合物の組成は反応物側に傾く

練習問題 9・2 混合物の濃度が $[N_2(g)] = 4.0 \times 10^{-2}$ mol L^{-1}, $[H_2(g)] = 8.5 \times 10^{-1}$ mol L^{-1}, $[NH_3(g)] = 3.1 \times 10^{-3}$ mol L^{-1} であるとする．次の反応の Q_c を計算し，反応は反応物が増大する方向と生成物が増大する方向のどちらに進むか予測せよ．

$$N_2(g) + 3\,H_2(g) \rightleftharpoons 2\,NH_3(g)$$

気体での平衡

Q_c および K_c の c は，反応混合物の組成を濃度を使って表すことを意味している．気体における平衡では，平衡混合物の組成を濃度ではなく分圧（p.118）を使っても表すことができる．そのときの，平衡定数の式は以下のようになる．

$$K_p = \frac{\left(\frac{p_C}{p^\ominus}\right)^c \left(\frac{p_D}{p^\ominus}\right)^d}{\left(\frac{p_A}{p^\ominus}\right)^a \left(\frac{p_B}{p^\ominus}\right)^b}$$

ここで，p_A, p_B, p_C, p_D は A, B, C, D の平衡時の分圧，$p^\ominus$ は標準圧力である．$p^\ominus = 1 \times 10^5$ Pa であるので $p^\ominus$ は K_p の値に影響する．それゆえ，K_p の式は Pa 単位で測られた分圧を用い，$p^\ominus$ も含めて記述されねばならない．この場合，K_p は単位をもたない．

例題 9・4 K_p の 式

メタノール CH_3OH の多くは，世界的に，次の反応によって生産されている．

$$CO(g) + 2\,H_2(g) \rightleftharpoons CH_3OH(g)$$

この反応の平衡の K_p の式を書け．

解 答

$$K_p = \frac{\left(\frac{p_{CH_3OH}}{p^\ominus}\right)}{\left(\frac{p_{CO}}{p^\ominus}\right)\left(\frac{p_{H_2}}{p^\ominus}\right)^2}$$

練習問題 9・3 次の反応の平衡定数を分圧を使って表せ．

$$H_2(g) + I_2(g) \rightleftharpoons 2\,HI(g)$$

K_p と K_c の関係

第7章より，圧力（p）は下に示す理想気体の方程式をとおして濃度（c）と関係づけられることを思い出してみよう．

$$pV = nRT$$

ここで，V は m^3 単位の体積，R は気体定数（8.314 J mol^{-1} K^{-1}），T が K 単位の温度，p は Pa 単位の圧力である．

この方程式は次のように変形できる．

$$p = \frac{n}{V}RT = cRT$$

ここで c は mol m^{-3} 単位の濃度である．より一般的な濃度の単位 mol L^{-1} とするには，次のように表す．

$$p = 1000cRT$$

1000 は 1 m^3 = 1000 L に由来する数値である．この方程式は，ある反応の K_p と K_c の関係を得るのに使うことができる．

$$K_p = K_c\left(\frac{1000RT}{p^\ominus}\right)^{\Delta n_g}$$

$p^\ominus = 1 \times 10^5$ であるので，次のように書ける．

$$K_p = K_c\left(\frac{RT}{100}\right)^{\Delta n_g}$$

この式中の Δn_g は，反応物が生成物へと移行するときに変化した気体の物質量の変化に等しい．

Δn_g =（生成した気体の物質量）−（反応した気体の物質量）

Δn_g の値の計算に，釣合いのとれた化学反応式の化学量論係数を使うことができる．たとえば，次の反応では，

$$N_2(g) + 3\,H_2(g) \rightleftharpoons 2\,NH_3(g)$$

2 mol の気体生成物と 4 mol の気体反応物がある．よって，この反応では，$\Delta n_g = 2 - 4 = -2$ となる．

いくつかの反応では Δn_g の値が 0 となる．その一例が HI の分解反応である．

$$2\,HI(g) \rightleftharpoons H_2(g) + I_2(g)$$

化学反応式の両辺に 2 mol の気体があることに注意せよ．これは $\Delta n_g = 0$ であることを意味する，$RT/100$ の 0 乗は 1 であるので $K_p = K_c$ となる．すべての $\Delta n_g = 0$ の反応でそのようになる．

例題 9・5　K_c から K_p への変換

実験室では，分圧よりも濃度を使うことが多い．しかし，アンモニアなどの化合物を生産する大規模な工業プラントでは，日常的に圧力が測られる．K_c も K_p も扱えて，それらの変換ができることは重要である．

500 ℃で N_2 と H_2 からアンモニアをつくる次の反応の K_c は 6.0×10^{-2} である．この反応の K_p の値を求めよ．

$$N_2(g) + 3\,H_2(g) \rightleftharpoons 2\,NH_3(g)$$

解　答　$K_p=1.5\times10^{-5}$．この場合，K_p の値は K_c の値とかなり異なる．

練習問題 9・4　次の反応により一酸化炭素と水素から合成できるメタノール CH_3OH は将来有望な燃料である．

$$CO(g) + 2\,H_2(g) \rightleftharpoons CH_3OH(g)$$

この反応の 200 ℃における K_p は 3.8×10^{-2} である．この温度における K_c の値を求めよ．

平衡定数の式の取扱い

化学平衡を組合わせて，他の興味ある反応の平衡定数の式を得ることができる．これは，反応を逆転させたり，ある数で係数を操作したり，反応を組合わせて望みの反応にするなど，いろいろな操作で行う．第 8 章において，そのような操作がどのように ΔH に影響するかを学んできた．平衡定数の場合は，いくつかの異なる規則が適用される．

平衡の方向の変化　“化学反応式を逆転させると，新しい平衡定数はもとの平衡定数の逆数となる．”例として PCl_3 と Cl_2 より PCl_5 ができる反応を考える．化学反応式と平衡定数は以下のように書くことができる．

$$PCl_3 + Cl_2 \rightleftharpoons PCl_5 \qquad K_c = \frac{[PCl_5]}{[PCl_3][Cl_2]}$$

ここで PCl_5 の分解を考えると，化学反応式と平衡定数は以下のように書くことができる．

$$PCl_5 \rightleftharpoons PCl_3 + Cl_2 \qquad K_c' = \frac{[PCl_3][Cl_2]}{[PCl_5]}$$

二番目の反応は最初の反応を逆転させたものである．二番目の反応の平衡定数は最初の反応の平衡定数の逆数となる．

$$K_c' = \frac{1}{K_c}$$

例題 9・6　平衡定数の式の操作

反応混合物が生じる反応においては，正方向と逆方向の両方の反応が起こる．N_2 と H_2 が反応して NH_3 が生成し，NH_3 が分解して N_2 と H_2 となる．できるだけ効率よく NH_3 を製造するには，その分解をできるだけ抑えることが必要である．N_2 と H_2 が反応して NH_3 が生成する反応の 472 ℃における平衡定数 K_c は 5.1×10^{-4} である．

$$N_2(g) + 3\,H_2(g) \rightleftharpoons 2\,NH_3(g)$$

一方，NH_3 の N_2 と H_2 への分解反応は次のように書ける．

$$2\,NH_3(g) \rightleftharpoons N_2(g) + 3\,H_2(g)$$

分解反応の化学平衡式とその値を求めよ．

解　答

$$K_c = \frac{[N_2][H_2]^3}{[NH_3]^2} = \frac{1}{5.1\times10^{-4}} = 2.0\times10^3$$

化学量論係数の扱い　“化学反応式の化学量論係数にある数を掛けたときは，平衡定数はその数のべき乗となる．”たとえば，次の化学反応式

$$PCl_3 + Cl_2 \rightleftharpoons PCl_5$$

$$K_c = \frac{[PCl_5]}{[PCl_3][Cl_2]}$$

に対して，化学量論係数を 2 倍すると以下のようになる．

$$2\,PCl_3 + 2\,Cl_2 \rightleftharpoons 2\,PCl_5$$

$$K_c'' = \frac{[PCl_5]^2}{[PCl_3]^2[Cl_2]^2}$$

二つの平衡定数の関係は，$K_c''=K_c^2$ となる．

練習問題 9・5　例題 9・6 の分解反応は 2 mol の NH_3 の分解に対してのものである．アンモニアの分解を研究するときには，1 mol の NH_3 の分解に対する次の反応式が便利である．

$$NH_3(g) \rightleftharpoons \frac{1}{2}N_2(g) + \frac{3}{2}H_2(g)$$

この反応式の平衡定数を計算せよ．

化学平衡の加算　“化学反応式を足し合わすときは，それらの平衡定数を掛け合わす．”たとえば，次の二つの化学反応式を足し合わせる．

$$2\,N_2 + O_2 \rightleftharpoons 2\,N_2O \qquad K_{c1} = \frac{[N_2O]^2}{[N_2]^2[O_2]}$$

$$2\,N_2O + 3\,O_2 \rightleftharpoons 4\,NO_2 \qquad K_{c2} = \frac{[NO_2]^4}{[N_2O]^2[O_2]^3}$$

$$2\,N_2 + 4\,O_2 \rightleftharpoons 4\,NO_2 \qquad K_{c3} = \frac{[NO_2]^4}{[N_2]^2[O_2]^4}$$

平衡定数に付けられた番号は，単にそれらを識別するためのものである．平衡定数K_{c1}にK_{c2}を掛けてK_{c3}の式を得る．

$$\frac{[N_2O]^2}{[N_2]^2[O_2]} \times \frac{[NO_2]^4}{[N_2O]^2[O_2]^3} = \frac{[NO_2]^4}{[N_2]^2[O_2]^4}$$

すなわち，$K_{c1} \times K_{c2} = K_{c3}$である．

練習問題 9・6 以下に二つの反応の 25 ℃におけるK_cの値が示されている．

$$2\,CO(g) + O_2(g) \rightleftharpoons 2\,CO_2(g) \quad K_c = 3.3 \times 10^{91}$$
$$2\,H_2(g) + O_2(g) \rightleftharpoons 2\,H_2O(g) \quad K_c = 9.1 \times 10^{80}$$

これらを用いて次の反応のK_cの値を求めよ．

$$H_2O(g) + CO(g) \rightleftharpoons CO_2(g) + H_2(g)$$

平衡定数の大きさ

常に生成物の濃度は平衡定数K_cの式の分子に現れるので，平衡定数の値は平衡が反応完了の方向にどれだけ進んだ地点にあるかについての指標となる．たとえば，次の反応のK_cは 25 ℃において9.1×10^{80}である．

$$2\,H_2(g) + O_2(g) \rightleftharpoons 2\,H_2O(g)$$

これは，平衡時に，これらの気体間に次の関係があることを意味する．

$$K_c = \frac{[H_2O]^2}{[H_2]^2[O_2]} = 9.1 \times 10^{80} = \frac{9.1 \times 10^{80}}{1}$$

分子は分母に比べてきわめて大きい．これは，H_2Oの濃度はH_2とO_2の濃度に比べて非常に大きくならねばならないことを示している．それゆえ，平衡時において，系内のほとんどの水素と酸素はH_2O中にあり，非常にわずかしかH_2とO_2の形で存在しない．この非常に大きなK_cの値は，H_2とO_2との反応は本質的に完全に進行し，平衡時では生成物が主成分となることを示している．

N_2とO_2から NO が生成する反応は，25 ℃において，非常に小さな平衡定数，$K_c = 4.8 \times 10^{-31}$，をもつ．

$$N_2(g) + O_2(g) \rightleftharpoons 2\,NO(g)$$

この反応の平衡定数の式は以下のようになる．

$$K_c = \frac{[NO]^2}{[N_2][O_2]} = 4.8 \times 10^{-31}$$

$10^{-31} = 1/10^{31}$なので，この式は次のように書ける．

$$K_c = \frac{[NO]^2}{[N_2][O_2]} = 4.8 \times \frac{1}{10^{31}} = \frac{4.8}{10^{31}}$$

分母は分子に比べてかなり大きいので，平衡時においてN_2とO_2の濃度は NO の濃度に比べてかなり大きい．これは，この温度においてN_2とO_2の混合物中の生成した NO の量は無視できることを意味する．反応は完了する方向にはほとんど進まず，平衡時の主成分は反応物である．

平衡定数と平衡の位置との関係を図 9・4 に示す．

反応物 生成物

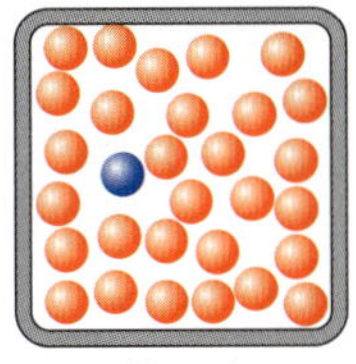

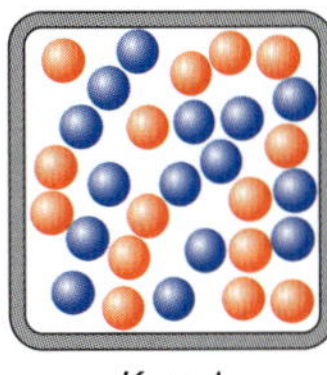

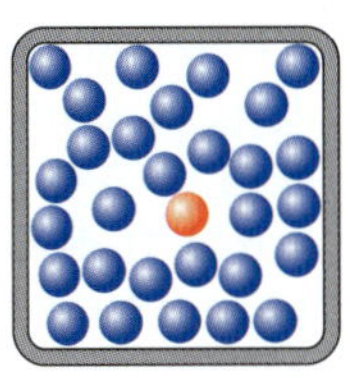

図 9・4 K_cの大きさと平衡位置．$K_c \ll 1$: 非常にわずかな量の生成物しか生成しない．平衡位置はかなり反応物側に寄っている．$K_c \approx 1$: 平衡時における反応物と生成物の濃度は同程度となる．平衡位置は反応物と生成物のほぼ中間にある．$K_c \gg 1$: ほぼすべてが生成物になるまで反応は進行する．平衡位置はかなり生成物側に寄っている．

次の反応を考えよう．

$$反応物 \rightleftharpoons 生成物$$

K_cが非常に大きい（$K_c \gg 1$）とき，平衡時の反応混合物中には大量の生成物と非常に少量の反応物があるので，“平衡位置は右側にある”という．$K_c \approx 1$のとき，平衡時には反応物と生成物の量は同程度である．$K_c \ll 1$のとき，反応混合物は大量の反応物と非常に少量の生成物を含む．これに対し，“平衡位置が左側にある”という．

平衡定数の利用の一つは，二つ以上の反応の進行度合いを比較することである．しかしながら，このような比較の際には，“比較する釣合いのとれた化学反応式において反応物と生成物の化学量論係数が等しい場合のみに有効である” ことに注意しなければならない．平衡定数の大きさはどれだけ速く系が平衡に達するかについては何も教えてくれない．たとえば，H_2 と O_2 から水ができる反応の K_c は大きいが，H_2 と O_2 の混合物は室温ではほとんど無限の時間安定に存在する．しかし，ひとたび火花で点火されると反応は爆発的な速さで完了まで進行する．

例題 9・7 平衡定数の大きさが意味するもの

経済上の重要性から，ハーバー-ボッシュ反応のような重要な反応の平衡定数においては多くの異なる温度での値が表にまとめられてきた．私たちは，それらの値から平衡混合物の情報を得ることができる．アンモニアの合成反応と分解反応は以下より考察できる．

$$N_2(g) + 3\,H_2(g) \rightleftharpoons 2\,NH_3(g)$$

$$K_c = \frac{[NH_3]^2}{[N_2][H_2]^3} = 5.1 \times 10^{-4}$$

$$2\,NH_3(g) \rightleftharpoons N_2(g) + 3\,H_2(g)$$

$$K_c = \frac{[N_2][H_2]^3}{[NH_3]^2} = 2.0 \times 10^3$$

それぞれの平衡定数を用いて，それぞれの反応の平衡時の N_2，H_2，NH_3 の相対的濃度を定性的に求めよ．

解 答 アンモニアの合成反応における反応混合物中には N_2 と H_2 が NH_3 より多く含まれる．アンモニアの分解反応における反応混合物中には N_2 と H_2 が NH_3 より多く含まれる．

練習問題 9・7 以下の反応のうち反応が完了する方向に進行するものはどれか．

(a) $CH_4(g) + H_2O(g) \rightleftharpoons CH_3OH(g) + H_2(g)$ $K_c = 2.8 \times 10^{-21}$

(b) $2\,NO(g) \rightleftharpoons N_2(g) + O_2(g)$ $K_c = 2.1 \times 10^{30}$

(c) $2\,BrCl \rightleftharpoons Br_2 + Cl_2$ (CCl_4 溶液中で) $K_c = 0.145$

不均一系の平衡定数の式

均一反応（homogeneous reaction）あるいは**均一平衡**（homogeneous equilibrium）では，すべての反応物と生成物が同じ相をなしている．気体状態における平衡は，成分気体が互いに自由に混ざり合った混合物となり，単一の気相しか存在しないので均一である．反応物と生成物が同じ液相に溶けている平衡も多くある．

反応混合物中に二つ以上の相が存在するとき，**不均一反応**（heterogeneous reaction）とよばれる．ありふれた例は，木などの固体燃料が気体酸素と反応する燃焼反応である．他の例として，炭酸水素ナトリウム（重曹）を火の中に入れたときに起こる熱分解がある．

$$2\,NaHCO_3(s) \longrightarrow Na_2CO_3(s) + H_2O(g) + CO_2(g)$$

この炭酸水素ナトリウムの反応は燃える油の消火に便利なので安全に気を遣うコックは炭酸水素ナトリウムの入った箱を手近に置いておく．火は熱分解の生成物により抑えられる．

不均一反応も均一反応と同じように平衡に達する．CO_2 と H_2O が逃げないよう密閉された容器内に $NaHCO_3$ があると，気体と固体は**不均一平衡**（heterogeneous equilibrium）に達する．

$$2\,NaHCO_3(s) \rightleftharpoons Na_2CO_3(s) + H_2O(g) + CO_2(g)$$

どのような不均一平衡においても，平衡定数を書くとき，“純粋な固体と純粋な液体の濃度を平衡定数に含めない．” それゆえ，平衡定数は次のようになる．

$$K_c = [H_2O(g)][CO_2(g)]$$

下は逆反応とその平衡定数である．

$$Na_2CO_3(s) + H_2O(g) + CO_2(g) \rightleftharpoons 2\,NaHCO_3(s)$$

$$K_c = \frac{1}{[H_2O(g)][CO_2(g)]}$$

純粋な固体と純粋な液体を平衡定数に含めない理由は，それらの濃度が与えられた温度において不変であるからである．“ある与えられた温度においてどんな純粋な液体や純粋な固体においても，物質の体積に対する量の比は一定である．” この比はそれらがどれだけ多く存在するかには依存しないので，反応中のそれらの濃度は変わらない（図 9・5）．したがって，以下の反応の化学平衡の式に $NaHCO_3(s)$ も $Na_2CO_3(s)$ も現れない．

$$2\,NaHCO_3(s) \rightleftharpoons Na_2CO_3(s) + H_2O(g) + CO_2(g)$$

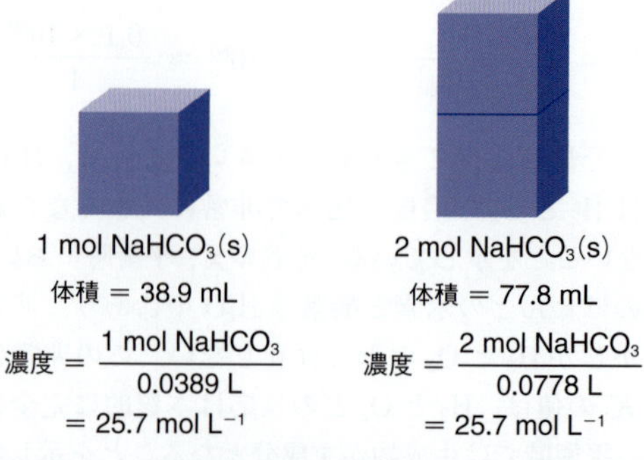

図 9・5 固体状態の物質の濃度は一定である．量が2倍になると体積も2倍となる．しかし体積に対する量の割合は変わらない．

平衡に到達するには，いくらかの $NaHCO_3(s)$ と $Na_2CO_3(s)$ が反応混合物中に存在しなければならないことを認識しておくことは重要である．どのような平衡においても，系が平衡に達するには，反応が始まった後のすべての時刻において，釣合いのとれた化学反応式中のすべての反応物と生成物の存在が必要である．

例題 9・8 不均一反応の平衡定数

N_2 は約 −196 ℃, H_2 は約 −253 ℃ という非常に低い温度でしか液化しないが，NH_3 は約 −33 ℃ で液化する．これは工業プラントではたやすく行うことができる．もしアンモニア合成反応を冷却すると，NH_3 は純粋な液体として生成し，その化学反応式は次のようになる．

$$N_2(g) + 3\,H_2(g) \rightleftharpoons 2\,NH_3(l)$$

この反応の平衡定数 K_c の式を書け．

解 答

$$K_c = \frac{1}{[N_2][H_2]^3}$$

練習問題 9・8 以下の不均一反応の平衡定数 K_c の式を書け．

(a) $NH_3(g) + HCl(g) \rightleftharpoons NH_4Cl(s)$

(b) $Ag_2CrO_4(s) \rightleftharpoons 2\,Ag^+(aq) + CrO_4{}^{2-}(aq)$

(c) $CaCO_3(s) + H_2O(l) + CO_2(aq) \rightleftharpoons Ca^{2+}(aq) + 2\,HCO_3{}^-(aq)$

9・3 平衡とギブズエネルギー

第8章でギブズエネルギーについて説明したが，この節では，ギブズエネルギーと化学平衡との関係について詳しく説明する．

$\Delta_r G^\circ$ と K の関係

第8章で，標準状態におけるある化学反応や物理変化が自発的に起こるかどうかを予測するのに，どのようにギブズエネルギー変化 $\Delta_r G^\circ$ を使うかについて学んだ．そして，この章では，平衡状態における生成物と反応物を知るのに，平衡定数 K をどのように使うかについて学んだ．これら二つは関連している．

$$\Delta_r G = \Delta_r G^\circ + RT \ln Q$$
$$\Delta_r G^\circ = -RT \ln K$$

上の式は化学に限ることなく，熱力学において最も重要な方程式の一つである．この式により，表にまとめられたある反応の $\Delta_r G^\circ$ の値から，その反応の平衡定数を計算することができる．また，逆に，測定された平衡定数の値から反応の $\Delta_r G^\circ$ を求めることができる．K が K_p で書かれたときは気体が関与する反応，K_c で書かれたときは溶液の反応である．

この方程式より，もし反応の $\Delta_r G^\circ$ が負でその絶対値が大きいとき $\ln K$（あるいは $\log_e K$，第3章を見よ）は大きな正の値となる．すなわち，K は大きく，平衡は生成物側に寄っている．同様に，$\Delta_r G^\circ$ が大きい正の値のとき，$\ln K$ は負の値となり，K は小さく，平衡は反応物側に寄っている．

例題 9・9 平衡定数 1

茶色に曇る大気汚染は茶色の気体である二酸化窒素 NO_2 に起因する．酸化窒素 NO が自動車エンジンの中で生成し，その一部が大気中に漏れ，酸素で酸化されて NO_2 となる．

$$2\,NO(g) + O_2(g) \rightleftharpoons 2\,NO_2(g)$$

この反応の K_p は 25 ℃ で 1.7×10^{12} である．この温度におけるこの反応の $\Delta_r G^\circ$ を求めよ．

解 答 $\Delta_r G^\circ = -7.0 \times 10^1\ \mathrm{kJ\ mol^{-1}}$

例題 9・10 平衡定数 2

自動車に備え付けられている触媒は，大気中に放出される NO_2 の量を大幅に低減する．NO_2 は次の反応により分解される．

$$2\,NO_2(g) \rightleftharpoons 2\,NO(g) + O_2(g)$$

例題 9・9 中の K_p の値を使い，NO_2 の分解反応の 25 ℃ における平衡定数と $\Delta_r G^\circ$ を求めよ．

解 答 $K_p = 5.9 \times 10^{-13}$，$\Delta_r G^\circ = +7.0 \times 10^1\ \mathrm{kJ\ mol^{-1}}$

練習問題 9・9 化学反応 $N_2(g) + 3\,H_2(g) \rightleftharpoons 2\,NH_3(g)$ の 25.0 ℃ における K_p は 6.9×10^5 である．この反応の $\Delta_r G^\circ$ を求めよ．

9・4 平衡にある系の変化に対する応答

反応混合物の組成は，平衡状態に至るまで，ギブズエネルギーを下げる方向に変化することを学んだ．つぎに，系に影響を与える変化が加えられたとき，平衡状態にある系がどのようにふるまうか考えてみよう．そのような変化は，系の温度，体積，圧力，成分の増減や触媒の追加である．このような知見は，望みの生産物を最大限得るために反応を最適化するのに利用でき重要である．

ルシャトリエの原理

平衡状態にある系へ変化を与えたときの効果を詳細に研究した先駆者の一人がフランスの化学者ルシャトリエ（Henri Le Châtelier, 1850～1936）である．彼が提唱した原理は後に**ルシャトリエの原理**（Le Châtelier's principle）として知られることになる．この原理は，"外部からの影響が平衡を乱すと，系はその影響を抑える方向に変化し，可能ならば平衡に戻る"，というものである．これは次のように理解される．もし，平衡状態にある系にある成分が加えられると，平衡位置はその加えられた成分を消費する方向に移動する．ルシャトリエの原理は多くの平衡反応において予測を行う手法として有用である．たとえば，次の平衡を考えてみよう．

$$2\,NO_2(g) \rightleftharpoons N_2O_4(g)$$

これは標準状態において正方向には発熱反応である．ルシャトリエの原理によれば，$NO_2(g)$ を加えると，加えられた $NO_2(g)$ を消費する右方向に平衡位置が移動するので，平衡時の反応混合物はより多くの $N_2O_4(g)$ を含むようになる．同様の理由で，$N_2O_4(g)$ を加えると，平衡時の反応混合物はより多くの $NO_2(g)$ を含む．もし，反応容器の体積を拡張すると，それは圧力を下げることになる．この影響に抗するために，ルシャトリエの原理により，平衡位置は左に移動してより多くの $NO_2(g)$ を発生させ，容器内の気体の量を増やすことで圧力の減少を最小に抑えようとする．最後に，この反応は発熱的であるので，熱を外に放出する．それを，反応の生成物の一つととらえると，次の反応式が書ける．

$$2\,NO_2(g) \rightleftharpoons N_2O_4(g) + 熱$$

もし平衡状態の系の温度を上昇させると，加えた熱を消費する左方向に平衡位置が移動して，より多くの $NO_2(g)$ が生成する．

しかし，ルシャトリエの原理は正しく適用しないと，それによる予測は正しいものとはいえなくなる．実際，平衡状態にある系への反応物や生成物の添加は必ず平衡位置を移動させるとは限らない．たとえば，過剰の $AgCl(s)$ が共存する飽和 AgCl 水溶液に $AgCl(s)$ を加えても，溶液中の $[Ag^+(aq)]$ と $[Cl^-(aq)]$ の増加にはつながらない．ルシャトリエの原理では，平衡への影響に対してなぜ平衡位置が移動したりしなかったりするのかを説明していない．ここで，ある化学反応の平衡定数 K と反応商 Q の値を比較することで平衡への影響を考えてみよう．平衡状態，すなわち $Q=K$ にある系から始める．次に，系に影響を与え，それがどのように Q の値を変え，そして，どのように系が Q を変えて再び K と等しくなるかを考える．この方法を用いていくつかの例を考えてみよう．

生成物や反応物の添加や除去

生成物や反応物の瞬時の添加や除去は反応混合物中の成分の濃度を変える．ここで生成物や反応物は純粋な固体や液体ではないとする．このようなことが起こると Q の値が変わり $Q \neq K$ となり，もはや系は平衡状態ではなくなる．このことを次の Cu(II)錯体の平衡で説明してみよう．

$$\underset{\text{青 色}}{[Cu(OH_2)_4]^{2+}(aq)} + 4\,Cl^-(aq) \rightleftharpoons \underset{\text{黄 色}}{[CuCl_4]^{2-}(aq)} + 4\,H_2O(l)$$

$[Cu(OH_2)_4]^{2+}$ は青色，$[CuCl_4]^{2-}$ は黄色であるので，これら二つの混合物は図 9・6 に示すように中間の色である青緑色を呈する．

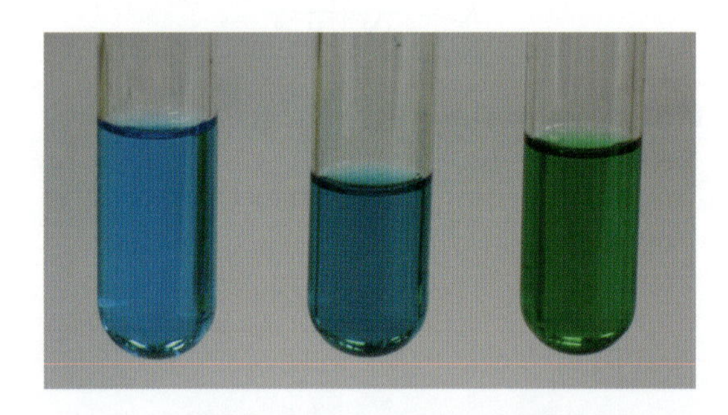

図 9・6　濃度の変化が平衡にもたらす影響．中央の溶液は青色の $[Cu(OH_2)_4]^{2+}$ と黄色の $[CuCl_4]^{2-}$ を含むので青緑色である．右側の試験管は同じ混合物に濃塩酸を加えた後のものである．平衡が $[CuCl_4]^{2-}$ の側に移動したので，その色はかなり緑色に近いものとなっている．左側の試験管は，もとの混合物から Cl^- を不溶性の AgCl として沈殿させ，それを沪別した後の溶液を含む．その色は，平衡が $[Cu(OH_2)_4]^{2+}$ 側に移動したので青色である．

この平衡状態にある溶液に，少量の濃塩酸を加えて塩化物イオン濃度を増加させると何が起こるであろうか．それに答えるには，反応商 Q の式を書いて考えることが必要である．不均一系について説明した節（p.164）から以下の事柄を思い出してみよう．純粋な液体 H_2O は Q の式には現れないので，Q は次のように書くことができる．

$$Q = \frac{[CuCl_4{}^{2-}]}{[Cu(OH_2)_4{}^{2+}][Cl^-]^4}$$

Q の式中に現れた反応物と生成物だけが平衡位置に影響を与えることができる．HCl 溶液を添加すると即座に，溶液中の$[Cl^-]$が増加することがわかる．$[Cl^-]$はQの式の分母にあるのでQの値は減少する．溶液はもはや平衡状態にはなく，$Q<K$である．明らかに，平衡を取り戻すために反応物と生成物の濃度を変えてQを増大させて，再びQとKを等しくする必要がある．（Kは一定温度では定数であることを思い出してみる．よって，Qの方を変化させなければならない．）Qの式から，Qの値を増加させるには二つの方法があることがわかる．一つは，分子の$[CuCl_4]^{2-}$を大きくする方法，もう一つは分母の$[Cu(OH_2)_4]^{2+}$と$[Cl^-]$を減らす方法である．実際のところ，これら二つは平衡位置を生成物側に移動させるので同じことである．濃塩酸溶液を加えた後に再度平衡状態に達した溶液では黄色の$[CuCl_4]^{2-}$が増え，青色の$[Cu(OH_2)_4]^{2+}$が減り，結果として，溶液は図9・6の右側の色を呈する．

同じ考察が，系から反応物を除去する影響に対する予測にも使うことができる．平衡状態にある系にAg^+を添加すると，Ag^+はCl^-と反応して不溶の$AgCl(s)$を生成し，混合物中から効果的にCl^-を除去できる．Qの式を見ると，$[Cl^-]$の減少は分母を小さくし，Qの値を増大させることがわかる．したがって，系は平衡状態にはなく，QはKよりも大きい．それゆえ，反応物と生成物の濃度は，再びQとKが等しくなるようにQの値を減少させるように変化しなければならない．それは，分子すなわち$[CuCl_4]^{2-}$の減少，あるいは分母すなわち$[Cu(OH_2)_4]^{2+}$と$[Cl^-]$の増大で達成される．図9・6は，Cl^-を不溶の$AgCl$として沪別して除去した結果，$[Cu(OH_2)_4]^{2+}$が増加してより青くなった溶液の色を示している．

上で記した扱いは定性的なものであるが，“実際にKとQの値を知ることなしに”どちらに平衡が移動するかを予測できることを示している．

すでに示した重要な例（p.166）は，難溶性の塩が構成するイオンの水和イオンと溶液中で平衡にある状態である．たとえば，固体の$AgCl$が存在する塩化銀$AgCl$の飽和溶液を考えてみよう．その平衡の釣合いのとれた化学反応式と反応商Qは次のようになる．

$$AgCl(s) \rightleftharpoons Ag^+(aq) + Cl^-(aq)$$
$$Q = [Ag^+][Cl^-]$$

純粋な固体と純粋な液体はKの式にもQの式にも現れないことに注意せよ．この平衡状態に固体の$AgCl$を加える効果は何であろうか．$AgCl(s)$はQの式にはないので，$AgCl(s)$の添加は平衡位置に影響しない．もし$AgCl(s)$を加え固体の量が増えても，今ある以上にAg^+やCl^-が溶液中に溶け出すことはない．このような場合では，ルシャトリエの原理より誤った予測がされうる（この場合は，ルシャトリエの原理より$[Ag^+]$と$[Cl^-]$の増加が予測される）．反応物と生成物の添加や除去の効果を考察するにはQとKの比較によるのが好ましい．

コラム 9・1 配位結合と金属錯体

アンモニア分子NH_3中のN原子は，2s, 2p軌道からなる四つのsp^3混成軌道をつくる．三つのsp^3混成軌道には不対電子があり，H原子の1s軌道の不対電子とそれぞれ共有結合を形成している．残りのsp^3混成軌道には1組の非共有電子対があり，NH_3はオクテット則を満たしている．これにH^+を反応させると，図に示すようにNH_3のN原子上にある非共有電子対をH^+と共有することによりアンモニウムイオンNH_4^+を生じる．こうしてできたN−H結合は，他の三つのN−H結合と等価な共有結合になっている．このように，一方の原子のみから電子対が供与されて生じた共有結合を特に**配位結合**（coordinate bond）とよぶ．

$$H^+ \rightarrow :NH_3 \longrightarrow NH_4^+$$

（H⁺→:N(H)(H)−H ⟶ H−N⁺(H)(H)−H）

金属イオンは非共有電子対を受け入れることのできる軌道をもつため，非共有電子対をもつH_2O, CO, CN^-, Cl^-, NH_3などと配位結合を形成する．このようにして形成された化合物を**金属錯体**（metal complex）という．金属イオンに配位結合している原子または分子やイオンを**配位子**（ligand）という．一つの配位子が複数の部位で金属イオンに配位結合すると，金属イオンを含む環状構造を形成するが，これを**キレート**（chelate）という．これは，金属イオンと配位子による結合のありさまを形容して，カニなどのハサミを意味するギリシャ語の“*chela*”に由来した言葉である．配位子は配位する部位の数によって，単座配位子，2座配位子などとよばれている．

第5章で学んだように，d軌道には5種類の軌道があり，金属イオンと配位子を結ぶ軸上に大きな電子密度のある$d_{x^2-y^2}$およびd_{z^2}軌道と，その軸からそれた中間の領域に大きな電子密度のあるd_{xy}, d_{yz}およびd_{zx}軌道に分類され，それらのエネルギー準位に違いが生じる．遷移金属イオンにおいて，このエネルギー差は可視領域のエネルギーに相当することから，一般に遷移金属錯体は有色である．

この種の問題については第10章でより多く扱うこととする．

例題 9・11 生成物の除去の効果

アンモニアの収率を上げる最も安価な方法の一つは，アンモニアが生成したら，すぐにそれを除去することである．次に示すアンモニアの合成反応において，平衡の状態からNH_3を除去すると平衡位置はどのように変化するか．

$$N_2(g) + 3\,H_2(g) \rightleftharpoons 2\,NH_3(g)$$

解 答 平衡位置は右側，すなわち生成物側に移動する．

気体の反応における圧力の変化

平衡状態にある気体混合物の全圧を変化させるには二つの方法がある．

- 系の体積を変える
- 化学的に不活性な気体を加える．

系の体積を変える 平衡時の気体混合物の体積を変えると反応物と生成物の濃度と分圧が変わるのでQも変わる．体積を増加させるとすべての気体の分圧が下がり，全圧も下がる．一方，体積を減少させると逆の効果が生じる．平衡状態にある系への反応容器の体積増加の効果を窒素と水素からアンモニアが生成する反応で考えてみよう．

$$N_2(g) + 3\,H_2(g) \rightleftharpoons 2\,NH_3(g)$$

釣合いのとれた化学反応式より，4 molの反応物（1 molのN_2と3 molのH_2）が反応して2 molの生成物を与える．正方向の反応は気体の物質量を減らす．逆方向の反応は気体の物質量を増やす．もし反応容器が大きくなれば，気体の物質量をより多く増やし反応容器を満たすために反応は反応物側に進むであろう．混合物中には少量のNH_3と多量のN_2とH_2が存在すると思われる．もし，反応容器を小さくすれば，気体の物質量を減らすために反応は生成物側に進むであろう．混合物中には多量のNH_3と少量のN_2とH_2が存在すると思われる．

この結果は反応商Qを使って理解できる．この化学反応式より反応商は以下のようになる．

$$Q_c = \frac{[NH_3]^2}{[N_2][H_2]^3}$$

$c=n/V$であることを思い出すと，これは以下のように書き換えることができる．

$$Q_c = \frac{\dfrac{(n_{NH_3})^2}{V^2}}{\dfrac{n_{N_2}}{V} \times \dfrac{(n_{H_2})^3}{V^3}} = \frac{(n_{NH_3})^2}{n_{N_2}(n_{H_2})^3} \times V^2$$

この式は多少複雑に見えるが，重要なのは“Q_cがV^2に比例している点”である．言い換えれば，Vを増大させればQも増大する．先ほどの予想と同じ理由で，反応容器の体積Vを増大させるとQが増大して，$Q > K$となる．したがって，系はQを小さくするように変化する．それは反応商Qの分子であるn_{NH_3}を小さくするか，分母のn_{N_2}とn_{H_2}を大きくすることである．これにより反応混合物中の成分はNH_3が減少し，N_2とH_2が増加する．生成物よりも反応物の分子数が多い気体反応において，反応容器の体積の増大は常に反応混合物中の反応物が増加する方向に変化させる．

次の平衡を考えてみよう．

$$H_2(g) + I_2(g) \rightleftharpoons 2\,HI(g)$$

ここでは釣合いのとれた化学反応式より2 molの反応物（1 molのH_2と1 molのI_2）が反応して2 molの生成物を得る．気体の物質量には変化がない．反応容器の体積を変えたとしても，反応の正方向および逆方向への進行により何の変化ももたらされず，平衡位置は変化しない．

この場合についても同様に扱う．

$$Q_c = \frac{[HI]^2}{[H_2][I_2]} = \frac{\dfrac{(n_{HI_2})^2}{V^2}}{\dfrac{n_{H_2}}{V} \times \dfrac{n_{I_2}}{V^3}} = \frac{(n_{HI})^2}{n_{H_2}\,n_{I_2}}$$

この場合はQ_cはVに依存しない．よって，反応混合物の体積の増減は平衡位置に何の影響も与えない．これは，化学反応式の両辺で気体の量が同じ気体反応においては常に成立する．

最後の例はすでに学んだ反応である．

$$N_2O_4(g) \rightleftharpoons 2\,NO_2(g)$$

ここでは，釣合いのとれた化学反応式より1 molの反応物が2 molの生成物を与える．正反応では気体の物質量が増え，逆反応では減る．もし反応容器の体積を増やすと，平衡は反応容器を満たすためより多くの生成物をつくり，最終の混合物は多くのNO_2と少量のN_2O_4を含むであろう．体積を減少させると，気体の物質量を減らすために平衡は反応物側に移動する．そこには，多量のN_2O_4と少量のNO_2が存在するであろう．

再びこの結果を確かめるために Q を用いる.

$$Q_c = \frac{[NO_2]^2}{[N_2O_4]} = \frac{\dfrac{(n_{NO_2})^2}{V^2}}{\dfrac{n_{N_2O_4}}{V}} = \frac{(n_{NO_2})^2}{n_{N_2O_4}} \times \frac{1}{V}$$

ここでは,Q が V の逆数に比例することがわかる.すなわち,体積が増大すると Q_c が減少し $Q < K$ となる.平衡に戻るために系は Q を増大させる.それは反応商の分子 n_{NO_2} を増大させる,あるいは分母 $n_{N_2O_4}$ を減少させることである.その両方が平衡を生成物側に移動させ反応混合物の体積を増大させる.生成物の分子数が反応物よりも多い気体反応における反応混合物の体積の増大は常に平衡の生成物側への移動をもたらすであろう.

まとめとして,Q_c は $V^{-\Delta n_g}$ に比例することを学んできた.ここで Δn_g は,p.161 にある定義で示される気体生成物側の物質量から気体反応物の物質量を差し引いたものである.この比例関係を知っていれば,どのような平衡状態にある系においても反応容器の体積の変化の影響を知ることができる.

一定体積下における不活性気体の添加　平衡状態にある気体混合物への不活性気体(反応しない気体)の添加は系の全圧を増加させる.しかし,それは平衡位置を変えない.これを確かめるために,N_2O_4 と NO_2 の平衡混合物に不活性なヘリウムガスを加えることを考えてみよう.ヘリウムは反応物とも生成物とも反応しないので,ヘリウム存在下でも Q_c と Q_p の式に変化はない.Q_c や Q_p の式中に [He] や p_{He} という項はなく,ヘリウムの添加は Q の値を変えることができないので,ヘリウムの添加は平衡位置に何の変化も与えることはできない.これは不活性気体の添加で反応混合物の全圧が変化するすべての場合で成立することである.

例題 9・12 気体反応における体積の影響

農業用の大量のアンモニアを生産するため,大型の化学工場が建てられてきた.そのような工場を運転するのには,高圧あるいは低圧のどちらの条件がよいだろうか.次のアンモニアの合成反応および分解反応より,反応容器の体積の減少の影響を予測せよ.

$$N_2(g) + 3\,H_2(g) \rightleftharpoons 2\,NH_3(g)$$
$$2\,NH_3(g) \rightleftharpoons N_2(g) + 3\,H_2(g)$$

解 答　高圧の方がアンモニア生成の収率が高いと予測できる.

生成物や反応物の添加,除去あるいは体積を変えることにより圧力を変化させた場合,反応の予測にルシャトリエの原理を使用することができる.そして,反応の方向を確認するには反応商 Q を用いることができる.Q が K と等しくなるまで反応物と生成物の量が変化して平衡に戻ることを覚えておくことは重要である.それぞれの反応の K は一定の温度においては一定の値をとり,不変である.しかし,温度が変わると K の値も変わる.

反応混合物の温度を変える

上で概略を述べたように,温度が平衡定数に影響する仕方は反応での熱変化を考えることによって理解できる.N_2 と H_2 から NH_3 が生成するような発熱反応では熱が発生する.その熱は生成物の一つと考えることができる.

$$N_2(g) + 3\,H_2(g) \rightleftharpoons 2\,NH_3(g) + \text{熱}$$

反応が平衡状態にあり,温度が上がると,その温度を下げるように平衡は移動する.正方向の反応は熱を生じるので平衡は反応物側に移動し,NH_3 の量は減少し,N_2 と H_2 の量は増加する.もし温度を下げると,平衡は熱を生成する方向に移動する.平衡は生成物側に移動して NH_3 の量は増加する.

以前(p.166〜167)に説明した Cu(II)錯体が関与する反応は吸熱反応であるので熱は反応物の一つと考えることができる.

$$\underset{\text{青色}}{[Cu(OH_2)_4]^{2+}(aq)} + 4\,Cl^-(aq) + \text{熱} \rightleftharpoons \underset{\text{黄色}}{[CuCl_4]^{2-}(aq)} + 4\,H_2O(l)$$

図 9・7　$[Cu(OH_2)_4]^{2+} + 4\,Cl^- \rightleftharpoons [CuCl_4]^{2-} + 4\,H_2O$ の平衡に対する温度の効果.中央の試験管は二つの錯体の平衡混合物を含んでいる.この溶液を氷冷すると平衡は青色の $[Cu(OH_2)_4]^{2+}$ 側に移動する(左側の試験管).沸騰水で加温すると,平衡は黄色の $[CuCl_4]^{2-}$ 側に移動する(右側の試験管).この挙動は反応の正方向は吸熱反応であることを示している.

温度変化の効果が図9・7に示されている．反応混合物の冷却は平衡定数を減少させ反応物側に平衡を移動させる．溶液の加熱は平衡定数を増大させ生成物を増やす．

平衡位置に対する温度の効果は以下のように一般的にまとめられる．

- 吸熱反応（$\Delta_r H$ が正）では，温度の上昇は平衡定数を増大させるため，生成物の生成に好ましい．
- 発熱反応（$\Delta_r H$ が負）では，温度の上昇は平衡定数を減少させるため，生成物の生成には好ましくない．

触媒の効果

触媒はそれ自体は消費されることなく化学反応の速度を上げる効果をもつ物質である．触媒の添加は系の化学平衡への到達を早くするが，平衡位置には影響を与えない．それは，触媒は釣合いのとれた化学反応式に現れず，したがって反応商 Q の式にも現れないからである．

例題 9・13　平衡の移動の予測

反応 $N_2O_4(g) \rightleftharpoons 2\,NO_2(g)$ は $\Delta_r H^\circ = +56.9\ \mathrm{kJ\ mol^{-1}}$ の吸熱反応である．$N_2O_4(g)$ と $NO_2(g)$ の平衡混合物に次の操作を行うと，混合物中の NO_2 の量はどのような影響を受けるか．また，どの操作が K_c の値を変えるか．

(a) N_2O_4 を添加する．(b) 反応容器の体積を拡張して圧力を下げる．(c)温度を上げる．(d)触媒を添加する．

解 答　(a) $NO_2(g)$ の量が増加する．(b) $NO_2(g)$ の量が増加する．(c) $NO_2(g)$ の量が増加する．(d) $NO_2(g)$ の量は不変．K_c の値を変えるのは (c) である．

練習問題 9・10　平衡 $PCl_3(g) + Cl_2(g) \rightleftharpoons PCl_5(g)$ を考える．この $\Delta_r H^\circ$ は $-88\ \mathrm{kJ\ mol^{-1}}$ である．次の操作により，平衡における Cl_2 の量はどのような影響を受けるか．また，それぞれの操作はこの反応の K_p にどのような影響を与えるか．

(a) PCl_3 を添加する．(b) PCl_5 を添加する．(c) 温度を上げる．(d) 反応容器の体積を小さくする．

コラム 9・2　大気汚染と化学平衡

自動車は深刻な大気汚染の原因の一つである．自動車のエンジンが稼働すると，一酸化炭素 CO，二酸化炭素 CO_2 や多くの窒素酸化物など潜在的に有害な気体が排気ガスとしてエンジンから放出される．

空気が自動車のエンジンに導入された時点でエンジン中に存在する気体は N_2 と O_2 である．ガソリンの燃焼の間に O_2 は燃料中の炭化水素と反応し完全燃焼により CO_2，不完全燃焼により CO，および H_2O が生成する．しかし，上昇した温度のもとでは N_2 も O_2 と反応して次式のように一酸化窒素 NO が生成する．

$$N_2(g) + O_2(g) \rightleftharpoons 2\,NO(g)$$

一酸化窒素は生物学的に重要な分子であるが（体内のシグナル伝達に関与する），大気中の酸素と素早く反応して茶色で有毒な二酸化窒素 NO_2 となる．N_2 と O_2 から NO が生成する反応の室温での K_c は 4.8×10^{-31} である．この非常に小さな値は NO の平衡濃度が非常に低いことを示している．したがって，通常の大気中では O_2 と N_2 の反応を検知することはできない．

N_2 と O_2 から NO が生じる反応は吸熱的である．ルシャトリエの原理は，燃焼中のエンジンのシリンダー内などの高温の状態では，この反応の平衡は右側に移動し，いくらかの NO が生成することを示唆する．困ったことに，排気ガスがエンジンから外に出ると急激に冷やされるので，NO が N_2 と O_2 に分解する反応の速度はきわめて遅くなる．ひとたび，NO が大気に出ると，NO は O_2 と反応して NO_2 となる．NO_2 は深刻な大気汚染に関係する茶色のかすみの原因である．

大気中に放出される窒素酸化物の量を最小限に抑えるために，これまで多くの工夫がなされてきた．たとえば，現代のほとんどすべての自動車には触媒式排出ガス浄化装置が取り付けられている．このような装置は窒素酸化物を N_2 と O_2 に分解する反応の触媒を使用している．しかし，その触媒は白金，パラジウム，ロジウムなどの貴金属よりできているので高価である．そのため，同じ目標を達成する他の方法が研究されつつある．

大気中の NO_2 の量を減らす他の方法は自動車エンジンの中でできる NO の量を減らすことである．NO が生成する方向への進行は温度の上昇とともに増大するので，単に燃焼反応を低い温度で行うことで NO の生成量を減らすことができる．それはエンジンの圧縮比を下げることで達成できる．圧縮比とはピストンが底にあるときのシリンダーの体積とピストンが空気–燃料混合物を圧縮した後の体積の比である．高い圧縮比だと，空気–燃料混合物は点火前に高温にまで熱せられる．燃焼後の気体は高温で，NO の生成に好ましい．圧縮比を下げると最高燃焼温度が下がり，NO の生成を低減できる．しかし，残念なことに，圧縮比を下げるとエンジンの効率も下がり，燃料の経済性も下がる．

試みられてきた NO の放出を抑制する他の方法は空気–燃料混合物に水を混ぜることである．燃焼による熱のいくらかが水蒸気に吸収されるので，排気ガス混合物は他の場合ほどは高温にはならない．この低温化で排気ガス中の NO 濃度はかなり低減される．

9・5 平衡の計算

平衡定数の大きさは平衡時における反応混合物の組成に関する情報を与える．

気体反応の平衡の計算には K_p も K_c も用いることができるが，溶液反応では K_c を使わなければならない．しかし，濃度を扱うにせよ分圧を扱うにせよ，基本原理は同じである．

平衡の計算は大きく次の二つに分けられる．

1. 既知の平衡時の濃度あるいは分圧から平衡定数を計算する．
2. 反応物と生成物の初期濃度が与えられ，既知の K_c あるいは K_p の値を使って，平衡時の濃度あるいは分圧を計算する．

平衡濃度を使った K_c の計算

K_c の値を求める一つの方法は，平衡に達した後の反応物と生成物の濃度を測定し，それらを平衡定数の式に入れて K_c を計算することである．その一例を例題 9・2 で見てきた．他の例として，N_2O_4 の分解を再び考えてみよう．

$$N_2O_4(g) \rightleftharpoons 2\,NO_2(g)$$

§9・2 では，25 ℃ において 1 L のフラスコに 0.0350 mol の N_2O_4 を入れた場合，平衡時の N_2O_4 と NO_2 の濃度は以下のようになった．

$$[N_2O_4] = 0.0292\ \text{mol L}^{-1}$$
$$[NO_2] = 0.0116\ \text{mol L}^{-1}$$

この反応の K_c を計算するには，平衡時の濃度を平衡定数の式に代入する．

$$K_c = \frac{[NO_2]^2}{[N_2O_4]} = \frac{0.0116^2}{0.0292}$$

それゆえ，$K_c = 4.61\times10^{-3}$ となる．

この方法では平衡定数の計算は，直接的であるが，しばしば，例題 9・14 に見るように化学量論に基づいたいくつかの操作が必要になることがある．この例では，**濃度表**（concentration table）を導入する．それは平衡の問題を解くのにきわめて有用である．

例題 9・14　平衡濃度を使った K_c の計算

ある温度において，2.00 L のフラスコ中に 0.200 mol の H_2 と 0.200 mol の I_2 を混合して入れた．しばらくして，平衡に達した．

$$H_2(g) + I_2(g) \rightleftharpoons 2\,HI(g)$$

I_2 の紫色を測定したところ，平衡時において I_2 の濃度は 0.020 mol L^{-1} となっていた．この温度における平衡定数 K_c の値を求めよ．

解 答　このような問題を解くには濃度表が有効である．濃度表は，1 行目に釣合いのとれた化学反応式による各化学種の化学量論関係を，2 行目は各化学種の初濃度，3 行目は初濃度からの変化，4 行目は平衡に達したときの濃度を示したものである．この問題に対する濃度表は以下のようになる．

	$H_2(g)$	+	$I_2(g)$	$\rightleftharpoons$	$2\,HI(g)$
初濃度〔mol L^{-1}〕	0.100		0.100		0
濃度変化〔mol L^{-1}〕	−0.080		−0.080		+2×0.080
平衡濃度〔mol L^{-1}〕	0.020		0.020		0.160

赤い数値は問題より与えられた情報である．これと化学量論関係を用いて他（赤い数値以外）の数値を知ることができる．これより算出した平衡濃度を用いて K_c を計算する．

$$K_c = \frac{[HI]^2}{[H_2][I_2]} = \frac{(0.160)^2}{(0.020)(0.020)} = 64$$

練習問題 9・11　次に示す水性ガスの反応は水素の工業的製造に使われる．

$$CO(g) + H_2O(g) \rightleftharpoons CO_2(g) + H_2(g)$$

500 ℃ の平衡時において，各成分は以下の濃度であった．$[CO]=0.180$ mol L^{-1}，$[H_2O]=0.0411$ mol L^{-1}，$[CO_2]=0.150$ mol L^{-1}，$[H_2]=0.200$ mol L^{-1}．この反応の K_c を求めよ．

練習問題 9・12　250 ℃ において，1.00 L の容器内に 0.200 mol の $PCl_3(g)$ と 0.100 mol の $Cl_2(g)$ を入れた．次の平衡に達した後，容器内に 0.120 mol の PCl_3 が含まれていた．

$$PCl_3(g) + Cl_2(g) \rightleftharpoons PCl_5(g)$$

(a) 反応物と生成物の初濃度を求めよ．
(b) 平衡に達するまでに起こった濃度変化を求めよ．
(c) 平衡濃度を求めよ．
(d) この温度における K_c の値を求めよ．

初濃度からの平衡濃度の計算

より複雑な計算では初濃度と K_c を使って平衡濃度を

求める．これらの問題のいくつかはとても複雑で解くのに計算機を必要とするが，単純な例を見ることにより一般的な原理を学ぶことができる．しかし，これらは若干の計算手法を必要とする．その際に濃度表は有用である．

例題 9・15 K_c を用いた平衡濃度の計算 1

水性ガスの反応の K_c は 500 ℃ において 4.06 である．この温度において，1.00 L の反応容器に 0.100 mol の CO と 0.100 mol の $H_2O(g)$ を入れた．系が平衡に達した後の反応物と生成物の濃度を求めよ．

$$CO(g) + H_2O(g) \rightleftharpoons CO_2(g) + H_2(g)$$

解 答 濃度表は以下のようになる．

	$CO(g)$	$+\ H_2O(g)$	$\rightleftharpoons\ CO_2(g)$	$+\ H_2(g)$
初濃度〔mol L^{-1}〕	0.100	0.100	0	0
濃度変化〔mol L^{-1}〕	$-x$	$-x$	$+x$	$+x$
平衡濃度〔mol L^{-1}〕	$0.100-x$	$0.100-x$	x	x

平衡濃度を化学平衡式 K_c に代入して x について解く．

$$K_c = \frac{[CO_2][H_2]}{[CO][H_2O]} = \frac{(x)(x)}{(0.100-x)(0.100-x)} = 4.06$$

$$\frac{x}{0.100 - x} = \sqrt{4.06} = 2.01$$

$$x = 0.0668$$

各成分の平衡濃度は以下のようになる．

$[CO] = 0.100 - x = 0.100 - 0.0668 = 0.033\ \mathrm{mol\ L^{-1}}$

$[H_2O] = 0.100 - x = 0.100 - 0.0668 = 0.033\ \mathrm{mol\ L^{-1}}$

$[CO_2] = x = 0.0668\ \mathrm{mol\ L^{-1}}$

$[H_2] = x = 0.0668\ \mathrm{mol\ L^{-1}}$

練習問題 9・13 アンモニウムイオン $NH_4^+(aq)$ は水と反応して次の化学平衡を示す．

$$NH_4^+(aq) + H_2O(l) \rightleftharpoons NH_3(aq) + H_3O^+(aq)$$

この化学平衡における平衡定数は 25 ℃ で $K_c = 5.5 \times 10^{-10}$ である．塩化アンモニウムの水溶液は，$NH_4^+(aq)$ と $Cl^-(aq)$ を含んでいる．今，0.20 mol L^{-1} と表示されている NH_4Cl 水溶液の瓶の中において，平衡状態にある $NH_3(aq)$, $NH_4^+(aq)$, $H_3O^+(aq)$ の濃度はいくらか．

例題 9・16 K_c を用いた平衡濃度の計算 2

ある温度で，次の反応の K_c は 4.50 である．

$$N_2O_4(g) \rightleftharpoons 2\,NO_2(g)$$

この温度において，2.00 L の容器に 0.300 mol の N_2O_4 を入れた．平衡に達したとき，二つの気体の濃度を求めよ．

解 答 濃度表は以下のようになる．

	$N_2O_4(g)$	$\rightleftharpoons$	$2\,NO_2(g)$
初濃度〔mol L^{-1}〕	0.150		0
濃度変化〔mol L^{-1}〕	$-x$		$+2x$
平衡濃度〔mol L^{-1}〕	$0.150-x$		$2x$

平衡濃度を K_c の式に代入する．

$$K_c = \frac{[NO_2]^2}{[N_2O_4]} = \frac{(2x)^2}{0.150 - x} = \frac{4x^2}{0.150 - x} = 4.50$$

$$[N_2O_4] = 0.150 - x = 0.016\ \mathrm{mol\ L^{-1}}$$

$$[NO_2] = 2x = 0.268\ \mathrm{mol\ L^{-1}}$$

練習問題 9・14 1.00 L の容器に 0.200 mol の H_2 と 0.200 mol の I_2 を入れた．次の反応が平衡になったときの H_2, I_2, HI の濃度を求めよ．

$$H_2(g) + I_2(g) \rightleftharpoons 2\,HI(g)$$

この反応の実験時の温度での K_c は 49.5 である．

平衡の問題は例題 9・16 よりも複雑なものになることがある．しかし，K が非常に大きいか小さいときは，近似解を得るために簡単化の仮定を置くことができる．例題 9・17 はそのような例を示している．

例題 9・17 平衡の計算における簡単化

下に示す水の構成元素への分解反応は，たとえ高温においても非常にわずかしか進まない．この反応の 1000 ℃ における K_c は 7.3×10^{-18} である．

$$2\,H_2O(g) \rightleftharpoons 2\,H_2(g) + O_2(g)$$

水の初濃度を 0.100 mol L^{-1}，温度を 1000 ℃ とする．平衡時の H_2 の濃度を求めよ．

（例題 9・17 つづき）

解 答 濃度表は以下のようになる．

	$2H_2O(g)$ $\rightleftharpoons$	$2H_2(g)$ +	$O_2(g)$
初濃度〔$mol\,L^{-1}$〕	0.100	0	0
濃度変化〔$mol\,L^{-1}$〕	$-2x$	$+2x$	$+x$
平衡濃度〔$mol\,L^{-1}$〕	$0.100-2x$	$2x$	x

平衡濃度を K_c の式に代入する．

$$K_c = \frac{[H_2]^2[O_2]}{[H_2O]^2} = \frac{(2x)^2\ (x)}{(0.100-2x)^2} = \frac{4x^3}{(0.100-2x)^2}$$
$$= 7.3\times10^{-18}$$

ここで，$0.100-2x \approx 0.100$ の簡単化を行う．

$$K_c = \frac{4x^3}{(0.100-2x)^2} \approx \frac{4x^3}{(0.100)^2} = 7.3\times10^{-18}$$

$$[H_2] = 2x = 5.2\times10^{-7}\,mol\,L^{-1}$$

練習問題 9・15 25 ℃，1.013×10^5 Pa の空気中の N_2 濃度は $0.033\,mol\,L^{-1}$，O_2 濃度は $0.008\,10\,mol\,L^{-1}$ である．次の反応の 25 ℃ における K_c は 4.8×10^{-31} である．

$$N_2(g) + O_2(g) \rightleftharpoons 2\,NO(g)$$

N_2 と O_2 の初濃度が上に示した濃度で与えられたとき，25 ℃ における NO の平衡濃度を求めよ．

例題 9・17 で行われた簡単化の仮定は，大きな値から非常に小さな値を差し引いたので有効に働いた．また，x（あるいは $2x$）を非常に大きな値に足し合わせる場合も有効に働く．x が足したり引かれたりするときのみ x を無視できることを思い出してほしい．x が掛け算や割り算に出てくるときは無視できない．

大ざっぱな目安として，足したり引いたりする x が K よりも 400 倍大きいときに，簡単化の仮定が有効である．たとえば，例題 9・17 で $2x$ は 0.100 から引かれた．0.100 は $400\times(7.3\times10^{-18})$ よりもずっと大きいので，$0.100-2x \approx 0.100$ は有効である．しかし，簡単化の仮定が成立すると予想できても，本当に成立するか計算後に常に確かめる必要がある．もし仮定が成り立たないならば，他の計算方法を探さねばならない．

10 溶液と溶解度

10・1 溶液と溶解度

物質が互いに混ざり合うことができるということは化学において大変重要である．それは日常生活でもよく経験する．たとえば，インスタントコーヒーの熱湯への溶解，洗剤の水への添加，テレビン油が付いた絵筆の洗浄は，すべて二つの物質の完全な混ざり合いを必要とする．しかし，どうしても混ざり合わないものもある．第一の例は油と水である（それゆえ，油性塗料が付いた絵筆を洗うのに水は使われない）．多くの化学合成，特に反応後の生成物の精製は，特定の物質が混ざり合わない性質を利用している．溶液の生成に関する原理を理解することは化学の多くの場面において重要である．この章では，溶液が生成する際のエネルギー的な側面と溶液の物理的性質の定量化に焦点を絞って説明する．

溶液（solution）は二つ以上の純物質が均一に混合したものと定義できる（“均一”とは溶液中のどの部分においても完全に同じ組成となっていることを意味する）．溶液中では，成分である原子，分子，イオンが自由に混ざり合うことができる（図10・1）．

図 10・1　左の写真では，ビーカー内のエタノールに入れられたヨウ素 I_2 の紫色の結晶が底の方で溶け始め，赤褐色の溶液になりかけている．右の写真は，ビーカー内が撹拌されたため，ヨウ素分子が下の図で模式的に示されているようにエタノール（溶媒）に溶け，均一の赤褐色の溶液になったところである．この溶液はヨードチンキとよばれ，消毒液としてかつては広く用いられた．○ は溶媒分子（エタノール），● は溶質分子（ヨウ素）

混ざり合ったものとして，液体に気体や液体や固体が溶けた“通常”の溶液を考えることが多いが，それらに加えて，2種以上の気体が均一に混合した気体（たとえば空気），さらには2種以上の固体よりなる固溶体〔たとえば，真ちゅう（ブラス，銅と亜鉛の合金）やハンダ（スズと鉛の合金）などの合金類〕もある．溶液の場合，液体を**溶媒**（solvent），溶け込んでいる物質を**溶質**（solute）とよぶ．溶質の量は溶媒の量よりも少ない．溶質が，ある特定の温度である溶媒に完全に溶けるとき，その溶

図 10・2　飽和溶液．飽和溶液では，溶けていない溶質と溶けた溶質との間に動的平衡が存在する．

質は**溶解性**（soluble）であるといわれる．溶媒に対する溶質の**溶解度**（solubility）は，ある特定された温度 T と圧力 p において一定量の溶媒に完全に溶ける溶質の最大量と定義される．**飽和溶液**（saturated solution）は，これ以上溶質が溶けることができない状態の溶液である．

図10・2はよく見かける飽和溶液の例である．それは，溶けた溶質と過剰の固体溶質とが平衡を保っている溶液である．

溶質が溶媒に溶けて均質な溶液になる過程を**溶解**（dissolution）とよぶ．以降では，溶質の溶媒への溶解について説明する．

10・2 溶液の化学量論

溶液は反応物どうしの混合を促し，反応を促進させるので，化学反応の多くは溶液中で行われる．液体の水は最もありふれた典型的な溶媒である．しかし，溶媒は実際には固体，液体，気体のどの物理状態にもなりうる．本書では特にことわらない限り，取扱う溶液は水溶液とするため，液体の水が溶媒である．

溶液の濃度

溶液の組成は濃度を使って表される．**濃度**（concentration）は，ある一定体積の溶液に溶けている溶質の量として定義される．ある物質Xの濃度はしばしば［X］と表される．量が物質量 n，体積 V がリットルで与えられたとき，濃度はモル濃度とよばれ，mol L^{-1} の単位をもつ．濃度（c）は次式で定義される．

$$c = \frac{n}{V}$$

どのような化学量論の問題を解くにも，たった二つの方程式があればよい．それらは，第4章で導入した $M = m/n$ と $c = n/V$ である．これらは覚えておく必要があるが，濃度の単位 mol L^{-1}，すなわち物質量を体積で割ったもの，を考えればたやすく思い出すことができる．

0.100 molのNaClを含む1.00 Lの溶液は0.100 mol L^{-1} のモル濃度である．0.0100 mol の NaCl を含む 0.100 L の溶液は同じ濃度をもつ．なぜなら，溶液の体積に対する溶質の量の割合は同じだからである．

$$\frac{0.100\ \text{mol}}{1.00\ \text{L}} = \frac{0.0100\ \text{mol}}{0.100\ \text{L}} = 0.100\ \text{mol L}^{-1}$$

目的量の物質を得る際に，前もって調製された溶液の体積を単に測りとるだけですむので濃度は便利である．実験室において溶液の体積を測りとるのは容易に素早くできる．たとえば，0.100 mol L^{-1} の NaCl 溶液があり，0.100 mol の NaCl が反応で必要だとする．その場合，単に 1.00 L の溶液を測りとればよい．なぜなら，その体積中に 0.100 mol の NaCl が含まれているからである．

溶液をつくるときに，1 L の溶液を使う必要はない．濃度は溶液の体積に対する溶質の量の割合であり，溶液の全体積ではない．たとえば，0.0200 mol のクロム酸ナトリウム Na_2CrO_4 を溶媒に溶かし，最終の体積が 0.250 L としたとしよう．この溶液の濃度は次のようになる．

$$c = \frac{n}{V} = \frac{0.0200\ \text{mol}}{0.250\ \text{L}} = 0.0800\ \text{mol L}^{-1}$$

このような溶液は，細く長い首のついたメスフラスコで精確に調製される．その首には既定の体積を示す印が付けられている．その印まで液で満たされると，既定の容積の液がメスフラスコに入ったことになる．図10・3は，どのようにして 250 mL のメスフラスコを使ってある濃

図 10・3 ある濃度の溶液の調製．(a) 250 mL のメスフラスコ．溶液の調製に用いられるメスフラスコにはさまざまな体積のものがあるが，これはその一つである．この首に付けられた印まで満たすと，メスフラスコ内の溶液は精確に 250 mL となる．メスフラスコ内には，すでに秤量された溶質が入っている．(b) メスフラスコに水が注ぎ込まれる．(c) 水が首に付けられた印に達する前の段階で，溶質を水に完全に溶かし溶液とする．(d) さらに水を印の位置まで注ぎ込む．(e) メスフラスコに栓をして，メスフラスコ全体を何回かひっくり返して内容物を完全に混合する．

度の溶液を調製するかを説明している．

物質の量とその溶液の体積が関係する問題を扱う際には常に $c=n/V$ の式を使うことになる．

例題 10・1　溶液の濃度の計算

鉄の腐蝕に対する溶解した塩の効果を研究するために 1.461 g の NaCl を水に溶かし，メスフラスコで最終の体積を 250.0 mL とした．この溶液の濃度を求めよ．

解　答　NaCl 水溶液の濃度は 1.000×10^{-1} mol L^{-1} である．

例題 10・1 では，$M=m/n$ と $c=n/V$ の二つの式を用いて問題を解く．

実験室ではしばしばある特定の溶液を調製しなければならない．多くの場合，つくる溶液の体積を選定し，どれだけの溶質が必要か計算する．必要な濃度の精度に応じた有効桁を秤量するはかりが必要となる．例題 10・2 の計算では次の有用な関係，すなわち"溶液の体積と濃度の二つを知っていれば，いつでも $c=n/V$ の式から溶媒の量を知ることができる．"を用いる．

例題 10・2　特定の濃度の溶液の調製

花火に鮮やかなオレンジ色を出すために塩化カルシウム $CaCl_2$ が使われる．0.100 mol L^{-1} の $CaCl_2$ 溶液を 250.0 mL つくるのに必要な塩化カルシウムの質量を求めよ．($M_{CaCl_2}=110.98$ g)

解　答　2.77 g

練習問題 10・1　0.0125 mol L^{-1} の $AgNO_3$ 水溶液を 250 mL つくるのに必要な $AgNO_3$ の質量を求めよ．

溶液の希釈　ある特定の濃度の溶液を調製するのに必ずしも純粋な溶質から始める必要はない．溶質がすでに比較的高い濃度の溶液となっているとき，これを純粋な溶媒で薄めて，望みどおりの低い濃度にすることができる．希釈は溶液にさらに溶媒を加えて単位体積当たりの量である濃度を下げることで行われる（図 10・4 を見よ）．使用する器具は必要とされる精度に依存する．高い精度が必要ならば，ピペットとメスフラスコが使われる．それほど精度が要求されない場合は，代わりに目盛りの付いたメスシリンダーが用いられる．例題 10・3 は $c=n/V$ の式を用いて最終の希釈溶液の濃度を計算する問題である．

例題 10・3　希釈による特定の濃度をもつ溶液の調製

二クロム酸カリウム $K_2Cr_2O_7$ は水に溶けて黄橙色の溶液となる．高濃度のこの水溶液に一定量の水を加えて希釈することができる．0.200 mol L^{-1} の $K_2Cr_2O_7$ 水溶液から 0.0400 mol L^{-1} の $K_2Cr_2O_7$ 水溶液 100.0 mL をつくるにはどうすればよいか．

解　答　0.200 mol L^{-1} $K_2Cr_2O_7$ 水溶液を 100.0 mL のメスフラスコに 20.0 mL 入れ，全量が 100.0 mL になるまでメスフラスコに水を加える．

高濃度の溶液中にあった物質の量 n は希釈された溶液中でも変わらない．それにより，例題 10・3 で行った計算を簡便に行うことができる．

もとの高濃度の溶液の濃度と体積をそれぞれ，c_1，V_1，また，最終の溶液の濃度と体積をそれぞれ c_2，V_2 とすると，n は両溶液で同じであるので $n=c_1V_1$，$n=c_2V_2$ と書くことができる．n は両溶液で同じであるので，n が消去された式 $c_1V_1=c_2V_2$ を得る．もし，もとの溶液の濃度 c_1 と最終の溶液の濃度 c_2 と体積 V_2 を知っていれば，もとの溶液の体積は以下の式で計算できる，

$$V_1 = \frac{c_2}{c_1}\times V_2$$

これは，もし最終の溶液体積に最終と初めの濃度比を

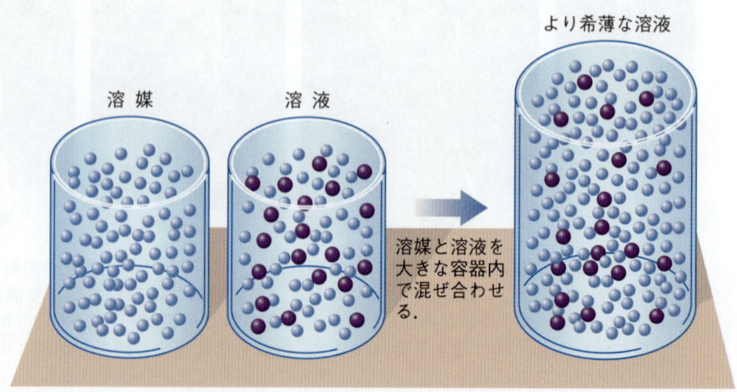

図 10・4　溶液の希釈．溶媒が溶液に加えられると，溶質分子はより広く拡散して希薄になる．溶質の量は変わらないが，濃度は低下する．●は溶質，●は溶媒

掛けると，求められていたもとの溶液の体積を得ることを示している．例題 10・3 においては，以下のように式を立てることができる．

$$V_1 = \frac{c_2}{c_1} \times V_2 = \frac{0.0400 \text{ mol L}^{-1}}{0.200 \text{ mol L}^{-1}} \times 0.1000 \text{ L} = 0.0200 \text{ L}$$

練習問題 10・2　0.500 mol L^{-1} の H_2SO_4 から，0.125 mol L^{-1} の H_2SO_4 0.1 L をつくるにはどうすればよいか．

溶液の化学量論の応用

溶液における反応を定量的に扱うには，溶液の体積と濃度を使う．

例題 10・4　溶液における反応の化学量論

デジタルカメラが普及する前は，AgBr が広く写真フィルムに使われていた．この化合物は本質的に水に不溶である．これをつくる一つの方法は，水に可溶な化合物である硝酸銀と臭化カルシウムの水溶液を混ぜて，次の沈殿反応により AgBr を合成する方法である．

$$2\,AgNO_3(aq) + CaBr_2(aq) \longrightarrow 2\,AgBr(s) + Ca(NO_3)_2(aq)$$

0.115 mol L^{-1} の $AgNO_3$ 水溶液 50.0 mL と完全に反応させるのに必要な 0.125 mol L^{-1} $CaBr_2$ の体積を求めよ．

解 答　23.0 mL

イオンを含む溶液の化学量論

例題 10・4 において，化学量論の問題を解くのにイオン化合物を含む化学反応式を用いた．イオン化合物は水に溶けると，成分イオンに解離する．これは，そのような溶液の化学量論計算に重要な結果をもたらす．たとえば，例題 10・4 において，反応物として臭化カルシウム $CaBr_2$ を用いたが，“0.10 mol L^{-1} $CaBr_2$” というラベルが貼られた水溶液を扱うとしよう．これは，この溶液に Ca^{2+} と Br^- に解離する $CaBr_2$ が 1 L 当たり 0.10 mol 溶けていることを意味する．

$$CaBr_2(s) \longrightarrow Ca^{2+}(aq) + 2\,Br^-(aq)$$

解離の化学量論より，1 mol の $Ca^{2+}(aq)$ と 2 mol の $Br^-(aq)$ が，1 mol の $CaBr_2(s)$ より生じることがわかる．それゆえ，0.10 mol の $CaBr_2(s)$ から 0.10 mol の $Ca^{2+}(aq)$ と 0.20 mol の $Br^-(aq)$ が生じる．0.10 mol L^{-1} の $CaBr_2$ において，$Ca^{2+}(aq)$ の濃度は 0.10 mol L^{-1}，$Br^-(aq)$ の濃度は 0.20 mol L^{-1} となる．特定のイオンの濃度は，塩の濃度に塩の化学式中のイオンの数を掛けたものに等しくなることに留意してほしい．

溶質が溶媒に溶ける過程を表すのに“溶解”という言葉を用いる．“溶解”と“解離”の違いを理解することは重要である．イオン化合物が溶媒に溶解するとき，その成分イオンは解離する．この過程の反応式を $CaBr_2(s)$ の場合について上に示した．そして，塩は完全に解離すると仮定した．しかし，必ずしも完全な解離反応が起こるとは限らず，進行の度合いはイオン化合物の性質に依存する．

例題 10・4 において，分子反応式としての釣合いのとれた化学反応式を以下のように書いた．

$$2\,AgNO_3(aq) + CaBr_2(aq) \longrightarrow 2\,AgBr(s) + Ca(NO_3)_2(aq)$$

これはまた，以下のように存在するイオンを次のイオン反応式として書くこともできる．

$$2\,Ag^+(aq) + 2\,NO_3^-(aq) + Ca^{2+}(aq) + 2\,Br^-(aq) \longrightarrow 2\,AgBr(s) + Ca^{2+}(aq) + 2\,NO_3^-(aq)$$

ここで起こる正味の反応は以下のようになる．

$$2\,Ag^+(aq) + 2\,Br^-(aq) \longrightarrow 2\,AgBr(s)$$

NO_3^- と Ca^{2+} は反応に関与せず，単に水和イオンとしてずっと存在している．これらのイオンは**傍観イオン**(spectator ion) とよばれる．傍観イオンを含まない釣合いのとれたイオン反応式は**正味のイオン反応式**(net ionic equation) とよばれる．正味のイオン反応式にはその反応で沈殿を生じるイオンだけが現れる．正味のイオン反応式はイオンを含む反応において正味の化学変化に焦点を絞って理解するのに便利である．

10・3 混 合 気 体

二つの気体を混合して均質な混合気体をつくる場合について考察してみよう．図 10・5 に示す，異なる 2 種の純粋な気体が仕切りで分離されている状況から始める．仕切りを取り外すと，二つの気体は自発的に混合して均質な混合気体となる．気体分子が 1 秒間に数百メートルの速さで乱雑に運動していることを思えば驚くにあたらない．二つの気体を冷却しても，よりゆっくりであるが，それらは混合するであろう．実際，第 9 章で見たように，すべての気体はどんな割合ででも完全に混合する．図 10・5 の二つの気体が自発的に混合するという事実は混合過程の ΔG ($\Delta_{\text{mix}}G$) が負でなくてはならないことを意味する．第 8 章にあった次式を思い出してみよう．

$$\Delta G = \Delta H - T\Delta S$$

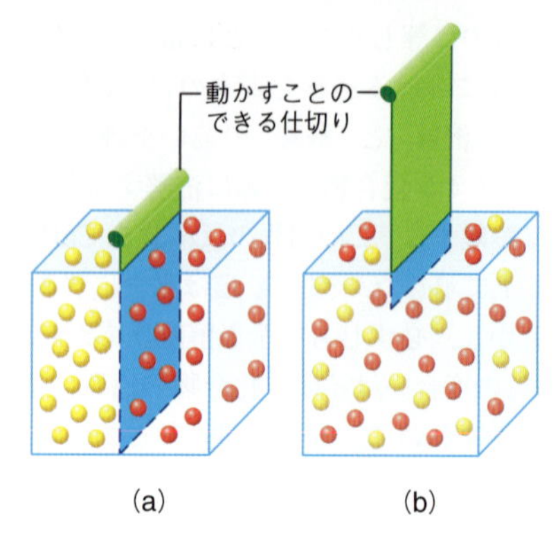

図 10・5　気体の混合．(a) 初めは2種の気体は仕切りで分離されている．(b) 仕切りが取り払われると，2種の気体は自発的に混合する．

通常，二つの気体が混合するときのエンタルピー変化は小さい．$\Delta_{\mathrm{mix}}G$ を負にするのは大きな正の $\Delta_{\mathrm{mix}}S$ である．完全に混合した状態は，混合していない状態よりも高いエントロピーをもち統計的に最もありうる状態である．これが混合においてエントロピーの大きな増大，すなわち大きな正の $\Delta_{\mathrm{mix}}S$ をもたらす原因である．実際，混合過程はエントロピーにより駆動される．分子レベル (He, Ne, Ar, Kr, Xe, Rn のような単原子分子では原子レベル) で気体を考えると，個々の気体分子間の分子間力は小さくそして互いに遠く離れているので気体の混合に対して障害は何もない．しかし，(液体や固体を含む) 凝縮相の溶液の場合は，凝縮相内の分子間引力の大きさが二つの物質が混合することができるかどうかを決定する．そのような場合には，混合のエンタルピーが重要となる．

10・4　混合液体

p.174 で述べたように，多くの種類の溶液がある．この節では，液体に気体，液体そして固体が溶けてできた溶液について詳しく取扱う．

気体が溶けた溶液

表 10・1 にあるように，気体の水に対する溶解度はさまざまである．表 10・1 では溶解度の濃度は水(溶媒) の量に対する気体 (溶質) の量で表される．O_2 や N_2 などの分子は室温で非常に限られた溶解度しかないが，極性分子であるアンモニアの溶解度は 20 ℃ の水 100 g に対し 51.8 g と非常に大きい．気体が液体に溶けるには，気体分子が溶媒中に拡散できなければならない．その過程は，溶媒分子間の力が無視できない点で混合気体ができる際の過程とは異なる．

図 10・6 に示すように，液体に気体が溶けるときのエ

表 10・1　気体の水への溶解度†

気体	温度		
	0 ℃	20 ℃	50 ℃
窒素 N_2	0.0029	0.0019	0.0012
酸素 O_2	0.0069	0.0043	0.0027
二酸化炭素 CO_2	0.335	0.169	0.076
二酸化硫黄 SO_2	22.8	10.6	4.3
アンモニア NH_3	89.9	51.8	28.4

† ここでの溶解度は，10^5 Pa の圧力下で気体が水を覆う空間を飽和している状態において，水 100 g に溶ける気体の g 単位の質量．

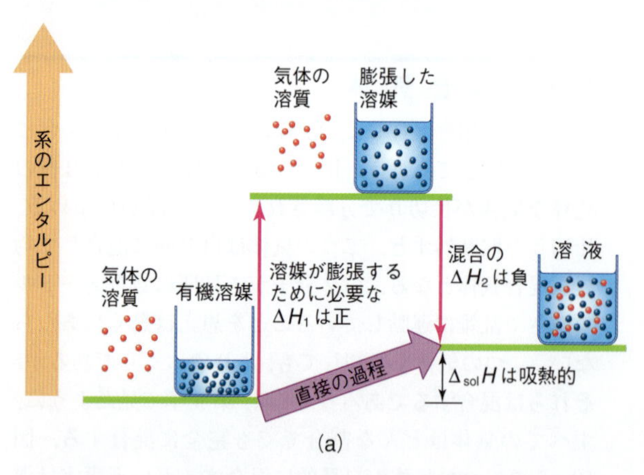

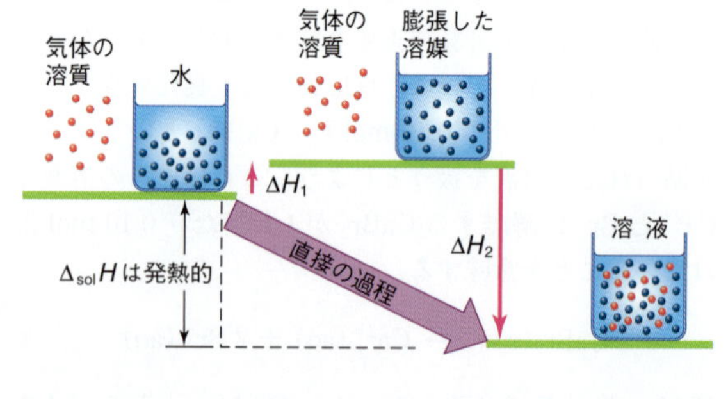

図 10・6　気体の溶解の分子モデル．(a) 気体が有機溶媒に溶ける場合．気体分子を受取ることのできる“穴”を開くためにエネルギーが必要とされる．第二段階で，気体分子が“穴”に入ると気体分子が溶媒分子に引きつけられてエネルギーが解放される．ここでの溶解過程は吸熱的なものとして表されている．(b) 気体が水に溶ける場合．室温付近では，水のゆるい水素結合ネットワークはすでに“穴”をもっており気体分子を取込むことができる．よって，溶液が気体を受け入れるのに必要なエネルギーは小さくて済む．第二段階で，気体分子が水分子と引き合う“穴”に入るとエネルギーが解放される．この場合は溶解過程は発熱的である．

ンタルピー変化は基本的に二つの部分よりなる．

1. 気体を受け入れることのできる“穴”を溶媒中に開くためにエネルギーが必要である．溶媒は気体分子を取込むためにわずかに拡張しなくてはならない．これは，溶媒分子間の引力に逆らって行われるので吸熱的な過程である．水の場合は特殊で，室温付近においてすでに緩んだ水素結合ネットワークの中に開いた穴をもっている．水の場合は気体分子を受け入れることのできる穴をつくるのに必要なエネルギーは非常に小さなもので済む．
2. このような穴に気体分子が入るとエネルギーが解放される．溶解した気体分子と周囲の溶媒分子間の分子間力は全体のエネルギーを低下させ，エネルギーは熱として放出される．その引力が強ければ強いほど，多くの熱が放出される．有機溶媒ではそうはいかないが，水は NH_3 などの気体と水素結合をつくることができる．そのような気体分子が水の穴に置かれた場合は有機溶媒の場合よりも多くの熱が放出される．

有機溶媒への気体の溶解のエンタルピー変化は多くの場合吸熱的である．それは，穴を開くのに必要なエネルギーが気体と溶媒分子間の引力により解放されるエネルギーよりも大きいからである．水への気体の溶解のエンタルピー変化は多くの場合発熱的である．それは，水はすでに気体分子を受け入れる穴をもっており，水と気体分子が互いに引き合い，エネルギーが解放されるからである．

先に，気体どうしが混合するのはおもに完全に混合した状態の大きなエントロピーのためであると述べた．液体への気体の溶解において，状況はそれほど単純ではない．液体の水は驚くほど秩序立った構造をもっている．そして，気体分子の添加は必ずしもこの構造を破壊するわけではない．実際に，気体-液体溶液ができるときにエントロピーが低下するという実験的証拠がある．水へのある種の気体の溶解はエンタルピーとエントロピーの微妙な釣合いの結果である．そして，どちらの要因が主であるか決めるのがむずかしいことがたびたびある．

表 10・1 から気体の水に対する溶解度が温度によって著しく変わることもわかる．すべての場合で温度が上がると溶解度は下がる．地球規模の海洋の温暖化による O_2 の溶解度の低下は，水中に棲む生物にきわめて重大な影響を与える．

溶解過程を，溶解していない気体と溶解している気体間の平衡として記述すると以下のようになる．

$$\mathrm{gas}_{溶解していない} \rightleftharpoons \mathrm{gas}_{溶解している}$$

この過程の平衡定数は表 10・1 に示されるように温度上昇とともに小さくなる．しかし，すべての気体が温度上昇とともに溶けなくなるわけではない．たとえば，実際に，H_2，N_2，CO，He，Ne のトルエンやアセトンなどの一般的な有機溶媒への溶解度は温度上昇とともに増大する．このような例から，単純な系における溶解度の予測さえむずかしい問題であることがわかるであろう．

液体への気体の溶解は温度だけではなく，圧力からも影響を受ける．たとえば，空気中の気体（おもに窒素と酸素）は通常の圧力下ではとても溶けやすいとはいえないが，圧力を上げると溶けるようになる（図 10・7 を見よ）．

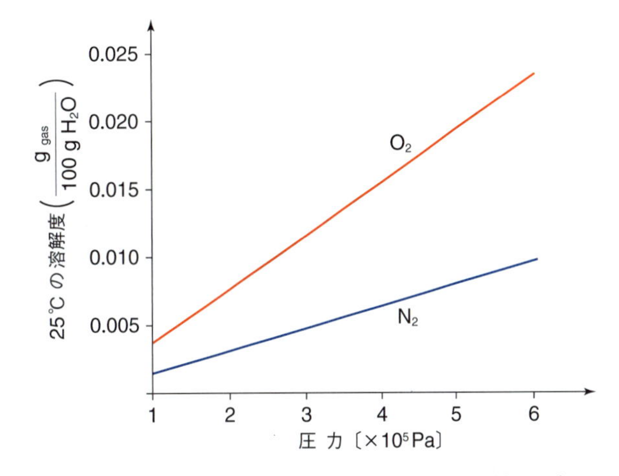

図 10・7　窒素と酸素の水への溶解度と圧力の関係．圧力が上がると溶ける気体の量も増える．

この実験事実は次の平衡と圧力上昇が平衡位置に与える影響を考察することにより理解できる．

$$\mathrm{gas}_{溶解していない} \rightleftharpoons \mathrm{gas}_{溶解している}$$

この平衡の反応商 Q の式は溶解していない気体の圧力と溶解した気体の濃度を含む次式で示される．

$$Q = \frac{[\mathrm{gas}_{溶解している}]}{p(\mathrm{gas}_{溶解していない})/p^{\ominus}}$$

Q は $p(\mathrm{gas}_{溶解していない})$ に反比例することがわかる．よって，一定温度で，溶けていない気体の圧力を上げると，Q は低下し $Q<K$ となる．平衡を回復し $Q=K$ とするために，平衡位置は右側に移動し $[\mathrm{gas}_{溶解している}]$ を増大させて Q を増大させる．もちろん，逆も真である．もし，気体-液体溶液上の圧力を下げると，Q が増大し，Q を下げるために溶けていた気体の一部が溶液から出て

平衡を回復する．この現象は発泡性飲料の瓶の栓を開けたときによく目にする．栓が外れたことで生じた急激な圧力の低下に応じて液体からCO_2が吹き出してくる．

圧力の気体の溶解度への影響を分子レベルで見るために，ピストンが付いた密閉された容器を考えよう．その一部は気体が溶解した溶液により占められている．図10・8(a) は系が平衡にある状態を示す．そこでは，気体分子は溶解した状態と溶解していない状態の間を等しい速度で行ったり来たりしている．気体分子は溶液の表面に衝突する頻度に比例する速度で溶液に入る．その頻度は気体の圧力を上げると増大する（図10・8b），なぜなら気体分子の密度が高くなるからである．液体と溶液は圧縮されないので，圧力上昇の効果は溶液から出る気体分子には及ばない．それは，圧力上昇は気体の溶解に有利に働くことを意味する．

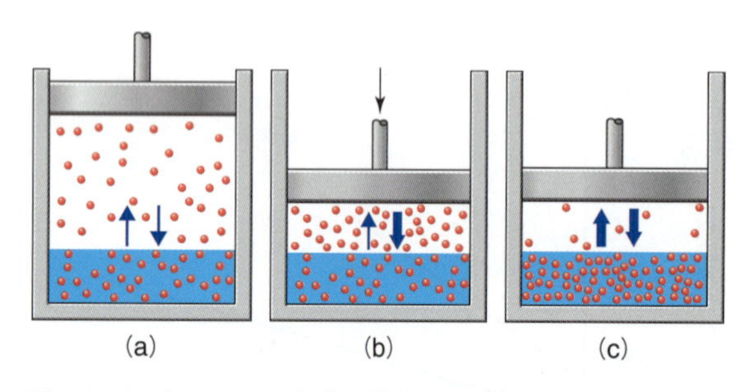

図 10・8 加圧による気体の液体への溶解度の増大．(a) ある圧力の下で，蒸気相と溶液の間に平衡が成立している状態．(b) 圧力の上昇が平衡に影響を与える．溶液から出て行く気体分子よりも溶液に入る気体分子の方が多い．(c) 多くの気体分子が溶けて平衡が回復する．

より多くの気体が溶解すると，気体が溶解する速度がだんだんと遅くなり，逆方向の速度が増す．それは単に，溶解している気体の濃度が高いと，溶液表面における単位面積当たりの気体分子数が増えるからである．溶液から逃げ出す頻度は，その濃度に比例する．しかし，これらの相反する速度が等しくなるまでは気体の溶解がおもな過程となる．再び平衡を取り戻したときには（図10・8c），初めの段階よりも多くの気体分子が溶解している．

> **練習問題 10・3** 1×10^5 Pa のもとで炭酸ガスが飽和した炭酸水が入った瓶が 20 ℃ で保存されている．その瓶が 30 ℃ に温められた．液体上の炭酸ガスの圧力はどうなるか．表10・1のデータを用いて説明せよ．

液体と液体が混合した溶液

液体と液体が完全に混合した溶液をつくるには，それらの二つの純粋な液体における分子間に働く引力に打ち勝つことが求められる．これは，気体が液体に溶けて溶液をつくるときよりも複雑な状況であるが，単に二つの液体の極性を考えることで，ある程度まで予測することができる．たとえば，エタノールと水はどんな割合でも完全に混合する．これを**混和性**（miscibility）であるという．一方，ヘキサンと水とは**非混和性**（immiscibility）であり，両者を合わせると2層に分離する（図10・9を見よ）．

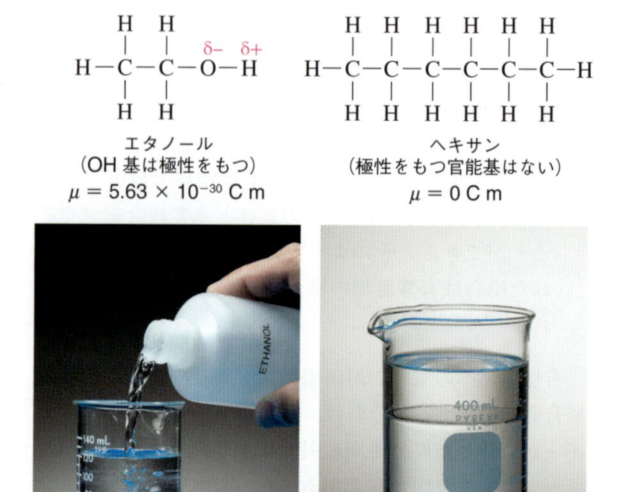

図 10・9 同類は同類に溶解する．(a) エタノール-水分子間引力は水-水分子間およびエタノール-エタノール分子間引力に比べ，そう弱くはないため，エタノールは水に溶ける．(b) ヘキサン-水分子間引力は水-水分子間およびヘキサン-ヘキサン分子間引力よりもかなり弱いため，ヘキサンは水に溶けない．純粋な液体における強い分子間引力は混合に対するエネルギー障壁となっている．

水もエタノールも極性分子である．一方，ヘキサンは本質的に無極性である．これらのことは混合に際しての挙動の説明に重要である．エタノール分子中のOH官能基は，エタノール分子間およびエタノール分子と水分子間に水素結合が強く働くことになる（図10・10を見よ）．こうして，二つの純粋な液体中の分子間引力は，混合されるとエタノールと水分子間の水素結合により補われる．それゆえ，系はエントロピー項に有利な混合状態となる．逆に，ヘキサン分子は無極性で水分子と強く相互作用できない．これは，水中の水素結合ネットワークを壊すエネルギーが，混合されてもヘキサンと水分子間の相互作用により補われないことを意味する．たとえ水分子をヘキサン中に分散させても，二つの水分子は衝突するたびに水素結合による相互作用で互いに“結びつき合う”．これが，すべての水分子が互いに結びつき合うまで続き，系は徐々に二つの層に分離する．

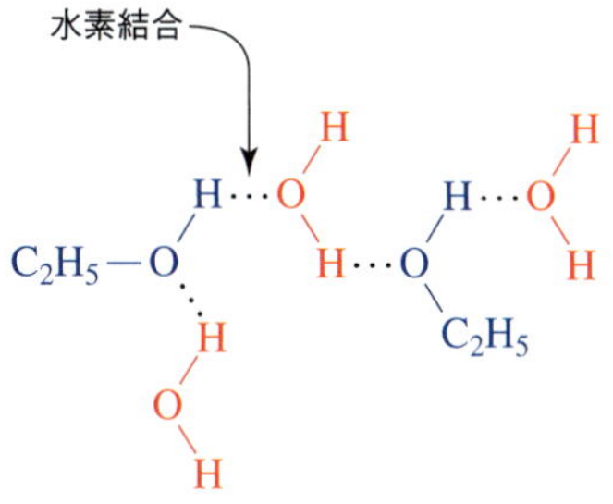

図 10・10 エタノール水溶液中の水素結合．エタノール分子は水分子と水素結合を形成している．

同様の説明が，なぜ無極性の液体どうしが混ざり合う傾向にあるのかということに対しても行うことができる．純粋な液体での分子間相互作用は弱いので，混合に対するエネルギー的な障害は小さい．

一般に，二つの液体の極性が同程度であると，それらは混和性であることが多い．一方，極性にかなりの差があると多くは混和性ではない．この，**同類は同類に溶解する法則***（like-dissolves-like rule）は溶解性の予測においてよく成り立つが，例外もある．極性基であるOH基の存在はすべてのアルコールが水に溶けることを保証しているわけではない．メタノール CH_3OH，エタノール CH_3CH_2OH，プロパン-1-オール $CH_3CH_2CH_2OH$ は水に対して混和性である．ブタン-1-オール $CH_3CH_2CH_2CH_2OH$ は少し混和性であり，ペンタン-1-オール $CH_3CH_2CH_2CH_2CH_2OH$ は非混和性である．

上に述べたアルコールの混和性の差は極性の違いからは説明できない．これらはすべて似たような電気双極子モーメント（約 5.6×10^{-30} C m）をもっている．それゆえ，極性OH基と水との間の水素結合のエネルギーと，隣接するアルコール分子の無極性炭化水素の末尾間の分散力との相対的な大きさを考えなければならない．メタノール，エタノールとプロパン-1-オールでは，OH基と水との間の水素結合による分子間力が主で，それにより水に対して混和性となる．しかし，炭素数が3を超すとアルコール分子中の炭化水素の末尾が長くなり，それらの間の分散力が重要になる．このことによりアルコール分子は互いに集合して一つの相となり，水に対して非混和性となる．

同様の説明がアルコールの無極性溶媒への溶解にも適用できる．たとえば，長鎖のアルコールはかなり極性のある分子であるが，アルコール分子の炭化水素鎖とヘキサン分子間の分散力のために，ヘキサンに対して混和性がある．この分散力はアルコールの鎖長が短くなると弱くなる．そして，一番短いメタノールはヘキサンに対して非混和性である．

上で述べた長鎖のアルコールは，極性と無極性の両方の部位をもつ分子の例である．そして，それぞれの部位が極性と無極性の溶媒に対して異なる親和性を示すと予測できる．実際，それに由来する現象が日常生活で使われている．それは，油と水を混合させる石けんや洗剤を使うときである．洗剤も石けんも界面活性剤とよばれる分子でできている．それは極性である部分と無極性である部分からできており，極性部分は一般に正あるいは負の電荷をもっている．シャンプーや歯磨きによく使われる界面活性剤であるラウリル硫酸ナトリウムの構造を図10・11に示す．極性部分は負電荷をもつので，陰イオン性界面活性剤とよばれる．界面活性剤分子が互いに混合しない二つの液体の混合物に加えられると，極性部分は極性の液体の方を，無極性部分は無極性液体の方を向く．これにより二つの液体の混合が促進される．

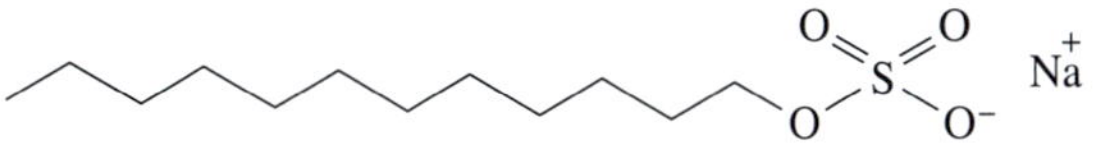

図 10・11 ラウリル硫酸ナトリウムの構造

液体と固体の混合

固体の液体への混合も，基本的な原理に変わりはない．はじめに，塩化ナトリウムの結晶を水に溶かすときに何が起こるかを考えよう．

図10・12は水と接触しているNaCl結晶の断面を示したものである．水分子の電気双極子の負電荷側は Na^+ の方を，正電荷側は Cl^- の方を向いている．言い換えれば，結晶からイオンを引き抜く**イオン-双極子引力**が生じている．結晶の頂点や辺では隣接するイオンは少ないためこれらに存在するイオンは，結晶面にあるイオンよりも引き抜かれやすい．水分子がこれらのイオンを引き抜くと，結晶の新しい頂点や辺が曝され，結晶は溶け続ける．

* 極性が強いイオン性の溶質は極性溶媒によく溶け，無極性の溶質は無極性溶媒によく溶ける傾向がある．

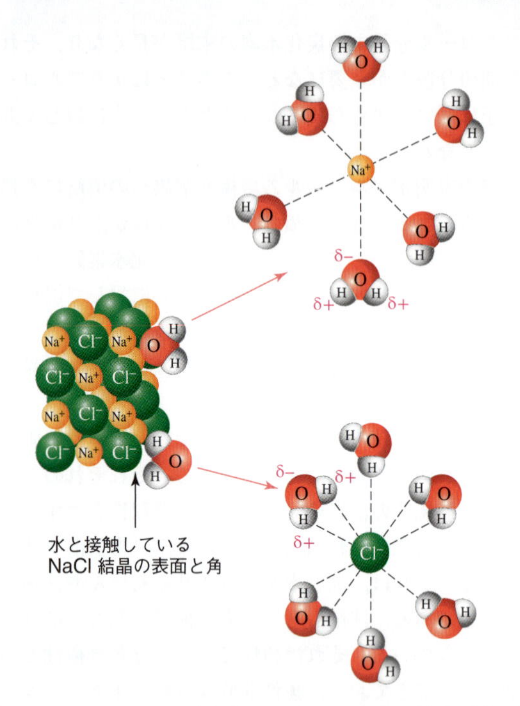

図 10・12　イオンが水和するに至るまでには引力と斥力が複雑に絡んでいる．溶液ができる前は，水分子は水分子どうしで互いに引き合っており，Na^+ と Cl^- は結晶中で互いに引き合っているだけである．溶液中では，イオンは水分子と電気的に相対する部分で引き合い，水分子は水分子どうしのときよりも強くイオンに引きつけられる．

イオンが自由になると，イオンは水分子で完全に囲まれる（図 10・12 を見よ）．この現象はイオンの**水和**（hydration）とよばれる．溶質粒子が溶媒で囲まれることは一般に**溶媒和**（solvation）とよばれる．水和は溶媒和の特別な場合である．

水の電気双極子とイオン間の引力が結晶内でのイオン間の引力と水中の水分子間の引力に打ち勝つとき，イオン化合物は水に溶ける．糖などの極性分子の固体が水に溶けることに対しても同様の説明ができる（図 10・13 を見よ）．溶媒と溶質の間の引力が溶質分子を結晶から引き剥がし溶液中に引っ張り込む助けとなっている．ここでも同類は同類に溶解する法則があてはまる．すなわち，極性の溶質は極性溶媒に溶ける．

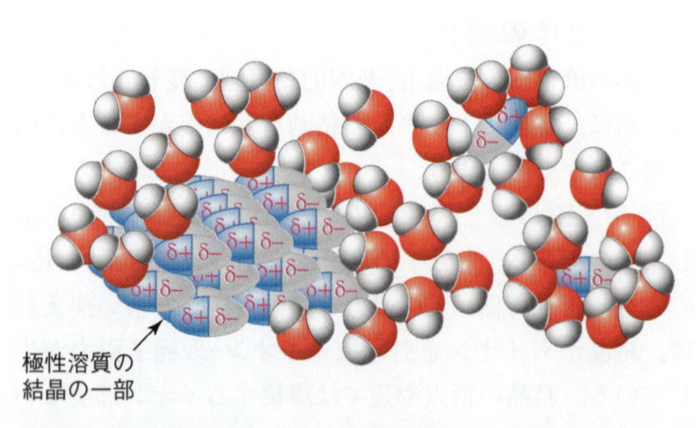

図 10・13　極性分子の水和．極性固体の分子は極性の強い水分子に引きつけられるので，極性固体の分子は水へ溶解し，水和される．水分子は自らの電気双極子の正電荷側を溶質分子の電気双極子の負電荷方向へ，負電荷側を正電荷方向へ向けている．

なぜロウなどの無極性の固体がベンゼンなどの無極性溶媒に溶けるかについても同じ説明ができる．ロウは互いの分散力で成り立っている長鎖炭化水素の固体混合物である．

溶媒（ベンゼン）分子と溶質（ロウ）間の引力も分散力のため同程度の強さである．

溶質内および溶媒内の分子間引力がかなり異なるとき，それらは溶液をつくらない．たとえば，イオン化合物あるいは非常に極性の強い固体（糖など）はベンゼンやヘキサンなどの無極性溶液には**不溶**（insoluble）である．このような炭化水素溶媒の分子は，イオンあるいは強い極性をもつ分子が固相内で引き合っている引力に勝る十分な引力をもたないため，イオンや極性分子を引きつけることはできない．

温度は液体に溶ける固体溶質の溶解度に大きな影響を与える．図 10・14 はいくつかのイオン化合物の溶解度の温度依存性を示したプロットである．直感的に予測できることだが，一例を除いてすべてが温度上昇とともに，溶解度も上がる（温度上昇とともに溶解度が下がる塩はほとんど無い）．

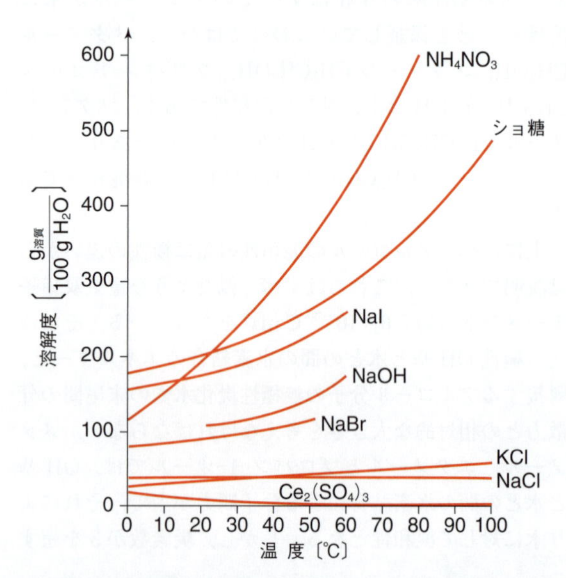

図 10・14　溶解度の温度依存性．ほとんどの物質では溶液の温度上昇とともに溶解度も上昇する．しかし，上昇する値にはかなりの幅がある．

10・5 溶解性の定量化: 溶解度積

一般にイオン化合物は水に対して可溶か，不溶かで分類される．不溶という言葉はその塩が水に全く溶けないことを表しているわけではない．可溶である硝酸銀と塩化ナトリウムを等量含む水溶液を混ぜると（図10・15）直ちに“不溶”な塩である AgCl が次の反応式に従って沈殿する．

$$AgNO_3(aq) + NaCl(aq) \longrightarrow AgCl(s) + NaNO_3(aq)$$

図 10・15 $AgNO_3$ の水溶液と NaCl の水溶液を混合したときにできる AgCl (s) の沈殿

しかし，この溶液を詳しく調べると，非常に少量の $Ag^+(aq)$ と $Cl^-(aq)$ が含まれていることがわかる．これは AgCl は水に対して非常に小さな溶解性（25 ℃において水 100 mL に対して約 0.19 mg）があることを示している．AgCl はわずかに溶ける塩として分類できる．溶けていない固体と接しているどんな飽和溶液においても，動的平衡が存在する．すなわち，AgCl(s) の溶ける速さと $Ag^+(aq)$ と $Cl^-(aq)$ が析出する速さが同じとなっている．それゆえ，AgCl(s) の溶解性を，下に示す溶解平衡の平衡定数で定量化することができる．

$$AgCl(s) \rightleftharpoons Ag^+(aq) + Cl^-(aq)$$

わずかに溶ける塩の溶解の平衡定数は**溶解度積**（solubility product）とよばれ，記号として K_{sp} が使われる．K_{sp} は平衡定数なので次元をもたない．上に示した例では K_{sp} は次のように表される．

$$K_{sp} = [Ag^+][Cl^-]$$

第 9 章にあった純粋な固体は決して平衡定数の式には現れないことを思い起こそう．それゆえ，どんなイオン固体の K_{sp} の式でも，組成で冪乗された水溶液中の成分イオンの濃度の積よりなる．一般の塩 $M_aX_b(s)$ の溶解度積の式は，その水への溶解平衡から以下のように書く

表 10・2 わずかに溶ける塩の溶解度積（25 ℃）

塩	解離で生じるイオン	K_{sp}
ハロゲン化物		
$PbCl_2(s)$	$\rightleftharpoons Pb^{2+}(aq) + 2\,Cl^-(aq)$	1.7×10^{-5}
$PbBr_2(s)$	$\rightleftharpoons Pb^{2+}(aq) + 2\,Br^-(aq)$	2.1×10^{-6}
$PbF_2(s)$	$\rightleftharpoons Pb^{2+}(aq) + 2\,F^-(aq)$	3.6×10^{-8}
$PbI_2(s)$	$\rightleftharpoons Pb^{2+}(aq) + 2\,I^-(aq)$	7.9×10^{-9}
$AgCl(s)$	$\rightleftharpoons Ag^+(aq) + Cl^-(aq)$	1.8×10^{-10}
$CaF_2(s)$	$\rightleftharpoons Ca^{2+}(aq) + 2\,F^-(aq)$	3.9×10^{-11}
$AgBr(s)$	$\rightleftharpoons Ag^+(aq) + Br^-(aq)$	5.0×10^{-13}
$AgI(s)$	$\rightleftharpoons Ag^+(aq) + I^-(aq)$	8.3×10^{-17}
水酸化物		
$Ca(OH)_2(s)$	$\rightleftharpoons Ca^{2+}(aq) + 2\,OH^-(aq)$	6.5×10^{-6}
$Mg(OH)_2(s)$	$\rightleftharpoons Mg^{2+}(aq) + 2\,OH^-(aq)$	7.1×10^{-12}
$Fe(OH)_2(s)$	$\rightleftharpoons Fe^{2+}(aq) + 2\,OH^-(aq)$	7.9×10^{-16}
$Zn(OH)_2(s)$	$\rightleftharpoons Zn^{2+}(aq) + 2\,OH^-(aq)$	3.0×10^{-16} †1
$Al(OH)_3(s)$	$\rightleftharpoons Al^{3+}(aq) + 3\,OH^-(aq)$	3×10^{-34} †2
$Fe(OH)_3(s)$	$\rightleftharpoons Fe^{3+}(aq) + 3\,OH^-(aq)$	1.6×10^{-39}
炭酸塩		
$NiCO_3(s)$	$\rightleftharpoons Ni^{2+}(aq) + CO_3^{2-}(aq)$	1.3×10^{-7}
$MgCO_3(s)$	$\rightleftharpoons Mg^{2+}(aq) + CO_3^{2-}(aq)$	3.5×10^{-8}
$BaCO_3(s)$	$\rightleftharpoons Ba^{2+}(aq) + CO_3^{2-}(aq)$	5.0×10^{-9}
$CaCO_3(s)$	$\rightleftharpoons Ca^{2+}(aq) + CO_3^{2-}(aq)$	4.5×10^{-9} †3
$SrCO_3(s)$	$\rightleftharpoons Sr^{2+}(aq) + CO_3^{2-}(aq)$	9.3×10^{-10}
$CoCO_3(s)$	$\rightleftharpoons Co^{2+}(aq) + CO_3^{2-}(aq)$	1.0×10^{-10}
$ZnCO_3(s)$	$\rightleftharpoons Zn^{2+}(aq) + CO_3^{2-}(aq)$	1.0×10^{-10}
$Ag_2CO_3(s)$	$\rightleftharpoons 2\,Ag^+(aq) + CO_3^{2-}(aq)$	8.1×10^{-12}
クロム酸塩		
$Ag_2CrO_4(s)$	$\rightleftharpoons 2\,Ag^+(aq) + CrO_4^{2-}(aq)$	1.2×10^{-12}
$PbCrO_4(s)$	$\rightleftharpoons Pb^{2+}(aq) + CrO_4^{2-}(aq)$	2.5×10^{-13}
硫酸塩		
$CaSO_4(s)$	$\rightleftharpoons Ca^{2+}(aq) + SO_4^{2-}(aq)$	2.4×10^{-5}
$PbSO_4(s)$	$\rightleftharpoons Pb^{2+}(aq) + SO_4^{2-}(aq)$	6.3×10^{-7}
$SrSO_4(s)$	$\rightleftharpoons Sr^{2+}(aq) + SO_4^{2-}(aq)$	3.2×10^{-7}
$BaSO_4(s)$	$\rightleftharpoons Ba^{2+}(aq) + SO_4^{2-}(aq)$	1.1×10^{-10}
シュウ酸塩		
$MgC_2O_4(s)$	$\rightleftharpoons Mg^{2+}(aq) + C_2O_4^{2-}(aq)$	8.6×10^{-5}
$FeC_2O_4(s)$	$\rightleftharpoons Fe^{2+}(aq) + C_2O_4^{2-}(aq)$	2.1×10^{-7}
$BaC_2O_4(s)$	$\rightleftharpoons Ba^{2+}(aq) + C_2O_4^{2-}(aq)$	1.2×10^{-7}
$CaC_2O_4(s)$	$\rightleftharpoons Ca^{2+}(aq) + C_2O_4^{2-}(aq)$	2.3×10^{-9}
$PbC_2O_4(s)$	$\rightleftharpoons Pb^{2+}(aq) + C_2O_4^{2-}(aq)$	2.7×10^{-11}

†1 二つ以上の相が存在する．この値はアモルファス相のものである．
†2 二つ以上の相が存在する．この値は α 相のものである．
†3 二つ以上の相が存在する．この値はカルサイト（方解石）のものである．

ことができる．

$$M_aX_b(s) \rightleftharpoons aM^{b+}(aq) + bX^{a-}(aq)$$
$$K_{sp} = [M^{b+}]^a[X^{a-}]^b$$

AgCl の場合は，25.0 ℃において $K_{sp}=1.8\times10^{-10}$ であり，これは AgCl の水への溶解度は非常に小さいながらもゼロではないことを意味する．一般にわずかに溶ける塩として分類される塩は 10^{-5} かそれよりも小さな K_{sp} をもつ．表 10・2 にさまざまな塩の K_{sp} の値が与えられている．一般に，K_{sp} の値が小さいほど，その塩は溶けにくい．しかし，K_{sp} の値の直接の比較は，陽イオンと陰イオンの比が同じ塩の間でのみしかできないことは認識しておくべきである．たとえば，物質量で比較すると CaF_2 は AgCl よりもよく溶けるが，K_{sp} は CaF_2 の方が AgCl よりも小さい．これは平衡定数の式が二つの塩で異なる形をもつからである．CaF_2 の溶解の化学反応式は以下になる．

$$CaF_2(s) \rightleftharpoons Ca^{2+}(aq) + 2\,F^-(aq)$$

これより平衡定数の式は次のようになり，これは明らかに AgCl の場合とは異なる．

$$K_{sp} = [Ca^{2+}][F^-]^2$$

このことについてはさらに詳しく説明する．

例題 10・5 K_{sp} の値の比較

次の三つの銀塩のうち，最も溶解性の低いものはどれか．

AgCl ($K_{sp}=1.8\times10^{-10}$)，AgBr ($K_{sp}=5.0\times10^{-13}$)，
AgI ($K_{sp}=8.3\times10^{-17}$)

解 答 一番小さな K_{sp} 値をもつヨウ化銀

K_{sp} と溶解度の関係

わずかに溶ける塩の K_{sp} の値を求める一つの方法は，ある特定の体積の飽和溶液をつくるのにどれだけの塩が必要かを意味する溶解度を測ることである．飽和溶液の塩のモル濃度は**モル溶解度** (molar solubility, *s*) とよばれる．それはある特定の温度における 1 L の飽和溶液に溶けている塩の量に等しい．モル溶解度は，すべての溶けた塩が 100% イオンに解離すると仮定することで，K_{sp} を計算するのに使うことができる．この仮定は臭化銀のような 1 価のイオンからできているわずかに溶ける塩に対して妥当である．簡単にするため，溶解平衡が関係する計算を説明するときに，すべての塩は 100% 解離すると仮定して話を進める．これは，特に多価イオンの塩では完全には正しくない．それゆえ，計算の正しさには限度がある．

例題 10・6 溶解度を使っての K_{sp} の計算

例題 10・4 にあったようにデジタルカメラが普及する前は，臭化銀 AgBr がすべての写真フィルムに使われていた光感物質であった．AgBr の 25 ℃における水への溶解度は 1.3×10^{-4} g L^{-1} である．この温度における AgBr の K_{sp} を計算せよ．

解 答 $K_{sp} = 4.8\times10^{-13}$

練習問題 10・4 25 ℃における PbF_2 で飽和した水溶液中の Pb^{2+} の濃度は 2.15×10^{-3} mol L^{-1} である．PbF_2 の K_{sp} の値を計算せよ．

モル溶解度から K_{sp} が計算できるとしたら，明らかに K_{sp} からモル溶解度も計算できる．

例題 10・7 K_{sp} からのモル溶解度の計算

25 ℃において $K_{sp}(CaCO_3)=4.5\times10^{-9}$ である．$CaCO_3$ のモル溶解度を計算せよ．

解 答 6.7×10^{-5} mol L^{-1}

練習問題 10・5 温度を含むいくつかの因子がイオン化合物の溶解度に影響を与える．30 ℃において $CaCO_3$ の K_{sp} は 3×10^{-9} である．モル溶解度を求めよ．また，25 ℃における $CaCO_3$ の溶解度と比較せよ．

共通イオン効果

これまで，純水にわずかに溶ける塩の溶解度を考えてきた．もし溶媒が純水でなく，塩の片方のイオンをすでに含んでいたら，溶解度はどうなるだろうか．同様に，わずかに溶ける塩の飽和溶液に，その塩のイオンの片方と共通するイオンを含む塩の溶液を加えたら何が起こるだろうか．

平衡状態にある $PbCl_2(s)$ の飽和溶液 ($K_{sp}=1.7\times10^{-5}$) を例にこの問題を考える．この飽和溶液に可溶性の塩である $Pb(NO_3)_2$ の高濃度の溶液を少量加える．そして，Q_{sp} と K_{sp} を比べることで，この添加が平衡位置にどのような影響を与えるかを調べる．K_{sp} の式と Q_{sp} の式が同じ形をとることを念頭に，まず，$PbCl_2$ の溶解の釣合いのとれた化学反応式を書いて K_{sp} の式を導いてみよう．〔第 9 章において Q は反応商とよばれると述べたが Q_{sp} は分数ではないので，Q_{sp} に対する名前として反応商は不適切である．しばしば，Q_{sp} は**イオン積** (ionic product) とよばれる．〕

$$PbCl_2(s) \rightleftharpoons Pb^{2+}(aq) + 2\,Cl^-(aq)$$
$$K_{sp} = [Pb^{2+}][Cl^-]^2$$

飽和溶液への高濃度の $Pb(NO_3)_2$ 溶液の添加は瞬間的に $[Pb^{2+}]$ を上昇させる．それは Q_{sp} も増加させ，$Q_{sp} > K_{sp}$ となるので，平衡を回復するために Q_{sp} は減少しなければならない．系は $PbCl_2(s)$ を沈殿させること，すなわち $[Pb^{2+}]$ と $[Cl^-]$ の両方を下げることでこれを達成する．これにより，再び平衡の条件 $Q_{sp}=K_{sp}$ が満たされるところまで Q_{sp} が下がる．もし，この時点で飽和溶液を分析すると，$[Cl^-]$ がもとの溶液での $[Cl^-]$ よりも低下していることがわかるであろう．溶液中の Cl^- はすべて溶けた $PbCl_2$ よりきているので，$PbCl_2(s)$ は他のものに由来する Pb^{2+} の存在下ではより不溶になる．このイオン化合物の成分イオンと共通するイオン（common ion）が存在するとそのイオン化合物はより不溶となる現象が**共通イオン効果**（common ion effect）である．

上で，$PbCl_2$ は Pb^{2+} が存在すると純水中よりも溶けにくくなることを述べた．また，同じ理由でもう一つの Cl^- の存在により $PbCl_2$ が溶けにくくなることを示すことができる．共通イオン効果はわずかに溶ける塩の溶液だけに限らない．たとえば，図 10・16 は，かなり可溶性のある塩である NaCl でさえ，共通イオン源である濃塩酸 HCl の添加で沈殿する様子を示している．共通イオンの添加あるいは存在は，それ以上の化学反応を起こさない塩の場合，常にその塩の溶解性を下げる．化学反応を起こす例は，わずかに溶ける塩 AgCl(s) の場合に見られる．AgCl(s) は過剰の Cl^- と反応して可溶な錯陰イオン $[AgCl_2]^-$ を形成する．

図 10・16　共通イオン効果．初めに試験管内には以下の平衡にある NaCl の飽和溶液が入っていた．

$$NaCl(s) \rightleftharpoons Na^+(aq) + Cl^-(aq)$$

共通イオン Cl^- を高濃度で含む濃塩酸 HCl を数滴添加すると，平衡が左に移動し，NaCl 固体の白色沈殿が生じる．

10・6 溶液の束一性

溶媒に**不揮発性**（nonvolatility）の溶質を少量溶かしてつくった溶液のもつ性質には，純溶媒のもつ性質とはかなり異なっているものがある．たとえば，溶液の沸点は純溶媒のものよりも高い，そして凝固点は低い．興味深いことに，沸点の上昇幅と凝固点の下降幅は溶質の種類には必ずしも依存しない．もし，1 kg の水に 1 mol の NaCl と NaBr をそれぞれ溶かした水溶液をつくったならば，それら両者の沸点（約 101 ℃），凝固点（−3.4 ℃）は同じになるであろう．蒸気圧，沸点上昇，凝固点降下，浸透圧は溶液中の溶質粒子の数のみに依存するが，これらは**束一的性質**（colligative property）とよばれ，溶液中の溶質粒子に関する知見を得るのに有用である．

“colligative” という語は “互いに結ぶ” という意味のラテン語 *colligare* に由来する．実際に束一的性質は溶媒分子と溶質粒子間の引力的相互作用に起因するので，この由来は妥当なものである．

束一的性質は日常生活でも重要である．自動車のラジエターに不凍液を入れて冷却液の凝固点を 0 ℃ 以下に下げることで，氷の形成による体積膨張によるエンジンの損傷を防ぐ．不凍液はラジエターの冷却液の沸点も上げる．束一的性質と関連する現象である逆浸透は，圧力の操作のみが必要なので，果実，野菜，ジュースなど熱に敏感なものを濃縮する方法として食品工業では広く利用されている．それはまた，海水からの脱塩やワインから酢酸を除くのにも利用されている．

束一的性質を定量的に扱うようにするために，はじめに溶液の組成をきちんと表現する方法を学ぶ必要がある．

モル濃度

これまでも本書の中で使われてきたが，溶液の濃度を表す最も一般的な方法は $mol\,L^{-1}$ で表す方法である．これはある一定体積の溶液中の溶質の物質量である．これは溶液の**モル濃度**（molar concentration，molarity）とよばれ，記号として c を用いる．

$$\text{モル濃度}\ (c) = \frac{\text{溶質の物質量 (mol)}}{\text{溶液の体積 (L)}}$$

しかし，溶液は（多くは）温度上昇とともに体積が増加するので，溶液のモル濃度は温度とともに変化する．たとえば，25 ℃ において既知のモル濃度の食塩水は体温まで温められると異なるモル濃度となる．このことより，モル濃度は束一的性質を扱うときには必ずしも理想的な濃度の表現ではない．

質量モル濃度

質量モル濃度（molal concentration, molality）は束一的性質が関与する場で溶液の組成を表す好ましい方法である．なぜなら束一的性質は質量モル濃度に比例するからである．質量モル濃度は溶媒 1 kg 当たりの溶質の物質量として定義され，記号として b を用いる．

$$\text{質量モル濃度}\ (b) = \frac{\text{溶質の物質量 (mol)}}{\text{溶媒の質量 (kg)}}$$

質量は温度に依存しないので溶液の質量モル濃度（b）は温度に依存しない．水溶液のモル濃度と質量モル濃度は数値が異なるが，水溶液が薄くなればなるほど，モル濃度の数値は質量モル濃度の値に近くなる．

例題 10・8　ある質量モル濃度をもつ溶液の調製のための計算

質量モル濃度 0.150 mol kg^{-1} の NaCl 水溶液を調製するのに，500.0 g の水に溶かすべき NaCl の質量を求めよ．

解 答　4.38 g

練習問題 10・6　水は溶質を含むと本来の凝固点より低い温度で凝固する．水の凝固点に対するメタノールの影響を調べるために，いろいろな質量モル濃度の溶液をつくることから始めた．2000 g の水を使い 0.250 mol kg^{-1} のメタノール溶液をつくりたい．必要なメタノールの質量を求めよ．

モル分率

第 7 章において，混合気体の組成を表すのにモル分率を導入した．それは溶液でも使うことができる．溶液のある成分の**モル分率**（mole fraction, x）は，その成分の物質量を溶液中の全物質の物質量で割ったものと定義される．たとえば，物質 A, B, C を含む溶液の A のモル分率 x_A は次式で定義される．

$$x_A = \frac{n_A}{n_A + n_B + n_C}$$

もちろん，モル分率も温度に依存しない．

束一的性質を定量的に扱う際に，これらの溶液組成の表現がどのように使われるか見ていこう．

溶質は溶液の蒸気圧に影響するので，それは沸点や凝固点にも影響する．たとえば，不揮発性の溶質の溶液の沸点は純溶媒の沸点よりも高く，凝固点は純溶媒の凝固点よりも低い．このことは，水溶液の場合については水の相図より説明できる（図 7・40 を見よ）．

沸点上昇と凝固点降下

溶液中に不揮発性の溶質が存在すると，溶液の沸点は純溶媒の沸点よりも高くなる．また，そのような溶液の凝固点は純溶媒の凝固点よりも低くなる．これは，ある与えられた温度において，溶液中における溶媒分子間の引力が純溶媒の場合の引力よりも弱くなることを意味している．それは，純溶媒ではなかった溶質分子の存在および溶質–溶媒間の相互作用のためである．

沸点と凝固点の変化は相図を使って説明できる．図 10・17 は不揮発性の溶質を含む溶液（赤線）と純水（青線）を重ね書きした相図である．どのような温度においても，水溶液は純水よりも低い蒸気圧をもつことがわかっているので，溶液の液体–気体平衡曲線は純水の線よりも下に位置する．これは三重点において温度と圧力を下げる効果があり，氷–液体平衡曲線も移動する．この相図より，溶液の沸点は ΔT_b だけ上昇し，凝固点は ΔT_f だけ降下する．ΔT_b は**沸点上昇**（boiling point elevation），ΔT_f は**凝固点降下**（freezing point depression）とよばれ，両者とも溶液の蒸気圧の低下の直接的な結果である．その変化は溶液中の溶媒粒子の数に直接比例するので，それらは束一的性質である．ΔT_b, ΔT_f は次のように計算される．

$$\Delta T_b = K_b\, b$$
$$\Delta T_f = K_f\, b$$

ここで，K_b は**沸点上昇定数**（molal boiling point elevation constant），K_f は**凝固点降下定数**（molal freezing point depression constant）とよばれ，それぞれの定数の単位は K mol^{-1} kg である．b は mol kg^{-1} を単位とする溶液

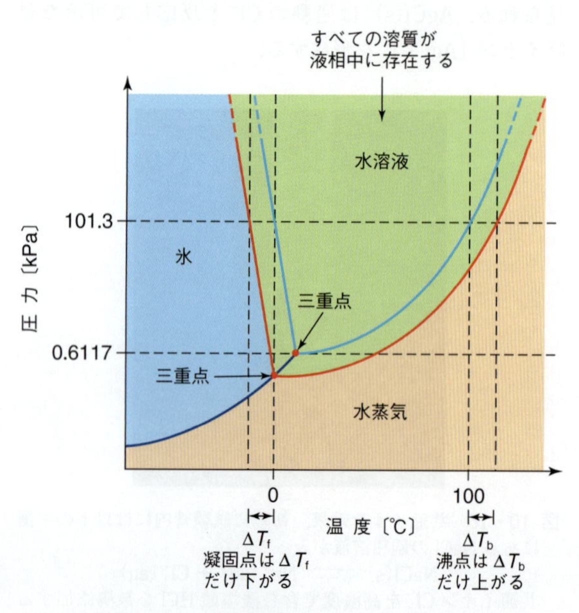

図 10・17　不揮発性の溶質の水溶液の相図

の質量モル濃度である．K_b と K_f は溶媒の種類で決まり，溶質の種類にはよらない．表10・3にいくつかの溶媒の K_b と K_f の値を載せてある．正確には，これらの値は希薄な溶液に適用できるものであるが，ある程度の濃度の溶液の沸点や凝固点に対しても妥当な精度での見積もりに使うことができる．

表 10・3 沸点上昇定数（K_b）と凝固点降下定数（K_f）

溶 媒	K_b〔K mol^{-1} kg〕	K_f〔K mol^{-1} kg〕
水	0.51	1.86
酢 酸	3.07	3.57
ベンゼン	2.53	5.07
クロロホルム	3.63	−
ショウノウ（樟脳）	−	37.7
シクロヘキサン	2.69	20.0

例題 10・9 束一的性質を用いる凝固点の見積もり

100.0 g の水に 10.00 g の尿素 $CO(NH_2)_2$（分子量 60.06 g mol^{-1}）を溶かしてつくった水溶液の凝固点を見積もれ．

解 答 −3.10 ℃

練習問題 10・7 1.013×10^5 Pa において，糖 $C_{12}H_{22}O_{11}$ の（質量で）10%水溶液は何 ℃ で沸騰するか．

溶質の解離の測定

水の凝固点降下定数は 1.86 K mol^{-1} kg である．したがって，NaCl の 1.00 mol kg^{-1} 溶液は −1.86 ℃ で凍ると考えるかもしれない．しかし，実際には −3.72 ℃ で凍る．塩によるこのより大きな凝固点降下（1.86 ℃ の2倍）は，束一的性質は溶質粒子の数に依存することを思い浮かべると考えにくいものである．NaCl(s) は次の反応式にしたがって水中で完全に解離する．

$$NaCl(s) \longrightarrow Na^+(aq) + Cl^-(aq)$$

それゆえ，1 mol の NaCl(s)(58.5 g) を 1 kg の水に溶かすと，その溶液は 2 mol kg^{-1} の溶けた溶質粒子，すなわち 1 mol kg^{-1} の Na^+ と 1 mol kg^{-1} の Cl^- を含むことになる．それゆえ，1.00 mol kg^{-1} の NaCl 溶液は 2×(−1.86 ℃) あるいは −3.72 ℃ で凍ってしかるべきである．

$(NH_4)_2SO_4$ の 1.00 mol kg^{-1} の溶液をつくったときは，次の解離を考えなければならない．

$$(NH_4)_2SO_4(s) \longrightarrow 2\,NH_4^+(aq) + SO_4^{2-}(aq)$$

よって，1 mol の $(NH_4)_2SO_4$ は全体で 3 mol のイオン（2 mol の NH_4^+ と 1 mol の SO_4^{2-}）を与える．この溶液の凝固点は 3×(−1.86 ℃)＝−5.58 ℃ と予想される．

溶解と解離の違いを理解すべきである．AgCl のようなわずかに溶けるイオン性塩は非常に少量しか溶けない（完全には溶解しない）だけでなく，その少量の溶けた Ag^+ と Cl^- は溶液中で完全に解離している．

電解質の束一的性質を見積もるときは，その塩が完全に解離すると仮定して溶液の濃度を計算する．

例題 10・10 塩の溶液の凝固点降下の見積もり

0.106 mol kg^{-1} の $MgCl_2$ 水溶液の凝固点を見積もれ．$MgCl_2$ は完全に解離すると仮定せよ．

解 答 凝固点は −0.591 ℃ と見積もれる．

練習問題 10・8 0.237 mol kg^{-1} の LiCl 水溶液の凝固点を，解離が 100% と仮定したとき，および解離が 0% と仮定したときについて求めよ．

浸透と浸透圧

生体では，いろいろな種類の膜が混合物と溶液とを分離し組織化している．ある物質は膜を通過できなければならず，それにより栄養素や化学反応の生成物が適切に分布される．言い換えれば，これらの膜は，ある物質は通すが他の物質は通さない選択的な**透過性**（permeability）をもたねばならない．そのような膜は**半透性**（semipermeability）の膜とよばれる．

浸透（osmosis）は，溶媒分子のみが半透性の膜を通り溶質濃度のより低い方からより高い方へと移動することである．浸透は，溶質粒子の種類によらず数にのみ依存するので束一的性質の一例である．溶媒分子が膜を通り浸透が生じるとき，溶媒分子の数の指標は，膜を通して溶媒分子を押し戻すのに必要な力，すなわち圧力である．この圧力は**浸透圧**（osmotic pressure）とよばれる．

浸透圧は生物学や医学ではとても重要である．細胞は塩の流れは制限するが水は自由に通過させる膜で覆われている．水の量を一定に保つには，細胞膜の両側の溶液の浸透圧が等しくなければならない．たとえば，質量で 0.9%の NaCl の溶液は赤血球細胞の内容物と同じ浸透圧をもつ．そして，この溶液中の赤血球細胞は正常な水分を維持できる．その溶液は赤血球細胞と**等張的**（isotonic）であるといわれる．血漿は赤血球細胞と等張的な溶液である．

もし細胞が，細胞内の塩濃度よりも高い濃度の溶液におかれると，浸透により水が細胞外に流れ出す．そのような溶液は**高張的**（hypertonic）とよばれる．細胞は縮み脱水して徐々に死にいたる．淡水魚や植物が海に流されると死にいたるのはこのためである．

一方，細胞が，細胞内よりも浸透圧が低い溶液におかれると，水が細胞内に流れ込む．そのような溶液は**低張的**（hypotonic）とよばれる．たとえば，蒸留水中に置かれた細胞は，膨らみ張り裂ける．等張的，高張的および低張的な溶液の赤血球細胞に対する効果が図 10・18 に示されている．

組織培養や静脈内への医薬品投与に使われる溶液の調製において浸透圧は非常に重要であることはいうまでもない．

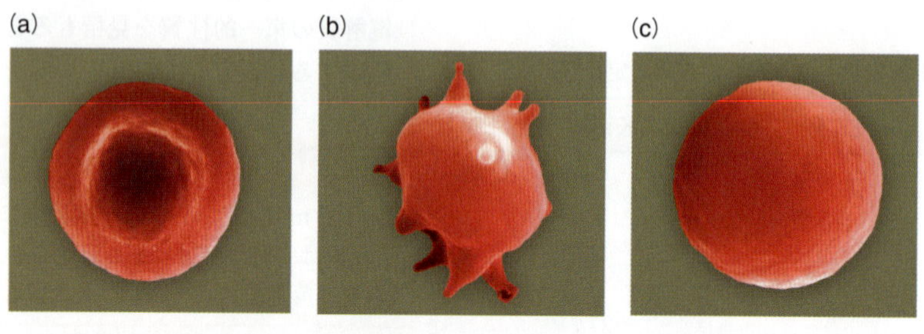

図 10・18　等張的，高張的，低張的な溶液内に置かれた赤血球細胞．(a) 等張的な溶液（質量で 0.9% NaCl 水溶液）中では細胞膜の内外で同じ浸透圧となっているので，膜を通した一方向の正味の水の流れはない．(b) 高張的な溶液（質量で 5.0 % NaCl 水溶液）中では，水が塩濃度の低い方（細胞内）から高い方（高張的な溶液）へと水が移動し，細胞は脱水される．(c) 低張的な溶液（質量で 0.1% NaCl 水溶液）中では，水が塩濃度の低い側（低張的な溶液）からより高い側（細胞内部）へと移動する．これにより，細胞は膨張し破裂する．

11 酸と塩基

11・1 ブレンステッド-ローリーによる酸と塩基

第10章においてイオン化合物が水中で解離してイオンが生じる過程を説明した．このようなイオンの存在は電気伝導度（electrical conductivity）の測定により確かめることができる．イオン化合物の水溶液は電流を通し，その程度は水溶液のイオン濃度に依存する．イオンが高濃度であると電流はよく流れ，低濃度の場合よりも高い電気伝導度を示す．イオンを含まない純溶媒の電気伝導度はゼロである．

私たちは水の中には H_2O 分子のみしか存在しないと考えがちである．H_2O 分子は1個の酸素原子を中心に2個の水素原子が共有結合で結合しているので，H_2O 分子にはイオンとなる性質はないと考えるかもしれない．しかし，純水を測定してみるとわずかな電気伝導性を示し，純水にイオンが存在することがわかる．このイオンは次の反応により水から生じる．

$$H_2O(l) + H_2O(l) \rightleftharpoons H_3O^+(aq) + OH^-(aq)$$

この反応の結果，一つの水分子から他の水分子へのプロトンの移動によりイオン種 H_3O^+〔**オキソニウムイオン**（oxonium ion，ヒドロニウムイオン）〕と OH^-（**水酸化物イオン**，hydroxide ion）が生成する．このようなある化学種から他の化学種へプロトンが移動する反応は**酸塩基反応**（acid-base reaction）とよばれる．水がそれ自身との間で起こす反応はおそらく一番単純な例であろう．この場合，水は酸としても塩基としても働いている．

酸と塩基の概念は数百年前からあるが，“酸”と“塩基”の定義が提示されたのは比較的近年になってからである．酸という語は酸っぱいことを意味するラテン語の *acidus* に由来し，実際に酸は酸っぱい．塩基と同義語のアルカリという語は灰を意味するアラビア語の *al-qaliy* に由来する．それはアルカリ性土壌に育つ植物の灰を指す．最初の酸と塩基の理論は1884年にスウェーデンの化学者アレニウス（Svante August Arrhenius, 1859～1927, 1903年ノーベル化学賞受賞）の博士論文において提示された．アレニウスは，水に溶けたときに H^+ を生じる物質を酸，OH^- を生じる物質を塩基と定義した．より一般的な定義は，デンマークの化学者ブレンステッド（Johannes Brønsted, 1879～1947）と英国の化学者ローリー（Thomas Lowry, 1874～1936）により1923年に独立に提示された．彼らは酸塩基反応をプロトン（H^+）が酸と塩基の間で移動するものであると考え，次のように定義した．

- **酸**（acid）はプロトンの供与体である．
- **塩基**（base）はプロトンの受容体である．

これは，ブレンステッド-ローリーの酸はブレンステッド-ローリーの塩基にプロトンを渡す，と言い換えられる．これ以降本書おいて，ブレンステッド-ローリーの酸と塩基を単に酸と塩基とよぶことにする．ブレンステッド-ローリーの概念を説明するために，水の例に戻ろう．水は酸としても塩基としても働くと述べた．これをブレンステッド-ローリーの定義に照らして説明する．

1個の水分子はプロトン供与体として働くので，それは酸である．この水分子は反応式の右側では OH^- となる．もう1個の水分子は供与されたプロトンを受取るので塩基である．この水分子は反応式の右側では H_3O^+ に変わる．この反応を図11・1に示した分子構造まで含めて考えてみよう．

ブレンステッド-ローリーの酸と塩基の定義を用いる

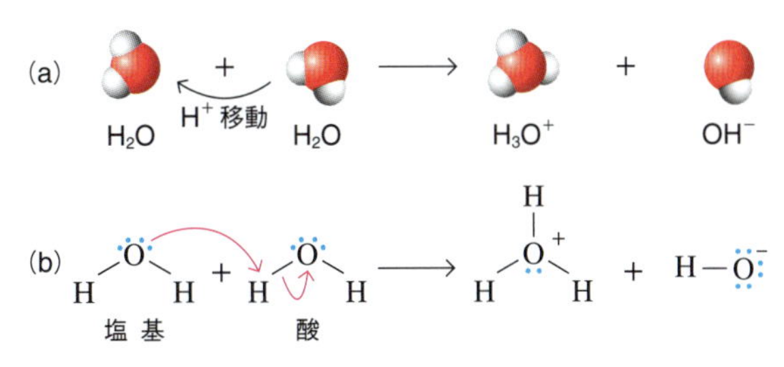

図 11・1 (a) 空間充填模型で表した一つの水分子から他の水分子へのプロトンの供与．(b) 二つの水分子間の酸塩基反応における電子移動の機構

と，水以外の分子が水に入れられたときに，何が酸や塩基としてふるまうか検討することができる．もしその分子の他にプロトンを受容する塩基が存在するならば，その分子は酸としてふるまう．逆も同様である．

電気的に強く分極した共有結合は容易に解離してイオン化するので，塩化水素は水に溶けると強い酸として働きプロトンを解離する．塩化水素のプロトンは水分子と水素結合を形成し，それは容易に移動してオキソニウムイオンをつくる（図 11・2）．残された塩化物イオンは水分子に囲まれ水和される．

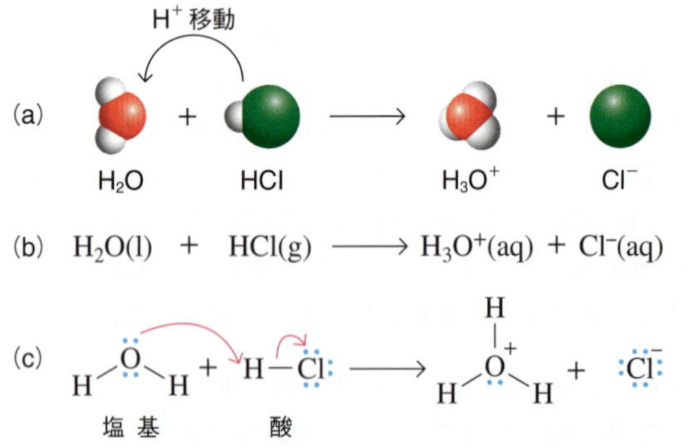

H^+ 移動

(a) H_2O + HCl ⟶ H_3O^+ + Cl^-

(b) $H_2O(l) + HCl(g) \longrightarrow H_3O^+(aq) + Cl^-(aq)$

(c) 塩基 酸

図 11・2 (a) 空間充填模型で表した HCl 分子から H_2O 分子へのプロトンの供与．(b) (a) の反応式．(c) HCl 分子と H_2O 分子間の酸塩基反応における電子移動の機構

ブレンステッド-ローリーの定義によれば，塩化水素は水溶液中で完全に解離するので強酸である．また，強塩基も水溶液中で完全に解離する．

水溶液中で完全には解離しない分子は弱酸または弱塩基とよばれる．アンモニアが水に溶けたときの反応を図 11・3 に示す．

この反応では，H_2O は NH_3 にプロトンを与えて OH^- となるので，酸として働いている．NH_3 は塩基としてふるまい，H_2O から電子を受取って NH_4^+ となる．しかし，非常に少量のアンモニア分子しか水と反応せず，反応の進行は完全なものとはほど遠い．それゆえ，アンモニアは弱塩基の一例である．水は HCl との反応においても NH_3 との反応においても溶媒であるが，HCl との反応においては塩基として，NH_3 との反応においては酸としてふるまう．酸としても塩基としてもふるまうことのできる化合物は**両性**（amphiprotic）であるといわれる．

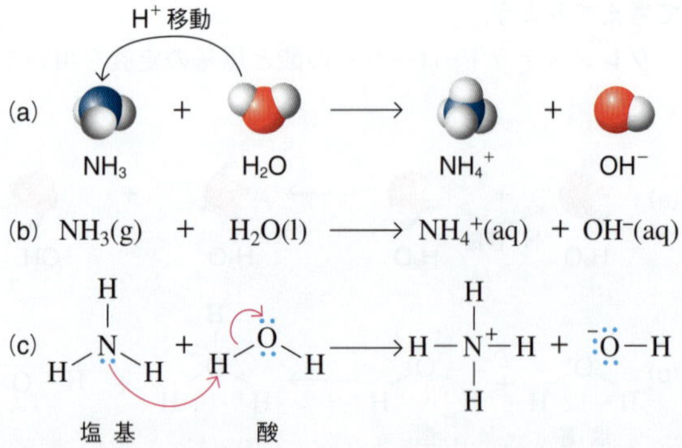

H^+ 移動

(a) NH_3 + H_2O ⟶ NH_4^+ + OH^-

(b) $NH_3(g) + H_2O(l) \longrightarrow NH_4^+(aq) + OH^-(aq)$

(c) 塩基 酸

図 11・3 (a) 空間充填模型で表した H_2O 分子から NH_3 分子へのプロトンの供与．(b) (a) の反応式．(c) H_2O 分子と NH_3 分子間の酸塩基反応の機構

化合物中の水素原子はプロトンとなる可能性はあるものの，ただ存在するだけで，その化合物が酸としてふる

表 11・1 化学実験室で使われる一般的な酸と塩基

化 学 式	化合物名	構 造
酸		
HCl	塩 酸[†1]	H—Cl
HNO_3	硝 酸	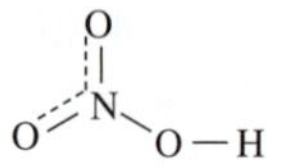
H_2SO_4	硫 酸	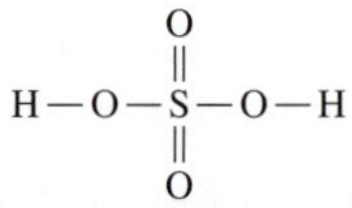
CH_3COOH	酢 酸	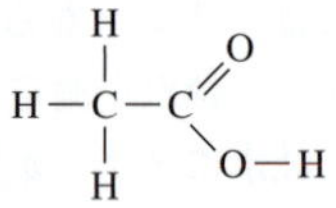
H_3PO_4	リン酸	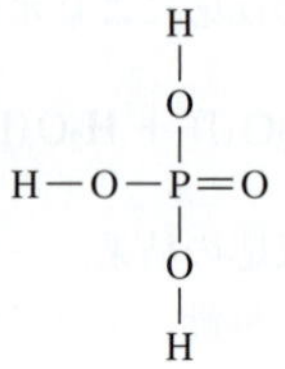
塩 基		
NaOH	水酸化ナトリウム	Na^+ $^-$O—H
NH_3	アンモニア[†2]	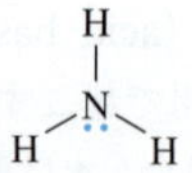
C_5H_5N	ピリジン	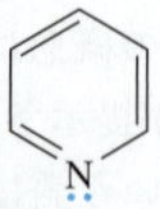
Na_2CO_3	炭酸ナトリウム	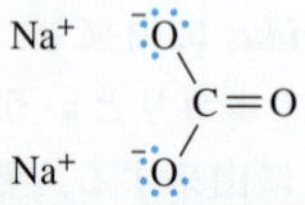

†1 純粋な HCl は室温では気体であり，それは塩化水素とよばれる．塩酸は HCl の水溶液である．

†2 純粋な NH_3 は室温では気体である．実験室では水溶液にしてよく用いられる．

まうというには十分でない．たとえば，メタン CH_4 は4個の水素原子をもつが本質的に酸性ではない．水素原子がいくらかでも酸性を示すには，他の原子と適度な極性をもった結合で結びついていなければならない．それゆえ，酸は16族あるいは17族の元素と結合した水素原子をもっていることが多い．図11・1では，H_2O は塩基として働きプロトンを受取るが，それには供与されたプロトンと共有結合をつくるための非共有電子対をもたねばならないことを示している．塩基として働くためには，1個あるいはそれ以上の非共有電子対がなくてはならない．しかし，非共有電子対をもつものがすべて塩基として働くわけではない．たとえば，塩化物イオン Cl^- は4組の非共有電子対をもつが塩基としての性質は無視できる程度にしかない．通常，塩基は15族あるいは16族の元素を含んでおり，しばしば（特に16族の）原子からプロトンが脱離して，その結果負の電荷をもっている．どの化学実験室にもある一般的な酸と塩基を表11・1に載せてある．表11・2は天然によく見かける酸と塩基である．これを見ると，酸は強く分極したH−X結合をもち，一方，塩基は1組の非共有電子対をもつNやプロトンがとれ3組の非共有電子対をもつOを含んでいることがわかる．

表11・1と表11・2を見比べると，いくつかの化合物が両方の表に載っていることに気がつく．実際，それらの化合物は多くのものに含まれている．たとえば，酢酸は食品（すべての食酢類），薬品（抗菌治療），工業材料（ポリマー類）に使われている．天然の塩基は一般に岩石と雨水とが接する場所に多く見られる．

表11・1と表11・2に示す酸の構造から，ある酸には二つ以上の極性の強いH−X結合があり，2個以上のプロトンを供与できることがわかる．それらの酸は**多塩基酸**（polyprotic acid）とよばれる．1個のプロトンし

表 11・2　天然によく見られる酸と塩基

化学式	化合物名	構造	存在する場所など
酸			
HCl	塩酸†	 H−Cl:	ウミウシ類
H_2SO_4	硫酸	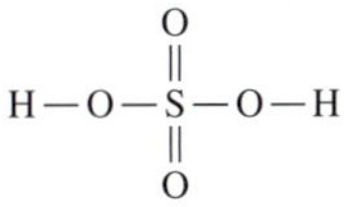 H−O−S(=O)(=O)−O−H	ウミウシ類，火山湖
HCOOH	ギ酸	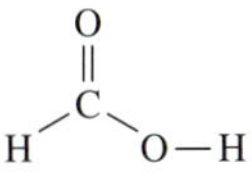 H−C(=O)−O−H	アリ，オサムシ
CH_3COOH	酢酸	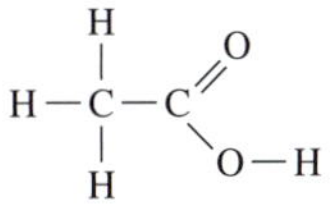 H−C(H)(H)−C(=O)−O−H	サソリ，オサムシ
H_2CO_3	炭酸	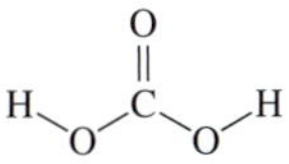 H−O−C(=O)−O−H	石灰岩の地層の湖
塩基			
$C_5H_{11}N$	ピペリジン	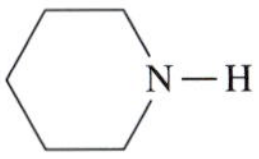 (環)N−H	ヒアリ
Na_2CO_3	炭酸ナトリウム	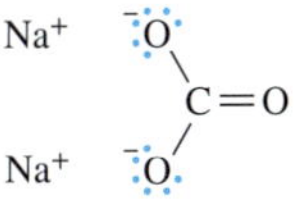 Na^+ $^-$:O: / C=O / Na^+ $^-$:O:	トロナ石（鉱物）
$Mg(OH)_2$	水酸化マグネシウム	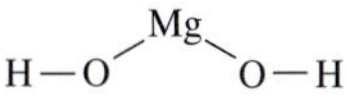 H−O−Mg−O−H	ブルーサイト（鉱物）
$Ca(OH)_2$	水酸化カルシウム	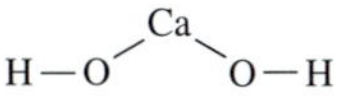 H−O−Ca−O−H	消石灰

† 純粋なHClは室温では気体であり，それは塩化水素とよばれる．塩酸はHClの水溶液である．

か供与できない塩酸，硝酸，酢酸は**一塩基酸**（monoprotic acid）である．2個のプロトンを供与できる硫酸は**二塩基酸**（diprotic acid），3個のプロトンを供与できるリン酸は**三塩基酸**（triprotic acid）である．

同様に，2個以上のプロトンを受取ることのできる塩基は**多酸塩基**（polyprotic base）とよばれる．水酸化ナトリウム，アンモニア，ピリジンは**一酸塩基**（monoprotic base），炭酸イオンは**二酸塩基**（diprotic base）である．

共役酸塩基対

水との HCl の反応および水との NH_3 の反応の逆方向の反応を書いてみると気づくことがある．

$$Cl^-(aq) + H_3O^+(aq) \longrightarrow HCl(aq) + H_2O(l)$$
$$NH_4^+(aq) + OH^-(aq) \longrightarrow NH_3(aq) + H_2O(l)$$

逆反応もプロトンの移動を含み，これらも酸塩基反応である．次の反応では，H_3O^+は酸として働き，塩基として働く Cl^-にプロトンを与える．

$$Cl^-(aq) + H_3O^+(aq) \longrightarrow HCl(aq) + H_2O(l)$$

同様に，以下の反応では NH_4^+は酸として働き，塩基 OH^-にプロトンを与える．

$$NH_4^+(aq) + OH^-(aq) \longrightarrow NH_3(aq) + H_2O(l)$$

これらは，すべてのブレンステッド-ローリーの酸塩基反応に共通する特徴，“正方向の反応も逆方向の反応も酸塩基反応である”ということを示している．さらに，反応式の両側にただプロトンだけが異なる1対の化学種が常にある．この1対の化学種を**共役酸塩基対**（conjugate acid-base pair）という．次の反応においては，HCl と Cl^-，そして H_2O と H_3O^+はプロトンのみが異なっている．

$$HCl(aq) + H_2O(l) \longrightarrow H_3O^+(aq) + Cl^-(aq)$$

正反応において HCl は酸として，逆反応において Cl^-は塩基としてふるまう．それゆえ，Cl^-は HCl の**共役塩基**（conjugate base），HCl は Cl^- の**共役酸**（conjugate acid）である．同様の理由で，H_2O は H_3O^+の共役塩基，H_3O^+は H_2O の共役酸である．

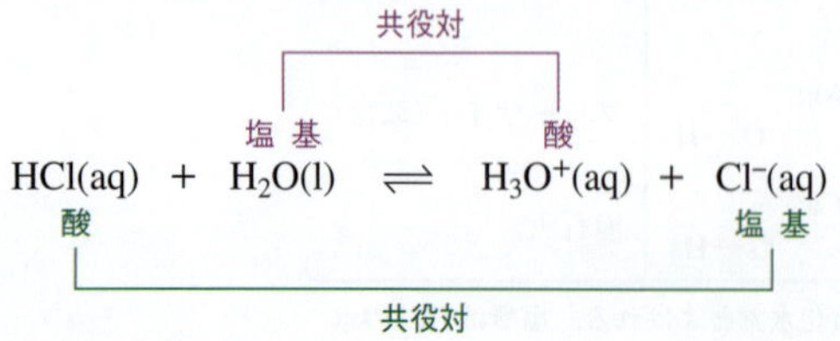

共役対

塩基　　酸

$$HCl(aq) + H_2O(l) \rightleftharpoons H_3O^+(aq) + Cl^-(aq)$$

酸　　塩基

共役対

正反応および逆反応の両方とも酸塩基反応であり，一般に，その進行の度合いは中途までと考え，酸塩基反応は平衡として記述される．章の後半でこの平衡の定量的な扱いについて説明する．

例題 11・1 ブレンステッド-ローリーの酸の共役塩基

酸性雨は少量の硝酸 HNO_3 を含む．また，硫酸水素イオン HSO_4^-は火山湖で見られる．HNO_3 および HSO_4^-の共役塩基の化学式を書け．

解 答　NO_3^-と SO_4^{2-}

練習問題 11・1　次のブレンステッド-ローリーの酸の共役塩基の化学式を書け．

(a) H_2O　(d) H_2SO_4
(b) HNO_2　(e) NH_4^+
(c) $H_2PO_4^-$　(f) CH_3COOH

例題 11・2 ブレンステッド-ローリーの酸塩基反応における共役酸塩基対

南東ヨーロッパにある黒海では，深層水の循環が遅いので酸素が希薄でリン酸濃度がとても高く，次の平衡が成立している．この平衡における二つの共役対を示せ．

$$HCO_3^-(aq) + PO_4^{3-}(aq) \rightleftharpoons CO_3^{2-}(aq) + HPO_4^{2-}(aq)$$

解 答

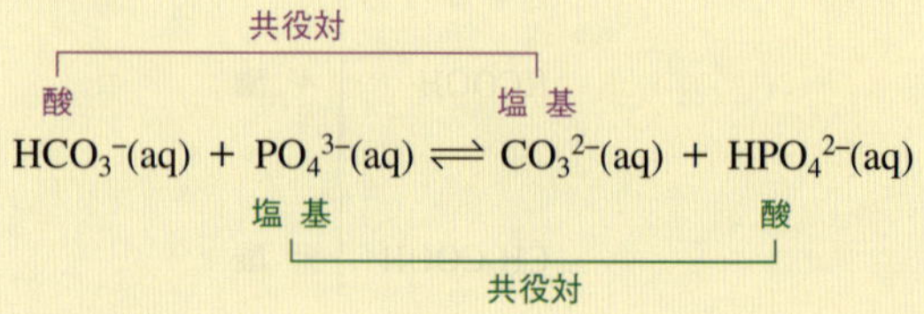

共役対

酸　　塩基

$$HCO_3^-(aq) + PO_4^{3-}(aq) \rightleftharpoons CO_3^{2-}(aq) + HPO_4^{2-}(aq)$$

塩基　　酸

共役対

練習問題 11・2　ある種の強力な洗剤にはリン酸ナトリウムが含まれている．それを食酢（酢酸を含む）と混合すると次の反応が起こる．この反応における共役酸塩基対を示せ．

$$PO_4^{3-}(aq) + CH_3COOH(aq) \rightleftharpoons HPO_4^{2-}(aq) + CH_3COO^-(aq)$$

11・2 水中での酸塩基反応

今まで多くの例で，水が溶媒としても，酸や塩基としても働くことを見てきた．しかし，図 11・4 や以下に示すように，酸塩基反応は，どのような溶媒の中でも，また溶媒がなくても可能である．

$$NH_3(g) + HCl(g) \longrightarrow NH_4Cl(s)$$

$$H-\underset{\displaystyle H}{\overset{\displaystyle H}{N}}: + H-Cl: \longrightarrow H-\underset{\displaystyle H}{\overset{\displaystyle H}{N^+}}-H \quad :Cl:^-$$

塩基　　酸

この反応は気体の HCl が気体の NH_3 にプロトンを渡すプロトン移動反応である．しかし，興味ある酸塩基反応の大多数は水溶液中で起こるので，以後はおもに水が溶媒の場合について説明する．

図 11・4 HCl 気体と NH_3 気体の反応．それぞれの高濃度の水溶液から気体が揮発して混合すると $NH_4Cl(s)$ の微小な結晶の雲ができる．

水の自己解離

次の反応により，水が自身と反応してオキソニウムイオンと水酸化物イオンを生じることはすでに述べた．

$$H_2O(l) + H_2O(l) \rightleftharpoons H_3O^+(aq) + OH^-(aq)$$

同種の分子間でプロトンが移動する反応は**自己解離**(autoprotolysis) とよばれる（自己イオン化ともよばれる）．水の自己解離の進行の度合いは，平衡定数を使って表すことができる．この反応の 25 ℃における平衡定数は，第 9 章で使った方法および純液体は平衡定数の式には現れないことから，次のように書くことができる．

$$K_w = [H_3O^+][OH^-] = 1.0 \times 10^{-14}$$

この平衡は重要で，平衡定数には特別な記号 K_w が与えられ，それは**水のイオン積** (ion product constant of water) とよばれる．その値はとても小さく，それは水の自己解離の進行の度合いが非常に小さく，純水中における H_3O^+ と OH^- の平衡濃度が低いことを意味する．それらの濃度は，K_w の値と純水中の H_3O^+ と OH^- の平衡濃度が等しくなければならないという化学量論を用いて計算することができる．

$$K_w = 1.0 \times 10^{-14} = [H_3O^+][OH^-]$$

ここで $[H_3O^+] = [OH^-]$ より以下のようになる．

$$[H_3O^+] = [OH^-] = \sqrt{1.0 \times 10^{-14}} = 1.0 \times 10^{-7}\ \text{mol L}^{-1}$$

よって，純水中の $[H_3O^+]$ と $[OH^-]$ は 25.0 ℃において両方とも 1.0×10^{-7} mol L^{-1} である．多くの平衡定数と同じく，K_w の値は温度に依存し，温度の上昇とともに増大する．たとえば，40.0 ℃において $K_w=3.0\times10^{-14}$ であり，$[H_3O^+]=[OH^-]=1.7\times10^{-7}$ mol L^{-1} である．表 11・3 にいくつかの温度における K_w の値を載せた．

表 11・3 いくつかの温度における K_w の値

温度〔℃〕	K_w	温度〔℃〕	K_w
0	1.5×10^{-15}	30	1.5×10^{-14}
10	3.0×10^{-15}	40	3.0×10^{-14}
20	6.8×10^{-15}	50	5.5×10^{-14}
25	1.0×10^{-14}	60	9.5×10^{-14}

純水は等濃度の H_3O^+ と OH^- を含むので**中性**(neutral) である．$[H_3O^+] > [OH^-]$ の水溶液は**酸性** (acidic)，$[H_3O^+] < [OH^-]$ の水溶液は**塩基性** (basic) あるいは**アルカリ性** (alkaline) である．$[H_3O^+]$ と $[OH^-]$ は相反する関係にある．すなわち，一定温度では K_w が一定であるので，一方が増えれば他方は減る．もし溶液中の $[H_3O^+]$ と $[OH^-]$ の片方のみがわかっている場合，例題 11・3 にあるように K_w を使ってもう一方を計算することができる．

例題 11・3 $[H_3O^+]$ からの $[OH^-]$ の計算

25 ℃において血液試料の $[H_3O^+]$ が 4.6×10^{-8} mol L^{-1} であった．$[OH^-]$ を求め，試料が酸性であるか塩基性であるかを示せ．

解 答 $[OH^-] = 2.2\times10^{-7}$ mol L^{-1}．わずかに塩基性．

練習問題 11・3 炭酸水素ナトリウム $NaHCO_3$ の水溶液の $[OH^-]$ が 7.8×10^{-6} mol L^{-1} であった．$[H_3O^+]$ を求めよ．また，酸性であるか塩基性であるかを示せ．

pH の 概 念

これまでに見てきたように純水中のH_3O^+とOH^-の濃度は非常に低く，それは酸や塩基の水溶液中の$[H_3O^+]$と$[OH^-]$についても同様である．このような小さく不便な数量を扱うのを避けるため，通常私たちは$[H_3O^+]$を **pH** の形で表す．この方法は1909年にデンマークの化学者セーレンセン（Søren Sørensen，1868～1939）により導入された．pHは溶液中のH_3O^+の濃度の対数に負号を付けたものとして定義される．式で表すと次のようになる．

$$\mathrm{pH} = -\log[\mathrm{H_3O^+}]$$

同様に **pOH** も以下の式で定義できる．

$$\mathrm{pOH} = -\log[\mathrm{OH^-}]$$

両者において，"p"は"power（累乗）"の略号である．logが自然対数（lnあるいは$\log_e$）ではなく，常用対数（$\log_{10}$）であることを認識しておくことは重要である．すなわち，二つの対数，たとえば，$\log(1\times10^2)=2$と$\ln(1\times10^2)=4.605$の違いである．また，どのような場合にこれらの異なる対数が使われるかを確かめておくべきである．一般には，pHや（これから学ぶ）pK_aが関係するときは常用対数を使用する．

25.0 ℃において純水の$[H_3O^+]$は1.0×10^{-7} mol L^{-1}であることより，そのpHを計算することができる．

$$\mathrm{pH} = -\log[\mathrm{H_3O^+}] = -\log(1.0\times10^{-7}) = 7.00$$

ここで，二つ注意すべきことがある．第一に，濃度の単位として mol L^{-1} を使う場合，pHを無次元のものとして扱うことができる．第二に，どのような数の対数においても小数位の数は，もとの数の有効数字の数と等しい．したがって，この場合のpHは二つの小数位をもつ7.00となる．

純水が25.0 ℃においてpH=7であることは多くの人にとってなじみのあることであろう．一方，25.0 ℃における純水のpOHは$[OH^-]=1.0\times10^{-7}$ mol L^{-1}であり，pOHは以下のようになる．

$$\mathrm{pOH} = -\log[\mathrm{OH^-}] = -\log(1.0\times10^{-7}) = 7.00$$

これら両方において，1.0×10^{-7}と書くよりも7.00と書く方が便利であることが理解できよう．

先に，$[H_3O^+] > [OH^-]$の溶液は酸性，$[H_3O^+] < [OH^-]$の溶液は塩基性であると述べた．これは，（25.0 ℃において）pH < 7の溶液は酸性，pH > 7の溶液は塩基性（あるいはアルカリ性）であることを意味する．

$[H_3O^+]$からpHへ，そしてpHから$[H_3O^+]$へ容易に変換できるようになっておくことは重要である．後者の場合はpHの負値の逆対数（$[H_3O^+]=10^{-pH}$）をとることとなる．

pHとpOHの間の単純な関係をK_wの式から導くことができる．

$[H_3O^+][OH^-]=K_w$であることはわかっている．両辺の対数をとり負号をつけ，対数の計算規則，$\log(ab)=\log(a)+\log(b)$を適用する．

$$-\log[\mathrm{H_3O^+}] + (-\log[\mathrm{OH^-}]) = -\log K_w$$

$-\log[H_3O^+]=\mathrm{pH}$，$-\log[OH^-]=\mathrm{pOH}$，$-\log K_w=pK_w$であるので，

$$\mathrm{pH} + \mathrm{pOH} = pK_w$$

ここで $\mathbf{pK_w}$ はK_wの対数に負号をつけたものである．この式は，25.0 ℃において$K_w=1.0\times10^{-14}$であるので以下のように書ける．

$$\mathrm{pH} + \mathrm{pOH} = 14$$

この式は25.0 ℃においてのみ成立することに注意せよ．この章の計算問題において温度は常に25.0 ℃と仮定する．pHとpOHはこのような簡単な式で関係づけられるので，多くの場合，もっぱら溶液のpHのみが使われ，pOHはめったに使われない．

練習問題 11・4 以下に示すpHにおいて，$[H_3O^+]$と$[OH^-]$を求めよ．また，酸性か，塩基性かを答えよ．

(a) 2.30（レモンジュースのpHに近い）
(b) 10.81〔マグネシア乳（下剤や制酸剤に用いられる）のpHに近い〕
(c) 11.61（家庭用希アンモニア水のpHに近い）

pHの値として高濃度の酸では負の値も，また高濃度の塩基性溶液では14以上の値も可能であるが，最も実用性のあるpHの領域は0から14である．0.10 mol L^{-1}の$HCl(aq)$のpHは1.00，また0.10 mol L^{-1}の$NaOH(aq)$のpHは13.00である．図11・5はよく目にする水溶液のpHの値を示している．正確なpH値（pH単位で±0.01）は，H_3O^+イオンに敏感なガラス電極を使ったpHメーターで容易に測ることができる（図11・6）．pH紙による測定の精度は落ちる．青や赤のリトマス紙は，溶液が酸性か塩基性かを定性的に決めるときに使う．

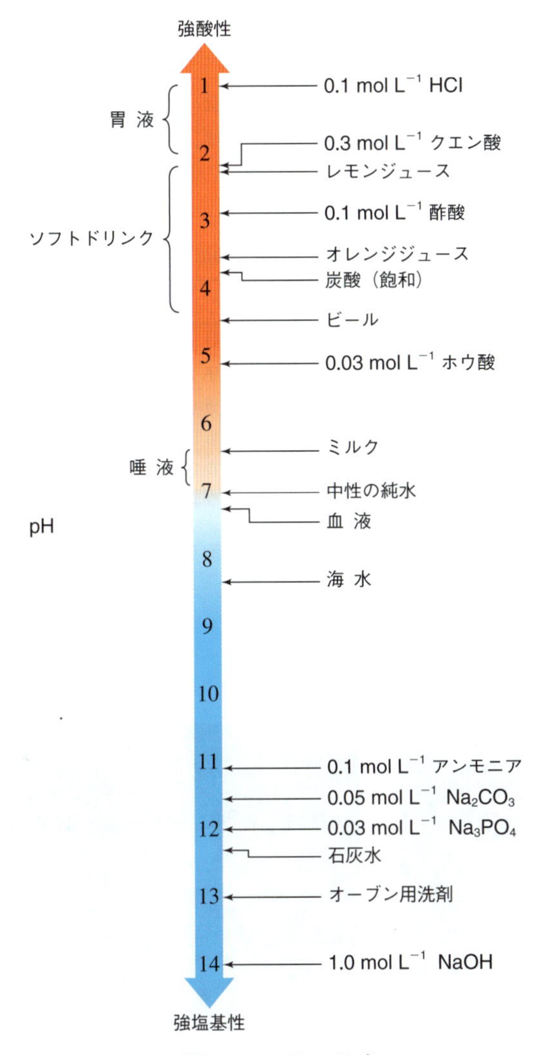

図 11・5　pH の尺度

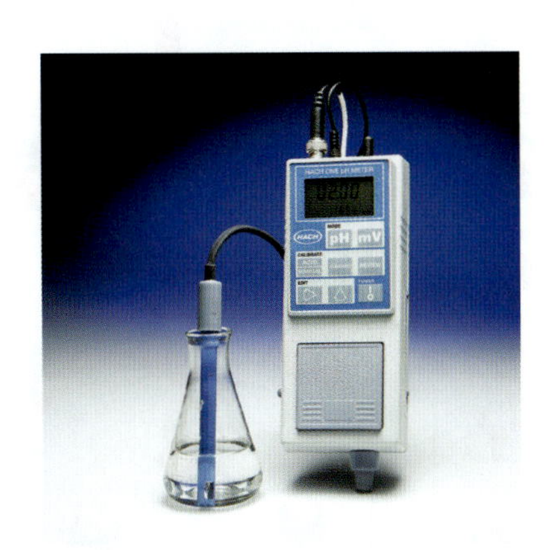

図 11・6　pH メーターには水素イオン濃度に敏感な複合電極がついている．既知の pH の溶液を使って較正した後は，電極を試料溶液に浸しメーターより pH 値を読取る．pH メーターは試料溶液と電極内の溶液の H_3O^+ 濃度差を電圧として検知し，それを pH に変換する．

酸と塩基の強さ

0.10 mol L^{-1} の HCl(aq) の pH が 1.00 であることはすでに述べた．これはその溶液の $[H_3O^+]$ が 0.10 mol L^{-1} であること，すなわち次の反応の正方向への進行が完全であること，言い換えると HCl が水中で完全に解離していることを意味している．

$$HCl(aq) + H_2O(l) \rightleftharpoons H_3O^+(aq) + Cl^-(aq)$$

しかし，類似の酸であると思われる HF の 0.10 mol L^{-1} 水溶液の pH は 1.00 ではなく 2.10 となる．HF 溶液の $[H_3O^+]$ は 0.10 mol L^{-1} ではなく，7.9×10^{-3} mol L^{-1} である．これは次の反応が完全には進行しないことを意味する．

$$HF(aq) + H_2O(l) \rightleftharpoons H_3O^+(aq) + F^-(aq)$$

実際に，13 個の HF 分子当たり約 1 個のみが水と反応して H_3O^+ と F^- を生じる．同様のことが酢酸 CH_3COOH の 0.10 mol L^{-1} 水溶液でも見ることができる．この溶液の pH は 1.00 ではなく 2.88 である．すなわち，$[H_3O^+]$ は 1.3×10^{-3} mol L^{-1} であり次の平衡は反応物側に寄っている．

$$CH_3COOH(aq) + H_2O(l) \rightleftharpoons H_3O^+(aq) + CH_3COO^-(aq)$$

明らかに，HCl と HF や CH_3COOH の間には本質的な差がある．HCl は水にプロトンを完全に移動させることができるが，HF と CH_3COOH は水に対して非常に非力なプロトン供与体である．これは，それらが水溶液中でおもに分子として存在し，その結果，溶液中のイオン濃度が低くなっていることを意味する．それは電気伝導度から確かめることができる．図 11・7 は HCl と CH_3COOH を含む水溶液の電気伝導の差を示しており，ここで見られるふるまいは酸の強さを反映している．HCl は**強酸**（strong acid），HF および CH_3COOH は**弱酸**（weak acid）といわれる．以下にそれらの定義を記す．

- 強酸と水の反応は完全に進行して，化学量論の H_3O^+ が生じる．
- 弱酸と水の反応は完全には進行せず，化学量論よりも少量の H_3O^+ が生じる．

同様の定義が塩基についてもいうことができる．

- **強塩基**（strong base）と水の反応は完全に進行して，化学量論の OH^- が生じる．
- **弱塩基**（weak base）と水の反応は完全には進行せず，化学量論よりも少量の OH^- が生じる．

これらの定義は水溶液におけるブレンステッド-ロー

リーの酸塩基についてのみ成立することに注意せよ．

強酸と弱酸の間にはっきりとした境があるわけではない．強酸と強塩基の定義は，それらが水中で完全に解離することを意味しているが，これは比較的希薄な水溶液に限れば正しい．一方，弱酸と弱塩基が水溶液中で示す強さは非常に広い範囲に及んでいる．それらのふるまいを表している“弱”という定性的な概念よりも，水との反応の平衡定数を見ることで，酸と塩基のプロトン供与体あるいはプロトン受容体としての能力を定量化する方がより有用である．それは §11・4 で扱うこととし，その前に，強酸と強塩基の水溶液中でのふるまいを見ることにする．

11・3 強酸と強塩基

強酸とは水溶液中で完全に解離し，それぞれの分子が水分子にプロトンを供与するものとして定義した．この定義によると，次の強酸 HA の反応は完全に進行する．

$$HA(aq) + H_2O(l) \rightleftharpoons H_3O^+(aq) + A^-(aq)$$

同様に，強塩基の定義は，水と反応して定量的に OH^- を生じるものであり，次の水と強塩基 B との反応は完全に進行する．

表 11・4 強酸と強塩基

強 酸†	強 塩 基
過塩素酸 $HClO_4(HOClO_3)$	水酸化リチウム LiOH
塩酸 HCl	水酸化ナトリウム NaOH
臭化水素酸 HBr	水酸化カリウム KOH
ヨウ化水素酸 HI	水酸化カルシウム $Ca(OH)_2$
硝酸 $HNO_3(HONO_2)$	水酸化ルビジウム RbOH
硫酸 $H_2SO_4((HO)_2SO_2)$	ナトリウムメトキシド $NaOCH_3$
トリフルオロスルホン酸 $HCF_3SO_3(HOSO_2CF_3)$	水酸化セシウム CsOH

† 実際の分子構造に対応した化学式をかっこ内に示す．それらのすべての場合において解離するプロトンは O 原子に結合している．

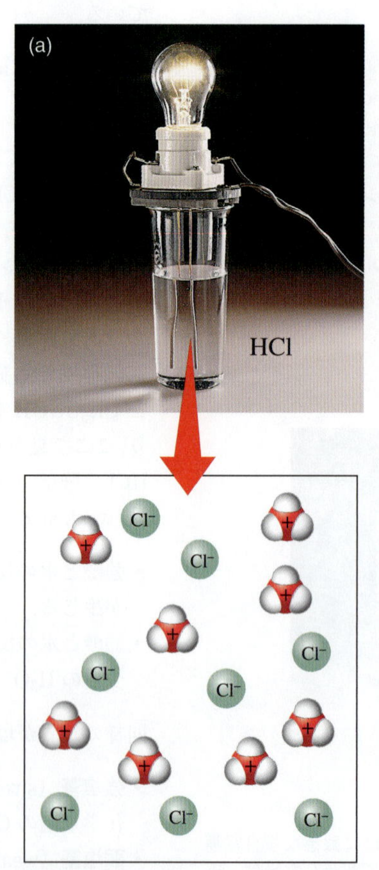

すべての HCl が水と反応するので，多くのイオンが存在する．

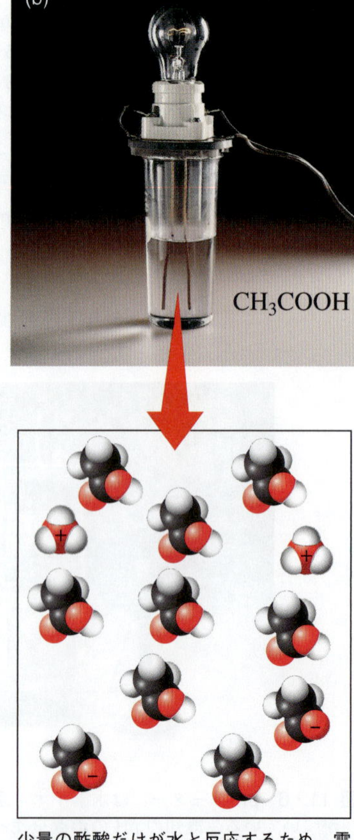

少量の酢酸だけが水と反応するため，電気伝導を担うイオンは少ない．ほとんどの酢酸が中性の CH_3COOH 分子のまま存在する．

図 11・7 等濃度の強酸と弱酸の溶液の電気伝導．導線は電球に電力を送る電池につながっている．(a) HCl は水と完全に反応して H_3O^+ と Cl^- を生じる．その結果，電球を明るく光らせることができる．(b) CH_3COOH と水との反応で生じる H_3O^+ と CH_3COO^- は非常に少量しかない．そのため電球の光は暗い．

$$B(aq) + H_2O(l) \rightleftharpoons BH^+(aq) + OH^-(aq)$$

いくつかの強酸，強塩基を表11・4に示す．

強酸が完全に解離するという事実から，その共役塩基の塩基性に関する情報が得られる．たとえば，次の平衡は，ほとんど完全に右側に寄っており，逆反応は無視できるほどにしか起こらない．

$$HCl(aq) + H_2O(l) \rightleftharpoons H_3O^+(aq) + Cl^-(aq)$$

これは HCl の共役塩基である Cl^- は H_3O^+ から容易にはプロトンを受取らず，結果として Cl^-は非常に弱い塩基でなくてはならない．このことはすべての強酸に共通しており，強酸の共役塩基は非常に弱いと一般化できる．これに関しては弱酸と弱塩基を扱う §11・4で詳しく学ぶことになる．同時に，H_3O^+と OH^-は，それぞれ水溶液中に存在することのできる最強の酸および最強の塩基であるということができる．すでに，強酸 HCl は完全に解離して，それぞれの HCl 分子が水分子にプロトンを渡して H_3O^+を生じさせることを見てきた．HCl 分子が水中で完全に溶けて H_3O^+を生じさせた結果，もはや解離していない酸，すなわち H^+を供与できる HCl は存在しない．存在する酸は H_3O^+のみである．同様に，OH^-よりも強い塩基は，水に溶けると定量的に水を脱プロトンして OH^-を生じさせる．その結果，自身は塩基ではなくなり，塩基として残るのは OH^-のみである．よって，水において利用できる酸性と塩基性の範囲には限界がある．もし，この限界を超えたいならば水とは異なる溶媒を使う必要がある．

強酸と強塩基の溶液の pH

強酸と強塩基は水とほとんど完全に反応するので，強酸と強塩基が関与する pH の計算は多くは直接的な化学量論の計算となる．

水溶液中の溶質が HCl や HNO_3 のようは強酸の一塩基酸であるとき，溶液中の 1 mol の酸分子から 1 mol の H_3O^+を得る．すなわち，1.0×10^{-2} mol L^{-1} の HCl 溶液は 1.0×10^{-2} mol L^{-1} の H_3O^+を含み 2.0×10^{-3} mol L^{-1} の HNO_3 溶液は 2.0×10^{-3} mol L^{-1} の H_3O^+を含む．

強酸の一塩基酸の溶液の pH を計算するために，酸のモル濃度から得られた $[H_3O^+]$ を使う．すなわち，1.0×10^{-2} mol L^{-1} の HCl 溶液の $[H_3O^+]$ は 1.0×10^{-2} mol L^{-1} であるので，$pH=-\log[H_3O^+]=-\log(1.0\times10^{-2})=2.00$ となる．

強塩基に対しても，同様に OH^-濃度から pH を容易に計算できる．強塩基 NaOH は完全に解離し，1 mol の NaOH から 1 mol の OH^-が生じるので，5.0×10^{-2} mol L^{-1} の NaOH 溶液は 5.0×10^{-2} mol L^{-1} の OH^-を含む．それゆえ，25 ℃において，$pOH=-\log(5.0\times10^{-2})=1.30$，さらに $pH=14.00-1.30=12.70$ となる．

$Ba(OH)_2$ のような塩基に対しては，1 mol の $Ba(OH)_2$ から 2 mol の OH^-が生じる．

$$Ba(OH)_2(s) \rightleftharpoons Ba^{2+}(aq) + 2\,OH^-(aq)$$

それゆえ，1 L 当たり 1.0×10^{-2} mol の $Ba(OH)_2$ の溶液の OH^-の濃度は 2.0×10^{-2} mol L^{-1} となる．もちろん，OH^-濃度がわかれば pOH，さらに pH を計算できる．例題11・4はここで述べた類の計算問題である．

例題 11・4 強酸と強塩基の水溶液の pH，pOH，$[H_3O^+]$，$[OH^-]$ の計算

次の溶液の 25 ℃における pH, pOH, $[H_3O^+]$, $[OH^-]$ を計算せよ．

(a) 2.0×10^{-2} mol L^{-1} HCl

(b) 3.5×10^{-4} mol L^{-1} $Ca(OH)_2$

解 答 (a) pH = 1.70，pOH = 12.30，$[H_3O^+]$ = 2.0×10^{-2} mol L^{-1}，$[OH^-]$ = 5.0×10^{-13} mol L^{-1}

(b) pH=10.85，pOH=3.15，$[H_3O^+]=1.4\times10^{-11}$ mol L^{-1}，$[OH^-]$ = 7.0×10^{-4} mol L^{-1}

練習問題 11・5 5.0×10^{-3} mol L^{-1} の NaOH 水溶液の $[H_3O^+]$ と pH を計算せよ．

11・4 弱酸と弱塩基

この章の少し前の方で，弱酸と弱塩基は水と不完全に反応し，それぞれ化学量論量よりも少量の H_3O^+と OH^-を生じると述べた．その反応がどの程度進むのかを平衡定数の値より定量的に知ることができる．弱い一塩基酸 HA と水との反応は次式で表される．

$$HA(aq) + H_2O(l) \rightleftharpoons H_3O^+(aq) + A^-(aq)$$

以下の式が，これに対する平衡定数の式である．

$$K_a = \frac{[H_3O^+][A^-]}{[HA]}$$

水溶液中における酸の解離の平衡定数は**酸解離定数** (acid dissociation constant) とよばれ，記号として K_a が用いられる．K_a の値より，平衡に至ったときにこの反応がどこまで進行したかを知ることができる．

同様に，弱い一酸塩基 B について次の反応式を書くことができる．

$$B(aq) + H_2O(l) \rightleftharpoons BH^+(aq) + OH^-(aq)$$

これに対応する平衡定数の式は次式である．

$$K_b = \frac{[BH^+][OH^-]}{[B]}$$

これは**塩基解離定数**（base dissociation constant）とよばれ，K_b が記号として用いられる．

多塩基酸や多酸塩基を考えるときは，失われるあるいは得られる個々のプロトンごとに別個の平衡定数を書かねばならない．たとえば，二塩基酸 H_2A が水中で二つのプロトン解離を二段階で行うとき，一段目では H_2A が，二段目では共役塩基 HA^- が関与する．このことより，二つの別個の K_a の式が成立する．

$$H_2A + H_2O \rightleftharpoons HA^- + H_3O^+ \qquad K_{a_1} = \frac{[H_3O^+][HA^-]}{[H_2A]}$$

$$HA^- + H_2O \rightleftharpoons A^{2-} + H_3O^+ \qquad K_{a_2} = \frac{[H_3O^+][A^{2-}]}{[HA^-]}$$

多酸塩基に対しても同様の K_b の式を書くことができる．

弱酸も弱塩基も水とはほんの少ししか反応しないので，一般に K_a も K_b も 1 よりもかなり小さな値である．たとえば，酢酸の K_a は 1.8×10^{-5}，ピリジンの K_b は 1.7×10^{-9} である．これらの値を大局的に扱うために，（第 9 章で行ったように）別の形で表現すると便利である．$10^{-5} = 1/10^5$ であることから酢酸の K_a は次のように書くことができる．

$$K_a = \frac{[H_3O^+][CH_3COO^-]}{[CH_3COOH]} = 1.8 \times 10^{-5} = \frac{1.8}{10^5}$$

このような形にすると，分母にある濃度に比べて分子にある濃度がいかに低いかよくわかる．別のいい方をすれば，平衡において解離していない酸の濃度は $[H_3O^+]$ と $[CH_3COO^-]$ に比べて非常に高い．これは正に酢酸が弱酸であることを示している．同じ方法がピリジンの弱塩基性を強調して示すのに使うことができる．

多くの K_a と K_b は 1 よりもかなり小さいので，以下に示す **p*K*a** と **p*K*b** を使うと便利である．

$$pK_a = -\log K_a \qquad pK_b = -\log K_b$$

pK_a と pK_b は pH と似ており，定義の式も類似している．これらより K_a と K_b を求める式も書くことができる．それらは以下のようになる．

$$K_a = 10^{-pK_a} \qquad K_b = 10^{-pK_b}$$

多塩基酸と多酸塩基では二つの以上の pK_a や pK_b をもつことに注意せよ．

弱酸の強さはその K_a の値で決まる，K_a が大きくなればなるほど，酸として強く，平衡時の解離の程度も大きくなる．pK_a の定義式にある負の符号のため，酸が強く

表 11・5　弱い一塩基酸の K_a と pK_a（25 ℃）

酸の名称	化 学 式	K_a	pK_a
クロロ酢酸	$ClCH_2COOH$	1.4×10^{-3}	2.85
亜硝酸	HNO_2	7.1×10^{-4}	3.15
フッ化水素酸	HF	6.8×10^{-4}	3.17
シアン酸	HOCN	3.5×10^{-4}	3.46
ギ 酸	HCOOH	1.8×10^{-4}	3.74
バルビツル酸	$C_4H_4N_2O_3$	9.8×10^{-5}	4.01
酢 酸	CH_3COOH	1.8×10^{-5}	4.74
アジ化水素	HN_3	1.8×10^{-5}	4.74
ブタン酸（酪酸）	$CH_3CH_2CH_2COOH$	1.5×10^{-5}	4.82
プロパン酸（プロピオン酸）	CH_3CH_2COOH	1.4×10^{-5}	4.89
次亜塩素酸	HOCl	3.0×10^{-8}	7.52
シアン化水素	HCN	6.2×10^{-10}	9.21
フェノール（石炭酸）	C_6H_5OH	1.3×10^{-10}	9.89
過酸化水素	H_2O_2	1.8×10^{-12}	11.74

なるほど，その pK_a はより小さくなる．表 11・5 にいくつかの典型的な弱酸の K_a と pK_a の値を示す．同様の議論が K_b と pK_b についても成立し，それらのうちいくつかが表 11・6 に載っている．

例題 11・5 pK_a と K_a

ある酸の pK_a が 4.88 であった，この酸は酢酸よりも強い酸か，弱い酸か．この酸の K_a の値を求めよ．

解 答 酢酸よりも弱い．K_a は 1.3×10^{-5}．

練習問題 11・6 酸 HX の pK_a は 3.16，酸 HY の pK_a は 4.14 である．どちらがより強い酸か．これらの酸の K_a の値を求めよ．

酸，塩基の強度にかかわらず，どんな共役酸塩基対についても次の関係が成立する．

$$K_a K_b = K_w$$

この式の両辺の対数をとり負号をつけると次式となる．

$$pK_a + pK_b = pK_w = 14.00 \text{（25 ℃ において）}$$

これよりわかる興味深く有用な関係は，“共役対をなす酸と塩基の強さの間には逆の関係がある”ことである．図 11・8 はそのことを表している．K_a と K_b の積は定数であるので，K_a が大きくなれば K_b は小さくなる．言い換えると，“共役酸が強ければ強いほど，共役塩基はより弱くなる”．なお，弱酸の共役塩基は強いと一概に考えるのは間違いである．図 11・8 および pK_a+pK_b =14.00 の関係は弱酸の共役塩基が弱いことを示している．たとえば，弱酸である酢酸の pK_a は 4.74 である．その共役塩基である酢酸イオンの pK_b は（14.00−4.74）=9.26 でなければならないが，この値は弱塩基のものである．同様のことが弱塩基の共役酸に対しても成立する．

弱酸と弱塩基の溶液の pH

§11・3 で，強酸と強塩基の溶液の pH の計算方法を学んだ．その計算は，強酸と強塩基は水中で完全に解離しているので，H_3O^+ や OH^- の濃度はもとの酸と塩基の濃度に等しいという事実に依存している．しかし，弱酸や弱塩基と水との反応は完全に進行せず途中で平衡になっているので，強酸や強塩基の場合とは異なる．弱酸

表 11・6 分子性の弱塩基の K_b と pK_b（25 ℃）

塩基の名称	化 学 式	K_b	pK_b
ブチルアミン	$C_4H_9NH_2$	5.9×10^{-4}	3.23
メチルアミン	CH_3NH_2	4.4×10^{-4}	3.36
アンモニア	NH_3	1.8×10^{-5}	4.74
ヒドラジン	N_2H_4	1.7×10^{-6}	5.77
ストリキニーネ	$C_{21}H_{22}N_2O_2$ 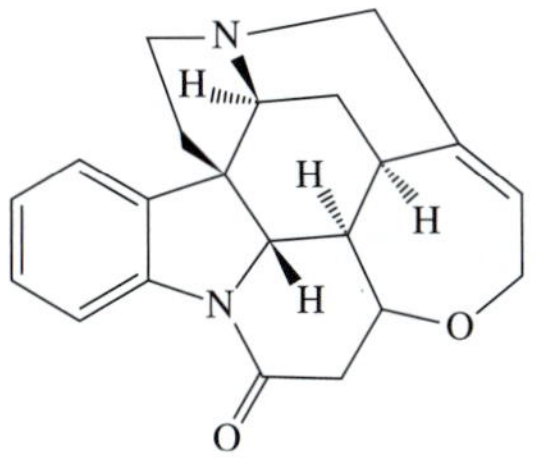	1.0×10^{-6}	6.00
モルヒネ	$C_{17}H_{19}NO_3$ 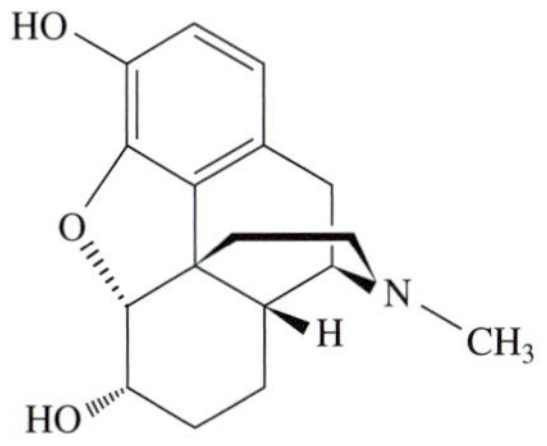	7.5×10^{-7}	6.13
ヒドロキシルアミン	$HONH_2$	6.6×10^{-9}	8.18
ピリジン	C_5H_5N	1.7×10^{-9}	8.77
アニリン	$C_6H_5NH_2$	4.1×10^{-10}	9.36

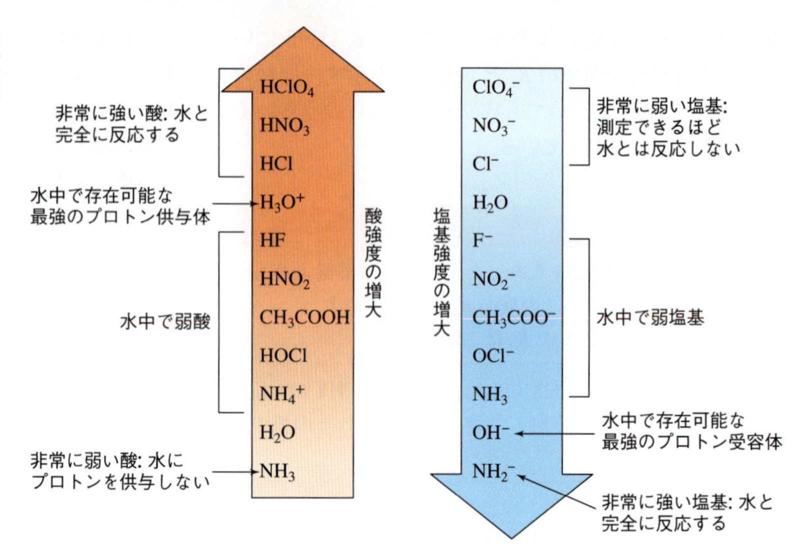

図 11・8 共役酸塩基対の相対的な酸および塩基としての強度. 酸が強くなればなるほど, 共役塩基はより弱くなる. 酸が弱くなればなるほど, 共役塩基はより強くなる.

や弱塩基では $[H_3O^+]$ や $[OH^-]$ または pH を求めるのに K_a や K_b の値を用いなければならない. このことを, 1.0 mol L^{-1} の酢酸 CH_3COOH の溶液の pH の計算を例に説明する.

まず, 酸と水との釣合いのとれた化学反応式を書くことから始め, それより酸の解離定数 K_a の式を得る.

$$CH_3COOH(aq) + H_2O(l) \rightleftharpoons H_3O^+(aq) + CH_3COO^-(aq)$$

$$K_a = \frac{[H_3O^+][CH_3COO^-]}{[CH_3COOH]} = 1.8\times10^{-5} \text{(表 11·5 より)}$$

$[CH_3COO^-]$ と $[CH_3COOH]$ の二つが未知なので, この式から $[H_3O^+]$ を直接求めることはできない. これらが互いに関係していること ($[CH_3COO^-]$ と $[CH_3COOH]$ の和は酸の初濃度 1.0 mol L^{-1} である) から計算で解くことはできるが, それは二次方程式となる. この種の計算には濃度表がよく使われる. 第 9 章で行ったようにして濃度表をつくる. CH_3COOH の初濃度は 1.0 mol L^{-1}, H_3O^+ と CH_3COO^- の初濃度は 0 である. (水の自己解離より H_3O^+ の濃度はゼロではない. しかし, それは最大で 1.0×10^{-7} mol L^{-1} であるので無視できる.) 平衡に至るまで CH_3COOH の濃度は $-x$ だけ減少し, H_3O^+ と CH_3COO^- の濃度は, 化学量論より, $+x$ だけ増加する. 平衡では CH_3COOH, CH_3COO^-, H_3O^+ の濃度は, それぞれ $(1.0-x)$, x, x である. よって, 次の濃度表が得られる (第 9 章と同じく, 問題中に与えられている濃度は赤字で示されている).

	$H_2O + CH_3COOH \rightleftharpoons$	$H_3O^+ +$	CH_3COO^-
初濃度〔mol L^{-1}〕	1.0	0	0
濃度変化〔mol L^{-1}〕	$-x$	$+x$	$+x$
平衡濃度〔mol L^{-1}〕	$1.0-x$	x	x

表の最後の行の値を K_a の式に入れて以下を得る.

$$K_a = \frac{[H_3O^+][CH_3COO^-]}{[CH_3COOH]} = \frac{(x)(x)}{1.0-x} = 1.8\times10^{-5}$$

この方程式は x^2 を含み, 二次方程式の解の公式を使えば正確に解くことができる. 二次方程式およびその解は以下のようになる.

$$x^2 - 1.8\times10^{-5}x - 1.8\times10^{-5} = 0$$

$$x = -4.2\times10^{-3} \text{ または } x = +4.2\times10^{-3} \text{ mol L}^{-1}$$

簡 単 化　弱酸と弱塩基が関係する問題および他の類似の計算は, ある近似を置くことで簡単にすることができる. 未知の濃度 (x) が平衡定数の値に比べてとても小さいとき, $(1.0-x)$ を ≈1.0 と近似できることを, 第 9 章より思い出してみよう. K_a の式中の $1.0-x$ を 1.0 で置き換えると, 以下のようになる.

$$\frac{x^2}{1.0} = 1.8\times10^{-5}$$

これは直接解くことができる.

$$x^2 = (1.0)(1.8 \times 10^{-5}) = 1.8 \times 10^{-5}$$
$$x = \sqrt{1.8 \times 10^{-5}} = 4.2 \times 10^{-3}\ \mathrm{mol\ L^{-1}}$$

x の値は 1.0 mol L^{-1} に比べれば無視できる（もし 4.2 $\times 10^{-3}$ mol L^{-1} を 1.0 から差し引き適切に丸めると 1.0 mol L^{-1} となる）．また，その答えは，二次方程式の解の公式を使って正確に解いて得たものと（有効数字 2 桁で）同じである．この値は平衡において，240 個の CH_3COOH 分子中 1 個が解離していることに相当する．すなわち CH_3COOH は弱酸である．x を計算した今，$x = [H_3O^+]$ であるので，対数をとり負の符号を付けてこの溶液の pH を得ることができる．

$$\mathrm{pH} = -\log(4.2 \times 10^{-3}) = 2.38$$

上の近似を行ったとき，酸の初濃度があたかも平衡時の濃度であるかのように扱った．この近似は平衡定数が小さく溶質の濃度が適度に高い条件の下で成立し，多くの場合にあてはまる．

また，水の自己解離から生じる H_3O^+ の溶液中の $[H_3O^+]$ への寄与を無視したことを思い出してみよう．水からの $[H_3O^+]$ と酸からの $[H_3O^+]$ の大きさを比較することでこの仮定が妥当であることがわかる．最大可能な水からの $[H_3O^+]$ は 1.0×10^{-7} mol L^{-1} である．そして，それは酸の存在からの共通イオン効果のため実際にはより小さくなる．水からの最大可能な $[H_3O^+]$（1.0×10^{-7} mol L^{-1}）と酸からの $[H_3O^+]$（4.2×10^{-3} mol L^{-1}）を比べると前者は無視できるほど小さく（4.2×10^{-3} mol $L^{-1} + 1.0 \times 10^{-7}$ mol $L^{-1} = 4.2 \times 10^{-3}$ mol L^{-1}），仮定が成立することがわかる．

典型的な弱酸と弱塩基の平衡の問題を見ていこう．

例題 11・6 K_a からの弱酸溶液の $[H_3O^+]$ と pH の計算

一般にプロパン酸（プロピオン酸）は効果的な防虫剤である．その効果を調べるために 0.10 mol L^{-1} のプロパン酸 CH_3CH_2COOH を使う実験を計画した．25 ℃ におけるこの溶液の $[H_3O^+]$ と pH を計算せよ．プロパン酸の K_a は 25 ℃ において 1.4×10^{-5} である．

解 答 $[H_3O^+] = 1.2 \times 10^{-3}$ mol L^{-1}．pH = 2.92．

練習問題 11・7 パントテン酸はビタミン B_5 ともよばれ，$K_a = 3.9 \times 10^{-5}$ の弱酸である．0.050 mol L^{-1} のパントテン酸溶液の $[H_3O^+]$ と pH を計算せよ．

$HOCH_2-C(CH_3)_2-CH(OH)-C(=O)-NH-CH_2-CH_2-COOH$

パントテン酸

多くの強酸の共役塩基や強塩基の共役酸が一般的な塩のイオンであることに気がついたかもしれない．これらのイオンは水とは反応しない傾向にある．したがって，NaCl，NaBr，NaI，$NaNO_3$ といった塩の希薄な水溶液の pH は 25 ℃ において 7.00 である．しかし，弱酸や弱塩基の塩の場合はそれとは異なる．それらは 25 ℃ において水中で完全に解離する．そして，それらの共役塩基や共役酸は水とさらに反応して平衡となり酸性や塩基性の溶液をつくる．

例題 11・7 二次方程式の解の公式を使う平衡の問題

クロロ酢酸 $ClCH_2COOH$ は除草剤や工業的には染料や他の化学製品製造に使われ，$K_a = 1.4 \times 10^{-3}$ の弱酸である．25 ℃ における 0.010 mol L^{-1} の $ClCH_2COOH$ 溶液の pH を求めよ．

解 答 2.51

11・5 酸の強さと分子構造

これまで，強酸や弱酸を扱ってきたが，何が酸の強さを決めているのかについては説明してこなかった．この節では，酸の強さに影響するいくつかの要因について簡単に説明する．

二 元 酸

二元酸（binary acid）とは水素と他のもう一つの通常は非金属の元素からなる酸と定義される．以下は二元酸の強さ（弱い方から強い方へ向かって）の序列である．

$$NH_3 < H_2O < H_2S < HF << HCl < HBr < HI$$

一般に，酸の強さに関して次の二つのことがいえる．

1. 二元酸の強さは，周期表の一つの周期において左から右に行くにしたがい強くなる．
2. 二元酸の強さは，周期表の一つの族において上から下に行くにしたがい強くなる．

このような傾向は，周期表の周期内で左から右に行くにつれての電気陰性度の増大と族内で上から下に行くにつれての原子半径の増大を反映したものである．プロトンの解離の容易さは H−X 結合の極性の増大と，X の大きさの増大に起因する H−X 結合の長さの増大に帰することができる．この単純な理解は有効であるが，酸の強さに影響を与える熱力学的な要因もあることは認識しておかねばならない．

誘起効果

分子内の電気陰性度の高い原子の存在は酸の強度に大きな影響を及ぼす．これを**誘起効果**（inductive effect）とよんでいる．たとえば，酢酸の一つの水素原子を塩素原子で置き換えると酸の強度は約 100 倍上がる．塩素は電子に対する親和性が高いので電子を引きつける．そして塩素原子は，酸素原子から結合 1 本よりも離れたところにあるにもかかわらず，O−H 結合を弱める．結合が弱くなればなるほど，プロトンの水への移動は容易なものとなる．陰性の強い塩素原子による酢酸の水素原子の置換の酸強度への影響を以下に示した．より小さな pK_a の値は，水溶液中で解離がより進行し，その結果，酸強度もより増大することを示している．

$CH_3-C(=O)-O-H$
酢酸
$pK_a=4.74$

$ClCH_2-C(=O)-O-H$
クロロ酢酸
$pK_a=2.85$

$Cl_2CH-C(=O)-O-H$
ジクロロ酢酸
$pK_a=1.25$

$Cl_3C-C(=O)-O-H$
トリクロロ酢酸
$pK_a=0.77$

17 族元素がよく電子を引きつける性質をもつことはよく知られている．16 族の酸素も電子との親和性が高く，酸の強さに影響を与える．水素と酸素および他のいくつかの元素よりなる酸は**オキソ酸**（oxoacid）とよばれる．オキソ酸に共通の構造は中心の原子に O−H 基が結合していることである．次の例は，16 族元素からなる二つのオキソ酸の構造である．

$H-O-S(=O)_2-O-H$
H_2SO_4
硫酸

$H-O-Se(=O)_2-O-H$
H_2SeO_4
セレン酸

オキソ酸にも二元酸のように，周期性に基づくいくつかの一般的な性質がある．

1. 同じ数の酸素原子をもつオキソ酸を比べると，酸の強度は族の上に行くほど強い．
2. 同じ数の酸素原子をもつオキソ酸を比べると，周期の左から右に行くに従い酸の強度が強くなる．たとえば，$H_3PO_4 < H_2SO_4 < HClO_4$．
3. 中心の原子に結合している（水素原子とは結合をつくっていない）酸素原子の数が多いほど酸の強さは増加する．たとえば，亜硝酸 HNO_2 では窒素原子のみと結合している酸素原子は一つである．一方，硝酸 HNO_3 では窒素原子のみと結合している酸素原子は二つある．そして，亜硝酸は弱酸，硝酸は強酸である．

ハロゲンのオキソ酸においても，同様の傾向が見られる．例として，塩素のオキソ酸の酸強度の序列と分子構造を次に示す．

$$Cl-O-H < O=Cl-O-H < O=Cl(=O)-O-H < O=Cl(=O)_2-O-H$$

$HClO$　　$HClO_2$　　$HClO_3$　　$HClO_4$

11・6 緩衝液

pH の維持と制御は多くの化学系および生物系において欠くことのできないものである．たとえば，通常 7.35 から 7.42 にある血液の pH が 7.00 とか 8.00 に変わったとしたら死に至るであろう．幸いなことに，自然は血液の pH を適度な範囲に維持する洗練された化学的なしくみをつくり上げてきた．これとは別に緩衝液を使うという方法がある．

緩衝液（buffer solution）は，適量の弱酸と共役塩基，あるいは弱塩基と共役酸を含む溶液である．緩衝液は少量の酸や塩基の添加，さらにある程度の希釈による pH 変化に抵抗して pH を保つことができる．緩衝液により維持される pH の値は弱酸の pK_a あるいは弱塩基の pK_b の値と，共存する共役対の濃度の比で決まる．

緩衝液の pH の計算

はじめに，弱酸 HA とその共役塩基 A^- を含む緩衝液を考えよう．緩衝液は添加された H_3O^+ や OH^- を中和するように反応する．もし H_3O^+ を加えると，それは A^- と反応して HA をつくる．

$$H_3O^+(aq) + A^-(aq) \longrightarrow HA(aq) + H_2O(l)$$

OH^- を緩衝液に加えると，それは HA と反応して A^- が生じる．

$$OH^-(aq) + HA(aq) \longrightarrow A^-(aq) + H_2O(l)$$

これらの二つの反応は加えられた酸や塩基を“ぬぐい去

り"，溶液の pH をある程度一定に保つ．緩衝液に酸や塩基を添加する前後の pH はこれまで学んできたことを応用して計算できる．例として，酢酸 CH_3COOH と酢酸ナトリウム $NaOOCCH_3$ を含む緩衝液を考える．この溶液への酸の添加は次の反応をひき起こす．

$$H_3O^+(aq) + CH_3COO^-(aq) \longrightarrow CH_3COOH(aq) + H_2O(l)$$

一方，塩基を添加したときは次の反応が起こるであろう．

$$OH^-(aq) + CH_3COOH(aq) \longrightarrow CH_3COO^-(aq) + H_2O(l)$$

例題 11・8 は緩衝液の pH の計算がどのようになされるかを示している．

例題 11・8　緩衝液の pH の計算

医療用インプラント材料の候補となっている合金の腐食速度に対する弱酸性物の影響を調べるために $[NaOOCCH_3] = 0.11\ mol\ L^{-1}$，$[CH_3COOH] = 0.090\ mol\ L^{-1}$ の緩衝液をつくった．25 ℃におけるこの溶液の pH を求めよ．

解　答　前出の弱酸の pH の計算と似ているが，$NaOOCCH_3$ に由来して始めから存在する CH_3COO^- を考慮に入れるところが異なる．まず，酸である CH_3COOH と水との釣合いのとれた化学反応式を書くことから始め，それより酸解離定数 K_a の式を得る．K_a の値は表 11・5 より得る．

$$CH_3COOH(aq) + H_2O(l) \rightleftharpoons CH_3COO^-(aq) + H_3O^+(aq)$$

$$K_a = \frac{[H_3O^+][CH_3COO^-]}{[CH_3COOH]} = 1.8 \times 10^{-5}$$

濃度表をつくり，CH_3COOH および CH_3COO^- の初濃度を入れる．CH_3COO^- の初濃度は $NaOOCCH_3$ の濃度と等しいとする．H_3O^+ の初濃度は 0 と仮定するので，平衡に達したときそれは $+x$ だけ増加する．

	$H_2O + CH_3COOH \rightleftharpoons$	$H_3O^+ +$	CH_3COO^-
初濃度〔$mol\ L^{-1}$〕	0.090	0	0.11
濃度変化〔$mol\ L^{-1}$〕	$-x$	$+x$	$+x$
平衡濃度〔$mol\ L^{-1}$〕	$0.090 - x$	x	$0.11 + x$

平衡となったときの濃度を K_a の式に代入し，$0.090-x \approx 0.090$ および $0.11+x \approx 0.11$ の簡単化を行う．

$$K_a = \frac{[H_3O^+][CH_3COO^-]}{[CH_3COOH]} = \frac{(x)(0.11+x)}{0.090-x}$$

$$\approx \frac{(x)(0.11)}{0.090} = 1.8 \times 10^{-5}$$

x について解く．

$$0.11x = (0.090)(1.8 \times 10^{-5})$$

$$x = \frac{(0.090)(1.8 \times 10^{-5})}{0.11} = 1.5 \times 10^{-5}$$

$x=[H_3O^+]$ なので $[H_3O^+]=1.5\times10^{-5}\ mol\ L^{-1}$ である．よって，pH は以下のように計算できて 4.82 となる．

$$pH = -\log[H_3O^+] = -\log(1.5 \times 10^{-5}) = 4.82$$

練習問題 11・8　例題 11・8 の緩衝液の pH を CH_3COO^- の K_b を使って計算せよ．まず，水と CH_3COO^- の平衡の化学反応式を書け．次に，その化学反応式より K_b の式を導け．もし，問題を正しく解けば，上と同じ解答が得られるだろう．

K_a の式を特に緩衝液が関係する計算に便利な形に変形することができる．そして，その式により濃度表を書く必要がなくなる．

次の平衡において K_a の式は以下のように書ける．

$$HA(aq) + H_2O(l) \rightleftharpoons H_3O^+(aq) + A^-(aq)$$

$$K_a = \frac{[H_3O^+][A^-]}{[HA]}$$

この両辺に［HA］を掛けて，［A^-］で割ると次式を得る．

$$[H_3O^+] = K_a \frac{[HA]}{[A^-]}$$

この両辺の対数をとり負の符号（p）をつける．二つの数の積の対数はそれらの数の対数の和であり，さらに $-\log\frac{x}{y} = \log\frac{y}{x}$ であるので，次式を得る．

$$pH = pK_a + \log\frac{[A^-]}{[HA]}$$

この変形された K_a の式は**ヘンダーソン-ハッセルバルヒの式**(Henderson-Hasselbalch equation)とよばれる．この式は緩衝液の pH が，弱酸の pK_a と共役塩基の酸に対する割合に依存することを明瞭に示している．$c = n/V$ であることから，この式は以下のように書くことができる．

$$\mathrm{pH} = \mathrm{p}K_\mathrm{a} + \log\left(\frac{\frac{n_{\mathrm{A^-}}}{V}}{\frac{n_{\mathrm{HA}}}{V}}\right)$$

さらに，次のようにも表すことができる．

$$\mathrm{pH} = \mathrm{p}K_\mathrm{a} + \log\frac{n_{\mathrm{A^-}}}{n_{\mathrm{HA}}}$$

それゆえ，pH は濃度比あるいは物質量比で調整することができる．$[\mathrm{HA}]=[\mathrm{A^-}]$ あるいは $n_{\mathrm{HA}}=n_{\mathrm{A^-}}$ という特殊な条件では，$[\mathrm{A^-}]/[\mathrm{HA}]=1$，$\log(1)=0$ であるので，$\mathrm{pH}=\mathrm{p}K_\mathrm{a}$ となる．

上で導かれた関係からさらにわかることは，緩衝液がある程度薄められても，その pH は変わらないということである．希釈により溶液の体積は変わるが溶質の量は変わらないので，物質量の比は一定に保たれ，pH も一定に保たれる．

例題 11・9　アンモニア / アンモニウムイオン緩衝液の pH の計算

反応速度に対するアルカリ媒質の影響を調べるため，250 mL の水に 0.12 mol の NH_3 と 0.095 mol の NH_4Cl を溶かして緩衝液をつくった．25 ℃ におけるこの緩衝液の pH を求めよ．

解 答　9.36

練習問題 11・9　例題 11・9 において $[\mathrm{NH_3}]=0.08\ \mathrm{mol\ L^{-1}}$，$[\mathrm{NH_4Cl}]=0.15\ \mathrm{mol\ L^{-1}}$ であるときの緩衝液の pH を求めよ．

緩衝液は $[\mathrm{A^-}]/[\mathrm{HA}]$ が 1 に近いときに最も効果的に機能する．それは，弱酸とその共役塩基の濃度が等しいときであり，緩衝液は酸の添加や塩基の添加による pH の変化に抵抗できる．前に見たように，$[\mathrm{A^-}]/[\mathrm{HA}]=1$ のとき $\mathrm{pH}=\mathrm{p}K_\mathrm{a}$ である．弱酸の $\mathrm{p}K_\mathrm{a}$ が，その緩衝液が最も効果的に働く pH 域を決める．ある特定の pH で使うための緩衝液をつくるには，まず初めに，その pH に近い $\mathrm{p}K_\mathrm{a}$ をもつ弱酸を選ぶことになる．つぎに，実験的に $[\mathrm{A^-}]/[\mathrm{HA}]$ を調整して，希望する pH になるようにもっていく．

$[\mathrm{A^-}]/[\mathrm{HA}]$ が 1 からかなり離れている場合は，溶液中の弱酸とその共役塩基の濃度はもはや同じではない．たとえば，$[\mathrm{HA}]>[\mathrm{A^-}]$ とすると，緩衝液は塩基の添加による pH 変化には効果的に抵抗するであろう．しかし，酸の添加による pH 変化には，酸と反応する A^- が少ないので効果的に抵抗できない．A^- がすべて反応してしまうと，溶液の pH は急激に変化するであろう．緩衝液の $[\mathrm{A^-}]/[\mathrm{HA}]$ が 1/10 から 10/1 の間にある限り，緩衝液は pH を効果的に維持するであろう．これらの値をヘンダーソン-ハッセルバルヒの式に入れると，$\mathrm{pH}=\mathrm{p}K_\mathrm{a}-1$ と $\mathrm{pH}=\mathrm{p}K_\mathrm{a}+1$ を得る．これはどの緩衝液においても機能する範囲は，弱酸の $\mathrm{p}K_\mathrm{a}$ の上下 1 pH 単位，すなわち $\mathrm{pH}=\mathrm{p}K_\mathrm{a}\pm1$ の範囲であることを意味している．

例題 11・10　ある特定の pH の緩衝液の調製

ある実験で pH＝5.00 の緩衝液が必要となった．酢酸と酢酸ナトリウムでこの緩衝液をつくることができるか．もし可能ならば，25 ℃ において 1.0 mol の酢酸を含む 1.0 L の溶液に加えるべき酢酸ナトリウムの量を求めよ．

解 答　1.82 mol の酢酸ナトリウム

練習問題 11・10　pH＝3.90 の緩衝液をつくることになった．ギ酸 HCOOH とその塩であるギ酸ナトリウム NaOOCH はこの目的にかなっているか．もしそうならば，それに必要なギ酸ナトリウムに対するギ酸の物質量比を求めよ．また，25 ℃ において 0.10 mol のギ酸を含む溶液にギ酸ナトリウムを質量でどれだけ加えたらよいか．

11・7　酸塩基滴定

化学ではしばしば濃度不明の酸や塩基の溶液を扱うことがある．酸や塩基の濃度を決定する一つの方法に**酸塩基滴定**（acid-base titration）がある．滴定では，正確に体積がわかっている濃度不明の溶液に，既知の濃度の酸や塩基（**滴定液**，titrant）を**ビュレット**（buret）から徐々に滴下していく．滴定が**終点**（end point）に達すると**酸塩基指示薬**（acid-base indicator）の色が変わる．適切な指示薬を用いた場合，終点は滴定の**当量点**（equivalence point）の良い近似となる．当量点は反応の化学量論が満たされた点である．別の言い方をすれば，添加された滴定液の量が当初存在した酸や塩基の量と等しくなった点である．当量点は時に化学量論点とよばれる．すべての酸塩基滴定において，酸や塩基の強さに関係なく，起こる反応は以下のものである．

$$\mathrm{H_3O^+(aq)} + \mathrm{OH^-(aq)} \longrightarrow 2\,\mathrm{H_2O(l)}$$

反応の化学量論と添加された酸や塩基の体積から濃度不明の溶液の濃度を計算することができる．ここで，滴定の過程で起きる pH の変化に焦点を絞り，酸塩基滴定について詳しく説明する．

強酸-強塩基滴定および強塩基-強酸滴定

図 11・9 は 25.00 mL の 0.200 mol L^{-1} HCl(aq) に 0.200 mol L^{-1} NaOH(aq) を滴下したときの滴定液の体積に対する pH の変化をプロットした図である．このようなプロットは**滴定曲線**（titration curve）とよばれ，強塩基による強酸の滴定に共通に見られる曲線である．同様に，25.00 mL の 0.200 mol L^{-1} NaOH(aq) に 0.200 mol L^{-1} HCl(aq) を滴下したときの図が図 11・10 である．これも強酸による強塩基の滴定に共通に見られる曲線である．強酸-強塩基滴定（A-B 滴定と書くとき，滴定液は B の位置にくる）の滴定曲線について詳しく考えてみよう．同様の説明が強塩基-強酸滴定についても成立する．

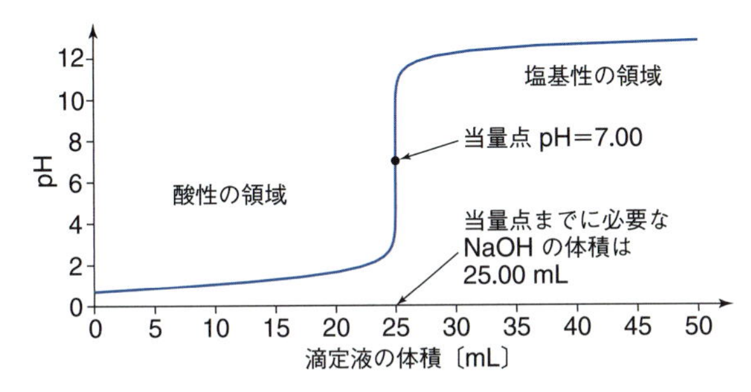

図 11・9 強酸を強塩基で滴定したときの滴定曲線．25.00 mL の 0.200 mol L^{-1} HCl(aq) に 0.200 mol L^{-1} NaOH(aq) を滴下したときの pH 変化

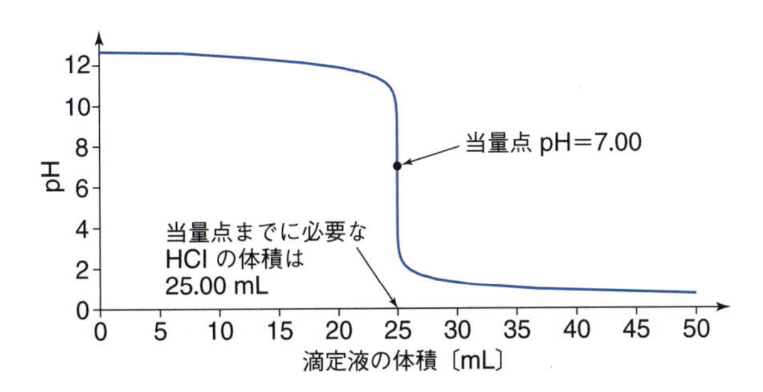

図 11・10 強塩基を強酸で滴定したときの滴定曲線．25.00 mL の 0.200 mol L^{-1} NaOH(aq) に 0.200 mol L^{-1} HCl(aq) を滴下したときの pH 変化

強酸-強塩基滴定曲線において考えるべき重要な四つの点と領域がある．

1. 初めの pH
2. 酸性の領域
3. 当量点
4. 塩基性の領域

初めの pH 強酸-強塩基滴定における初めの pH はこれから滴定される強酸の pH である．酸は強いので，水と完全に反応して H_3O^+ を生じる．よって酸の濃度の対数の負をとることで pH を計算できる．図 11・9 の滴定曲線の初めの pH は以下のようになる．

$$\mathrm{pH} = -\log[\mathrm{H_3O^+}] = -\log(0.200) = 0.70$$

酸性の領域 酸性の領域において H_3O^+ の溶液に OH^- を加えると起きる反応は以下である．

$$\mathrm{OH^-(aq) + H_3O^+(aq) \longrightarrow 2\,H_2O(l)}$$

図 11・9 からわかるように pH の初めの変化は NaOH(aq) の添加に対してとても遅く，当量点に達するまで pH が急激に増加し始めることはない．酸性の領域では溶液は H_3O^+ と酸から生じた Cl^-，塩基から生じた Na^+ を含む．そして，pH は溶液中の未反応の H_3O^+ の量に支配される．この領域のいかなる点においても，NaOH を加えるにしたがい，H_3O^+ の濃度は低下する．それは次の式で計算できる．

$$[\mathrm{H_3O^+}] = \frac{n_{\mathrm{H_3O^+(initial)}} - n_{\mathrm{OH^-(added)}}}{V_{\mathrm{total}}}$$

$$= \frac{(c_{\mathrm{H_3O^+(initial)}} \times V_{\mathrm{initial}}) - (c_{\mathrm{OH^-(added)}} \times V_{\mathrm{added}})}{V_{\mathrm{total}}}$$

ここで，$c_{\mathrm{H_3O^+(initial)}}$ は酸の初濃度，$c_{\mathrm{OH^-(added)}}$ は NaOH 溶液の濃度，V_{initial} は酸溶液の体積，V_{added} は添加した NaOH 溶液の体積，V_{total}（$=V_{\mathrm{initial}}+V_{\mathrm{added}}$）は溶液の全体積である．この式は一見むずかしそうであるが，よく見ると単に $c=n/V$ であることがわかる．重要なのは，H_3O^+ の初期量から添加された OH^- の量を差し引いて得られる溶液中の H_3O^+ の量である．酸性の領域では NaOH の添加による pH 変化は小さいが，今の場合は緩衝液ではないことに注意せよ．弱酸とその共役塩基を十分含む溶液とは異なり，この溶液の pH は希釈によって大きく変化するであろう．

当量点 当量点は反応の化学量論が満たされる点と定義した．当量点はしばしば中和点，すなわち始めの酸の溶液中の H_3O^+ の物質量と正確に同じ量の OH^- が加えられた点といわれる．始めに 25.00 mL の 0.200 mol L^{-1} HCl があったので，この点は 0.200 mol L^{-1} NaOH を 25.00 mL 加えた点である．それゆえ，滴定曲線上のこの点では次の反応が完了し，溶液は水中に Na^+ と Cl^- のみが存在するものとなる．

$$OH^-(aq) + H_3O^+(aq) \longrightarrow 2\,H_2O(l)$$

当量点における溶液の pH は正確に 7.00 である．なぜなら，Cl^- は強酸の共役塩基でありそれは本質的に塩基性をもたないからである．強い一塩基酸を強塩基で滴定するどのような場合においても当量点の pH は常に 7.00 である．

塩基性の領域　当量点を超えた $Na^+(aq)$ と $Cl^-(aq)$ を含む溶液に過剰の NaOH(aq) を加える領域では化学反応は起こらない．この領域の pH は溶液に加えられた過剰の NaOH(aq) の量に支配され，常に 7 よりも大きい．OH^- の濃度と pH は次式で計算できる．

$$[OH^-] = \frac{n_{OH^-(total)} - n_{OH^-(equiv)}}{V_{total}}$$

$$= \frac{(c_{OH^-(initial)} \times V_{added}) - (c_{OH^-(initial)} \times V_{equiv})}{V_{total}}$$

ここで，$c_{OH^-(initial)}$ は NaOH 溶液の濃度，V_{added} は添加した NaOH 溶液の全体積，V_{equiv} は当量点までに添加された NaOH の体積（今の場合は 25.00 mL），V_{total} は溶液の全体積である．この式は当量点に達するまでに必要であった量から超過した OH^- の量を表す．それは添加された全 OH^- の量から当量点に達するまで添加された OH^- の量を差し引くことで得られる．

例題 11・11　強酸–強塩基滴定の終点の計算

酸性雨と工場排水に起因する硝酸を含む湖水の試料 50.0 mL がある．これを 1.00×10^{-4} mol L^{-1} の水酸化ナトリウムで滴定したところ終点までに 33.5 mL を要した．この硝酸の濃度を求めよ．

解 答　6.70×10^{-5} mol L^{-1}

弱酸–強塩基滴定および弱塩基–強酸滴定

図 11・11 は 25.00 mL の 0.200 mol L^{-1} $CH_3COOH(aq)$ を 0.200 mol L^{-1} NaOH(aq) で滴定したときの滴定曲線である．図 11・12 には 25.00 mL の 0.200 mol L^{-1} $NH_3(aq)$ を 0.200 mol L^{-1} HCl(aq) で滴定したときの滴定曲線を示した．これを見てわかるように，これらの曲線は強酸–強塩基滴定の滴定曲線（図 11・9，11・10）とはかなり異なる．しかし，これらの曲線から pH＝pK_a となる点のような重要な情報を得ることができる．

酸塩基指示薬

指示薬は劇的な色の変化を起こすことで滴定における当量点の識別を可能にする．一般に使われる酸塩基指示薬の色の変化の例を図 11・13 に示す．

指示薬はそれ自身弱酸であり，色の変化は（指示薬の性質とそれが溶けている溶液に依存して）平衡が移動す

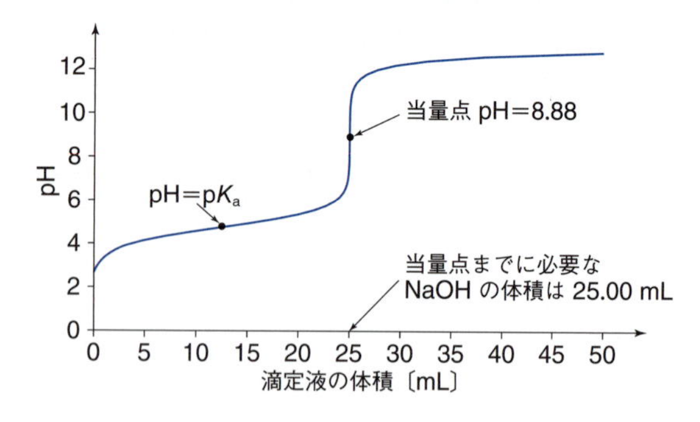

図 11・11　弱酸を強塩基で滴定したときの滴定曲線．25.00 mL の 0.200 mol L^{-1} $CH_3COOH(aq)$ を 0.200 mol L^{-1} NaOH(aq) で滴定したときの pH 変化

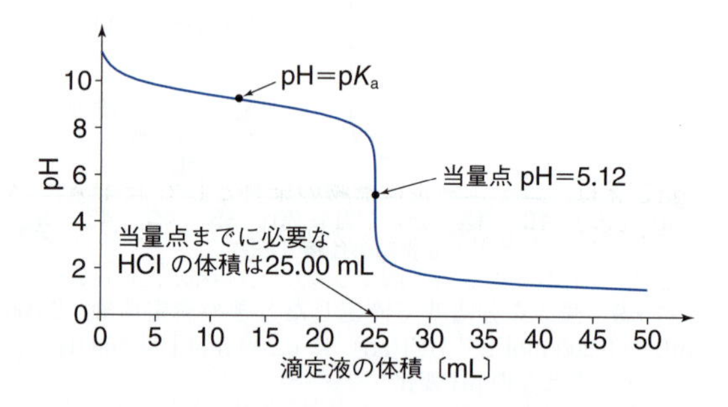

図 11・12　弱塩基を強酸で滴定したときの滴定曲線．25.00 mL の 0.200 mol L^{-1} $NH_3(aq)$ を 0.200 mol L^{-1} HCl(aq) で滴定したときの pH 変化

図 11・13　代表的な酸塩基指示薬の酸性および塩基性条件での色

ることにより酸性型の分子あるいは塩基性型の分子が過剰に生じる結果として起こる．

滴定での当量点の正確な pH は関係する酸塩基対に依存するので，適切な pH 範囲で明瞭な色の変化を起こす指示薬を選択する必要がある．一般に使われるいくつかの酸塩基指示薬の pH 範囲と色の変化を表 11･7 に示す．

万能指示薬は広い pH 範囲にわたって色の変化を示すので，しばしば不明溶液の pH の決定に使われる．それは，フェノールフタレイン，メチルレッド，チモールブルーなどのいくつかの指示薬の混合物である．

表 11・7 一般的な酸塩基指示薬

指示薬	色が変化する pH 域	色の変化（低pHから高pHへ）	指示薬	色が変化する pH 域	色の変化（低pHから高pHへ）
メチルグリーン	0.2〜1.8	黄色から青色へ	リトマス	4.7〜8.3	赤色から青色へ
チモールブルー	1.2〜2.8	赤色から黄色へ	クレゾールレッド	7.0〜8.8	黄色から赤色へ
メチルオレンジ	3.2〜4.4	赤色から黄色へ	チモールブルー	8.0〜9.6	黄色から青色へ
エチルレッド	4.0〜5.8	無色から赤色へ	フェノールフタレイン	8.2〜10.0	無色からピンク色へ
メチルパープル	4.8〜5.4	紫色から緑色へ	チモールフタレイン	9.4〜10.6	無色から青色へ
ブロモクレゾールパープル	5.2〜6.8	黄色から紫色へ	アリザリンイエロー R	10.1〜12.0	黄色から赤色へ
ブロモチモールブルー	6.0〜7.6	黄色から青色へ	クレイトンイエロー	12.2〜13.2	黄色から琥珀色へ
フェノールレッド	6.4〜8.2	黄色から赤色へ			

コラム 11・1 自然界にある指示薬

初期の指示薬のいくつかは天然物を起源としていた．たとえば，コチニールは織物の染料として 15 世紀アステカではとても価値のある物質であった．その赤い染料はサボテンにいる昆虫のメスの殻から抽出されていた．それは後に数世紀にわたって食物染料として広く使われるようになった．この物質を数グラム得るためには，数百万匹もの昆虫が必要であった．その昆虫は捕食者から自らを守るためにその物質を生み出していた．コチニールの色は pH 4 以下では橙色から黄色，pH 6.5 以上では赤紫色である．

多くの花，果実，野菜は，周囲の環境の pH に応じて色を変える分子を含んでいる．それらの分子は酸塩基指示薬として使うことができる．多くの赤ワインの色は色素の周囲の pH としばしば防腐剤として添加される二酸化硫黄に対する反応の結果である．その赤色はアントシアニン類から派生した分子による．実際に，この類の分子（図 11・14 参照）は，ブルーベリー，クランベリー，チェリー，バラ，アジサイなどの色の原因となっており，すべて pH 指示薬として働く．

植物の鮮やかな色は昆虫を花に，あるいは鳥を果実に導き，花粉や種を運んでもらうためのものである．さらに，アントシアニン類の第二の役割は植物の光に対する防護である．これらの分子は可視光および紫外光を吸収する．また，それは強力な抗酸化物質である．これらにより，光合成の反応経路は入射光から守られている．

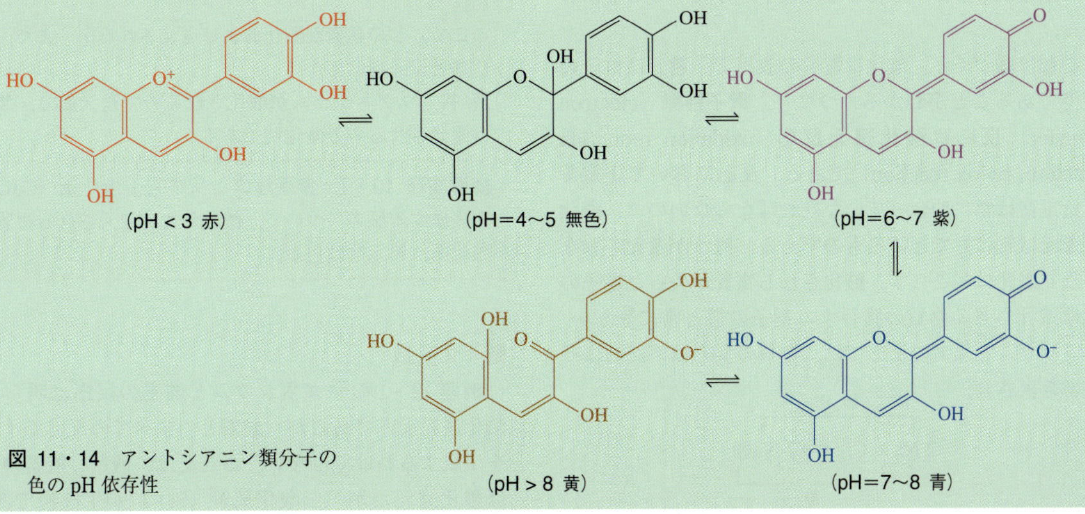

図 11・14 アントシアニン類分子の色の pH 依存性

12 酸化還元

12・1 酸化還元

化学において最も有益な，もしくは有害な反応は，酸素を付加し新しい化合物へ変換する反応であろう．

$2\,H_2 + O_2(g) \rightarrow 2\,H_2O(g)$		水素燃料電池
$CH_4 + 2\,O_2(g) \rightarrow CO_2(g) + 2\,H_2O(g)$		メタンの燃焼
$4\,Fe(s) + 3\,O_2(g) \rightarrow 2\,Fe_2O_3(s)$		鉄のさび
$2\,Zn(s) + O_2(g) \rightarrow 2\,ZnO(s)$		充電池

これらの過程の多くは，金属と酸素との反応である．初期の科学者によって研究された反応の中には，酸素を伴った反応があり，酸素との反応を**酸化**（oxidation），酸素を取り除く反応，すなわち物質を金属元素に戻す反応を**還元**（reduction）と定義した．

ずっと後になって，酸素のかかわる反応では，ある物質から別の物質へ電子を移動することが明らかになった．たとえば，ナトリウムと塩素から塩化ナトリウムを与える反応は，ナトリウムから塩素への電子の移動を伴う．

$$Na \longrightarrow Na^+ + e^- \quad 酸化$$

$$\frac{1}{2}Cl_2 + e^- \longrightarrow Cl^- \quad 還元$$

この式から，酸化反応では生成物として電子が生成し，一方，還元反応では反応物として電子が存在することがわかる．

これに基づくと，酸化は電子の放出で，還元は電子の獲得であることがわかる．つまり，**電子移動**（electron transfer）反応は**酸化還元反応**（oxidation-reduction reaction, redox reaction）である．反応において正電荷と負電荷は常に釣合っていなければならないので，酸化と還元は常に対で起こるものである．何かが還元されない限り酸化は起こらず，酸化される物質が失った電子の数は還元される物質の獲得する電子の数と常に等しい．ナトリウムと塩素の反応では，全体の反応は下記のように書き表され，

$$2\,Na + Cl_2 \longrightarrow 2\,NaCl$$

酸化（Na → NaCl），還元（Cl_2 → NaCl）

2 原子のナトリウムが酸化されると 2 電子を失うので，これが 1 個の塩素分子が還元される際に塩素分子が獲得する電子の数に相当し，これらの電子が両物質間でやりとりされる．

したがって，**酸化剤**（oxidizing agent）は他の分子から電子を奪うことのできる物質で，一方，**還元剤**（reducing agent）は別の分子に電子を与える能力をもった物質である．このため，酸化剤自身は還元，還元剤自身は酸化されることになる．上記の NaCl の生成反応では，ナトリウムが還元剤で塩素分子が酸化剤である．

本節の冒頭で述べたとおり，金属は電子を失う傾向にあるので，多くの酸化反応は金属がかかわる．酸素や塩素などの非金属は金属よりもより電気陰性で，しばしば電子を獲得する．酸素原子が 2 電子を獲得すると，酸素原子の価電子は 8 個で電子殻は完全に充塡される．

例題 12・1 酸化還元反応の判定

マグネシウムと酸素の反応による発光は花火で用いられている．この反応の生成物は酸化マグネシウム（MgO）である．

$$2\,Mg + O_2 \longrightarrow 2\,MgO$$

ここで，どの元素が酸化および還元されるか．また，酸化剤と還元剤は何か．

解 答 マグネシウムが酸化されるので還元剤で，酸素は還元されるので酸化剤である．

練習問題 12・1 銅が塩素と反応し，塩化銅（$CuCl_2$）を生成する反応について，酸化および還元される物質と酸化剤，還元剤は何か．

酸 化 数

例題 12・1 のマグネシウムと酸素の反応は明らかに酸化還元反応であるが，酸素とのすべての反応でイオンを生成するわけではない．たとえば，硫黄と酸素の反応は酸化還元だが，二酸化硫黄（SO_2）が生成物である．

このような反応における電子の移動を理解するために，酸化数という便利な概念が使われる（ここで，酸化数は共有結合性の化合物に対して便宜的に使われており，イオン電荷と誤って解釈しないように注意が必要である）．**酸化数**（oxidation number）とは，ある共有結合に対して共有結合電子対をより電気陰性度の高い元素に割り当てた場合に，元素がもつ仮想的な電荷である．つまり，ある化合物が分裂した場合に酸化数はそれぞれの原子がもつ電荷に相当する．

化合物中の各元素の酸化数は手順 12・1 に示す規則により決定できる．

手順 12・1　化合物中における元素の酸化数の割り当てに関する規則

1. 他の元素を結合していない独立した元素の酸化数は常に 0 である．たとえば，Ar，Fe，酸素分子中の O，P_4 の P，S_8 の S の酸化数は 0 である．
2. Na^+ や Cl^- などの単原子イオンの酸化数はイオン上の電荷と等しい．
3. 電気的に中性な分子の酸化数の合計は 0 で，イオン性分子における酸化数の合計はそのイオンの電荷数と等しい．
4. すべてのフッ素化合物中のフッ素元素の酸化数は −1 である．
5. 水素を含む化合物中の水素の酸化数はたいてい +1 だが，水素化物（ヒドリド，hydride）は例外で酸化数は −1 である．
6. 酸素を含む化合物中の酸素の酸化数はたいてい −2 だが，過酸化物（peroxide）は例外で酸化数は −1 である．

これらの基本原則に加えて，化学的な知識も必要である．第 5 章で述べたとおり，ある元素のイオンの電荷の決定に際して周期表が利用できる．たとえば，1 族および 2 族の金属からなるイオンの酸化数はそれぞれ +1 と +2 である．したがって，ナトリウムを含む化合物でナトリウムイオン（Na^+）は +1 の正電荷をもち，酸化数は +1 である．同様に，化合物中にあるカルシウムは Ca^{2+} として存在するので，酸化数は +2 である．金属と非金属の 2 種類の元素からなる化合物において，非金属元素の酸化数はその陰イオンの電荷数と同じである．たとえば，Fe_2O_3 は酸化物イオン（O^{2-}）をもち，その酸化数は −2 である．同様に，Mg_3P_2 はリンイオン（P^{3-}）を含み，その酸化数は −3 である．

手順 12・1 の規則を適用すると物質中の各元素の酸化数を計算できる．酸化数の合計は化合物やイオンの全電荷と等しいことが重要である．また，それぞれの電荷を独立に扱い，電気的に中性な物質について酸化数の合計はゼロでなければならない．ナトリウムは 1 族の金属なので，ナトリウムイオンの酸化数は規則 2 から +1 である．

練習問題 12・2　手順 12・1 の規則を使って以下に示す 2 種類の元素からなる化合物の酸化数を求めよ．
(a) KF，(b) LiH，(c) CaO，(d) HCl，(e) $BeCl_2$，(f) Al_2O_3，(g) $Ba(OH)_2$

手順 12・1 の規則を使って 2 種類の元素のみからなる単純な化合物の酸化数を計算する方法が直接的である．しかし，ほとんどの化合物は 2 種類以上の元素からなる．その場合でも，手順 12・1 の規則は元素の酸化数を決めるために有効である．

例題 12・2　酸化数の決定

イオン性の化合物 K_2SO_4 は全体としては電気的に中性の化合物である．これらの元素の寄与を明らかにするためには，この化合物中の同じタイプの元素の数を考える必要がある．K_2SO_4 中の各元素の酸化数はいくつか．

解 答　この化合物の全体における電荷がゼロになるように硫黄の酸化数は +6 となる（規則 3）．K は +1，O は −2.

酸化数はその原子上の実際の電荷を表しているわけではないことに注意が必要である．酸化数と実際の電荷を区別するために，次のような慣例が用いられている．酸化数については符号を数の前に記し，電荷では符号を数字の後ろに記す．組成式では，酸化数は対応する元素の上に小さなアラビア数字として表記する．

$$H_2\overset{+6}{S}O_4 \quad K\overset{+7}{Mn}O_4 \quad Na\overset{+5}{N}O_3 \quad \overset{-3}{N}H_4Cl$$

化合物の名称に酸化数をつける方が便利な場合があり，そのときは対応する元素の後ろにローマ数字をかっこ内に入れて表記する．たとえば，鉄(Ⅲ)イオンは酸化数 +3 の鉄である．

遷移金属のように，いくつかの酸化数をとる場合でも，たいてい手順 12・1 に示した規則を利用できる．鉄は Fe^{2+} と Fe^{3+} をとることができるので，鉄化合物においてどちらのイオンが存在するか規則を使って調べることができる．非金属も複数の酸化数をとり，特にこれらが水素や酸素と化合物や多原子イオンをつくると，これらの酸化数は規則を使って決める必要がある．

硫黄，窒素，塩素はこれらが組込まれた化合物に依存して異なる酸化数をとる元素である．たとえば，窒素は

5個の価電子をもつので最大で3個まで電子を獲得でき(−3)，5個の電子まで失うことができる(+5)．以下の化合物の窒素原子の酸化数は−3から+5までである．

$$\overset{-3}{NH_3}\quad \overset{-2}{N_2H_4}\quad \overset{-1}{NH_2OH}\quad \overset{0}{N_2}$$

$$\overset{+1}{N_2O}\quad \overset{+2}{NO}\quad \overset{+3}{NO_2^-}\quad \overset{+4}{NO_2}\quad \overset{+5}{NO_3^-}$$

例題 12・3 酸化数の決定

二硫化モリブデン（MoS_2）はグラファイトのように乾燥潤滑剤として利用されている．MoS_2 の各原子の酸化数を求めよ．

解 答 Mo，S の酸化数はそれぞれ+4，−2である．

練習問題 12・3 以下の化合物についてそれぞれの原子の酸化数を求めよ．(a) $NiCl_2$，(b) Mg_2TiO_4，(c) $K_2Cr_2O_7$，(d) HPO_4^{2-}，(e) $(NH_4)_2SO_4$，(f) $Na_2S_2O_3$，(g) $CaCO_3$

化合物の中には手順12・1の規則の例外となる酸化数をとる場合があるが，まれである．よく見かける例は，過酸化物中の酸素原子で，たとえば髪の毛の脱色に用いられる過酸化水素 H_2O_2 の酸素の酸化数は −2ではなく−1である．また，水素化物（水素原子の酸化数が −1の化合物）中の水素原子，たとえば，水素化カルシウム CaH_2 の水素原子の酸化数は+1ではなく−1である．手順12・1の規則で求められる酸化数は分数の場合もあり，たとえばイオン性のアジ化ナトリウム NaN_3 中の窒素原子の酸化数は −1/3である．

酸化数の概念を利用し，酸化数の変化を伴う化学反応，すなわち酸化還元反応を理解することができる．酸化反応では酸化数が増加し，一方，還元反応では酸化数が減少する．

例題 12・4 酸化還元反応における酸化数の決定

酸化数は化学反応における酸化剤と還元剤を決めるために利用される．二クロム酸アンモニウムの分解反応（次式）は劇的で，火花と緑色の酸化クロム(Ⅲ)を発生することから化学火山ともよばれている．

$$(NH_4)_2Cr_2O_7 \longrightarrow Cr_2O_3 + N_2 + 4\,H_2O$$

この反応において，どの元素が酸化もしくは還元されたか，また，それぞれの元素について酸化数を決定せよ．

解 答 窒素の酸化数は−3から0へ変化するので，窒素は3個の電子を失い，酸化されたことがわかる．一方，クロムイオンの酸化数は+6から+3へ変化し，3個の電子を獲得し還元されたことがわかる．これらの化合物中にある酸素（酸化数−2）と水素（酸化数+1）の酸化数は変化しない．

例題 12・5 酸化還元反応の解析における酸化数の利用

次式について，酸化剤および還元剤はどれか．

$$2\,KCl + MnO_2 + 2\,H_2SO_4 \longrightarrow K_2SO_4 + MnSO_4 + Cl_2 + 2\,H_2O$$

解 答 KCl中のClは酸化され，MnO_2 中のMnは還元される．したがって，還元剤はKClで酸化剤が MnO_2 である．酸化剤と還元剤をはっきりさせるには，酸化数の変化を伴う原子を含めすべての化学式を書き表すとよい．

練習問題 12・4 実験室で塩素を発生する場合，濃塩酸と過マンガン酸カリウムとの反応（次式）が用いられる．この反応で，酸化剤および還元剤はどれか．

$$6\,HCl + 2\,KMnO_4 + 2\,H^+ \longrightarrow 3\,Cl_2 + 2\,MnO_2 + 4\,H_2O + 2\,K^+$$

コラム 12・1 光 合 成

私たちの生存にとって重要な自然界の多くの過程は電子の移動を伴う．生命科学に見られる重要な酸化還元反応に光合成がある．食物や化石燃料を燃焼して得られるエネルギーは究極的には光合成の複雑な生化学反応まで遡ることになる．光合成は，太陽光を生命システムで利用できる化学エネルギーに変換し，多くの植物やある微生物で見られる．

光合成は複数の調整された酸化還元反応が複雑に組合わされているが，全体として CO_2 を還元し糖類とし，水を酸化して酸素を生成する．次式で x=6の場合，糖類はブドウ糖である．

$$x\,CO_2 + x\,H_2O \xrightarrow{\text{光}} (CH_2O)_x + x\,O_2$$

光合成過程は葉緑体とよばれる細胞小器官内で起こり，明反応と暗反応からなる．明反応では光から得たエネルギーを使って暗反応で必要な物質の合成が行われる．葉緑体中のチラコイド（thylakoid）とよばれる構造の2種類の反応中心で光エネルギーが吸収される．これらの反応中心は光化学系Ⅰ（PS Ⅰ）および光化学系Ⅱ（PS Ⅱ）とよばれる（図12・1）．

PS Ⅱでは植物を緑色にしているクロロフィル色素や

（コラム 12・1 つづき）
他の補助色素（カロテンやキサントフィル）が光を吸収し，P680 とよばれるクロロフィル複合体へ光エネルギーを伝達する．このエネルギーによりクロロフィル複合体が酸化され，電子が放出される．これにより，電子伝達系における電子の輸送にかかわる一連の酸化還元反応がひき起こされる．

クロロフィル複合体から提供された電子は水の酸化で得られる電子に置き換えられる．

$$2\,H_2O \longrightarrow O_2 + 4\,e^- + 4\,H^+$$

PS IIのクロロフィル複合体から得られた電子は，プラストキノンとよばれる別の複合体を経てチラコイド膜中にあるシトクロム b_6f(cyt b_6f) へ流れる（図 12・2）．この電子の流れによりプロトン勾配が発生し，膜の片側が正に帯電する．膜電位の違いが，アデノシン三リン酸合成酵素が触媒として働き，アデノシン二リン酸（ADP）から高エネルギーのアデノシン三リン酸（ATP）への合成の駆動力となる．

$$ADP + P_i \longrightarrow ATP$$

ATP は暗反応で利用される物質の一つである．

cyt b_6f から得られる電子は PS I へ移動し，PS I 中のクロロフィル複合体（P700）で，光エネルギーにより電子は高エネルギー状態へ励起される．これらの電子は，NADP 還元酵素により次式のように $NADP^+$ を NADPH へ還元する．

$$2\,NADP^+ + 2\,H^+ + 4\,e^- \longrightarrow 2\,NADPH$$

NADPH と ATP がカルビン-ベンソン回路とよばれる暗反応で利用され，次式のとおり CO_2 と H_2O からグリセルアルデヒド 3-リン酸（G3P）を生成する．

$$3\,CO_2 + 6\,NADPH + 5\,H_2O + 9\,ATP \longrightarrow G3P + 2\,H^+ + 6\,NADP^+ + 9\,ADP + 8\,P_i$$

G3P は三炭糖で，続く代謝系で G3P からブドウ糖などの糖類が生産される．

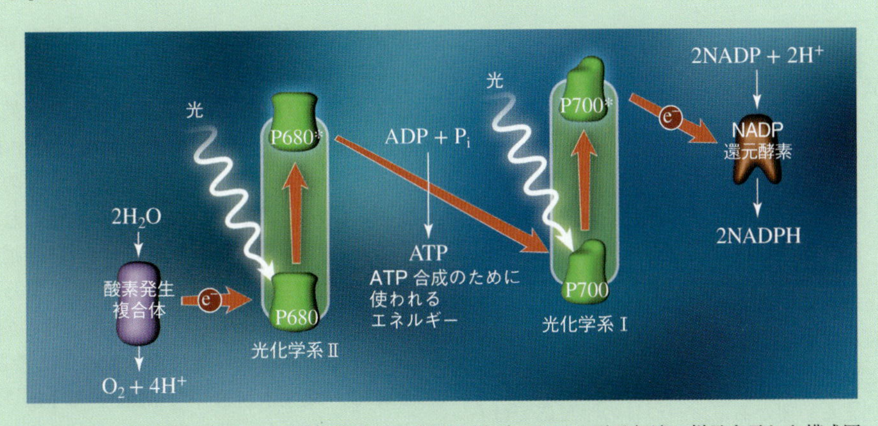

図 12・1　光合成にかかわる各要素間を結ぶ電子伝達系における電子伝達の様子を示した模式図

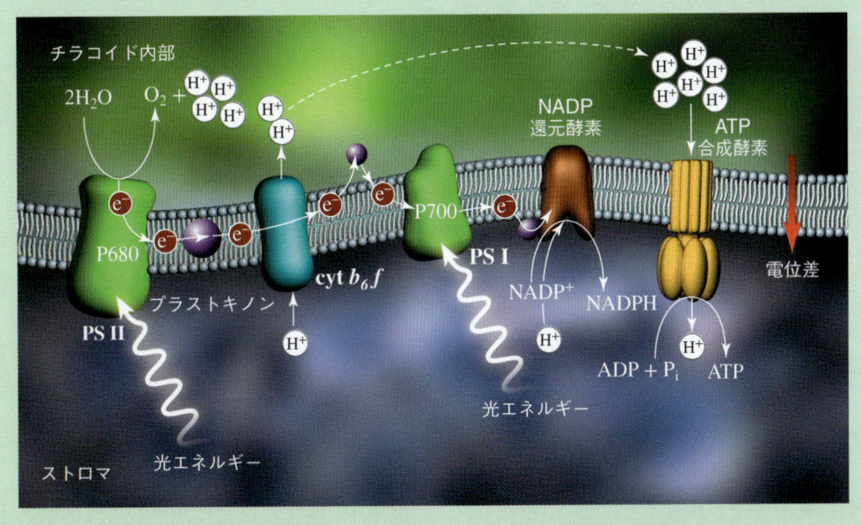

図 12・2　植物，藻類，シアノバクテリアに見られる光合成過程の模式図

12・2 酸化還元反応におけるイオン式の釣合い

多くの酸化還元反応は水中で進行し，イオンを伴うことが多く，イオン反応である．酸化還元の学習で，イオン式を書くと理解しやすい．ここで，酸化反応と還元反応にかかわる反応を分けた表記〔これを**半反応式**（half-equation）という〕を使い，それぞれの釣合いをとって組合わせることで，完全に釣合いのとれた全イオン式が完成する．

一例として水中における塩化鉄(Ⅲ)と塩化スズ(Ⅱ)との反応のイオン式をつくってみる．ここで，Fe^{3+}はFe^{2+}へ，Sn^{2+}はSn^{4+}へ変化し，Cl^-は関与しない．

はじめに，反応にかかわる化学種だけを使って式を書く．この場合，反応物はFe^{3+}とSn^{2+}で，生成物はFe^{2+}とSn^{4+}なので，以下で表される．

酸化

$$Fe^{3+} + Sn^{2+} \longrightarrow Fe^{2+} + Sn^{4+}$$

還元

ここで，この式の両辺は物質の収支は合っているが，電荷の釣合いはとれていない．そこで，反応物と生成物に対してそれぞれ二つの半反応式をつくる．

$$Sn^{2+} \longrightarrow Sn^{4+} \quad \text{酸化}$$
$$Fe^{3+} \longrightarrow Fe^{2+} \quad \text{還元}$$

次に，原子と電荷に関してともに釣合いがとれるように，二つの半反応式を組合わせる．この場合，原子の釣合いはすでにとれているが電荷の釣合いがとれていないので，電子を加える必要がある．一つ目の半反応では右辺に2個の電子を足すと，両辺の全電荷は+2になる．二つ目の半反応式の左辺に1電子を足すと，両辺の全電荷は+2になる．

$$Sn^{2+} \longrightarrow Sn^{4+} + 2\,e^-$$
$$Fe^{3+} + e^- \longrightarrow Fe^{2+}$$

ここで，酸化反応の半反応式の右辺には必ず電子が現れ，同様に還元反応の半反応式の左辺に電子が現れる．したがって，一つ目の半反応式は酸化反応で，二つ目の半反応式は還元反応である．

すべての酸化還元反応において，獲得する電子数は失う電子数と等しい．Sn^{2+}の酸化反応で2個の電子が失われるので，

$$Sn^{2+} \longrightarrow Sn^{4+} + 2\,e^-$$

還元反応では2個の電子が使われることになる．そこで，還元反応の反応式の両辺を2倍し，次式を得る．

$$2\,Fe^{3+} + 2\,e^- \longrightarrow 2\,Fe^{2+}$$

最後にこれらの反応式を足し合わせる．

$$Sn^{2+} \longrightarrow Sn^{4+} + 2\,e^-$$
$$2\,Fe^{3+} + 2\,e^- \longrightarrow 2\,Fe^{2+}$$
$$\overline{Sn^{2+} + 2\,Fe^{3+} + 2\,e^- \longrightarrow Sn^{4+} + 2\,Fe^{2+} + 2\,e^-}$$

ここで，両辺に2電子があるので，これらを消去することで式が完成する．

$$Sn^{2+} + 2\,Fe^{3+} \longrightarrow Sn^{4+} + 2\,Fe^{2+}$$

この式では，原子と電荷ともに釣合いがとれている．

練習問題 12・5 以下の酸化還元反応式について，原子と電荷について釣合いがとれた式を記せ．

$$Al(s) + Cu^{2+}(aq) \longrightarrow Al^{3+}(aq) + Cu(s)$$

酸性および塩基性水溶液における酸化還元反応

水溶液中における多くの酸化還元反応では，水と同じようにH_3O^+やOH^-が重要な役割を果たす．たとえば，$K_2Cr_2O_7$と$FeSO_4$の水溶液を混合すると，$Cr_2O_7^{2-}$がFe^{2+}を酸化することで，混合溶液中の酸性度が低下する．これは，この反応でH_3O^+が使われ，H_2Oを生成するためである．他の反応ではOH^-が消費されることもあるし，H_2Oが基質になることもある．また，多くの場合，酸化還元反応の生成物は溶液の酸性度に依存する（反応物が溶液の酸性度に依存することもある）．たとえば，酸性水溶液中でMnO_4^-はMn^{2+}に還元されるが，中性もしくは弱塩基性の水溶液中では，生成物は不溶性のMnO_2でMnの酸化数は+4である．はじめに，酸性溶液中におけるイオンの釣合いを考える．塩基性水溶液においても同じだが，塩基性水溶液の場合は最終的に得られた式の中にH^+が現れないように修正する必要がある．

酸性水溶液　酸性水溶液中で$Cr_2O_7^{2-}$（オレンジ-赤色）がFe^{2+}と反応すると，Cr^{3+}（緑色）とFe^{3+}（オレンジ色）を与える（図12・3）．したがって，以下の式ができる．

$$Cr_2O_7^{2-} + Fe^{2+} \longrightarrow Cr^{3+} + Fe^{3+}$$

$Cr_2O_7^{2-}$中のCrの酸化数は+6である．

釣合いのとれた式は以下の手順を経てつくることができる．

段階1: 酸化と還元にかかわる反応物と生成物を式で表す．

図 12・3 K_2CrO_7 の水溶液を Fe^{2+} を含む酸性溶液に加えると，渦巻き状の緑褐色の生成物が得られる．

$$Cr_2O_7{}^{2-} \longrightarrow Cr^{3+} \quad 還元$$
$$Fe^{2+} \longrightarrow Fe^{3+} \quad 酸化$$

段階 2: H と O 以外の元素に対して原子の釣合いをとる．左辺に 2 個，右辺に 1 個の Cr があるので，右辺の Cr^{3+} の前に係数 2 をつける．一方，酸化反応の半反応式についてはすでに釣合いがとれている．

$$Cr_2O_7{}^{2-} \longrightarrow 2\,Cr^{3+}$$
$$Fe^{2+} \longrightarrow Fe^{3+}$$

段階 3: H_2O を付け加えて酸素の釣合いをとる．還元の半反応式の左辺には 7 個の酸素原子があり，右辺には 1 個もないので，7 個の H_2O を右辺に足す．

$$Cr_2O_7{}^{2-} \longrightarrow 2\,Cr^{3+} + 7\,H_2O$$
$$Fe^{2+} \longrightarrow Fe^{3+}$$

段階 4: H^+を足して釣合いをとる．ここで，単純化するために，H_3O^+の代わりに H^+を使うことにする．水を足し合わせたことで，釣合いが崩れてしまったことがわかる．一つ目の半反応の右辺には 14 個の水素原子があるが左辺には一つもないので，14 個の H^+を左辺に加えると次式が得られる．

$$14\,H^+ + Cr_2O_7{}^{2-} \longrightarrow 2\,Cr^{3+} + 7\,H_2O$$
$$Fe^{2+} \longrightarrow Fe^{3+}$$

これで，両半反応式は原子について釣合いがとれた．続いて電荷について釣合いをとる．

段階 5: 電子を加えて電荷の釣合いをとる．

はじめに両辺について全電荷を計算する．一つ目の半反応式については，

$$\underbrace{14\,H^+ + Cr_2O_7{}^{2-}}_{全電荷=(14+)\ +\ (2-)\ =12+} \longrightarrow \underbrace{2\,Cr^{3+} + 7\,H_2O}_{全電荷=2(3+)\ +\ 0\ =6+}$$

全電荷に関する釣合いをとるために，半反応式の左辺に 6 個の電子を足す必要がある．ここで，還元反応では半反応式の左辺に電子が現れることを思い出そう．

$$6\,e^- + 14\,H^+ + Cr_2O_7{}^{2-} \longrightarrow 2\,Cr^{3+} + 7\,H_2O$$

酸化反応の半反応についても電荷の釣合いをとるために，右辺に 1 個の電子を足す．

$$Fe^{2+} \longrightarrow Fe^{3+} + e^-$$

段階 6: 獲得した電子数と失った電子数を合わせる．釣合いのとれた二つの反応式が得られる．

$$6\,e^- + 14\,H^+ + Cr_2O_7{}^{2-} \longrightarrow 2\,Cr^{3+} + 7\,H_2O$$
$$Fe^{2+} \longrightarrow Fe^{3+} + e^-$$

還元反応で 6 個の電子を獲得しているが，酸化反応では 1 電子しか失っていないので，酸化反応の両辺に 6 を掛けて，

$$6\,Fe^{2+} \longrightarrow 6\,Fe^{3+} + 6\,e^-$$

段階 7: 釣合いのとれた二つの半反応式を足し合わせる．

$$6\,e^- + 14\,H^+ + Cr_2O_7{}^{2-} \longrightarrow 2\,Cr^{3+} + 7\,H_2O$$
$$6\,Fe^{2+} \longrightarrow 6\,Fe^{3+} + 6\,e^-$$
$$6\,e^- + 14\,H^+ + Cr_2O_7{}^{2-} + 6\,Fe^{2+} \longrightarrow 2\,Cr^{3+} + 7\,H_2O + 6\,Fe^{3+} + 6\,e^-$$

段階 8: 両辺に同じ物質が現れた場合はこれらを消去する．ここでは，両辺に 6 個の電子があるので，これらを消去して，最終的に釣合いのとれた式が完成する．

$$14\,H^+ + Cr_2O_7{}^{2-} + 6\,Fe^{2+} \longrightarrow 2\,Cr^{3+} + 7\,H_2O + 6\,Fe^{3+}$$

段階 9: この式について，原子と電荷ともに釣合いがとれていることを確認する．

段階 4 で H_3O^+の代わりに H^+を用いたが，H_3O^+で書き表したい場合は，各辺の H^+の数を調べ，同じ数だけの H_2O を加え H^+と足し合わせることで，H_3O^+をつくればよい．

酸性水溶液中における酸化還元反応の釣合いのとれた

式をつくる手順を手順 12・2 にまとめる.

手順 12・2　酸性水溶液中における酸化還元反応の釣合いをとるための手順

段階 1: それぞれの半反応式について反応物と生成物を見つける.
段階 2: H と O 以外の元素について原子に関する釣合いをとる.
段階 3: H_2O を足すことで, 酸素に関する釣合いをとる.
段階 4: H^+ を足すことで, 水素に関する釣合いをとる.
段階 5: 電子 (e^-) を加えて, 電荷に関する釣合いをとる.
段階 6: 全体で獲得した電子数と失った電子数をそろえる.
段階 7: 釣合いのとれた二つの半反応式を足し合わせる.
段階 8: 両辺にある同じ物質を消去する.
段階 9: 原子と電荷に関して釣合いがとれているか確認する.

例題 12・6　酸性水溶液の酸化還元反応式の釣合い

以下の反応が酸性下で起こるとき, 式の釣合いを求めよ.

$$MnO_4^- + H_2SO_3 \longrightarrow SO_4^{2-} + Mn^{2+}$$

解 答　$2\,MnO_4^- + 5\,H_2SO_3 \longrightarrow 2\,Mn^{2+} + 3\,H_2O + 5\,SO_4^{2-} + 4\,H^+$

練習問題 12・6　テクネチウム (Tc, 原子番号 43) は放射性元素で, その一つの同位体である ^{99m}Tc は医学分野での臓器のイメージングに使われている. この同位体は過酸化物イオン (TcO_4^-) として得られるが, しばしば低酸化状態で使う必要があり, 酸性水溶液中 Sn^{2+} を使って還元される.

$$TcO_4^- + Sn^{2+} \longrightarrow Tc^{4+} + Sn^{4+}\qquad \text{酸性水溶液}$$

この式の釣合いを求めよ.

塩基性水溶液　塩基性水溶液では H_2O や OH^- がおもに存在する. 厳密にはこれらを使って釣合いのとれた反応式を組立てなければならないが, はじめに酸性条件でこの反応が進行すると仮定して, 反応式を組立てるとよい. そこで, 上記の 9 段階を経て釣合いのとれた式をつくり, 続いて手順 12・3 に示す 4 段階を経て塩基性水溶液における正しい式へ導く. この変換は, H^+ と OH^- が 1 : 1 で反応し, H_2O を生成することに基づいている.

手順 12・3　塩基性水溶液について釣合いをとるために行う追加の操作

段階 10: 式中にある H^+ の数と同じだけの OH^- を両辺に足す.
段階 11: 両辺について H^+ と OH^- を足して H_2O とする.
段階 12: 両辺にある同数の H_2O を消去する.
段階 13: 原子と電荷について釣合いがとれているか確認する.

たとえば, 以下の式について, 塩基性水溶液における釣合いのとれた式をつくりたいとする.

$$SO_3^{2-} + MnO_4^- \longrightarrow SO_4^{2-} + MnO_2$$

酸性水溶液に対する段階 1～9 により, 次式が得られる.

$$2H^+ + 3SO_3^{2-} + 2MnO_4^- \longrightarrow 3SO_4^{2-} + 2MnO_2 + H_2O$$

以下の手順により, この式を塩基性水溶液中の式に変換する.

段階 10: 式中の H^+ の数と同じ数の OH^- を両辺に足す. 左辺に 2 個の H^+ があるので, 2 個の OH^- を両辺に加え次式を得る.

$$2\,OH^- + 2\,H^+ + 3\,SO_3^{2-} + 2\,MnO_4^- \longrightarrow 3\,SO_4^{2-} + 2\,MnO_2 + H_2O + 2\,OH^-$$

段階 11: H^+ と OH^- を足し合わせて H_2O をつくる. 左辺には 2 個の OH^- と 2 個の H^+ があるので, 2 個の H_2O が生成する.

$$2\,OH^- + 2\,H^+ + 3\,SO_3^{2-} + 2\,MnO_4^- \longrightarrow 3\,SO_4^{2-} + 2\,MnO_2^- + H_2O + 2\,OH^-$$

↓

$$2\,H_2O + 3\,SO_3^{2-} + 2\,MnO_4^- \longrightarrow 3\,SO_4^{2-} + 2\,MnO_2^- + H_2O + 2\,OH^-$$

段階 12: 両辺にある H_2O を消去する. この式では, 1 個の H_2O を両辺から消去することで, 釣合いのとれた式が完成する.

$$H_2O + 3SO_3^{2-} + 2MnO_4^- \longrightarrow 3SO_4^{2-} + 2MnO_2 + 2OH^-$$

段階 13: この式について原子と電荷についてともに釣合いがとれているか確認する.

練習問題 12・7　塩基性水溶液における以下の式について釣合いを求めよ.

$$MnO_4^- + C_2O_4^{2-} \longrightarrow MnO_2 + CO_3^{2-}$$

12・3 ガルバニ電池

前述のとおり，酸化反応と還元反応は同時に進行し，どちらかだけが起こることはない．これは，酸化還元反応を進行させるためには，ある物質（還元剤）が電子を放出し，この電子を別の物質（酸化剤）が獲得しなければならないからである．物質はどの物質にも電子を与えたり，逆にどの物質からも電子を獲得できるわけではないので，絶対的な酸化剤や還元剤という物質は存在しない．事実，ある物質が酸化剤としてふるまうか還元剤としてふるまうかは，酸化されるもしくは還元される相手の物質に依存する．このことについて以下に示す三つの例に基づいて考えていく．

例 1: 金属亜鉛を硫酸銅の水溶液に浸すと，赤茶色の金属銅が亜鉛表面に析出する（図 12・4）．この溶液を分析すると，未反応の銅イオンとともに亜鉛イオンも存在する．

亜鉛は電子を銅イオンへ移動し，これを式としてまとめると以下のようになる．

$$\mathrm{Zn(s)} + \mathrm{CuSO_4(aq)} \longrightarrow \mathrm{ZnSO_4(aq)} + \mathrm{Cu(s)}$$

ここで(aq)は，分子やイオンが水に溶けて，水和されていることを表している．

二つの半反応式を解析することで，酸化還元がはっきりする．硫酸銅と硫酸亜鉛は溶解性の固体で，これらは水に完全に溶解している．ここで，硫酸イオンは酸化還元にはかかわらない．

$$\mathrm{Zn(s)} \longrightarrow \mathrm{Zn^{2+}(aq)} + 2\,\mathrm{e^-} \quad \text{酸化}$$
$$\mathrm{Cu^{2+}(aq)} + 2\,\mathrm{e^-} \longrightarrow \mathrm{Cu(s)} \quad \text{還元}$$
$$\mathrm{Zn(s)} + \mathrm{Cu^{2+}(aq)} \longrightarrow \mathrm{Zn^{2+}(aq)} + \mathrm{Cu(s)} \quad \text{酸化還元}$$

図 12・5 に亜鉛の表面で起こる反応を原子レベルで模式的に示す．

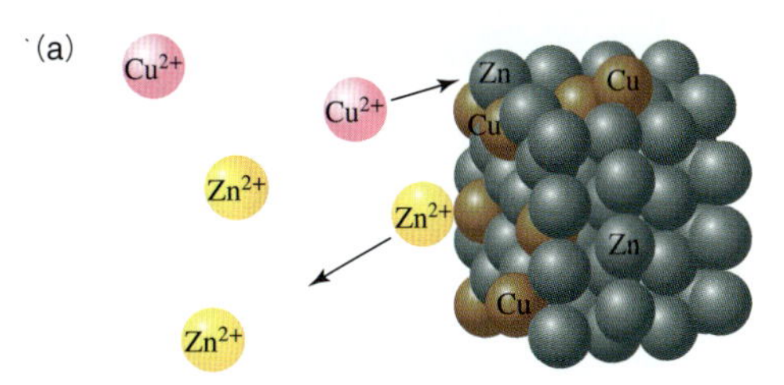

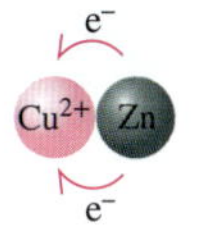

図 12・5 原子レベルで見た銅イオンと亜鉛との反応．(a) 亜鉛表面に銅イオン（ピンク）が衝突し，銅イオンは亜鉛（灰色）から電子を受取る．亜鉛原子は亜鉛イオン（黄色）になり，溶液に溶ける．銅イオンは銅原子（茶色）になり，亜鉛表面に析出する．簡便のため水分子は省略されている．(b) この反応にかかわる電子の交換反応の模式図

例 2: 例 1 と反対に，銅を硫酸亜鉛の水溶液に浸すと（図 12・6），何の反応も起こらない．これは銅が亜鉛イオンを亜鉛に還元できないことを示している．

$$\mathrm{Cu(s)} + \mathrm{ZnSO_4(aq)} \longrightarrow \text{変化しない}$$

例 3: 銅のコイルを銀イオンを含む水溶液に浸すと，銀イオンは銀へ還元され灰色の固体が現れ，銅は酸化されて水和イオンを形成する（図 12・7）．酸化還元過程は次式で表される．

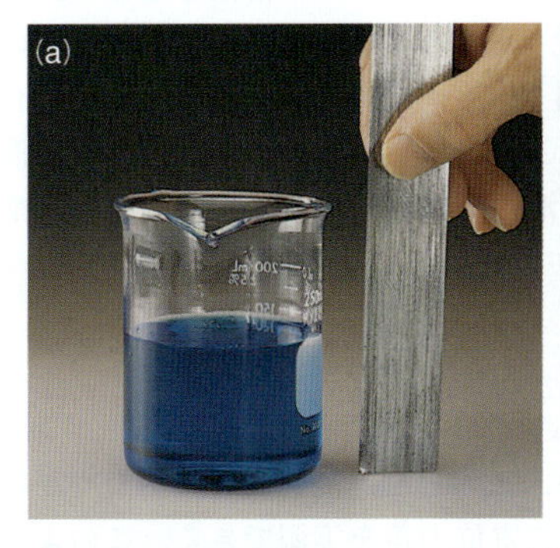

図 12・4 亜鉛と銅イオンの反応．(a) 光沢表面をもつ亜鉛と硫酸銅の水溶液．(b) 亜鉛を溶液に浸すと銅イオンが還元され，銅原子が析出し，亜鉛イオンが溶解する．(c) しばらくすると，亜鉛の表面は赤茶色の銅で被覆され，$\mathrm{Cu^{2+}}$の減少により水溶液の青色は薄くなる．

図 12・6 銅は亜鉛を還元することができない．亜鉛を Cu^{2+} を含む溶液から銅へ変換するが，銅は Zn^{2+} を亜鉛に変換しない．銅の棒は硫酸亜鉛の溶液に浸しても何も起こらない．

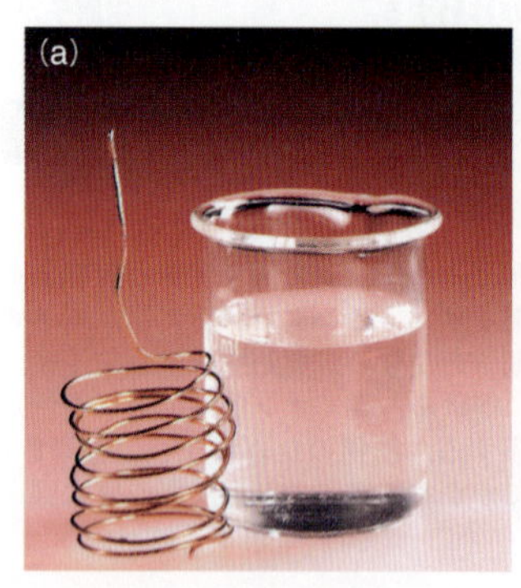

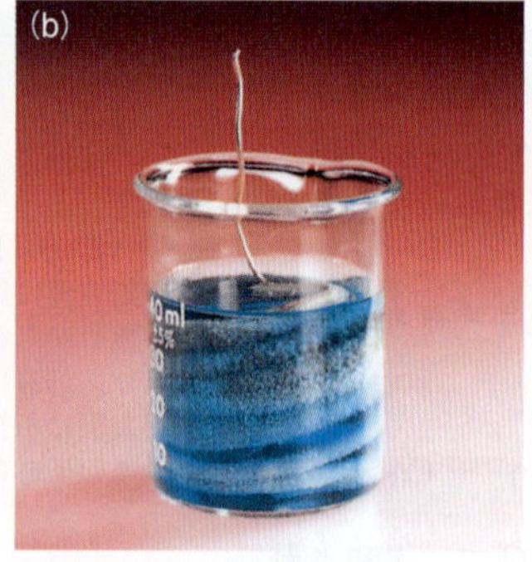

図 12・7 銅と硝酸銀水溶液との反応．(a) コイル状の銅と硝酸銀の水溶液の入ったビーカー．(b) 銅のコイルを溶液に浸すと，銅が溶解し青色に変化する．一方，銀が析出し，光沢をもった結晶としてコイルの表面に付着する．(c) しばらくすると，多くの銅イオンが溶解し，ほぼすべての銀イオンが銀として析出する．

$$\begin{array}{rcll} \mathrm{Cu(s)} & \longrightarrow & \mathrm{Cu^{2+}(aq) + 2\,e^-} & \text{酸化} \\ \mathrm{2\,Ag^+(aq) + 2\,e^-} & \longrightarrow & \mathrm{2\,Ag(s)} & \text{還元} \\ \hline \mathrm{Cu(s) + 2\,Ag^+(aq)} & \longrightarrow & \mathrm{Cu^{2+}(aq) + 2\,Ag(s)} & \text{酸化還元} \end{array}$$

これらの物質における酸化還元の特性の違いに関する詳細を明らかにするためには，電子移動の駆動力を考える必要がある．例 1 では亜鉛と銅の間で電流（つまり電子の流れ）が発生したことから，両者に電位の違いがあることがわかる．水や熱，気体，電子の流れは高さ，温度，圧力，電位の差があって初めて起こる．

電位の差は電気的な単位である**ボルト**（volt，単位記号 V）で表され，これは，回路の中を電荷が移動するとき，SI 単位系で示した電荷である**クーロン**（coulomb，単位記号 C）当たりに必要な**ジュール**（joule，単位記号 J）単位のエネルギーに相当する．したがって，1 V の差は 1 C 当たり 1 J のエネルギーである．

$$1\,\mathrm{V} = \frac{1\,\mathrm{J}}{1\,\mathrm{C}} = 1\,\mathrm{J\,C^{-1}}$$

ガルバニ電池の構成

亜鉛を銅イオンの溶液に浸すことで，亜鉛と銅の電位の差を実験的に求めることはできない．これは，図 12・5 に示したとおり，この系では Cu^{2+} と Zn との間で直接電子のやりとりが起こるためである．代わりに，亜鉛棒（電極）を硫酸亜鉛の水溶液に浸し，銅棒（電極）を硫酸銅の水溶液に浸し，二つの溶液を**塩橋**（salt bridge）でつなぐと，亜鉛の電子は外部回路を介してのみ移動できる（図 12・8 a）．ある金属をその金属イオン塩 $M^{n+}X_n$（ここで X は 1 価の陰イオン）の水溶液に浸した物を**半電池**（half-cell）という．半電池では酸化還元反応は次式で表される．

$$\mathrm{M} \rightleftharpoons \mathrm{M}^{n+} + n\,\mathrm{e}^-$$

化学反応過程は例 1 に示したものと同じであるが（図 12・4 参照），この場合，高感度の電流計や高抵抗の電圧計を使って電位の差を実測できる．このように二つの半電池を組合わせたものが，**ガルバニ電池**（galvanic cell）である．これは，イタリアの解剖学者ガルバニ（Luigi

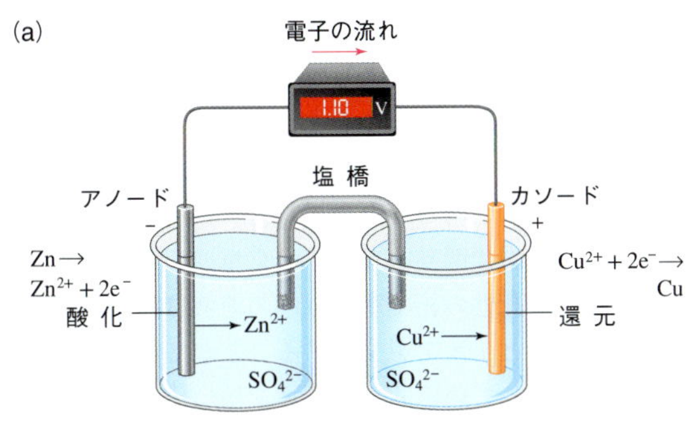

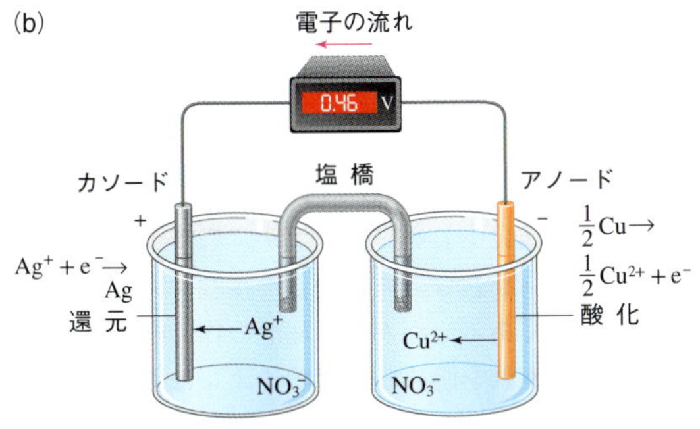

図 12・8 ガルバニ電池. (a) 亜鉛-銅の電池. (b) 銀-銅の電池. 25 ℃, 標準状態 (1×10^5 Pa, すべての溶液の濃度が 1 mol L^{-1}) では, 亜鉛-銅電池の電位は 1.10 V, 銀-銅電池の電位は 0.46 V である.

Galvani, 1737〜1798) にちなんでつけられたもので, ガルバニは電流により筋肉が収縮することを発見した. ガルバニ電池で起こる反応全体を**電池反応** (cell reaction) とよぶ.

亜鉛-銅の系で, 1.00 mol L^{-1} の Cu^{2+} と Zn^{2+} の溶液を使うと, 電位差は 1.10 V である. 電極間の電位の差は気体を入れた圧力の異なる二つの容器の間の圧力差と似ている. 二つの容器がつながっていると, 圧の高い容器から低い容器へ気体が移動し, 系の圧力は平衡に達する. ガルバニ電池の場合, 気体の代わりに電子は "電子の圧力" の高い電極 (亜鉛) から低い電極 (銅) へ移動する. 図 12・8(a) の電圧計には上に矢印をつけて電子の流れる向きを示している. したがって, 電位差は二つの電極における電子の圧力差である. Zn と Cu^{2+} との酸化還元反応 (例 1) は亜鉛と銅の間の電子の圧力が等しくなったときに平衡に到達する. 多くの教科書では, この電位の差を**起電力** (electromotive force) とよぶことがある. しばしば電気化学電池とよばれるガルバニ電池の電位差の単位はボルト (V) である.

$Cu(NO_3)_2$ 水溶液中の銅電極を $AgNO_3$ 水溶液中の銀電極とつなぐと電子は逆方向に流れる (図 12・8 b). $Cu(NO_3)_2$ と $AgNO_3$ の水溶液の濃度がともに 1.00 mol L^{-1} の場合, 電位差は 0.46 V である. 同様に, $ZnSO_4$ 水溶液中の亜鉛電極を $AgNO_3$ 水溶液中の銀電極とつなぐと, 電位差が 1.56 V のガルバニ電池ができ〔先に示した二つのガルバニ電池の電位差の和 (1.10 V ＋0.46 V＝1.56 V) と等しい〕, 電子は亜鉛電極から銀電極へ移動する. このことについては後で説明する.

ガルバニ電池の過程

これまで見てきたように, 二つの金属とこれらの金属塩からなる酸化還元系を組合わせることで, ガルバニ電池ができ, 電流が発生する. 言い換えると, ガルバニ電池は片方の容器に酸化剤があり, 電線を介してもう一方の容器にある還元剤から電子を引っ張り出している.

私たちの日常生活においてガルバニ電池による現象を経験することがある. たとえば, 口の中に歯の古い詰め物がある場合, 不意にアルミホイルを噛んでしまったとき, 奇妙な, 場合によっては電気ショックのような不快な感覚を覚えたことがあるかもしれない. 古い詰め物はほとんど水銀と銀のアマルガムからできており, アルミホイルが詰め物に触れると, 口の中でガルバニ電池ができ, アルミニウムがアノードで, 詰め物がカソードとなり, 唾液が塩橋である. つまり, 短いガルバニ電池の回路ができて, 小さな電流が流れ, これを歯の神経が感知するのである.

ガルバニ電池で起こる化学的変化の過程を調べる化学のことを**電気化学** (electrochemistry) という. 図 12・9 に銅-銀のガルバニ電池における半電池で起こる過程を模式的に示す. 銅電極では銅が酸化されると Cu^{2+} が溶液に溶け, 電子は電極に残されるため, Cu^{2+} が電極

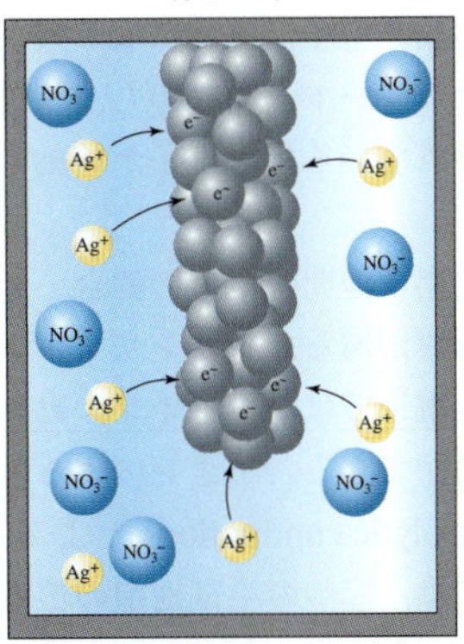

カソードでは電子を引き抜く銀イオンが還元されるので電極は正に帯電する.

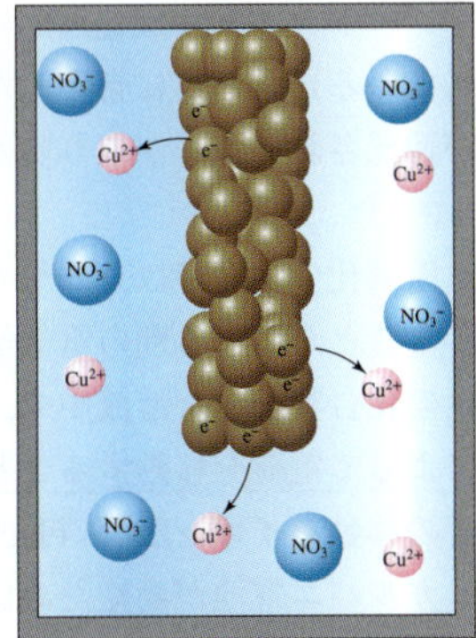

アノードでは銅が酸化されて Cu^{2+} として電極から抜けるので, 電極に電子が取り残されるため, 電極は負に帯電する.

図 12・9 銅-銀ガルバニ電池のアノードとカソードで起こる変化 (一定の比率で記されていない)

から離れるか NO_3^- が電極に移動しない限り，銅電極の周りの溶液は正に帯電する．銀電極では，Ag^+ が溶液に残り，電極表面から電子を受取って銀原子に変化する．より多くの Ag^+ が電極の方へ移動するか，NO_3^- が銀電極へ移動しなければ，銀電極の周りの溶液は負に帯電する．

電気化学では，酸化反応が起こる電極を**アノード**（anode），還元反応が起こる電極を**カソード**（cathode）とよぶ．銅-銀ガルバニ電池では銀電極がカソードで銅電極がアノードである．アノードでは Cu^{2+} が溶液に放出され，残った電子が電極に存在することでアノードはわずかに負に帯電する．一方，カソードでは Ag^+ と電子が結合し，カソードの一部を構成する．これは Ag^+ がカソードの一部になったかのような状態で，結果的にカソードはわずかに正に帯電する．

アノードでの Cu^{2+} の生成とカソードにおける Ag の析出が続くようなことが起こると（実際にこのようなことは起こらない），アノードの周りの溶液は急激に正に帯電し，溶液から陽イオンが消費されないので，過剰な陰イオンを残すことになり，同時にカソードの周りの溶液は負に帯電する．

自然界では大量の正電荷や負電荷を溜め込むことは許されず，反応が進行し，外部回路を介して電子が流れるためには，電極周りの溶液の電荷の釣合いをとらなければならない．これがどのように働くかを理解するために，電池の中でどのように電荷が伝導されるかを見ていく．

電池の外部回路では，一つの電極から他方の電極へ電線を介して電子が流れ，電荷が移動する．この伝導を**電気伝導**（electrical conduction）とよび，一般的にこのような物質は金属だが，他の物質でもどれだけ電流を流すかを示す指標として使われる．電池では負に帯電したアノード（つまり酸化反応の結果電子が電極に取り残されている）から正に帯電したカソード（すなわち，物質が還元されて電子が取り除かれている）へ電子が移動する．

電気化学電池では，二つの半電池間の電荷の釣合いをとることができる別の電気伝導がある．イオンやイオン性の化合物を含む溶液中で，電子ではなくイオンの動きによって電荷を移動することができる．イオンによる電荷の移動を**イオン伝導**（electrolytic conduction）とよぶ．

ガルバニ電池が働くためには，二つの半電池中の溶液は電気的に中性でなければならない．したがって，イオンが溶液中を行き来できなければならない．たとえば，銅が酸化されると，電極周りの溶液は Cu^{2+} で満たされ，電気的中性を保つためには陰イオンが必要である．同様に，Ag^+ が還元されると，NO_3^- が溶液中に残るため，電気的中性を保つためには陽イオンが必要である．図 12・8 に示す塩橋があることで，イオンの移動が可能になり，電気的中性を保つことができる．

塩橋は比較的不活性なイオンからなる溶液（KNO_3 や KCl がよく利用される）を充塡したチューブで，塩橋内のイオンは反応に関与しない．最も単純な系ではチューブの両端は多孔性の栓で塞ぎ，中の溶液は漏れ出さないが，各半電池とイオンを交換することができる．

電池が作動している間，陰イオンは塩橋から銅の半電池へ移動することができるし，Cu^{2+} も塩橋へ移動できる．銀の半電池では，塩橋から陽イオンが電池に入るか，負の NO_3^- が塩橋へ移動することで電気的中性を保つことができる．

塩橋がないと，電気的中性を保つことができず，電池によって電流は発生しない．したがって，電気的な接触，すなわちイオンを含む溶液を介した接触は電池の機能の維持に不可欠である．ガルバニ電池の作動中における全体のイオンの流れを眺めると，陰イオンはカソードに過剰に存在するのでそこから離れ，正電荷が形成されたアノードへ移動し，電気的中性を保つことがわかる．同様に，陽イオンはアノードに過剰に存在するためにアノードから離れ，多くのアニオンが存在するカソードへ移動する．基本的なガルバニ電池の構成と過程を図 12・10 にまとめる．

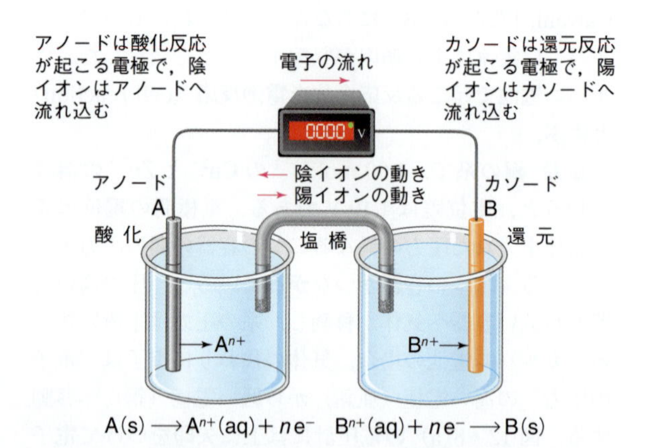

図 12・10　ガルバニ電池の模式図．電子はアノードからカソードへ移動する．この図では，左側の電極がアノードで，酸化反応が起こり，右側がカソードで還元反応が起こる．

例題 12・7　ガルバニ電池の記述

亜鉛を硝酸銀の水溶液に浸すと以下に示す反応が自発的に起こる．

$$Zn(s) + 2\,Ag^+(aq) \longrightarrow Zn^{2+}(aq) + 2\,Ag(s)$$

それぞれの半電池で起こる反応を示せ．電池を図示し，

（例題 12・7 つづき）
そこへカソードとアノード，各電極の電荷，イオンと電子の移動する方向を示し，どちらがアノードとカソードであるかも示せ．

解 答 半電池は次式で表される．

$$Zn(s) \longrightarrow Zn^{2+}(aq) + 2\,e^-$$
$$2\,Ag^+(aq) + 2\,e^- \longrightarrow 2\,Ag(s)$$

電池は図のようになり，ガルバニ電池のアノードは常に負に帯電するので，亜鉛電極がアノードで銀電極がカソードである．電子は外部回路を通ってアノードからカソード（つまり，Zn から Ag）へ向かって流れる．陰イオンはアノードに向かって，陽イオンはカソードに向かって移動する．

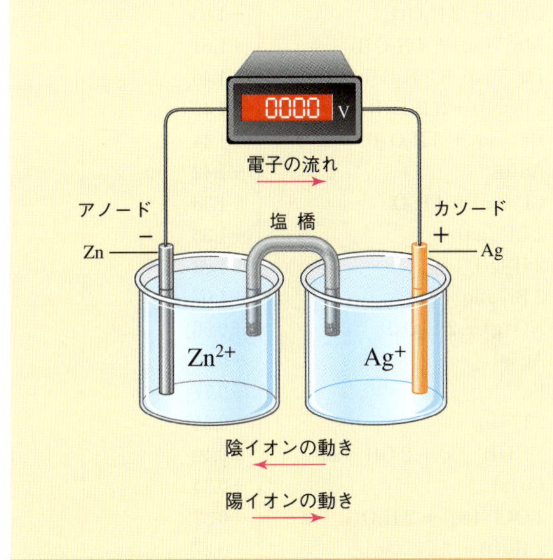

練習問題 12・8 以下に示す自発的な酸化還元反応を使ったガルバニ電池を図示し，各部分の名称を記せ．

$$Fe(s) + Sn^{2+}(aq) \longrightarrow Fe^{2+}(aq) + Sn(s)$$

続いて，アノードとカソードで起こる半電池反応を示せ．さらに，電池を図示して，カソードとアノードがどちらか示し，各電極の電荷，イオンと電子の流れを示せ．

12・4 還 元 電 位

電池と標準電池電位

ガルバニ電池の電位は回路を流れる電流により変化し，ある電池がつくり出す最大の電位を**電池電位**（cell potential, E_{cell}）とよぶ．電池電位はカソード（還元）とアノード（酸化）の間の電位差である．

$$E_{cell} = E_{reduction} - E_{oxidation}$$

E_{cell} は電極の構成や半電池中のイオンの濃度，温度や圧力に依存する．別の電池との間で電位を比較するために，**標準電池電位**（standard cell potential, $E^{\ominus}_{cell}$）が用いられる．これはすべてのイオンの濃度が 1 mol L^{-1} で電池の中の気体の圧力が 1×10^5 Pa のときの電池の電位である．一般的に温度は 298 K (25 ℃) を仮定するが，別に決めてもよい．$E^{\ominus}_{cell}$ を決定するために，以下の式を用いる．

$$E^{\ominus}_{cell} = E^{\ominus}_{cathode} - E^{\ominus}_{anode}$$

正の $E^{\ominus}_{cell}$ は還元反応がカソードで起こることを示しており，ガルバニ電池では，自発的に進行する反応に対する電池の電位は常に正である．一方，電池の電位を計算して負の場合は逆方向の反応が自発的に進行する（つまり，電池の電位に対する式が間違って書かれていることを示している）．

電池の電位はまれに数ボルトより大きいことがある．前述のように，銀と銅の電極からなるガルバニ電池（図 12・8b）の標準電池電位はわずか 0.46 V である．車のバッテリーの一つの電池はおよそ 2 V しか電位を発生しない．車のバッテリーのように高い電位を発生するバッテリーは，各電池の電位を累積して全電位をつくり出せるようにいくつもの電池から構成されている．重要な電池については §12・7 で議論する．

還元と標準還元電位

電池電位が二つの半電池の間で電子がどちらに引っ張られるかを序列として示してあると便利である．それぞれの半電池は電子を獲得して還元剤として働く傾向がある．この傾向は反応の**還元電位**（reduction potential, E_{red}）として表される（酸化還元電位ともいう）．標準状態における（酸化および還元にかかわるすべての成分の圧力 $p = 1 \times 10^5$ Pa, 濃度 1 mol L^{-1}）還元電位を**標準還元電位**（standard reduction potential）という．25 ℃ におけるこれらの値は表としてまとめられている．標準還元電位であることを示すために，上付きの記号をつけて $E^{\ominus}$ とする．以下の半電池に対する標準還元電位は，$E^{\ominus}_{Cu^{2+}/Cu}$ と表される．

$$Cu^{2+}(aq) + 2\,e^- \longrightarrow Cu(s)$$

“二つの半電池をつなぐと，還元電位の大きな半電池（還元力の強い方）は還元電位の低い半電池（つまり，こちらが酸化される）から電子を獲得する．”

電池の電位は二つの半電池の間の還元電位の差を大きさと符号で表している．前述のとおり，$E^{\ominus}_{cell}$ が正の場合，電池の反応は記載された方向に自発的に進行する．

前に議論した銅-銀の電池について二つの考えうる還元反応は，次式で表され，

$$Ag^{+}(aq) + e^{-} \longrightarrow Ag(s)$$
$$Cu^{2+}(aq) + 2\,e^{-} \longrightarrow Cu(s)$$

図12・7で見たように，自発的に起こる反応は，次式に示す $Ag^{+}(aq)$ の還元と $Cu(s)$ の酸化である．

$$2\,Ag^{+}(aq) + Cu(s) \longrightarrow 2\,Ag(s) + Cu^{2+}(aq)$$

半電位 Ag^{+}/Ag の標準還元電位は半電池 Cu^{2+}/Cu の標準還元電位よりも大きくなければならない．すなわち，$E^{\ominus}_{Ag^{+}/Ag}$ と $E^{\ominus}_{Cu^{2+}/Cu}$ を知っていて，$E^{\ominus}_{cell}$ を計算できれば，$E^{\ominus}_{cell}$ が正になるかわかる．

$$E^{\ominus}_{cell} = E^{\ominus}_{Ag^{+}/Ag} - E^{\ominus}_{Cu^{2+}/Cu}$$

表 12・1　25 ℃ における標準還元電位（$E^{\ominus}$）

（左側：上端「最も強い酸化剤」，下端「最も弱い酸化剤」，上向き矢印．右側：上端「最も弱い還元剤」，下端「最も強い還元剤」，下向き矢印）

半反応			$E^{\ominus}$〔V〕
$F_2(g) + 2\,e^-$	⇌	$2\,F^-(aq)$	+2.87
$S_2O_8^{2-}(aq) + 2\,e^-$	⇌	$2\,SO_4^{2-}(aq)$	+2.01
$PbO_2(s) + HSO_4^-(aq) + 3\,H^+(aq) + 2\,e^-$	⇌	$PbSO_4(s) + 2\,H_2O(l)$	+1.69
$2\,HOCl(aq) + 2\,H^+(aq) + 2\,e^-$	⇌	$Cl_2(g) + 2\,H_2O(l)$	+1.63
$MnO_4^-(aq) + 8\,H^+(aq) + 5\,e^-$	⇌	$Mn^{2+}(aq) + 4\,H_2O(l)$	+1.51
$PbO_2(s) + 4\,H^+(aq) + 2\,e^-$	⇌	$Pb^{2+}(aq) + 2\,H_2O(l)$	+1.46
$ClO_3^-(aq) + 6\,H^+(aq) + 6\,e^-$	⇌	$Cl^-(aq) + 3\,H_2O(l)$	+1.45
$BrO_3^-(aq) + 6\,H^+(aq) + 6\,e^-$	⇌	$Br^-(aq) + 3\,H_2O(l)$	+1.44
$Au^{3+}(aq) + 3\,e^-$	⇌	$Au(s)$	+1.42
$ClO_4^-(aq) + 8\,H^+ + 8\,e^-$	⇌	$Cl^-(aq) + 4\,H_2O$	+1.38
$Cl_2(g) + 2\,e^-$	⇌	$2\,Cl^-(aq)$	+1.36
$O_2(g) + 4\,H^+(aq) + 4\,e^-$	⇌	$2\,H_2O(l)$	+1.23
$Br_2(aq) + 2\,e^-$	⇌	$2\,Br^-(aq)$	+1.07
$NO_3^-(aq) + 4\,H^+(aq) + 3\,e^-$	⇌	$NO(g) + 2\,H_2O(l)$	+0.96
$Ag^+(aq) + e^-$	⇌	$Ag(s)$	+0.80
$Fe^{3+}(aq) + e^-$	⇌	$Fe^{2+}(aq)$	+0.77
$I_2(s) + 2\,e^-$	⇌	$2\,I^-(aq)$	+0.54
$NiO_2(s) + 2\,H_2O(l) + 2\,e^-$	⇌	$Ni(OH)_2(s) + 2\,OH^-(aq)$	+0.49
$Cu^{2+}(aq) + 2\,e^-$	⇌	$Cu(s)$	+0.34
$Cl_2(aq) + 4\,OH^-(aq)$	⇌	$2\,OCl^-(aq) + 2\,H_2O(l) + 2\,e^-$	+0.32
$Hg_2Cl_2(s) + 2\,e^-$	⇌	$2\,Hg(l) + 2\,Cl^-(aq)$	+0.27
$AgCl(s) + e^-$	⇌	$Ag(s) + Cl^-(aq)$	+0.23
$SO_4^{2-}(aq) + 4\,H^+(aq) + 2\,e^-$	⇌	$H_2SO_3(aq) + H_2O(l)$	+0.17
$Sn^{4+}(aq) + 2\,e^-$	⇌	$Sn^{2+}(aq)$	+0.15
$AgBr(s) + e^-$	⇌	$Ag(s) + Br^-(aq)$	+0.07
$2\,H^+(aq) + 2\,e^-$	⇌	$H_2(g)$	0（定義）
$Sn^{2+}(aq) + 2\,e^-$	⇌	$Sn(s)$	−0.14
$Ni^{2+}(aq) + 2\,e^-$	⇌	$Ni(s)$	−0.25
$Co^{2+}(aq) + 2\,e^-$	⇌	$Co(s)$	−0.28
$PbSO_4(s) + H^+(aq) + 2\,e^-$	⇌	$Pb(s) + HSO_4^-(aq)$	−0.36
$Cd^{2+}(aq) + 2\,e^-$	⇌	$Cd(s)$	−0.40
$Fe^{2+}(aq) + 2\,e^-$	⇌	$Fe(s)$	−0.44
$Cr^{3+}(aq) + 3\,e^-$	⇌	$Cr(s)$	−0.74
$Zn^{2+}(aq) + 2\,e^-$	⇌	$Zn(s)$	−0.76
$2\,H_2O(l) + 2\,e^-$	⇌	$H_2(g) + 2\,OH^-(aq)$	−0.83
$Al^{3+}(aq) + 3\,e^-$	⇌	$Al(s)$	−1.66
$Mg^{2+}(aq) + 2\,e^-$	⇌	$Mg(s)$	−2.37
$Na^+(aq) + e^-$	⇌	$Na(s)$	−2.71
$Ca^{2+}(aq) + 2\,e^-$	⇌	$Ca(s)$	−2.87
$K^+(aq) + e^-$	⇌	$K(s)$	−2.92
$Li^+(aq) + e^-$	⇌	$Li(s)$	−3.05

ここで二つの半電池の式の量論を合わせようとして，半電池の式に係数を掛ける必要はない．つまり，$E^\ominus_{Ag^+/Ag}$ を2倍しない．これは，電池電位の単位は電圧 (V)，つまり単位当たりの電荷のエネルギーなので，半電池の電位どうしを引くだけで電池電位が求められるためである．

$$E^\ominus_{cell} = E^\ominus_{cathode} - E^\ominus_{anode}$$

半電池の電極の標準還元電位の絶対値を実験的に求めることはできず，**標準水素電極** (standard hydrogen electrode, SHE) などの標準電極を使って決定される．表12・1に代表的な半電池の標準還元電位をまとめた．正の $E^\ominus$ を示す半電池反応の多くは還元反応を起こしやすいことを示しており，小さな正の $E^\ominus$ 値は，酸化反応が起こりやすいことを示している（すなわち，逆反応が起こる）．

表12・1から以下のことがわかる．

- 反応が進むと，左辺に示されている基質は還元されるので，これらはこの反応の酸化剤である．
- 酸化力の最も強い物質は最も容易に還元され，表12・1の一番上にある F_2 である．
- 右辺に示されている生成物は還元剤であり，反応が進行すると，これらは酸化される．
- 最も還元力の強い物質は最も容易に酸化され，表12・1の一番下にある Li である．

これから，金属の酸化されやすさを示す系列をつくることができる．図12・11には，本章で議論してきた金属についてその酸化されやすさ（つまり電子の失いやすさ）を酸化されやすい順に並べたものである．

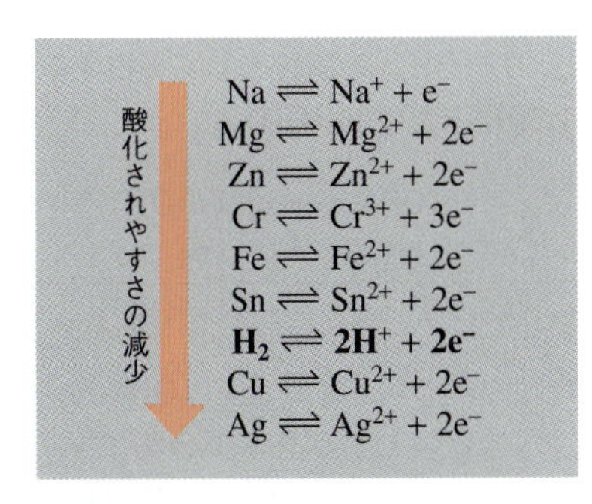

図 12・11 金属の活性系列．金属が酸化されやすい順にリストされている．

この系列は**金属の活性系列** (activity series of metals) とよばれ，これを使って，ある金属をもう一方の金属イオンの溶液に浸したときに，自発的に電子の移動が起こるかどうか判断できる．たとえば，以前に亜鉛を銅(II)イオンの水溶液に浸すと，自発的に亜鉛が酸化されることをみた．一方，銅を亜鉛(II)イオンの水溶液に浸しても何も起こらない．

この表には水素分子も入っており，これを使って金属と酸との反応性もわかる．水素よりも容易に酸化される金属（マグネシウム）は，酸と反応して水素ガスを発生し，水素よりも酸化されにくい金属（銅など）は酸との間で反応は起こらない．この表は標準還元電位をもとにしており，温度や濃度が標準状態からかけ離れると，金属間の相対位置が変化するので注意が必要である．

練習問題 12・9 活性系列を使って，以下の反応について還元反応が起こるかどうか予測せよ．

(a) Mg^{2+} の水溶液に銅を浸す．
(b) Ag^+ の水溶液に鉄を浸す．
(c) $1\ mol\ L^{-1}$ の塩酸水溶液に亜鉛を浸す．

例題 12・8 半電池電位の計算

銀-銅のガルバニ電池の標準電位は 0.46 V である．電池の反応は次式で表され，$E^\ominus_{Cu^{2+}/Cu}$ は 0.34 V である．$E^\ominus_{Ag^+/Ag}$ を求めよ．

$$2\,Ag^+(aq) + Cu(s) \longrightarrow 2\,Ag(s) + Cu^{2+}(aq)$$

解 答 $E^\ominus_{Ag^+/Ag} = 0.80\ V$

練習問題 12・10 練習問題12・8のガルバニ電池は標準電池電位 $E^\ominus_{cell} = 0.30\ V$ である．$E^\ominus_{Fe^{2+}/Fe} = -0.44\ V$ のとき，$E^\ominus_{Sn^{2+}/Sn}$ を計算し，表12・1と比較せよ．

表12・1を使うと，どのように電池反応を書くかにかかわらず，自発的な反応がどう起こるかを示すことができる．たとえば，銀-銅の電池を銀の半電池をカソードとして，銅の半電池をアノードとして書くと，$E^\ominus_{cell}$ は次式で表され，

$$E^\ominus_{cell} = E^\ominus_{Ag^+/Ag} - E^\ominus_{Cu^{2+}/Cu} = +0.80V - (+0.34V) = +0.46V$$

正であることから，$Ag^+(aq)$ が還元され，Cu(s) が酸化されると推測できる．もし，銅の半電池をカソードとして銀の半電池をアノードとして $E^\ominus_{cell}$ を計算すると，

$$E^\ominus_{cell} = E^\ominus_{Cu^{2+}/Cu} - E^\ominus_{Ag^+/Ag} = +0.34\ V - (+0.80\ V) = -0.46\ V$$

となり，負であることから，逆の反応が自発的に進行するとわかり，Cu(s) が酸化され，$Ag^+(aq)$ が還元される．

自発的および非自発的な反応

化学における目標の一つは反応を予測することであ

る．酸化還元反応については，その反応がガルバニ電池であっても，すべての反応要素が一つの容器に入った系であっても，半電池や表12·1に示す標準還元電位を使って予測が可能である．いくつかの例をもとに考える．

表12・1のように酸化還元電位が大きい順に示されていると，自発的に進行する酸化還元反応の基質と生成物を容易に探すことができる．“半電池反応をどのように組合わせても，還元電位が大きい方で還元反応が進行し，もう一方の半電池反応では逆反応（つまり酸化反応）が進行する．” ここで，反応が逆方向に進行しても，$E^{\circ}_{\mathrm{cell}}$ の計算において，還元電位の符号を変える必要はない．これは $E^{\circ}_{\mathrm{cell}}=E^{\circ}_{\mathrm{cathode}}-E^{\circ}_{\mathrm{anode}}$ の式はこのことをすでに考慮されているためである．

注意すべきことは以下の2点である．

- $E^{\circ}_{\mathrm{cell}}$ の計算において，還元電位の符号を変えない．
- 電池反応式の量論を合わせようとして係数を掛けない．

これらに注意して例題12・9を解いてみよう．

例題 12・9 酸化還元反応の結果を予測する

ニッケルと鉄を Ni^{2+} と Fe^{2+} をそれぞれ含む 1 mol L^{-1} 水溶液に加えたときに起こる反応を予測せよ．

解 答 $Ni^{2+}(aq) + Fe(s) \longrightarrow Ni(s) + Fe^{2+}(aq)$

反応式は原子についても電荷についても釣合いがとれており，これがこの問題で自発的に起こる反応である．

練習問題 12・11 塩素と臭素を Cl^- と Br^- をそれぞれ含む 1 mol L^{-1} 水溶液に加えたとき，どのような反応が起こるか．

12・5 腐　食

鉄や他の金属の腐食は最も身近な酸化還元反応の一つで，人類を悩ませる問題である．車や船のさびは，鉄が酸素と反応し酸化鉄(II)に酸化されるので，一見単純に思われる．

$$
\begin{array}{lll}
2\,Fe \longrightarrow 2\,Fe^{2+} + 4\,e^- & \text{酸化} \\
O_2 + 4\,e^- \longrightarrow 2\,O^{2-} & \text{還元} \\
\hline
2\,Fe + O_2 \longrightarrow 2\,FeO & \text{全体の反応}
\end{array}
$$

鉄が酸化されると，電子は金属から金属が空気に触れている部分へ移動する．ここで還元が起こるが，この過程は本当にそれほど単純だろうか．なぜ，湿度の高い空気中でさびが速くできるのだろうか．酸素のない純粋な水の中でなぜさびるのだろうか．さびの起こる正確な過程は，図12・12に示すように，鉄がアノードとして働く電気化学的な化学変化である．

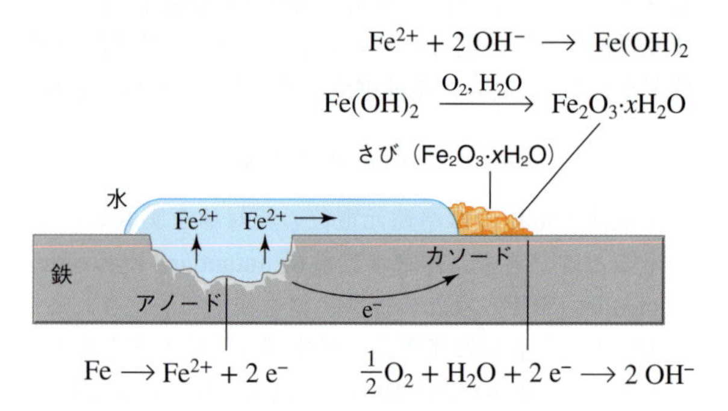

図 12・12 鉄の腐食．アノード領域では鉄が溶けて Fe^{2+} に変化する．電子は金属から酸素の還元が起こるカソードへ向かって流れ，OH^- を生成する．Fe^{2+} と OH^- が組合わさり〔$Fe(OH)_2$ の形成〕，つづく酸化によりさびがつくられる．

水溶液中において，酸素の還元は上の式とは異なった様式で進行する．O^{2-} は水溶液中で安定ではなく，水と反応して水酸化物イオンを生成するので，水中における酸素の還元は次式で表される．

$$O_2 + 4\,e^- + 2\,H_2O \longrightarrow 4\,OH^-$$

したがって，鉄のさびの生成は次式で表される．

$$
\begin{array}{lll}
2\,Fe \longrightarrow 2\,Fe^{2+} + 4\,e^- & \text{酸化} \\
O_2 + 4\,e^- + 2\,H_2O \longrightarrow 4\,OH^- & \text{還元} \\
\hline
2\,Fe + O_2 + 2\,H_2O \longrightarrow 2\,Fe(OH)_2 & \text{全体の反応}
\end{array}
$$

これで終わりではない．さびには鉄(II)イオンの他に鉄(III)イオンも含まれている．アノード領域で生成した鉄(II)イオンは水を介して拡散し最終的に水酸化物イオンと接触し，$Fe(OH)_2$ の固体として析出する．さらに，$Fe(OH)_2$ は酸化を受け $Fe(OH)_3$ になる．

$$
\begin{array}{lll}
4\,Fe(OH)_2 \longrightarrow 4\,Fe(OH)_2{}^+ + 4\,e^- & \text{酸化} \\
O_2 + 4\,e^- + 2\,H_2O \longrightarrow 4\,OH^- & \text{還元} \\
\hline
4\,Fe(OH)_2 + O_2 + 2\,H_2O \longrightarrow 4\,Fe(OH)_3 & \text{全体の反応}
\end{array}
$$

まだ終わりではない．さびは $Fe(OH)_3$ から構成されておらず，水酸化鉄とよばれる混合物で $FeO(OH)$ という組成で表される．$FeO(OH)$ は $Fe(OH)_3$ の脱水により得られる．

$$Fe(OH)_3 \longrightarrow FeO(OH) + H_2O$$

このさびの生成機構から興味深いことが説明される．すでに気づいているかもしれないが，車体にさびが発生するとき，さびは車の破損した部分や塗装の剥げた部分にできるが，車の全体に広がっていく．つまり，Fe^{2+}

がアノードで生成すると，塗装されている全体に広がり，空気や水と反応し，さびを生成するのである．

腐食を防ぐ方法がいくつかある．**亜鉛めっき**（galvanization）では，鉄を亜鉛で被覆する．Zn^{2+}の還元電位はFe^{2+}よりも低いので，亜鉛の酸化が優先して起こる．

$$Zn^{2+} + 2\,e^- \longrightarrow Zn \qquad E^\ominus_{Zn^{2+}/Zn} = -0.76\,V$$
$$Fe^{2+} + 2\,e^- \longrightarrow Fe \qquad E^\ominus_{Fe^{2+}/Fe} = -0.44\,V$$

これにより，酸化亜鉛の保護膜が形成される．一方，**スズめっき**（tin plating）では，いったん，めっきの表面が引っかかれて鉄が露出すると鉄の腐蝕が急速に進む．Sn^{2+}の還元電位はFe^{2+}の還元電位よりも高いので，Sn^{2+}は鉄を酸化する．

$$Sn^{2+} + 2\,e^- \longrightarrow Sn \qquad E^\ominus_{Sn^{2+}/Sn} = -0.14\,V$$

酸化物の中には，金属表面に付着し非透過性の膜を形成することができるものがあり，これにより広いpH領域で安定である．たとえば，アルミニウムはAl^{3+}の還元電位が−1.66 Vととても低いにもかかわらず，大気中ではとてもゆっくり反応する．このような現象を**不動態化**（passivation）という．

別の防食方法として，還元電位の低い金属を接続することにより，対象となる金属に電流が流れ，酸化を防ぐ方法がある．**カソード防食**（cathodic protection）は，船やパイプライン，ビルなど大きな物体をさびから守る方法として利用されている．物質をマグネシウムのようなより還元電位の低い金属と接触させると，マグネシウムが犠牲アノードとして働き，自分の電子を鉄に提供しMg^{2+}に変化する．このため，大きな物質全体を交換するよりMgを交換する方がずっと低コストですむ．

12・6 電 気 分 解

この節では，自発的な酸化還元反応が電気エネルギーをつくるためにどのように利用されているかを示す．ここでは，逆の過程すなわち，電気エネルギーを使って自発的に起こらない酸化還元反応を行う系を考える．これは，電池の充電の際に起こる反応である．

電気分解とは何か？

液体のイオンや電解質溶液に電流が流れると，**電気分解**（electrolysis）が起こる．図12・13に**電解槽**（electrolysis cell, electrolytic cell）とよばれる電気分解の装置を示す．この電解槽には溶解した塩化ナトリウムが入っている．電気分解を行う物質は溶解している必要があり，これにより，イオンは自由に動くことができ，伝導が起こる．溶解した塩化ナトリウムと反応しない電極を電解槽に挿入し，直流電源につなぐ．

電気のポンプの役割を果たしている直流電源は片方の電極から電子を引っ張り出し，電線を通してもう片方の

コラム 12・2 環境腐食との闘い

社会では，ビルや橋から医療用の機器や移植などにさまざまな大きさの金属や合金が利用されている．これらは利用する環境下において化学的に安定で，長期間利用できる必要がある．

しかし，自然界や生命環境には水，酸素，塩など，金属の酸化還元反応をひき起こす物質が存在し，これらをまとめて**環境腐食**という．

天然元素にさらされた金属からなる非常に大きな建造物がたくさん存在し，彫像やビル，橋，ダム，船などがそれである．環境腐食を防ぐためのさまざまな工夫がなされており，ここでは，代表的な例を二つ紹介する．

沖合の油田掘削装置は海に設置された非常に大きな金属の足場で，温度変化や海水などの過酷な環境に耐えなければならない．これらの足場はステンレス鋼でつくられており，腐食に耐えられるように，通常，以下の二つの対策がとられている．

1. 海面より上の構造部には亜鉛を含むエポキシ樹脂でコートされている．
2. 海面より下の金属部分については，カソード防食が施されている．

カソード防食では，保護したい金属がガルバニ電池のカソードとなるように施されており，ステンレス鋼の場合，アルミ-亜鉛合金などが犠牲アノードとして使われる．

自由の女神はエッフェル（Gustav Eiffel）とバルトルディ（Frederic Bartholdi）によって1886年につくられ，銅で覆われた錬鉄の骨組みでできている．腐食を想定し，非導電性の天然樹脂を使い金属製の鞍と鉄筋部分が接触しないようにした．時が経って，樹脂の劣化により亀裂が入り，その中に雨水や海水が侵入し，銅と鉄の間で電子移動が起こり，最終的に鉄がさびる．これらの金属間における電子移動はガルバニ腐食の一例で，銅塩により緑青を生成する．外表の銅は環境腐食により硫酸化物，水酸化物，塩化物などに酸化されて変色する．鉄筋部分はテフロンコートされたステンレス鋼に交換され，これ以上の腐食が起こらないように対策がとられたが，表面の銅の腐食による緑青は残ったままである．

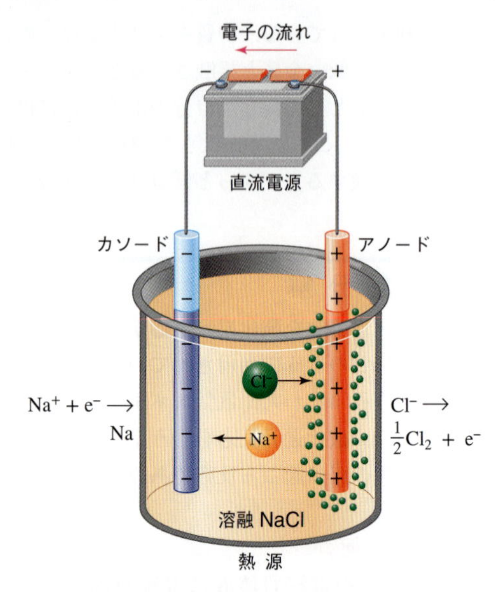

図 12・13　溶解した塩化ナトリウムの電気分解．電流が流れることで，塩化ナトリウムは金属ナトリウムと塩素ガスに分解される．

電極へ電子を送り込む．電子を奪われた方の電極は正に帯電し，他方の電極は負に帯電する．

- この例では，負に帯電した塩化物イオンから電子が引き抜かれるので，正の電極で酸化反応が起こる．電気分解の電荷の特性から，正の電極はアノードとなり，陰イオンがこの電極へ移動する．
- 直流電源は外部回路を経て電子を負に帯電した電極へ移動する．ここで，電子は正に帯電したナトリウムイオンに向けられるので，負に帯電した電極がカソードである．

電極で起こる反応は，次式で表される．

$$2\,Na^+(l) + 2\,e^- \longrightarrow 2\,Na(l) \qquad \text{カソード}$$
$$2\,Cl^-(l) \longrightarrow Cl_2(g) + 2\,e^- \qquad \text{アノード}$$
$$2\,Na^+(l) + 2\,Cl^-(l) \longrightarrow 2\,Na(l) + Cl_2(g) \qquad \text{電池反応}$$

(NaCl の融点である 801 ℃において，金属ナトリウムは液体である．)

電気分解とガルバニ電池の比較

- ガルバニ電池では，自発的な電池反応が起こりアノードで電子が提供され，カソードで電子が奪われる．そのため，アノードはわずかに負に帯電し，カソードはわずかに正に帯電する．
- 電解槽では状況が逆転し，アノードで酸化反応がひき起こされ，アノードは正に帯電することになり，アノードで電子の引き抜きが行われる．一方，カソードは負に帯電し，反応物は電極で電子を受取る．どちらの電極をアノードにするかカソードにするかは，電極で起こる反応の性質に基づいて決められている．

- 酸化反応が起こる電極をアノードとする．
- 還元反応が起こる電極をカソードとする．

覚えておくべきことは，以下の 2 点である．

- 電解槽では，カソードは負（還元が起こる）で，アノードは正（酸化反応が起こる）である．
- ガルバニ電池では，カソードは正（還元反応が起こる）で，アノードは負（酸化が起こる）である．

水溶液中における電気分解

水溶液中で電気分解が起こる場合，電解質の酸化還元に加えて水の酸化還元も考慮する必要があるため，電極反応は複雑である（電極の性質自身も電気分解に大きく影響するが，ここでは触れない）．たとえば，硫酸カリウムの水溶液の電気分解では，水素と酸素が発生する（図 12・14）．カソードでは水が還元され，K^+が還元されない．

$$2\,H_2O(l) + 2\,e^- \longrightarrow H_2(g) + 2\,OH^-(aq) \qquad \text{カソード}$$

アノードでは，水が酸化され硫酸イオンは酸化されない．

$$2\,H_2O(l) \longrightarrow O_2(g) + 4\,H^+(aq) + 4\,e^- \qquad \text{アノード}$$

表 12・1 に示す還元電位を見ると，なぜこのような酸化還元反応が起こったのか理解できる．たとえば，カソードでは，以下の二つの反応が競合する．

$$K^+(aq) + e^- \rightarrow K(s) \qquad E^{\ominus}_{K^+/K} = -2.92\,V$$
$$2H_2O(l) + 2e^- \rightarrow H_2(g) + 2OH^-(aq) \qquad E^{\ominus}_{H_2O/H_2} = -0.83\,V$$

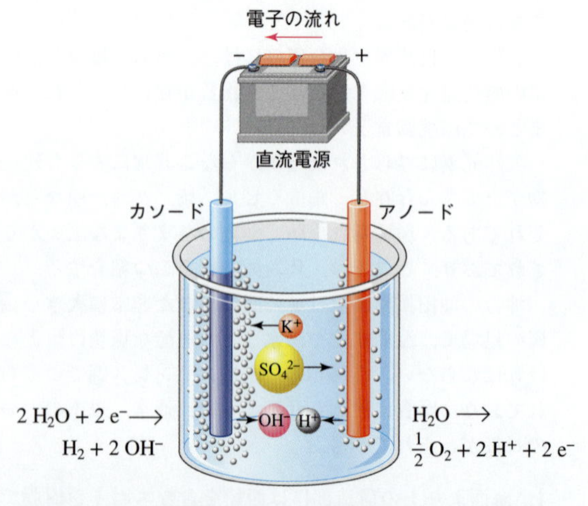

図 12・14　硫酸カリウムの水溶液の電気分解．電気分解による生成物は気体の水素と酸素である．

水はK^+に比べて還元電位が高いので，水の方がK^+に比べて容易に還元されること示している．電気分解の間，より還元されやすい物質が還元され，カソードから水素が発生する．

アノードで,起こりうる酸化反応は以下の二つである．

$$2\,SO_4^{2-}(aq) \longrightarrow S_2O_8^{2-}(aq) + 2\,e^-$$
$$2\,H_2O(l) \longrightarrow 4\,H^+(aq) + O_2(g) + 4\,e^-$$

表12・1に基づいて，これらの式を逆方向に示すと，以下のようになる．

$$S_2O_8^{2-}(aq) + 2e^- \rightarrow 2SO_4^{2-}(aq) \qquad E^\ominus_{S_2O_8^{2-}/SO_4^{2-}} = +2.01\,V$$
$$O_2(g) + 4H^+(aq) + 4e^- \rightarrow 2H_2O(l) \qquad E^\ominus_{O_2,H^+/H_2O} = +1.23\,V$$

$E^\ominus$から$S_2O_8^{2-}$の方がO_2よりも容易に還元されることがわかる．$S_2O_8^{2-}$が容易に還元されるということは，生成物であるSO_4^{2-}は容易に酸化されないということである．つまり，“より小さな還元電位をもつ半反応は酸化反応が起こりやすい”ということである．そのため，電気分解の間，SO_4^{2-}の代わりに水が酸化され，アノードから酸素が発生する．

K_2SO_4溶液の電気分解における全電池反応は，次式で示される．

$$4\,H_2O(l) + 4\,e^- \rightleftharpoons 2\,H_2(g) + 4\,OH^-(aq) \quad \text{カソード}$$
$$2\,H_2O(l) \rightleftharpoons O_2(g) + 4\,H^+(aq) + 4\,e^- \quad \text{アノード}$$
$$6\,H_2O(l) \rightarrow 2\,H_2(g) + O_2(g) + \underbrace{4\,H^+(aq) + 4\,OH^-(aq)}_{4\,H_2O(l)} \quad \text{電池反応}$$

全体の収支は

$$2\,H_2O(l) \xrightarrow{\text{電 解}} 2\,H_2(g) + O_2(g)$$

で表される．式中の矢印の上の“電解”と書かれているのは，電流によりこの反応が起こり，自発的に進行しないことを示している．

この電気分解における硫酸カリウムの役割について考える．K^+やSO_4^{2-}が存在しない場合，反応に何か変化が起こるだろうか．純水中で電気分解を行っても，何も起こらない．電気が流れず，水素も酸素も発生しない．明らかに硫酸カリウムは何らかの役割を果たしている．

K_2SO_4をはじめとする電解質は電極周囲の電気的な中性を保っている．もしK_2SO_4なしに電気分解が起こると，アノード周囲の溶液は正に帯電し，電気的中性を保つための陰イオンがないため水素イオンで覆われてしまう．同様に，カソード周囲の溶液は負に帯電し，周りに陽イオンが存在せず，OH^-で満たされたような状態になる．正もしくは負に帯電した溶液は不安定なため，電解質がない限り電気分解は進行しない．

溶液にK_2SO_4が存在すると，K^+はカソードへ移動しOH^-と結合する．同様に，SO_4^{2-}はアノードへ移動し，H^+と結合する．このように，常に溶液中のどの部分も正電荷と負電荷の数が一緒になり，電気的中性が維持され，K^+とSO_4^{2-}によって電気回路がつくられる．

12・7 電　池

先に述べたとおり，一つのガルバニ電池によってつくられる電位では，自動車だけでなく，電灯，電子計算機，ラップトップPC，心臓ペースメーカー，ビデオカメラ，携帯電話などを動かすために必要な電力を提供できない．**電池**(battery)はたいていガルバニ電池を組合わせ，それぞれの電位を足し合わせられている（図12・15）．電池は，**一次電池**（primary cell）とよばれる充電できず，使い切ると廃棄するタイプと**二次電池**（secondary cell）とよばれる充電して再利用できるタイプに分類される．本節では，自動車の電池，乾電池，充電池，燃料電池などの重要な電池を紹介する．

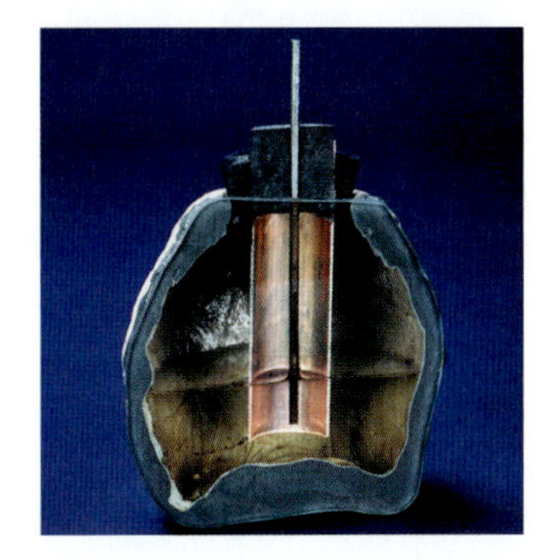

図 12・15 1938年にイラク，バグダッドで発見された，現存する最古の電池（およそ2200年前）．この電池は鉄の棒が中に入った銅のチューブからなり，酢などの酸性溶液に浸すと，小さな電流を発生する．

鉛蓄電池

自動車の起動に利用されている一般的な**鉛蓄電池**(lead storage battery，図12・16）は，2Vほどの電位をもつ二次電池を電位が加算されるようにいくつも組合わせている（図12・17）．自動車の電池のほとんどは六つの二次電池からなる12Vだが，他にも6V，24V，32Vなどの電池もある．

鉛蓄電池のそれぞれの電池のアノードは鉛の板からなり，カソードはPbO_2でコートされた板で構成され，電

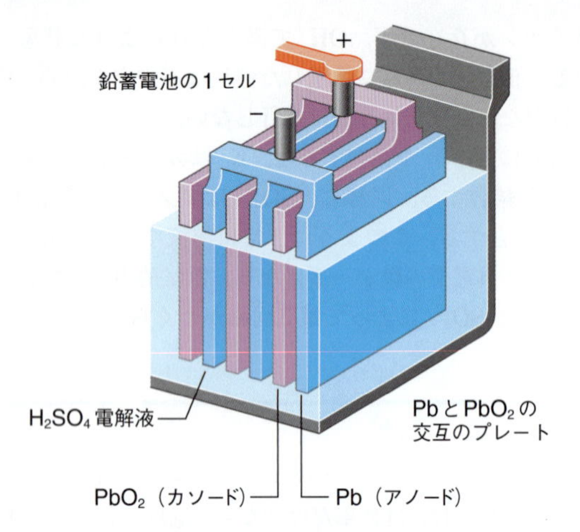

図 12・16　鉛蓄電池．多くの自動車で用いられている 12 V の鉛蓄電池はここに示すように 6 個の電池からなる．アノードとカソードはそれぞれ板でこれらが連結されており，これにより自動車を起動するために必要な大きな電流をつくることができる．

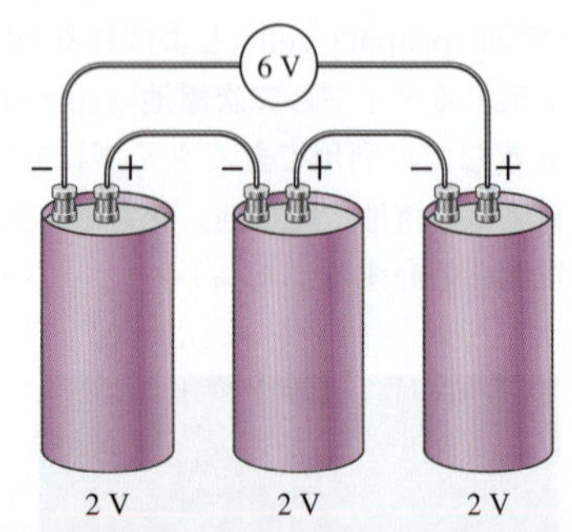

図 12・17　3 個の 2 V の電池を直列につなぐと，6 V の電位が得られる．自動車では通常 6 個の電池がつながった 12 V の電池が用いられている．

解質は硫酸である．電池が放電するとき，以下の電極反応が進行する．

$$PbO_2(s) + 3\,H^+(aq) + HSO_4^-(aq) + 2\,e^- \longrightarrow PbSO_4(s) + 2\,H_2O(l)\quad \text{カソード}$$

$$Pb(s) + HSO_4^-(aq) \longrightarrow PbSO_4(s) + H^+(aq) + 2\,e^-\quad \text{アノード}$$

したがって，電池全体の反応は次式で表される．

$$PbO_2(s) + Pb(s) + \underbrace{2\,H^+(aq) + 2\,HSO_4^-(aq)}_{2\,H_2SO_4(aq)} \longrightarrow 2\,PbSO_4(s) + 2\,H_2O(l)$$

鉛蓄電池で起こる反応は同じ元素で異なる酸化状態の物質の間で起こる化学反応で，このような反応を**均化反応**（symproportionation reaction, comproportionation reaction）という．生成物は両者の中間的な酸化数をとる．この電池反応では，酸化数+4 の鉛の PbO_2 と酸化数 0 の鉛との間で均化反応が起こり，酸化数+2 の鉛をもつ $PbSO_4$ を生成する．

均化反応の逆反応が**不均化反応**（disproportionation reaction）で，物質は自発的に酸化還元反応を起こし，二つの異なる酸化数をとる物質へ変化する．不均化反応の例として塩素ガス（塩素の酸化数 0）と希水酸化ナトリウムとの反応で，塩化ナトリウム（塩素の酸化数−1），塩素酸ナトリウム（$NaClO_3$，塩素の酸化数+5）と水を生成する．酸化還元反応は次式で表される．

$$3\,Cl_2(aq) + 6\,OH^-(aq) \longrightarrow 5\,Cl^-(aq) + ClO_3^-(aq) + 3\,H_2O$$

鉛蓄電池が放電すると，硫酸の濃度が低下し，これを利用して電池の状態を確認できる．硫酸濃度の低下に伴い硫酸溶液の密度が低下するので，硫酸濃度は**比重計**（hydrometer）を使って簡単に測定できる．比重計にはゴム製のバルブがあり，電池の液体を浮き輪の入ったガラスチューブ内へ吸い込む．浮き輪が沈んだ位置は液体の比重に反比例するので，浮き輪が深く沈むほど，溶液の密度は低く，電池の充電状態が低下していることがわかる．浮き輪の細い首の部分から電池の充電状態を知ることができる．

鉛蓄電池の本質的な利点は，放電中に自発的に起こる電池反応が外部電源から電位をかけることで逆方向に進められることである．すなわち，電気分解によって充電を行うことが可能である．電池の充電は次式で表される．

$$2\,PbSO_4(s) + 2\,H_2O(l) \xrightarrow{\text{電 解}} PbSO_2(s) + Pb(s) + 2\,H^+(aq) + 2\,HSO_4^-(aq)$$

鉛蓄電池の欠点は電池がとても重く，腐食性の硫酸が漏れる可能性があることである．最新の鉛蓄電池では鉛とカルシウムの合金が使用されており，それぞれの電池に穴をつける必要がなくなり，電解質が漏れ出さないように電池を密閉することができる．

乾 電 池

リモコン，腕時計，DVD や MP3 プレーヤー，電灯，ラジオなどの家庭用電気機器は小さな**乾電池**（dry cell battery）で動いている．さまざまな大きさの乾電池があり，それぞれ規格がある．単 4 形（米国 AAA 規格）や単 3 形（米国 AA 規格）はリモコン，デジタルカメラ，DVD プレーヤーなどによく利用されている．単 2 形（米国 C 規格）はポータブルステレオや電子おもちゃに使われており，単 1 形（米国 D 規格）は棒状の電灯に使われている．

比較的安価な 1.5 V の乾電池は**亜鉛-二酸化マンガン電池**（zinc-manganese dioxide cell）もしくは**ルクランシェ電池**〔Leclanché cell，発明者であるルクランシェ（George Leclanché, 1839～1882）にちなむ〕である．外側は亜鉛でつくられており，アノードとして働き（図 12・18），電池の底の部分は電池の負極である．カソードはグラファイト棒でこれを二酸化マンガンと塩化アンモニウムで覆っている．

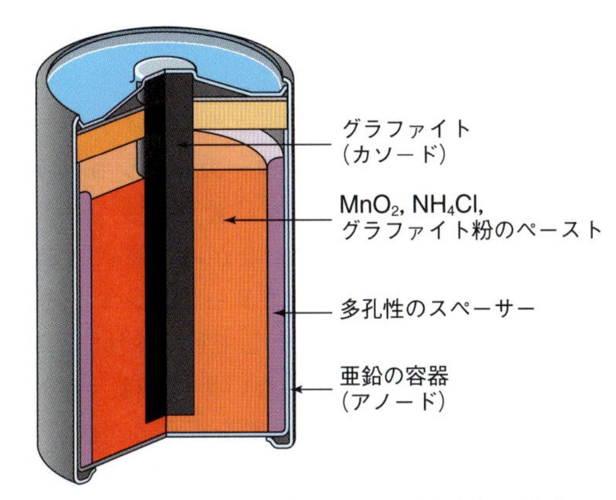

図 12・18　亜鉛-二酸化マンガン乾電池の断面図

アノードの反応は亜鉛の酸化である．

$$Zn(s) \longrightarrow Zn^{2+}(aq) + 2e^- \qquad \text{アノード}$$

カソードの反応は複雑で，混合物が得られる．おもな反応は次式で表される．

$$2\,MnO_2(s) + 2\,NH_4^+(aq) + 2\,e^- \longrightarrow Mn_2O_3(s) + 2\,NH_3(aq) + H_2O(l) \qquad \text{カソード}$$

カソードで生成するアンモニアはアノードで生成する Zn^{2+} と反応し，$Zn(NH_3)_4^{2+}$ を生成する．カソードにおける半反応が複雑なため，全電池反応を正確には書くことができない．

より身近なルクランシェ電池では塩基性の電解質（通常水酸化カリウム）が用いられ，**アルカリ電池**（alkaline battery）もしくは**アルカリ乾電池**（alkaline dry cell）とよばれている．ここで，Zn と MnO_2 が反応物であるが，塩基性条件下（図 12・19）で反応が起こり，次式で示す半電池反応が起こり，1.54 V が得られる．

$$Zn(s) + 2\,OH^-(aq) \longrightarrow ZnO(s) + H_2O(l) + 2\,e^- \qquad \text{アノード}$$

$$2\,MnO_2(s) + H_2O(l) + 2\,e^- \longrightarrow Mn_2O_3(s) + 2\,OH^-(aq) \qquad \text{カソード}$$

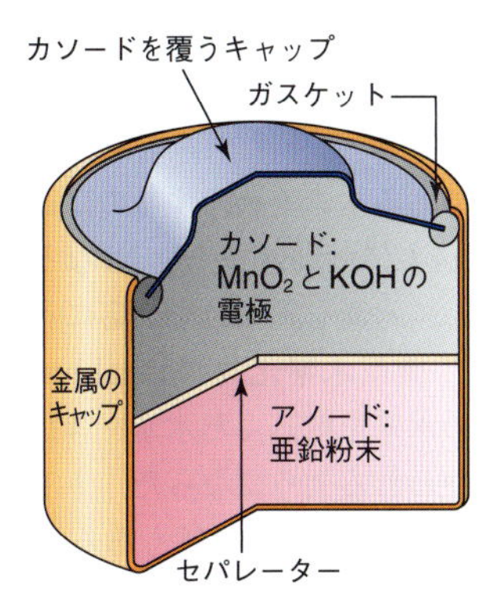

図 12・19　アルカリ性の亜鉛-二酸化マンガン乾電池の模式図

アルカリ乾電池は貯蔵寿命が長く，安価なルクランシェ電池よりも高い電流を提供できる．しかし，時間が経つと，アルカリ電池は腐食し液漏れを起こしやすい．腐食性の水酸化カリウムは，乾電池の継ぎ目から漏れ，羽毛のような結晶を電池表面に形成する．腐食は電極全体から基盤まで広がり，銅や他のものまで酸化する．これにより，電気回路と電子機器が壊れてしまう．

ニッケル-カドミウム蓄電池（nickel-cadmium storage cell）もしくは**ニッカド電池**（nicad battery, NiCd）は 1.3～1.4 V の起電力を生み出す二次電池である．NiCd のカソードは NiO(OH) で Ni の酸化数は+3 である．電解質は KOH が用いられ，電極の反応は次式で表される．

$$Cd(s) + 2\,OH^-(aq) \longrightarrow Cd(OH)_2(s) + 2\,e^- \qquad \text{アノード}$$

$$2\,NiO(OH)(s) + 2\,H_2O + 2\,e^- \longrightarrow 2\,Ni(OH)_2(s) + 2\,OH^-(aq) \qquad \text{カソード}$$

$$Cd(s) + 2\,NiO(OH)(s) + 2\,H_2O \longrightarrow 2\,Ni(OH)_2(s) + Cd(OH)_2(s) \qquad \text{電池反応}$$

$$E^{\ominus}_{cell} = 1.3 \sim 1.4\ V$$

ニッケル-カドミウム電池はアノードとカソードの反応を逆にすることで，充電が可能である．電池は密閉されており，電気機器においてとても深刻な液漏れを防いでいる．

ニッケル-カドミウム電池は移動用の電子機器や DVD プレーヤー，また自動車にも利用されている．この電池は高い**エネルギー密度**（energy density，単位電圧当たりに得られるエネルギー）をもち，急速にエネルギーの放出，充電が可能である．

現代の高性能の電池

ニッケル金属水素化物電池　ニッケル金属水素化物電池（NiMH）は二次電池で，最近，携帯電話，ビデオカメラ，電子自動車などに広く利用されている．この電池はアノードの基質が水素であることを除けば先に紹介したアルカリニッケル-カドミウム電池と同じである．常温常圧で気体である水素を利用するのは奇妙に思われるが，1960年代後半に，$LaNi_5$，Mg_2Ni などの合金が原子状水素を吸蔵し，水素を電気化学反応に利用できることが発見された．**金属水素化物**（metal hydride）という言葉は原子状の水素を取込んだ水素を含む合金であることを示すため使われるようになった．ナトリウムのように，ヒドリド（H^-）を含む金属もあるが，ここで示す金属水素化物はそのようなタイプではない．

NiCd電池と同じように，NiMH電池のカソードは NiO(OH) で電解質は KOH である．円筒状の電池の模式図を図12・20に示す．金属水素化物を表す MH を使って，放電時における電池の反応は次式で表される．

$$\mathrm{MH(s) + OH^-(aq) \longrightarrow M(s) + H_2O(l) + e^-} \quad \text{アノード}$$

$$\mathrm{NiO(OH)(s) + H_2O(l) + e^- \longrightarrow Ni(OH)_2(s) + OH^-(aq)} \quad \text{カソード}$$

$$\mathrm{MH(s) + NiO(OH)(s) \longrightarrow Ni(OH)_2(s) + M(s)} \quad \text{電池反応}$$

$$E^{\ominus}_{\mathrm{cell}} = 1.35\ \mathrm{V}$$

充電時はこれらの反応が逆方向に進む．NiCd電池に対するNiMH電池の利点は同じ体積で電池容量が50%が増していることである．

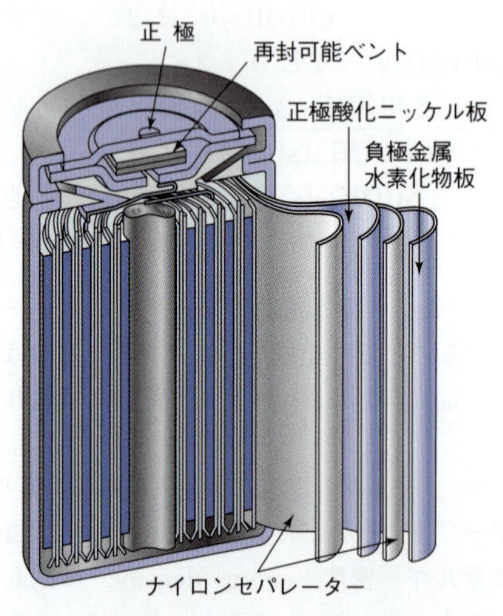

図 12・20 ニッケル金属水素化物電池の断面図．電極がサンドウィッチ状に巻かれており，これにより効率的な電極表面が確保され，大きなエネルギーを急速に提供できる．

リチウムイオン電池 リチウムの還元電位をみると，リチウムが最も還元電位の小さな金属であることがわかる．つまり，リチウムは電気化学的に非常に酸化されやすく，リチウムの負の大きな還元電位はアノード電極としてとても魅力である．さらに，リチウムはとても軽量で，反応物としてリチウムを利用すれば電池が軽くなる．

リチウム電極からなる充電可能な電池の開発では安全の問題があった．これを解決したのは**リチウムイオン電池**（lithium ion cell）で，金属リチウムの代わりにリチウムイオンが利用されている．片方の電極からもう一方の電極まで電解質を通して Li^+ が移動し，同時に外部回路を通して電子が移動することで，電荷の釣合いが保たれる．ここで，充電池としてリチウムイオン電池がどのように利用されているか説明する．

リチウムイオンは小さいので，グラファイトなど結晶性の層の間に挿入〔これを**インターカレーション**（intercalation）という〕され、層間を移動できる．グラファイトは炭素原子が六角形状につながった層状物質である．このほか，Li^+ をインターカレーションする物質に $LiCoO_2$ があり，これらが電極として利用されている．

電池を組立て，充電されていない状態では，グラファイトの層の間に Li^+ はない．充電を行うと（図12・21 a），Li^+ は $LiCoO_2$ から離れ（x は離れた Li^+ の数を示す），電解質中を移動してグラファイトへ移動する．

$$\mathrm{LiCoO_2} + \text{グラファイト} \longrightarrow \mathrm{Li_{1-x}CoO_2} + \mathrm{Li}_x\,\text{グラファイト} \qquad \text{初期の充電}$$

電池が自発的に放電し電力を供給すると（図12・21b），Li^+ は電解質を経て酸化コバルトへ戻り，一方電子はグラファイト電極（アノード）から外部回路を経て酸化コ

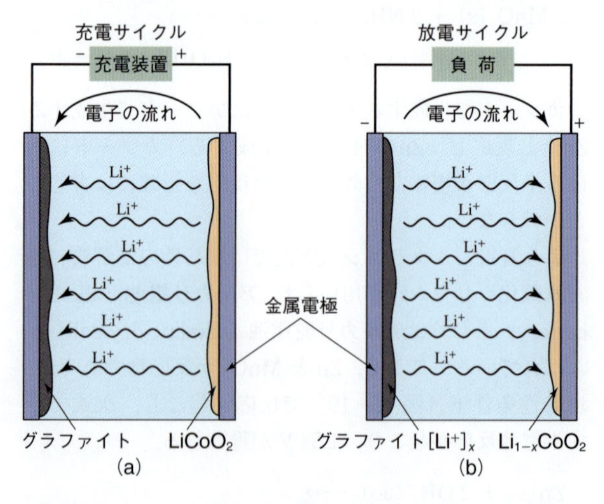

図 12・21 リチウムイオン電池．(a) 充電時には，外部の電圧により，電子が外部回路を通り，リチウムイオンが $LiCoO_2$ からグラファイト電極へ移動する．(b) 放電時にはリチウムイオンは自発的に $LiCoO_2$ 電極へ移動し，電子は外部回路を通って移動し電気的中性を保つ．

バルト電極へ移動する．ここで，Li^+の移動量をyで表すと，充電反応は次式で表される．

$$Li_{1-x}CoO_2 + Li_x\text{グラファイト} \longrightarrow Li_{1-x+y}CoO_2 + Li_{x-y}\text{グラファイト} \qquad \text{充電}$$

したがって，充電，放電のサイクルは二つの電極間をLi^+が行き来し，電気的中性を保つために，電子が外部回路を流れるのである．

現在，二つのリチウムイオン電池が開発されており，その一つは今日，携帯電話やラップトップ PC に一般的に利用されているもので，$LiPF_6$ などの液体の電解質が利用されている．この電池の起電力は約 3.7 V で，三つの NiCd 電池を直列につないだ場合に相当する．さらに，リチウムイオン電池は標準的な NiCd 電池の約 2 倍のエネルギー密度をもつ．

燃料電池

これまでに見てきたガルバニ電池は，電極の基質が最終的に分解してしまうため，ある一定の時間しか電力をつくり出すことができない．**燃料電池** (fuel cell) はこれとは異なり，電極反応の基質が供給されるため，基質の供給が続く限り，電池は電力を供給し続けることができる．そのため，燃料電池は長時間電力を必要とする場面で魅力的である．

初期に開発された水素-酸素燃料電池を図 12・22 に示す．中央の容器に入れられた高温（約 200 ℃）の水酸化カリウムの高濃度溶液（電解質）に触媒（通常 Pt）を含んだ多孔性の二つの電極を接触させ，電極反応をひき起こす．圧力をかけた気体状の水素と酸素が電極に触れるように循環し，カソードでは次の反応が起こる．

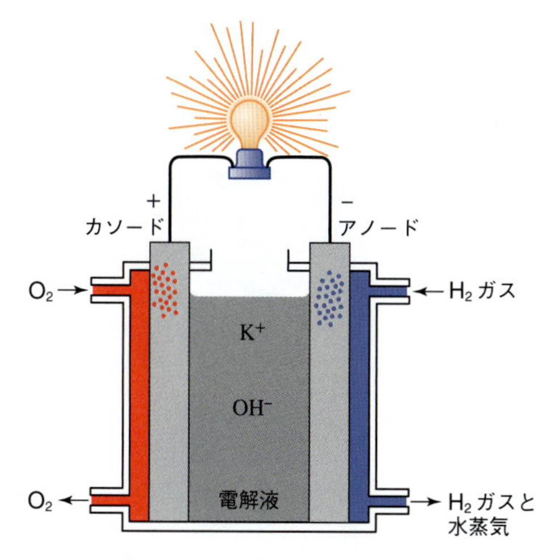

図 12・22　水素-酸素燃料電池

$$O_2(g) + 2\,H_2O(l) + 4\,e^- \longrightarrow 4\,OH^-(aq) \qquad \text{カソード}$$

アノードでは水素が酸化され水になる．

$$H_2(g) + 2\,OH^-(aq) \longrightarrow 2\,H_2O(l) + 2\,e^- \qquad \text{アノード}$$

アノードで生成した水の一部は水蒸気として循環する水素ガスと混ざる．電子の損失と獲得を等しくした後の全体の電池の反応は次式で表される．

$$2\,H_2(g) + O_2(g) \longrightarrow 2\,H_2O(l) \qquad \text{電池反応}$$

燃料電池の利点は，ふつうの電池のように，電極を交換する必要がなく，燃料によって連続的に電力を提供できる．事実，水素-酸素燃料電池は 20 世紀後半にジェミニ計画やアポロ計画，また他の宇宙計画にも上記の目的から利用された．

燃料電池がとても魅力的な理由の一つは，その熱力学的な効率の高さである．燃料電池では，全体の反応は燃焼に等しい．燃料を直接燃焼し利用可能なエネルギーを得ることはとても非効率的である．基本的な熱力学の法則から，現代の発電所では石油および化石燃料，天然ガスのもつエネルギーの 35〜40% 以上を利用することは不可能である．ガソリンエンジンやディーゼルエンジンは 25〜30% の効率で，残ったエネルギーは熱として外部に放出されており，これが自動車に効率的な冷却システムを取り付けなければならない理由である．

燃料電池では，単純な燃焼に比べてより熱力学的に可逆な条件下で燃料を燃焼しており，ずっと効率が高く，75% の効率を達成できる．さらに，水素-酸素燃料電池は本質的に有害物を発生せず，唯一の生成物が水である．しかし，水素燃料が無害な過程で生産されるとは限らない．

燃料電池の開発により，駆動温度が低下し，これによって液体のメタノールを水素源として室温で利用できるようになった．触媒反応によりメタノールの蒸気から水素を発生させる．全体の反応は次式のようになる．

$$CH_3OH(g) + H_2O(g) \longrightarrow CO_2(g) + 3\,H_2(g)$$

自動車メーカーのダイムラーは五つの燃料電池を使って，メタノール燃料電池車 NECAR5 を開発し，16 日間をかけて米国 5000 km を横断することで，メタノール燃料電池の有用性を実証した．車載用の燃料再生機を使ってメタノールから水素を取出し，燃料電池を駆動している．

高効率の燃料電池の開発は輸送業界において活発な研究領域である．

13 反応速度論

13・1 反応速度

第8章でギブズエネルギー変化 ΔG の符号からある反応が自発的に起こるかどうかを知ることができることを学んだ．しかし，ΔG はその反応がどのくらいの速度で進行するかということに関しては何も教えてくれない．たとえば，ダイヤモンドからグラファイトへの変換（図13・1）における熱力学的データ（$\Delta G^{\circ} = -2.9\ \mathrm{kJ\ mol^{-1}}$）から標準状態においてこれが自発的に進行するとわかるが，常温常圧では変換反応は起こらない．

図 13・1　ダイヤモンド（a）とグラファイト（b）は炭素の同素体である．ダイヤモンドからグラファイトへの変換におけるギブズエネルギー変化 ΔG は負だが，ふつうの条件で測定可能な速度でダイヤモンドがグラファイトに変化することはない．

気体の水素と窒素からアンモニアを生成する反応（次式）も，熱力学的には起こりうるが，常温常圧では何も得られない．

$$3\,\mathrm{H_2(g)} + \mathrm{N_2(g)} \longrightarrow 2\,\mathrm{NH_3(g)}$$

他にも熱力学的に進行しうるが，きわめて反応が遅いために，長い期間（数年など）にわたって，何の変化も観測されない例がたくさんある．

化学反応速度論（chemical kinetics）により，なぜ反応がある特定の方向へ進行するのかを理解することができる．これは，反応における反応物や生成物の濃度の変化に関する理論である．たとえば，図13・2に示すように，銅線を硝酸銀の水溶液に浸すと，時間の経過とともに，Cu^{2+} の生成に伴って溶液の色は深い青色に変化し，銀が銅線に析出する．反応物と生成物の濃度の時間変化を追跡することで，化学反応の速度を調べることができる．反応の進行に伴う濃度変化を調べる方法がいろいろある．

図13・3に仮想的な反応 $\mathrm{A} \rightarrow 2\,\mathrm{B}$ における濃度の時間変化を示す．

図13・3から反応物Aの濃度は時間とともに減少し，一方，生成物Bの濃度は時間とともに増加することが

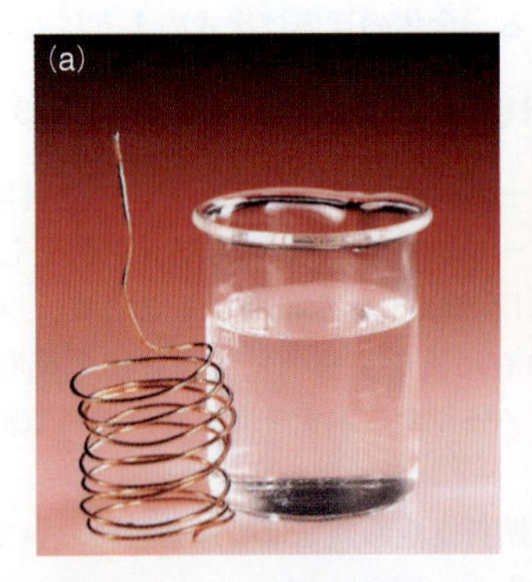

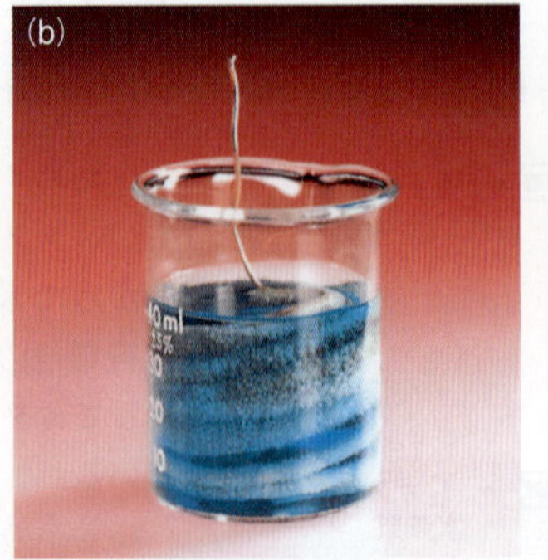

図 13・2　(a) 硝酸銀溶液は透明である．(b) 銅線がこの溶液に入ると銅が溶解し，溶液が青色になる．(c) 反応時間が進むにつれ，銅の溶解がさらに進み，溶液の青色は鮮やかになる．

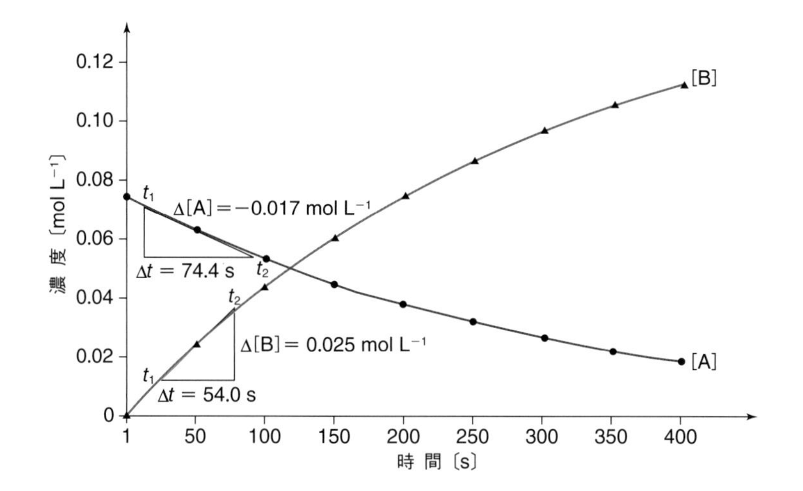

図 13・3　反応 A → 2 B の進行を A と B の濃度の時間変化として示す．

わかる．反応物の消費速度と生成物の生成速度が議論されることが多い．ある 2 点の時刻（t_1, t_2）について A, B の濃度を測定し，A の消費速度と B の生成速度を決定する．

$$\text{Aの消費速度} = \frac{\begin{pmatrix}\text{時刻}\ t_2\ \text{における}\\ \text{Aの濃度}\end{pmatrix} - \begin{pmatrix}\text{時刻}\ t_1\ \text{における}\\ \text{Aの濃度}\end{pmatrix}}{t_2 - t_1} = \frac{\Delta[\mathrm{A}]}{\Delta t}$$

[ ] は濃度を $\mathrm{mol\ L^{-1}}$ 単位で表しており，Δ は物質量の変化（最終値－初期値）を示す．同様に，B の生成速度は次式で表され，

$$\text{Bの生成速度} = \frac{\begin{pmatrix}\text{時刻}\ t_2\ \text{における}\\ \text{Bの濃度}\end{pmatrix} - \begin{pmatrix}\text{時刻}\ t_1\ \text{における}\\ \text{Bの濃度}\end{pmatrix}}{t_2 - t_1} = \frac{\Delta[\mathrm{B}]}{\Delta t}$$

慣例により，濃度の増加，減少にかかわらず生成速度と消費速度は常に正の値とする（車の速度を考える場合でも，前進しても後進しても，速度は常に正である）．

表 13・1 の 2 列目，3 列目に A と B の濃度の測定値の時間変化をそれぞれ示す．

表 13・1 のデータを使って，反応開始から 50 秒における A の**平均消費速度**（average rate）を計算できる．

$$\begin{aligned}\text{Aの消費速度} &= \frac{\Delta[\mathrm{A}]}{\Delta t} = \frac{[\mathrm{A}]_{t=50} - [\mathrm{A}]_{t=0}}{50\ \mathrm{s} - 0\ \mathrm{s}}\\ &= \frac{0.0629\ \mathrm{mol\ L^{-1}} - 0.0750\ \mathrm{mol\ L^{-1}}}{50\ \mathrm{s}}\\ &= -2.4 \times 10^{-4}\ \mathrm{mol\ L^{-1}\ s^{-1}}\end{aligned}$$

A の濃度が時間とともに減少するため Δ[A] は負である．濃度の時間変化は常に正なので，反応物の消費速度は次式で定義される．

$$\text{消費速度} = -\frac{\Delta[\text{反応物}]}{\Delta t}$$

表 13・1　図 13・3 に示す反応 A → 2 B における A と B の濃度，平均速度の時間変化

時　間〔s〕	[A]〔$\mathrm{mol\ L^{-1}}$〕	[B]〔$\mathrm{mol\ L^{-1}}$〕	時間帯〔s〕	$-\dfrac{\Delta[\mathrm{A}]}{\Delta t}$〔$\mathrm{mol\ L^{-1}\ s^{-1}}$〕
0	0.0750	0.0		
50	0.0629	0.0242	0 → 50	2.4×10^{-4}
100	0.0529	0.0442	50 → 100	2.0×10^{-4}
150	0.0444	0.0612	100 → 150	1.8×10^{-4}
200	0.0372	0.0756	150 → 200	1.4×10^{-4}
250	0.0313	0.0874	200 → 250	1.2×10^{-4}
300	0.0262	0.0976	250 → 300	1.0×10^{-4}
350	0.0220	0.106	300 → 350	8.0×10^{-5}
400	0.0185	0.113	350 → 400	7.0×10^{-5}

したがって，反応開始から 50 秒間の A の平均消費速度は次式で表される．

$$\begin{aligned} \text{A の消費速度} &= -\frac{\Delta[\mathrm{A}]}{\Delta t} \\ &= -(-2.4\times10^{-4}\ \mathrm{mol\ L^{-1}\ s^{-1}}) \\ &= 2.4\times10^{-4}\ \mathrm{mol\ L^{-1}\ s^{-1}} \end{aligned}$$

表 13・1 の最後の行にこの反応の他の 50 秒間における A の平均消費速度を示す．このデータから，A が反応に使われるにつれて，A の平均消費速度が減少していくことがわかる．これは，A の濃度が時間とともに変化し，A の消費速度が A の濃度に依存しているためである．したがって，誤差を最小に抑えるために，反応速度は短い時間間隔で求めた方がよい．

ある特定の時間における濃度変化の速度を濃度変化の**瞬間速度**(instantaneous rate)という．図 13･3 を見ると，A の消費や B の生成の瞬間速度は曲線に接する勾配から求められることがわかる．たとえば図 13・3 で，A の曲線の 50 秒に対する接線を描く．図 13･3 にある Δ[A] と Δt から求められるこの線の勾配は $t=50$ 秒における A の消費の瞬間速度を示している（消費に注目しているために，勾配が負であることに注意)．

$$\begin{aligned} \text{A の消費速度} &= -(\text{接線の勾配}) = -\frac{\mathrm{d}[\mathrm{A}]}{\mathrm{d}t} \\ &= -\frac{-0.017\ \mathrm{mol\ L^{-1}}}{74.4\ \mathrm{s}} \\ &= 2.3\times10^{-4}\ \mathrm{mol\ L^{-1}\ s^{-1}} \end{aligned}$$

この式で，“d” は極微量の変化を表す．反応速度が単位時間当たりの濃度変化〔つまり（濃度)(時間)$^{-1}$〕で，通常 $\mathrm{mol\ L^{-1}\ s^{-1}}$ という単位が使われる．

つぎに B の生成速度を考えてみよう．化学量論により反応物と生成物の間の相対的な反応速度が決まるので，反応の釣合いをとった式の係数を考慮する必要がある．ここで想定している A → 2 B という反応では，B は A の消費に対して 2 倍の速度で生成し，確かに図 13・3 からこのことがわかる．B の曲線の 50 秒における接線の勾配は 50 秒における B の生成の瞬間速度を表し，次式のようになる．

$$\begin{aligned} \text{B の生成速度} &= (\text{接線の勾配}) = \frac{\mathrm{d}[\mathrm{B}]}{\mathrm{d}t} \\ &= -\frac{0.025\ \mathrm{mol\ L^{-1}}}{54.0\ \mathrm{s}} \\ &= 4.6\times10^{-4}\ \mathrm{mol\ L^{-1}\ s^{-1}} \end{aligned}$$

これは，実際に B の生成速度が A の消費速度の 2 倍であることを示しており，今回は接線の勾配は正である．

このように，ある反応における反応物の消費速度と生成物の生成速度は必ずしも同じではない．そのため，反応物の消費か生成物の生成のどちらを追跡するかにかかわらず，同じ**反応速度**（rate of reaction）を定義する方が有用である．以下の一般的な化学反応を考える．

$$a\mathrm{A} + b\mathrm{B} \longrightarrow c\mathrm{C} + d\mathrm{D}$$

ここで，a から d はそれぞれ，反応物 A と B，生成物 C と D における化学量論係数で，このとき，反応速度を次式で定義する．

$$\begin{aligned} \text{反応速度} &= -\frac{1}{a}\frac{\mathrm{d}[\mathrm{A}]}{\mathrm{d}t} = -\frac{1}{b}\frac{\mathrm{d}[\mathrm{B}]}{\mathrm{d}t} \\ &= \frac{1}{c}\frac{\mathrm{d}[\mathrm{C}]}{\mathrm{d}t} = \frac{1}{d}\frac{\mathrm{d}[\mathrm{D}]}{\mathrm{d}t} \end{aligned}$$

したがって，化学反応 A → 2 B においては，以下のようになる．

$$\begin{aligned} \text{反応速度} &= -\frac{\mathrm{d}[\mathrm{A}]}{\mathrm{d}t} = \frac{1}{2}\frac{\mathrm{d}[\mathrm{B}]}{\mathrm{d}t} \\ &= 2.3\times10^{-4}\ \mathrm{mol\ L^{-1}\ s^{-1}} \end{aligned}$$

反応速度は（濃度)(時間)$^{-1}$ の単位をもつ．反応速度と反応物の消費速度や生成物の生成速度との違いを理解することが重要である．どの反応でも，ある瞬間における反応速度は一つの値のみをもち，反応の化学量論に依存しない．一方，反応物の消費速度と生成物の生成速度は化学量論が異なれば同じではない．

例題 13・1 反応初速度の見積もり

ショ糖（スクロース，$C_{12}H_{22}O_{11}$）は，胃の中で酸性条件下酵素により分解され，ブドウ糖（グルコース，$C_6H_{12}O_6$）と果糖（フルクトース，$C_6H_{12}O_6$）に変換される．

$$\text{ショ糖} + \text{酸} \longrightarrow \text{ブドウ糖} + \text{果糖}$$

以下に示すデータは，室温下，1.00 $\mathrm{mol\ L^{-1}}$ の酸性溶液におけるショ糖の濃度変化を 10 分まで表している．この温度における，ショ糖の初期消費速度と初期反応速度を求めよ．

時間〔min〕	$[C_{12}H_{22}O_{11}]$〔$\mathrm{mol\ L^{-1}}$〕
0	0.100
2	0.080
4	0.063
6	0.050
8	0.040
10	0.032

(例題 13・1 つづき)

解答 問題に与えられた表の数値に従って，下記のようなグラフを書き，時刻0における接線を引く．時刻0における初期の $d[C_{12}H_{22}O_{11}]/dt$ は -0.011 mol L^{-1} min^{-1} と計算され，ショ糖の初期の消費速度は 0.0011 mol^{-1} min^{-1} となり，初期反応速度は以下のようになる．

$$-(-0.011 \text{ mol L}^{-1} \text{ min}^{-1}) = 0.011 \text{ mol L}^{-1} \text{ min}^{-1}$$

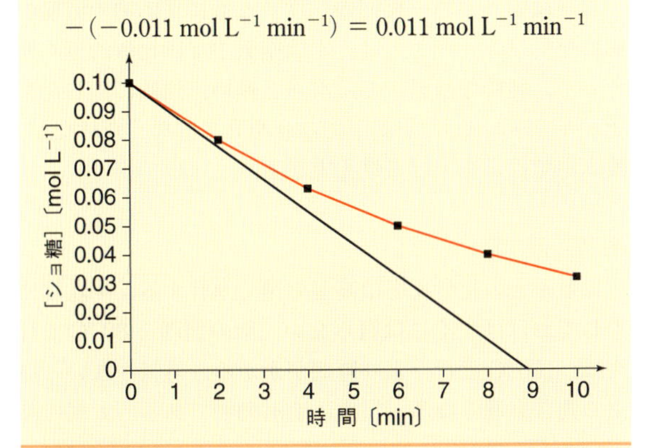

練習問題 13・1 以下に示す表は 0.50 mol L^{-1} の酸性溶液中，室温下で例題 13・1 と同じ反応を行った結果である．

時間〔min〕	$[C_{12}H_{22}O_{11}]$〔mol L^{-1}〕
0	0.10
2	0.089
4	0.079
6	0.070
8	0.062
10	0.055

ショ糖の初期消費速度と初期反応速度を求めよ．

反応速度にかかわる概念として**半減期**（half-life, $t_{1/2}$）がある．これはある反応物の濃度が初濃度の半分になるまでの時間である．本章の後半で半減期についてさらに深く学ぶ．

13・2 反応速度に及ぼす因子

五つの基本因子（反応物の化学的性質，反応物の物理的性質，反応物の濃度，温度，触媒などの反応を加速する物質）が反応速度に影響を及ぼす．

反応物の化学的性質

化学反応の間，反応物のある結合が切断されて，ある新たな結合が形成される．したがって，ある二つの反応における反応速度の最も本質的な差は反応物自身，すなわち結合の開裂・形成を受ける，原子，分子，イオンのもつ反応性に由来する．速い反応もあれば遅い反応もある．アルカリ金属は容易にイオン化し，酸化反応に対して高い反応性を示す．そのため，金属ナトリウムの表面を空気や湿気にさらすと，直ちに変色する．カリウムも空気や湿気と反応するが，カリウムのイオン化エネルギーはナトリウムよりも低いため，カリウムと空気や湿気との反応ははるかに速い（図 13・4）．これらの速い反応と比較して，銀と水の反応はとても遅く，これは銀を水に入れても何も変化しないことから明らかである．

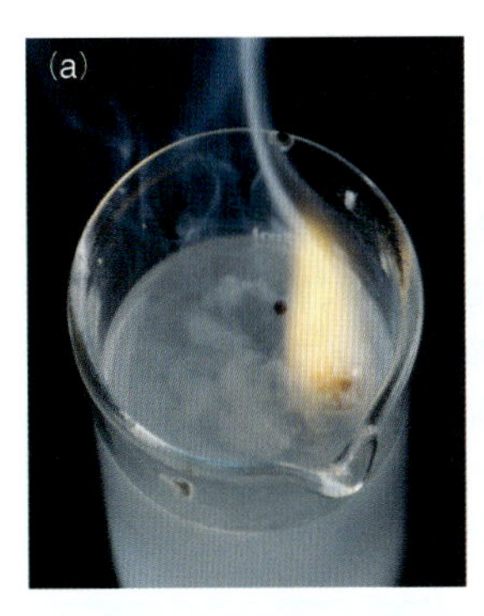

図 13・4 反応物の化学的性質が反応速度に影響を及ぼす．(a) ナトリウムは容易に酸化され，水と速く反応する．(b) カリウムはナトリウムよりもさらに容易に酸化され，水との反応は爆発的に速い．

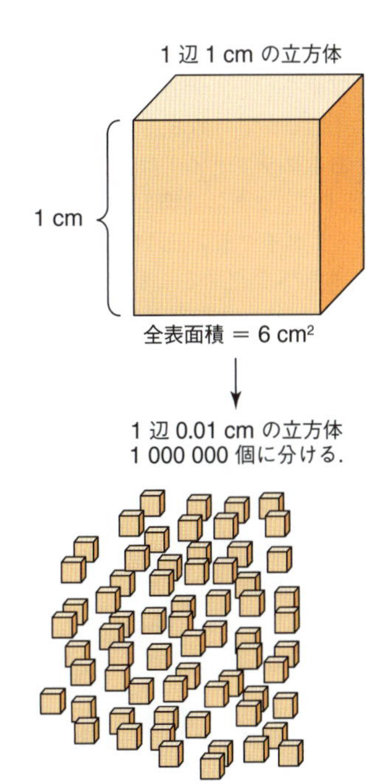

図 13・5 固体を砕くことの効果．一つの固体をずっと小さい固体片に分割すると，全表面積は非常に大きくなる．

反応物の物理的性質

多くの反応は二つもしくはそれ以上の反応物間で進行し，これらを構成する原子，イオン，分子が衝突して反応が始まる．このため，固相では反応が起こりにくく，一方，液相や気相では反応物は混合されており，これらを構成する原子，分子やイオンが容易に互いに衝突できるため，反応が起こりやすい．

すべての反応物が同じ相に存在すれば，その反応を**均一反応**（homogeneous reaction）とよぶ．

反応物が別の相にあるとき，たとえば，一成分は気相にあり，もう一方が液相か固相に存在するとき，その反応を**不均一反応**（heterogeneous reaction）とよぶ．不均一反応では，反応物は相間の界面でのみ出会うことができ，反応速度は相間の接触面積に影響を受ける．この面積は反応物の粒子の大きさによって制御される．固体をすりつぶすことで，表面積がかなり増大する（図13・5）．これにより，固相中の原子，イオン，分子が別の相とよく接触することができる．

不均一反応はとても重要だが，反応が複雑で解析がむずかしい．そこで本章では，おもに均一反応に焦点を絞る．

反応物の濃度

均一反応，不均一反応の速度はともに反応物の濃度の影響を受ける．たとえば，木は空気中では比較的速く燃えるが，純粋な酸素中ではもっと速い．灼熱に熱したスチールウールでも，空気中では音を立てて輝くだけだが，酸素中では炎を上げて燃え上がる．

系の温度

ほとんどの化学反応は高温で速く進行する．牛乳は冷やしておけばすぐには腐らない．卵の調理を 80 ℃で行えば，100 ℃で行うより時間がかかる．外気が寒いと昆虫の動きも遅くなる．昆虫は変温動物である．大気の温

コラム 13・1 グラファイトとダイヤモンド

ダイヤモンドは多くの技術者や科学者などを魅了してきた．ダイヤモンドは外見の魅力だけでなく，さまざまな応用分野で物質をつくるための多くの特性を兼ね備えている．ダイヤモンドは最も頑丈な物質の一つで，とても小さな圧縮率を示し，紫外，可視，赤外光を透過し，酸や塩基に対して安定である．より豊富に存在する炭素の同素体であるグラファイトはダイヤモンドよりも 2.9 kJ mol^{-1} だけ安定である．図13・1で議論したように，熱力学によるとダイヤモンドは自発的に熱力学的に安定なグラファイトへ変化することになる．両者のエネルギー差が小さいため，平衡混合物として得られるはずで室温では 2：1 でグラファイトが優先する．

図13・6に示すように，ダイヤモンドとグラファイトの構造は大きく異なる．グラファイトでは炭素原子の周りには3個の炭素原子が同一平面に位置し，一方，ダイヤモンドでは1個の炭素原子の周りに4個の炭素原子が四面体の頂点に位置する．ダイヤモンドがグラファイトへ変化するための構造変化は大きく，ほとんどすべての結合を切断して再構築するくらいである．そのため，ダイヤモンドは速度論的に安定で，グラファイトに変化することはない．

グラファイトからダイヤモンドへ変換する場合も同じような大きな構造変換が必要である．合成ダイヤモンドは以下の2種類の方法で合成される．

- ダイヤモンドは，高温，高圧下でグラファイトと液体の鉄などの金属触媒を共存させることによりつくられる．高圧下において，ダイヤモンドはグラファイトよりも安定でダイヤモンドが自発的に生成する条件にすることでグラファイトからダイヤモンドへ変換される．
- 炭素を含む気体状の分子を放電することで，化学気相蒸着法によりダイヤモンド薄膜を合成する．この手法では、高エネルギーにより分子を分解しダイヤモンドへ変換している．

これらの合成ダイヤモンドには高いコストがかかるが，天然ダイヤモンドに比べ物理的な特性に優れている．

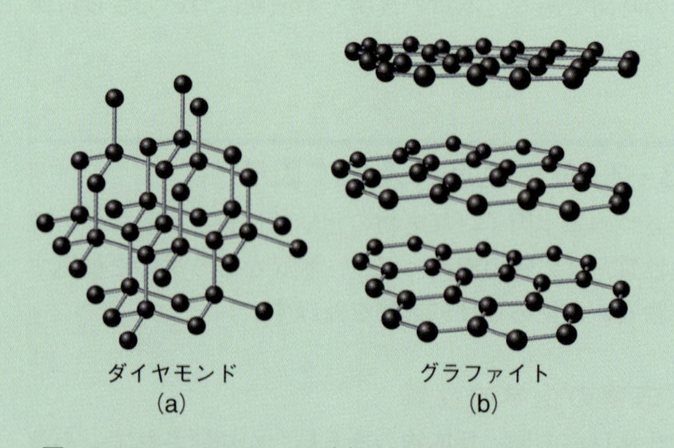

図 13・6　ダイヤモンド (a) とグラファイト (b) の部分構造の模式図．ダイヤモンドでは炭素原子が連結し三次元構造を形成し，グラファイトでは二次元構造を形成する．

度が低下すると，昆虫も冷えて，昆虫の体内で起こる化学反応も遅くなり，活動が遅くなる.

触媒の存在

触媒はそれ自身が反応することなく，反応を加速する物質である．私たちの体内に存在する酵素はすべて触媒であり，触媒は私たち生命体の中で常に働いている．ガソリン，プラスチック，肥料など日常品などを生産するために，化学工場では多くの触媒が使われている．§13・5で触媒がどのように化学反応に影響を与えるかを述べる.

13・3 反応速度式

例題13・1で，酸性条件の胃の中におけるショ糖の分解を議論した.

$$\text{ショ糖} + \text{酸} \longrightarrow \text{ブドウ糖} + \text{果糖}$$

分解が進むと，ショ糖の濃度が低下し，同時にブドウ糖と果糖の濃度が上昇する（図13・7）．胃の中では，ショ糖に比べ十分な量の酸が存在するため，酸の濃度はほとんど変化しない.

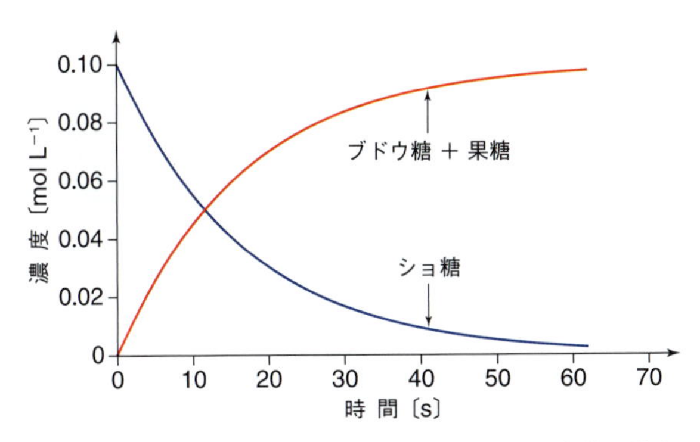

図13・7 胃の中におけるショ糖の分解における各種の濃度の時間変化

反応速度は反応物の濃度のみに依存する．この場合，ショ糖と酸の濃度に依存し，反応速度は以下のように表される.

$$\text{反応速度} = \underset{\text{速度定数}}{k}[C_{12}H_{22}O_{11}]^{\overset{}{n}}[H_3O^+]^{m}$$

（速度定数：k，ショ糖に関する次数：n，酸に関する次数：m）

このように，反応速度を反応物の濃度で表す式（ここでは，ショ糖と酸の濃度，$[C_{12}H_{22}O_{11}]$，$[H_3O^+]$）を**反応速度式**（rate law）とよぶ．反応速度式には比例定数（k）があり，これをその反応の**速度定数**（rate constant）とよび，濃度にベキ乗がついている．ここではショ糖にn，酸にmがついており，これらを反応物に関する**次数**（order）とよぶ．反応全体の次数は各次数の和で表され，今回は$n+m$である．速度定数の値は問題としている反応それ自身と反応条件，すなわち温度や圧力などに依存するが，反応物の濃度には依存しない.

胃の中におけるショ糖の分解の場合，酸の濃度は非常に高く，反応の間ほとんど変化しない．このような場合，濃度変化のある成分のみを使って書き表すのがふつうである.

$$\text{反応速度} = k'[C_{12}H_{22}O_{11}]^n$$

この反応速度式では，酸の濃度は定数で新しい速度定数の中に組込まれている.

$$k' = k[H_3O^+]^m$$

各反応物の次数は，濃度が反応速度にどのように影響するかを実験的に調べることで決定される．次数は正，負，ゼロのいずれかをとり，整数もしくは分数である．特別な例外の除き（例外については，本章後半），釣合いのとれた式から次数を求めることはできない．多くの一般的な反応は一次もしくは二次（すなわちn=1もしくは2）である.

例題13・2 反応速度式の理解

人体の乳糖不耐症は乳糖（ラクトース）をブドウ糖とガラクトースに分解する酵素（ラクターゼ）の欠損に由来する．乳糖は胃の中で酸性条件でも分解される．室温におけるこの反応の速度式は実験的に以下のように表されることがわかっている.

$$\text{反応速度} = (120\ \text{mol}^{-1}\,\text{L}\,\text{s}^{-1})[\text{乳糖}][\text{酸}]$$

速度式を使って以下の事柄を求めよ.

(a) 乳糖と酸に関する反応次数
(b) 反応の総反応次数
(c) 速度定数
(d) [乳糖] = 0.010 mol L^{-1}，[酸] = 0.0010 mol L^{-1} における反応速度
(e) [乳糖] = 0.020 mol L^{-1}，[酸] = 0.0010 mol L^{-1} における反応速度

解 答 (a) 乳糖，酸それぞれに対して反応次数は1，(b) 総反応次数は2，(c) 120 mol^{-1} L s^{-1}，(d) 0.0012 mol L^{-1} s^{-1}，(e) 0.0024 mol L^{-1} s^{-1}

練習問題 13・2 例題 13・2 の反応で，以下の条件における反応速度を求めよ．

(a) ［乳糖］$= 0.030\ \mathrm{mol\ L^{-1}}$，［酸］$= 0.0010\ \mathrm{mol\ L^{-1}}$

(b) ［乳糖］$= 0.030\ \mathrm{mol\ L^{-1}}$，［酸］$= 0.0020\ \mathrm{mol\ L^{-1}}$

一次反応

仮想的な反応 A → 生成物の反応次数が A について一次であると仮定しよう．このとき，反応速度式は以下のようになる．

$$\text{反応速度} = -\frac{\mathrm{d[A]}}{\mathrm{d}t} = k[\mathrm{A}]^1 = k[\mathrm{A}]$$

この式の積分をとると以下の式が導かれる．

この種の反応では，任意の時刻 t における A の濃度[A]は，反応速度定数 k と A の初濃度 $[\mathrm{A}]_0$ を使って次式で表される．

$$[\mathrm{A}]_t = [\mathrm{A}]_0\,\mathrm{e}^{-kt} \quad \text{もしくは} \quad \ln[\mathrm{A}] = -kt + \ln[\mathrm{A}]_0$$

一次反応については，ln [A] を t で図示すると勾配が $-k$ の直線になる．

例題 13・1 のデータをもとに，ショ糖からブドウ糖と果糖への分解について図 13・8 に示す．ln［ショ糖］を t に対してプロットすると直線が得られ，この反応が確かに一次であることを確認できる．

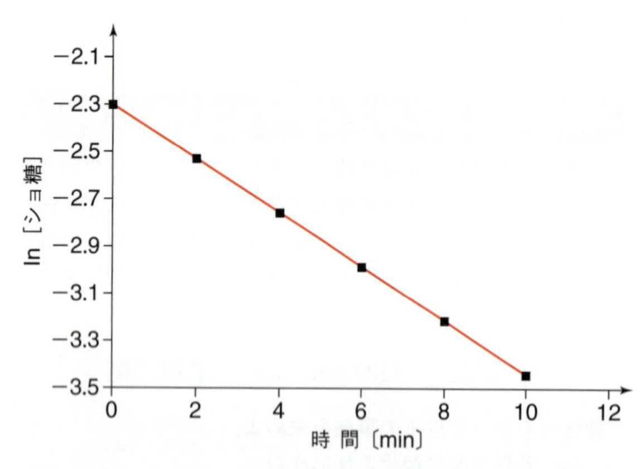

図 13・8 一次反応の速度論．ショ糖からブドウ糖と果糖への分解について，例題 13・1 のデータを使って ln［ショ糖］を t に対するプロットを示す．

一次反応について，A の濃度は時間とともに指数関数的に減少する．薬剤の代謝など多くの生命現象は一次式に従う．これらの反応でよく引き合いに出される重要な数値が半減期で，$t_{1/2}$ と表される．これは，最初の量の半分になるまでにかかる時間を表し，どれだけ速く薬剤が体内に取込まれるかを示すパラメータである．一次反応の場合，半減期は次式で表される．

$$\text{半減期} = t_{1/2} = \frac{\ln 2}{k}$$

ここで，一次反応における半減期は初濃度に依存しないということに注意しよう．これは，自然界における一般的な一次反応の一つである，放射性同位体の放射壊変でも観測されることである．事実，半減期が放射性物質の寿命を表す指標に使われている．

^{131}I はヨウ素の放射性同位体であり，甲状腺がんなど甲状腺疾患の診断や治療など核医学の分野で使われている．甲状腺はのど仏の下に位置し，気管にまたがる小さな組織である．甲状腺はホルモンの生産にヨウ化物イオンを利用するので，患者が安定同位体の $\mathrm{I^-}$ とともに $\mathrm{^{131}I^-}$ を摂取すると，これらのイオンは甲状腺に蓄積される（図 13・9 参照）．甲状腺から放出される放射線の一時的な変化から甲状腺の活性を見積もることができる．^{131}I は核反応を起こし，β 線を放射し安定同位体である ^{131}Xe

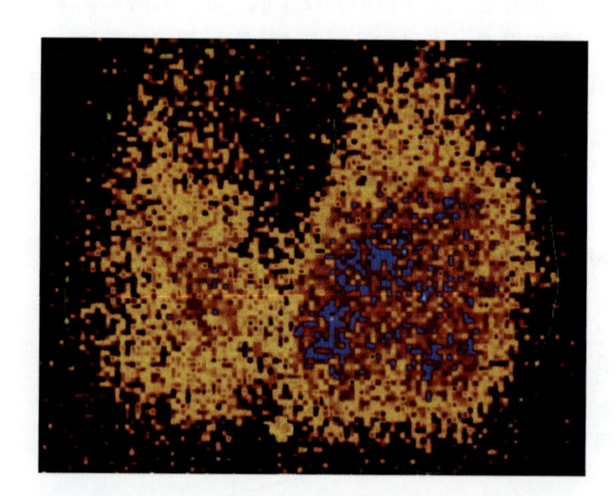

図 13・9 患者に放射性同位体を含む薬剤を投与した後の甲状腺のシンチグラム．甲状腺の活性はより活性な青から不活性な黄色まで色で表示されている．

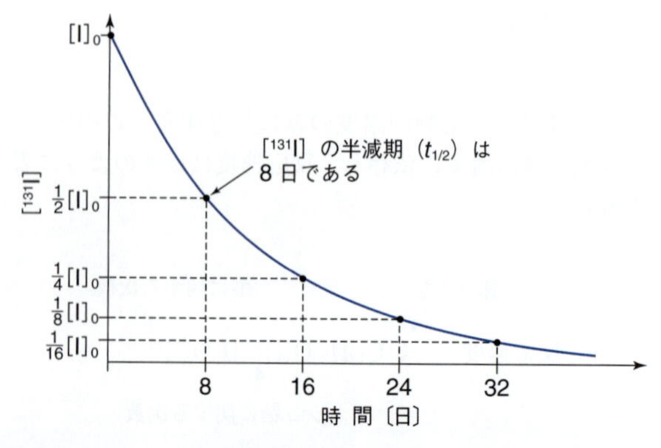

図 13・10 ^{131}I の放射壊変．同位体の初濃度は $[\mathrm{I}]_0$ で表されている．

に変化する．放射能は時間とともに減衰する（図13・10参照）．初めの ^{131}I の半分まで減少するのに8日かかり，それから次の8日間に，残りの ^{131}I が半分まで減少する．初めの量にかかわらず，^{131}I の量が半分になるまでに8日かかり，このことから ^{131}I の半減期が定数であることがわかる．

^{131}I は核爆発などで発生する最も危険な放射性同位体の一つである．放射能降下物が存在するなど環境中に多くの ^{131}I が存在すると，^{131}I を含む食物を摂取することで体内に吸収されて甲状腺に蓄積される．その結果，^{131}I の崩壊により甲状腺が損傷を受け，甲状腺がんを発症する恐れがある．一つの治療法はヨウ素 ^{127}I を摂取することで，これにより体内のヨウ素 ^{127}I を増やし，^{131}I の相対比を減らすことで，放射性同位体の体内摂取を減らすことができる．このような補助剤は2011年の福島の原発事故の際に近隣住民に配布された．

例題 13・3 半減期の計算

放射活性な ^{131}I の半減期は8.0日である．体内で ^{131}I が全く分解されないと仮定した場合，患者の体内に存在する ^{131}I のどれだけの割合が32日後に存在するか．

解 答 32.0日後に，はじめの量の1/16が体内に存在する．

図13・11には1.0 mol L^{-1} の硫酸溶液中でショ糖がブドウ糖と果糖へ分解する様子が示されている．ショ糖の初濃度は0.10 mol L^{-1} である．半分の濃度である0.05 mol L^{-1} になるのは6分ほどかかる．2分後にはショ糖の濃度は0.08 mol L^{-1}，この半分の濃度である0.04 mol L^{-1} になるにも8分かかることがわかる．

二次反応

仮想的な反応 A→生成物で，A について二次である場合，反応速度式は次式で表される．

$$\text{反応速度} = -\frac{\mathrm{d}[\mathrm{A}]}{\mathrm{d}t} = k[\mathrm{A}]^2$$

この式を積分すると次式が得られる．

このような反応では，速度定数 k，初濃度 $[\mathrm{A}]_0$ が既知であれば，次式を使って任意の時刻 t における A の濃度 [A] を知ることができる．

$$\frac{1}{[\mathrm{A}]_t} = kt + \frac{1}{[\mathrm{A}]_0}$$

二次反応では，濃度の逆数が反応時間と直線関係にあり，$1/[\mathrm{A}]_t$ を t に対してプロットしたグラフは傾き k の直線になる．このような反応では，半減期は次式で表される．

$$\text{半減期} = t_{1/2} = \frac{1}{k[\mathrm{A}]_0}$$

この場合，半減期は反応の間，一定ではない．これは，反応が一次か二次かを実験的に確認する一つの方法である．

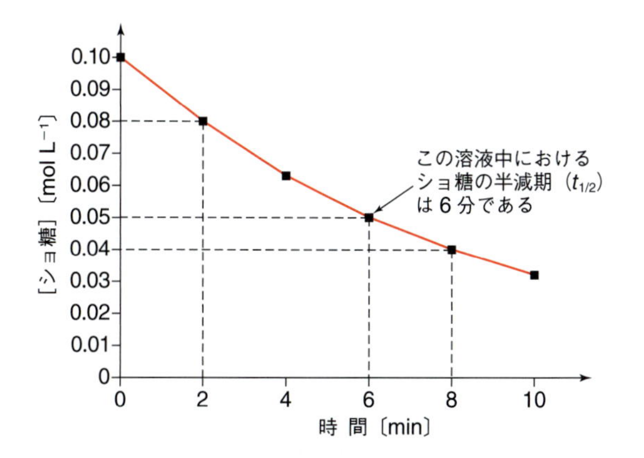

図 13・11 酸性溶液中におけるショ糖の分解

例題 13・4 薬物代謝の半減期

オキサリプラチンは白金を含む抗腫瘍剤でシスプラチンよりも高い選択性と副作用の少ない薬として開発され，化学療法で利用されている薬剤である．

オキサリプラチン

下記の図には，オキサリプラチンの投与後に血中のオキサリプラチンが減少する様子を示している．薬剤は一次もしくは二次のいずれで代謝されているだろうか．

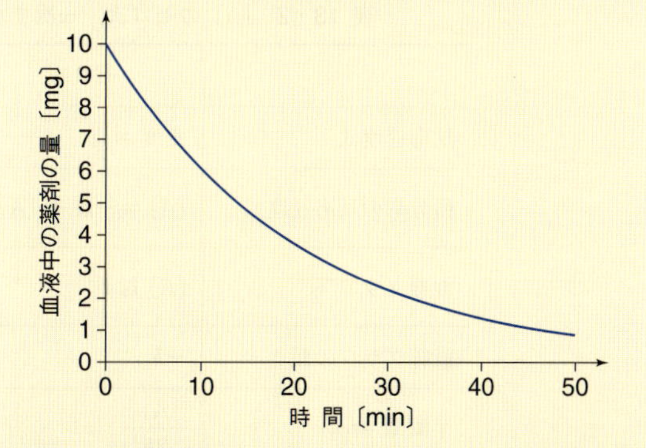

解 答 半減期は常に一定であることから，一次反応であることがわかる．

ゼロ次反応

多くの反応は一次か二次であるが，反応速度が一定で，濃度に依存しない反応がある．仮定的なゼロ次の反応 A→生成物では，反応速度式は次式で表される．

$$反応速度 = -\frac{d[A]}{dt} = k[A]_0 = 一定$$

この式を積分すると次式が得られる．

このような反応では，次式に従ってAの濃度は時間とともに変化する．

$$[A]_t = -kt + [A]_0$$

[A]対tのグラフは，傾きが$-k$の直線である．このタイプの反応では，半減期は次式で表される．

$$半減期 = t_{1/2} = \frac{[A]_0}{2k}$$

半減期が初濃度に依存しないのは一次反応だけである．

多くの熱分解反応や金属表面上の反応は，ゼロ次の反応である．§13・5で見るように，体内におけるエタノールなどの分子の代謝も，分子の濃度が高い場合にはゼロ次の反応になる．エタノールからアセトアルデヒドへの代謝は，アルコールデヒドロゲナーゼの触媒作用により起こる．

化学反応速度論を調べる前に，さまざまな次数の反応の動力学を要約した表13・2を確認するとよい．

13・4 化学反応の温度依存性

§13・2では，ほぼすべての反応が高い温度で速く進行すると述べた．一般に，反応速度は，温度が10℃上昇するごとに約2倍から3倍増加するが，正確な量は反応ごとに異なる．身の回りの化学反応から温度の影響を見ることができる．たとえば，化学物質を分解して栄養素をより簡単に消化するために，食品を加熱する．卵を調理する温度は，タンパク質の結合のうち何本が壊れるかによって，柔らかいゆで卵か固いゆで卵のどちらができるかが決まる．

反応速度は，反応物が1秒当たりに何回衝突するかに依存する．しかし，すべての衝突が生成物を与えるために十分なエネルギーとなるわけではない．反応が起こる際に**活性化エネルギー**（activation energy，E_a）とよばれる閾値エネルギーが存在することが，アレニウス（Svante Arrhenius，1903年ノーベル化学賞）の研究によって初めて明らかになった．

一例として，NO_2ClとCl_2との反応における重要な段階は，NO_2Cl分子がCl原子と衝突する過程である．

$$NO_2Cl + Cl \longrightarrow NO_2 + Cl_2$$

N−Cl結合を切断するためには，約190 kJ mol^{-1}が必要で，どこからかこのエネルギーを得なければならない．分子が衝突すると，その運動によりこれらの運動エネルギーは，衝突によって分子が歪むとポテンシャルエネルギーに変換される．このとき，運動エネルギーが十分であれば，衝突する分子のある結合が切断され，新たな結合が形成されるのに十分なエネルギーを得ることができる．

反応の進行は，図13・12に示すように描かれ，これをポテンシャルエネルギー図とよぶ．縦軸はポテンシャルエネルギーで，衝突中の粒子の運動エネルギーがポテンシャルエネルギーに変換される際の変化である．横軸

表13・2 [A]のゼロ次，一次または二次のA→生成物の反応動力学のまとめ

	ゼロ次	一次	二次
反応速度式	速度 = k	速度 = k[A]	速度 = $k[A]^2$
積分形の反応速度式	$[A] = -kt + [A]_0$	$\ln[A] = -kt + \ln[A]_0$	$\frac{1}{[A]} = kt + \frac{1}{[A]_0}$
直線グラフ	[A]対t	ln[A]対t	$\frac{1}{[A]}$対t
直線グラフの傾き	$-k$	$-k$	k
半減期（$t_{1/2}$）	$\frac{[A]_0}{2k}$	$\frac{\ln 2}{k}$	$\frac{1}{k[A]_0}$

は**反応座標**（reaction coordinate）とよばれ，反応物が生成物に変化した程度を表す指標である．ポテンシャルエネルギー障壁の頂点部を**遷移状態**（transition state）とよぶ．遷移状態では，十分なエネルギーが蓄えられており，反応物中の結合の切断が行われる．

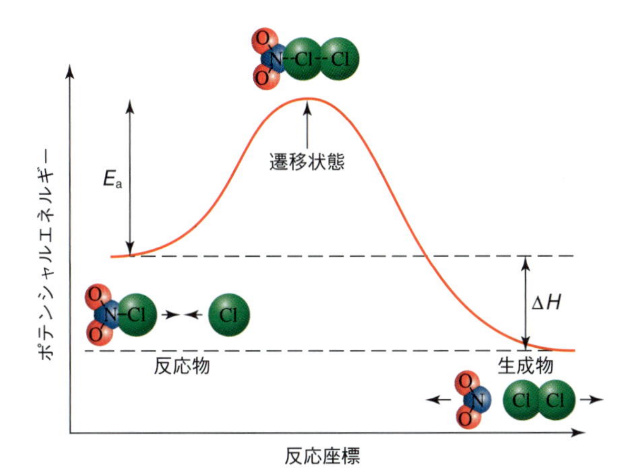

図 13・12 反応のポテンシャルエネルギー図 $NO_2Cl + Cl \rightarrow NO_2 + Cl_2$．活性化エネルギー E_a は，衝突する粒子が反応を起こすために必要な運動エネルギーである．ΔH は，生成物と反応物との間のエンタルピー差である．ここで示す発熱反応では，ΔH は負（$\Delta H < 0$）である．

反応物と遷移状態との間のエネルギー差が，活性化エネルギー（E_a）である．活性化エネルギーは，反応が起こるのに必要な最小エネルギーで，反応のためのエネルギー障壁に相当する．活性化エネルギーが大きい場合，遷移状態に達するのに十分なエネルギーで反応物の分子が衝突する頻度が低くなり，反応が遅くなる．一方，活性化エネルギーが小さいと，多くの衝突で遷移状態に達するのに十分なエネルギーが得られるために反応は速い．

2段階以上で起こる反応では，各段階はそれ自身の遷移状態および活性化エネルギーをもつ．図13・13に A+B → C+D という仮想的な反応のポテンシャルエネルギー図を示す．**反応中間体**（reaction intermediate）は，二つの遷移状態，すなわちこの場合では遷移状態1と2との間のエネルギー最小値に対応する．反応中間体のエネルギーは反応物または生成物のエネルギーより高いので，これらの中間体は非常に反応性が高く，まれにしか単離できない．しかしながら，中間体は（遷移状態とは対照的に）一定の寿命をもつため，光学的もしくは他の高速観測手法により反応中間体の存在を調べることで，反応機構の解明に実験的な証拠を与える．混乱を避けるために，反応中間体と遷移状態の定義をよく理解しておく必要がある．

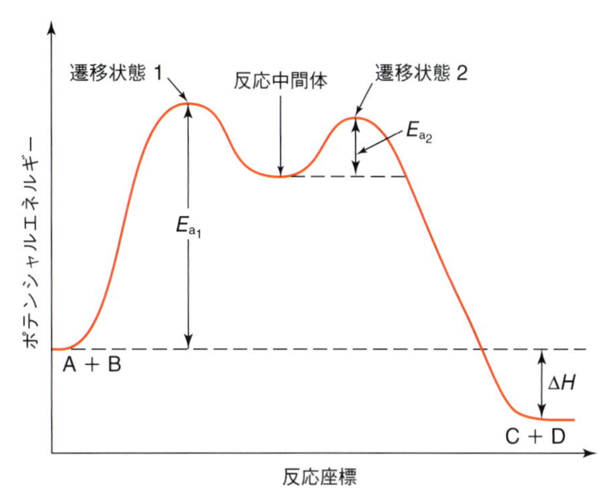

図 13・13 反応中間体の形成を含む2段階反応のポテンシャルエネルギー図．反応物のエンタルピーは生成物のエンタルピーよりも高く，A+B から C+D への変換の ΔH は負である．

図13・12に示す NO_2Cl と Cl から NO_2 および Cl_2 を与える反応と図13・13の仮想反応 A+B → C+D はともに，生成物が反応物よりも低いポテンシャルエネルギーを有するという事実から示されるように（エネルギー差，または反応エンタルピー $\Delta H < 0$），**発熱反応**（exothermic reaction）である．生成物のポテンシャルエネルギーが反応物のポテンシャルエネルギーよりも高い（$\Delta H > 0$）**吸熱反応**（endothermic reaction）のポテンシャルエネルギー図を図13・14に示す．

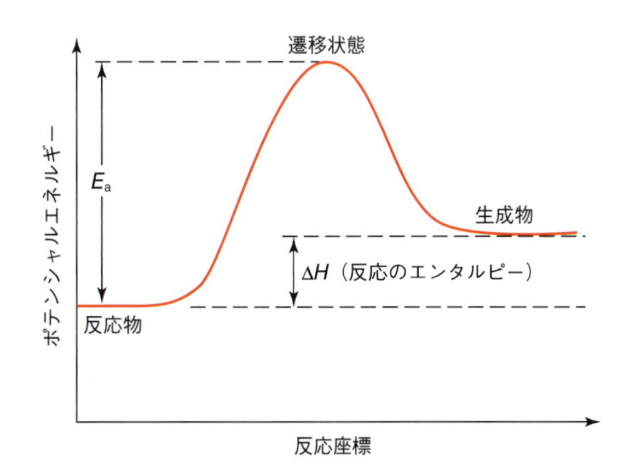

図 13・14 吸熱反応のポテンシャルエネルギー図

ここで，ΔH が反応速度に影響しないという事実は重要である．反応速度は，活性化障壁の高さ E_a によってのみ決定される．

温度上昇につれて，分子はより速く移動し，活性化エネルギー以上のエネルギーで起こる衝突の割合も増加する．アレニウスは，このような衝突の数は温度によって指数関数的に増加すると仮定し，速度定数が温度とともにどのように増加するかを示すアレニウスの式を導いた．

$$k = A\,\mathrm{e}^{-E_\mathrm{a}/RT}$$

ここで，A は，**前指数因子**（pre-exponential factor）あるいは**頻度因子**（frequency factor）とよび，発生する衝突数にかかわる．$\mathrm{e}^{-E_\mathrm{a}/RT}$ は，活性化エネルギーを上回る十分なエネルギーを有する衝突の割合を反映する．

例題 13・5　反応速度に対する温度の影響

酸によるショ糖のブドウ糖および果糖への変換は，110 kJ mol^{-1} の活性化エネルギーを有する．25.0 ℃と 38.5 ℃における反応速度の比を求めよ．

解　答　25 ℃から 38.5 ℃における反応速度の比は 6.4 である．

練習問題 13・3　例題 13・5 の反応を，インベルターゼ（サッカラーゼ）とよばれる酵素の存在下で行うと，活性化エネルギーは 31 kJ mol^{-1} である．25.0 ℃から 38.5 ℃までの温度上昇によるこの反応の速度に対する効果は何か．

13・5　反応機構および触媒

本章の冒頭で，大部分の反応は 1 段階で起こらないことを述べた．代わりに，全体の反応は一連の単純な反応の結果であり，それぞれの反応を**素反応**（elementary reaction）とよぶ．素反応とは，反応全体に関与する化学種のうちの一つ以上が反応し，1 段階で一つの遷移状態を経て生成物へ至る過程である．一連の素過程を**反応機構**（reaction mechanism）とよぶ．ほとんどの反応では，個々の素反応は実際には観測できないが，その代わり，全体の反応を見ることができる．したがって，化学者が実際に書く反応機構は，反応物が生成物へ変わるときに何が段階的に起こるかを示す理論である．

第 14 章では，さまざまな有機化学反応の機構をみる．これらの反応機構のいずれも直接観察されていないが，全体的な反応速度式は明らかにされている．化学者は，一連の基本反応を考案し，それらの反応速度式を組合わせている．この反応機構から導き出される全体的な反応速度式は，全体の反応に対して観察される反応速度式と一致しなければならない．そうでなければ，反応機構が間違っていることになる．

NO_2Cl は，全体の化学式に従って気相中で分解する．

$$2\,NO_2Cl \longrightarrow 2\,NO_2 + Cl_2$$

実験的には，速度は [NO_2Cl] に対して一次であるため，反応速度式は次のようになる．

$$\text{反応速度式} = k[NO_2Cl]$$

この反応に関連する情報に基づき，NO_2Cl の分解反応が二つの素反応によって起こると考えられる．

$$NO_2Cl \xrightarrow{k_1} NO_2 + Cl \qquad \text{（遅い反応）}$$

$$NO_2Cl + Cl \xrightarrow{k_1} NO_2 + Cl_2 \qquad \text{（速い反応）}$$

最初の段階は，中間体である Cl 原子を生成する．これはすぐに 2 段階目で反応し，実験中に観察されることはない．二つの反応を足し合わせると，中間体の Cl がなくなり，全体の反応式が得られる．

$$2\,NO_2Cl \longrightarrow 2\,NO_2 + Cl_2$$

いずれの多段階反応でも，通常，ある反応過程は他の反応過程よりも遅い．この機構では，たとえば，最初の過程が遅く，いったん Cl 原子が形成されると，他の NO_2Cl 分子と非常に速く反応し生成物を与えると考えられる．

多段階反応の最終段階では，最も遅い過程よりも速く進むことはない．多段階機構の中で最も遅い段階は，**律速段階**（rate-determining step）とよばれる．この反応では，最初の反応が律速段階であり，これは生成物が Cl 原子の生成速度よりも速く生成できないためである．

律速段階は，組立てライン上の遅い作業者に似ている．生産速度は，他の労働者がどのくらい速いかにかかわらず，遅い労働者がどれだけ速く働くかによって決まる．したがって，律速段階の速度を決める因子もまた，反応の全体速度を決める．これは，律速段階の反応速度式が，全体反応の反応速度式に直接関係していることを意味する．

この反応において，律速段階は NO_2Cl 分子の濃度のみに依存する．濃度を 2 倍にすると，分解速度は 2 倍になる．濃度が 3 倍になれば，速度も 3 倍になる．素反応の速度は NO_2Cl 濃度に比例する．これが律速段階なので，これにより，反応全体の速度を予測することができる．

$$\text{反応速度} = k_1[NO_2Cl]$$

これは，実験的に決定された反応速度式と一致する．

これは反応機構が正しいことを証明しているが，それ自身を証明するものではない．

例題 13・6 ポテンシャルエネルギー図の作図

第二段階が律速となる2段階の発熱反応のエネルギー図を描け．

解 答

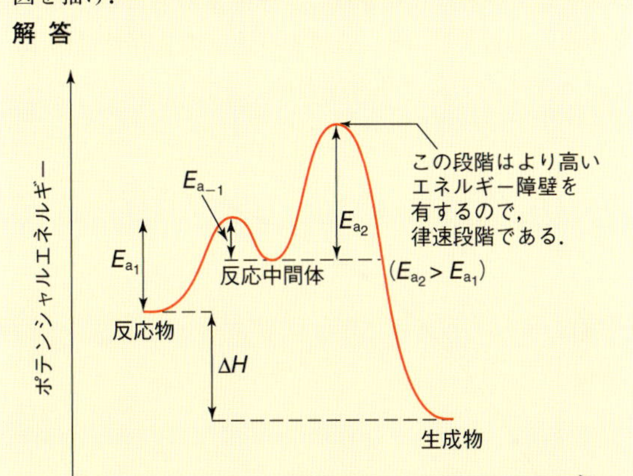

練習問題 13・4 反応が吸熱であれば，例題13・6で示したポテンシャルエネルギー図はどのように変化するか．

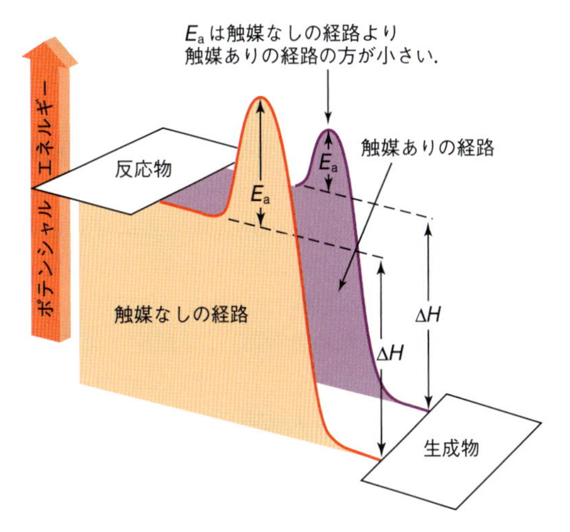

図 13・15 反応に対する触媒の効果．触媒は，異なる遷移状態を含む異なる経路を通って進行し，反応物から生成物へ至るための低いエネルギー経路を提供する．

触 媒 作 用

触媒 (catalyst) とは，それ自身が変化することなく化学反応の速度を変化させる物質である．すなわち，反応の開始時に添加されたすべての触媒は，反応が完了した後も化学的に変化していない．触媒によってひき起こされる作用は**触媒作用** (catalysis) とよばれる．おもに2種類の触媒がある．正触媒は反応を促進し，通常，阻害剤とよばれる負触媒は反応を遅くする．今後“触媒”という用語を使用するとき，正触媒を指す．

触媒は全体の反応の一部ではないが，反応機構を変えることによって反応にかかわる．触媒は，触媒が存在しないときの反応よりも低い活性化エネルギーを有する律速段階を経て生成物を与える（図13・15参照）．この新しい経路に沿った活性化エネルギーはより低いので，反応物分子の衝突の大部分は反応に必要な最小エネルギーをもち，より速く反応が進行する．触媒は反応のために ΔH を変化させることができないことに注意が必要である．触媒を使用することで，吸熱反応が発熱性になることはない．触媒は，反応物と同じ相に存在する**均一触媒** (homogeneous catalyst) と，別の相に存在する**不均一触媒** (heterogeneous catalyst) の2種類に分類できる．

触 媒 動 力 学

最も強力な均一触媒のいくつかは酵素である．**酵素**〔enzyme，しばしば**生体触媒** (biocatalyst) とよばれる〕は，タンパク質からなり，触媒される反応の遷移状態のエネルギーを低下させる“活性部位”とよばれる特殊な形状の領域を含む．これらは非常に特異的で，通常，反応に劇的な影響を与える．たとえば，ショ糖のブドウ糖および果糖への酸加水分解の活性化エネルギーは，107 kJ mol^{-1} である．インベルターゼ（サッカラーゼ）という酵素は，この反応の活性化障壁を 36 kJ mol^{-1} に低下させ，体温（310 K）で 10^{12} 倍加速する．酵素の触媒作用は，一連の素反応によって表すことができる．定性的には，出発物質または基質Sは酵素の**活性部位** (active site) に可逆的に結合し，**酵素-基質複合体** (enzyme-substrate complex，E·S) を形成する．この酵素は，基質を生成物Pに変換し，ついで酵素複合体からPを放出する．すべての触媒と同様に，酵素は反応後も変化しない．

基質がどのように酵素に結合するかについての二つの異なる仮説があるが，ここではごく簡単に議論する．**鍵と鍵穴仮説** (lock-and-key hypothesis) は，基質が酵素-基質複合体を形成するために活性部位に単に“挿入”することを前提としている．このしくみを図13·16に示す．

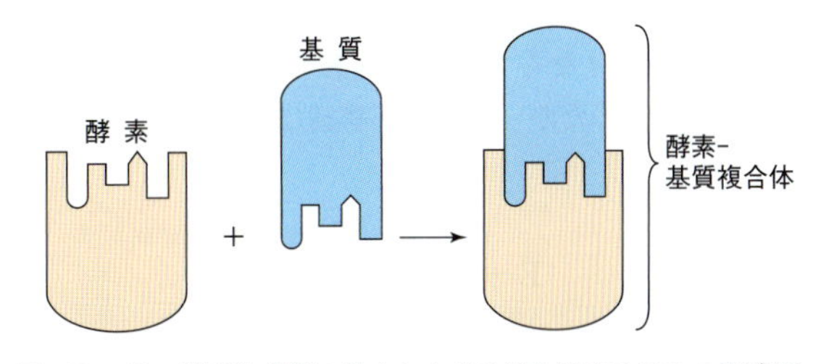

図 13・16 酵素と基質の結合における鍵と鍵穴モデルの概略図

誘導適合仮説（induced-fit hypothesis）は，基質分子が近づくにつれて酵素分子の形が変化することを仮定している．すなわち基質が酵素の構造変化を誘発する．このより洗練されたモデルは，単結合に沿った自由回転により分子が構造変換できるという事実に基づいている．

強い日光に曝露されると，DNA 中に遺伝変異をもつ部位が生成する可能性がある．そのような UV 誘発病変の修復のための有効な機構の重要性は，色素性乾皮症などの遺伝病（この疾患の患者は，UV 照射による DNA 損傷を修復する酵素がなく，若年時に皮膚がんや他の皮膚悪性腫瘍に至る）により明らかにされている．図 13・17 に，DNA フォトリアーゼと UV 光照射に起因する損傷部位を含む DNA 二本鎖の酵素–基質複合体の構造を示す．原核生物，植物および多くの動物において，DNA フォトリアーゼはおもに，DNA 中の UV 誘発病変の修復に関与している．酵素–基質複合体において，DNA 損傷部位は二本鎖 DNA から酵素の活性部位にはめ込まれ，修復プロセスが完了した後に DNA らせんに戻される．

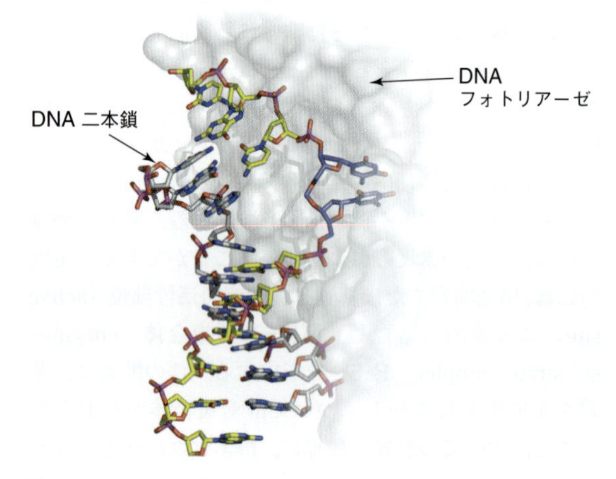

図 13・17 DNA フォトリアーゼと UV 照射された損傷部位を含む DNA 二本鎖の酵素–基質複合体の模式図．酵素の表面はファンデルワールス半径で表され，DNA 二本鎖の構造はシリンダーモデルで示されている．

酵素の作用は，**ミカエリス–メンテン機構**（Michaelis–Menten mechanism）によって説明される．基質 S が生成物 P に変換される酵素触媒反応の速度は，酵素が正味の変化を受けなくても，酵素 E の濃度に依存することがわかる．したがって，反応機構は以下のように書くことができる．

$$\mathrm{E + S} \underset{k_{-1}}{\overset{k_1}{\rightleftharpoons}} \mathrm{E \cdot S}$$

$$\mathrm{E \cdot S} \xrightarrow{k_2} \mathrm{P + E}$$

E・S は，図 13・16 の酵素–基質複合体で，反応中間体である．

このしくみを用いて，生成物の形成に対する反応速度式をつくることができる．これはこの章の範囲を越えているが，すべての酵素触媒反応の基礎となる多くの結果が得られている．反応速度は，全酵素濃度に対して一次である．基質濃度［S］に対する速度の依存性は図 13・18 に示すようにより複雑である．

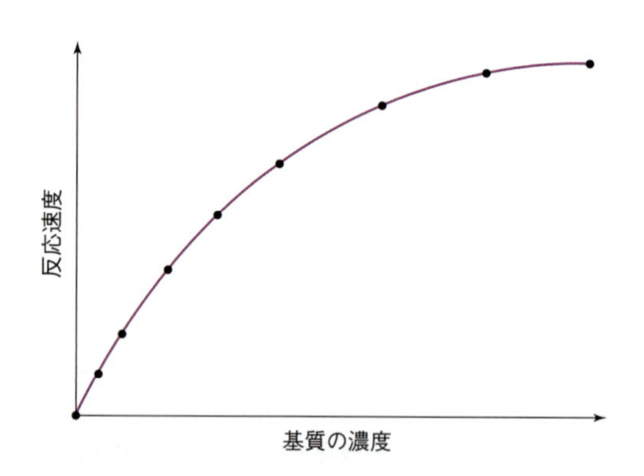

図 13・18 基質の濃度と反応速度との関係を示した酵素反応に対する飽和曲線

高い基質濃度では，酵素は完全に飽和し，反応速度は基質濃度に依存しない．すなわち，基質に対してゼロ次となる．これが図 13・18 に示されており，高い基質濃度の場合，速度は一定である．低い基質濃度では，反応速度は基質に対して一次である．これは，図 13・18 の低い基質濃度での速度の線形依存性によって明らかである．

酵素の活性は，酵素または酵素–基質複合体に結合することができる酵素阻害剤によって低減または停止することさえできる（可逆的阻害剤）．不可逆阻害剤は，酵素の活性部位と共有結合を形成することで酵素を不活性化する．

酵素は生体でのみ使用されるわけではなく，化学業界やその他の分野でも利用されている．利用可能な酵素の数は限られており，有機溶媒や高温下で不安定なため，タンパク質工学は新しい特性をもつ新しい酵素を設計する非常に活発な研究分野である．私たちの日常生活における酵素の例としては，タンパク質の分解を担うプロテアーゼとよばれる酵素が含まれたコンタクトレンズクリーナー，衣類のタンパク質汚れの除去を助けるプロテアーゼを含む洗濯石けんのような生物学的洗剤，耐性のあるデンプンを除くアミラーゼや脂肪および油状の汚れの除去を助けるリパーゼを含む洗浄用洗剤，およびセルラーゼを含む柔軟剤などがある．

コラム 13・2 南極オゾンホール

成層圏のオゾン層は地球の生命体が太陽からの紫外線にさらされないように防いでいる．人間の活動は，オゾン層が有害紫外線を吸収することにより，その危険性が減少したことで可能になった．20 世紀後半に南極大陸で検出されたオゾンホールは，冷媒やエアロゾルなどに広く使われていたクロロフルオロカーボン（CFC）などのハロゲン化有機分子の放出に関連している（図 13・19 参照）．

CFC の最も一般的に見られる分解生成物（しばしば貯留層とよばれる）は，塩酸 HCl，および硝酸塩素 $ClONO_2$ である．これらの化学物質およびそれらの臭素類似物は，窒素酸化物の貯蔵庫としての五酸化二窒素 N_2O_5 とともに，オゾン層破壊の重要な原因になっている．これらは，南極上の成層圏の中で −80 ℃ 以下の冬の温度で形成される極成層圏雲の表面で反応する．

最終的に極成層圏雲上でオゾンを破壊する最も重要な反応は，反応中間体 HOCl を介して $ClONO_2$，HCl および N_2O_5 から HNO_3，H_2O および Cl_2 を生成するものである．

$$
\begin{aligned}
HCl + ClONO_2 &\longrightarrow HNO_3 + Cl_2 \\
ClONO_2 + H_2O &\longrightarrow HNO_3 + HOCl \\
HCl + HOCl &\longrightarrow H_2O + Cl_2 \\
N_2O_5 + HCl &\longrightarrow ClNO_2 + HNO_3 \\
N_2O_5 + H_2O &\longrightarrow 2\,HNO_3
\end{aligned}
$$

春に太陽光が戻ってくると，Cl_2 分子は光分解されて塩素原子 Cl になる．塩素原子は不対電子をもち，**ラジカル**（free radical）とよばれ，高い反応性があり，オゾン O_3 などの分子との反応は，一般に活性化エネルギーが低い．

塩素原子の数は少ないが，触媒として作用するためオゾンを破壊する能力が高い．南極大陸のオゾン喪失量の70%を占めるおもな触媒サイクルを以下に示す．

$$
\begin{aligned}
2\,Cl + 2\,O_3 &\longrightarrow 2\,ClO + 2\,O_2 \\
ClO + ClO + M &\longrightarrow Cl_2O_2 + M \\
Cl_2O_2 + h\nu &\longrightarrow Cl + ClO_2 \\
ClO_2 + M &\longrightarrow Cl + O_2 + M \\
\hline
\text{合計:}\quad 2\,O_3 &\longrightarrow 3\,O_2
\end{aligned}
$$

これらの式において，M は反応の活性化障壁を乗り越えるために必要なエネルギーを提供する衝突相手を表す．このサイクルでは，2 個の塩素原子が 2 個のオゾン分子を破壊し，再生される．

オゾンホールがおもな原因で，オーストラリア人とニュージーランド人は世界で最も高い割合の皮膚がんに苦しんでいる（約 1400 人のオーストラリア人と 300 人以上のニュージーランド人が毎年皮膚がんで死亡している）．C−F，C−Cl，C−Br 結合は強いため，大気中の CFC を化学的に分解するために必要な活性化エネルギーは非常に高く，CFC は大気中で長時間持続することになる．これらのオゾン層破壊化学物質の放出は限られているが，長い寿命と化学物質の成層圏に到達するまでの時間が長いことを考えると，オゾンホールの回復には 50 年かかると考えられている．

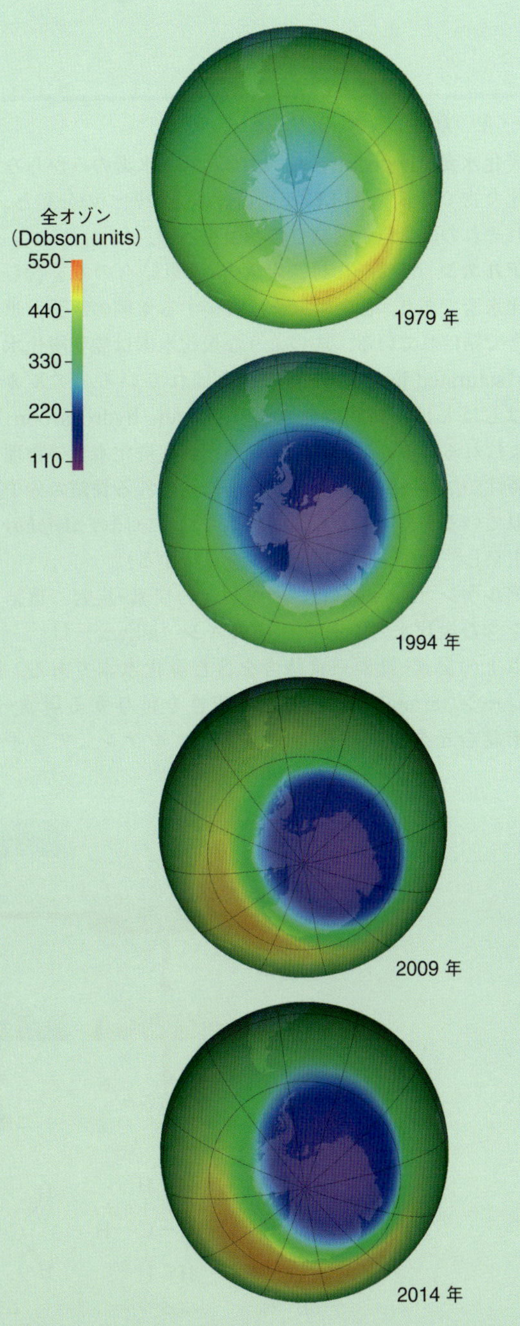

図 13・19 1979 年，1994 年，2009 年，2014 年 10 月の南半球におけるオゾン層破壊の平均を示す．

14 有機化学と生化学

14・1 炭化水素への導入

炭化水素（hydrocarbon）は，炭素と水素のみからなる化合物である．図14・1に炭化水素の四つの分類と，それぞれの炭素原子間結合の特徴を示す．

アルカン（alkane）は，炭素-炭素単結合のみを含む炭化水素であり，各炭素原子は隣接する4個の原子と単結合で結ばれている．このような炭化水素は**飽和炭化水素**（saturated hydrocarbon）とよばれている．アルカンはしばしば**脂肪族炭化水素**（aliphatic hydrocarbon）とよばれる．これは，高分子量の脂肪族炭化水素の物理的特性が，動物脂肪および植物油に見られる長鎖の分子に似ているからである（脂肪族はギリシャ語の *aleiphar* に由来し“脂肪”または“油”を意味する）．

アルケン（alkene）は，一つ以上の炭素-炭素二重結合を含む炭化水素である．**アルキン**（alkyne）は，一つ以上の炭素-炭素三重結合を含む炭化水素である．**アレーン**（arene）は，特別な安定性を付与する炭素-炭素結合を含む環状構造である．アルケン，アルキンおよびアレーンは，**不飽和炭化水素**（unsaturated hydrocarbon）とよばれる．

アルケンおよびアルキンは，有機**官能基**（functional group）の例である．官能基は，分子の化学反応性を決定する有機分子内の原子団である．有機官能基には多くの種類があり，それらが分子の物理的性質および反応性にどのように影響するか，この章でいくつかの例を見ていく．

14・2 アルカン

メタン CH_4 およびエタン C_2H_6 は，アルカンの最初の二つの例である．図14・2に，これらの分子のルイス構造と球棒模型を示す．ルイス構造は原子間の結合を二次元平面で表しており，分子の三次元構造を再現しているわけではない．メタンは四面体形であり，すべての H−C−H 結合角は 109.5° であることを §6・4 で述べた．エタン中の各炭素原子もまた四面体形であり，すべ

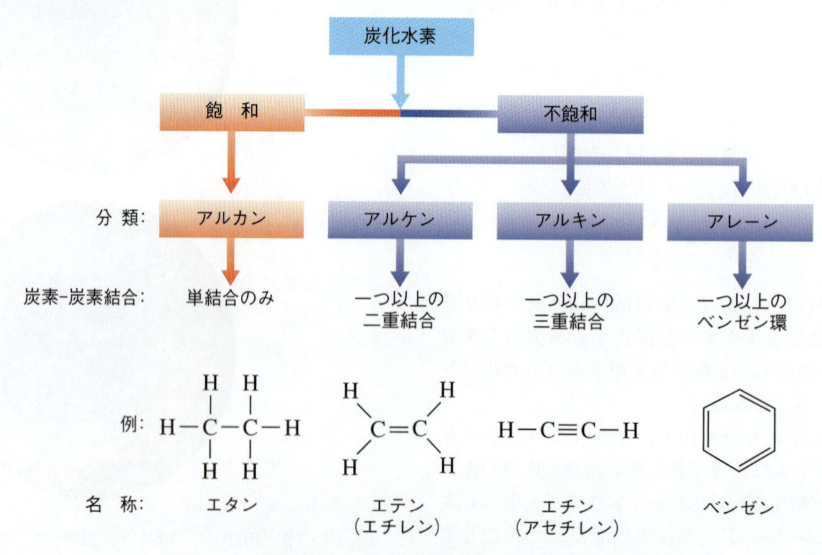

図 14・1 炭化水素の四つの分類

ての結合角は約 109.5° である．より大きなアルカンの三次元構造はメタンおよびエタンの三次元構造より複雑だが，各炭素原子周りの四つの結合は四面体の頂点方向に配置され，すべての結合角は約 109.5° である．

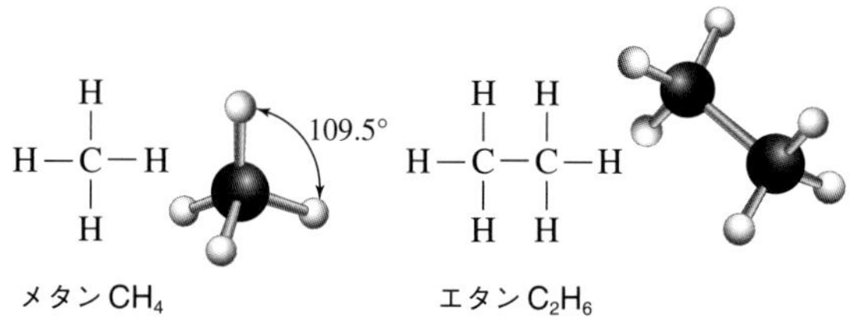

図 14・2 メタンとエタンの構造

第2章では，化学構造を描くためのさまざまな方法を学んだ．図 14・3 に，アルカンの例としてプロパン，ブタン，ペンタンを示す．最初にすべての炭素と水素を示した縮合構造式，次に線構造，最後に球棒模型を示す．線構造では，線は炭素−炭素結合を表し，角は炭素原子を表すことを述べた．末端はメチル基（CH_3）を表している．水素原子は線構造中には示されていないが，各炭素原子に四つの結合をつくるために必要な数の水素が結合している．

アルカンの簡略式は，さらに別の簡略式で書くことができる．たとえば，ペンタン $CH_3CH_2CH_2CH_2CH_3$ の簡略式は，鎖の中央に三つの CH_2（メチレン）基があり，これらをまとめて $CH_3(CH_2)_3CH_3$ と書くことができる．表 14・1 に，最初の 10 個のアルカンの IUPAC 名および分子式を示す．

アルカンは，一般式 C_nH_{2n+2}（シクロアルカンを除く）で表され，アルカン中の炭素原子の数が与えられると，分子中の水素原子の数と分子式が決まる．たとえば，

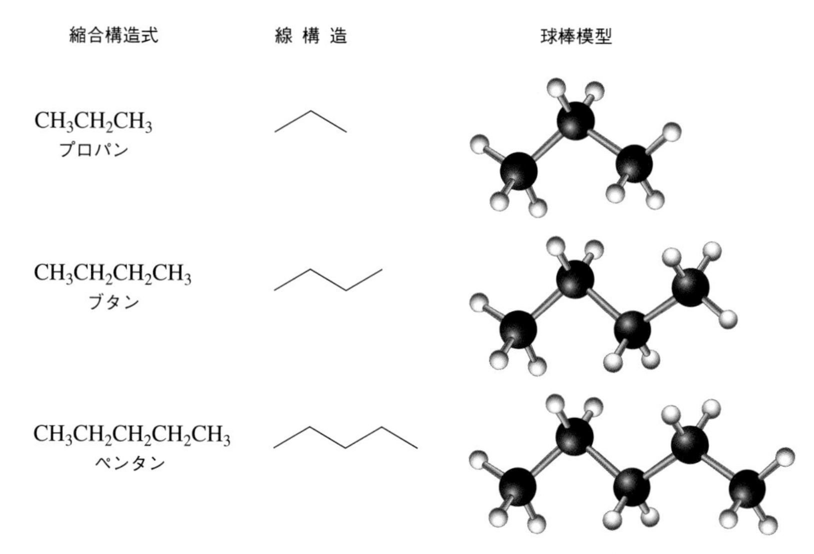

図 14・3 プロパン，ブタン，ペンタンの構造

表 14・1 最初の 10 個の直鎖アルカンの名称，分子式および簡略式

名 称	分子式	縮合構造式	融点〔℃〕	沸点〔℃〕	0 ℃での液体の密度〔g mL^{-1}〕
メタン	CH_4	CH_4	−182	−164	(気体)
エタン	C_2H_6	CH_3CH_3	−183	−88	(気体)
プロパン	C_3H_8	$CH_3CH_2CH_3$	−190	−42	(気体)
ブタン	C_4H_{10}	$CH_3(CH_2)_2CH_3$	−138	0	(気体)
ペンタン	C_5H_{12}	$CH_3(CH_2)_3CH_3$	−130	36	0.626
ヘキサン	C_6H_{14}	$CH_3(CH_2)_4CH_3$	−95	69	0.659
ヘプタン	C_7H_{16}	$CH_3(CH_2)_5CH_3$	−90	98	0.684
オクタン	C_8H_{18}	$CH_3(CH_2)_6CH_3$	−57	126	0.703
ノナン	C_9H_{20}	$CH_3(CH_2)_7CH_3$	−51	151	0.718
デカン	$C_{10}H_{22}$	$CH_3(CH_2)_8CH_3$	−30	174	0.730

10 個の炭素原子を有するデカンは，(2×10)+2=22 個の水素原子で分子式は $C_{10}H_{22}$ と表される．

アルカンの立体配座

構造式および簡略式は原子の結合の順序を示すのに有用だが，三次元構造を示さない．分子構造とその性質の関係を知るためには，分子の三次元構造を理解することが重要である．分子は三次元の物体であり，これらの扱いに慣れる必要がある．

2 個以上の炭素原子をもつアルカンは，一つ以上の炭素-炭素結合の周りを回転させることで，多数の異なる三次元構造へねじることができる．単一の結合の周りの回転から生じる原子の三次元配列は，**配座異性体** (conformer)とよばれる．分子内の原子の位置の表現を，その**立体配座** (conformation) とよぶ．図 14・4(a) に，エタンについて**ねじれ形配座** (staggered conformation) の球棒模型を示す．この立体配座では，1 個の炭素原子上の三つの C−H 結合は，隣接する炭素原子上の三つの C−H 結合から可能な限り離れている．図 14・4(b) に，**ニューマン投影図** (Newman projection)を示す．これは，エタンのねじれ形配座を表す簡略な方法で，ニューマン投影図では，C−C 結合の軸に沿って分子を眺める．目に近い 3 個の原子または原子団は，120° の角度で円の中心から延びる線上にある．目から遠い炭素原子上の 3 個の原子または原子団も，円の円周から 120° の角度で延びる線上にある．エタン中の各炭素原子の周りの結合角は，このニューマン投影図が示すように 120° ではなく，実際は約 109.5° であることに注意が必要である．

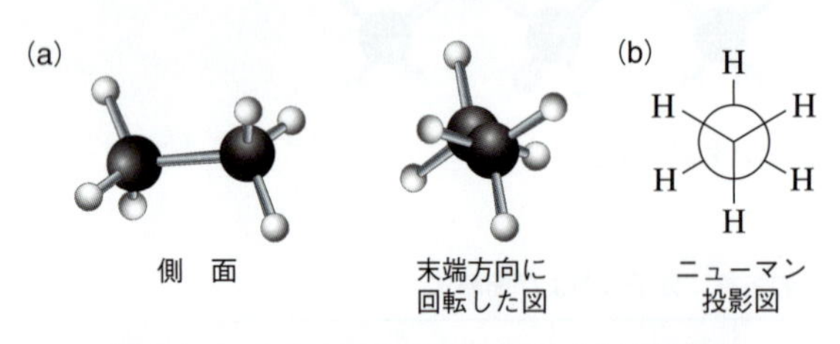

図 14・4　エタンのねじれ形配座．(a) 球棒模型，(b) ニューマン投影図

図 14・5 に，球棒模型と，エタンの**重なり形配座** (eclipsed conformation) のニューマン投影図を示す．この立体配座では，1 個の炭素原子上の三つの C−H 結合は，隣接する炭素原子上の三つの C−H 結合とできるだけ近くにある．すなわち，後ろの炭素原子上の水素原子は，手前の炭素原子上の水素原子と重なっている (ニューマン投影図では，わかりやすく示すために少しずらしている)．

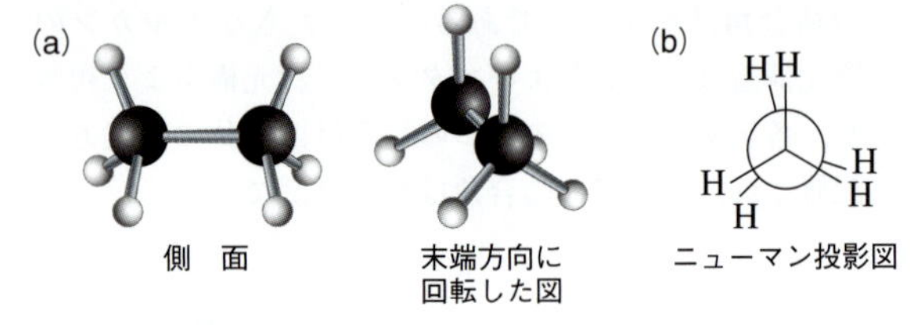

図 14・5　エタンの重なり形配座．(a) 球棒模型，(b) ニューマン投影図．完全に重ならないように若干回転させている．

室温では，ねじれ形配座のエタンと，重なり形配座のエタンの比は約 100：1 である．

ここで示す分子は実際には静止していないという事実は重要である．すなわち，室温では，化学結合は 1 秒間に 10^{13} 回，伸びたり，曲がったり，振動している．官能基はもっとゆっくり回転しているが，一般的な C−C 結合の回転は，1 秒当たり 10 億回以上である．室温では，さまざまな配座異性体間の変換は非常に速い一定速度で起こる．実際には多くの立体配座が存在しているが，典型的な非環式アルカンでは，**構造異性体** (constitutional isomer) がもつ性質の違いを示すほど長くは存在していない．

シクロアルカン

環構造を形成した炭化水素を**環状炭化水素**という．環のすべての炭素原子が飽和している場合，**シクロアルカン** (cycloalkane) とよぶ．環の大きさが 3〜30 のシクロアルカンは天然に豊富だが，原則として環の大きさに制限はない．五員環 (シクロペンタン) および六員環 (シクロヘキサン) は，特に天然に豊富である．

シクロアルカンは，同数の炭素原子を有するアルカンよりも水素原子が 2 個少ない．たとえば，シクロヘキサン C_6H_{12} の分子式をヘキサン C_6H_{14} の分子式と比較してみよう．シクロアルカンの一般式は C_nH_{2n} である．シクロアルカンは後で述べるように鎖状アルケンと同じ分子式である．しかし，シクロアルカンには不飽和結合が

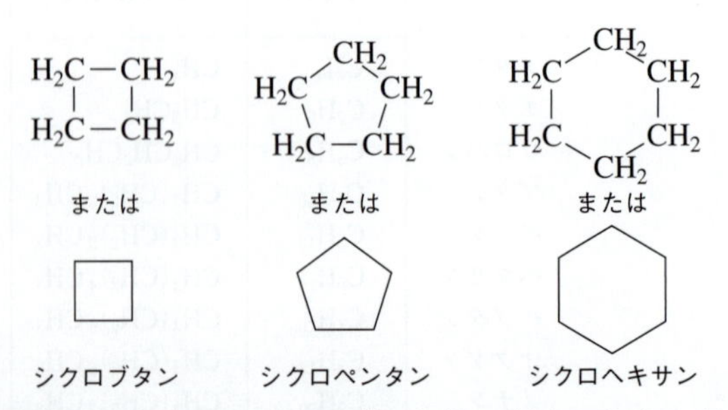

図 14・6　シクロアルカンの例．シクロブタン，シクロペンタンおよびシクロヘキサン

存在しないため，本質的に反応性は直鎖アルカンと同じである．

図 14・6 にシクロブタン，シクロペンタンおよびシクロヘキサンの構造式を示す．シクロアルカンの構造式を書くとき，化学者はほとんどすべての炭素と水素原子を示さず，線構造を使う．各環は，環内の炭素原子と同じ数の辺をもつ多角形で表す．たとえば，シクロブタンを四角形で，シクロペンタンを五角形で，シクロヘキサンを六角形で表す．

シクロアルカンの立体配座

線構造を使ってシクロアルカンを表す場合，シクロアルカンが平面構造でないことに注意が必要である．五角形の辺のなす角は 108° で，メタンに見られる理想的な四面体角 109.5° に近い（§6・4 参照）．これは，五角形の角ひずみが小さいことを意味している．**角ひずみ**（angle strain）は，分子内の結合角が最適な四面体角と異なる場合に生じる．しかし，平面状のシクロペンタンは存在せず，“封筒形”構造になっている．

この構造は，分子が平坦な構造である場合に起こる重なりの相互作用を減少させるために生じる．アルカンの立体配座に関する議論で，分子の最低エネルギーは，ニューマン投影図で（図 14・4 参照）C−H 結合がずれた状態，すなわち原子が重ならない場合であったことを述べた．ペンタンの平坦な正五角形構造には，10 個の重なった C−H 結合がある．この熱力学的に不利な空間的な重なりの影響で，**ねじれひずみ**（torsional strain）が生じる．このひずみの一部を解消するために，四つの炭素原子が同一平面上にあり，5 番目の炭素が平面の上にずれ，封筒の折り返し部が外側に折りたたまれたように（図 14・7），**封筒形配座**（envelope conformation）となる．

この封筒形配座では，重なりの相互作用の数は減少するが，この形をとるために C−C−C 結合角が 105° と小さくなり，角ひずみを生じる．封筒形配座におけるシクロペンタン中の全ひずみエネルギーは，分子が完全に平坦である場合よりも十分小さい．しかし，分子は動的であり，これらのシクロペンタン分子は剛直で全く動かないわけではない．封筒形配座は低エネルギー状態だが，通常の温度で，分子は結合の伸縮に伴って振動している．平面上にない炭素原子は平面の反対側に移動できるし，この炭素原子が平面上に移ると代わりに環内の他の炭素原子が面外にずれる．この特性は他の環，特にシクロヘキサンで重要である．

シクロヘキサンは，さまざまなすぼんだ立体配座を容易にとることができ，その中で最も安定なものは**いす形配座**（chair conformation）である．いす形配座では，4 個の炭素原子が同一平面内にあり，残る 2 個の炭素原子は，この面の上下に位置する（図 14・8）．C−C−C 結合角がすべて理想的な 109.5°（角ひずみを最小にする）に非常に近く，すべての C−H 結合が低エネルギーのねじれ配向をとることができるので，シクロヘキサン（図 14・9）のいす形配座が最安定である．この結果，いす形配座は，空間における向きに応じて 2 組の C−H 結合が存在する．六つの C−H 結合は，本質的にいすの“シー

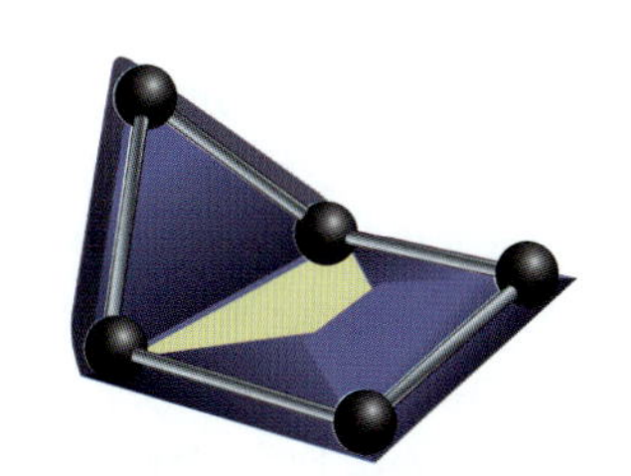

図 14・7　封筒形配座

図 14・8　いす形配座

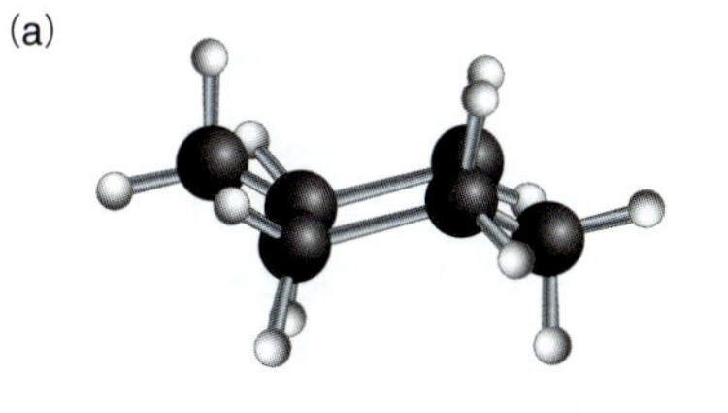

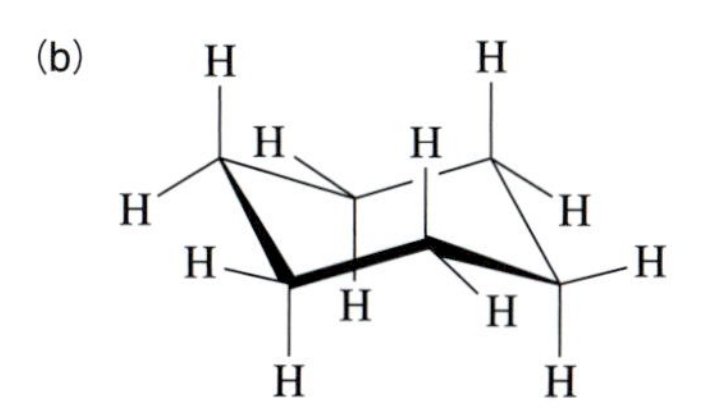

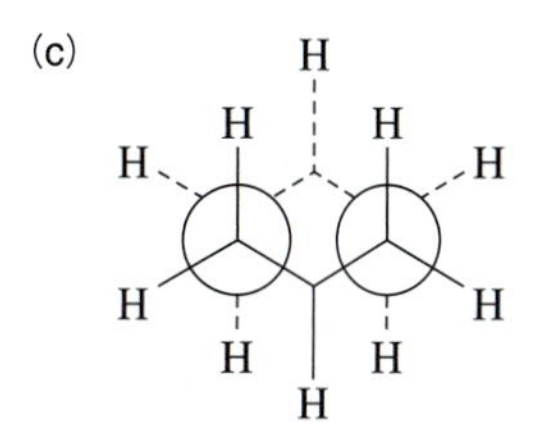

図 14・9　シクロヘキサン．最も安定した配座は，いす形配座である．(a) 側面から見た球棒模型，(b) 骨格モデル，(c) ニューマン投影図

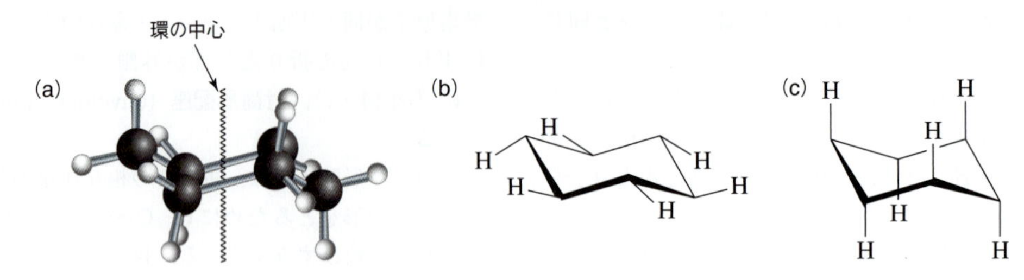

図 14・10　アキシアル C−H 結合およびエクアトリアル C−H 結合を示すシクロヘキサンのいす形配座．(a) 12 個の水素原子すべてを示す球棒模型，(b) 六つのエクアトリアル C−H 結合，(c) 六つのアキシアル C−H 結合

ト”を構成する 4 個の炭素原子と同じ平面に配向され，残り六つの C−H 結合は，いすの“背中”または“脚”とほぼ同じ方向で上下に位置する．この立体配座で C−H 結合を整列させると，角度とねじれのひずみが最小限に抑えられる．したがって，いす形配座のシクロヘキサンはほとんどひずみエネルギーをもたないため，この六員環は自然界でよく見られる．

いすの座面に配向している水素原子をエクアトリアル水素原子とよび（図 14・10b），これらと炭素原子を結ぶ結合を**エクアトリアル結合**（equatorial bond）とよぶ．残りの結合は**アキシアル結合**（axial bond）とよび（図 14・10c），この配向にある水素原子のことをアキシアル水素原子とよぶ．アキシアル方向の三つの結合は，上方および下方に向けられる．エクアトリアル結合は，仮想的ないす形配座の座面にほぼ整列しているが，よく見ると，わずかに上を向く三つの結合と，わずかに下を向く三つの結合がある．アキシアル結合またはエクアトリアル結合の向きは，環の 1 個の炭素原子から次の炭素原子へ移動するにつれて，交互に変化する．1 個の炭素原子上のアキシアル結合が上を向く場合，その炭素原子上のエクアトリアル結合は，わずかに下を指す．逆に，特定の炭素原子上のアキシアル結合が下方に向いていると，その原子上のエクアトリアル結合はやや上方を向いている．

シクロペンタンのように，シクロヘキサンも動的な状態で存在し，多くの他の非平面構造が存在する．いす形配座とは別に，**舟形配座**（boat conformation）も存在する．舟形配座は，面外の炭素原子の両方が，他の四つの炭素原子がつくる平面に対して同じ側にあるときに生じる．この立体配座は，いすの後部の炭素原子と同じ位置になるように，いすの脚を環の上方に曲げ，炭素原子をゆり動かすことで容易に形成される（図 14・11）．

舟形配座は，いす形配座よりも安定性が低い．4 組の水素原子が重なるので，舟形配座にはねじれひずみが存在する．立体ひずみとよばれる別の種類のひずみもある．**立体ひずみ**（steric strain）は，二つの部分が同じ空間を占めようとするときに分子内に生じるひずみである．シクロヘキサンの舟形配座の場合，環を挟んで向き合う位置にある 2 個のアキシアル水素原子およびそれに付随する電子雲が相互作用し，分子内にひずみが生じる．いす形配座と舟形配座の間のエネルギー差から，常温では舟形配座の分子の割合が 0.001％以下となる．実際には，エネルギーをわずかに下げるために，舟形配座はねじれて，エネルギーがわずかに低いねじれ舟形配座になる．それにもかかわらず，舟形配座は重要である．これは，一つのいす形配座が別のいす形配座へ変換される際に，これより高いエネルギーにある配座を経るからである．二つの等価なエネルギーにあるいす形配座は，最初に高エネルギーの舟形配座（図 14・11 参照）にねじれてから低エネルギーのいす形配座に緩和することで，室温で急速に相互変換する．一つのいす形配座が別のいす形配座に変換すると，環の炭素原子に結合した水素原子の空間的な相対配置に変化が生じる．一つのいす形配座

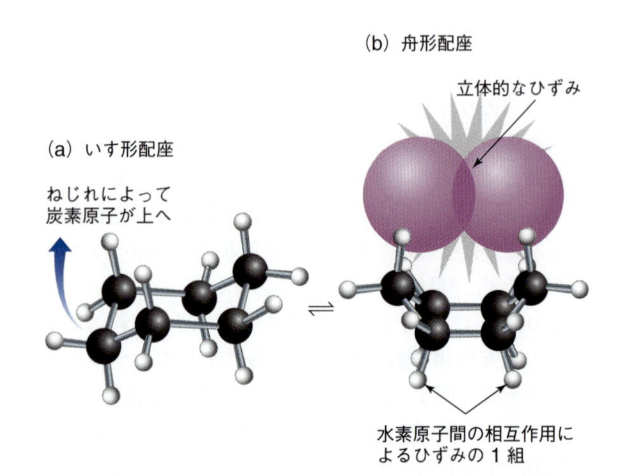

図 14・11　いす形配座 (a) から舟形配座 (b) への変換．舟形配座では，4 組の水素原子間の重なり相互作用と立体的なひずみに起因するねじれひずみが存在する．いす形配座は，舟形配座よりも安定している．

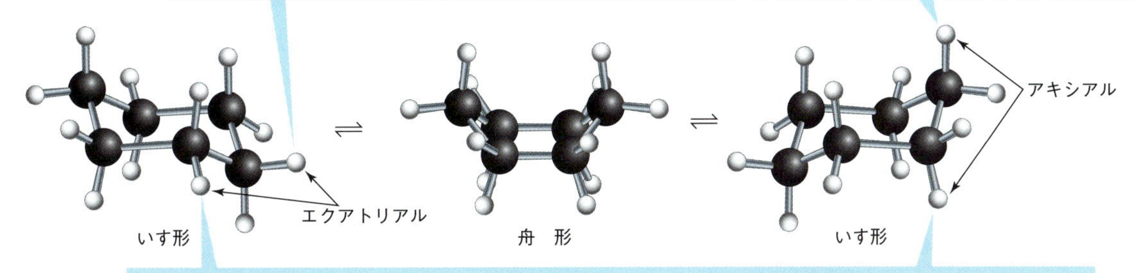

図 14・12 舟形配座を経るいす形シクロヘキサンの相互変換．一つのいす形配座にあるすべてのエクアトリアル C−H 結合は，他のいす形配座ではアキシアル方向にあり，逆も同様である．

のすべてのエクアトリアル水素原子は，他のいす形配座のアキシアル水素原子になり，その逆も同様に起こる（図 14・12）．

この過程は，水素原子の 1 個がメチル基または他のアルキル基のような別の基で置換されている場合，さらに重要である．なお，有機化合物において，水素原子と置き換わった他の原子や原子団を**置換基**（substituent）という．一つのいす形配座と別のいす形配座との相互変換は，置換基をエクアトリアルからアキシアル方向に（またはその逆に）変換する結果をもたらし，これはエネルギーとかかわる．大きな置換基がアキシアル方向にあるとき環全体に大きな立体ひずみをひき起こす．この種のひずみのことを，**ジアキシアル相互作用**（diaxial interaction）とよぶ．環上にそのような基が存在すると，その置換基がエクアトリアル方向にあるいす形配座が有利になる．実際メチル基の場合，室温における平衡状態で，約 95% の分子がエクアトリアル方向にメチル基がある（図 14・13）．これは，より高エネルギーの舟形配座のように，不安定な立体配座は室温では不利になり，他の立体配座よりも一つの立体配座を好むことを意味する．シクロヘキサンに大きな置換基が存在する場合，この効果は非常に顕著になる．大きな置換基は，それがエクアトリアルにある立体配座に実質的に環を固定することができる．メチル基よりもかなり大きい *tert*-ブチル基（表 2・6）の場合，この傾向はより顕著になり，*tert*-ブチル基がエクアトリアル配向にある配座異性体はアキシアル配向にある配座異性体より 4000 倍も多くなる．事実，環は一つの立体配座に固定されており，化学者はそのような分子を配座的に固定された異性体とよぶ．

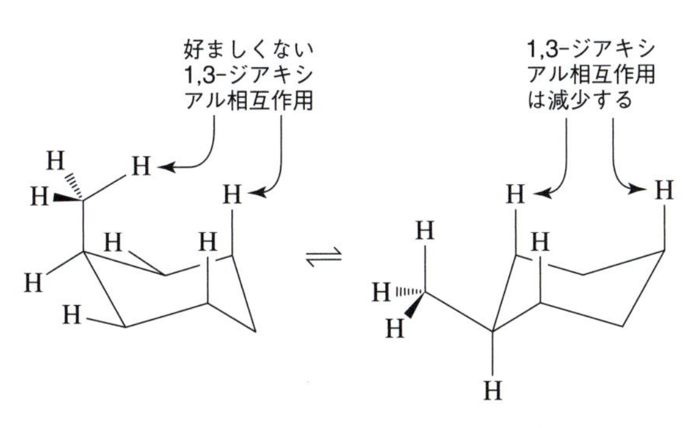

図 14・13 1,3-ジアキシアル相互作用は立体的なひずみを導く．

シクロアルカン中のシス-トランス異性 環の 2 個以上の炭素原子に置換基をもつシクロアルカンには，**シス-トランス異性体**（*cis-trans* isomer）がある．すべてのシス-トランス異性体は，(1) 同じ分子式をもち，(2) 同じ順序で炭素が結合し，(3) 通常の条件下で σ 結合の周りの回転によって互いに交換できない原子配列（第 6 章参照）を有する．シス異性体では，置換基は同じ側にあり，トランス異性体では，置換基は“互いに向かい合っている”．

第 2 章で，1,2-ジメチルシクロペンタンを用いたシクロアルカンのシス-トランス異性化を示した．

単純化するため，いくつかの水素原子が省略されており，明確にするために，シクロペンタン環は平面上に五角形として描かれている（シクロペンタンはおもに上記の球棒模型に示されている封筒形配座をとることがわかっているが，置換基の構造的関係を調べるために，五角形の線として表している）．この面よりも上の方に向いている炭素-炭素結合は太い線で表してある．シクロペンタン環に結合した置換基は，環の平面の上下に突き出ている．上に示した 1,2-ジメチルシクロペンタンの異性体では，メチル基が環の同じ側にある（環の平面の上または両方にある）とき，シス配置とよぶ．右の異性体では，メチル基は環の反対側（一つは環の平面上にあり，もう一つは環の面の下にある）にあり，この配置をトラ

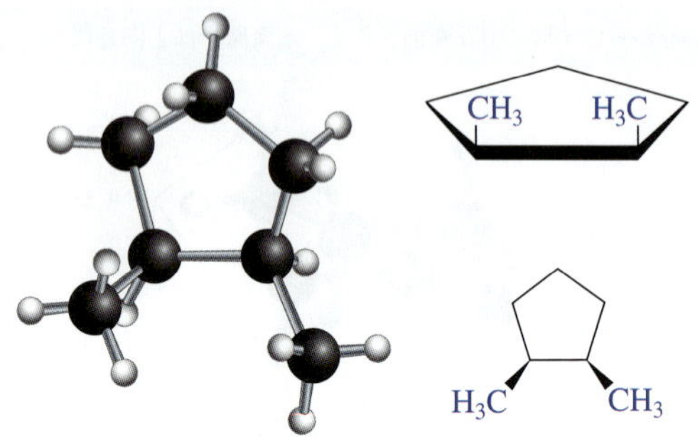

cis-1,2-ジメチルシクロペンタン

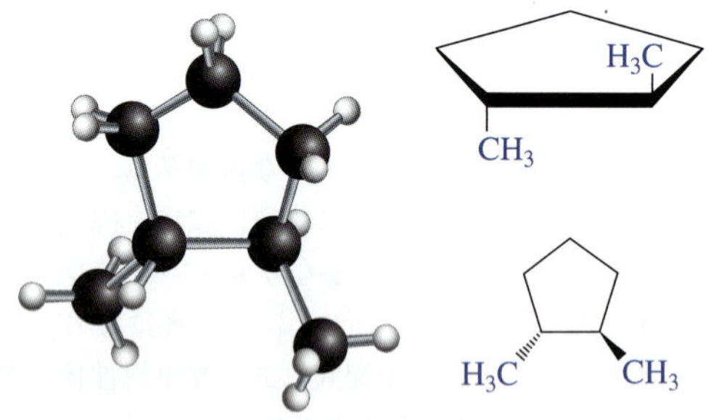

trans-1,2-ジメチルシクロペンタン

ンス配置とよぶ．

シクロペンタン環は，紙面上の環を上から見て，環上の置換基は紙面の上に突き出ており，これをくさびで示す．一方，環の下にある置換基は破線で示される．右下の構造式では，二つのメチル基のみが示されていて，環上の水素原子は示されていない．

アルカンの物理的性質

アルカンの最も重要な特性は，ほぼ完全に無極性であることである．これは図14・14に示されており，ペンタン中の外側の結合電子の均一な分布を示す．第6章で見たように，炭素と水素の電気陰性度の差はポーリングによる尺度で2.5−2.1＝0.4であり，この小さな差異からC−H結合は無極性共有結合に分類される．したがって，アルカンは無極性化合物であり，分子間には弱い相互作用しか働かない．

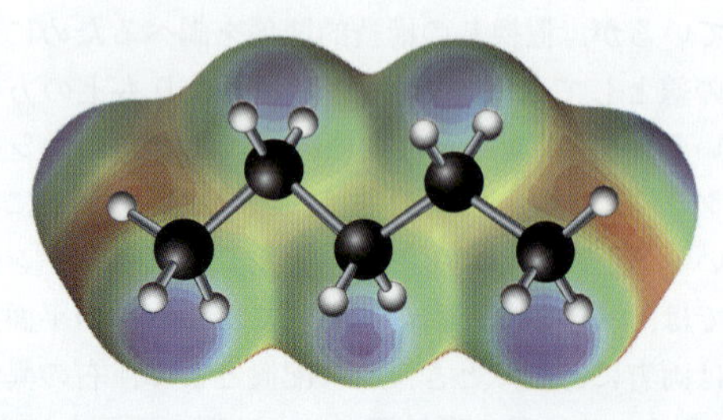

図 14・14　ペンタンの電子密度モデル（すべてのアルカンと同様）から無極性であることがわかる．

沸　点　第7章で見たように，アルカン分子間の相互作用は，弱い分散力のみである．このため，アルカンの**沸点**（boiling point）は，同じモル質量の他のほとんどの化合物の沸点よりも低い．原子数と電子数，すなわちアルカンのモル質量が増加すると，アルカン分子間の分散力が増加し，沸点が上昇する（図7・4参照）．

1〜4個の炭素原子を含むアルカンは室温および大気圧下で気体であり，5〜17個の炭素原子を含むものは無色の液体である．高モル質量のアルカン（18個以上の炭素原子を有するもの）は白色のワックス状固体である．いくつかの植物ろうは，高モル質量のアルカンである．たとえば，リンゴの皮にあるろうは，分子式$C_{27}H_{56}$を有する非分枝アルカンである．高モル質量のアルカンの混合物であるパラフィンは，キャンドル用，潤滑剤用，自家製のジャムやその他の保存用品の密封に使用されている．ペトロラタム（petrolatum）は，石油精製に由来し，高モル質量のアルカンの液体混合物である．鉱物油とワセリン®は，医薬品や化粧品の軟膏基剤，潤滑剤や防錆剤として使用されている．

融点および密度　アルカンの**融点**（melting point）は，モル質量の増加とともに上昇する．しかし，分子の大きさや形が変化すると，規則的な形態に分子が詰まる能力が変化し，沸点に見られたような規則的な変化を示さない．

表14・1に列挙したアルカンの平均**密度**（density）は約0.7 g mL^{-1}であるが，より高モル質量のアルカンの平均密度は約0.8 g mL^{-1}である．すべての液体アルカンおよび固体アルカンは水（1.0 g mL^{-1}）より密度が低く，水に浮遊する．

アルカンの異性体　異性体は同じ分子式ではあるが構造が異なる分子であり，構造異性体は同じ分子式であるが原子の結合の仕方の異なる構造をとる化合物である．アルカンは，炭素配列中の側鎖に由来する立体異性を示す．第2章で学んだように，各異性体は，側鎖の位置を示すために数字が使用され，命名法に従って明確にその名称が与えられている．

炭素原子が他の炭素原子と強力で安定な結合を形成できることから，驚異的な数の構造異性体を生成する．表14・2に示すように，分子式C_5H_{12}を有するアルカンは三つの構造異性体を，分子式$C_{10}H_{22}$を有するアルカンは75の構造異性体を，さらに分子式$C_{25}H_{52}$を有するアルカンは3600万を超える構造異性体をもつ．

表 14・2 さまざまな C_nH_{2n+2} 炭化水素の構造異性体

分子式	構造異性体の数
CH_4	0
C_5H_{12}	3
$C_{10}H_{22}$	75
$C_{15}H_{32}$	4347
$C_{25}H_{52}$	36 797 588

したがって，少数の炭素原子および水素原子でさえも，非常に多数の構造異性体が存在する．実際，炭素，水素，窒素，酸素の基本的な構成要素からつくられた有機分子における構造的および機能的グループは多様でその可能性は事実上無限である．

第2章で学んだように，構造異性体は異なる物理的性質をもつ．表14・3に，分子式 C_6H_{14} を有する五つの化合物の沸点，融点および密度を示す．分枝鎖状分子の沸点はヘキサンの沸点よりも低く，沸点が低いほど分枝が多い．これらの沸点の差は，分子の形状とかかわりがある．アルカン分子間の引力は分散力である．分枝が増加すると，アルカン分子の形状がより密になり，表面積が減少する．表面積が減少するにつれて，分子間の接触面積も減少する．これにより分散力は弱くなる．したがって沸点も低下する（図14・15参照）．任意の構造異性体群について，最も枝分かれの少ない異性体が最も高い沸点を示し，最も分枝した異性体が最も低い沸点を示す．融点の傾向はあまり明確ではないが，先に述べたように，分子が固体状態で規則正しく配列する能力とかかわりがある．

表 14・3 分子式 C_6H_{14} の異性体の物理的性質

名　称	沸点〔℃〕	融点〔℃〕	0 ℃ での密度〔g mL^{-1}〕
ヘキサン	69	−95	0.659
3-メチルペンタン	63	−118	0.664
2-メチルペンタン	60	−153	0.653
2,3-ジメチルブタン	58	−128	0.662
2,2-ジメチルブタン	50	−100	0.649

より大きな表面積により分散力が増加し，沸点が上昇する．

ヘキサン

より小さい表面積により分散力が減少し，沸点が低下する．

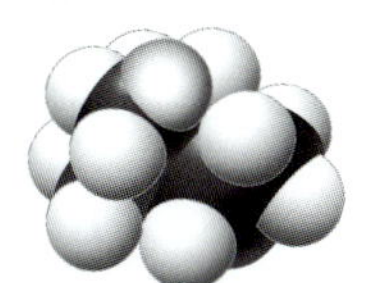

2,2-ジメチルブタン

図 14・15 分枝が増加すると，アルカン分子の形状はより密になり，表面積が減少する．表面積が減少すると，分散力が減少し，沸点が低下する．

14・3 アルケンおよびアルキン

一部の炭化水素は，炭素原子間に**二重結合**（double bond）または**三重結合**（triple bond）を有し，対応するアルカンよりも少ない水素原子をもつ．これらは，不飽和炭化水素とよぶ．不飽和炭化水素には，アルケン，アルキンおよびアレーンの三つの種類がある．アルケンは，一つ以上の炭素-炭素二重結合を含み，アルキンは，一つ以上の炭素-炭素三重結合を含む．アルケンは一般式 C_nH_{2n} を有する．アルキンは一般式 C_nH_{2n-2} を有する．エテンは最も単純なアルケンであり，エチンは最も単純なアルキンである．

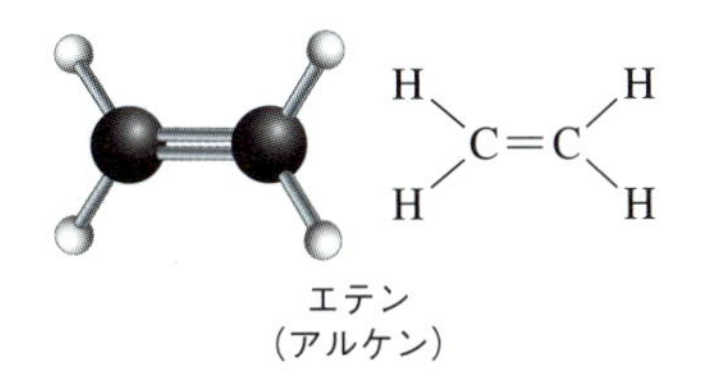

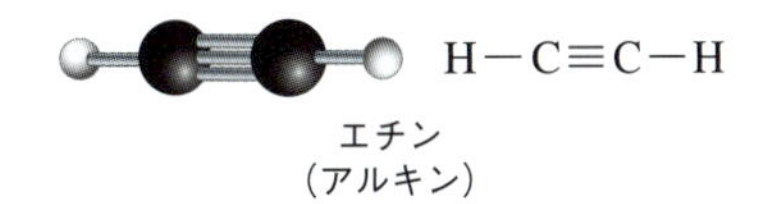

アレーンは不飽和炭化水素の第三のグループである．最も簡単なアレーンはベンゼンである．

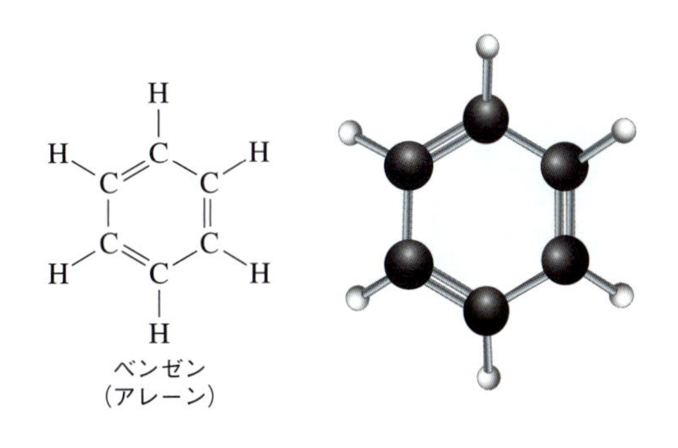

アレーンは，一つ以上の“ベンゼン”環を含む化合物である．ベンゼンおよびその誘導体の化学的性質は，アルケンおよびアルキンとは大きく異なり，§14・5で説

明する．重要なことは，ベンゼン環は，単純なアルケンおよびアルキンについて記載したいずれの条件下でも化学的に反応しないことである．

炭素-炭素二重結合を含む化合物は，特に広範に存在する．天然に見られる多くの有機化合物は，イソプレンとよばれるアルケンに由来する．イソプレンは，ユーカリの香りの主要な成分である．さらに，エテンおよびプロペンを含む低モル質量のアルケンは，現代の工業化学において重要な化合物群である．世界中の有機化学工業で，他の化学薬品に比べ多くのエテンが生産されている．

エテンは，自然界では痕跡量しか存在しない（果実が熟す過程において本質的な役割を果たす）．化学工業の需要を満たすために必要な膨大な量は，原油をガソリンにするか，天然ガスから抽出したエタンを以下に示すように変換することによって生産される．

$$\underset{\text{エタン}}{CH_3CH_3} \xrightarrow[\text{熱分解}]{800 \sim 900\ ℃} \underset{\text{エテン}}{CH_2{=}CH_2} + H_2$$

重要なことは，エテンを原料として合成された商業用および工業用製品（ポリエチレンなど）は天然ガスまたは原油の両方から生産されていることである．

アルケンおよびアルキンの形状

原子価殻電子対反発モデル（VSEPR モデル，第 6 章参照）を用いて，二重結合の各炭素原子の周りの結合角について 120° の値を予測できる．エテンの実際の H−C−C 結合角は 121.7° で，このモデルで予測される値に近い．他のアルケンでは，120° の予測角度からの差は，二重結合の一方または両方の炭素原子に結合した置換基間のひずみによりいくぶん大きくなることがある．たとえばプロペンにおける C−C−C 結合角は，124.7° である．

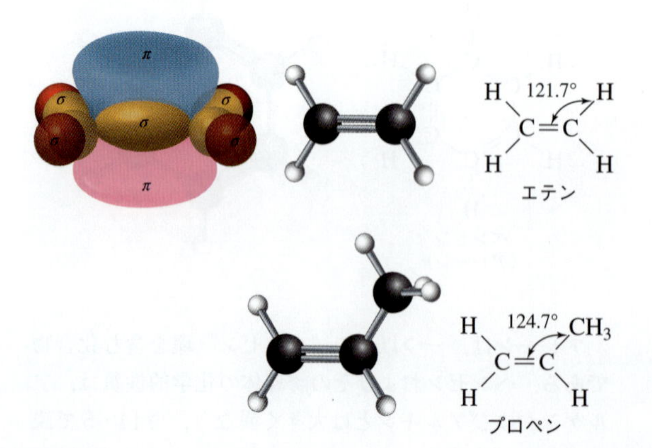

VSEPR モデルを再び使用し，三重結合の各炭素原子の周りの結合角のすべてが 180° であることも予測できる．最も簡単なアルキンはエチン C_2H_2 である．エチンは実際に直線分子である．すべての結合角は 180° である（注：ピンクの π 軌道を除くすべての軌道は同じ位相である．色はわかりやすくするために使用しているだけである）．

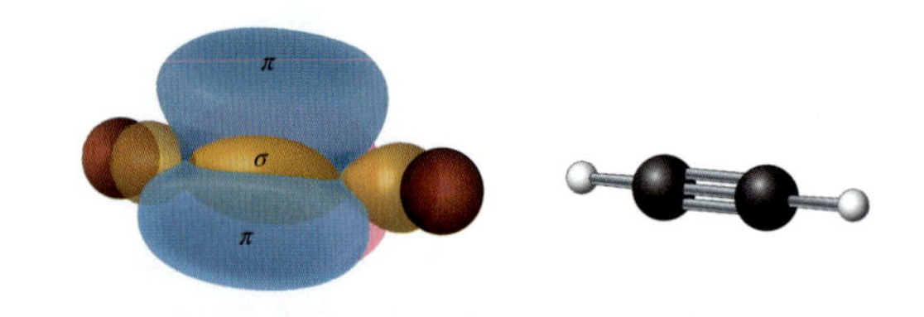

第 6 章で見たように，炭素-炭素三重結合は sp 混成軌道どうしの重なりによって形成される σ 結合と，σ 結合の軸に垂直な面内にある $2p_y$ 軌道どうしおよび $2p_z$ 軌道どうしの重なりによって形成される二つの π 結合として表される．エチンでは，炭素原子の sp 混成軌道と水素原子の 1s 軌道との重なりにより，炭素原子は水素原子と結合している．

アルケンにおけるシス-トランス異性　第 6 章において、炭素-炭素二重結合を炭素原子の原子軌道間の重なりとして表した．一つの炭素-炭素二重結合は，一つの σ 結合と一つの π 結合からなる．それぞれの炭素原子は，三つの sp^2 混成軌道を使い、三つの原子と σ 結合を形成する．混成軌道の形成に使われなかった $2p_z$ 軌道は

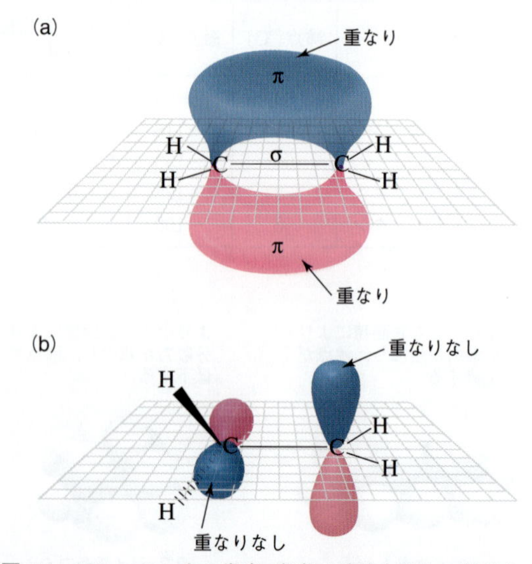

図 14・16　エテン中の炭素-炭素二重結合周りの制限された回転．(a) 軌道重なりモデルによる π 結合．(b) π 結合は，一つの H−C−H の面を他の H−C−H の面に対して 90° 回転させることで開裂する．

コラム 14・1 視覚の化学

すべての脊椎動物，節足動物，いくつかの軟体動物は，視覚の過程において共通の化学的要素をもつ．これらの生物はすべて**11-*cis*-レチナール**とよばれる分子をもち，青緑色の光（450 nm から 550 nm の可視領域の光）を強く吸収する．この分子は，網膜の中でオプシンというタンパク質と結合して，ロドプシンを形成する．**ロドプシン**は，光を感知し，生物学的応答に変換するための基本となる紫色の物質である．

私たちの眼は，ロッド（桿体細胞）とコーン（錐体細胞）とよばれる 2 種類の光感知細胞をもつ器官である．網膜には，約 1 億個の桿体細胞があり，これらは弱い光での視覚に使われる．しかし，この感度は単色に映る．色を感知するために，それぞれヨードプシンとよばれるタンパク質にレチナールが結合した，オプシンとはわずかに異なる 3 種類の錐体細胞がある．

ヒトの眼では，約 300 万個の錐体細胞しか存在せず，これらの細胞中の光受容体は，約 380 nm から 750 nm の可視領域にある三つの異なる波長領域で感受性を示す．

網膜の桿体および錐体細胞によって発生した信号は，脳によって，対象物の色および明るさの視覚画像に変換される．この過程は物理学，化学，生物学の融合によって明らかになってきた．ほとんどの有機分子はこの領域の光を吸収しないので，当然のことながら光に応答しない．しかし，11-*cis*-レチナールがオプシンに結合すると，可視領域の中心に当たる波長約 500 nm の光のエネルギーを吸収する．これは複雑な過程の最初の段階にすぎない（図 14・17 参照）．光の吸収により，11-*cis*-レチナールは，屈曲した形状（シス二重結合から生じる）から低エネルギーの全トランス配置へと変化する．all-*trans*-レチナールは，11-*cis*-レチナールのために適合した受容体に適合できず，離脱する．この変化が細胞膜電位差をひき起こし，イオンが細胞内にポンプ輸送されるとき，この応答が脳に進む神経インパルスに変わる．この過程によって生成した all-*trans*-レチナールは，特定の酵素によって 11-*cis*-レチナールに再変換され，受容体と再結合し，光応答性が可能な状態に戻る．

1　6　11　12　5　15　H　C　O
+ H_2N — オプシン
11-*cis*-レチナール
↓
H　C　N — オプシン
ロドプシン
視 紅

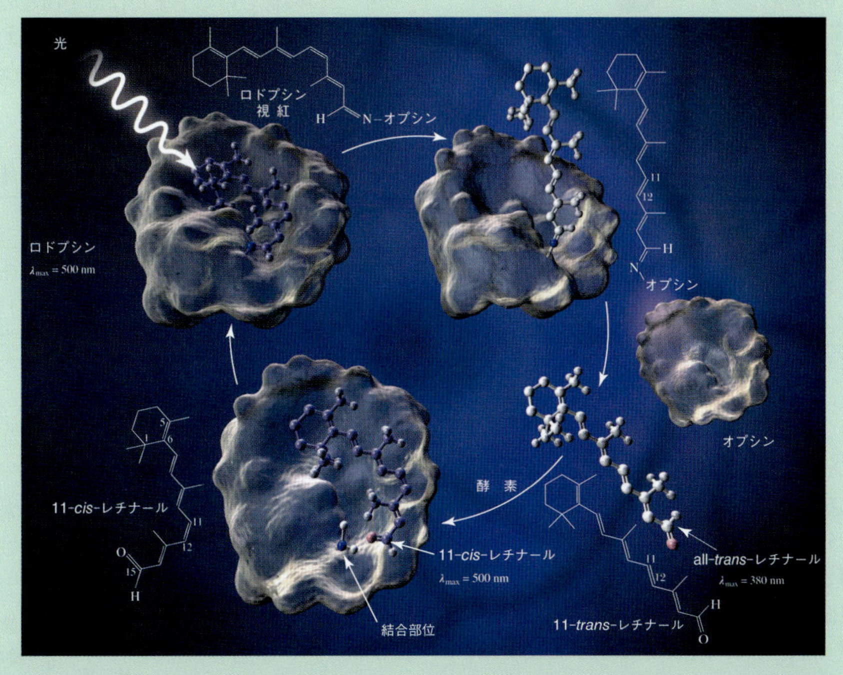

図 14・17 ロドプシンによる特定の波長の光の吸収後の眼における色の検出の化学的性質

sp^2 混成軌道の面に対して垂直方向に位置し，p_z 軌道どうしの重なりによって π 軌道が形成される．

単結合の周りの回転は比較的自由であるが，二重結合を回転させるにはかなりのエネルギーが必要である．たとえば，エテン中で，隣接する炭素原子上の 2p 軌道間で重なりが生じないように一つの炭素原子を 90° 回転させるには（図 14・16），室温でまかなわれる熱エネルギーよりもかなり多くのエネルギーが必要であり，室温では，炭素-炭素二重結合の回転は厳しく制限されている．

炭素-炭素二重結合の周りの回転が制限されているため，二重結合の各炭素原子に二つの異なる置換基が結合したアルケンは，シス-トランス異性を示す．たとえば，2-ブテンを考えて見よう．*cis*-2-ブテンでは，二つのメチル基は二重結合の同じ側にあり，*trans*-2-ブテンでは，二つのメチル基は二重結合の反対側にある．

H　H
C=C
H_3C　CH_3
cis-2-ブテン
(mp=−139 °C, bp=4 °C)

H　CH_3
C=C
H_3C　H
trans-2-ブテン
(mp=−106 °C, bp=1 °C)

これら二つの化合物は，二重結合の周りの回転が制限されているため，室温で相互に変換できない．これらは異なる物理的および化学的性質を示す異なる化合物である．

シス異性体は二重結合の同じ側にあるアルキル置換基間に反発が生じるため，トランス異性体よりも不安定である．これは，上の *cis*-2-ブテンの空間配置において，メチル基の水素原子が強制的に接近させられていることからわかる．

アルケンおよびアルキンの物理的性質

アルケンおよびアルキンは無極性分子であり，分子間の唯一の引力は分散力である．したがって，これらの物理的性質は，同じ炭素骨格を有するアルカンの性質に類似している．室温で液体であるアルケンおよびアルキンは，$1.0\ \mathrm{g\ mL^{-1}}$ 未満の密度を有し，水より密度が低い．アルカンのように，アルケンおよびアルキンは相互に可溶性である．無極性分子であるアルケンやアルキンは極性分子である水には溶解せず，水やメタノールのような極性有機液体と混合すると二層に分離する．

14・4　アルカンおよびアルケンの反応

アルカンは，強い σ 結合のみで形成された無極性化合物であり，ほとんど反応性を示さない．

しかし，特定の条件下では，アルカンおよびシクロアルカンは酸素 O_2 と反応する．酸素との最も重要な反応は，二酸化炭素と水を生成する酸化（燃焼）である．飽和炭化水素の酸化は，熱〔天然ガス，液化石油ガス（LPG）および燃料油〕および動力（ガソリン，ディーゼル燃料および航空燃料）のエネルギー源としての基礎である．天然ガスの主成分であるメタンと LPG の主成分であるプロパンの完全燃焼のための平衡式を以下に示す．

$$\underset{\text{メタン}}{CH_4} + 2\,O_2 \rightarrow CO_2 + 2\,H_2O \qquad \Delta_c H^\ominus = -886\ \mathrm{kJ\ mol^{-1}}$$

$$\underset{\text{プロパン}}{CH_3CH_2CH_3} + 5\,O_2 \rightarrow 3\,CO_2 + 4\,H_2O \qquad \Delta_c H^\ominus = -2220\ \mathrm{kJ\ mol^{-1}}$$

アルケンの最も特徴的な反応は，炭素-炭素二重結合への付加反応であり，それは π 結合が開裂して σ 結合が，二つの新しい原子または原子団との間に形成される反応である．二つの新しい原子または原子団が結合する．炭素-炭素二重結合に対するいくつかの反応例を表

表 14・4　アルケンの特徴的な付加反応

反　応	名　称
>C=C< + HCl ⟶ −C(H)−C(Cl)−	塩化水素化（ハロゲン化水素化の一例）
>C=C< + H_2O ⟶ −C(H)−C(OH)−	水　和
>C=C< + Br_2 ⟶ −C(Br)−C(Br)−	臭素化（ハロゲン化の一例）
>C=C< + H_2 ⟶ −C(H)−C(H)−	水素化（還元）

14・4 にそれぞれの関連する名称とともに示す．

化学工業の観点から，低モル質量のアルケンの最も重要な反応は，ポリマー（高分子）（たとえば，ポリエチレンおよびポリスチレン）の製造である．**ポリマー**（polymer）は，エテンからのポリエチレンの生成の例で示すように，多くの低モル質量分子を連続して付加することで高モル質量の化合物を生成する．

$$n\,CH_2{=}CH_2 \xrightarrow{\text{開始剤}} \mathrm{+\!\!\!\!(}CH_2CH_2\mathrm{)\!\!\!\!+}_n$$

このような反応を達成するために，アルケンは，開始剤とよばれる特定の試薬と反応し，次に互いと反応し成長することで鎖を形成する．工業的および商業的に重要なアルケン由来のポリマーは，n が大きく，その数は数千である．

求電子付加反応

反応性の基礎は，カチオン種とアニオン種との間の静電的な引力である．第 11 章では，ブレンステッド-ローリー理論を用いて酸と塩基をそれぞれプロトン供与体と受容体と定義できることを見てきた．米国の化学者，ルイス（Gilbert Lewis）が提案した，下記に示すより一般的な酸と塩基の定義がある．

- **ルイス酸**（Lewis acid）は電子対受容体である．
- **ルイス塩基**（Lewis base）は電子対供与体である．

これらの定義を説明するために，BF_3 と NH_3 の反応を考えてみよう．

$$BF_3(g) + NH_3(g) \longrightarrow F_3B{-}NH_3(s)$$

この反応では，NH_3 が形式的に BF_3 に電子対を供与し，その結果，図 14・18 に示すように B−N 共有結合が形成される．

有機化学では，ルイスの酸と塩基の例が多く存在する．有機化学は，炭素を含む共有結合の形成と開裂にかかわっており，そのような反応は，ルイス酸-ルイス塩基から考えることができる．有機化学において，ルイス酸は**求電子剤**（electrophile）とよばれ，ルイス塩基は**求核剤**（nucleophile）とよばれる．求電子剤は，正または部分的に正電荷を有する原子をもち，電子不足である．求核剤は，負電荷または非共有電子対を有する原子を含み，電子豊富なものと分類される．

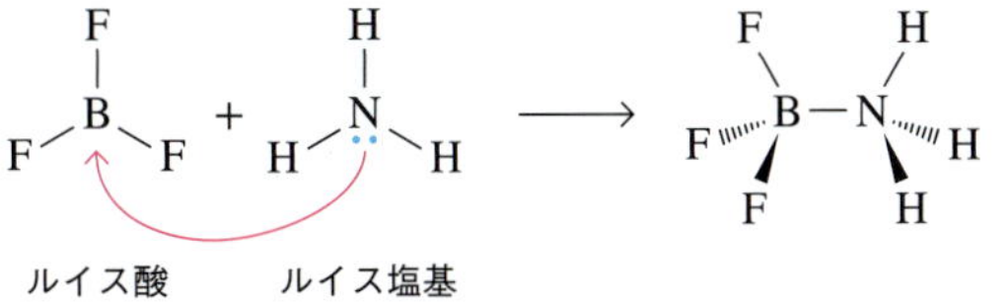

アルケン中の二重結合は電子豊富なため，求電子剤の標的となる．アルケンは求電子剤と付加反応を起こし飽和化合物を生成する．

この節では，求電子付加反応の例として，ハロゲン化水素（HCl, HBr, HI），水（H_2O）を取り上げる．最初に，各付加反応とその反応機構について考える．これらの特定の反応を調べることによって，一般にアルケンがどのように付加反応を起こすか理解する．

$$BF_3 + NH_3 \longrightarrow F_3B{-}NH_3$$

ルイス酸　ルイス塩基

図 14・18 BF_3 と NH_3 とのルイス酸塩基反応．B と N との間に共有結合が形成され，結合中の両方の電子は形式的にルイス塩基性の N 原子に由来する．

ハロゲン化水素の付加　ハロゲン化水素 HCl，HBr および HI（一般に HX と略記される）はアルケンを付加して**ハロアルカン**（haloalkane，ハロゲン化アルキル）を生成する．これらの付加反応は，純粋な試薬を用いて，または酢酸などの極性溶媒の存在下で行うことができる．HCl をエテンに付加するとクロロエタンが得られる．

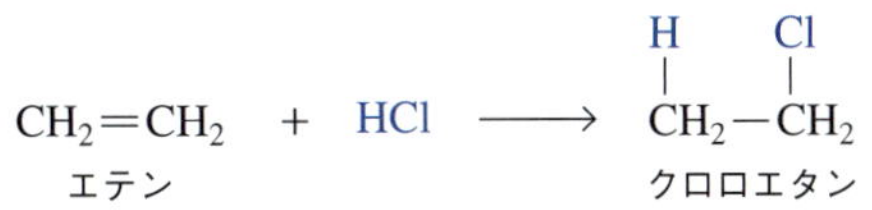

$$\underset{\text{エテン}}{CH_2{=}CH_2} + HCl \longrightarrow \underset{\text{クロロエタン}}{\overset{H}{CH_2}{-}\overset{Cl}{CH_2}}$$

HCl をプロペンに付加すると，2-クロロプロパンが得られる．水素がプロペンの C(1) に付加し，塩素が C(2) に付加する．付加の向きを逆にすれば，1-クロロプロパンが生成するであろう．

実際は，2-クロロプロパンが優先して形成される．

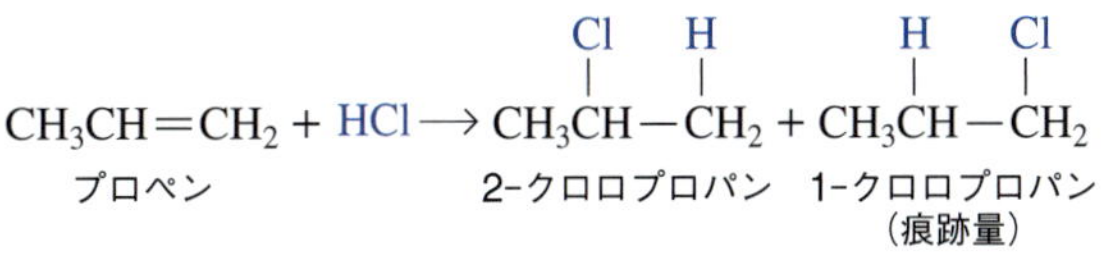

$$\underset{\text{プロペン}}{CH_3CH{=}CH_2} + HCl \longrightarrow \underset{\text{2-クロロプロパン}}{CH_3\overset{Cl}{CH}{-}\overset{H}{CH_2}} + \underset{\text{1-クロロプロパン（痕跡量）}}{CH_3\overset{H}{CH}{-}\overset{Cl}{CH_2}}$$

プロペンへの HCl の付加は位置選択的であり，2-クロロプロパンは反応の主生成物である．**位置選択的反応**（regioselective reaction）は，他のすべての方向に優先して結合形成または開裂の一方向が起こる反応である．

19 世紀のロシアの化学者マルコフニコフ（Vladimir Markovnikov）はこの位置選択性を調べ，アルケンに HX を加えると水素は水素原子の数が多い炭素原子に付加するという規則を提案した．この規則は，**マルコフニコフの規則**（Markovnikov's rule）とよばれている．

マルコフニコフの規則は，多くのアルケン付加反応の生成物を予測する方法を提供するが，なぜ一つの生成物が他の可能な生成物よりも優勢であるのかを説明するものではない．これを行うには，反応機構を理解する必要がある．第 13 章で見たように，反応機構は，反応物の中間体への変換，ついで生成物への変換において起こる結合開裂および結合形成を示す．これらの結合開裂および結合形成に関与する 2 個の電子の動きを，湾曲した矢印（**巻矢印** curved arrow）で表す．たとえば，仮想分子 AB の単結合の切断を表すことができる．

$$\mathrm{A{-}B} \longrightarrow \mathrm{A^+ + B^-}$$

矢印は開裂する結合部から始まり，矢印の頭部は電子対の行き先を示している．ここで，反応機構の各結合形成および結合開裂における電子の動きを示すために巻矢印を使用する．ある反応について反応機構が記述できると，それを一般化し，他の同様の反応がどのように起こるかを予測することができる．

アルケンへの HX の付加は 2 段階の反応機構によって説明できる．ここではブタ-2-エンと塩化水素との反応により 2-クロロブタンを生じる反応を考えてみよう．最初にこの 2 段階の反応機構を概観し，それぞれの段階を詳細に検討する．

段階 1：この反応は，HCl からブタ-2-エンへのプロトンの移動から始まる．プロトンは，H^+を指す．プロトンの移動は，以下の式の左側の二つの巻矢印によって示される．

$$\mathrm{CH_3CH{=}CHCH_3 + \overset{\delta+}{H}{-}\overset{\delta-}{\ddot{Cl}}\!:} \xrightarrow{\text{遅い，律速}} \underset{\text{カチオン}}{\mathrm{CH_3\overset{+}{C}H{-}\overset{H}{\overset{|}{C}}HCH_3}} + \mathrm{:\ddot{Cl}\!:^-}$$

最初の巻矢印は，アルケンとその電子対の π 結合の切断が，HCl の水素原子と新たな共有結合を形成することを示している．第二の巻矢印は，HCl 中の極性共有結合の開裂を示し，この電子対は塩素に完全に与えられ，塩化物イオンを形成する．この反応機構の段階 1 は，有機カチオンおよび塩化物イオンの形成をもたらす．このプロセスをプロトン移動と記述したにもかかわらず，機構的な矢印は常にプロトンではなく電子の動きを示していることに注意しよう．矢印は決して有機分子の水素原子から始めてはならない．

段階 2：カチオン（ルイス酸）と塩化物イオン（ルイス塩基）との反応により，炭素の価数殻が完成し，2-クロロブタンが得られる．

$$\underset{\substack{\text{塩化物イオン}\\\text{（ルイス塩基）}}}{\mathrm{:\ddot{Cl}\!:^-}} + \underset{\substack{\text{カチオン}\\\text{（ルイス酸）}}}{\mathrm{CH_3{-}\overset{+}{\underset{H}{C}}{-}\overset{H}{\overset{|}{C}}HCH_3}} \xrightarrow{\text{速い}} \underset{\text{2-クロロブタン}}{\mathrm{CH_3{-}\overset{:\ddot{Cl}:}{\underset{H}{C}}{-}\overset{H}{\overset{|}{C}}HCH_3}}$$

次に，個々の段階を詳しく見ていく．この二つの段階には重要な有機化学が組込まれており，それを理解することが重要である．

段階 1 では有機カチオンが生成する．この陽イオン中の 1 個の炭素原子は，その原子価殻に 6 個の電子のみを有し，+1 の電荷を帯びている．正に荷電した炭素原子を含む種を**カルボカチオン**（carbocation）とよぶ．カルボカチオンは，正電荷を有する炭素原子に結合した炭素原子の数に応じて，第一級，第二級，または第三級に分類される．上記の反応におけるカチオンは，第二級カルボカチオンである．すべてのカルボカチオンはルイス酸で，求電子剤でもある．

カルボカチオンでは，正電荷を有する炭素原子は 3 個の他の原子に結合し，VSEPR モデルによって予測されるように，その炭素原子の周りの三つの結合は同一平面上にあり，約 120° である．原子価結合理論によれば，カルボカチオンの電子不足炭素原子は，その sp^2 混成軌道を用いて三つの結合基に σ 結合を形成する．混成軌道に寄与しない 2p 軌道は σ 結合骨格に垂直であり，電子は収容されていない．一般的な第三級カルボカチオン

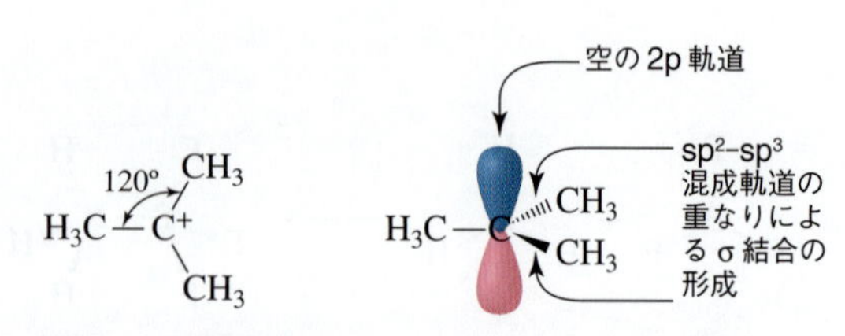

第三級（3°）カルボカチオン，$C_4H_9^+$
（*tert*-ブチルカチオン）

図 14・19　第三級カルボカチオンの構造の表記．(a) ルイス構造，(b) 軌道の図

($C_4H_9^+$) のルイス構造と軌道の重なりを図 14・19 に示す．このカルボカチオンは，*tert*-ブチルカチオンとよばれる．

反応過程は，原料から中間体を経て生成物へ至るまでのエネルギー変化で表すこともできる．図 14・20 は，ブタ-2-エンと HCl との二段階反応に関するポテンシャルエネルギー図を示す．より高いエネルギー障壁を通過しなければならない律速段階は，段階 1（すなわち，E_{a1} は E_{a2} より大きい）であり，これは第二級カルボカチオン中間体の形成をもたらす．この中間体は，段階 1 および 2 の遷移状態の間のエネルギー極小値にある．カルボカチオン中間体（ルイス酸）が形成されると直ちに，それはルイス酸塩基反応において塩化物イオン（ルイス塩基）と反応して，2-クロロブタンへ変化する．2-クロロブタン（生成物）のエネルギーはブタ-2-エンおよび HCl（反応物）のエネルギーよりも低く安定である．このように，このアルケンの付加反応は発熱反応である．

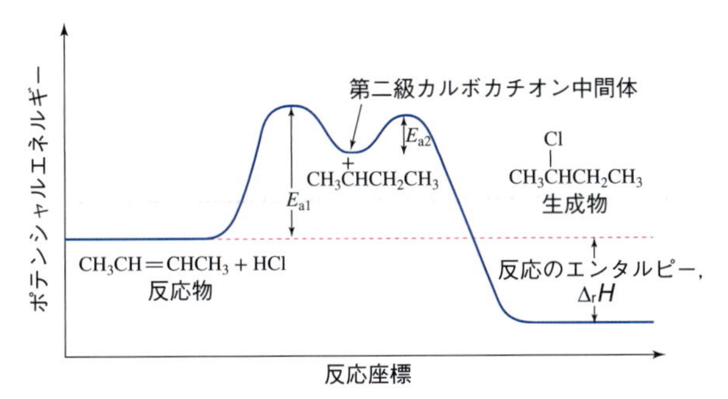

図 14・20 HCl をブタ-2-エンに 2 段階で付加した場合のエネルギー図．この反応は発熱反応である．

図 14・20 における反応の律速段階が反応物としてブタ-2-エンおよび塩化水素の両方を含むことを考えると，この反応の反応速度は以下の式で表される．

$$\text{反応速度} = k[\text{ブタ-2-エン}][\text{HCl}]$$

この反応には二次反応速度が表示されるはずである（第 13 章参照）．

カルボカチオンの相対的安定性：位置選択性とマルコフニコフの規則 HX と非対称なアルケンとの反応は，HCl とプロペンとの反応によって示されるように，少なくとも原則的に，アルケンの 2 個の炭素原子のいずれかに H^+ が付加されるかで，二つの異なるカルボカチオン中間体を生じる．

主生成物は 2-クロロプロパンであり，1-クロロプロパンは微量しか生成しない．カルボカチオンは塩化物イオンと非常に迅速に反応するので，生成物として 1-クロロプロパンが実質的に存在しないことから，第二級カルボカチオンが第一級カルボカチオンに優先して形成されることがわかる．

$CH_3CH{=}CH_2$ + H−Cl: ⟶
プロペン

$CH_3CH_2\overset{+}{C}H_2$ + :Cl:⁻ ⟶ $CH_3CH_2CH_2Cl$
第一級カルボカチオン（プロピルカチオン） 1-クロロプロパン（痕跡量）

$CH_3CH{=}CH_2$ + H−Cl: ⟶
プロペン

$CH_3\overset{+}{C}HCH_3$ + :Cl:⁻ ⟶ $CH_3CHClCH_3$
第二級カルボカチオン（イソプロピルカチオン） 2-クロロプロパン（主要生成物）

同様に，塩化水素と 2-メチルプロペンとの反応において，炭素-炭素二重結合へのプロトンの移動は，第一級カルボカチオン（イソブチルカチオン）または第三級カルボカチオン（*tert*-ブチルカチオン）のいずれかを形成する．

$(CH_3)_2C{=}CH_2$ + H−Cl: ⟶
2-メチルプロペン

$CH_3CH(CH_3)−\overset{+}{C}H_2$ + :Cl:⁻ ⟶ $CH_3CH(CH_3)−CH_2Cl$
第一級カルボカチオン（イソブチルカチオン） 1-クロロ-2-メチルプロパン（痕跡量）

$(CH_3)_2C{=}CH_2$ + H−Cl: ⟶
2-メチルプロペン

$CH_3\overset{+}{C}(CH_3)−CH_2H$ + :Cl:⁻ ⟶ $CH_3CCl(CH_3)−CH_2H$
第三級カルボカチオン（*tert*-ブチルカチオン） 2-クロロ-2-メチルプロパン（主要生成物）

この反応において，観察される生成物は 2-クロロ-2-メチルプロパンであり，これは第三級カルボカチオンが第一級カルボカチオンに優先して形成することを示している．

このような実験および他の多くの実験的証拠から，より安定なカルボカチオン中間体は，より安定でないカルボカチオン中間体よりも迅速に形成される．図 14・21

に，4種類のアルキルカルボカチオンの安定性の順序を示す．

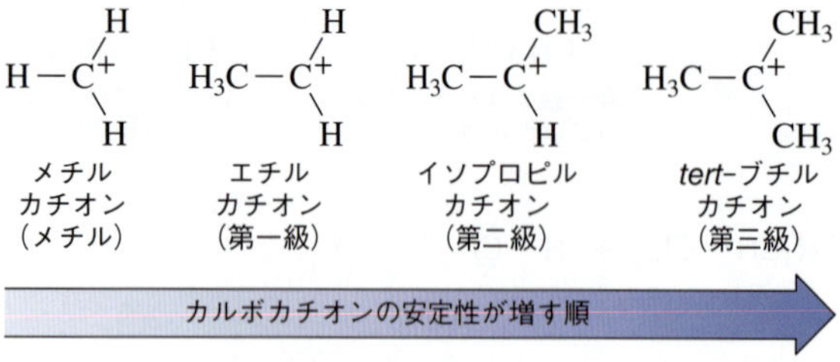

メチルカチオン（メチル）　エチルカチオン（第一級）　イソプロピルカチオン（第二級）　*tert*-ブチルカチオン（第三級）

カルボカチオンの安定性が増す順

図 14・21　4種類のアルキルカルボカチオンの安定性の順序

カルボカチオンの相対的安定性はマルコフニコフの時代には理解されていなかったが，これが彼の法則の根底にある基礎である．すなわち，H−Xのプロトンは，二重結合の置換されていない炭素原子に付加する．これは，この付加様式により安定なカルボカチオン中間体を生成するからである．

こうしてカルボカチオンの安定性の順序を知ったが，その理由を考えてみよう．物理学の基本的原理は，正または負に荷電した分子システムは，その電荷が特定の部位に局在するよりも系全体に分布した方がより安定であることを教えてくれる．

いま，正に荷電した炭素原子に結合したアルキル基が電子をカチオン性炭素原子に向かって放出し，それによってカチオンの電荷が分子に分布すると仮定すれば，カルボカチオンの安定性の順序を説明できる．カチオン性炭素原子に結合したアルキル基の電子放出能力は，**誘起効果**（inductive effect）によって説明される．

誘起効果は次のように作用する．正に荷電した炭素原子における電子の不足は，電子を引き抜く誘起効果を発現させ，それに伴って電子を分極させる．したがって，カチオンの正電荷は3価の炭素原子に局在せず，近くの原子に部分的に分布している．カチオン性炭素原子に結合したアルキル基の数が増加するにつれて，正電荷はより多くの原子に分布することになり，カチオンの安定性が増加する．

誘起効果は，カルボカチオンの安定性を示す唯一の要因ではない．**超共役**（hyperconjugation）もカルボカチオンの安定性に影響する．

水の付加：酸触媒による水和　酸触媒の存在下で起こる代表的な水和反応として硫酸の存在下での水和反応がある．この反応では，水がアルケンの炭素-炭素二重結合に付加してアルコールを生じる．水の付加反応は**水和**（hydration）とよばれる．この水和の詳細な反応機構を以下に示すが，単純なアルケンについては，より多くの水素原子を有する二重結合の炭素原子にHが付加される．したがって，H−OHは，マルコフニコフの規則に従ってアルケンに付加する．

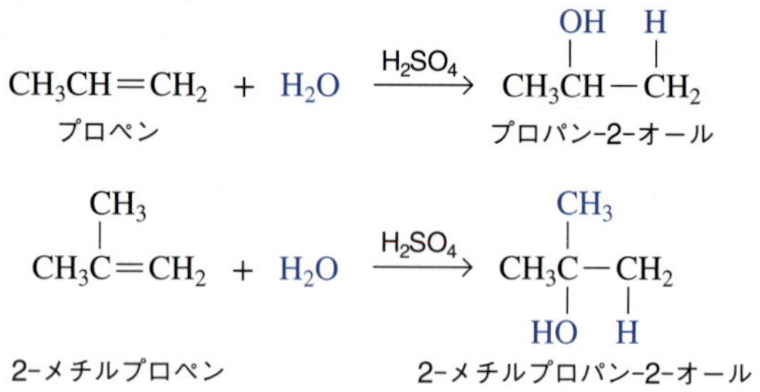

$$CH_3CH{=}CH_2 + H_2O \xrightarrow{H_2SO_4} CH_3CH(OH)CH_3$$

プロペン → プロパン-2-オール

$$(CH_3)_2C{=}CH_2 + H_2O \xrightarrow{H_2SO_4} (CH_3)_3COH$$

2-メチルプロペン → 2-メチルプロパン-2-オール

アルケンの酸触媒による水和の反応機構は，アルケンへのHCl，HBrおよびHIの付加について述べた反応機構に類似しており，プロパン-2-オールへの水和によって説明される．この反応機構は，酸が触媒であるという事実と一致している．段階1で消費されたすべてのH_3O^+は段階3で別のH_3O^+として再生する．

段階1： 酸触媒からプロペンへプロトンが移動し第二級カルボカチオン中間体（ルイス酸）を生成する．

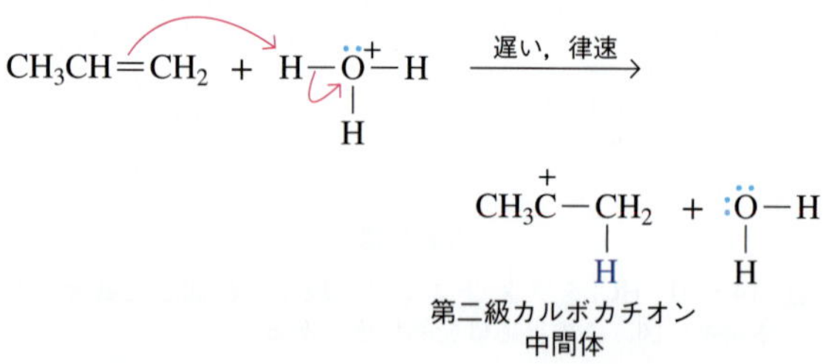

$$CH_3CH{=}CH_2 + H{-}\ddot{O}^+(H){-}H \xrightarrow{\text{遅い，律速}} CH_3\overset{+}{C}H{-}CH_3 + :\ddot{O}(H){-}H$$

第二級カルボカチオン中間体

段階2： カルボカチオン中間体（ルイス酸）が水（ルイス塩基）と反応し，炭素の原子価殻が完成し，**オキソニウムイオン**（oxonium ion）が生成する．

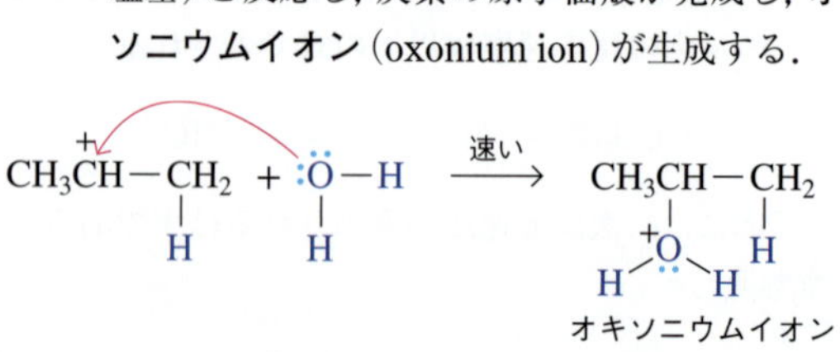

$$CH_3\overset{+}{C}H{-}CH_3 + :\ddot{O}(H){-}H \xrightarrow{\text{速い}} CH_3CH(\overset{+}{O}H_2){-}CH_3$$

オキソニウムイオン

段階3： オキソニウムイオンから水へのプロトン移動によりアルコールが生成し，触媒が再生する．

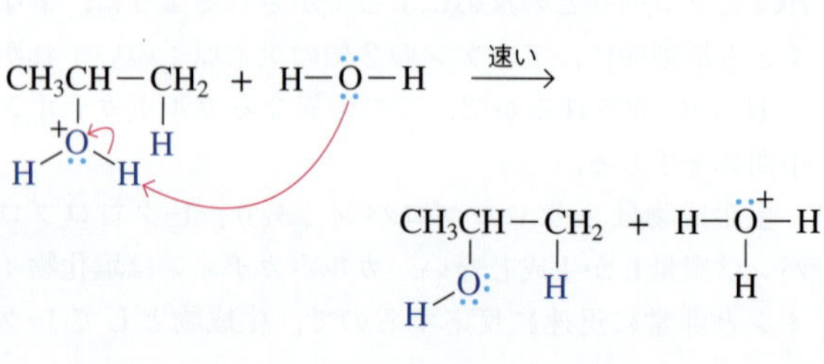

$$CH_3CH(\overset{+}{O}H_2){-}CH_3 + H{-}\ddot{O}{-}H \xrightarrow{\text{速い}} CH_3CH(\ddot{O}H){-}CH_3 + H{-}\overset{+}{O}(H){-}H$$

水素化エンタルピーおよびアルケンの相対的安定性

ほとんどのアルケンは，容易に遷移金属触媒などの存在下で分子状水素 H_2 と反応してアルカンを生成する．アルケンの**水素化エンタルピー** (enthalpy of hydrogenation) は，反応エンタルピー $\Delta_r H^\ominus$ で定義される．表14・5に，いくつかのアルケンの水素化のエンタルピーをあげる．

表 14・5　いくつかのアルケンの水素化のエントロピー

名　称	分子式	$\Delta_r H_f^\ominus$ 〔kJ mol^{-1}〕
エテン	$CH_2{=}CH_2$	−137
プロペン	$CH_3CH{=}CH_2$	−126
ブタ-1-エン	$CH_3CH_2CH{=}CH_2$	−127
cis-ブタ-2-エン	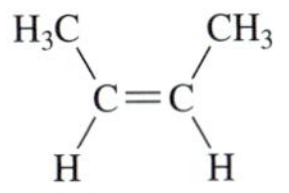 $H_3C(H)C{=}C(H)CH_3$（H_3C と CH_3 が同じ側）	−120
trans-ブタ-2-エン	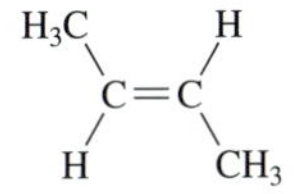 $H_3C(H)C{=}C(H)CH_3$（H_3C と CH_3 が反対側）	−116
2-メチルブタ-2-エン	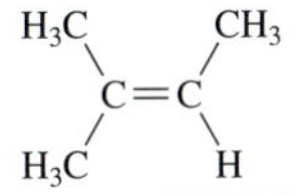 $(H_3C)_2C{=}C(H)CH_3$	−113
2,3-ジメチルブタ-2-エン	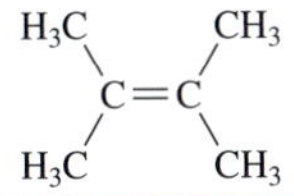 $(H_3C)_2C{=}C(CH_3)_2$	−111

表14・5から三つの重要なことがわかる．

1. アルケンのアルカンへの還元は，発熱過程である．この結果は，水素化の間，より弱いπ結合からより強いσ結合へ変換されるという事実と一致する．一つのσ結合（H−H）と一つのπ結合（C=C）が開裂し，二つの新しいσ結合（C−H）が生成する．
2. 水素化のエンタルピーは，炭素-炭素二重結合の置換度に依存する．置換度が高いほど，水素化のエンタルピーは低い．たとえば，エテン（置換基なし），プロペン（1置換基），ブタ-1-エン（1置換基）およびブタ-2-エンのシスおよびトランス異性体（それぞれ2置換基）の水素化のエンタルピーを比較してみよう．
3. トランスアルケンの水素化エンタルピーは，その異性体であるシスアルケンの水素化エンタルピーよりも小さい．たとえば，*cis*-ブタ-2-エンおよび *trans*-ブタ-2-エンの水素化のエンタルピーを比較してみよう．両方のアルケンの還元でブタンを生じるので，水素化エンタルピーの相違は，二つのアルケン間の相対エネルギーの差に起因していなければならない（図14・22）．より低い（負の値がより小さい）$\Delta_r H^\ominus$ を有するアルケンは，より安定なアルケンである．立体ひずみによってトランスアルケンがシスアルケンより安定であることを説明できる．*cis*-ブタ-2-エンでは，二つのメチル基は互いに十分に近く，電子雲の間の反発がある．この反発は，*trans*-ブタ-2-エンと比較して *cis*-ブタ-2-エンのより大きな水素化エンタルピー（安定性の低下）に反映される．

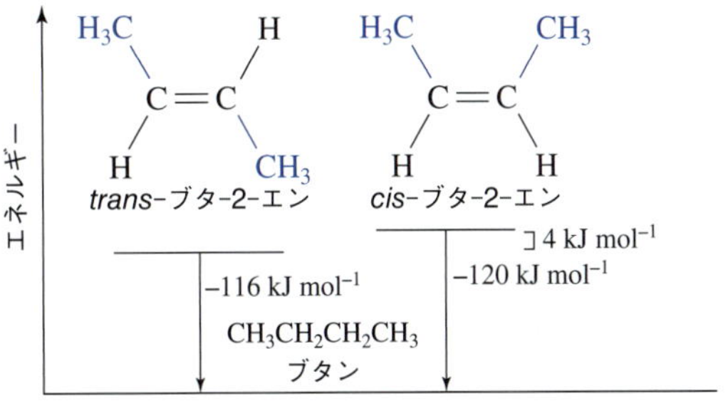

図 14・22　*cis*-ブタ-2-エンおよび *trans*-ブタ-2-エンの水素化のエンタルピー．*trans*-ブタ-2-エンは，*cis*-ブタ-2-エンよりも 4 kJ mol^{-1} 高い．より高い水素化エンタルピーは，より多くの熱が放出され，シスアルケンがより高いエネルギーレベルで開始すること，すなわちそれがより安定でないことを示す．

一つの二重結合をもつ分子のみならず，二つ以上の炭素-炭素二重結合を有する分子も，同じ付加反応を受ける．しかし，これらの付加反応のいずれも受けない一群の不飽和分子が存在し，これらは芳香族化合物とよばれ，次節で扱う．

14・5　芳香族化合物

芳香族化合物の最も単純な例はベンゼン C_6H_6 である．無色の液体であるベンゼンは，1825年にファラデー（Michael Faraday）によってロンドンのガス管に集められた油性残渣から最初に分離された．ベンゼンの分子式 C_6H_6 は高度の不飽和を示唆している．C_nH_{2n+2} がアルカンの式であることは述べた．したがって，6個の炭素原子をもつアルカンは C_6H_{14} の分子式をもち，6個の炭素原子をもつシクロアルカンは C_6H_{12} の分子式をもつ．ベンゼンの不飽和度が高いことを考慮すると，アルケンに特徴的な反応の多くを示すと期待されるが，アルケンに特徴的な付加，酸化および還元反応を受けない．たとえば，ベンゼンは，臭素 Br_2，塩化水素 HCl，または通常は炭素-炭素二重結合に付加する他の試薬と付加反応を起こさない．ベンゼンが反応する場合，ベンゼンの水素原子が別の原子または原子団によって置換される．

“芳香族”という用語は，もともとベンゼンおよびその誘導体を分類するために使用された．その多くは特有の臭いがあるためである．しかし，これらの化合物のより良い分類は，その香りよりも，むしろ構造と化学反応性に基づく分類である．現在使用されているように，**芳香族**（aromatic）という用語は，ベンゼンおよびその誘導体がアルケンと反応する試薬に対して安定で不飽和の化合物を指す．

芳香族炭化水素の総称として，用語“アレーン”を使用する．ベンゼンは基本となるアレーンである．アレーンからHを脱離して誘導した基を**アリール基**（aryl group）といい，記号Ar− で示す．

ベンゼンの構造

ここでは最初に，ベンゼンのケクレ構造の発想に至った歴史について述べる．第一に，ベンゼンの分子式はC_6H_6であるので，分子が高度に不飽和でなければならないことは明らかである．しかし，ベンゼンは当時知られていた唯一の不飽和炭化水素であるアルケンの化学的性質を示さない．ベンゼンは化学反応を起こすが，その特有の反応は付加ではなく置換である．たとえば触媒として塩化鉄（III）の存在下でベンゼンを臭素で処理すると，分子式C_6H_5Brを有する化合物だけが生成する．

$$\underset{\text{ベンゼン}}{C_6H_6} + Br_2 \xrightarrow{FeCl_3} \underset{\text{ブロモベンゼン}}{C_6H_5Br} + HBr$$

したがって，化学者らは，ベンゼンの6個の炭素原子と6個の水素原子のすべてが同等でなければならないと結論づけた．ブロモベンゼンを塩化鉄（III）の存在下で臭素で処理すると，3種類の異性体ジブロモベンゼンが生成する．

$$\underset{\text{ブロモベンゼン}}{C_6H_5Br} + Br_2 \xrightarrow{FeCl_3} \underset{\text{ジブロモベンゼン（3種類の異性体の混合物）}}{C_6H_4Br_2} + HBr$$

19世紀半ばの化学者にとっての問題は，炭素が4価であることを，これらの実験結果をベンゼンの構造式に組込むことであった．

ベンゼンのケクレ構造 1872年にケクレ（August Kekulé）によって提案されたベンゼンの構造は，一重および二重結合が交互になり，各炭素原子に1個の水素原子が結合した六員環からなっていた．彼は，さらに，環が二つの形態を分離することができないほど速く前後に移動する三つの二重結合を含むことを提案した．各構造は**ケクレ構造**(Kekulé structure)として知られている．

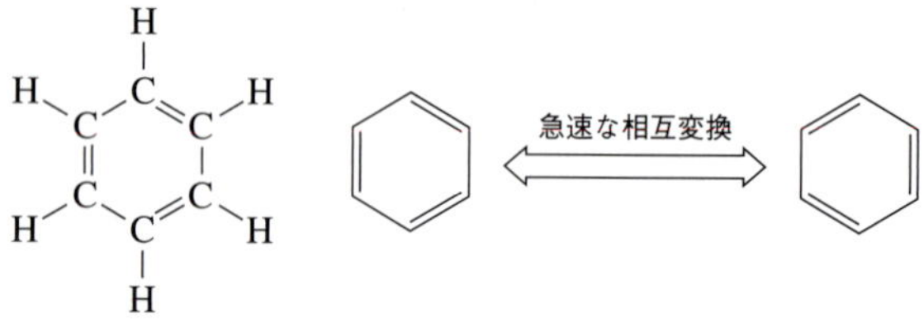

ケクレ構造 すべての原子を示す

ケクレ構造 線構造

ケクレ構造の炭素原子と水素原子はすべて等しいので，水素原子のいずれか1個に臭素を置換すると，同じ化合物が得られる．したがって，彼が提案した構造は，塩化鉄(III)の存在下でベンゼンを臭素で処理すると，分子式C_6H_5Brの化合物が一つしか得られないという事実と一致していた．

彼の提案は，ブロモベンゼンの臭素化が3種類の異性体のジブロモベンゼンを生じるという事実も説明している．

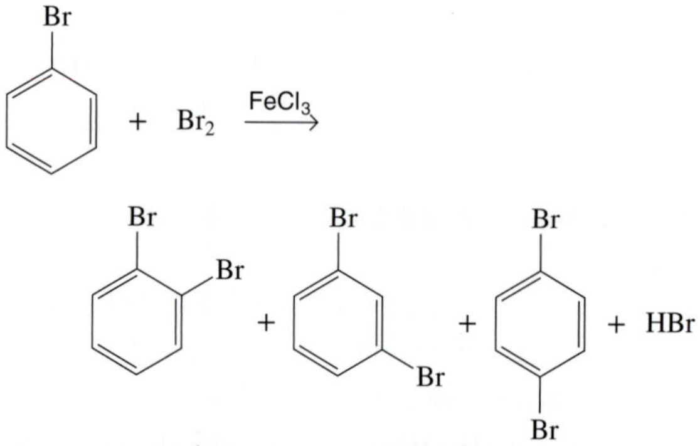

ジブロモベンゼンの3種類の異性体

ケクレの提案は多くの実験観測と一致したが，何年も争われた．おもな反論は，それがベンゼンの特異な化学的挙動を説明できなかったことである．ベンゼンが三つの二重結合を含む場合，なぜアルケンの典型的な反応を示さないのか．なぜ3 molの臭素を加えて1,2,3,4,5,6-ヘキサブロモシクロヘキサンを生成しないのか．なぜ，ベンゼンは付加反応ではなく置換反応によって反応するのか．これらの理由がわからなかったのである．

ベンゼンの価電子結合モデル 1930年代にポーリング（Linus Pauling）によって構築された原子価結合理

論（第6章参照）である原子軌道の**混成**（hybridization）と**共鳴理論**（theory of resonance）の概念は，最初にベンゼンの構造を適切に記述することに寄与した．ベンゼンの炭素骨格は，C−C−C および H−C−C 結合角が 120° の正六角形を形成する．この種の結合の場合，炭素は sp^2 混成軌道を形成する．各炭素原子は，sp^2–sp^2 混成の重なりと sp^2–1s の軌道の重なりによる水素との σ 結合によって，隣接する2個の炭素原子に σ 結合を形成する．実験的に決定されたように，ベンゼン中のすべての炭素-炭素結合長は 1.39 Å であり，sp^3 混成炭素間の単結合の長さ（1.54 Å）と sp^2 混成炭素間の二重結合の長さ（1.33 Å）との間の値である．

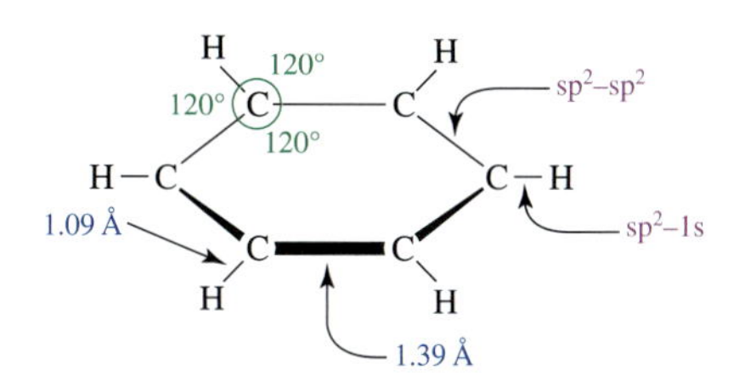

各炭素原子はまた，1個の電子を含む sp^2 混成軌道に寄与しない単一の 2p 軌道を有する．これらの六つの 2p 軌道は，環の平面に対して垂直に位置し，重なり合って，6個の炭素原子のすべてを包含する連続的な π 電子雲を形成する．ベンゼン環の π 系の電子密度は，環平面上の一つのトーラス（ドーナツ型領域）と，その平面よりも下の第二のトーラスにある（図 14・23）．

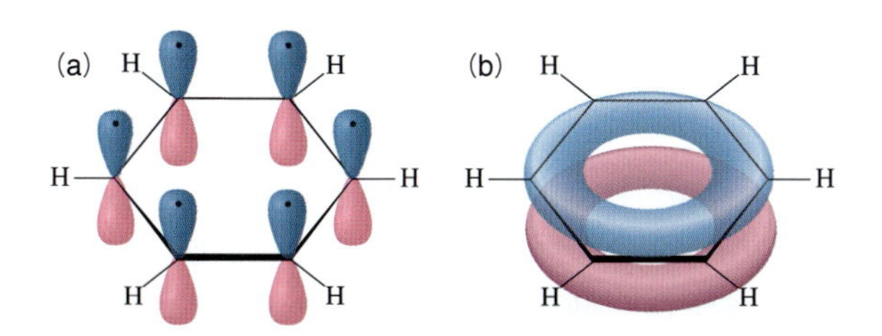

図 14・23　ベンゼン中の結合の軌道重複モデル．(a) 炭素-水素骨格．1個の電子をもつ六つの 2p 軌道は，重なりのない状態で表されている．(b) 平行な 2p 軌道の重なりは，ベンゼン環の面の上下に位相の異なるトーラス状の π 原子雲を形成する．

ベンゼンの共鳴モデル　第6章で説明したように，実際の分子構造を一つのルイス構造で表すことができない場合，実際の分子構造を書き表すため，複数の同等なルイス構造（極限構造という）の間で共鳴が起こること，実際の分子構造は複数の極限構造の共鳴混成体であるという概念を導入している．ベンゼンは，二つの同等な極限構造（ケクレ構造）の共鳴混成体として表現され，両頭の矢印を使うことにより両者が共鳴の関係にあることを示している．

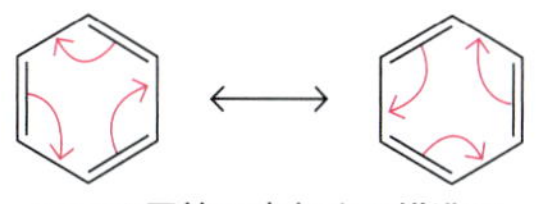

二つの同等の寄与する構造の混成としてのベンゼン

二つのケクレ構造は混成に等しく寄与する．したがって，C−C 結合は，単結合でも二重結合でもなく，その中間である．これらの寄与する構造のいずれも存在せず，実際の構造は中間にある．芳香族構造の特別な性質を強調するベンゼン環を表す別の手段は，炭素原子の六員環内に円を示すことである．

それにもかかわらず，この分子を表すために共鳴構造ともよばれる単一の極限構造をよく使用する．これは，関与する炭素原子が4価であることを明示するためであり，反応機構における電子の動きをより容易に表すことができるからである．

ベンゼンの共鳴エネルギー　**共鳴エネルギー**（resonance energy）とは，共鳴混成体とその最も安定した極限構造との間のエネルギーの差である．ベンゼンの共鳴エネルギーを推定する一つの方法は，シクロヘキセンとベンゼンの水素化のエンタルピーを比較することである．遷移金属触媒が存在すると，水素は容易にシクロヘキセンをシクロヘキサンに還元する．

$$\text{シクロヘキセン} + H_2 \xrightarrow[1\sim2\times10^5\ \mathrm{Pa}]{\mathrm{Ni}} \text{シクロヘキサン}$$

$$\Delta_r H^\ominus = -120\ \mathrm{kJ\ mol^{-1}}$$

対照的に，ベンゼンは，これらの条件下でシクロヘキサンに非常にゆっくりとしか還元しない．加熱し，水素の圧力を上げると，速やかに還元できる．

$$\text{ベンゼン} + 3H_2 \xrightarrow[(200\sim300)\times10^5\ \mathrm{Pa}]{\mathrm{Ni}} \text{シクロヘキサン}$$

$$\Delta_r H^\ominus = -208\ \mathrm{kJ\ mol^{-1}}$$

アルケンの還元は発熱反応である．二重結合当たりの水素化のエンタルピーは，二重結合の置換度によっていくぶん変化する（シクロヘキセンの場合，$\Delta_r H^\ominus = -120$ kJ $\mathrm{mol^{-1}}$）．ベンゼンが一重結合と二重結合を交互に有する 1,3,5-シクロヘキサトリエンであると考えると，その水素化エンタルピーは 3 ×(−120) = −360 kJ mol^{-1} であると予想される．ところが，ベンゼンの水素化エンタルピーはわずか−208 kJ mol^{-1} である．期待値と実験的に観測された値との間の 152 kJ mol^{-1} の差は，ベンゼンの共鳴エネルギーである．図 14・24 にこれらの実験結果をグラフで示す．

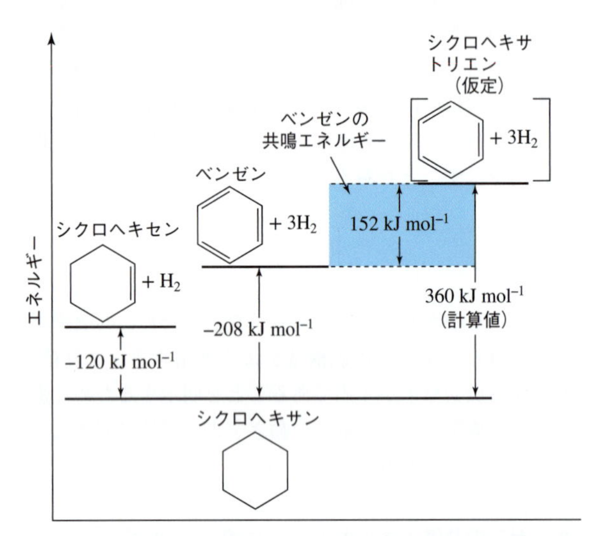

図 14・24　シクロヘキセン，ベンゼンおよび仮想の 1,3,5-シクロヘキサトリエンの水素化のエンタルピーの比較によって決定されるベンゼンの共鳴エネルギー．

比較のために，炭素-炭素単結合のエネルギーは約 333〜418 kJ mol^{-1} であり，水および低分子量アルコール中の水素結合のエネルギーは約 8.4〜21 kJ mol^{-1} である．したがって，ベンゼンの共鳴エネルギーは，炭素-炭素単結合のエネルギーよりも小さいが，水およびアルコール中の水素結合のエネルギーよりもかなり大きい．図 14・24 は，ベンゼンおよび他の芳香族炭化水素の共鳴エネルギーが，それらの化学反応性に劇的な効果を与えることを示している．

次の図に，ベンゼンと他のいくつかの炭化水素の共鳴エネルギーを示す．

共鳴エネルギー〔kJ mol^{-1}〕　ベンゼン 152　ナフタレン 255

共鳴エネルギー〔kJ mol^{-1}〕　アントラセン 347　フェナントレン 381

14・6 キラリティー

立体異性体

第 2 章では，**異性体**（isomer）は同じ分子式（それぞれの原子の種類は同じ）で構造が異なる分子であることを学んだ．原子の配列が変わることで異なる性質をもつ分子になり，これらを**構造異性体**（constitutional isomer）とよぶ．たとえば，ブタンと 2-メチルプロパン（イソブタン）は同じ数の炭素原子（4 個）と水素原子（10 個）をもっているが，炭素原子は異なる順序で結合している．ブタンは直鎖で，イソブタンは図 14・25 に示すように分枝している．これらの違いにより，沸点などの特性に変化が生じる．

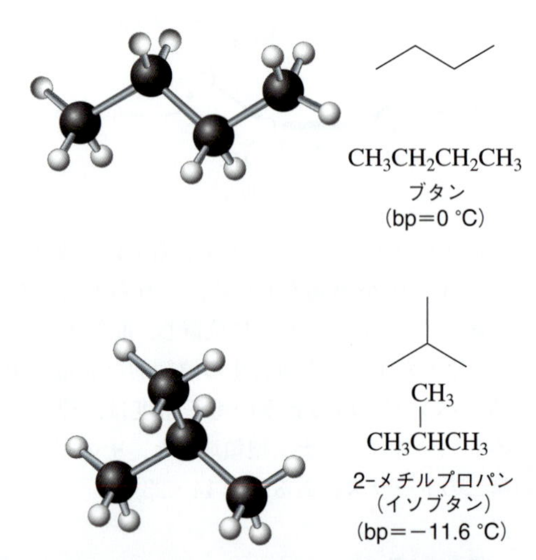

図 14・25　ブタンおよびイソブタンは構造異性体である．それらの異なる骨格構造により異なる特性を与える．

分子の中には，同じ数と種類の原子を含み，かつすべての原子が同じ順序で互いに結合している場合がある．これらの異性体間の唯一の違いは，ある結合や原子の空間配置が異なる点である．これにより，これらの異性体は互いに異なる特性を示す．このような異性体を**立体異性体**（stereoisomer）とよぶ．立体異性体には，エナンチオマーおよびジアステレオマーの二つのタイプがある．初めにエナンチオマーを説明する．

エナンチオマーの概念を理解する最も簡単な方法は，自分自身の手を見てみることである．図 14・26 に，左手とその鏡像，および右手を示す．左手の鏡像が右手のように見えることに注意しよう．つまり，左右の手は互いの鏡像関係にある．

自分自身の手を見てみよう．左手には四つの異なる指と特定の位置に親指があり，右手には四つの異なる指と一つの親指が同じ順序にあるが，左右の手が同じではな

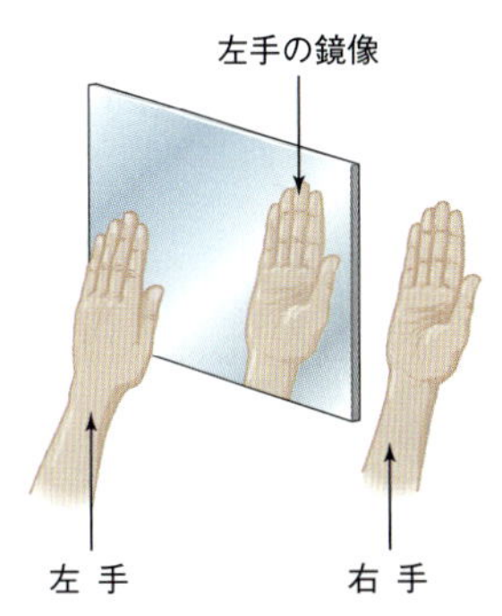

図 14・26 左手と右手は重ね合わせることができない鏡像である．互いに重ね合わせることができない鏡像である立体異性体はエナンチオマーとよばれる．

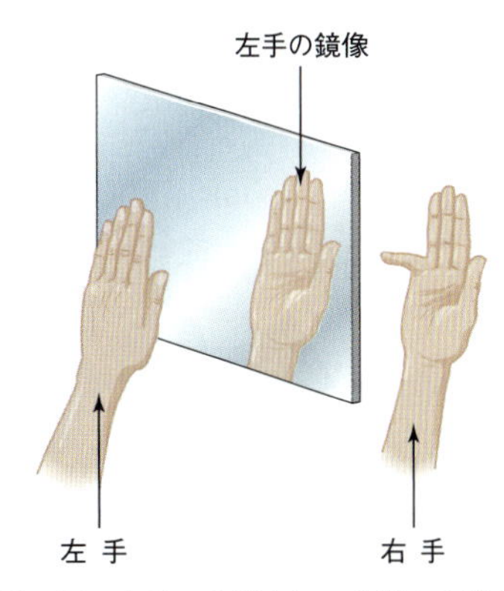

図 14・27 右手の小指をこの位置から動かさなければ，左右の手はもはや互いの鏡像ではなくなる．互いに鏡像ではない立体異性体はジアステレオマーとよばれる．

いことははっきりしている．完全に重ね合わせられるということは，一つの物質の各部を完全に他方の物質に重ねられることである．どのように左右の手を動かしても，それらは重ね合わせることはできない．鏡像を重ね合わせることができない物質を，**キラル**〔chiral，ギリシャ語の“手(*cheir*)”に由来する〕という．

キラリティーは，あらゆる三次元の物体に見られる．ゴルフクラブや時計の文字盤はキラルである．キラリティーは，目に見えないもののしくみも支えている．HD テレビ，スマートフォンおよびコンピューターのスクリーンに見られる液晶ディスプレイは，これらに存在する材料の構造がキラルな方向に配向されているために機能する．また，個々の分子でさえもキラルである．鏡像が重ね合わせられない立体異性体を**エナンチオマー**（enantiomer，鏡像異性体）とよぶ．二つのエナンチオマーの等量混合物を**ラセミ混合物**（racemic mixture）または**ラセミ体**とよぶ．

私たちの手が重ね合わせることができれば，二つの左手または二つの右手をもつはずである．分子の鏡像が重ね合わせることができれば，それらは同じ分子で，重ね合わせ可能な鏡像を有する物体は，**アキラル**（achiral）という．すなわち，これらは利き手を示さない．

右手の小指を右手の他の指に 90° で立ててみよう．左手の横にそれをもっていくと，各手には同じ順序でつけられた 4 本の指と親指があるが，図 14・27 に示すように，手は鏡像のようには見えない．つまり，左手を鏡に当てた場合，そのポーズは右手のように見えない．互いに鏡像ではない立体異性体を**ジアステレオマー**（diastereomer）とよぶ．

異なる異性体のタイプを図 14・28 にまとめる．この節では，おもにエナンチオマーに焦点を絞り，その後にジアステレオマーについてもふれる．

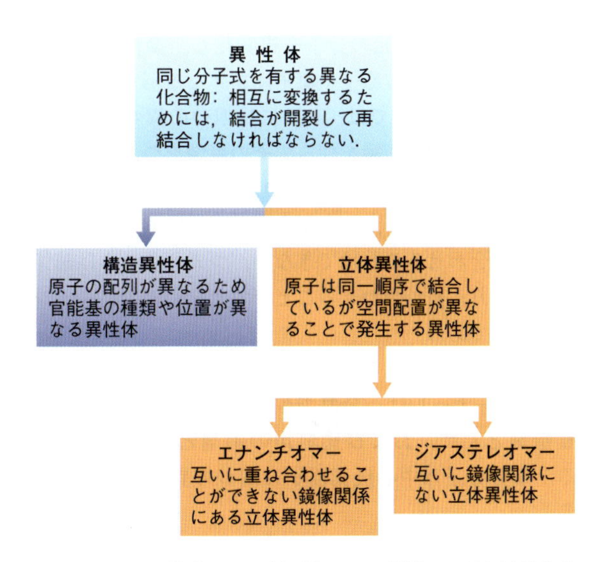

図 14・28 異性体間の関係（注：この説明は，配座異性体を除き，結合を開裂することなく相互変換できる）

鏡 像 異 性

ここまでで学んだように，エナンチオマーは，互いに鏡像の関係にある立体異性体を示している．無機化合物やいくつかの単純な有機化合物を除き，生物界の大部分の分子はエナンチオマーを示す．さらに，医薬品の約半分が鏡像異性を示す．

エナンチオマーはいくつかの異なる特性を有する．それらは同じ沸点，融点および溶解度を有するが，一対のエナンチオマーのそれぞれは，他のキラル分子に対して異なった反応をする．これは生物学において特に重要である．たとえば，コラム 14・2（p.266）で紹介するように，薬剤のサリドマイドの一方のエナンチオマーは体内で作用して，鎮静/催眠効果を示し，他方のエナンチオ

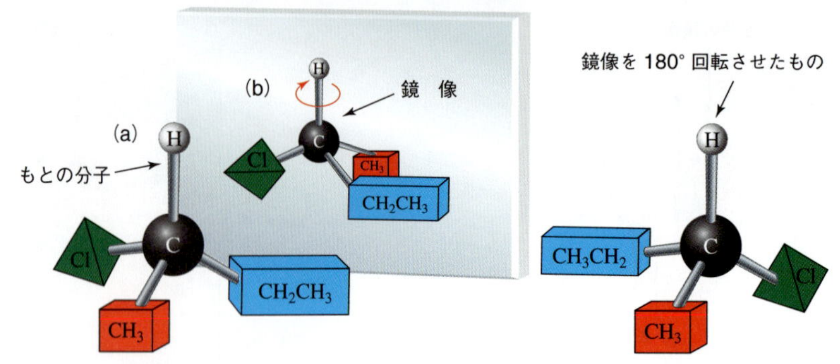

図 14・29　エナンチオマーは，もとの分子およびその鏡像をどのように回転させても，重ね合わせることができない互いの鏡像である．

マーは催奇性を生じる．

ここでエナンチオマーに関する簡単な例を示す．図 14・29 では，三次元の分子を視覚化し，操作するのに役立つように異なる原子や原子団を異なる形や色で示している．図 14・29 では，(a) には四つの異なる基が結合した原子を示す．鏡を使ってその鏡像をつくり，これが (b) である．ここで (b) の像を鏡からもち出せるとしよう．このとき，どのように移動しても，二つの分子を重ね合わせることはできない．つまりこれらは鏡像関係にあり，重ね合わせることができないので，エナンチオマーである．

次に，実際の例としてブタン-2-オールを見てみよう．ブタン-2-オールは，発酵で生成する副生成物であり，醸造剤として，および塗料用の溶剤として使用される．この分子は中心炭素原子に四つの異なる基を有する．

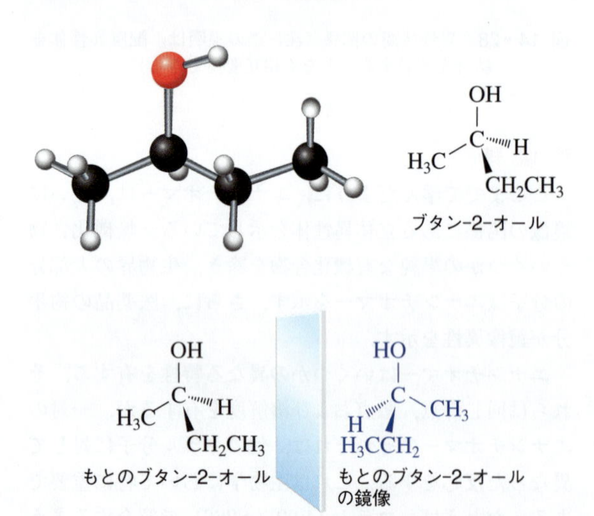

左側に，もとの分子があり，右が鏡像である．C(2)上の $-$OH および $-CH_3$ 基は紙の面内にあり，$-$H は面の後ろにあり，$-CH_2CH_3$ 基はその前にある．

これらは同じ分子だろうか．

鏡像を取り出して，望む任意の方法で空間内を動かすことができるとしよう．鏡像を C$-$OH 結合で保持し，分子の底部をこの結合の周りに 180° 回転させると，$-$OH 基と $-CH_3$ 基は空間内の位置を保持するが，$-CH_2CH_3$ 基，H 原子は異なる方向を向いている．

OH　H$_3$C　C　H　CH$_2$CH$_3$
もとの分子

180°　OH　H　C　CH$_3$　H$_3$CCH$_2$
もとの分子の鏡像

C-OH 結合の周りに 180° 回転 →

OH　H$_3$C　C　CH$_2$CH$_3$　H
180° 回転した鏡像

空間内でどのように鏡像を動かしても，それをもとの像に重ねることができない．

分子をどのように動かしても，結合を開裂し再配置させない限り，鏡像の中心炭素原子に結合した四つの基のうち二つだけはもとと一致させることができない．これらの分子は鏡像関係にありエナンチオマーである．手袋のように，各エナンチオマーは常に対を有する．エナンチオマーは対になり，一方は他方の鏡像になる．

鏡像を空間で動かすことができ，鏡像のすべての結合，原子および細部がもとの結合，原子および細部と正確に一致するように，もとの像に合致させることができれば，二つは重ね合わせ可能な分子である．これを図 14・30

に示す．(a) は四つの基が付いた中心炭素原子をもち，鏡を使って (b) を生成する．鏡からこの分子をもち上げられるとする．実際に二つの分子を重ね合わせられることがわかり，この場合，鏡像ともとの像は同じ分子である．

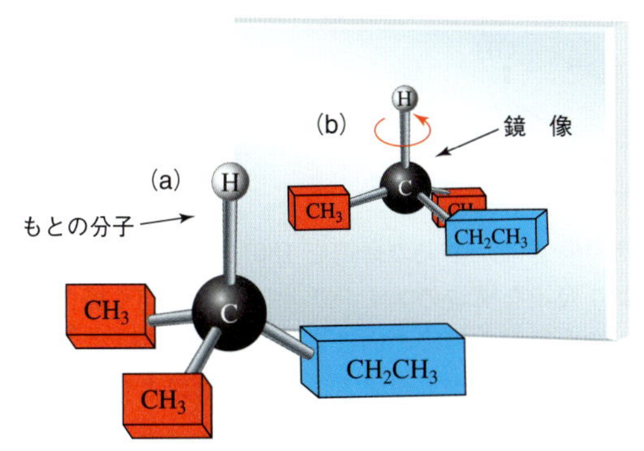

図 14・30 重ね合わせ可能な鏡像は同じ分子である．

つぎに，プロパン-2-オールを考えてみよう．この分子は四つの基が結合した中心炭素原子をもち，そのうち二つが同じで，$-CH_3$ 基である．

左側にプロパン-2-オールの三次元表示を示し，右側に鏡像を示す．

OH / H_3C / C / H / CH_3
もとの分子

HO / H / C / CH_3 / H_3C
鏡 像

以下に示すように，この分子の鏡像はもとの構造に重ね合わせることができる．

OH / H_3C / C / H / CH_3
もとの分子

HO / 60° / H / C / CH_3 / H_3C
鏡 像

C-OH 結合の周りに 60° 回転 →

OH / H_3C / C / H / CH_3
60° 回転した鏡像

分子とその鏡像が重ね合わせることができれば，分子とその鏡像は同一であり，鏡像異性にはならない．このような分子をアキラル（キラリティーのない）とよび，左手と右手に相当する関係はない．

任意のアキラル分子は，一般に，少なくとも一つの**対称面** (plane of symmetry) を有する．対称面（鏡面ともよぶ）は，物体を通過し，物体の半分が他の半分の反復となるように分割する仮想平面である．図 14・31 に示すビーカーは単一の対称面を有し，立方体（図 14・31b）はいくつかの対称面をもつ．単一の対称面を有する分子の例はプロパン-2-オールである（図 14・31c)．

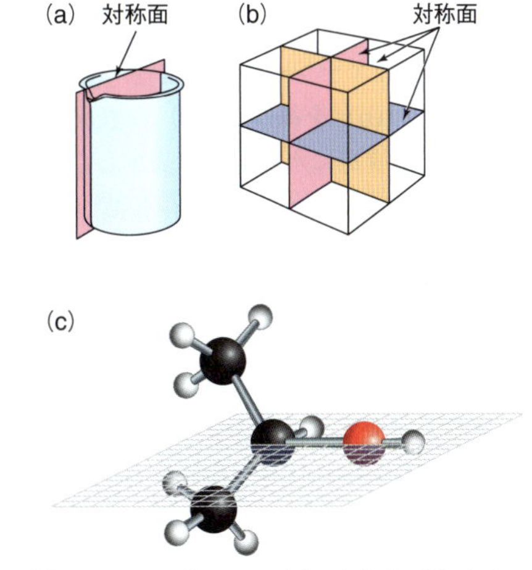

図 14・31 ビーカー (a)，立方体 (b) およびプロパン-2-オール (c) における対称面．ビーカーおよびプロパン-2-オールはそれぞれ一つの対称面を有する．立方体にはいくつかの対称面があり，そのうちの三つのみが示されている．

キラル中心 有機分子における鏡像異性の最も一般的な判断基準は，四つの異なる基が結合した炭素原子の存在である．このような炭素原子は，**キラル中心** (chiral center，**不斉中心**）の一例である．キラル中心は，立体異性体を形成する二つの異なる方法で組立てることができる分子の一部である．

複雑な有機分子のエナンチオマーを表す エナンチオマーの三次元構造を二次元の紙面上に明確に表現することが重要である．これは，本章ですでに出てきた単純な分子では比較的簡単だが，複雑な分子では困難である．

ブタン-2-オールについての最初の議論では，図 14・32(a) の表現を使用し，中心の炭素原子（キラル中心）の四面体配置を示した．二つの基（$-CH_3$ と $-OH$）が紙面にあり，一つ ($-CH_2CH_3$) が紙面の上に飛び出し，一つ ($-H$) が紙面の後ろにある．

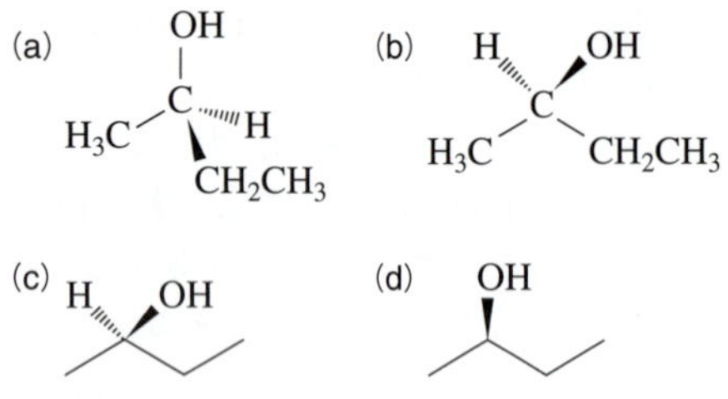

図 14・32 ブタン-2-オールの一つのエナンチオマーの四つの表現

図 14・32 において，(a) を少し回転させて炭素骨格を紙面内に配置させ，少し傾けると (b) になる．ブタン-2-オールのこのエナンチオマーをさらに簡略化して表現するために，(b) を線構造 (c) に表現することができる．通常，線構造に水素原子を表示しないが，このキラル中心の 4 番目の基が実際に存在し，−H であることを思い起こさせるために (c) で表現する．最後に，さらに省略を進め，ブタン-2-オールを (d) と書くことができる．ここでは，キラル中心の−H を省略するが，水素原子が存在していることは明らかである（炭素原子は四つの結合を必要とするため）．そして，この水素原子は紙面の裏側になければならないこともわかる．明らかに，簡略化された表現 (c) と (d) は，非常に複雑な構造の場合には，最も簡単に描くことができ，本書の残りではこれらの省略表現をよく使うことになる．

キラル中心の三次元表示を書かなければならないときは，紙の平面に炭素骨格を置き，キラル中心にある他の 2 個の原子または原子団は，それぞれ紙面の上方と下方にそれぞれ配置する．表現 (d) をモデルとして用いて，二つのエナンチオマーを示すことができる．

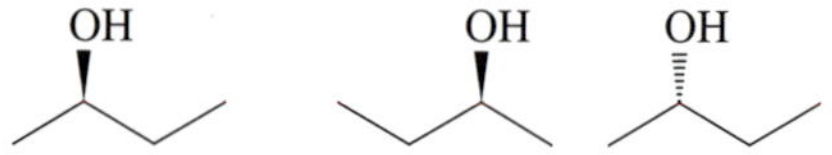

ブタン-2-オールのエナンチオマーの一つ　　その鏡像の二通りの表現

右側の構造は，中央の構造を 180° 回転した構造である．

より複雑な構造のエナンチオマー対を描く場合，分子の画像を想像上の鏡の向こうに“写像する”ことができる．これを縦線で表現する．鏡の反射により重ね合わせることができない場合，それは異なる分子（エナンチオマー）である．図 14・34 に，4-メチルシクロペント-2-エノンを使ってこの手法を示す．

鏡像を 180° 回転させると，環の二重結合の位置が左側の分子の二重結合に一致する．しかし，鏡の左側の分子では，メチル基は，紙面の上にあるのに対して，鏡の右側の回転した分子の真下に位置することに注意しよう．同様に，鏡の左の分子の紙面の下にある水素原子は，回転した鏡像の平面の上にある．

コラム 14・2 サリドマイド

サリドマイドは，ドイツの製薬会社が 1950 年代後半に開発・販売した催眠剤であり，妊娠中に一部の女性が鎮静催眠剤として服用した．サリドマイドはキラル中心を含み，二つのエナンチオマーとして存在する（図 14・33）．一つのエナンチオマーは，つわりに効果的であるが，もう一方は，不幸にして妊娠初期の段階にある母親がサリドマイドを用いた場合，四肢の全部あるいは一部が短いという新生児が多数産まれた．サリドマイドラセミ体として合成され販売されたため，患者に処方されたカプセル中には両方のエナンチオマーが存在したのである．1961 年，ドイツの小児科医のレンツ（Widukind Lenz）博士やオーストラリアの産科医のマクブライド（William McBride）博士は，サリドマイドの催奇性を世界に警告した．サリドマイドの催奇性に関しては，2010 年になって，初めて日本の科学者がサリドマイドの一つのエナンチオマーがセレブロンとよばれる重要なタンパク質の産生を阻害し，四肢の発達に必要な重要な酵素を阻害することを発見した．

今日，製薬会社は，そのような薬剤の両方のエナンチオマーが使用に対して安全であることを証明しなければないない．現在，サリドマイドは一部のがんに対する最終治療薬として，またハンセン病および特定の皮膚疾患の治療薬として限定的使用が認可されている．

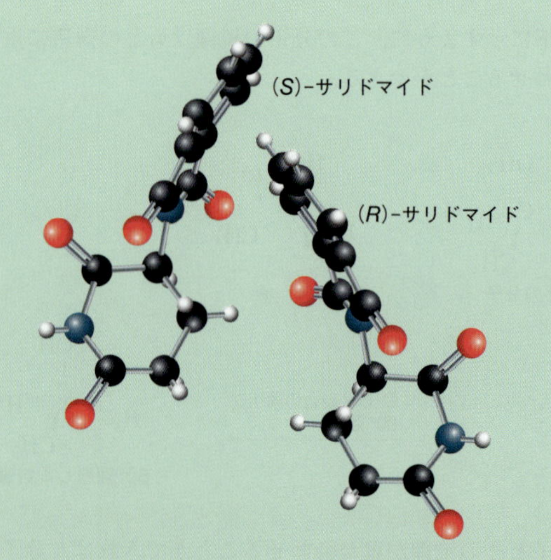

図 14・33 サリドマイドの二つのエナンチオマー

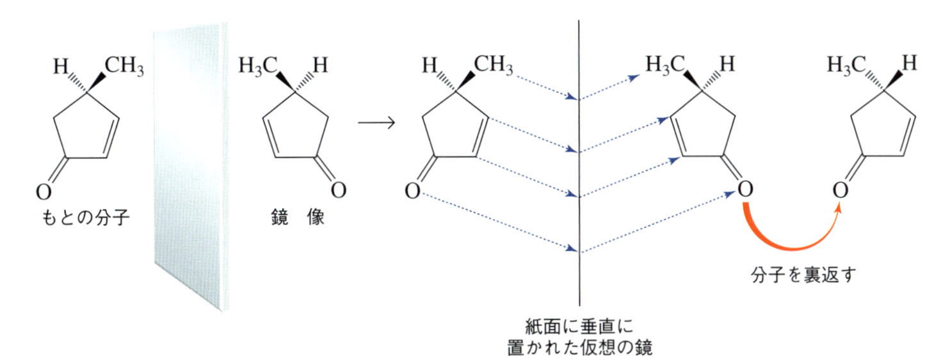

図 14・34　仮想の鏡を使用して，分子の鏡像をマッピングすることができる．この場合，4-メチルシクロペント-2-エノンをマッピングした．

Taxol®（図 14・35）などの非常に複雑な有機分子を表現する必要がある場合，三次元構造を描く簡単な方法が必要であることがわかる．

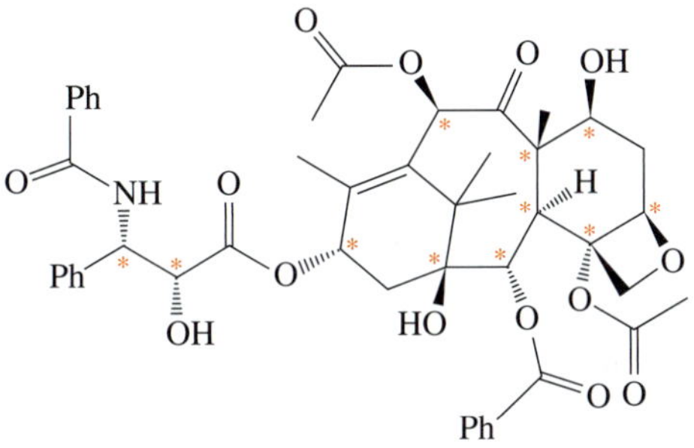

図 14・35　分子中に多くのキラル中心（＊印で示している）が存在する抗がん剤 Taxol® の構造

キラル中心の名称

エナンチオマーは異なる化合物であるため，それぞれ異なる名称を付けなければならない．名称を表示するにはいくつかの方法があるが，このなかで ***R*,*S* 表示法**（*R*, *S* system）は，キラル中心に結合する原子や原子団の立体配置を示すために IUPAC によって定められた，最もよく使われる表示法である．*R* 体か *S* 体かを判断するには，以下の手順に従って判定する．

段階 1：不斉炭素に結合した 4 個の原子や原子団に対して，優先順位をつける．

① その際，キラル中心の炭素原子に結合している原子が 4 個とも異なる場合は，原子番号の大きいものを優先する．

② キラル中心の炭素原子に結合している原子が同じ場合は，その原子に結合している原子の原子番号の大きいものを優先する．

③ 二重結合あるいは三重結合の場合は，それぞれ同じ原子が 2 個，あるいは 3 個結合しているものとみなす．

段階 2：優先順位の最も低い原子または原子団を紙面奥側になるように構造式を配置する．

段階 3：他の 3 個の原子団を優先順位の高い順にたどるとき，時計回りのものを ***R* 配置**〔*R* はラテン語の *rectus*（右）に由来〕，反時計回りのものを ***S* 配置**〔*S* はラテン語の *sinister*（左）に由来〕とする．

生体由来の糖やアミノ酸のようなエナンチオマーの表示法では，*d*,*l* 表記法〔それぞれ dextro-rotatory ＝右旋性（＋），levo-rotatory ＝左旋性（－）〕が用いられてきた．この表記法では，*d*-グリセルアルデヒドの立体配置を基準として，この立体配座を崩さずにできる化合物を D 体とし，そのエナンチオマーを L 体と表記する．ここで注意すべき点は，大文字で書かれる D 体，L 体の分類は，光学活性を表す小文字の *d* 体，*l* 体とは必ずしも一致しないことである．化合物によっては，*d* 体（右旋性）が，D 体である場合もあれば，*l* 体（左旋性）が D 体である場合もある．

二つ以上のキラル中心を有する分子

ここまで，一つのキラル中心および二つの立体異性体（1 対のエナンチオマー）がそれぞれ可能である分子の例を見てきた．次に，複数のキラル中心をもつ分子を考えてみよう．一般化するために，n 個のキラル中心をもつ分子について，可能な最大数の立体異性体は 2^n である．一つのキラル中心を有する分子について，$2^1 = 2$ 種類の立体異性体があることはすでに述べた．二つのキラル中心を有する分子の場合，$2^2 = 4$ 種類の立体異性体が可能であり，三つのキラル中心を有する分子については，$2^3 = 8$ 種類の立体異性体が可能であり，以下同様である．

二つのキラル中心を有する分子

2,3,4-トリヒドロキシブタナールについて，二つのキラル中心を有する分子を考える．この分子は，4 個の炭素原子の直鎖配列を含み，二つのキラル中心，すなわち四つの異なる基が結合した 2 個の炭素原子を有する．C(2) と C(3) の二つのキラル中心にはアスタリスク(＊)が付いている．

$$\mathrm{HOCH_2-\overset{*}{C}H(OH)-\overset{*}{C}H(OH)-CHO}$$

2,3,4-トリヒドロキシブタナール

この分子で可能な立体異性体の最大数は $2^n = 2^2 = 4$ であり，それぞれを図 14・36 に示す．これらの分子はそれぞれ固有の名前をもち，*R*,*S* 表示を使用してキラル中心 C(2) と C(3) のそれぞれの周りに構成を割り当てることができる．たとえば，2*R* は C(2) の周りの構成が *R* であることを意味する（図 14・36 参照）．

CHO / H─C─OH / H─C─OH / CH₂OH (2*R*,3*R*) (a)　　CHO / HO─C─H / HO─C─H / CH₂OH (2*S*,3*S*) (b)

1 対のエナンチオマー
（エリトロース）

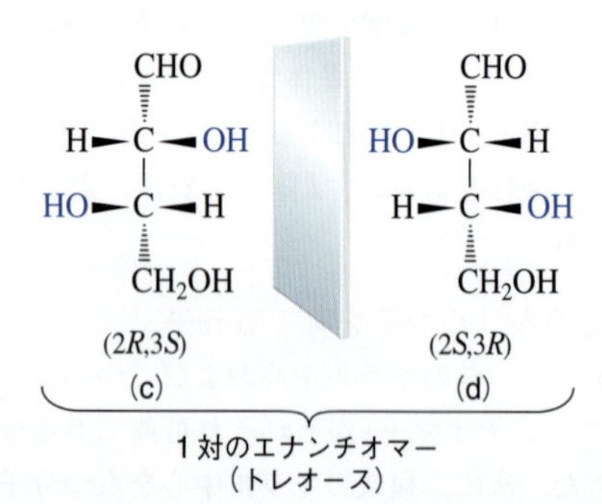

図 14・36　二つのキラル中心をもつ化合物である 2,3,4-トリヒドロキシブタナールの四つの立体異性体

立体異性体 (a) および (b) は重ね合わせることができず，互いに鏡像であり，したがって 1 対のエナンチオマーである．立体異性体 (c) および (d) はまた，互いに重ね合わせることができない鏡像であり，エナンチオマーの第二の対を表す．2,3,4-トリヒドロキシブタナールの四つの立体異性体は，二つのエナンチオマーで構成されているという．エナンチオマー (a) および (b) は，赤血球中で合成されるエリトロースとよばれる．エナンチオマー (c) および (d) はトレオースと名付けられている．エリトロースとトレオースは，炭水化物とよばれる化合物群に属する．

また，(a) と (c) の関係を定義する必要もある．これらは立体異性体であるが，互いに鏡像ではない．前述のとおり，この型の立体異性体をジアステレオマーとよぶ．同様に，(a) および (d)，(b) および (c) ならびに (b) および (d) はジアステレオマー対である．“ジアステレオマーはエナンチオマーではない立体異性体である．すなわち，それらは互いの鏡像ではない立体異性体である．”エナンチオマーのように，ジアステレオマーは同じ結合の順序をもつ．しかし，エナンチオマーはほとんど同じ物理的性質（融点，沸点，密度など）を示すが，ジアステレオマーは全く異なる性質を示す．

生物界におけるキラリティー

植物および動物におけるほとんどすべての分子がキラルである．これらのキラル分子は多数の立体異性体として存在することができるが，ほとんどの場合，唯一の立体異性体のみが天然に存在する．複数の立体異性体が存在する場合もあるが，これらは同じ生物系にはほとんど存在しない．

生体分子におけるキラリティーの最も顕著な例は，酵素であり，そのすべてが多くのキラル中心を有する．一例は，タンパク質の消化を触媒する動物の腸内に見いだされる酵素であるキモトリプシンである．キモトリプシンは 251 個のキラル中心を有する．したがって，立体異性体の可能な最大数は，驚くほど多い．幸いにも，自然は貴重なエネルギーと資源を不必要に浪費せず，これらの立体異性体のうちの一つだけが生成され，あらゆる生物で使用されている．酵素はキラルな物質であるため，大部分はその立体化学的要求に合致する物質のみと反応する．

どのようにして酵素がエナンチオマーを区別するか

酵素が生物反応を触媒するためには，関与する分子は最初に酵素表面上のキラル結合部位に結合しなければならない．キラル中心上の四つの原子団のうちの三つに特異的な結合部位を有する酵素は，分子とそのエナンチオマーまたはそのジアステレオマーの一つを区別することができる．グリセルアルデヒドの反応を触媒する酵素の代表を示した図 14・37 を見てみよう．この酵素は，その表面上に配置された三つの部位，すなわち −H のための結合部位，−OH のための第二の結合部位，および −CHO のための第三の結合部位を有する．天然のエナンチオマーが結合することができ，酵素は三つの基がそれらの適切な結合部位と相互作用するので，そのエナンチオマーから (*R*)-(+)-グリセルアルデヒド（天然または生物学的に活性な形態）を区別できる．*S* エナンチオマーは，二つの基のみがこれらの結合部位と相互作用できるにすぎない．

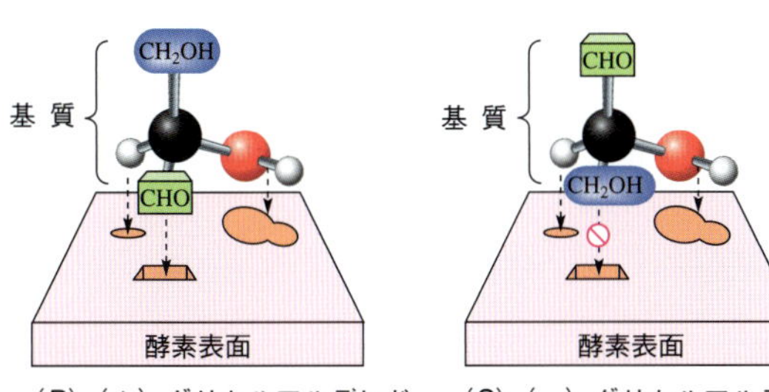

(*R*)-(+)-グリセルアルデヒドは，酵素表面上の三つの特異的結合部位に適合する．

(*S*)-(−)-グリセルアルデヒドは，二つの結合部位にしか適合しない．

図 14・37 三つの結合部位で (*R*)-(+)-グリセルアルデヒドと相互作用することができるが (*S*)-(−)-グリセルアルデヒドとは二つの結合部位しか相互作用することができない酵素表面の概略図

14・7 アルコール

アルコール (alcohol) は，sp^3 混成の炭素に官能基として**ヒドロキシ基** (hydroxy group, −OH) を含む化合物であり，アルケン，ハロアルカン，アルデヒド，ケトン，カルボン酸およびエステルのような他のタイプの化合物に変換できるため，有機化学および生化学では特に重要な物質である．したがって，アルコールは，有機官能基の相互変換において中心的な役割を果たす．

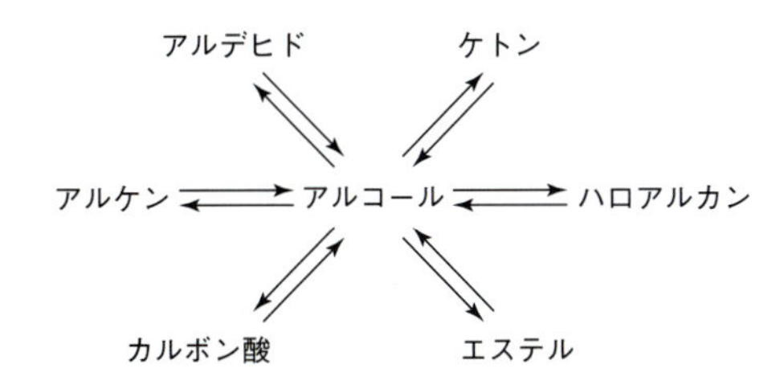

図 14・38 に最も単純なアルコールであるメタノール CH_3OH のルイス構造と球棒模型を示す．

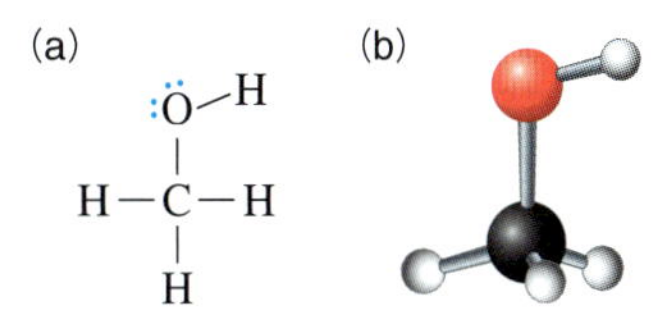

図 14・38 メタノール CH_3OH．(a) ルイス構造，(b) 球棒模型．メタノール中の結合角は四面体角に非常に近い．

アルコールの物理的性質

アルコールの最も重要な物理的特性は，−OH 基の**極性** (polarity) である．酸素と炭素 (3.5−2.5＝1.0)，酸素と水素 (3.5−2.1＝1.4) との間の電気陰性度（図 6・5）の大きな違いは，C−O と O−H の両方の結合が分極しており，アルコールが**極性分子** (polar molecule) であることを示している．図 14・39 はメタノールの極性を表したものである．

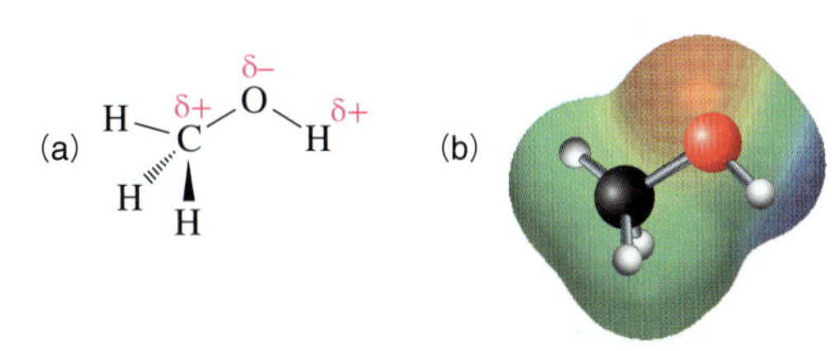

図 14・39 メタノール中の C−O−H 結合の極性．(a) 炭素と水素に部分的正電荷，酸素に部分的負電荷がある．(b) −OH 基の水素の周囲の酸素の周りの部分的な負電荷（赤色）と部分的な正電荷（青色）を示す電子密度分布図

表 14・6 に，同じ数の電子および同程度のモル質量を有するアルコールおよびアルカンの沸点および水への溶解度を示す．各群を比較した化合物のうち，アルコールはより高い沸点を有し，水により可溶である．

アルコールを含むすべてのタイプの化合物の沸点は，より大きな分子間の分散力の増加のために電子数の増加に伴って上昇する（第 7 章参照）．たとえば，表 14・6 のエタノール，プロパン-1-オール，ブタン-1-オールおよびペンタン-1-オールの沸点を比較してみよう．

アルコールは極性を有し，図 14・40 のエタノールについて示されているように**水素結合** (hydrogen bonding) によって液体状態で会合できるので，アルコールは同じまたは類似の数の電子を有するアルカンよりも沸点が高い．

液体状態のアルコール分子間の水素結合のために，各アルコール分子をその隣接分子から分離するには余分のエネルギーが必要である．これにより，アルカンと比較

表 14・6 同一数の電子および類似のモル質量を有するアルコールおよびアルカンの沸点および水中の溶解度

構造式	名称	モル質量	総電子数	沸点〔℃〕	水中の溶解度
CH_3OH	メタノール	32	18	65	無限
CH_3CH_3	エタン	30	18	−89	不溶
CH_3CH_2OH	エタノール	46	26	78	無限
$CH_3CH_2CH_3$	プロパン	44	26	−42	不溶
$CH_3CH_2CH_2OH$	プロパン-1-オール	60	34	97	無限
$CH_3CH_2CH_2CH_3$	ブタン	58	34	0	不溶
$CH_3CH_2CH_2CH_2OH$	ブタン-1-オール	74	42	117	8 g/100 g
$CH_3CH_2CH_2CH_2CH_3$	ペンタン	72	42	36	不溶
$CH_3CH_2CH_2CH_2CH_2OH$	ペンタン-1-オール	88	50	138	2.3 g/100 g
$HOCH_2CH_2CH_2CH_2OH$	ブタン-1, 4-ジオール	90	50	230	無限
$CH_3CH_2CH_2CH_2CH_2CH_3$	ヘキサン	86	50	69	不溶

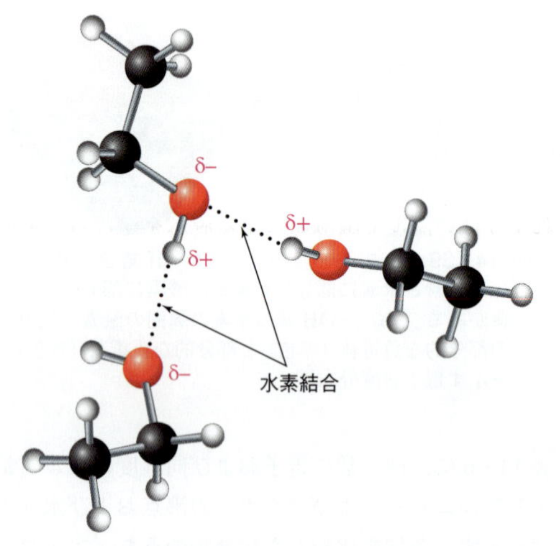

図 14・40 液体状態のエタノール分子の会合．各−OH 基は，三つまでの水素結合（水素原子を介して一つと酸素原子を介して二つ）に関与することができる．分子中にこれらの三つの可能な水素結合のうち二つのみが図に示されている．

してアルコールの沸点は高い．分子内のヒドロキシ基は，水素結合の程度をさらに増加させる．これは同数の電子を有し，同程度の分散力を有するペンタン-1-オール（138 ℃）とブタン-1,4-ジオール（230 ℃）の沸点を比較することにより理解できる．

アルコールは，同数の電子を有するアルカン，アルケンおよびアルキンよりもはるかに水溶性である．アルコール中のヒドロキシ基は，水分子と容易に水素結合を形成し，水に対してより高い溶解性を示す．メタノール，エタノールおよびプロパン-1-オールは，水に無限に溶ける．電子数（およびサイズ）が増加すると，アルコールの物理的特性は，同数の電子を有する炭化水素の物理的性質に似てくる．より高いモル質量のアルコールは，分子の炭化水素部分が大きくなるため，水にほとんど溶解しない．

14・8 アルコールの反応

この節では，アルコールの酸性度と塩基性度，アルケンへの脱水，アルデヒド，ケトンまたはカルボン酸へのそれらの酸化，エステル化を述べる．

アルコールの酸性度

アルコールは水（15.7）に対して類似の酸解離定数（pK_a）を有しているが，これはアルコールの水溶液が純粋な水に近い pH を有することを意味する．たとえば，エタノールの pK_a は 15.9 である．以下の反応は，エタノールが酸として作用し，水が塩基として作用する単純な酸塩基反応である．

$$CH_3CH_2\ddot{O}-H + H-\ddot{O}-H \rightleftharpoons CH_3CH_2\ddot{O}^- + H-\overset{+}{O}(H)-H$$

$$K_a = \frac{[CH_3CH_2O^-][H_3O^+]}{[CH_3CH_2OH]} = 1.3 \times 10^{-16}$$

$$pK_a = 15.9$$

表 14・7 に，いくつかの低モル質量のアルコールの酸解離定数を示す．メタノールとエタノールは，水と同じくらいの酸性である．より高モル質量の水溶性アルコールは，水よりわずかに弱い酸である（水溶液の pH＝7）．酢酸は HCl のような酸と比較して “弱酸” であるが，その K_a は依然としてアルコールの 10^{10} 倍であることに注意しよう．

表 14・7　希釈水溶液中の選択されたアルコールの pK_a 値†

化合物	構造式	pK_a	
塩化水素	HCl	−7	強酸
酢　酸	CH_3COOH	4.74	↑
メタノール	CH_3OH	15.5	
水	H_2O	15.7	
エタノール	CH_3CH_2OH	15.9	
プロパン-2-オール	$(CH_3)_2CHOH$	17	
2-メチルプロパン-2-オール	$(CH_3)_3COH$	18	弱酸

†　比較のために，水，酢酸および塩化水素の pK_a 値も示す．

アルコールの塩基性度

強酸の存在下では，アルコールの酸素原子は弱塩基であり，プロトン移動により酸と反応してオキソニウムイオンを形成する．以下の反応は，エタノールが塩基として作用し，オキソニウムイオンが酸として作用する単純な酸塩基反応である．

$$CH_3CH_2-\ddot{O}-H + H-\overset{+}{O}(H)-H \rightleftharpoons CH_3CH_2-\overset{+}{O}(H)-H + :\ddot{O}(H)-H$$

エタノール　オキソニウムイオン（pK_a＝−1.7）　エチルオキソニウムイオン（pK_a＝−2.4）

したがって，条件に応じて，アルコールは弱酸と弱塩基両方の機能を示すことができる．

アルケンへの酸触媒脱水

アルコールは，**脱水**（dehydration），すなわち隣接する炭素原子からの水分子の除去によってアルケンに変換できる．§14・4 では，アルケンに酸を触媒作用させてアルコールが生じる水和反応を述べた．この節では，アルケンを生じるアルコールの酸触媒による脱水反応を議論する．実際，水和-脱水反応は可逆的である．アルケンの水和およびアルコールの脱水は競合反応であり，以下の平衡が存在する．

$$\mathrm{C=C} + H_2O \xrightleftharpoons{\text{酸触媒}} -\mathrm{C(H)}-\mathrm{C(OH)}-$$

アルケン　アルコール

この平衡反応において，ルシャトリエの原理（§9・4 参照）を活用することにより，アルケンの水和およびアルコールの脱水反応を制御し，次のようにして生成物を得ることができる．大量の水（希酸水溶液を用いて得られる）はアルコールの形成に有利だが，水分を除去する（たとえば反応混合物を 100 ℃ 以上に加熱する）実験条件ではアルケンの形成が有利になる．したがって，実験条件に依存して，水和-脱水平衡を使用して，アルコールまたはアルケンのいずれかを選択的に高収率で変換することができる．

実験室では，アルコールの脱水は，85% リン酸または濃硫酸（典型的には 98%）のいずれかで加熱することによって，最も頻繁に行われる．第一級アルコールは，脱水するのが最も困難であり，一般に，180 ℃ の高温下で濃硫酸中で加熱する必要がある．第二級アルコールは，それより低い温度で酸触媒による脱水を受ける．酸の触媒作用による第三級アルコールの脱水は，しばしば室温よりわずかに高い温度を必要とする．

$$CH_3CH_2OH \xrightarrow[180\,^\circ C]{H_2SO_4} CH_2=CH_2 + H_2O$$

$$\text{シクロヘキサノール} \xrightarrow[100\,^\circ C]{H_2SO_4} \text{シクロヘキセン} + H_2O$$

$$H_3C-C(CH_3)_2-OH \xrightarrow[50\,^\circ C]{H_2SO_4} H_2C=C(CH_3)_2 + H_2O$$

2-メチルプロパン-2-オール（*tert*-ブチルアルコール）　2-メチルプロペン

したがって，アルコールの酸触媒による脱水の容易さは，次の順序で起こる．

第一級アルコール ＜ 第二級アルコール ＜ 第三級アルコール

アルコールの脱水の容易さ →

アルコールの酸触媒による脱水でアルケンの異性体が得られる場合，より安定なアルケン（二重結合上の置換基の数がより多いもの）が一般的に優勢である．

$$\underset{\text{ブタン-2-オール}}{CH_3CH_2CH(OH)CH_3} \xrightarrow[\text{加熱}]{85\%\ H_3PO_4} \underset{\substack{\text{ブタ-2-エン}\\(80\%)}}{CH_3CH{=}CHCH_3} + \underset{\substack{\text{ブタ-1-エン}\\(20\%)}}{CH_3CH_2CH{=}CH_2}$$

アルコールの脱水が比較的容易な点（第三級＞第二級＞第一級）から，化学者は第二級および第三級アルコールの酸触媒による脱水の3段階の機構を提案した．この機構は，律速段階におけるカルボカチオン中間体の形成を含み，酸触媒による水和反応の逆である．

段階1: H_3O^+からアルコールの －OH基へのプロトン移動は，オキソニウムイオンを生じる（単純な酸塩基反応）．これは，弱い脱離基である－OHをよりよい脱離基であるH_2Oに変換する．

$$CH_3CH(OH)CH_2CH_3 + H{-}O^+(H){-}H \underset{}{\overset{\text{速く，可逆}}{\rightleftharpoons}} \underset{\text{オキソニウムイオン}}{CH_3CH(O^+H_2)CH_2CH_3} + H{-}O{-}H$$

段階2: C－O結合を切断することにより，第二級カルボカチオン中間体（または第三級アルコールで開始した場合は第三級カルボキシ中間体）およびH_2Oが得られる．

H_2Oはよい脱離基→

$$CH_3CH(O^+H_2)CH_2CH_3 \overset{\text{遅く，律速段階}}{\rightleftharpoons} \underset{\text{第二級カルボカチオン中間体}}{CH_3\overset{+}{C}HCH_2CH_3} + H_2O$$

段階3: 正に荷電した炭素原子に隣接する炭素原子からのH_2Oへのプロトン移動はアルケンを生じ，触媒を再生する．

$$CH_3{-}\overset{+}{C}H{-}CH(H){-}CH_3 + H{-}O{-}H \xrightarrow{\text{速い}} CH_3{-}CH{=}CH{-}CH_3 + H{-}O^+(H){-}H$$

主要な生成物であるブタ-2-エンは，シスおよびトランス異性体の混合物として得られることに留意する．正に荷電した炭素原子に隣接するメチル基からプロトンを除去すると，ブタ-1-エンが生成する．

第二級および第三級アルコールの酸触媒による脱水における律速段階はカルボカチオン中間体の形成であるため，これらのアルコールの脱水の容易さは，カルボカチオンの形成の容易さと比例している（図14・21参照）．

第一級アルコールは容易に脱水しないが，それ以外では，次の2段階の反応機構によって反応すると考えられ，段階2が律速段階である．

段階1: H_3O^+からアルコールの－OH基へのプロトン移動によりオキソニウムイオンが生成する（単純な酸塩基反応）．

$$CH_3CH_2{-}O{-}H + H{-}O^+(H){-}H \overset{\text{速く，可逆}}{\rightleftharpoons} CH_3CH_2{-}O^+H_2 + H{-}O{-}H$$

段階2: プロトンの溶媒への移動とH_2Oの脱離により，アルケンが生成する．

$$H{-}O{-}H + H{-}CH_2{-}CH_2{-}O^+H_2 \xrightarrow{\text{遅く，律速}} H{-}O^+(H){-}H + H_2C{=}CH_2 + H{-}O{-}H$$

第一級および第二級アルコールの酸化

アルコールの酸化は，第12章で述べたように，酸化還元反応の別の例である（§12・1，§12・2参照）．第一級アルコールの酸化は，実験条件に応じてアルデヒドまたはカルボン酸を生じる．第二級アルコールはケトンに酸化される．第三級アルコールは容易に酸化されない．以下の図では，第一級アルコールが最初にアルデヒドに酸化され，つづいてカルボン酸に酸化される．各反応が酸化を伴うという事実は，反応矢印の上に［O］という記号で示されている．

$$CH_3-CH_2(OH)-H \xrightarrow{[O]} CH_3-C(=O)-H \xrightarrow{[O]} CH_3-C(=O)-OH$$

第一級アルコール　　アルデヒド　　カルボン酸

アルコールの酸化には多くの酸化剤が利用可能である．これらの試薬の選択肢として，過マンガン酸カリウム，次亜塩素酸ナトリウムおよび硝酸がある．しかし，第一級アルコールをカルボン酸に，第二級アルコールをケトンに酸化するために実験室で最も一般的に用いられる試薬は，クロム酸（H_2CrO_4）である．クロム酸は，酸化クロム(Ⅵ)（CrO_3）または二クロム酸カリウム（$K_2Cr_2O_7$）のいずれかを硫酸水溶液に溶解することによって調製される．

$$CrO_3 + H_2O \xrightarrow{H_2SO_4} H_2CrO_4$$

酸化クロム(Ⅵ)　　クロム酸

$$K_2Cr_2O_7 \xrightarrow{H_2SO_4} H_2Cr_2O_7 \xrightarrow{H_2O} 2\,H_2CrO_4$$

二クロム酸カリウム　　クロム酸

硫酸水溶液中のクロム酸によるオクタン-1-オールの酸化により，オクタン酸が高収率で得られる．これらの実験条件は，中間体アルデヒドをカルボン酸に酸化するのに十分である．

$$CH_3(CH_2)_6CH_2OH \xrightarrow[H_2SO_4, H_2O]{CrO_3} [CH_3(CH_2)_6CH(=O)] \longrightarrow CH_3(CH_2)_6COH(=O)$$

オクタン-1-オール　　オクタナール（単離されない）　　オクタン酸

上記の反応に関する二つの半反応式（§12・2を参照）と平衡反応式を考えてみよう．これにより，必要な酸化剤の等価物の数を決定できる．便宜上，オクタン-1-オールとオクタン酸の分子式を使用する．

$$C_8H_{18}O + H_2O \rightarrow C_8H_{16}O_2 + 4\,H^+ + 4\,e^- \quad (\text{酸化})$$
$$H_2CrO_4 + 6\,H^+ + 3\,e^- \rightarrow Cr^{3+} + 4\,H_2O \quad (\text{還元})$$
$$3\,C_8H_{18}O + 4\,H_2CrO_4 + 12\,H^+ \rightarrow 3\,C_8H_{16}O_2 + 4\,Cr^{3+} + 13\,H_2O \quad (\text{全体反応})$$

アルコールの酸化の本質的な特徴は，$-OH$ 基を有する炭素原子上に少なくとも1個の水素原子が存在することである．第三級アルコールはそのような水素がないので，酸化されない．

エステル化

アルコールの重要な反応は，カルボン酸，酸塩化物または酸無水物との縮合によるエステルの形成である．例としてブタン酸とエタノールの縮合反応によるブタン酸エチルの生成を示す．

$$CH_3CH_2CH_2C(=O)OH + HOCH_2CH_3 \underset{\text{加熱}}{\overset{\text{酸触媒}}{\rightleftharpoons}} CH_3CH_2CH_2C(=O)OCH_2CH_3 + H_2O$$

ブタン酸（bp＝163℃）　エタノール（bp＝78℃）　ブタン酸エチル（bp＝120℃）（パイナップルの香り）

アルコールは，硝酸，リン酸，硫酸およびスルホン酸（RSO_3H）などの無機酸とのエステルを形成することもできる．ニトログリセリンは，グリセロールと硝酸が1：3の比率で形成されるエステルの一例である．DNAおよびRNAは，主鎖がリン酸と単糖類のヒドロキシ基とリン酸分子との間のエステル結合を介して一緒に結合した単糖類の交互単位からなるポリマーである．

14・9 ア　ミ　ン

アミン（amine）は，一つ以上の水素原子がアルキル基またはアリール基で置き換えられたアンモニアの誘導体である．アミンは，置換されるアンモニアの水素原子の数に応じて，第一級，第二級および第三級として分類される．第一級，第二級および第三級は，窒素原子を有する炭素原子ではなく，窒素原子上の置換度を指すことに注意しよう（§14・7参照）．

アンモニア　メチルアミン（第一級アミン）　ジメチルアミン（第二級アミン）　トリメチルアミン（第三級アミン）

アミンはさらに**脂肪族アミン**（aliphatic amine）と**芳香族アミン**（aromatic amine）に分類される．脂肪族アミンにおいて，窒素原子に直接結合したすべての炭素原子は，アルキル基に由来する．芳香族アミンにおいて，窒素原子に直接結合している一つ以上の基はアリール基である．以下の第三の例（ベンジルジメチルアミン）は，窒素原子が芳香族環に直接結合していないので，芳香族アミンとして分類されないことに注意しよう．

アニリン（第一級芳香族アミン）　*N*-メチルアニリン（第二級芳香族アミン）　ベンジルジメチルアミン（第三級脂肪族アミン）

窒素原子が環の一部であるアミンは**複素環アミン**（heterocyclic amine）として分類される．窒素原子が芳香族環の一部である場合（§14・5），アミンは**複素環式芳香族アミン**（heterocyclic aromatic amine）として分類される．以下に，二つの複素環式脂肪族アミンおよび二つの複素環式芳香族アミンの構造式を示す．

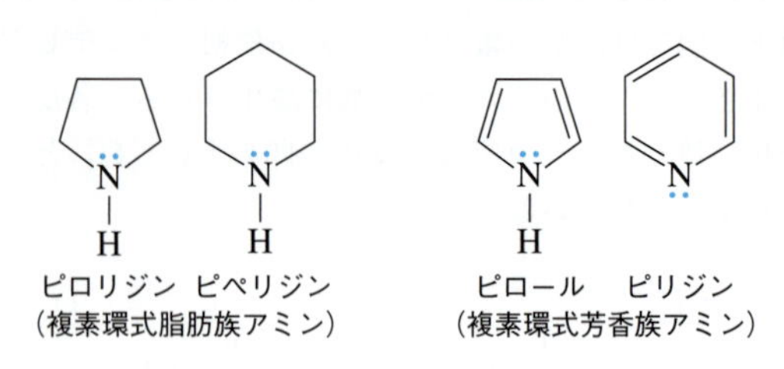

アミンの物理的性質

アミンは極性化合物であり，第一級アミンと第二級ア

	CH_3NH_2	CH_3OH
電子数	18	18
沸点〔℃〕	−6.3	65.0

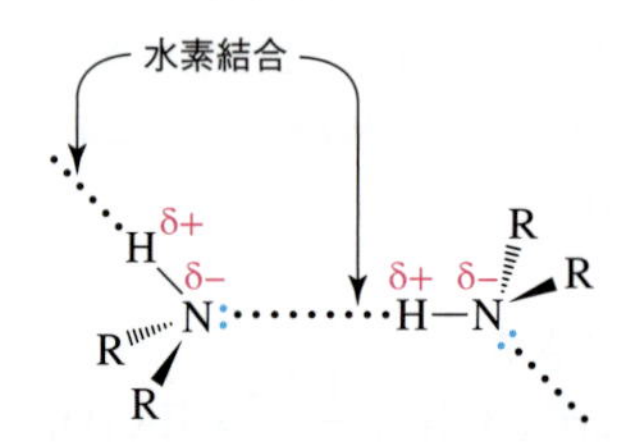

図 14・41　水素結合による第一級および第二級アミンの分子間相互作用．窒素は，ほぼ四面体の形をしており，第4番目の軸に沿って水素結合が形成されている．

表 14・8　代表的なアミンの物理的特性

名　称	構 造 式	沸点〔℃〕	融点〔℃〕	水への溶解度
アンモニア	NH_3	−78	−33	易　溶
第一級アミン				
メチルアミン	CH_3NH_2	−95	−6	易　溶
エチルアミン	$CH_3CH_2NH_2$	−81	17	易　溶
プロピルアミン	$CH_3CH_2CH_2NH_2$	−83	48	易　溶
シクロヘキシルアミン	$C_6H_{11}NH_2$	−17	135	難　溶
第二級アミン				
ジエチルアミン	$(CH_3CH_2)_2NH$	−48	56	易　溶
第三級アミン				
トリエチルアミン	$(CH_3CH_2)_3N$	−114	89	難　溶
芳香族アミン				
アニリン	$C_6H_5NH_2$	−6	184	難　溶
複素環式芳香族アミン				
ピリジン	C_5H_5N	−42	116	易　溶

ミンの両方が分子間水素結合を形成する（図 14・41）．

N−H…N 水素結合は，窒素と水素の間の電気陰性度の差（3.0−2.1=0.9）が酸素と水素の電気陰性度の差より小さいため，O−H…O 水素結合よりも弱い（3.5−2.1=1.4）．以下の表に示すように，メチルアミンとメタノールの沸点を比較することにより，分子間水素結合の効果を説明できる．

両方の化合物は極性分子であり，水素結合によって純粋な液体中で相互作用する．メタノールは，分子間の水素結合がメチルアミンどうしよりも強く，沸点が高い．

すべてのアミンは，水と水素結合を形成し，炭化水素よりも水に溶けやすい．大部分の低モル質量アミンは水に完全に可溶である（表 14・8）．より高モル質量のアミンは，ある程度の溶解性をもつか完全に不溶性である．

アミンの調製

アミンは，さまざまな出発物質から種々の方法で変換できる．

ハロアルカンからの調製　アミンは，求核置換反応によってハロアルカンから変換できる．アンモニアは良好な求核剤であるため，ハロアルカンからアミンを調製するために使用できる．

$$CH_3CH_2CH_2Br + :NH_3 \longrightarrow CH_3CH_2CH_2\overset{+}{N}H_3 + Br^-$$

1-ブロモプロパン　　プロピルアンモニウム　臭化物

電荷のバランスがとれていることに注意しよう（正味の電荷がゼロ）．アルキルアンモニウム塩は，アミンよりも強い塩基（たとえば NaOH）との反応によって容易にアミンに変換される．

$$CH_3CH_2CH_2\overset{+}{N}H_3 + {}^-OH \longrightarrow CH_3CH_2CH_2NH_2 + H_2O$$

プロピルアミン

アンモニアを使用して第一級アミンを調製するときに発生する問題は，これらのアミンが求核種であり，アンモニアと同様に反応して第二級アミンを生成することである．同様に，第二級アミンも反応して第三級アミンを生じる．したがって，通常，第一級，第二級および第三級アミンの混合物が得られる．

$$CH_3CH_2CH_2Br + CH_3CH_2CH_2NH_2 \longrightarrow (CH_3CH_2CH_2)_2\overset{+}{N}H_2 + Br^-$$

ジプロピルアンモニウム　臭化物

アリールアミンの合成：$-NO_2$ 基の還元　芳香族環に $-NO_2$ 基を導入することを**ニトロ化**（nitration）とよぶ．ニトロ化の意義は，得られたニトロ基を，ニッケル，パラジウムまたは白金などの金属触媒の存在下での水素付加によって，第一級アミノ基 $-NH_2$ に還元できるという点である．

COOH / NO2（3-ニトロ安息香酸） + $3H_2$ —Ni→ COOH / NH2（3-アミノ安息香酸） + $2H_2O$

3-ニトロ安息香酸　　3-アミノ安息香酸

この方法では，炭素-炭素二重結合のような他の反応性官能基およびアルデヒドまたはケトンのカルボニル基も還元されてしまうという欠点がある．これらの条件下で $-COOH$ や芳香族環は還元されない．

酸中の金属によってニトロ基を第一級アミノ基に還元することができる．

2,4-ジニトロトルエン —Fe, HCl / C_2H_5OH, H_2O→ ($NH_3^+Cl^-$, $NH_3^+Cl^-$) —NaOH, H_2O→ 2,4-ジアミノトルエン (NH_2, NH_2)

2,4-ジニトロトルエン　　2,4-ジアミノトルエン

最も一般的に使用される金属還元剤は，希 HCl 中の鉄，亜鉛またはスズである．この方法により還元すると，アミンは塩として得られ，ついでこれを強塩基で処理してアミンを遊離させる．

14・10　アミンの反応

アミンの反応は，窒素原子上の非共有電子対に由来する．これらの共有されていない電子のために，アミンは

塩基性および求核性を併せもつ．結果的に，アミンは酸と容易に反応して塩を形成し，またハロアルカン，酸塩化物など多くの他の求電子種と反応する．

アミンの塩基性度

アンモニアと同様に，すべてのアミンは弱塩基であり，アミンの水溶液は塩基性である．このプロトン移動反応において，窒素上の非共有電子対が水素と新たな共有結合を形成する．これを明示するために，アミンと水との間の酸塩基反応を巻矢印で表す．

$$CH_3NH_2 + H{-}\ddot{O}{-}H \rightleftharpoons CH_3NH_3^+ + {:}\ddot{O}{-}H^-$$

メチルアミン　　メチルアンモニウムイオン　　水酸化物イオン

メチルアミンの塩基解離定数 K_b の値は 4.37×10^{-4} (pK_b ＝3.36) である．

$$K_b = \frac{[CH_3NH_3^+][OH^-]}{[CH_3NH_2]} = 4.37 \times 10^{-4}$$

下記のメチルアンモニウムイオンのイオン化について図示されているように，対応する共役酸の K_a を参照することによって，アミンの塩基性を議論することもよくある．

$$CH_3NH_3^+ + H_2O \rightleftharpoons CH_3NH_2 + H_3O^+$$

$$K_a = \frac{[CH_3NH_2][H_3O^+]}{[CH_3NH_3^+]} = 2.29 \times 10^{-11}$$

$$pK_a = 10.64$$

酸共役塩基対に対する pK_a および pK_b の値は，

$$pK_a + pK_b = 14.00 \quad (25\ ^\circ\mathrm{C})$$

選択されたアミンの pK_a および pK_b の値を表 14・9 に示す．酸塩基平衡の詳細については，第 11 章を参照せよ．

表 14・9 から，さまざまな種類のアミンの酸塩基特性について以下の一般化を行うことができる．

1. すべての脂肪族アミンは，pK_b = 3.0～4.0 の塩基強度を有し，アンモニアよりわずかに強い塩基である．
2. 芳香族アミンは脂肪族アミンよりかなり弱い塩基である．

表 14・9　代表的なアミンの塩基強度 (pK_b) と 25 ℃ での共役酸の酸強度 (pK_a)†

アミン	構造式	pK_b	pK_a
アンモニア	NH_3	4.74	9.26
第一級アミン			
エチルアミン	$CH_3CH_2NH_2$	3.19	10.81
シクロヘキシルアミン	$C_6H_{11}NH_2$	3.34	10.66
第二級アミン			
ジエチルアミン	$(CH_3CH_2)_2NH$	3.02	10.98
第三級アミン			
トリエチルアミン	$(CH_3CH_2)_3N$	3.25	10.75
芳香族アミン			
アニリン	$C_6H_5{-}NH_2$	9.36	4.64
4-メチルアニリン	$CH_3{-}C_6H_4{-}NH_2$	8.92	5.08
4-ニトロアニリン	$O_2N{-}C_6H_4{-}NH_2$	13.0	1.0
複素環式芳香族アミン			
ピリジン	C_5H_5N	8.82	5.18

† 各アミンについて，25 ℃ で $pK_a + pK_b$ = 14.00.

アニリンの K_b はシクロヘキシルアミンの K_b よりも 10^6 小さい（pK_b の値が大きいほど塩基が弱い）．

芳香族アミンは，脂肪族アミンよりも弱い塩基である．これは芳香族環のニトロ基上の非共有電子対の共鳴安定化による．この共鳴は，窒素原子（またはフェノールの場合は酸素原子）上の電子密度を減少させ，非芳香族類縁体よりもプロトン受容性を低下させる．アルキルアミンには共鳴相互作用が起こりえないので，その窒素原子上の電子対は酸との反応のためにより利用可能である．

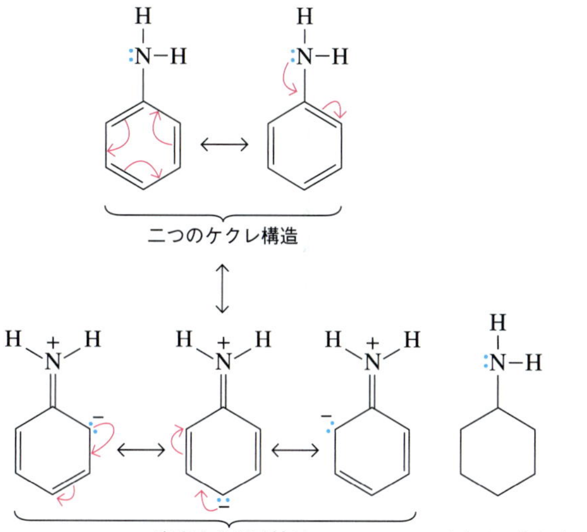

二つのケクレ構造

窒素上の電子対と芳香族環のπ系の相互作用

アルキルアミンと共鳴は起こりえない

3. ハロゲン，ニトロ基，カルボニル基などの電子求引基は，置換された芳香族アミンの塩基性を低下させる．下の図は，ニトロ基が塩基性をどのように減少させるかを示すために4-ニトロアニリンの共鳴構造を示す．アミノ基の窒素原子が電子の非共有電子対をもたない四つの共鳴形態があることに気づくであろう（アニリンの場合は三つある）．ニトロ基は，アミノ基の窒素原子から電子を引き抜く．

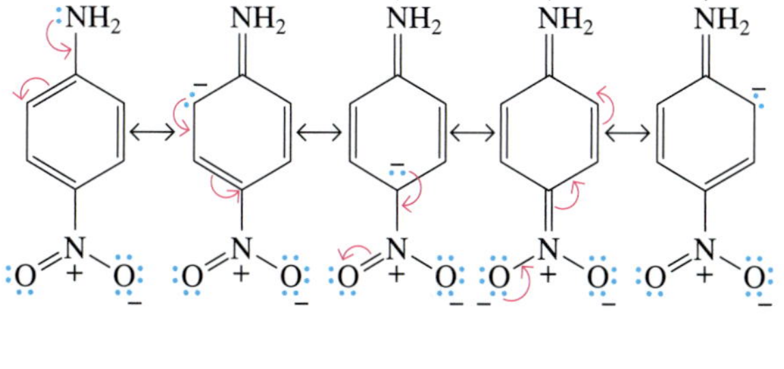

第一級芳香族アミンと亜硝酸との反応

亜硝酸 HNO_2 は，亜硝酸ナトリウム $NaNO_2$ の水溶液に硫酸または塩酸を添加することによって変換される不

コラム 14・3　塩基性と薬物活性

アルカロイドは，著しい薬理学的特性を有する植物または動物起源の窒素含有化合物である．多くの薬物分子には，少なくとも一つの窒素原子が含まれている．窒素原子が薬理学的活性にとって重要なのはなぜだろうか．ここにある化合物の窒素原子はすべてアミノ基として存在している．アミンは pH が約 7.4 で弱塩基であるため，プロトン付加体（イオン形）および脱プロトン体（中性形）の平衡混合物として存在する．この pH では，イオン性が優勢である．二つの形態の平衡濃度は，イオン形の pK_a 値および環境の pH に依存する．正に荷電したアンモニウムイオンは，負に荷電したカルボン酸イオンに結合する．イオン体は活性部位に結合する必要があるが，細胞膜の無極性環境を横切ることができない．それでは，どのように薬が目標に到達するのだろうか．

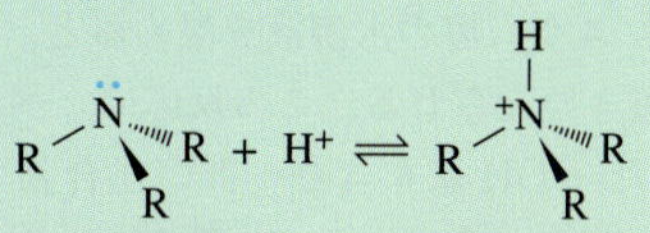

中性形: 細胞膜を横切ることができる

イオン形: 活性部位に結合する

答えは，薬物のイオン形と中性形との間の平衡にある．中性形は膜を横切り，もう一方の側では平衡が変化し，受容体に結合するイオン形の一部を生成する．膜の反対側では，膜を横切ることができないイオン形もまた，膜を横切ることができる中性形をより多く形成することによって平衡を維持している．このようにして，薬物は膜を中性形で横切り，イオン形として活性部位と相互作用することができる．この過程が起こる速度は，二つの形態の平衡濃度に依存する．

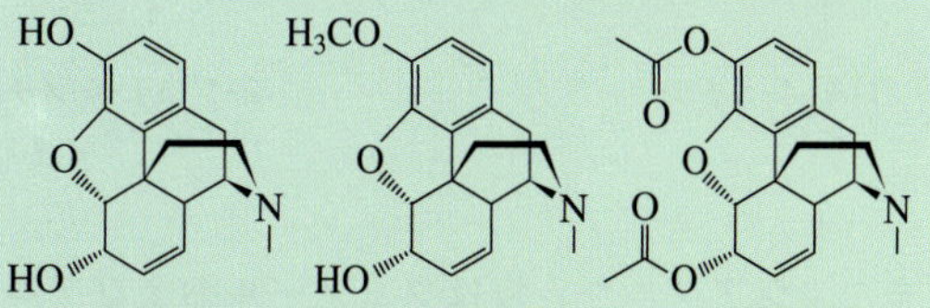

モルヒネ　　コデイン　　ヘロイン

モルヒネとコデイン（モルヒネのモノメチルエーテル）は，ケシの未熟種子鞘から得られた鎮痛薬であり，何世紀にもわたって知られている．ヘロインは天然には存在しないが，無水酢酸でモルヒネを処理することによって合成される．

安定な化合物である．亜硝酸は弱酸であり，以下の式に従ってイオン化する．

$$HNO_2 + H_2O \rightleftharpoons H_3O^+ + NO_2^- \quad K_a = 4.26 \times 10^{-4}$$

亜硝酸　　$pK_a = 3.57$

亜硝酸は，アミンが第一級，第二級または第三級であるかどうか，およびそれが脂肪族であるか芳香族であるかによって異なる様式でアミンと反応する．この反応は有機合成に有用であるため，亜硝酸と第一級芳香族アミンとの反応を見ていこう．

第一級芳香族アミン，たとえばアニリンを亜硝酸ナトリウムで処理すると，比較的安定なジアゾニウム塩が得られる．

$C_6H_5-NH_2 \xrightarrow[0\,°C]{NaNO_2,\ HCl} C_6H_5-N_2^+Cl^-$

アニリン（第一級芳香族アミン）　塩化ベンゼンジアゾニウム

第一級脂肪族アミンはジアゾニウム塩も与えるが，これらは不安定で直ちに分解して複雑な混合物を与える．芳香族ジアゾニウム塩の水溶液を温めると，$-N_2^+$基は$-OH$基で置き換えられる．この反応は，ベンゼン環に直接結合した $-OH$ 基を含む一群の化合物である**フェノール**（phenol）の合成のための数少ない方法の一つである．これにより芳香族アミンをフェノールへ変換可能で，最初に芳香族ジアゾニウム塩を形成し，ついで溶液を加熱する．このようにして，2-ブロモ-4-メチルアニリンを2-ブロモ-4-メチルフェノールへ変換できる．

2-ブロモ-4-メチルアニリン　→（1. $NaNO_2$, HCl, H_2O, 0°C　2. 溶液を温める）→　2-ブロモ-4-メチルフェノール

また，ジアゾニウム塩はフェノールおよびアニリンとのカップリング反応を受けて，**アゾ化合物**（azo compound, Ar−N=N−Ar）を生じる．これらの化合物は明るく着色されており，染料として一般に使用されている．4-ニトロアニリンから誘導されたジアゾニウム塩をフェノールの塩基性溶液に添加すると，すぐに鮮やかな赤色の色素が得られる（図14・42）．

$O_2N-C_6H_4-N_2^+Cl^- + C_6H_5-O^- \xrightarrow{NaOH} {}^-O-C_6H_4-N{=}N-C_6H_4-NO_2$

赤色の染料

図 14・42　塩化4-ニトロベンゼンジアゾニウムをフェノール（赤色），1-ナフトール（青色）および2-ナフトール（紫色）に加えて調製したアゾ染料

アミド形成

アミンの重要な反応は，酸塩化物またはカルボン酸無水物との縮合による**アミド**（amide）の形成である．

アニリン + 塩化ベンゾイル $\xrightarrow{NaOH}$ *N*-フェニルベンズアミド（ベンズアニリド）（75%）

14・11　カルボン酸

カルボン酸（carboxylic acid）は**カルボキシ基**（carboxy group）を含み，それはカルボニル基とヒドロキシ基か

ら構成されている．以下は，カルボキシ基のルイス構造ならびにその二つの表現である．

$-C(=\ddot{O}:)-\ddot{O}-H$　　$-COOH$　　$-CO_2H$

脂肪族カルボン酸の一般式は RCOOH であり，芳香族カルボン酸は ArCOOH（Ar＝芳香族環）である．四つのカルボン酸誘導官能基のそれぞれの一般式を，その基がどのようにしてカルボキシ基と形式的に関連しているかを示す図とともに以下に示す．これらの基のすべてにおいて，カルボニル炭素原子は，ヘテロ原子（炭素または水素以外の原子）に結合している．

$RCOOH + H-Cl \xrightarrow{-H_2O} RCOCl$（酸塩化物）

$RCOOH + H-O-COR \xrightarrow{-H_2O} RCOOCOR$（酸無水物）

$RCOOH + H-NH_2 \xrightarrow{-H_2O} RCONH_2$（アミド）

$RCOOH + H-OR' \xrightarrow{-H_2O} RCOOR'$（エステル）

酸ハロゲン化物

酸ハロゲン化物（acid halide）は，ハロゲン原子が結合した**アシル基**（acyl group，RCO－）を含む．これらは RCOX または ArCOX（ここで X＝ハロゲン）のような省略形で書かれることが多い．最も一般的な酸ハロゲン化物は酸塩化物である．

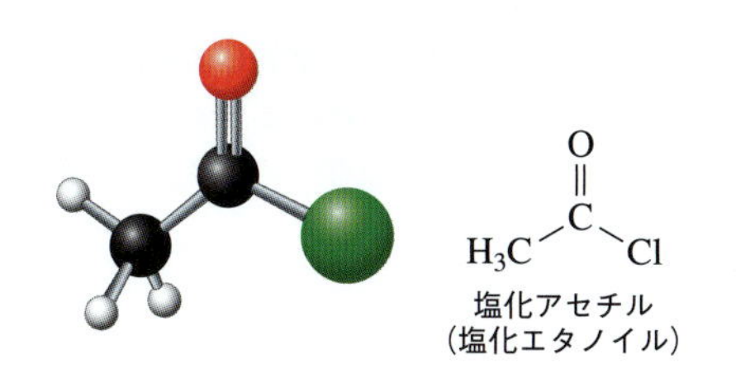

塩化アセチル
（塩化エタノイル）

酸無水物

酸無水物（acid anhydride，一般に**無水物**とよばれる）官能基は，酸素原子に結合した二つのアシル基である．無水物は，（二つの同一のアシル基を有する）対称であってもよく，または（二つの異なるアシル基を有する）混合していてもよい．

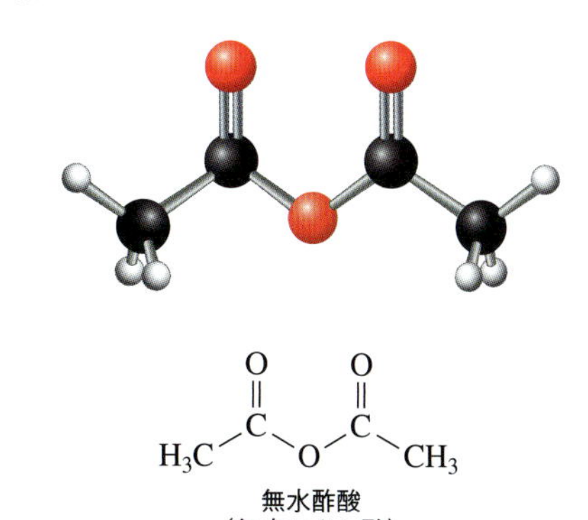

無水酢酸
（無水エタン酸）

カルボン酸のエステル

エステル（ester）官能基は，RCOOR′ で表される．

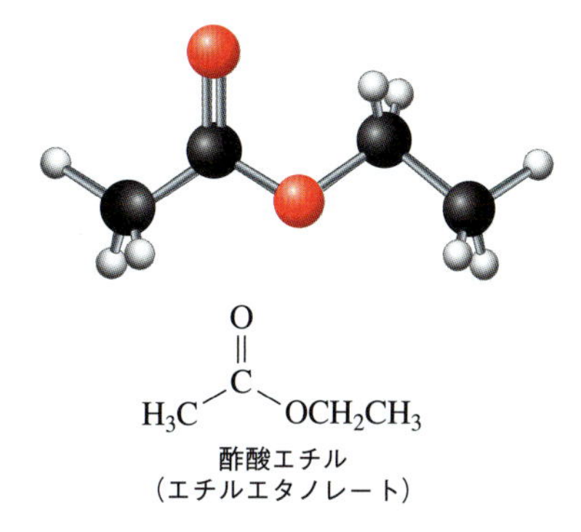

酢酸エチル
（エチルエタノレート）

エステルが，同じ分子内のアルコールとカルボキシ基との間に形成される場合，それらは環状であり，**ラクトン**（lactone）とよばれる．

カルボン酸のアミド

アミド（amide）官能基は，3 個の窒素原子に結合したアシル基である．アミドは第一級（N は 1 個の炭素原子に結合），第二級（2 個の炭素原子に結合した N）または第三級（N は 3 個の炭素原子に結合）として分類

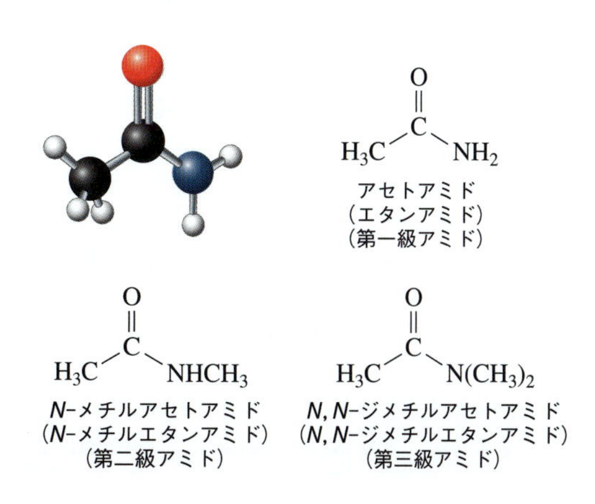

することができる.

アミドが，同じ分子内のアミノ基とカルボキシ基との間に形成される場合，それらは環状であり，**ラクタム** (lactam) とよばれる．ペニシリンがその一例である．

ペニシリン G
〔抗生物質であるラクタムとラクタム環(破線部分)〕

アミド結合はアミノ酸を結合してポリペプチドとタンパク質を形成する重要な構造的特徴である（§14・12).

14・12 アミノ酸

アミノ酸 (amino acid) は，**カルボキシ基**（$-COOH$）と**アミノ基**（$-NH_2$）の両方を含む化合物である．アミノ酸を分類する際，カルボキシ基が結合している炭素原子をα位，その隣の炭素原子をβ位，第二近接の炭素原子をγ位とよび，α位，β位，γ位の炭素原子にアミノ基が結合したものを，それぞれα-アミノ酸，β-アミノ酸，γ-アミノ酸とよぶ．多くのタイプのアミノ酸が知られているが，**α-アミノ酸**（α-amino acid）は，タンパク質の構成要素であり，生物界において最も重要である．この章の後半で学ぶ核酸のようなタンパク質(酵素を含む)は，天然**ポリマー**（polymer）の例である．数百万種類のタンパク質は，わずか 20 種類のα-アミノ酸の組合わせから生じる．α-アミノ酸の一般構造式を図 14・43 に示す．

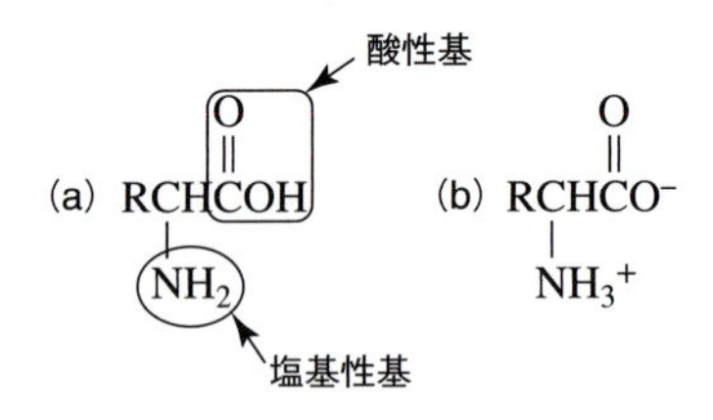

図 14・43 α-アミノ酸の表現．(a)（仮想的な）非荷電形態，(b) 実際の内部塩（双性イオン）形態

図 14・43(a) はアミノ酸の構造式を書く典型的な方法であるが，同じ分子内にカルボン酸（$-COOH$）とアミノ基（$-NH_2$）を示しており正確ではない．これらの酸性基および塩基性基は，$-COOH$ 基から $-NH_2$ 基の窒素への H^+ の移動によって互いに反応する．これにより，内部塩（**双性イオン** zwitterion）が形成され（図 14・43b)，+1 の正電荷と −1 の負電荷を含み正味の電荷がゼロである．

これらは両性イオンとして存在するので，アミノ酸は塩に関連する多くの特性を示す．それらは，高い融点を

コラム 14・4 カビから抗生物質まで

ペニシリンは，スコットランドの細菌学者フレミング（Alexander Fleming）によって 1928 年に発見された．オーストラリアの病理学者フローリー（Howard Florey）とドイツの化学者チェイン（Ernst Boris Chain）による実験の結果，1943 年にペニシリン G が抗生物質として実用化された．フレミング，フローリーおよびチェインは，抗生物質の先駆的な開発の成果により 1945 年にノーベル生理学・医学賞を受賞した．ペニシリンは細菌細胞壁の重要な部分の生合成を阻害するため，抗菌活性がある．すべてのペニシリンに共通する構造的特徴は，1 個の硫黄原子および 1 個の窒素原子を含む五員環に縮合したラクタム環である．

ペニシリンが医療に導入された直後，ペニシリン耐性菌株が出現し始め，その後増殖した．耐性株と戦うための一つのアプローチは，より効果的な新しいペニシリンを合成することであった．別のアプローチは，より効果的な新しいβ-ラクタム系抗生物質を探索することである．現在までに発見されたこれらのうち最も有効なものはセファロスポリンであり，最初は菌類から単離された．このβ-ラクタム系抗生物質は，ペニシリンよりもさらに広い抗菌活性を示し，多くのペニシリン耐性細菌株に対して有効である．

ペニシリンは，カルボニル炭素原子に結合する基が異なる．
β-ラクタム

アモキシシリン
（β-ラクタム系抗生物質）

有する結晶性固体で，水にはかなり可溶であるが，ジエチルエーテルおよび炭化水素溶媒のような無極性有機溶媒には不溶である．

タンパク質由来のアミノ酸

表 14・10 に，タンパク質中に見られる 20 種類の一般的な *l*-アミノ酸の慣用名，構造式および標準的な 3 文字および 1 文字略号を示す．これらのアミノ酸は，4 種類に分類される．無極性側鎖を有するもの，極性であるがイオン化されていない側鎖を有するもの，酸性側鎖を有するもの，塩基性側鎖を有するものである．この表の情報を調べるときは，次の点に注意しよう．

表 14・10 タンパク質中に見られる 20 個の一般的なアミノ酸

側鎖	アミノ酸	略号
無極性側鎖	アラニン	(Ala, A)
	グリシン	(Gly, G)
	イソロイシン	(Ile, I)
	ロイシン	(Leu, L)
	メチオニン	(Met, M)
	フェニルアラニン	(Phe, F)
	プロリン	(Pro, P)
	トリプトファン	(Trp, W)
	バリン	(Val, V)
極性側鎖	アスパラギン	(Asn, N)
	グルタミン	(Gln, Q)
	セリン	(Ser, S)
	トレオニン	(Thr, T)
酸性側鎖	アスパラギン酸	(Asp, D)
	グルタミン酸	(Glu, E)
	システイン	(Cys, C)
	チロシン	(Tyr, Y)
塩基性側鎖	アルギニン	(Arg, R)
	ヒスチジン	(His, H)
	リシン	(Lys, K)

注：各イオン化可能な官能基は，pH＝7.0 の水溶液中で最も高濃度で存在する形態を示している．

1. これらのタンパク質由来のアミノ酸の20種すべてが α-アミノ酸であり，これはアミノ基がカルボキシ基に隣接する炭素原子上に位置することを意味する．
2. 20個のアミノ酸のうちの19個について，α-アミノ原子団は第一級である（アミノ基は炭化水素基によって1個に結合されている）．プロリンは異なり，α-アミノ基は第二級である．
3. グリシンを除いて，アミノ酸の α 炭素はキラル中心である．表には示されていないが，19個のキラルアミノ酸はすべて，α 炭素原子において同じ相対配置を有する．D，L表記では，すべてがL-アミノ酸である．
4. イソロイシンおよびトレオニンには二つのキラル中心がある．四つの立体異性体がこれらのアミノ酸のそれぞれに対して可能であるが，四つのうちの一つのみがタンパク質に見られる．
5. システインのチオール基（−SH）基，ヒスチジンのイミダゾール基およびチロシンのフェノール性ヒドロキシ基は，pH＝7.0で部分的にイオン化されるが，このpHではイオン形態は主要な形態ではない．

アミノ酸の酸塩基性

アミノ酸は，同じ分子中に酸性官能基と塩基性官能基の両方を有する珍しい分子である．これは，生物学的環境において，プロトン（H^+）供与体またはプロトン（H^+）受容体の役割を果たすことができることを意味する．

アミノ酸の酸性基および塩基性基　アミノ酸の最も重要な化学的性質の中に，その酸性特性がある．両方とも H^+ の供給源である $-COOH$ および $-NH_3{}^+$ 基のために，すべてが弱い多塩基酸（二つ以上の H^+ を供与できる分子）である．これらの官能基が H^+ を受け入れるかまたは供与するかは，それらの pK_a 値で決まる．（第11章で pK_a が小さいほど，その酸性基はより酸性であることを述べた．）低いpHでは，カルボン酸は $RCOOH$ 形態であり，アミンは $RNH_3{}^+$ 形態である．より高いpHでは，逆になる．すなわちカルボン酸は塩 $RCOO^-$ として存在し，アミンは電気的に中性な RNH_2 として存在する．表14・11に，20個のタンパク質由来アミノ酸の各イオン化可能な官能基に対する pK_a 値を示す．

14・13　ペプチド，ポリペプチドおよびタンパク質

フィッシャー（Emil Fischer）は，1902年にタンパク質がアミノ酸の長い鎖であって，あるアミノ酸の α-カルボキシ基と別のアミノ酸の α-アミノ基との間のアミド結合によって結合していることを提案した．これらのアミド結合について，フィッシャーは特別な名称として**ペプチド結合**（peptide bond）を提案した．図14･44に，セリンとアラニンの間に形成されたペプチド結合を示している．

ペプチド（peptide）はアミノ酸の短いポリマーにつけた名前である．ペプチドの鎖中のアミノ酸ユニットの数によってペプチドを分類する．アミド結合によって結合された二つのアミノ酸を含む分子は，**ジペプチド**（dipeptide）とよばれる．それらの鎖に3～10個のアミノ酸を含むものは，トリペプチド，テトラペプチド，ペンタペプチドなどとよばれる．10以上20未満のアミノ酸を含む分子は，**オリゴペプチド**（oligopeptide）とよばれる．20個以上のアミノ酸を含むものは**ポリペプチド**（polypeptide）とよばれる．タンパク質は，5000 u（原子質量単位，約40個以上のアミノ酸に相当）以上のモ

表 14・11　アミノ酸のイオン化可能な官能基に対する pK_a の値

アミノ酸	α-COOH の pK_a	α-$NH_3{}^+$ の pK_a	側鎖の pK_a	アミノ酸	α-COOH の pK_a	α-$NH_3{}^+$ の pK_a	側鎖の pK_a
アラニン	2.35	9.87	−†	ロイシン	2.33	9.74	−
アルギニン	2.01	9.04	12.48	リシン	2.18	8.95	10.53
アスパラギン	2.02	8.80	−	メチオニン	2.28	9.21	−
アスパラギン酸	2.10	9.82	3.86	フェニルアラニン	2.58	9.24	−
システイン	2.05	10.25	8.00	プロリン	2.00	10.60	−
グルタミン酸	2.10	9.47	4.07	セリン	2.21	9.15	−
グルタミン	2.17	9.13	−	トレオニン	2.09	9.10	−
グリシン	2.35	9.78	−	トリプトファン	2.38	9.39	−
ヒスチジン	1.77	9.18	6.10	チロシン	2.20	9.11	10.07
イソロイシン	2.32	9.76	−	バリン	2.29	9.72	−

†　イオン化可能な側鎖なし．

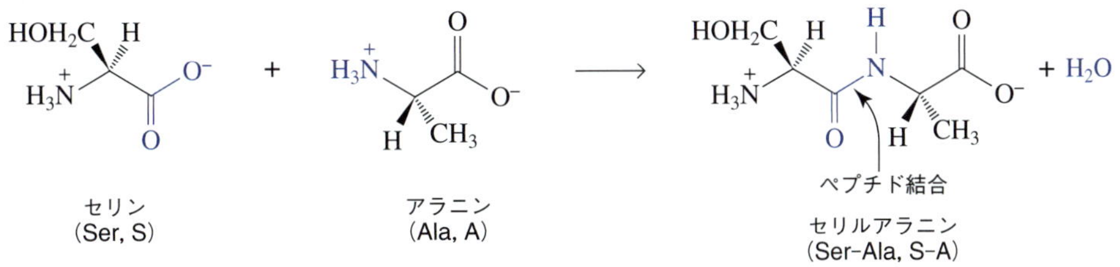

セリン
(Ser, S)

アラニン
(Ala, A)

ペプチド結合

セリルアラニン
(Ser-Ala, S-A)

図 14・44 セリルアラニンのペプチド結合

ル質量を有し，一つ以上のポリペプチド鎖からなる生物学的ポリマーである．これらの用語の定義は厳密ではない．

慣例により，ポリペプチドは，遊離 $-NH_3^+$基を有するアミノ酸から始めて，遊離 $-COO^-$基を有するアミノ酸に向かって左から右に書く．遊離 $-NH_3^+$基を有するアミノ酸は **N 末端アミノ酸**（N-terminal amino acid）とよばれ，遊離 $-COO^-$基を有するアミノ酸を **C 末端アミノ酸**（C-terminal amino acid）とよぶ．

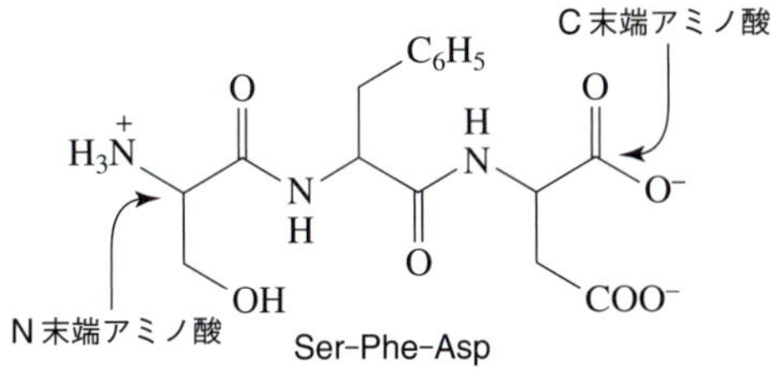

C 末端アミノ酸

N 末端アミノ酸

Ser-Phe-Asp

ポリペプチドおよびタンパク質の構造

ポリペプチドまたはタンパク質の**一次構造**（primary structure）は，そのポリペプチド鎖におけるアミノ酸の配列である．この意味で，一次構造は，ポリペプチドまたはタンパク質におけるすべての共有結合に関する情報である．

1953 年に，ケンブリッジ大学のサンガー（Frederick Sanger）は，ホルモンであるインスリンの二つのポリペプチド鎖の一次構造を報告した．これは分析化学において顕著な成果であった．タンパク質のすべての分子が同じアミノ酸組成および同じアミノ酸配列を有することも明確に証明された．今日では，カルボヒドラーゼ（炭水化物を分解する酵素）などの酵素を含む 20 000 を超える異なるタンパク質のアミノ酸配列が知られており，その数は急速に増加している．

タンパク質の構造

ポリペプチドおよびタンパク質の多くの特性は，これらの複合分子の正確な三次元構造によって決まる．構造の複雑さは，ペプチド結合の性質に由来する．

ペプチド結合の幾何学　1930 年代後半には，ポーリング（Linus Pauling，1954 年ノーベル化学賞）は，ペプチド結合の幾何学的構造を決定することを目的とした一連の研究を開始した．彼の最初の発見は，ペプチド結合が平面であることであった．図 14・45 に示すように，ペプチド結合の 4 個の原子とそれに結合している 2 個の α 炭素原子はすべて同じ平面にある．

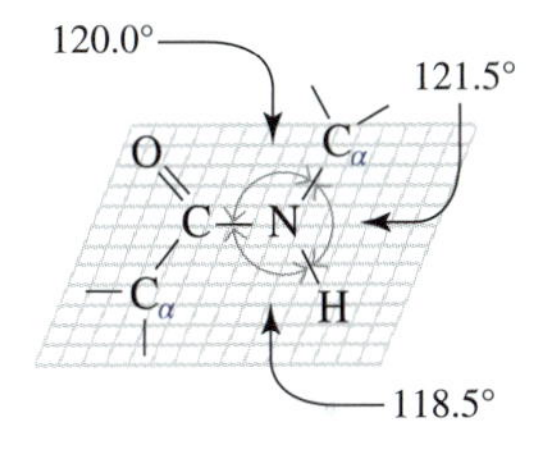

図 14・45 ペプチド結合の平面性．カルボニル炭素原子およびアミド窒素原子の周りの結合角は約 120° である．

第 6 章で学んだことをペプチド結合の構造に適用すれば，カルボニル炭素原子の周りは 120° でアミド窒素原子の周りは 109.5° の結合角だと予測することができるはずである．この予測は，カルボニル炭素原子の周りの約 120° の実測角と一致する．しかし，アミド窒素の周りが 120° であるという実際の結果とは一致しない．この幾何学的な違いを説明するため，ポーリングは，ペプチド結合が，二つの共鳴構造の寄与として説明されることを提案した．

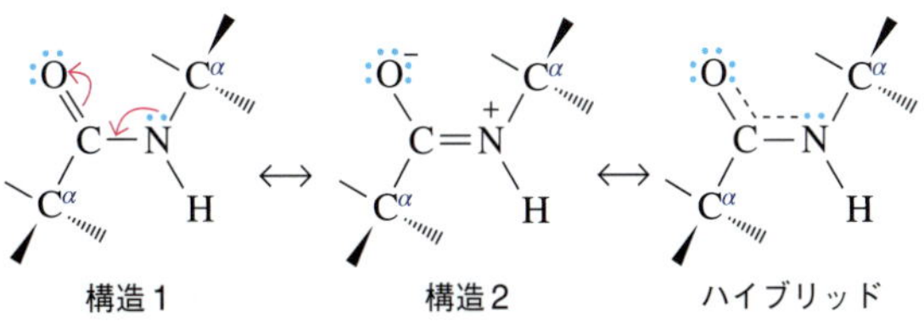

構造 1　　構造 2　　ハイブリッド

構造1は炭素-酸素二重結合を示し，構造2は炭素-窒素二重結合を示す．実際の構造では，炭素-窒素結合はかなり二重結合性を有する．したがって，二つの共鳴構造に示される6原子群が平面である．

部分的二重結合特性のために，平面ペプチド結合の原子は二つの配置が可能である．一つは，2個のα炭素原子が互いにシス配置である．もう一方は，互いにトランス配置である．トランス構造では，かさ高い基を有するα炭素原子が，シス配置よりも互いに離れているため，より有利である．これまでに知られている天然に存在するタンパク質では，実質的にすべてのペプチド結合はトランス構造である．

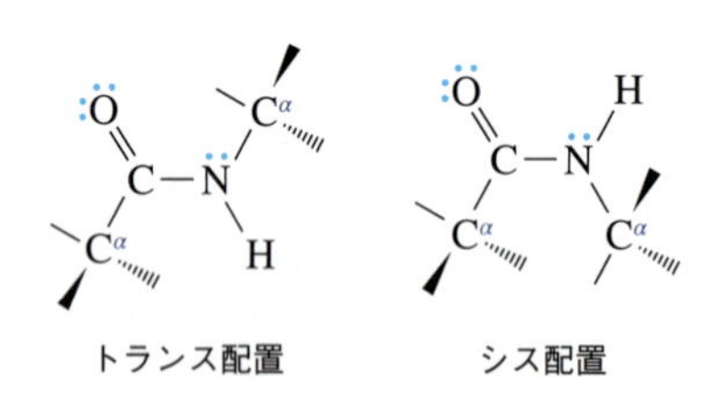

二次構造　**二次構造**（secondary structure）は，ポリペプチドまたはタンパク質分子のある局在領域におけるアミノ酸の立体配座である．ポリペプチド立体配座の最初の研究は，ポーリングとコーリー（Robert Corey）によって1939年に開始された．彼らは，最大の安定性の配座において，ペプチド結合中のすべての原子が同じ平面にあり，図14・46に示すように，一つのペプチド結合のHと別のペプチド結合のC=Oの間には水素結合が形成されている．

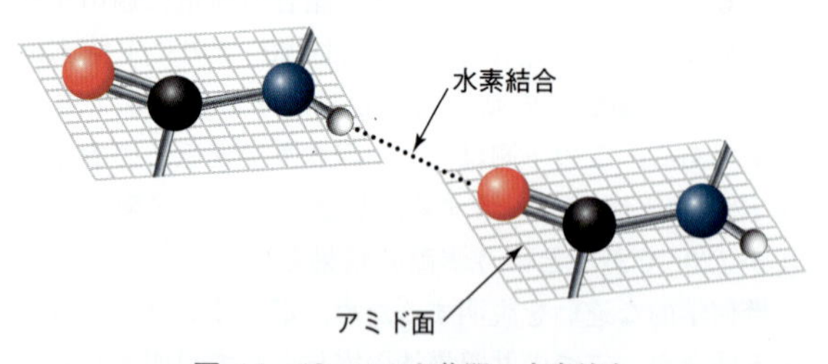

図 14・46　アミド基間の水素結合

ポーリングは，モデル構築に基づいて，2種類の二次構造，特にαヘリックスと逆平行βプリーツシートの2種類の構造が安定であると提案した．

αヘリックス　図14・47に示す**αヘリックス**（α-helix）では，ポリペプチド鎖がらせん状に巻かれている．この節でαヘリックスを考える際に，以下に注意が必要である．

1. らせんは時計回り（右回り）に巻かれている．
2. らせんの1回転につき3.6アミノ酸が存在する．
3. 各ペプチド結合は，トランスおよび平面である．
4. 各ペプチド結合のN−H基は，らせんの軸に平行にほぼ下向きにあり，各ペプチド結合のC=Oはおおよそ上向きに，またらせんの軸に平行に向いている．
5. 各ペプチド結合のカルボニル基の酸素原子は，それから4アミノ酸単位離れたペプチド結合のN−H基の水素原子と水素結合を形成している．水素結合は破線で示されている．
6. すべてのR基は，らせん軸から外側に向いている．

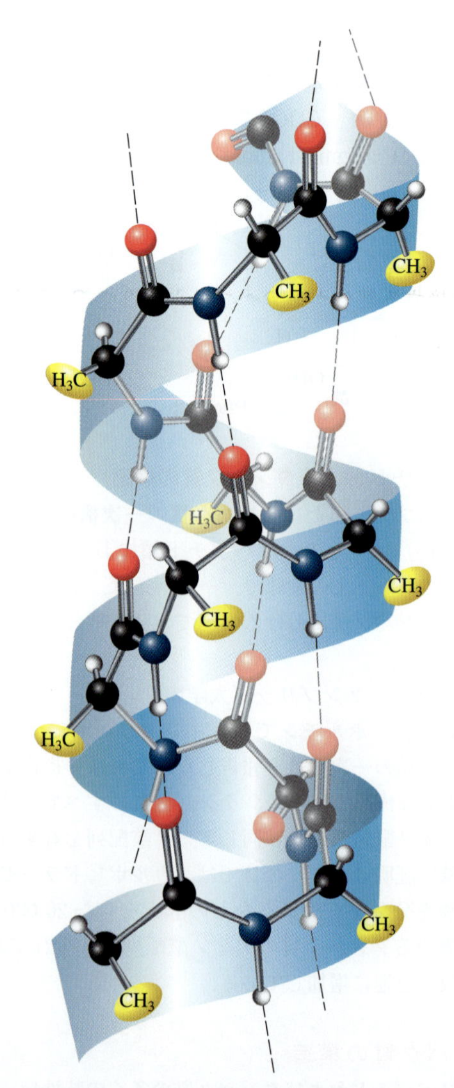

図 14・47　αヘリックス．ポリペプチド鎖はL-アラニンの繰返し単位である．（点線は水素結合を示す）

ポーリングが α ヘリックス構造を提案した直後に，他の研究者らが，毛髪および羊毛のタンパク質であるケラチン中に α ヘリックス立体配座が存在することを示し，α ヘリックスは，ポリペプチド鎖の基本的な折りたたみパターンの一つであることが明らかになった．

β プリーツシート　逆平行 **β プリーツシート**（β-pleated sheet）は，反対方向に伸びる鎖の隣接する部分を有する伸長したポリペプチド鎖からなる．平行 β プリーツシートでは，隣接する部位は同じ方向に走る．α ヘリックスとは対照的に，N−H 基および C=O 基は，シートの平面内にあり，シートの長軸に対してほぼ垂直である．各ペプチド結合の C=O 基の酸素原子は，鎖の隣接する部分のペプチド結合の N−H 基の水素原子との間で水素結合を形成している（図 14・48）．

本節で β プリーツシートを学ぶ際に，次の点に注意が必要である．

1. ポリペプチド鎖の三つの部分は，互いに隣接しており，反対方向（逆平行）に延びている．
2. 各ペプチド結合は平面であり，α 炭素原子は互いにトランスである．
3. 隣接する部分からのペプチド結合の C−O および N−H 基は，互いに同一平面にあり，隣接する部分間で水素結合が可能である．
4. 任意の一つの鎖上の R 基が，シートの面の上にあれば，次は下というように，交互になる．

この β プリーツシート配座は，鎖の一つの部分の N−H 基と隣接する別の鎖部分の C=O 基との間の水素結合によって安定化される．一方，α ヘリックスは，同じポリペプチド鎖内の N−H 基と C=O 基との間の水素結合によって安定化される．

三 次 構 造　**三次構造**（tertiary structure）は，単一のポリペプチド鎖中のすべての原子の空間における全体的な折りたたみパターンおよび配列である．二次構造と三次構造との間には明確な境界線は存在しない．二次構造は，ポリペプチド鎖上の互いに近接したアミノ酸の空間的配置を指し，三次構造は，ポリペプチド鎖中のすべての原子の三次元配列を指す．三次構造を維持するうえで最も重要な要素の中には，ジスルフィド結合，疎水性相互作用，水素結合および塩橋がある．

ジスルフィド結合（disulfide bond）は，三次構造を維持するうえで重要な役割を果たす．二つのシステイン単位の側鎖の間に，チオール基（−SH）が酸化されてジスルフィド結合が形成される．還元剤（水素を付加する試薬）により，ジスルフィド結合はチオール基に再生される．

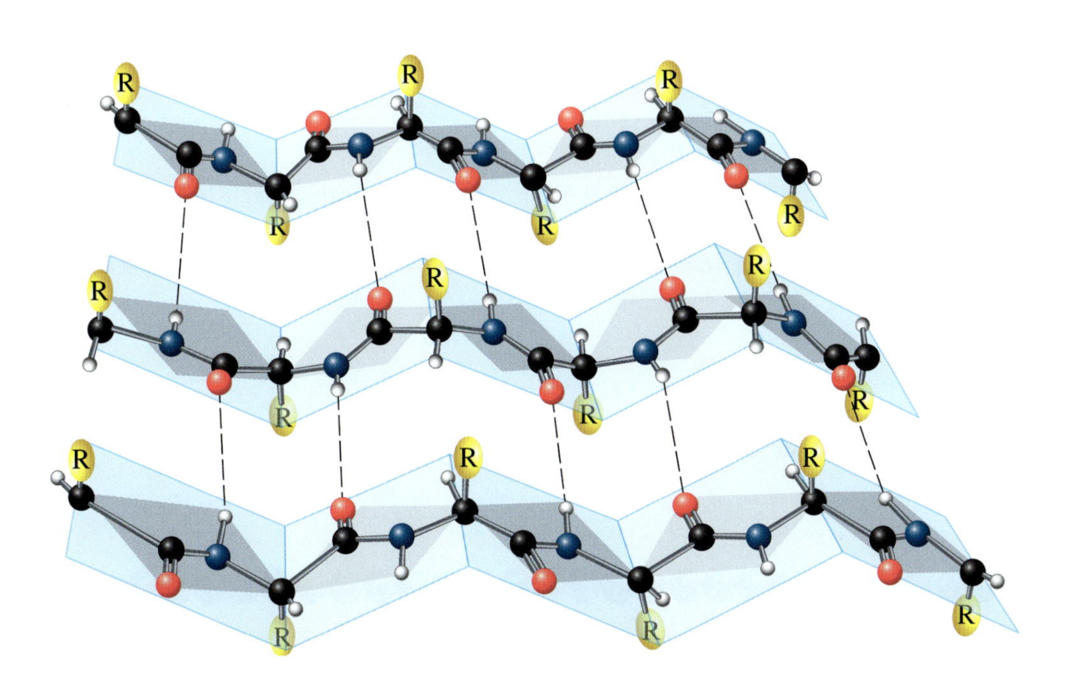

図 14・48　β プリーツシート構造の逆平行に走る三つのポリペプチド鎖（点線は水素結合を示し，黄色の R は側鎖を示す）

図 14・49 にヒトインスリンのアミノ酸配列を示す．このタンパク質は二つのポリペプチド鎖（21 個のアミノ酸の A 鎖および 30 個のアミノ酸の B 鎖）からなる．A 鎖は二つの鎖間ジスルフィド結合によって B 鎖に結合している．鎖内ジスルフィド結合はまた，A 鎖の 6 位および 11 位のシステイン単位で連結している．

四 次 構 造　50 000 u より大きいモル質量を有するほとんどのタンパク質は，二つ以上のポリペプチド鎖の非共有結合性相互作用により形成されている．単量体タンパク質が集合化してつくる構造を，**四次構造**（quaternary structure）とよぶ．

別々のポリペプチドは一緒になって，三次構造内に見られるのと同じ種類の相互作用，すなわち水素結合，塩橋および疎水性相互作用によってこの配置を維持している．水中で，四次構造中における集合は，おもに疎水性相互作用によって安定化されている．したがって，別個のポリペプチド鎖は，極性の側鎖を水溶媒にむき出しになるように，コンパクトな三次元構造に折りたたまれる．しかし，ほとんどの場合，タンパク質の疎水部の一部はまだ水と接触しており，四次構造を形成すると，これらの疎水部は水から保護される．

二つ以上のタンパク質が集合して疎水部が一致する場合，これらの成分は水から遮蔽される．

表 14・12 に，いくつかのタンパク質のサブユニット数を示す．

表 14・12　いくつかのタンパク質の四次構造

タンパク質	サブユニットの数
アルコールデヒドロゲナーゼ	2
アルドラーゼ	4
ヘモグロビン	4
乳酸デヒドロゲナーゼ	4
インスリン	6
グルタミンシンテターゼ	12
タバコモザイクウイルスタンパク質ディスク	17

一方，全タンパク質の約 3 分の 1 は実際には細胞膜の非水性環境に存在する．細胞膜に組込まれたタンパク質は，脂質二重膜を部分的または完全に貫通するため，**膜貫通タンパク質**（integral membrane protein）とよばれている．**脂質二重膜**（lipid bilayer，たとえば，細胞壁を構成するもの）は，脂質分子の二つの層からなる．脂質二重膜の無極性環境にタンパク質が安定されるように，これらのタンパク質の外表面は大部分無極性で，脂質環境と好都合に相互作用することで四次構造を形成する．内在性の膜タンパク質は，極性基の大部分が無極性環境から内側に向かって回転し，四次構造を形成し，これらの官能基を脂質から遮蔽するために凝集する．図 14・50 に，タンパク質に見られる組織構造の四つのレベルを示す．

酵　素

酵素（enzymes）は生化学反応における触媒である．ほとんどの酵素はタンパク質であり，生きた細胞で起こる反応のほとんどすべてに対して触媒として作用す

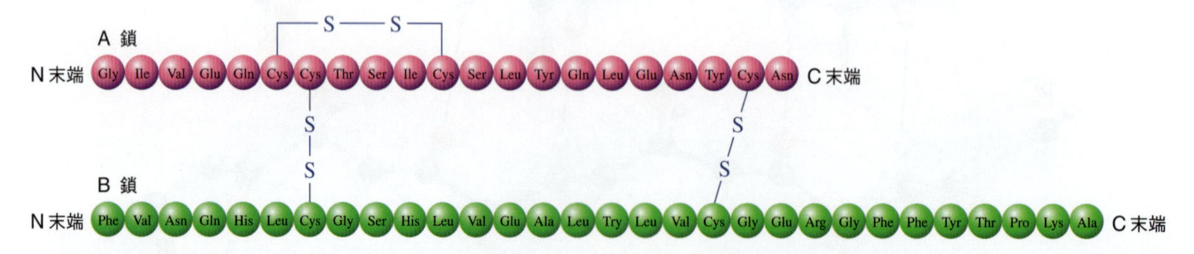

図 14・49　ヒトインスリン．21 個のアミノ酸からなる A 鎖と 30 個のアミノ酸からなる B 鎖は，A7 と B7 との間，および A20 と B19 との間の鎖間ジスルフィド結合によって連結されている．さらに，A6 と A11 の間には鎖内でジスルフィド結合を形成している．

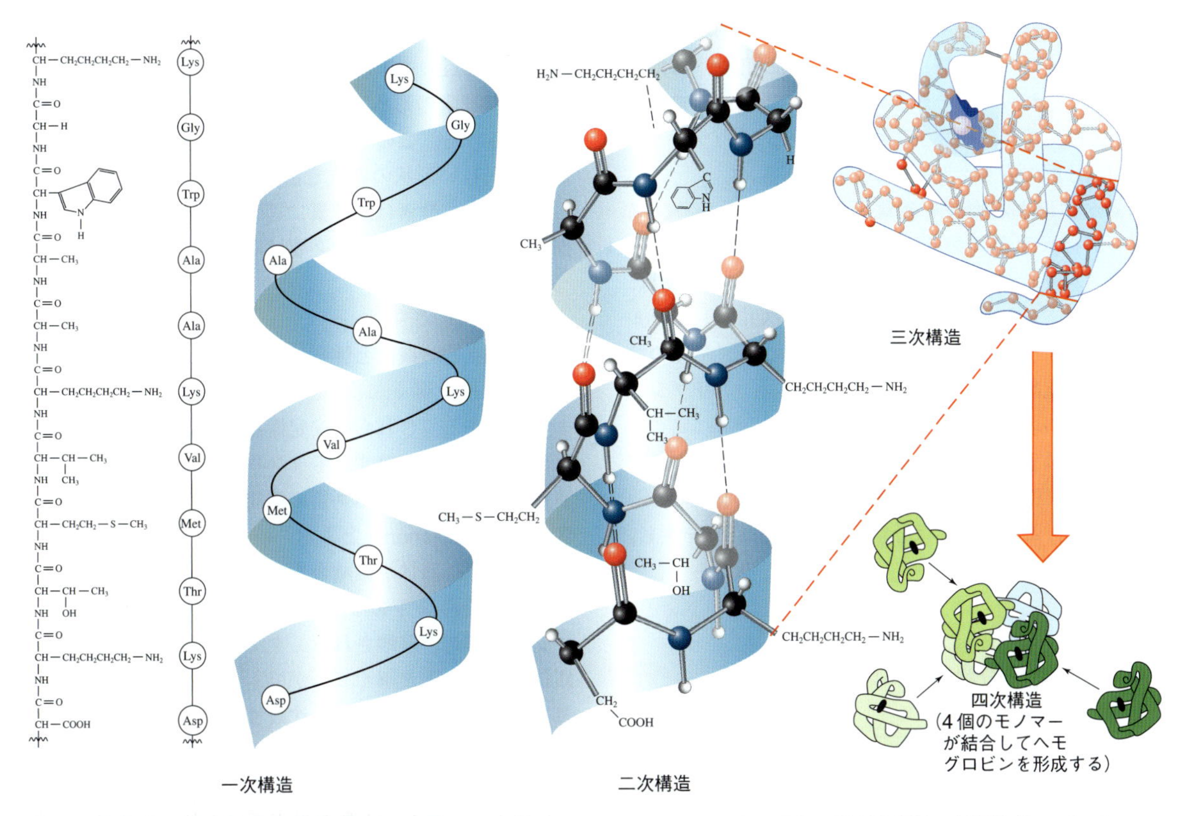

図 14・50 タンパク質の一次，二次，三次，四次構造．BETTELHEIM / BROWN / CAMPBELL / FARR "Introduction to Organic and Biochemistry (with Printed Access Card ThomsonNOW(T))," 6E., ©2007 Brooks / Cole, Cengage Learning, Inc. の一部より．許可を得て転載． http://www.cengage.com/permissions.

る．強酸または強塩基の存在下で数時間の加熱が必要な反応でも，適切な酵素が存在すれば室温およびほぼ中性の pH において数秒で反応が起こる．酵素は特定の生化学反応の活性化エネルギー（生成物を得るために反応物にとって必要なエネルギー）を大きく低下させることによって触媒として作用する．活性化エネルギーが低ければ，反応が体温程度の温度でも高速で進行する．

パスツール（Louis Pasteur，1822～1895）は，酵素の触媒反応を研究した最初の科学者の一人である．彼は，これらの反応には生きた酵母や細菌が必要であると信じていた．たとえば，酵母によるグルコース（ブドウ糖）のアルコールへの変換である．1897 年，ブフナー（Eduard Büchner，1860～1917）は，酵母細胞を非常に細かい砂で粉砕して調製した酵素を含む無細胞沪液をつくった．この酵素はグルコースをアルコールに変換し，生細胞の存在が酵素活性に必要でないことを証明した．この研究成果で，ブフナーは 1907 年にノーベル化学賞を受賞した．

各生物には何千もの酵素が含まれている．いくつかの酵素は，アミノ酸のみからなる単純なタンパク質である．また他の酵素は，**アポ酵素**（apoenzyme）とよばれるタンパク質部分と**補酵素**（coenzyme）とよばれる非タンパク質部分からなる複合体である．両方の部分が必須であり，タンパク質部分と非タンパク質部分の両方からなる機能的酵素は**ホロ酵素**（holoenzyme）とよばれる．

アポ酵素 ＋ 補酵素 ＝ ホロ酵素

しばしば補酵素はビタミンであり，一つの補酵素が多くの異なる酵素と関連していることがある．

いくつかの酵素では，金属イオン（たとえば Ca^{2+}，Mg^{2+} または Zn^{2+}）などの無機成分が必要である．この無機成分は酵素活性化剤である．機能の観点から，活性化剤は補酵素に似ているが，無機成分を補酵素とはよばない．

酵素で注目すべきもう一つの特性は，反応特異性である．すなわち，ある種の酵素は特定の物質に対する反応のみを触媒する．たとえば，マルターゼという酵素は，マルトース（麦芽糖）と水がグルコースを形成する反応を触媒する．マルターゼは，他の二つの一般的な二糖であるスクロース（ショ糖）やラクトース（乳糖）には作用しない．これらの糖それぞれに対しては，スクロースを加水分解する特定の酵素スクラーゼが，またラクトースを加水分解するラクターゼが必要である．

酵素が作用する物質を**基質**（substrate）という．スクロースは，酵素スクラーゼの基質である．酵素の一般名は，基質名の根に接尾辞 -ase を付ける．たとえば，マルトース，スクロースおよびラクトースに対してマルターゼ，スクラーゼおよびラクターゼとなる．多くの酵素，特に消化酵素は，ペプシン，レンニン，トリプシンなどの共通の名称をもっている．

酵素は，以下の一般的な配列に従って作用する．酵素（E）と基質（S）は結合して酵素-基質中間体（E−S）を形成する．この中間体は分解して生成物（P）を生じ，酵素を再生する．

$$\mathrm{E + S \longleftarrow E{-}S \longrightarrow E + P}$$

マルトースの加水分解のために，配列は

$$\underset{\mathrm{E}}{\text{マルターゼ}} + \underset{\mathrm{S}}{\text{マルトース}} \rightleftharpoons \underset{\mathrm{E-S}}{\text{マルターゼ-マルトース}}$$

$$\underset{\mathrm{E-S}}{\text{マルターゼ-マルトース}} + \mathrm{H_2O} \longrightarrow \underset{\mathrm{E}}{\text{マルターゼ}} + \underset{\mathrm{P}}{2\,\text{グルコース}}$$

酵素の特異性は，酵素の小さな部分の特定の形状，すなわち基質の相補性部分と正確に一致する活性部位に起因すると考えられている（図 14・51 参照）．この相互作用は，鍵と鍵穴に類似している．基質は酵素であり，鍵に対応している．鍵が錠を開けるのと同じように，酵素はその特定の形状の分子にのみ作用する．基質と酵素が一緒になると，それらは基質-酵素複合体を形成する．複合体中の酵素によって活性化された基質は反応して生成物を形成し，酵素が再生する．

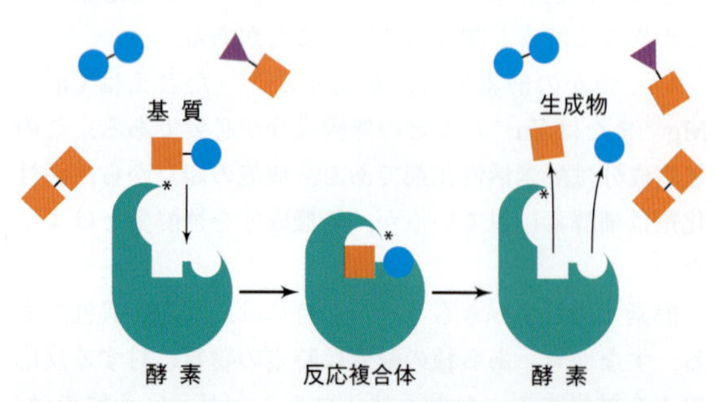

図 14・51　鍵と鍵穴モデルによる酵素の特異性を示す酵素-基質相互作用

誘導適合モデルとして知られている酵素-基質触媒部位のより最近のモデルでは，基質が基質の形状に適合するように酵素の形状変化が誘導され，酵素-基質複合体が形成される．このモデルは，酵素が基質の周りを包み込み，正しい形状の鍵穴を形成するということである．したがって，酵素は，基質に適合することができる触媒部位を予め形成しておく必要はない．

タンパク質の変性

タンパク質の機能と性質は，タンパク質の特定の形状と高次構造を導く二次，三次，四次構造の組合わせによって決まる．これらの安定構造に影響する物理的または化学的薬剤は，いずれもタンパク質の立体配座を変化させ，しばしばタンパク質の機能を失活させる．これを**変性**（denaturation）とよぶ．

たとえば，熱は水素結合を開裂させるので，タンパク質の溶液を沸騰させると α ヘリックスおよび β プリーツシート構造が破壊される．タンパク質のポリペプチド鎖は，加熱すると解くことができる．解かれたタンパク質は，互いに強く結合し，沈殿または凝固する．このため，卵をゆでると，白い“液体”が“固体”に変化する（第 13 章参照）．

似たような変換は，変性物質を添加しても起こる．たとえば，水溶性の尿素 $\mathrm{H_2N{-}CO{-}NH_2}$ は強い水素結合を形成するので，他の水素結合を破壊し，球状タンパク質を解く．エタノールは凝固によりタンパク質を変性させる．還元剤のような他の化学物質は，三次構造の維持に重要なジスルフィド結合（−S−S−）を開裂しタンパクの変性を誘起する．

14・14　ヌクレオシドおよびヌクレオチド

ヌクレオシド（nucleoside）は，β-*N*-グリコシド結合によってアミン塩基に結合した，D-リボースおよび 2′-デオキシ-D-リボースなどの五炭糖を含む化合物である．図 14・52 に，最も一般的な五つの核酸塩基中の塩基を示す．これらの塩基はすべて環内の一つ以上の炭素原子が窒素に置換された複素環式芳香族化合物（§14・9 参照）である．ウラシル，シトシンおよびチミンは，**ピリミジン塩基**とよばれる．グアニンとアデニンは**プリン塩基**とよぶ．

DNA の単糖成分は 2′-デオキシ-D-リボースであり（“2′-デオキシ”は 2 位にヒドロキシ基がないことを意味する），RNA では D-リボースである．グリコシド結合は，リボースまたは 2′-デオキシリボースの C(1′)（アノマー炭素原子）とピリミジン塩基の N(1) またはプ

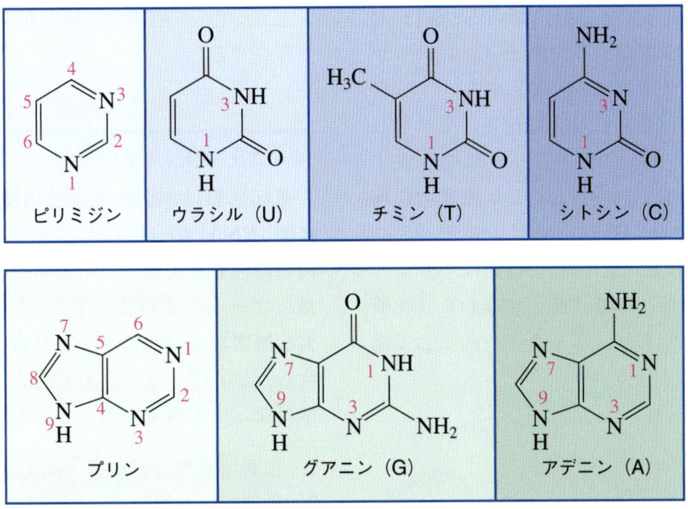

図 14・52 DNA と RNA に最もよく見られる複素環芳香族アミン塩基の名前と1文字略号．塩基は，親化合物であるピリミジンおよびプリンのパターンに従って番号が付けられる．

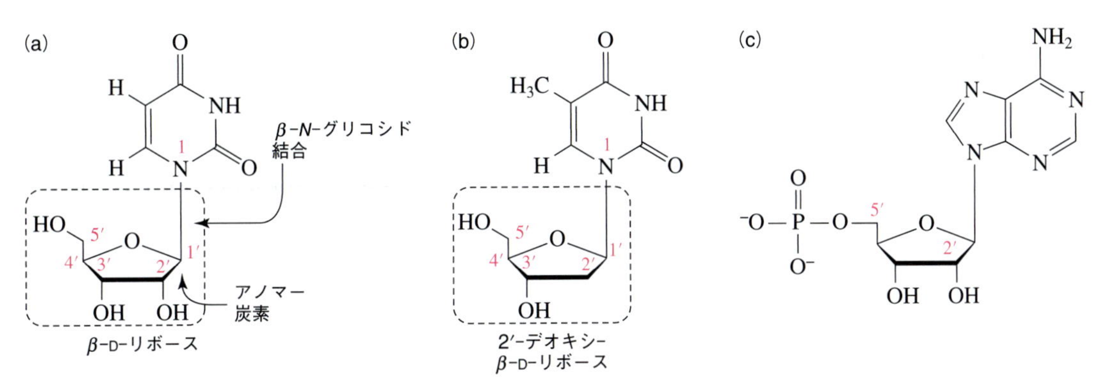

図 14・53 ヌクレオシドとヌクレオチド．(a) 便宜上，C−H 結合の水素原子は通常省略される．単糖環上の原子番号は，それらを複素環塩基上の原子番号と区別するためにプライム（′）がつけられている．(b) チミジンは，単糖成分として 2′-デオキシリボースを有する．β-N-グリコシド結合とは，糖の炭素原子に結合したヒドロキシ基がアミンと脱水縮合して，糖の平面の上側に C-N 結合したものである．(c) アデノシン 5′-一リン酸．

リン塩基の N(9) との間にある．図 14・53(a) に，リボースおよびウラシルに由来するヌクレオシドであるウリジンの構造式を示す．単糖の環の番号は，複素環式塩基上の番号と区別するために数字の後ろのプライム（′）を付ける．図 14・53(b) にはチミジンが示されており，単糖成分として 2′-デオキシリボースが含まれている．各塩基に対応するヌクレオシドの名称を，表 14・13 にまとめる．

表 14・13 ヌクレオシドの命名法

塩　基	ヌクレオシドの名称
ウラシル	ウリジン
チミン	チミジン
シトシン	シチジン
グアニン	グアノシン
アデニン	アデノシン

ヌクレオチド（nucleotide）は，リン酸の分子が単糖の 3′-または 5′-ヒドロキシ基とリン酸エステルを形成したヌクレオシドである．リン酸のエステル化は，以前にエステル官能基で見られた C=O 基の代わりに P=O 基を含むエステルを生成する．ヌクレオチドは，親ヌクレオシドの名前に続いて“一リン酸”という語を付けることによって命名される．リン酸エステルの位置は，それが結合している炭素原子の数によって特定される．図 14・53(c) に，アデノシン 5′-一リン酸の構造式を示す．一リン酸エステルは，pK_a 値およそ 1 と 6 をもつ二塩基

酸（二つのH^+イオンを供与できる酸）である（§11・4参照）．したがって，pH 7では，リン酸モノエステルがイオン化され，ヌクレオチドは2−の電荷をもつ．

ヌクレオシド一リン酸はさらにリン酸化されてヌクレオシド二リン酸およびヌクレオシド三リン酸を生成する．別のリン酸基の酸素原子への新しいリン酸基の付加は，無水リン酸を生成する．図14・54に，アデノシン5′-三リン酸（ATP）の構造式を示す．ATPは，多くの生化学的プロセスにおいてリン酸化剤（すなわちリン酸を他の分子に供与する）であり，エネルギー源として働く．

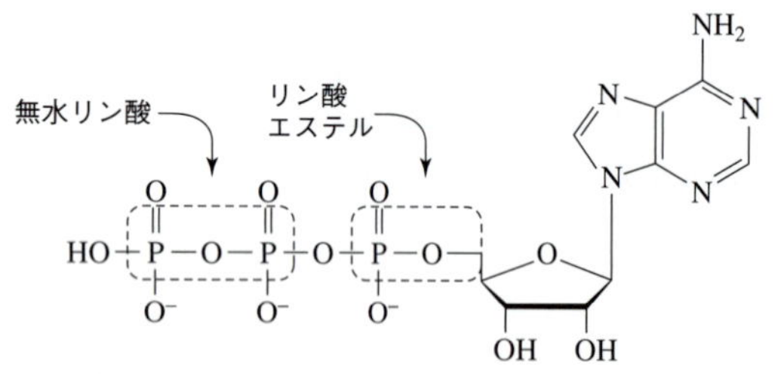

図 14・54　アデノシン三リン酸（ATP^{3-}）

ヌクレオシド二リン酸および三リン酸はまた，多塩基酸（複数のH^+を供与できる）であり，pH 7.0で広範囲にイオン化される．アデノシン三リン酸の最初の3回のイオン化過程のpK_aの値は5.0未満である．pK_{a4}は約7.0である．したがって，pH 7.0では，約50%のアデノシン三リン酸がATP^{4-}として存在し，50%がATP^{3-}として存在する．

14・15　DNAの化学

遺伝情報は，**デオキシリボ核酸**（**DNA**）および**リボ核酸**（**RNA**）の分子に保存されている．細胞のDNAは，細胞の性質を決定し，その増殖および分裂を制御する情報をコードしている．また，DNAは細胞の機能に不可欠な酵素および他のタンパク質の生合成のための指示も含む．RNAはタンパク質の合成に関与している．核酸は，単純な三つの構成要素からなる．

1. 複素環式芳香族塩基（図14・52参照）
2. 単糖類（五炭糖）
3. 五炭糖のリン酸エステルとしてのリン酸

これまでにポリペプチドおよびタンパク質の四つのレベルの階層構造が，一次構造，二次構造，三次構造および四次構造であることを見てきた．核酸には三つのレベルの階層構造があり，これらのレベルはポリペプチドやタンパク質のレベルと多少似ているが，異なる点も多い．

一次構造：共有結合骨格

デオキシリボ核酸は，1デオキシリボース単位の3′-

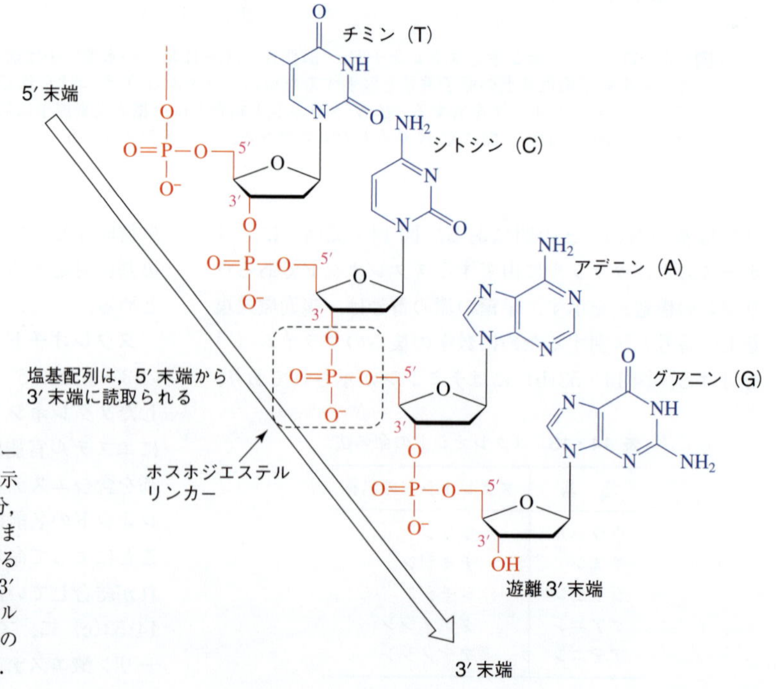

5′末端
チミン（T）
シトシン（C）
アデニン（A）
グアニン（G）
塩基配列は，5′末端から3′末端に読取られる
ホスホジエステルリンカー
遊離3′末端
3′末端

図 14・55　リン酸骨格（赤色），デオキシリボース単位（黒色）および核酸塩基（青色）を示す一本鎖DNAのテトラヌクレオチド部分，TCAG．ポリヌクレオチドの末端は，3′位または5′位のいずれかに遊離 −OH 基があるリボース単位を有する．この例では遊離3′末端の部分を示している．ホスホジエステル結合は炭素原子の間がリン酸を介して二つのエステル結合によって結合したものである．

ヒドロキシ基がホスホジエステル結合によって別のデオキシリボース単位の5′-ヒドロキシ基に結合している2′-デオキシリボースとリン酸の交互単位の骨格からなる(図14·55). プリンまたはピリミジン塩基(アデニン, グアニン, チミンまたはシトシン)は, 各2′-デオキシリボース単位に*β*-*N*-グリコシド結合によって結合する. DNA分子の一次構造とは, 2′-デオキシリボース母骨格に沿って複素環式塩基の順序である. **5′末端**(5′ end)は, 末端2′-デオキシリボースの5′-OH基が遊離しているポリ核酸の末端である. ポリヌクレオチドの**3′末端**(3′ end)は, 末端2′-デオキシリボースの3′-OH基が遊離している末端である. 慣例により, 塩基の配列は, 5′末端から3′末端に読み取られる. たとえば, 図14・55では, 塩基配列はTCAGとなる.

二次構造: 二重らせん

1950年代初めまでに, DNA分子は, 3′,5′-ホスホジエステル結合によって結合されたデオキシリボースとリン酸の交互単位の鎖からなり, *β*-*N*-グリコシド結合によって各2′-デオキシリボース単位に結合した塩基からなることは明らかになっていた. 1953年に, 米国の生物学者のワトソン(James D. Watson)と英国の物理学者クリック(Francis H. C. Crick)は, DNAの二次構造の二重らせんモデルを提案した.

ワトソン-クリックモデルは, 分子モデリングと, DNA塩基組成の化学分析と, DNA結晶のX線回折パターンの数学的分析の二つの実験観測に基づいている. なお, ワトソン, クリックおよびウィルキンズ(Maurice Wilkins)は, "核酸の分子構造と遺伝情報伝達におけるその意義の発見"の功績により, 1962年にノーベル生理学・医学賞を受賞している. フランクリン(Rosalind Franklin)もこの研究に参加したが, 1958年に37歳で死亡したため, 彼女はノーベル賞を受賞することができなかった. ノーベル財団は死後に賞を授与していないためである.

ワトソン-クリックモデルの核心は, DNAの分子が, 図14・56に示すように, 同じ軸の周りを右手で巻かれた二つの逆平行ポリヌクレオチド鎖からなる相補的な**二重らせん**(double helix)であるというものである.

観察された塩基の比と均一なDNAの厚さを説明するために, ワトソンとクリックは, プリン塩基とピリミジン塩基がヘリックスの軸に内向きに突き出て, 常に特定の方法でペアを形成すると仮定した. スケールモデルによれば, アデニン(A)-チミン(T)塩基対の大きさはグアニン(G)-シトシン(C)塩基対の大きさとほぼ同じで, 各塩基対の長さはDNA鎖のコアの厚さと一致する(図14・57). したがって, 一方の鎖のプリン塩基がアデニンである場合, 逆平行鎖中のその相補体はチミンでなければならない. 同様に, 一方の鎖のプリンがグアニンである場合, 逆平行鎖中のその相補体はシトシンでなければならない. すなわち, 一方の鎖の配列が既知であれば, 他方の鎖の配列を推論できる. 一つの塩基のカルボニル酸素原子またはイミン窒素原子(二重結合によって炭素原子に結合した窒素原子: −N=C)上の非共有電子対と他方の塩基のアミノ基の水素原子との間の水素結合(第7章参照)により塩基対が形成される.

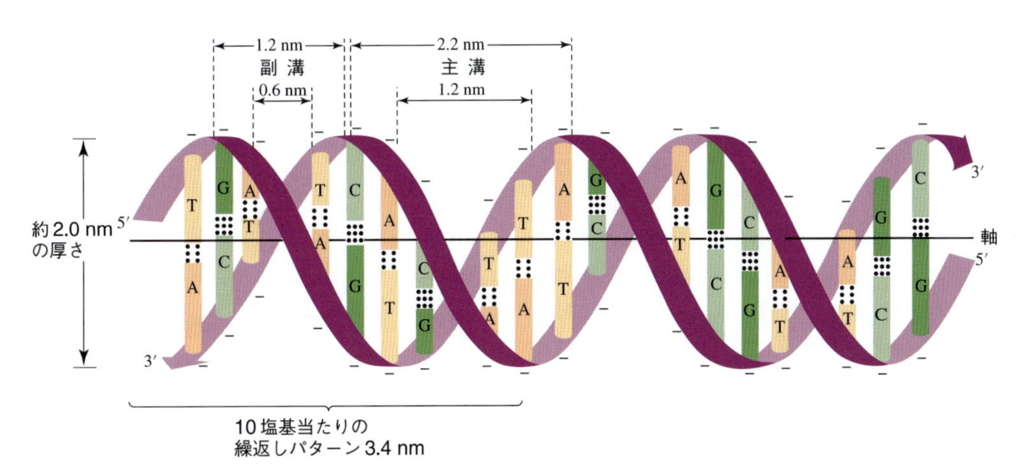

図14・56 二本鎖DNAのリボンモデル. 各リボンは, 一本鎖DNA分子の2′-デオキシリボース-ホスホジエステル骨格を示す. 鎖は逆平行であり, 一方は5′末端から3′末端に左に走り, もう一方は5′末端から3′末端に向かって右へ走る. 水素結合は, 各G-C塩基対と各A-T塩基対の間の二つの点線および三つの点線として示されている.

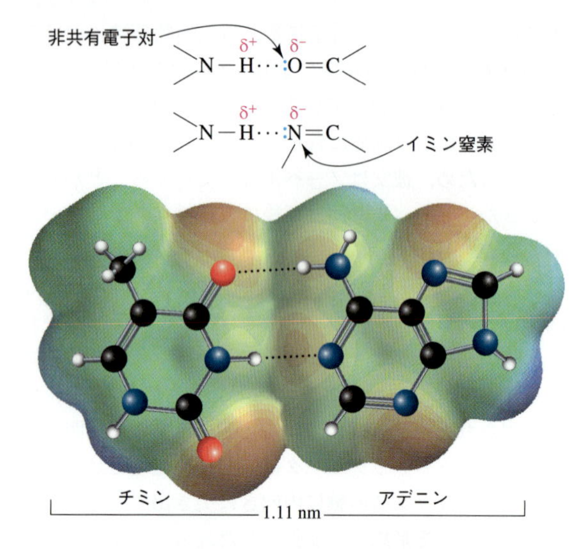

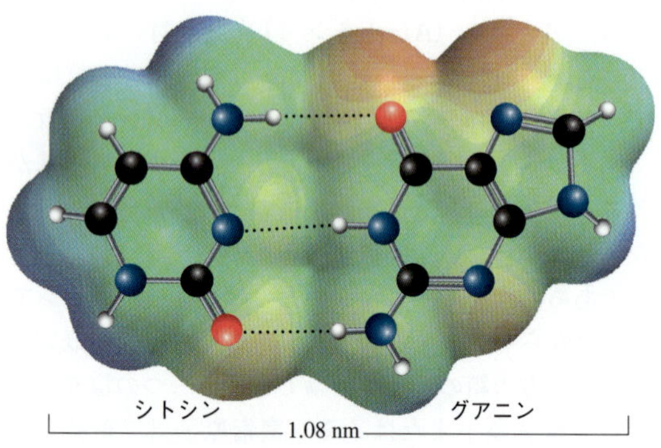

図 14・57 相補塩基であるアデニンとチミン（A–T）間，および相補塩基であるグアニンとシトシン（G–C）間の塩基対合．A–T 塩基対は二つの水素結合によって形成されているのに対し，G–C 塩基対は三つの水素結合によって形成されている．

三次構造：超らせん DNA

DNA 分子の長さはその直径よりもかなり大きく，伸長した分子はかなり柔軟である．DNA 分子は，二次構造の形成によって束縛されていなければ，緩和しているといわれる．すなわち，緩和している DNA は明確な三次元構造をもたない．しかし，DNA は，2 種類のタイプの三次構造をとる．一つは環状 DNA の規則的構造（図 14・58 参照）の変化によって誘導され，もう一方はヒストンとよばれる核タンパク質と線状 DNA の配位によって誘導されるものである．いずれにしても，核酸の三次構造の形成は，**超らせん**（supercoiling）とよばれる．

DNA 複製

DNA の複製は，細胞が分裂するときに起こる．複製

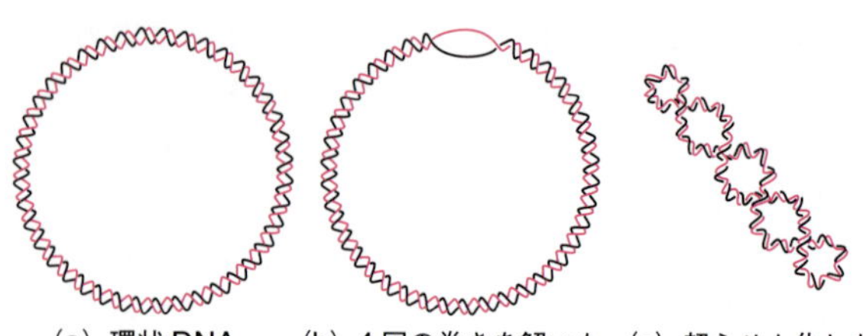

図 14・58 緩和された超らせん DNA．(a) 環状 DNA が緩和されている．(b) 1 本の鎖を切断し 4 回分の巻きを解き，その後再び両端を結んだ状態．鎖を解くことによるひずみはらせんになっていない部分に局在する．(c) 4 回のねじれにより超らせん化すると，ねじれのひずみを環状 DNA 分子全体にわたって均一に分散される．

は，**DNA ポリメラーゼ**（DNA polymerase）とよばれる酵素が触媒となり，DNA ポリメラーゼ，一本鎖 DNA を鋳型として使用し，適切な 2′-デオキシリボヌクレオシド三リン酸からの相補鎖を作製する．ほぼすべての既知の DNA ポリメラーゼは，遊離の 3′-ヒドロキシ基にのみヌクレオチドを付加できるので，DNA 鎖は 5′ → 3′ 方向に伸長する．

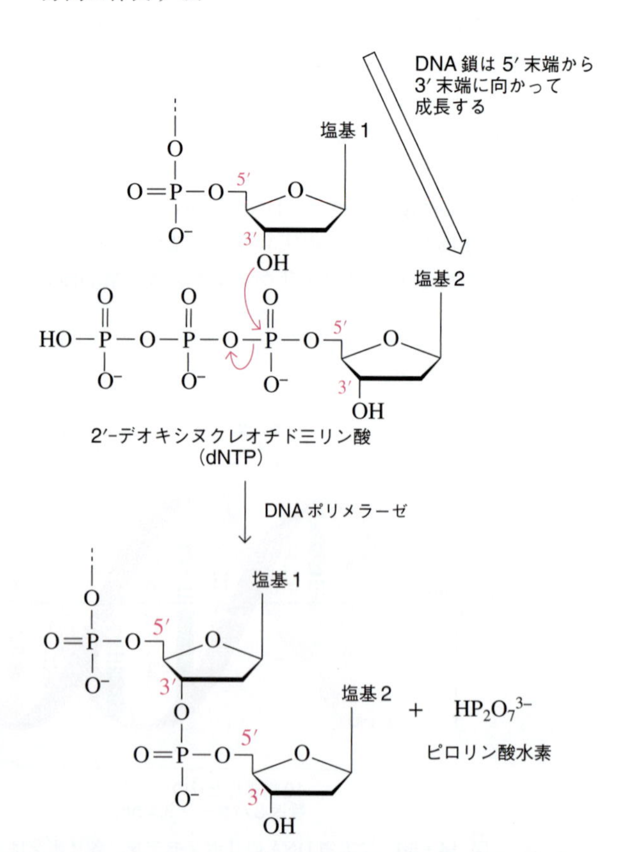

DNA は，その二つの鎖が解離し，続いて対応する相補鎖の合成により複製される．ヘリカーゼは，水素結合

を開裂し**複製フォーク**（replication fork）として知られる構造を形成する酵素である二つのフォークの先はリーディング鎖とラギング鎖とよばれる．リーディング鎖は，複製フォークが 3′→ 5′ 方向に沿って移動する鋳型であり，相補鎖は DNA ポリメラーゼによって 5′→ 3′ 方向に連続的に合成される．

これとは対照的に，ラギング鎖は 5′→ 3′ 方向に配向している．これは DNA ポリメラーゼの配向とは反対なので，ラギング鎖の複製はより複雑である．

リボ核酸（RNA）

リボ核酸（RNA）はタンパク質合成にかかわっている．RNA の構造は，一つのペントース（5 個の炭素原子を含む単糖類）の 3′-ヒドロキシ基と次の 5′-ヒドロキシ基の間のホスホジエステル基によって連結された，長い，非分枝のヌクレオチド鎖からなる点で，デオキシリボ核酸（DNA）に似ている．しかし，RNA と DNA の構造には三つの大きな違いがある．

1. RNA 中のペントース単位は，β-2′-デオキシ-D-リボースではなく，β-D-リボースである（図 14・53 参照）．
2. RNA 中のピリミジン塩基はチミンとシトシンではなくウラシルとシトシンである（図 14・52 参照）．
3. RNA は二本鎖ではなく一本鎖である．

細胞は DNA の 8 倍の RNA を含む．DNA とは対照的に，RNA は異なる形態および各形態の複数のコピーで生じる．RNA は，タンパク質合成中に，リボソーム RNA，トランスファー RNA，メッセンジャー RNA の三つの主要なタイプに分類される．表 14・14 に，大腸菌の細胞における 3 種類の RNA のモル質量，ヌクレオチド数および細胞存在量の百分率をまとめた．大腸菌は，最もよく研究されている細菌の一つである．

メッセンジャー RNA

メッセンジャー RNA（messenger RNA，**mRNA**）は，比較的少量が細胞内に存在し，非常に寿命が短い．メッセンジャー RNA 分子は一本鎖で，DNA 分子にコードされた情報によりその合成が指示される．二本鎖 DNA を巻き戻し，DNA 鋳型の一本鎖に沿って相補鎖の mRNA を 3′ 末端から合成する．DNA 鋳型からの mRNA の合成は，DNA の塩基配列中の遺伝情報が mRNA 上の相補的な塩基配列に転写されるため，これを**転写**（transcription）とよぶ．

“メッセンジャー”という名前は，タンパク質の合成のために，DNA からリボソームにコードされた遺伝情報（特殊なポリペプチドのための青写真）を運ぶ機能に由来する．

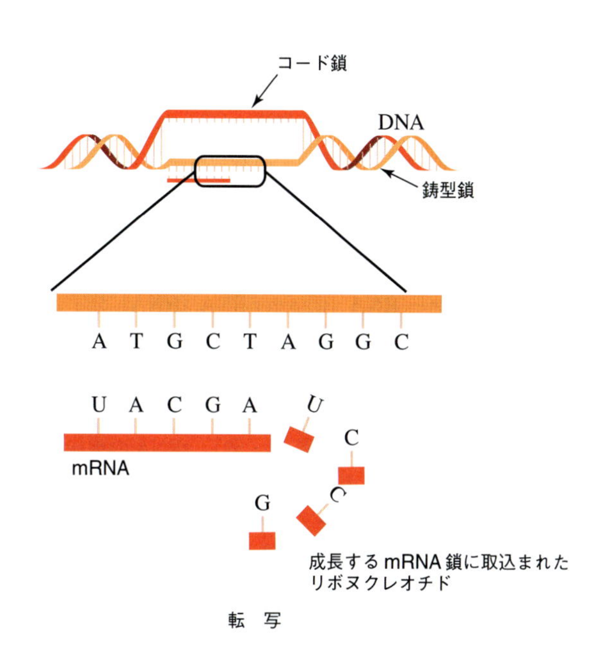

転　写

DNA 鋳型からの mRNA の合成に関して，二つの DNA 鎖のうちの一つだけが mRNA に転写されることが重要である．遺伝子を含む鎖は**コード鎖**（coding strand，または**センス鎖** sense strand）とよび，mRNA に転写される鎖は**鋳型鎖**（template strand，または**アンチセンス鎖** antisense strand）とよぶ．鋳型鎖およびコード鎖は相補的であり，鋳型鎖および mRNA 分子も

表 14・14 大腸菌（*Escherichia coli*）の細胞に見られる RNA の種類

種 類	モル質量〔u〕	ヌクレオチドの数	細胞 RNA の割合（%）
mRNA	25 000～1 000 000	75～3000	2
tRNA	23 000～30 000	73～94	16
rRNA	35 000～1 100 000	120～2904	82

† 比較のために，水，酢酸および塩化水素の pK_a 値も示す．

また相補的であるので，転写の間に産生される mRNA 分子はコード鎖のコピーとなる．RNA がリボースを含み，DNA が 2′-デオキシリボースを含むという点を除き，コード鎖と mRNA との唯一の違いは，DNA コード鎖の T が RNA では U になっていることである．

リボソーム RNA

リボソーム RNA(ribosomal RNA, **rRNA**)の大部分は，細胞質中にある，約 60%が RNA，40%のタンパク質からなる**リボソーム**（ribosome）とよばれるタンパク質合成を司る部位に含まれる．メッセンジャー RNA の情報を，リボソーム上で，トランスファー RNA を用いてタンパク質のアミノ酸配列へと情報変換する過程を，**翻訳**（translation）とよぶ．

リボソームは，さまざまな疾患に対して新しい抗生物質の開発のための主要な標的である．抗生物質は細菌のリボソームの機能を阻害し，細菌を殺すことができる．

トランスファー RNA

トランスファー RNA（transfer RNA, **tRNA**）分子は，すべての核酸分子の中で通常，最も小さい．それらは，一本鎖で 73～94 個のヌクレオチドからなる．tRNA は，相補的塩基対の形成によってつくられるクローバーの葉のような形をしている（図 14・59）．tRNA の機能は，アミノ酸をリボソーム上のタンパク質合成の場に運ぶことである．このために，各アミノ酸はそれぞれ特異的な tRNA を少なくとも一つもっており，複数の tRNA をもつアミノ酸もある．

フェニルアラニンをコードする酵母の tRNA を図 14・59 に示す．

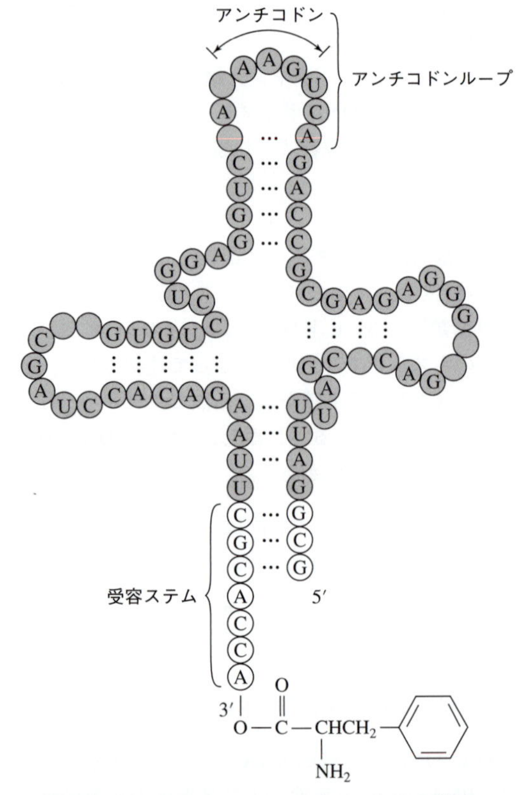

図 14・59　フェニルアラニンをコードする酵母の tRNA の二次構造

コラム 14・5　DNA 鑑定

テレビで犯罪ドラマを見ると，これまで解決不可能だった犯罪を DNA によって解決できることがわかる．容疑者の有罪を確定するだけでなく，間違って有罪判決を受けた人の無実を証明し，犠牲者を特定し，また親子関係を確認することもできる．DNA サンプルを比較することは **DNA 鑑定**または **DNA フィンガープリンティング**という．

ヒトは，約 30 億対のヌクレオチドからなる遺伝子をもっている．異なる個体間でほぼすべての DNA 配列は同じである．しかし，DNA 分子のある部分は，一卵性双生児とクローンを除いて，人どうしや動物どうしで異なる．短いタンデムリピートまたはミニサテライトとよばれる高度に可変の繰返し配列の側鎖塩基は，それぞれの個体に DNA "指紋" を与え，これを使って確実に個体を識別することができる．ヒト DNA サンプルは，髪，血液，精液，唾液または犯行現場に残った皮膚から得ることができる．

DNA フィンガープリントを生成するために，微量の血液，皮膚または他の組織由来の DNA 試料を，DNA を小さな断片に分解する特定の酵素で処理し，これを特別な技術によって視覚化することができる．DNA プロファイリングの最終結果は，個体ごとに数，厚さ，分離が異なる一連の平行線として表されるので，バーコードとよく似ている．

図 14・60 に示す DNA フィンガープリントでは，レーン 1，5，9 は内部標準，標準サンプルに対するレーンで，レーン 2，3，4 が父子関係確定訴訟で使用された．レーン 4 に示す母親の DNA フィンガープリントは，レーン 3 の子供の DNA フィンガープリントの六つのバンドのうちの五つが一致した．レーン 2 の父親の DNA フィン

(コラム14・5　つづき)
ガープリントには六つのバンドがある，そのうち三つは子供のDNAフィンガープリントのバンドと一致する．子供は父親の遺伝子の半分しか継承しないので，DNAフィンガープリントの子供と父親のバンドの約半分だけが一致すると予想される．この例では，DNAフィンガープリントに基づいて，父親であると考えられている人物は実際にその子供の父親であることが証明された．彼が父親ではない確率は約$1/10^5$ときわめて低い．

レーン6，7，8は，刑事事件の証拠として使用されたDNAフィンガープリントである．レーン6と7は，犯罪現場から得られたDNAフィンガープリントである．レーン8は容疑者のDNAフィンガープリントパターンである．図からわかるように，レーン7とレーン8のDNAフィンガープリントパターンは同一である．レーン6のパターンは，容疑者以外の人から生じなければならない．既知の個体からの配列プロファイルが犯行現場で得られたDNAと一致する場合，そのDNAが同じ人由来ではない確率（すなわち，他の人が犯罪を犯した確率）は，約1/8200万である．

刑事事件におけるDNA鑑定の使用に関する議論は，結果の信頼性とは関係がない．むしろ，それはさまざまな法律のあいまいさと，犯罪現場からサンプルを採取する際に払うべき注意やその欠如にかかわるものである．犯行現場が，加害者，被害者，捜査官，またその場所を訪れたことのある人々のDNAで汚染されていると，識別が複雑になる．調査官は，犠牲者のDNAと無実である人々のDNAを取り除き，容疑者のDNAだけを特定している．

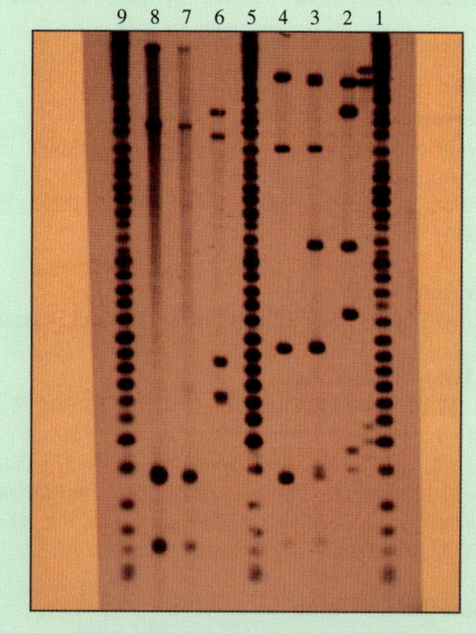

図14・60　DNAフィンガープリント

謝　　辞

著者およびWiley社は，本書に著作権資料の複製を許可した以下の著作権者，団体，個人に感謝の意を表する．

画　像

© Shutterstock
図4·2, withGod; 図4·3, bluesnote; 51ページ, anekoho; 図5·9, Guido Amrein, Switzerland; 77ページ, mroz; 図7・35左, CamPot; 図13・1(a), James Steidl; 図13・1(b), Tyler Boyes; 図14・8, Nicolesa

© Alamy Australia Pty Ltd.
図2・14, © Science Photo Library; 図10・2, Phil Degginger

© John Wiley & Sons, Inc.
図9・7, 図10・3, 図10・16, 図11・7, 図12・4, 図12・6, 図12・7, 図13・2, Michael Watson; 図7・20, 図10・9, 図11・4, 図11・13, Andy Washnik; 図7・37, Patrick Watson; 図12・3, Peter Lerman; 図14・51, *Foundations of college chemistry*, 13th edition, by Hein and Arena, Fig. 20.4, p. 523より．© 2010, John Wiley & Sons, Inc., USA

© Nanomechanics Group
図1・4, 'Complex patterning by vertical interchange atom manipulation using atomic force microscopy' by Sugimoto et al., *SCIENCE*, vol. 322, Dec 2008, pp. 413–17より．© Nano Characterization Unit, National Institute for Materials Science NIMS

© IBM Research
図1・3, 図5・15(c)．画像はIBM Corporationによりデザインされた．

© Getty Images Australia
図2・15, 図7・21, 図7・29, 図7・34(a), (b), Science Photo Library; 図4・7, Photo Researchers; 図6・8, Keystone/Staff; 図8・1右, 図9・1, 図10・15, 図11・6, Charles D Winters; 図10・18, David M Phillips; 図13・9, Pasieka Pasieka

© Corbis Australia
図6・6, Roger Ressmeyer

© Allan Blackman
図7・9, 図9・6, 図10・1左

© Siegbert Schmid
図5・15(b)

© Fundamental Photographs
図5・15(a), 図13・4(a), (b), Richard Megna/FUNDAMENTAL PHOTOGRAPHS, NYC

© Stan Sherer
図12・15

© Lars-Oliver Essen
図13・17, Mees et al. 2004, 'Crystal structure of a photolyase bound to a CPD-like DNA lesion after in situ repair', *SCIENCE*, vol. 306, Dec, p. 1791より．Lars-Oliver Essen authorより許可を得て複製．

© NASA
図13・19, NAZA Ozone Watch

© Mauro Mocerino
図14・42

© The Geis Archives
図14・47, 図14・50左から2番目，3番目，イラストはIrving Geis. 画像はIrving Geis Collection/Howard Hughes Medical Instituteより．著作権はHHMIに属す．許可なく複製することを禁じる．

© Cengage Learning
図14・50右, BETTELHEIM/BROWN/CAMPBELL/FARR. *Introduction to organic and biochemistry with printed access card*, ThomsonNOWT, 6Eより．© 2007 Brooks/Cole, a part of Cengage Learning, Inc. 許可を得て複製．www.cengage.com/permissions.

テキスト

© ANSTO
表1・5, ANSTO Australian Nuclear Science and Technology Organisationより許可を得て複製．

© John Wiley & Sons, Inc.
33～36ページ, Hein and Arena, *Foundations of College Chemistry*, 14th edition, pp. 27–8 © 2012, John Wiley & Sons, Inc.に基づく；286～288ページ, *Foundations of College Chemistry* 13th edition, by Hein and Arena, pp. 522–23より．©2010, John Wiley & Sons, Inc., USA

© Cengage Learning
表13・2, ZUMDAHL/ZUMDAHL. *Chemistry*, 6Eより．©2003 Brooks/Cole, a part of Cengage Learning, Inc. 許可を得て複製．www .cengage.com/permissions.

John Wiley & Sons, Australia: Terry Burkitt (Publishing Manager), Mark Levings (Executive Publisher), Kylie Challenor (Managing Content Editor), Emma Knight (Project Editor), Emily Nuhn (Publishing Coordinator), Delia Sala (Graphic Designer), Jo Hawthorne (Senior Production Controller), Rebecca Cam (Digital Content Editor).

練習問題の解答

第1章

1・1 1. (a) 物理的な変化，(b) 物理的な変化，(c) 化学的な変化．2. (a) 不均一な状態，(b) 均一な状態，(c) 不均一な状態．3. (a) 混合物，(b) 純物質．4. (a) 元素，(b) 元素，(c) 化合物　**1・2** 12.3 g Cd　**1・3** (a) 陽子数＝54；中性子数＝79，(b) 陽子数＝77；中性子数＝115　**1・4** 26.9814 u　**1・5** 63.5460 u

第2章

2・1 (a) Al_2S_3，(b) H_2S，(c) ICl_5

2・2

NH_4Br	NH_4ClO_4	$(NH_4)_2CO_3$	$(NH_4)_3PO_4$
KBr	$KClO_4$	K_2CO_3	K_3PO_4
$CaBr_2$	$Ca(ClO_4)_2$	$CaCO_3$	$Ca_3(PO_4)_2$
$AlBr_3$	$Al(ClO_4)_3$	$Al_2(CO_3)_3$	$AlPO_4$

2・3 プロパン-2-オールの線結合構造式は

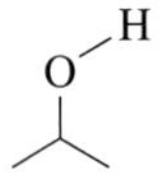

2・4 構造式は

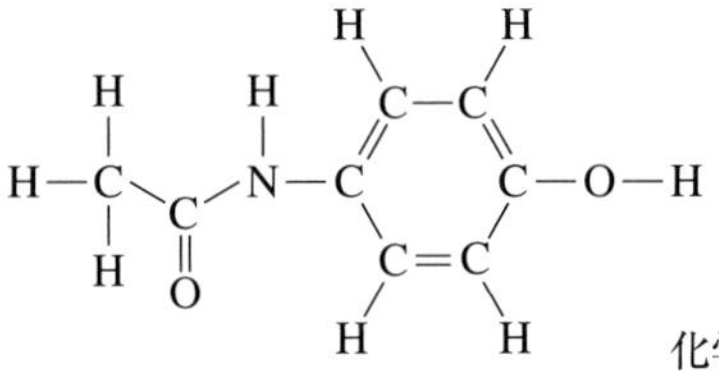

化学式は $C_8H_9NO_2$．

2・5 (a) 四臭化ケイ素 (silicon tetrabromide)，(b) 三フッ化塩素 (chlorine trifluoride)

2・6 $CH_3CH_2CH_2CH_2OH$ (第一級)，$CH_3CH_2CH(OH)CH_3$ (第二級)，$(CH_3)_2CHCH_2OH$ (第一級)，$(CH_3)_3COH$ (第三級)

2・7 $CH_3CH_2COCH_2CH_3$，$CH_3COCH_2CH_2CH_3$，$(CH_3)_2CHCOCH_3$

2・8 $CH_3CH_2CH_2COOH$，$(CH_3)_2CHCOOH$

2・9 (a) 5-イソプロピル-2-メチルオクタン (5-isopropyl-2-methyloctane)，(b) 4-イソプロピル-4-プロピルオクタン (4-isopropyl-4-propyloctane)　**2・10** 構造異性体

2・11

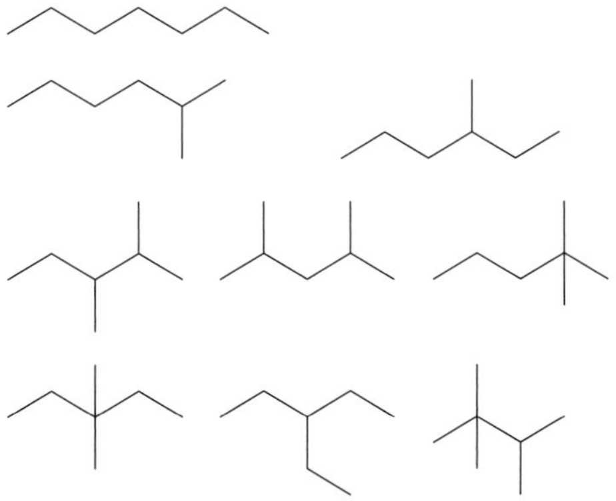

2・12 (a) プロパノン (propanone)，(b) ペンタナール (pentanal)

第3章

3・1 kg m^2 s^{-2}　**3・2** (a) cg，(b) Mm，(c) μs

3・3 (a) $R = \dfrac{pV}{nT}$，(b) $c = \dfrac{E\lambda}{h}$　**3・4** 作業者Cが最も精度が高い．作業者Aが最も確度が良い．

3・5 (a) 1.08，(b) 127　**3・6** 溶液の濃度は，(1.00 ± 0.02) g L^{-1} である．目標の精度の水溶液は調製できなかった．

第4章

4・1 $3\,BaCl_2(aq) + Al_2(SO_4)_3(aq) \rightarrow 3\,BaSO_4(s) + 2\,AlCl_3(aq)$

4・2 0.139 mol　**4・3** 13.3 g　**4・4** 0.467 mol　**4・5** 59.5 g　**4・6** $\%m_N = 25.94\,\%$，$\%m_O = 74.06\,\%$．これ以外の元素は含まれていない．　**4・7** $\%m_N$＝30.45%　$\%m_O$＝69.55%　**4・8** Na_2SO_4　**4・9** 0.183 mol　**4・10** 78.5 g　**4・11** 30.01 g　**4・12** 86.1%

第5章

5・1 2.14×10^{10} s^{-1} または 2.14×10^{10} Hz　**5・2** 7.82×10^{-19} J　**5・3** 4.56×10^{-19} J 原子$^{-1}$ ＝ －274 kJ mol^{-1}

5・4 $E_{photon} = 2.04 \times 10^{-18}$ J，$\lambda_{photon} = 9.74 \times 10^{-8}$ m

5・5 1.39×10^{-12} m　**5・6** 有効な量子数の組合わせは10組．

n	l	m_l	m_s
4	2	+2	$+\frac{1}{2}$
4	2	+2	$-\frac{1}{2}$
4	2	+1	$+\frac{1}{2}$
4	2	+1	$-\frac{1}{2}$
4	2	0	$+\frac{1}{2}$
4	2	0	$-\frac{1}{2}$
4	2	−1	$+\frac{1}{2}$
4	2	−1	$-\frac{1}{2}$
4	2	−2	$+\frac{1}{2}$
4	2	−2	$-\frac{1}{2}$

5・7 理由：2s 軌道の電子密度の最大値が，核と 3s 軌道の電子密度が最大になる位置の間にあるため．

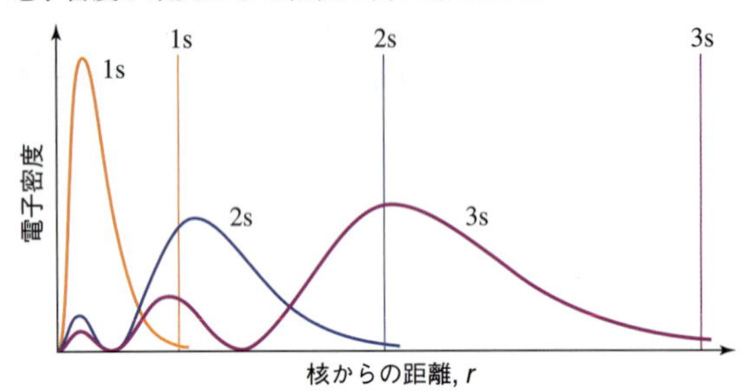

5・8 被占軌道：1s，2s，2p，3s，3p，4s，3d，4p，5s
部分的被占軌道：4d 軌道には電子が 2 個だけ入っている．

5・9 (a) $1s^22s^22p^63s^23p^63d^{10}4s^24p^64d^{10}5s^25p^66s^2$

(b) $[Xe]6s^2$

(c)

6s ↑↓
5p ↑↓ ↑↓ ↑↓
4d ↑↓ ↑↓ ↑↓ ↑↓ ↑↓
5s ↑↓
4p ↑↓ ↑↓ ↑↓
3d ↑↓ ↑↓ ↑↓ ↑↓ ↑↓
4s ↑↓
3p ↑↓ ↑↓ ↑↓
3s ↑↓
2p ↑↓ ↑↓ ↑↓
2s ↑↓
1s ↑↓

5・10 (a) $[He]2s^22p^3$

(b)

2p ↑ ↑ ↑
2s ↑↓

5・11 $1s^22s^22p^63s^23p^63d^{10}4s^24p^6$　**5・12** 大きい元素：P と Se，小さい元素：Ge と Sb

第 6 章

6・1

F–S(F)(F)–F

6・2

H–C(H)(H)–C(=O)–O$^-$ ⟷ H–C(H)(H)–C(–O$^-$)=O

6・3

O–O=O ⟷ O=O–O

6・4

Cl–C(H)(H)–H

6・5 エタンは双極子モーメントをもたない．エタノールは双極子モーメントをもっている．　**6・6** (a) 結合長は，結合に関与する電子対の数に反比例する．C≡C 結合には 3 組の電子対が関与し，C=C 結合には 2 組の電子対だけが関与しているので，C≡C 結合の方が短い．(b) 結合長は，価電子の主量子数 n が大きいほど長くなる．C の価電子は n＝2 であり，Si の価電子は n＝3 である．(c) 周期表では O 原子と C 原子は同じ周期に属し，両方ともそれ自身と同じ原子と結合している．したがって唯一異なる点は，各原子の軌道の大きさである．軌道の大きさは周期表の同一周期では左から右へ小さくなるため，O−O 結合は C−C 結合よりも短い．　**6・7** AlH_3 が平面三角形であるのは，アルミニウム原子が sp^2 混成となるからである．Al の価電子配置は $3s^23p^1$ であり，sp^2 混成の三つの軌道にはそれぞれ 1 個ずつ電子が入っている．この三つの混成軌道は，それぞれ H 原子の s 軌道にある電子と重なり合って単結合を形成している．この分子には非結合電子対は存在しない．

第 7 章

7・1 アセトアルデヒドは，アセトンよりも分子形状が小さく，電子数も少ないため，分子間力はより弱く，したがってアセトンよりも低い温度で沸騰する．しかし，アセトアルデヒドは，アセトンと同じく，極性のある C−O 基があるため，双極子-双極子相互作用による強い分子間力を有する．そのため，無極性のブタンや極性の弱いメトキシエタンよりも高い沸点を示す．　**7・2** アセトンの O 原子は，二つの水分子との間に水素結合を二つ形成する．

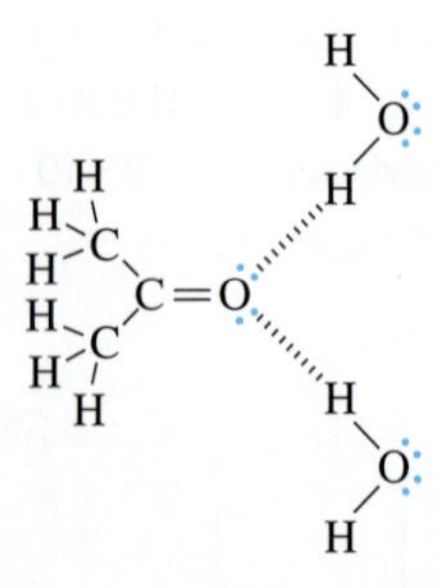

7・3 28.1 g mol^{-1}　**7・4** ρ_{He} = 0.163 kg m^{-3}，ρ_{Ar} = 1.62 kg m^{-3}．ヘリウムは空気よりも密度が小さいので（例題 7・7 の計算では，ρ_{air} = 1.18 kg m^{-3}），飛行船を浮かせるのに使われる．アルゴンは密度がより高いので，化学反応で空気を遮断する目的に適っている．　**7・5** x_{O_2}＝0.273，x_{He}＝0.727，p_{O_2}＝1.16×10^5 Pa，p_{He}＝3.09×10^5 Pa

7・6 8.52×10^{-4} g　**7・7** 1.54 L または 1.54×10^{-3} m^3　**7・8** $p_{NO}=0$ Pa（限界反応物質），$p_{O_2}=2.50\times10^5$ Pa　$p_{NO_2}=5.00\times10^5$ Pa　**7・9** 熱量＝41.7 kJ．熱は製氷皿から冷凍室内に流れる．　**7・10** 5.18×10^5 Pa
7・11 気体試料は $p=1.26\times10^4$ Pa において液化し，さらに圧力が約 0.5×10^5 Pa になったときに液体は凝固する．1.013×10^5 Pa，63.1 K において N_2 は固体である．

第8章

8・1 19.7 ℃　**8・2** 5.2 kJ　**8・3** -3.94×10^2 kJ mol^{-1}
8・4 発生した熱＝3.7 kJ，1 mol 当たりの発生した熱＝74 kJ mol^{-1}

8・5
$$\frac{1}{4.4}C_{12}H_{22}O_{11}(s)+\frac{12}{4.4}O_2(g)\rightarrow \frac{12}{4.4}CO_2(g)+2.5\,H_2O(l)\qquad \Delta_rH^{\ominus}=-1282\ \text{kJ mol}^{-1}$$

8・6 -44.0 kJ mol^{-1}　**8・7** $57\,C(s)+52\,H_2(g)+3\,O_2(g)\rightarrow C_{57}H_{104}O_6(l)$　**8・8** (a) -113.1 kJ mol^{-1}，(b) -177.8 kJ mol^{-1}　**8・9** 約 24.72 mol　**8・10** -124 kJ mol^{-1}　**8・11** (a) ΔS は負，(b) ΔS は正　**8・12** (a) ΔS は負，(b) ΔS は負，(c) ΔS は正　**8・13** 60 ℃では -13 J K^{-1} mol^{-1}，140 ℃では $+12$ J K^{-1} mol^{-1}．

第9章

9・1 (a) $K_c=\dfrac{[H_2O]^2}{[H_2]^2[O_2]}$，(b) $K_c=\dfrac{[CO_2][H_2O]^2}{[CH_4][O_2]^2}$
9・2 $Q_c=3.9\times10^{-4}$．反応は生成物側に進行する．
9・3 $K_c=\dfrac{(p_{HI})^2}{(p_{H_2})(p_{I_2})}$　**9・4** 59　**9・5** 4.5×10^1
9・6 1.9×10^5　**9・7** 反応 (b)
9・8 (a) $K_c=\dfrac{1}{[NH_3(g)][HCl(g)]}$
(b) $K_c=[Ag^+]^2[CrO_4{}^{2-}]$
(c) $K_c=\dfrac{[Ca^{+2}(aq)][HCO_3{}^-(aq)]^2}{[CO_2(aq)]}$
9・9 -33 kJ mol^{-1}　**9・10** (a) 平衡は右側に移動して Cl_2 の量は減る．K_p は変化なし．(b) 平衡は左に移動して Cl_2 の量は増える．K_p は変化なし．(c) 平衡は左に移動して Cl_2 の量は増える．K_p は減少する．(d) 平衡は右側に移動して Cl_2 の量は減る．K_p は変化なし．　**9・11** 4.06　**9・12** (a) $[PCl_3]=0.200$ mol L^{-1}，$[Cl_2]=0.100$ mol L^{-1}，$[PCl_5]=0.00$ mol L^{-1}．(b) $[PCl_3]$ は 0.080 mol L^{-1} だけ減少した．$[Cl_2]$ は 0.080 mol L^{-1} だけ減少した．$[PCl_5]$ は 0.080 mol L^{-1} だけ増加した．(c) $[PCl_3]=0.120$ mol L^{-1}，$[PCl_5]=0.080$ mol L^{-1}，$[Cl_2]=0.020$ mol L^{-1}．(d) 33　**9・13** $[NH_3]=1.0\times10^{-5}$ mol L^{-1}，$[NH_4{}^+]=2.0\times10^{-1}$ mol L^{-1}，$[H_3O^+]=1.0\times10^{-5}$ mol L^{-1}　**9・14** $[H_2]=0.044$ mol L^{-1}，$[I_2]=0.044$ mol L^{-1}，$[HI]=0.312$ mol L^{-1}　**9・15** $[NO]=1.1\times10^{-17}$ mol L^{-1}

第10章

10・1 0.53 g　**10・2** 0.500 mol L^{-1} の H_2SO_4 25.0 mL を水と混合し全容 100 mL の溶液とする．　**10・3** 表 10・1 は温度の上昇とともに CO_2 の溶解度が減少することを示している．よって，より高温では，水の上の空間により多くの CO_2(g) が存在する，すなわち圧力がより高くなる．
10・4 3.98×10^{-8}　**10・5** 30 ℃におけるモル溶解度は 5.5×10^{-5} mol L^{-1}．30 ℃における溶解度は 25 ℃における溶解度よりも低い．　**10・6** 16.0 g　**10・7** 100.16 ℃
10・8 解離が100％と仮定したときの凝固点は -0.882 ℃．解離が0％と仮定したときの凝固点は -0.441 ℃．

第11章

11・1 (a) OH^-，(b) $NO_2{}^-$，(c) $HPO_4{}^{2-}$，(d) $HSO_4{}^-$，(e) NH_3，(f) $CH_3CO_2{}^-$
11・2

共役対（塩基 $PO_4{}^{3-}$ ― 酸 $HPO_4{}^{2-}$）
$$\underset{\text{塩基}}{PO_4{}^{3-}(aq)}+\underset{\text{酸}}{CH_3COOH(aq)}\rightleftharpoons \underset{\text{酸}}{HPO_4{}^{2-}(aq)}+\underset{\text{塩基}}{CH_3COO^-(aq)}$$
共役対（酸 CH_3COOH ― 塩基 CH_3COO^-）

11・3 $[H_3O^+]=1.3\times10^{-9}$ mol L^{-1}．溶液は塩基性．
11・4 (a) $[H_3O^+]=5.0\times10^{-3}$ mol L^{-1}．$[OH^-]=2.0\times10^{-12}$ mol L^{-1}．溶液は酸性．(b) $[H_3O^+]=1.5\times10^{-11}$ mol L^{-1}．$[OH^-]=6.7\times10^{-4}$ mol L^{-1}．溶液は塩基性．(c) $[H_3O^+]=2.5\times10^{-12}$ mol L^{-1}．$[OH^-]=4.0\times10^{-3}$ mol L^{-1}．溶液は塩基性．　**11・5** $[H_3O^+]=2.0\times10^{-12}$ mol L^{-1}．pH＝11.70　**11・6** HX：$K_a=6.9\times10^{-4}$，HY：$K_a=7.2\times10^{-5}$．HX がより強い酸．　**11・7** $[H_3O^+]=4.4\times10^{-3}$ mol L^{-1}．pH＝2.36　**11・8** 4.83（丸めの誤差により例題 11・11 と少し異なる値となっている）　**11・9** 8.99
11・10 pK_a が 3.74 であること，および目的の pH はこの pK_a の 1 pH 以内にあるので緩衝溶液をつくるのに適している．必要とされるギ酸ナトリウムに対するギ酸の物質量比は 0.69 である．0.10 mol のギ酸に対して必要なギ酸ナトリウムの物質量は 0.14 mol で，質量にすると 7.8 g である．

第12章

12・1 銅は酸化されるのでこれが還元剤である．塩素は還元されるのでこれが酸化剤である．　**12・2** (a) K ＋1，F －1，(b) Li ＋1，H －1，(c) Ca ＋2，O －2，(d) H ＋1，Cl －1，(e) Be ＋2，Cl －1，(f) Al ＋3，O －2，(g) Ba ＋2，O －2，H ＋1　**12・3** (a) Ni ＋2，Cl －1，(b) Mg ＋2，Ti ＋4，O －2，(c) K ＋1，Cr ＋6，O －2，(d) H ＋1，P ＋5，O －2，(e) N －3，H ＋1，S ＋6，O －2，(f) Na ＋1，S ＋2，O －2，(g) Ca ＋2，C ＋4，O －2
12・4 HCl 中の塩素原子が酸化されるので HCl は還元剤である．$KMnO_4$ 中の Mn は還元されるので $KMnO_4$ は酸化剤である．　**12・5** $2\,Al(s)+3\,Cu^{2+}(aq)\rightarrow 2\,Al^{3+}(aq)+3\,Cu(s)$　**12・6** $3\,Sn^{2+}+16\,H^++2\,TcO_4{}^-\rightarrow 2\,Tc^{4+}+$

$8\,H_2O + 3\,Sn^{4+}$　**12・7**　$2\,MnO_4^- \; 3\,C_2O_4^{2-} + 4\,OH^- \rightarrow 2\,MnO_2 + 6\,CO_3^{2-} + 2\,H_2O$　**12・8**　アノード：$Fe(s) \rightarrow Fe^{2+} + 2e^-$　カソード：$Sn^{2+}(aq) + 2\,e^- \rightarrow Sn(s)$

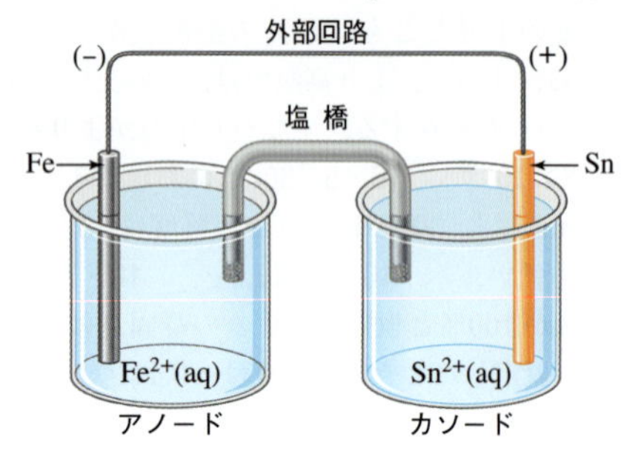

12・9　(a) 起こらない，(b) 起こる，(c) 起こる　**12・10**　−0.74 V　**12・11**　$2\,Cl^- + Br_2 \rightarrow Cl_2 + 2\,Br^-$

第13章

13・1　ショ糖の初期消費速度 = 0.0056 mol L^{-1} s^{-1}，初期反応速度 = 0.0056 mol L^{-1} s^{-1}　**13・2**　(a) 0.0036 mol L^{-1} s^{-1}，(b) 0.0072 mol L^{-1} s^{-1}　**13・3**　反応速度の比は 1.7 である．温度が上がると反応速度は増加するが，酵素が存在しない場合に比べて反応速度は遅くなり，活性化エネルギーが低下する．　**13・4**　生成物のエネルギーは，反応物のエネルギーより高く，反応エンタルピーは正になる．

索　　引

あ

い

う〜お

か

き

く～こ

さ

な　行

は

ひ

ふ

監訳者

小島憲道（こじま のりみち）

1949年 鳥取県に生まれる
1972年 京都大学理学部 卒
東京大学名誉教授
専攻 物性化学，無機化学
理学博士

訳者

錦織紳一（にしきおり しんいち）

1953年 東京都に生まれる
1976年 東京大学理学部 卒
前東京大学大学院総合文化研究科 教授
専攻 包接体化学，無機化学
理学博士

野口　徹（のぐち とおる）

1956年 静岡県に生まれる
1980年 東京大学教養学部 卒
前東京大学大学院総合文化研究科 准教授
専攻 高分子物理化学
博士(理学)

平岡秀一（ひらおか しゅういち）

1970年 東京都に生まれる
1993年 東京工業大学工学部 卒
現 東京大学大学院総合文化研究科 教授
専攻 超分子化学，錯体化学，物理有機化学
博士(工学)

第1版 第1刷 2019年 9月 2日 発行
第2刷 2022年 3月 3日 発行

ブラックマン 基礎化学

監訳者 小島憲道
発行者 住田六連
発行 株式会社 東京化学同人
東京都文京区千石3丁目 36-7 (〒112-0011)
電話 (03) 3946-5311 · FAX (03) 3946-5317
URL: http://www.tkd-pbl.com/

印刷・製本 新日本印刷株式会社

ISBN 978-4-8079-0966-7 Printed in Japan

基礎物理定数

電子の質量	$m_{\mathrm{e}} = 9.109\,383\,7105(28) \times 10^{-31}\,\mathrm{kg}$
陽子の質量	$m_{\mathrm{p}} = 1.672\,621\,923\,69(51) \times 10^{-27}\,\mathrm{kg}$
中性子の質量	$m_{\mathrm{n}} = 1.674\,927\,498\,04(95) \times 10^{-27}\,\mathrm{kg}$
電気素量	$e = 1.602\,176\,634 \times 10^{-19}\,\mathrm{C}$（定義）
統一原子質量単位	$\mathrm{u} = 1.660\,539\,066\,60(20) \times 10^{-27}\,\mathrm{kg}$
気体定数	$R = 8.314\,462\,618...\,\mathrm{J\,mol^{-1}\,K^{-1}}$
理想気体のモル体積	$V_0 = 22.710\,954\,64...\,\mathrm{L\,mol^{-1}}$（標準状態）
アボガドロ定数	$N_{\mathrm{A}} = 6.022\,141\,06 \times 10^{23}\,\mathrm{mol^{-1}}$（定義）
真空中の光速度	$c = 2.997\,924\,58 \times 10^{8}\,\mathrm{ms^{-1}}$（定義）
プランク定数	$h = 6.626\,070\,15 \times 10^{-34}\,\mathrm{Js}$（定義）
ファラデー定数	$F = 9.648\,533\,212... \times 10^{4}\,\mathrm{C\,mol^{-1}}$
ボルツマン定数	$k_{\mathrm{B}} = 1.380\,649 \times 10^{-23}\,\mathrm{J\,K^{-1}}$（定義）